电子工程师自学宝典

器件仪器篇

蔡杏山　编著

机 械 工 业 出 版 社

本书主要介绍了电子技术基础、万用表的使用、电阻器、电容器、电感器与变压器、二极管、晶体管、晶闸管、场效应晶体管与IGBT、继电器与干簧管、过电流与过电压保护器件、光电器件、电声器件与压电器件、显示器件、传感器、贴片元器件、集成电路、基础电路、无线电广播与收音机、电子操作技能、数字示波器、信号发生器、毫伏表与Q表。

本书具有基础起点低、内容由浅入深、语言通俗易懂、结构安排符合学习认知规律的特点。本书适合作为电子工程师入门的自学图书，也适合作为职业学校和社会培训机构的电子技术入门教材。

图书在版编目（CIP）数据

电子工程师自学宝典. 器件仪器篇/蔡杏山编著. —北京：机械工业出版社，2021.7

ISBN 978-7-111-68243-1

Ⅰ. ①电… Ⅱ. ①蔡… Ⅲ. ①电子技术-自学参考资料②电子器件-自学参考资料③电子仪器-自学参考资料 Ⅳ. ①TN②TN6③TM93

中国版本图书馆CIP数据核字（2021）第091566号

机械工业出版社（北京市百万庄大街22号 邮政编码100037）
策划编辑：任 鑫 责任编辑：任 鑫 闫洪庆
责任校对：郑 婕 封面设计：马精明
责任印制：常天培
固安县铭成印刷有限公司印刷
2021年10月第1版第1次印刷
184mm×260mm · 21.5印张 · 585千字
标准书号：ISBN 978-7-111-68243-1
定价：88.00元

电话服务
客服电话：010-88361066
010-88379833
010-68326294

网络服务
机 工 官 网：www. cmpbook. com
机 工 官 博：weibo. com/cmp1952
金 书 网：www. golden-book. com
机工教育服务网：www. cmpedu. com

前　言

随着科学技术的快速发展，社会各领域的电子技术应用越来越广泛，这使得电子及相关行业需要越来越多的电子工程技术人才。对于电子技术初学者或略有一点基础的人来说，要想成为一名电子工程师或达到相同的技术程度，既可以在培训机构参加培训，也可以在职业学校进行系统的学习，还可以自学成才，不管是哪种情况，都需要一些合适的学习图书。选择好图书，不但可以让学习者轻松迈入专业技术的大门，而且能让学习者的技术水平迅速提高，快速成为本领域的行家里手。

“电子工程师自学宝典”是一套零基础起步、由浅入深、知识技能系统全面的电子技术学习图书，读者只要具有初中文化水平，通过系统地阅读本套书，就能很快达到电子工程师的技术水平。**本套书分为器件仪器篇、电路精解篇和嵌入设计篇三册，其内容说明如下：**

《电子工程师自学宝典　器件仪器篇》主要介绍电子技术基础、万用表的使用、电阻器、电容器、电感器与变压器、二极管、晶体管、晶闸管、场效应晶体管与IGBT、继电器与干簧管、过电流与过电压保护器件、光电器件、电声器件与压电器件、显示器件、传感器、贴片元器件、集成电路、基础电路、无线电广播与收音机、电子操作技能、数字示波器、信号发生器、毫伏表与Q表。

《电子工程师自学宝典　电路精解篇》主要介绍电路分析基础、放大电路、集成运算放大器及应用、谐振与选频滤波电路、正弦波振荡器、调制与解调电路、变频与反馈控制电路、电源电路、数字电路基础与门电路、数制编码与逻辑代数、组合逻辑电路、时序逻辑电路、脉冲电路、D/A与A/D转换电路、半导体存储器、电力电子电路。

《电子工程师自学宝典　嵌入设计篇》主要介绍单片机入门实战、数制与C51语言基础、51单片机编程软件的使用、LED的单片机驱动电路与编程、LED数码管的单片机驱动电路与编程、中断功能的使用与编程、定时器/计数器使用与编程、按键电路与编程、双色LED点阵的使用与编程、液晶显示屏的使用与编程、步进电动机的使用与编程、串行通信与编程、I^2C总线通信与编程、A/D与D/A转换电路与编程、51单片机的硬件系统、电路绘图软件基础、电路原理图和图形的绘制、新元件及其封装的绘制与使用、手工设计印制电路板、自动设计印制电路板。

“电子工程师自学宝典”主要有以下特点：

◆**基础起点低。**读者只需具有初中文化程度即可阅读。

◆**语言通俗易懂。**书中少用专业化的术语，遇到较难理解的内容用形象比喻来说明，尽量避免复杂的理论分析和烦琐的公式推导，图书阅读起来感觉会十分顺畅。

◆**内容解说详细。**考虑到自学时一般无人指导，因此在编写过程中对书中的知识技能进行了详细的解说，让读者能轻松地理解所学内容。

◆**采用图文并茂的表现方式。**书中大量采用直观形象的图表方式来表现内容，使阅读变得非常轻松，不易产生阅读疲劳。

◆**内容安排符合认识规律**。图书按照循序渐进、由浅入深的原则来确定各章节内容的先后顺序，读者只需从前往后阅读图书，便会水到渠成。

◆**突出显示知识要点**。为了帮助读者掌握书中的知识要点，书中用阴影和文字加粗的方法突出显示知识要点，指示学习重点。

◆**视频资源配备齐全**。在重要知识点处，配备了相关的解说视频，通过扫描二维码即可观看，从而帮助读者加深理解，快速掌握。

◆**网络免费辅导**。读者在阅读时遇到难以理解的问题，可以添加易天电学网微信号 etv100，观看有关辅导材料或向老师提问进行学习。

本书在编写过程中得到了许多教师的支持，在此一并表示感谢。由于编者水平有限，书中的错误和疏漏在所难免，望广大读者和同仁予以批评指正。

编　者

目　录

前言
第1章　电子技术基础　/1
1.1　电路基础　/1
1.1.1　电路与电路图　/1
1.1.2　电流与电阻　/1
1.1.3　电位、电压和电动势　/3
1.1.4　电路的三种状态　/4
1.1.5　接地与屏蔽　/4
1.2　欧姆定律　/5
1.2.1　部分电路欧姆定律　/5
1.2.2　全电路欧姆定律　/6
1.3　电功、电功率和焦耳定律　/7
1.3.1　电功　/7
1.3.2　电功率　/7
1.3.3　焦耳定律　/8
1.4　电阻的串联、并联和混联　/8
1.4.1　电阻的串联　/8
1.4.2　电阻的并联　/8
1.4.3　电阻的混联　/9
1.5　直流电与交流电　/9
1.5.1　直流电　/9
1.5.2　单相交流电　/10
第2章　万用表的使用　/13
2.1　指针万用表的使用　/13
2.1.1　面板介绍　/13
2.1.2　使用准备　/14
2.1.3　测量直流电压　/15
2.1.4　测量交流电压　/16
2.1.5　测量直流电流　/16
2.1.6　测量电阻　/16
2.1.7　万用表使用注意事项　/17
2.2　数字万用表的使用　/19
2.2.1　面板介绍　/19
2.2.2　直流电压的测量　/19
2.2.3　直流电流的测量　/21
2.2.4　交流电压的测量　/22
2.2.5　交流电流的测量　/22
2.2.6　电阻阻值的测量　/24
2.2.7　线路通断测量　/24
2.2.8　温度的测量　/25
2.2.9　数字万用表的使用注意事项　/26
第3章　电阻器　/28
3.1　固定电阻器　/28
3.1.1　外形与符号　/28
3.1.2　功能　/28
3.1.3　阻值与允许偏差的表示方法　/28
3.1.4　标称阻值系列　/30
3.1.5　额定功率　/31
3.1.6　选用　/32
3.1.7　用指针万用表检测固定电阻器　/33
3.1.8　用数字万用表检测固定电阻器　/33
3.1.9　电阻器的型号命名方法　/33
3.2　电位器　/34
3.2.1　外形与符号　/34
3.2.2　结构与工作原理　/35
3.2.3　应用电路　/35
3.2.4　种类　/35
3.2.5　主要参数　/36
3.2.6　用指针万用表检测电位器　/36
3.2.7　用数字万用表检测电位器　/38
3.2.8　选用　/38
3.3　敏感电阻器　/38
3.3.1　热敏电阻器　/39
3.3.2　光敏电阻器　/41

3.3.3 敏感电阻器的型号命名方法 /42
3.4 排阻 /44
3.4.1 实物外形 /44
3.4.2 命名方法 /44
3.4.3 种类与结构 /45
3.4.4 用指针万用表检测排阻 /46
3.4.5 用数字万用表检测排阻 /46
第4章 电容器 /48
4.1 固定电容器 /48
4.1.1 结构、外形与符号 /48
4.1.2 主要参数 /48
4.1.3 电容器的“充电”和“放电”特性 /49
4.1.4 电容器的“隔直”和“通交”特性 /50
4.1.5 电容器的“两端电压不能突变”特性 /51
4.1.6 无极性电容器和有极性电容器 /52
4.1.7 种类 /53
4.1.8 电容器的串联与并联 /55
4.1.9 容量与允许偏差的标注方法 /55
4.1.10 用指针万用表检测电容器 /57
4.1.11 用数字万用表检测电容器 /58
4.1.12 选用 /59
4.1.13 电容器的型号命名方法 /60
4.2 可变电容器 /61
4.2.1 微调电容器 /61
4.2.2 单联电容器 /62
4.2.3 多联电容器 /62
第5章 电感器与变压器 /63
5.1 电感器 /63
5.1.1 外形与符号 /63
5.1.2 主要参数与标注方法 /63
5.1.3 电感器的“通直阻交”特性与感抗说明 /65
5.1.4 电感器的“阻碍电流变化”特性说明 /65
5.1.5 种类 /66
5.1.6 电感器的串联与并联 /67
5.1.7 用指针万用表检测电感器 /67
5.1.8 用数字万用表检测电感器的通断 /68
5.1.9 用电感表测量电感器的电感量 /68
5.1.10 选用 /68
5.1.11 电感器的型号命名方法 /69
5.2 变压器 /69
5.2.1 外形与符号 /69
5.2.2 结构原理 /69
5.2.3 变压器的“变压”和“变流”功能说明 /70
5.2.4 特殊绕组变压器 /71
5.2.5 种类 /71
5.2.6 主要参数 /73
5.2.7 用指针万用表检测变压器 /73
5.2.8 用数字万用表检测变压器 /75
5.2.9 选用 /77
5.2.10 变压器的型号命名方法 /77
第6章 二极管 /79
6.1 半导体与二极管 /79
6.1.1 半导体 /79
6.1.2 二极管的结构和符号 /79
6.1.3 二极管的单向导电性和伏安特性说明 /80
6.1.4 二极管的主要参数 /82
6.1.5 二极管正、负极性判别 /82
6.1.6 二极管的常见故障及检测 /83
6.1.7 用数字万用表检测二极管 /83
6.1.8 二极管型号命名方法 /84
6.2 整流二极管和整流桥 /85
6.2.1 整流二极管 /85
6.2.2 整流桥 /86
6.3 稳压二极管 /88
6.3.1 外形与符号 /88
6.3.2 工作原理 /88
6.3.3 应用电路 /89
6.3.4 主要参数 /90
6.3.5 用指针万用表检测稳压二极管 /90
6.3.6 用数字万用表检测稳压二极管 /91
6.4 双向触发二极管 /91
6.4.1 外形与符号 /91
6.4.2 双向触发导通性质说明 /92
6.4.3 特性曲线说明 /92
6.4.4 用指针万用表检测双向触发二极管 /92

6.4.5 用数字万用表检测双向触发二极管 /93
6.5 肖特基二极管 /94
6.5.1 外形与图形符号 /94
6.5.2 特点、应用和检测 /94
6.5.3 常用肖特基二极管的主要参数 /94
6.5.4 用数字万用表检测肖特基二极管 /95
6.6 快恢复二极管 /95
6.6.1 外形与符号 /95
6.6.2 特点、应用和检测 /96
6.6.3 用数字万用表检测快恢复二极管 /96
6.6.4 常用快恢复二极管的主要参数 /96
6.6.5 肖特基二极管、快恢复二极管、高速整流二极管和开关二极管的比较 /96
第7章 晶体管 /98
7.1 普通晶体管 /98
7.1.1 外形与符号 /98
7.1.2 结构 /98
7.1.3 电流、电压规律 /99
7.1.4 放大原理 /101
7.1.5 晶体管的放大、截止和饱和状态 /102
7.1.6 主要参数 /104
7.1.7 用指针万用表检测晶体管 /106
7.1.8 用数字万用表检测晶体管 /109
7.1.9 晶体管型号命名方法 /109
7.2 特殊晶体管 /111
7.2.1 带阻晶体管 /111
7.2.2 带阻尼晶体管 /111
7.2.3 达林顿晶体管 /112
第8章 晶闸管 /114
8.1 单向晶闸管 /114
8.1.1 外形与符号 /114
8.1.2 结构原理 /114
8.1.3 主要参数 /115
8.1.4 用指针万用表检测单向晶闸管 /116
8.1.5 用数字万用表检测单向晶闸管 /117
8.1.6 种类 /117
8.1.7 晶闸管的型号命名方法 /118
8.2 双向晶闸管 /119
8.2.1 符号与结构 /119
8.2.2 工作原理 /119
8.2.3 应用电路 /120
8.2.4 用指针万用表检测双向晶闸管 /121
8.2.5 用数字万用表判别双向晶闸管电极 /121
第9章 场效应晶体管与IGBT /123
9.1 结型场效应晶体管 /123
9.1.1 外形与符号 /123
9.1.2 结构与原理 /123
9.1.3 主要参数 /125
9.1.4 检测 /125
9.1.5 场效应晶体管型号命名方法 /126
9.2 绝缘栅型场效应晶体管 /126
9.2.1 增强型MOS管 /127
9.2.2 耗尽型MOS管 /129
9.3 绝缘栅双极型晶体管 /131
9.3.1 外形、结构与符号 /131
9.3.2 工作原理 /132
9.3.3 应用电路 /132
9.3.4 用指针万用表检测IGBT /133
9.3.5 用数字万用表检测IGBT /133
第10章 继电器与干簧管 /135
10.1 电磁继电器 /135
10.1.1 外形与符号 /135
10.1.2 结构 /135
10.1.3 应用电路 /136
10.1.4 主要参数 /136
10.1.5 用指针万用表检测电磁继电器 /136
10.1.6 用数字万用表检测电磁继电器 /136
10.2 固态继电器 /138
10.2.1 直流固态继电器 /138
10.2.2 交流固态继电器 /139
10.2.3 固态继电器的识别与检测 /139
10.3 干簧管与干簧继电器 /140
10.3.1 外形与符号 /140
10.3.2 工作原理 /140
10.3.3 用指针万用表检测干簧管 /140
10.3.4 用数字万用表检测干簧管 /141

10.3.5　干簧继电器的外形与符号　/141
10.3.6　干簧继电器的工作原理　/141
10.3.7　干簧继电器的应用电路　/142
10.3.8　干簧继电器的检测　/142
第 11 章　过电流与过电压保护器件　/143
11.1　过电流保护器件　/143
11.1.1　玻壳熔断器　/143
11.1.2　自恢复熔断器　/144
11.2　过电压保护器件　/146
11.2.1　压敏电阻器　/146
11.2.2　瞬态电压抑制二极管　/148
第 12 章　光电器件　/150
12.1　发光二极管　/150
12.1.1　普通发光二极管　/150
12.1.2　双色发光二极管　/152
12.1.3　三基色与全彩发光二极管　/153
12.1.4　闪烁发光二极管　/155
12.1.5　红外发光二极管　/156
12.1.6　发光二极管的型号命名方法　/157
12.2　光电二极管　/158
12.2.1　普通光电二极管　/158
12.2.2　红外线接收二极管　/160
12.2.3　红外线接收组件　/160
12.3　光电晶体管　/162
12.3.1　外形与符号　/162
12.3.2　应用电路　/162
12.3.3　检测　/163
12.4　光电耦合器　/164
12.4.1　外形与符号　/164
12.4.2　应用电路　/164
12.4.3　引脚判别　/165
12.4.4　好坏检测　/165
12.4.5　用数字万用表检测光电耦合器　/166
12.5　光遮断器　/167
12.5.1　外形与符号　/168
12.5.2　应用电路　/168
12.5.3　检测　/168
第 13 章　电声器件与压电器件　/170
13.1　扬声器　/170
13.1.1　外形与符号　/170
13.1.2　种类与工作原理　/170
13.1.3　主要参数　/170
13.1.4　用指针万用表检测扬声器　/171
13.1.5　用数字万用表检测扬声器　/172
13.1.6　扬声器的型号命名方法　/172
13.2　耳机　/173
13.2.1　外形与图形符号　/173
13.2.2　种类与工作原理　/173
13.2.3　双声道耳机的内部接线及检测　/174
13.2.4　手机线控耳机的内部电路及接线　/175
13.3　蜂鸣器　/176
13.3.1　外形与符号　/176
13.3.2　种类及结构原理　/177
13.3.3　类型判别　/177
13.3.4　用数字万用表检测蜂鸣器　/177
13.3.5　应用电路　/178
13.4　话筒　/178
13.4.1　外形与符号　/178
13.4.2　工作原理　/179
13.4.3　主要参数　/179
13.4.4　种类与选用　/180
13.4.5　用指针万用表检测话筒　/180
13.4.6　用数字万用表检测话筒　/181
13.4.7　电声器件的型号命名方法　/182
13.5　石英晶体谐振器　/183
13.5.1　外形与结构　/183
13.5.2　特性　/183
13.5.3　应用电路　/184
13.5.4　有源晶体振荡器　/184
13.5.5　晶振的开路检测和在路检测　/185
13.6　陶瓷滤波器　/186
13.6.1　外形、符号与等效图　/186
13.6.2　应用电路　/187
13.6.3　检测　/187
第 14 章　显示器件　/188
14.1　LED 数码管　/188
14.1.1　一位 LED 数码管　/188
14.1.2　多位 LED 数码管　/191
14.2　LED 点阵显示器　/193
14.2.1　单色点阵显示器　/193
14.2.2　双色 LED 点阵显示器　/199

14.3　真空荧光显示器　/202
14.3.1　外形　/202
14.3.2　结构与工作原理　/202
14.3.3　检测　/203
14.4　液晶显示屏　/204
14.4.1　笔段式液晶显示屏　/204
14.4.2　点阵式液晶显示屏　/206
第15章　传感器　/208
15.1　气敏传感器　/208
15.1.1　外形与符号　/208
15.1.2　结构　/208
15.1.3　应用电路　/209
15.1.4　检测　/209
15.2　热释电人体红外线传感器　/210
15.2.1　结构与工作原理　/210
15.2.2　引脚识别　/212
15.3　霍尔传感器　/212
15.3.1　外形与符号　/212
15.3.2　结构与工作原理　/212
15.3.3　种类　/213
15.3.4　应用电路　/214
15.3.5　型号命名　/214
15.3.6　引脚识别与检测　/215
15.4　温度传感器　/215
15.4.1　外形与种类　/215
15.4.2　参数的识读与检测　/216
15.4.3　温度检测电路　/217
第16章　贴片元器件　/218
16.1　表面贴装技术简介　/218
16.1.1　特点　/218
16.1.2　封装规格　/218
16.1.3　手工焊接方法　/218
16.2　贴片电阻器　/220
16.2.1　贴片固定电阻器　/220
16.2.2　贴片电位器　/221
16.2.3　贴片熔断器　/221
16.3　贴片电容器和贴片电感器　/222
16.3.1　贴片电容器　/222
16.3.2　贴片电感器　/223
16.3.3　贴片磁珠　/224
16.4　贴片二极管　/224
16.4.1　通用知识　/224
16.4.2　贴片整流二极管和整流桥　/225
16.4.3　贴片稳压二极管　/225
16.4.4　贴片快恢复二极管　/226
16.4.5　贴片肖特基二极管　/227
16.4.6　贴片开关二极管　/228
16.4.7　贴片发光二极管　/228
16.5　贴片晶体管　/230
16.5.1　外形　/230
16.5.2　引脚极性规律与内部结构　/230
16.5.3　标注代码与对应型号　/230
第17章　集成电路　/232
17.1　概述　/232
17.1.1　快速了解集成电路　/232
17.1.2　集成电路的特点　/233
17.1.3　集成电路的种类　/233
17.1.4　集成电路的封装形式　/234
17.1.5　集成电路的引脚识别　/235
17.1.6　集成电路的型号命名方法　/235
17.2　集成电路的检测　/236
17.2.1　开路测量电阻法　/236
17.2.2　在路检测法　/237
17.2.3　排除法和代换法　/240
17.3　集成电路的拆卸与焊接　/240
17.3.1　直插式集成电路的拆卸　/240
17.3.2　贴片集成电路的拆卸　/242
17.3.3　贴片集成电路的焊接　/243
第18章　基础电路　/244
18.1　放大电路　/244
18.1.1　固定偏置放大电路　/244
18.1.2　电压负反馈放大电路　/245
18.1.3　分压式电流负反馈放大电路　/246
18.1.4　交流放大电路　/246
18.2　谐振电路　/248
18.2.1　串联谐振电路　/248
18.2.2　并联谐振电路　/249
18.3　振荡器　/250
18.3.1　振荡器组成与原理　/250
18.3.2　变压器反馈式振荡器　/251
第19章　无线电广播与收音机　/252
19.1　无线电波　/252
19.1.1　水波与无线电波　/252
19.1.2　无线电波的划分　/253

19.1.3　无线电波的传播规律　/253
19.2　无线电波的发送与接收　/254
19.2.1　无线电波的发送　/254
19.2.2　无线电波的接收　/255
19.3　收音机的电路原理　/257
19.3.1　调幅收音机的组成框图　/257
19.3.2　输入调谐回路　/258
19.3.3　变频电路　/258
19.3.4　中频放大电路　/260
19.3.5　检波电路　/261
19.3.6　AGC 电路　/261
19.3.7　低频放大电路　/262
19.3.8　收音机整机电路分析　/264
第 20 章　电子操作技能　/267
20.1　电子工具材料与操作　/267
20.1.1　电烙铁　/267
20.1.2　焊料与助焊剂　/268
20.1.3　印制电路板　/269
20.1.4　元器件的焊接与拆卸　/270
20.2　电路的检修方法　/271
20.2.1　直观法　/272
20.2.2　电阻法　/272
20.2.3　电压法　/273
20.2.4　电流法　/275
20.2.5　信号注入法　/276
20.2.6　断开电路法　/276
20.2.7　短路法　/277
20.2.8　代替法　/277
第 21 章　数字示波器　/278
21.1　示波器的种类与特点　/278
21.1.1　模拟示波器　/278
21.1.2　数字示波器　/278
21.1.3　数字示波器的优缺点　/279
21.2　面板、接口与测试线　/279
21.2.1　显示屏测试界面　/280
21.2.2　测试连接口　/280
21.2.3　面板按键功能说明　/281
21.2.4　测试线及调整　/281
21.3　一个信号的测量　/282
21.3.1　测量连接　/282
21.3.2　自动测量　/282
21.3.3　关闭一个测量通道　/283
21.3.4　波形垂直调节与通道菜单说明　/284
21.3.5　信号水平调节与时基菜单说明　/285
21.3.6　信号触发的设置与触发菜单说明　/287
21.4　两个信号的测量　/288
21.4.1　测量连接　/288
21.4.2　自动测量　/289
21.4.3　两个信号的幅度调节与垂直方向移动　/289
21.4.4　两个信号的水平宽度调节与水平移动　/289
21.4.5　触发设置　/290
21.5　信号幅度、频率和相位的测量　/290
21.5.1　自动测量信号幅度和频率　/290
21.5.2　用坐标格测量信号的幅度和频率　/292
21.5.3　用光标测量信号的幅度和频率　/292
21.5.4　用光标测量两个信号的相位差　/295
21.6　其他功能的使用　/296
21.6.1　波形的保存　/296
21.6.2　参考波形（REF）的使用　/296
21.6.3　自定义与默认测量设置的使用　/298
第 22 章　信号发生器　/301
22.1　面板及附件说明　/301
22.1.1　面板按键、旋钮与连接口　/301
22.1.2　电源适配器与信号线　/301
22.2　单、双通道信号的产生　/302
22.2.1　信号发生器的输出连接　/302
22.2.2　开启 CH1 通道并选择波形类型　/303
22.2.3　设置信号的频率　/303
22.2.4　设置信号的幅度（峰峰值）　/304
22.2.5　设置信号的偏置（直流成分）　/305
22.2.6　设置信号的相位　/305
22.2.7　同时产生两个信号的操作　/305
22.3　测频与计数功能的使用　/308
22.3.1　测频和计数模式的进入　/308

22.3.2　用测频和计数模式测量 CH1 通道信号　/309
22.3.3　用测频和计数模式测量电路中的信号　/310
22.4　信号扫描功能的使用　/311
22.4.1　信号扫描模式的进入与测试连接　/311
22.4.2　频率扫描的设置与信号输出　/311
22.4.3　幅度扫描的设置与信号输出　/312
22.4.4　直流偏置扫描的设置与信号输出　/313
22.4.5　占空比扫描的设置与信号输出　/315
22.5　信号调制功能的使用　/316
22.5.1　测试连接与信号调制模式的进入　/316
22.5.2　FSK 设置与信号输出　/317
22.5.3　ASK 设置与信号输出　/317
22.5.4　脉冲串的设置与输出　/317
22.5.5　AM 设置与信号输出　/318
22.5.6　FM 设置与信号输出　/319
第 23 章　毫伏表与 *Q* 表　/320
23.1　模拟式毫伏表　/320
23.1.1　面板介绍　/320
23.1.2　使用方法　/321
23.2　数字毫伏表　/323
23.2.1　面板介绍　/323
23.2.2　使用方法　/324
23.3　*Q* 表　/324
23.3.1　*Q* 表的测量原理　/325
23.3.2　QBG-3D 型 *Q* 表的使用　/326

第 1 章

电子技术基础

1.1 电路基础

1.1.1 电路与电路图

图 1-1a 所示是一个简单的实物电路，该电路由电源（电池）、开关、导线和灯泡组成。电源的作用是提供电能；开关、导线的作用是控制和传递电能，称为中间环节；灯泡是消耗电能的用电器，它能将电能转变为光能，称为负载。因此，**电路是由电源、中间环节和负载组成的**。

使用实物图展现电路虽然直观，但有时很不方便，为此人们就**采用一些简单的图形符号代替实物的方法来画电路，这样画出的图形就称为电路图**。图 1-1b 所示的图形就是图 1-1a 所示实物电路的电路图，不难看出，用电路图来表示实际的电路非常方便。

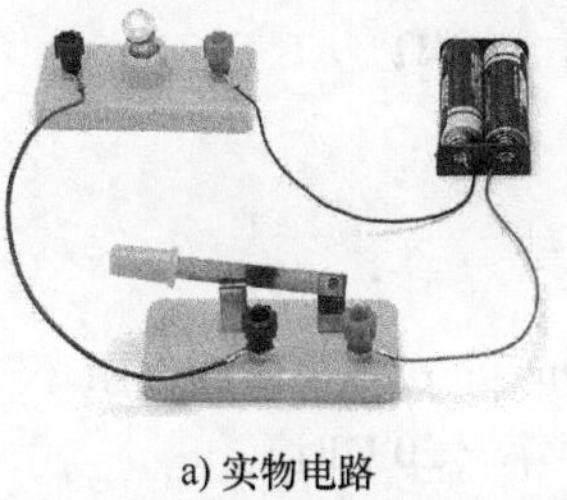

a) 实物电路

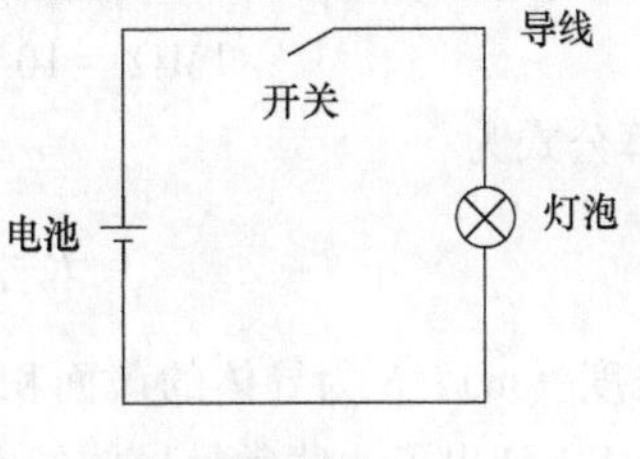
导线
开关
电池
灯泡

b) 电路图

图 1-1　一个简单的电路

1.1.2 电流与电阻

1. 电流

电流说明如图 1-2 所示。

大量的电荷朝一个方向移动（也称定向移动）就形成了电流，这就像公路上有大量的汽车朝一个方向移动就形成"车流"一样。实际上，我们把电子运动的反方向作为电流方向，即把**正电荷在电路中的移动方向规定为电流的方向**。图 1-2 所示电路的电流方向是，电源正极→开关→灯泡→电源的负极。

电流用字母"*I*"表示，单位为安培（简称安），用"A"表示，比安培小的单位有毫安（mA）、微安（μA），它们之间的关系为

$$1A = 10^3 mA = 10^6 \mu A$$

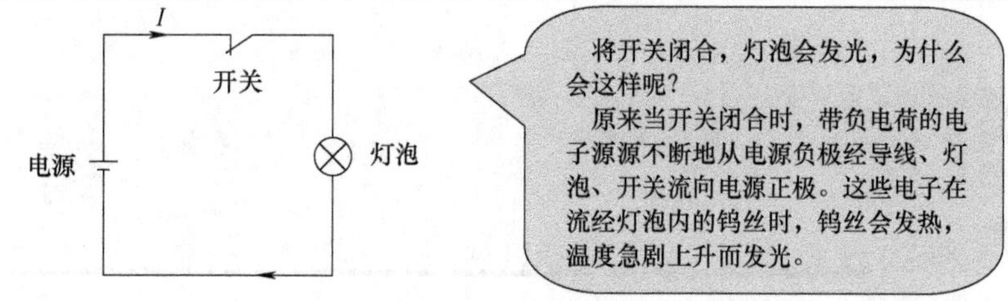
I
开关
电源
灯泡
将开关闭合，灯泡会发光，为什么会这样呢？
原来当开关闭合时，带负电荷的电子源源不断地从电源负极经导线、灯泡、开关流向电源正极。这些电子在流经灯泡内的钨丝时，钨丝会发热，温度急剧上升而发光。

图 1-2　电流说明图

2. 电阻

在图 1-3a 所示电路中，给电路增加一个元件——电阻器，发现灯光会变暗，该电路的电路图如图 1-3b 所示。为什么在电路中增加了电阻器后灯泡会变暗呢？原来电阻器对电流有一定的阻碍作用，从而使流过灯泡的电流减小，灯泡变暗。

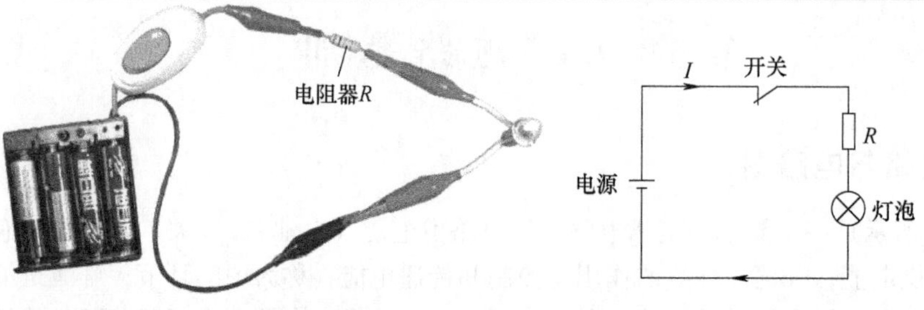
电阻器R
I
开关
R
电源
灯泡

a) 实物电路　　b) 电路图

图 1-3　电阻说明图

导体对电流的阻碍称为该导体的电阻，用字母“R”表示，单位为欧姆（简称欧），用“Ω”表示，比欧姆大的单位有千欧（kΩ）、兆欧（MΩ），它们之间的关系为

$$1\text{M}\Omega = 10^3\text{k}\Omega = 10^6\Omega$$

导体的电阻计算公式为

$$R=\rho\frac{L}{S}$$

式中，L 为导体的长度（m）；S 为导体的截面积（m^2）；ρ 为导体的电阻率（Ω · m）。不同的导体，ρ 一般不同。表 1-1 列出了一些常见导体的电阻率（20℃时）。

表 1-1　一些常见导体的电阻率（20℃时）

导　体	电阻率/Ω · m	导　体	电阻率/Ω · m
银	1.62×10^{-8}	锡	11.4×10^{-8}
铜	1.69×10^{-8}	铁	10.0×10^{-8}
铝	2.83×10^{-8}	铅	21.9×10^{-8}
金	2.4×10^{-8}	汞	95.8×10^{-8}
钨	5.51×10^{-8}	碳	3500×10^{-8}

在长度 L 和截面积 S 相同的情况下，电阻率越大的导体，其电阻越大，例如，L、S 相同的铁导线和铜导线，铁导线的电阻约是铜导线的 5.9 倍，这是由于铁导线的电阻率较铜导线大很多，所以为了减小电能在导线上的损耗，让负载得到较大电流，供电线路通常采用铜导线。

导体的电阻除了与材料有关外，还受温度影响。一般情况下，导体温度越高，电阻越大，例如常温下灯泡（白炽灯）内部钨丝的电阻很小，通电后钨丝的温度上升到1000℃以上，其电阻急剧增大；导体温度下降，电阻减小，**某些导电材料在温度下降到某一值时（如−109℃），电阻会突然变为零，这种现象称为超导现象，具有这种性质的材料称为超导材料。**

1.1.3　电位、电压和电动势

1. 从水流说起

电位、电压和电动势对初学者较难理解，下面通过图 1-4 所示的水流示意图来说明这些术语。

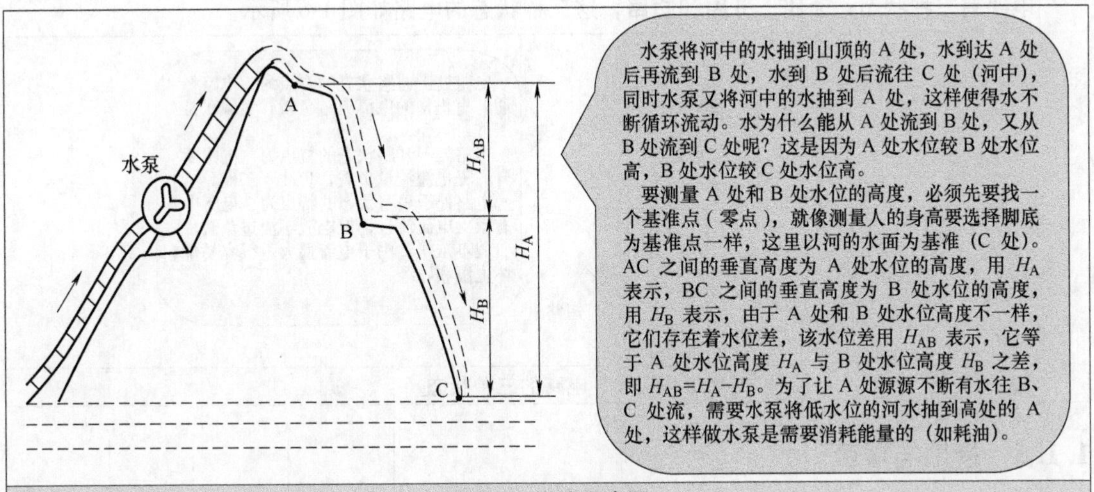
水泵
A
B
C
H_{AB}
H_A
H_B
水泵将河中的水抽到山顶的 A 处，水到达 A 处后再流到 B 处，水到 B 处后流往 C 处（河中），同时水泵又将河中的水抽到 A 处，这样使得水不断循环流动。水为什么能从 A 处流到 B 处，又从 B 处流到 C 处呢？这是因为 A 处水位较 B 处水位高，B 处水位较 C 处水位高。
要测量 A 处和 B 处水位的高度，必须先要找一个基准点（零点），就像测量人的身高要选择脚底为基准点一样，这里以河的水面为基准（C 处）。AC 之间的垂直高度为 A 处水位的高度，用 H_A 表示，BC 之间的垂直高度为 B 处水位的高度，用 H_B 表示，由于 A 处和 B 处水位高度不一样，它们存在着水位差，该水位差用 H_{AB} 表示，它等于 A 处水位高度 H_A 与 B 处水位高度 H_B 之差，即 $H_{AB}=H_A-H_B$。为了让 A 处源源不断有水往 B、C 处流，需要水泵将低水位的河水抽到高处的 A 处，这样做水泵是需要消耗能量的（如耗油）。

图 1-4　水流示意图

2. 电位

电路中的电位、电压和电动势与上述水流情况很相似。如图 1-5 所示，电源的正极输出电流，流到 A 点，再经 R_1 流到 B 点，然后通过 R_2 流到 C 点，最后流到电源的负极。

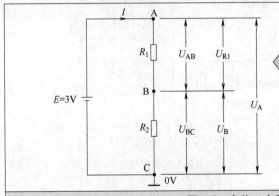

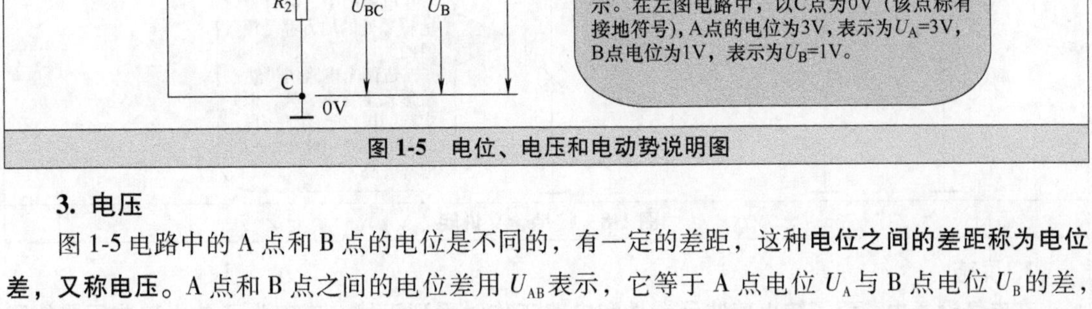
I
A
R_1
U_{AB}
U_{R1}
B
E=3V
U_A
R_2
U_{BC}
U_B
C
0V
与水流示意图相似，左图电路中的A、B点也有高低之分，只不过不是水位，而称为电位，A点电位较B点电位高。
为了计算电位的高低，也需要找一个基准点作为零点，为了表明某点为零基准点，通常在该点处画一个“⊥”符号，该符号称为接地符号，接地符号处的电位规定为0V，电位单位不是米(m)，而是伏特(简称伏)，用V表示。在左图电路中，以C点为0V（该点标有接地符号），A点的电位为3V，表示为U_A=3V，B点电位为1V，表示为U_B=1V。

图 1-5　电位、电压和电动势说明图

3. 电压

图 1-5 电路中的 A 点和 B 点的电位是不同的，有一定的差距，这种**电位之间的差距称为电位差，又称电压**。A 点和 B 点之间的电位差用 U_{AB} 表示，它等于 A 点电位 U_A 与 B 点电位 U_B 的差，即 $U_{AB}=U_A-U_B=3V-1V=2V$。因为 A 点和 B 点电位差实际上就是电阻器 R_1 两端的电位差（即电压），R_1 两端的电压用 U_{R1} 表示，所以 $U_{AB}=U_{R1}$。

4. 电动势

为了让电路中始终有电流流过，电源需要在内部将流到负极的电流源源不断地“抽”到正极，使电源正极具有较高的电位，这样正极才会输出电流。当然，电源内部将负极的电流“抽”到正极也需要消耗能量（如干电池会消耗掉化学能）。**电源消耗能量在两极建立的电位差称为电动势，电动势的单位也是 V**，图 1-5 所示电路中电源的电动势为 3V。

由于电源内部的电流方向是由负极流向正极，故电源的电动势方向规定为从电源负极指向正极。

1.1.4　电路的三种状态

电路有三种状态：通路、开路和短路，这三种状态的电路如图 1-6 所示。

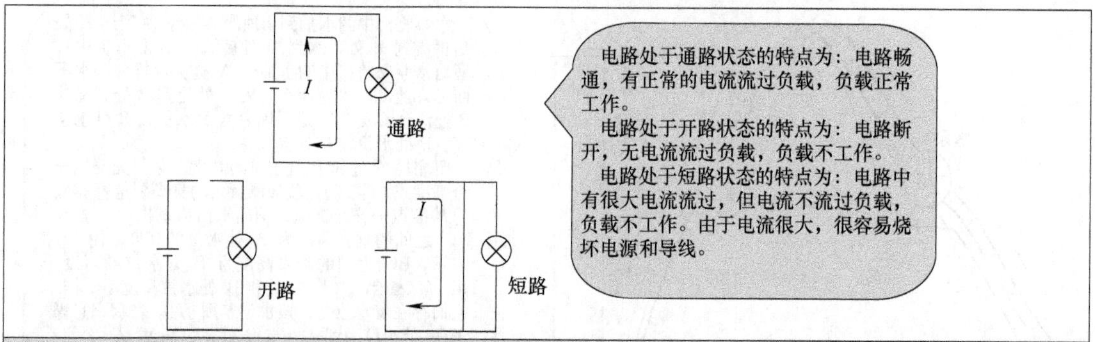
I
通路
开路
I
短路
电路处于通路状态的特点为：电路畅通，有正常的电流流过负载，负载正常工作。
电路处于开路状态的特点为：电路断开，无电流流过负载，负载不工作。
电路处于短路状态的特点为：电路中有很大电流流过，但电流不流过负载，负载不工作。由于电流很大，很容易烧坏电源和导线。

图 1-6　电路的三种状态

1.1.5　接地与屏蔽

1. 接地

接地在电工电子技术中应用广泛，接地常用图 1-7 所示的符号表示。接地的含义说明如图 1-8 所示。

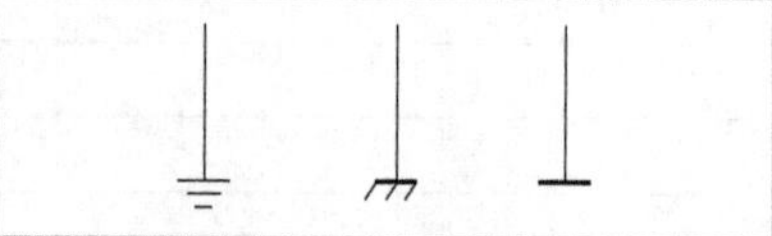

图 1-7　接地符号

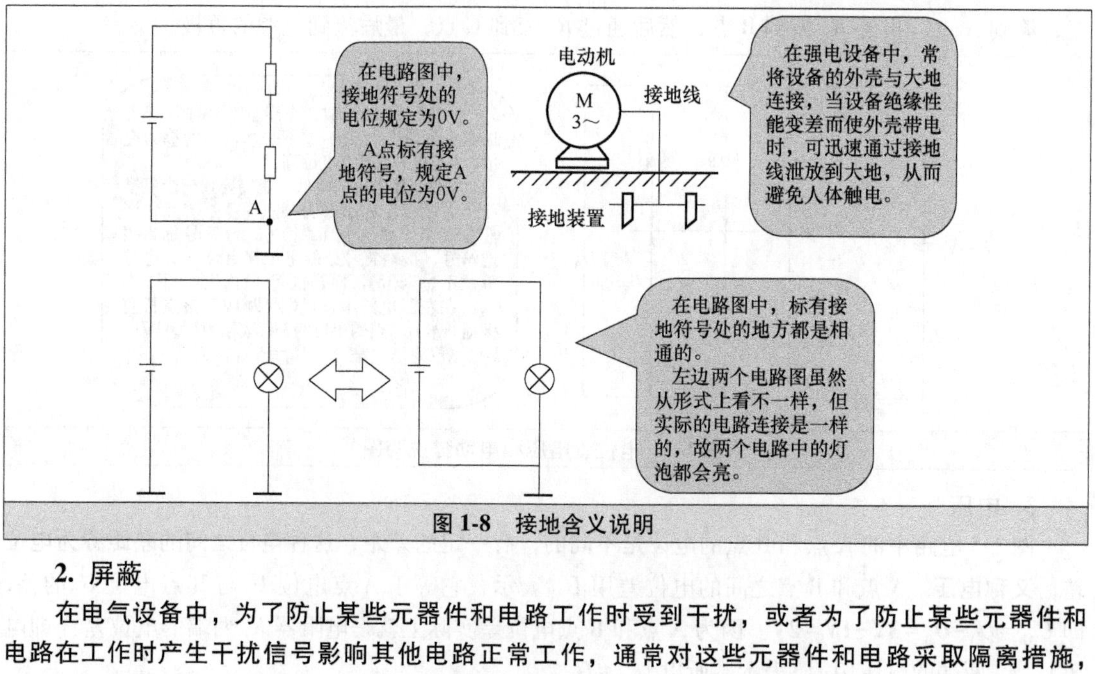
在电路图中，接地符号处的电位规定为0V。
A点标有接地符号，规定A点的电位为0V。
A
电动机
M
3～
接地线
接地装置
在强电设备中，常将设备的外壳与大地连接，当设备绝缘性能变差而使外壳带电时，可迅速通过接地线泄放到大地，从而避免人体触电。
在电路图中，标有接地符号处的地方都是相通的。
左边两个电路图虽然从形式上看不一样，但实际的电路连接是一样的，故两个电路中的灯泡都会亮。

图 1-8　接地含义说明

2. 屏蔽

在电气设备中，为了防止某些元器件和电路工作时受到干扰，或者为了防止某些元器件和电路在工作时产生干扰信号影响其他电路正常工作，通常对这些元器件和电路采取隔离措施，这种隔离称为屏蔽。屏蔽常用图 1-9 所示的符号表示。

屏蔽的具体做法是用金属材料（称为屏蔽罩）将元器件或电路封闭起来，再将屏蔽罩接地（通常为电源的负极）。图 1-10 所示为带有屏蔽罩的元器件和导线，外界干扰信号无法穿过金属屏蔽罩干扰内部元器件和电路。

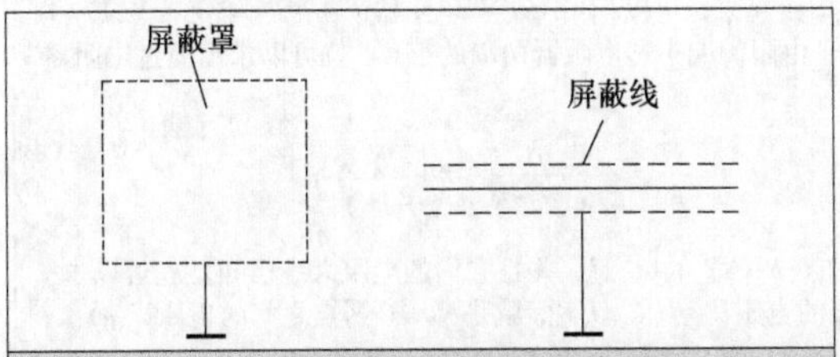
屏蔽罩
屏蔽线

图 1-9　屏蔽符号

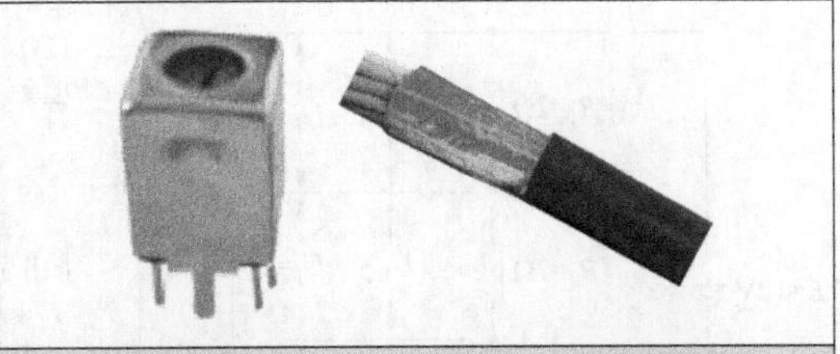

图 1-10　带有屏蔽罩的元器件和导线

1.2　欧姆定律

欧姆定律是电工电子技术中的一个最基本的定律，它反映了电路中电阻、电流和电压之间的关系。欧姆定律分为部分电路欧姆定律和全电路欧姆定律。

1.2.1　部分电路欧姆定律

部分电路欧姆定律的内容是，在电路中，流过导体的电流 I 的大小与导体两端的电压 U 成正比，与导体的电阻 R 成反比，即

$$I=\frac{U}{R}$$

也可以表示为 $U=IR$ 或 $R=\frac{U}{I}$。

为了让大家更好地理解欧姆定律，下面以图 1-11 为例来说明。

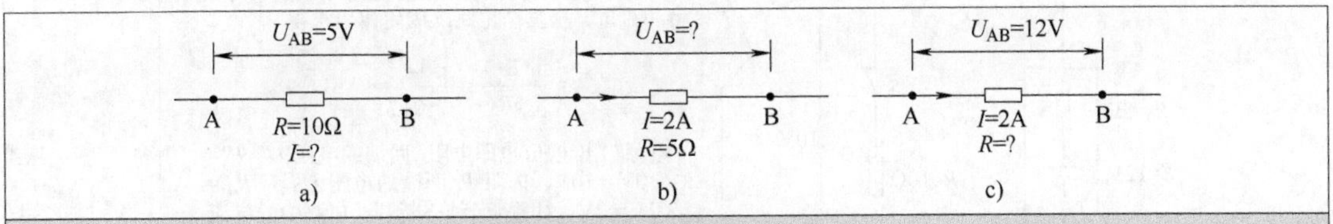
U_{AB}=5V
A
R=10Ω
I=?
B
a)
U_{AB}=?
A
I=2A
R=5Ω
B
b)
U_{AB}=12V
A
I=2A
R=?
B
c)

图 1-11　欧姆定律的几种形式

如图 1-11a 所示，已知电阻 $R=10\Omega$，电阻两端电压 $U_{AB}=5V$，那么流过电阻的电流 $I=\frac{U_{AB}}{R}=\frac{5}{10}A=0.5A$。

又如图 1-11b 所示，已知电阻 $R=5\Omega$，流过电阻的电流 $I=2A$，那么电阻两端的电压 $U_{AB}=IR=(2\times5)V=10V$。

在图 1-11c 所示电路中，流过电阻的电流 $I=2A$，电阻两端的电压 $U_{AB}=12V$，那么电阻的大小 $R=\frac{U}{I}=\frac{12}{2}\Omega=6\Omega$。

下面再来说明欧姆定律在实际电路中的应用，如图 1-12 所示。

在图 1-12 所示电路中如何求 B 点电压呢？首先要明白，求某点电压指的就是求该点与地之间的电压，所以 B 点电压 U_B 实际就是电压 U_{BD}。求 U_B 有以下两种方法。

方法一：$U_B=U_{BD}=U_{BC}+U_{CD}=U_{R2}+U_{R3}=(7+3)\,V=10V$

方法二：$U_B=U_{BD}=U_{AD}-U_{AB}=U_{AD}-U_{R1}=(12-2)\,V=10V$

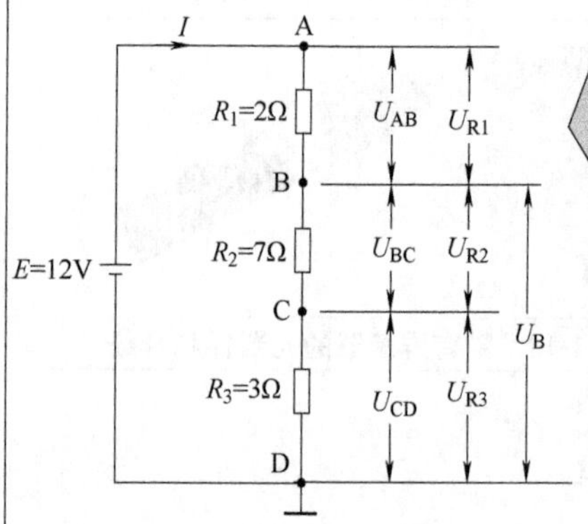
I
A
R_1=2Ω
U_{AB}
U_{R1}
B
R_2=7Ω
U_{BC}
U_{R2}
E=12V
C
U_B
R_3=3Ω
U_{CD}
U_{R3}
D

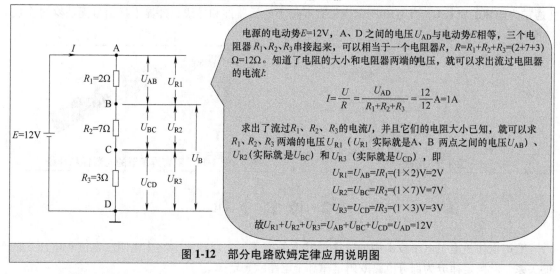

电源的电动势E=12V，A、D之间的电压U_{AD}与电动势E相等，三个电阻器R_1、R_2、R_3串接起来，可以相当于一个电阻器R，$R=R_1+R_2+R_3=(2+7+3)\Omega=12\Omega$。知道了电阻的大小和电阻器两端的电压，就可以求出流过电阻器的电流I:

$$I=\frac{U}{R}=\frac{U_{AD}}{R_1+R_2+R_3}=\frac{12}{12}\text{A}=1\text{A}$$

求出了流过R_1、R_2、R_3的电流I，并且它们的电阻大小已知，就可以求R_1、R_2、R_3两端的电压U_{R1}（U_{R1}实际就是A、B两点之间的电压U_{AB}）、U_{R2}(实际就是U_{BC}）和U_{R3}（实际就是U_{CD}），即

$$U_{R1}=U_{AB}=IR_1=(1\times2)\text{V}=2\text{V}$$

$$U_{R2}=U_{BC}=IR_2=(1\times7)\text{V}=7\text{V}$$

$$U_{R3}=U_{CD}=IR_3=(1\times3)\text{V}=3\text{V}$$

故$U_{R1}+U_{R2}+U_{R3}=U_{AB}+U_{BC}+U_{CD}=U_{AD}=12\text{V}$

图 1-12　部分电路欧姆定律应用说明图

1.2.2　全电路欧姆定律

全电路是指含有电源和负载的闭合回路。**全电路欧姆定律又称闭合电路欧姆定律，其内容是，闭合电路中的电流与电源的电动势成正比，与电路的内、外电阻之和成反比，**即

$$I=\frac{E}{R+R_0}$$

全电路欧姆定律应用说明如图 1-13 所示。

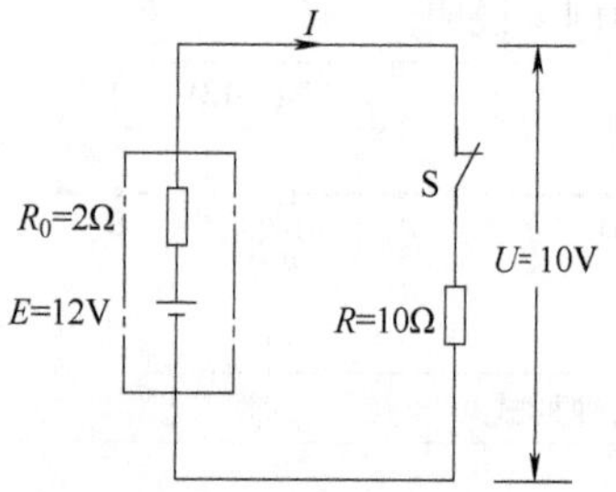
I
S
R_0=2Ω
U=10V
E=12V
R=10Ω

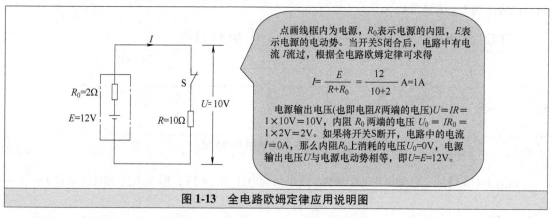

点画线框内为电源，R_0表示电源的内阻，E表示电源的电动势。当开关S闭合后，电路中有电流 I流过，根据全电路欧姆定律可求得

$$I=\frac{E}{R+R_0}=\frac{12}{10+2}\text{A}=1\text{A}$$

电源输出电压(也即电阻R两端的电压)$U=IR=1\times10\text{V}=10\text{V}$，内阻 R_0两端的电压 $U_0=IR_0=1\times2\text{V}=2\text{V}$。如果将开关S断开，电路中的电流$I=0\text{A}$，那么内阻$R_0$上消耗的电压$U_0$=0V，电源输出电压$U$与电源电动势相等，即$U=E=12\text{V}$。

图 1-13　全电路欧姆定律应用说明图

根据全电路欧姆定律不难看出以下几点：

1）在电源未接负载时，不管电源内阻多大，内阻消耗的电压始终为 0V，电源两端电压与电动势相等。

2）当电源与负载构成闭合电路后，由于有电流流过内阻，内阻会消耗电压，从而使电源输出电压降低。内阻越大，消耗的电压越大，电源输出电压越低。

3）在电源内阻不变的情况下，如果外阻越小，电路中的电流越大，内阻消耗的电压也越大，电源输出电压也会降低。

由于正常电源的内阻很小，消耗的电压很低，故一般情况下可认为电源的输出电压与电源电动势相等。

利用全电路欧姆定律可以解释很多现象。比如用仪表测得旧电池两端电压与正常电压相同，但将旧电池与电路连接后除了输出电流很小外，电池的输出电压也会急剧下降，这是因为旧电池内阻变大的缘故；又如将电源正、负极直接短路时，电源会发热甚至烧坏，这是因为短路时流过电源内阻的电流很大，内阻消耗的电压与电源电动势相等，大量的电能在电源内阻上消耗并转换成热能，故电源会发热。

1.3　电功、电功率和焦耳定律

1.3.1　电功

电流流过灯泡，灯泡会发光；电流流过电炉丝，电炉丝会发热；电流流过电动机，电动机会运转。由此可以看出，**电流流过一些用电设备时是会做功的，电流做的功称为电功**。用电设备做功的大小不但与加到用电设备两端的电压及流过的电流有关，还与通电时间长短有关。电功可用下面的公式计算：

$$W=UIt$$

式中，W 表示电功，单位是焦（J）；U 表示电压，单位是伏（V）；I 表示电流，单位是安（A）；t 表示时间，单位是秒（s）。

电功的单位是焦耳（J），在电学中还常用到另一个单位：千瓦时（kW·h），俗称为度。 1kW·h=1 度。千瓦时与焦耳的换算关系是

$$1\text{kW}\cdot\text{h}=1\times10^3\text{W}\times(60\times60)\text{s}=3.6\times10^6\text{W}\cdot\text{s}=3.6\times10^6\text{J}$$

1kW·h 可以这样理解：一个电功率为 100W 的灯泡连续使用 10h，消耗的电功为 1kW·h（即消耗 1 度电）。

1.3.2　电功率

电流需要通过一些用电设备才能做功。为了衡量这些设备做功能力的大小，引入一个电功率的概念。**电流单位时间做的功称为电功率。电功率用 P 表示，单位是瓦（W）**，此外还有千瓦（kW）和毫瓦（mW），它们之间的换算关系是

$$1\text{kW}=10^3\text{W}=10^6\text{mW}$$

电功率的计算公式是

$$P=UI$$

根据欧姆定律可知，$U=IR$，$I=U/R$，所以电功率还可以用公式 $P=I^2R$ 和 $P=U^2/R$ 来求取。

下面以图 1-14 所示电路来说明电功率的计算方法。

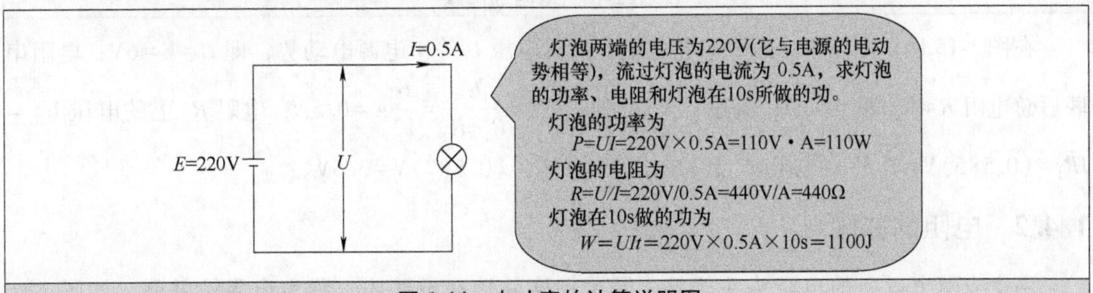
I=0.5A
E=220V
U
灯泡两端的电压为220V(它与电源的电动势相等)，流过灯泡的电流为 0.5A，求灯泡的功率、电阻和灯泡在10s所做的功。
灯泡的功率为
P=UI=220V×0.5A=110V·A=110W
灯泡的电阻为
R=U/I=220V/0.5A=440V/A=440Ω
灯泡在10s做的功为
W=UIt=220V×0.5A×10s=1100J

图 1-14　电功率的计算说明图

1.3.3 焦耳定律

电流流过导体时导体会发热，这种现象称为电流的热效应。电热锅、电饭煲和电热水器等都是利用电流的热效应来工作的。

英国物理学家焦耳通过实验发现：电流流过导体，导体发出的热量与导体流过的电流、导体的电阻和通电的时间有关。**焦耳定律的具体内容是，电流流过导体产生的热量，与电流的二次方及导体的电阻成正比，与通电时间也成正比。**由于这个定律除了由焦耳发现外，俄国科学家楞次也通过实验独立发现，故该定律又称焦耳-楞次定律。

焦耳定律可用下面的公式表示：

$$Q=I^2Rt$$

式中，Q 表示热量，单位是焦耳（J）；R 表示电阻，单位是欧姆（Ω）；t 表示时间，单位是秒（s）。

举例：某台电动机额定电压是220V，线圈的电阻为0.4Ω，当电动机接220V的电压时，流过的电流是3A，求电动机的功率和线圈每秒发出的热量。

$$\text{电动机的功率 } P=UI=220\text{V}\times3\text{A}=660\text{W}$$

$$\text{电动机线圈每秒发出的热量 } Q=I^2Rt=(3\text{A})^2\times0.4\Omega\times1\text{s}=3.6\text{J}$$

1.4 电阻的串联、并联和混联

电阻是电路中使用最多的一种元件，电阻在电路中的连接形式主要有串联、并联和混联三种。

1.4.1 电阻的串联

两个或两个以上的电阻头尾相连串接在电路中，称为电阻的串联，如图1-15所示。

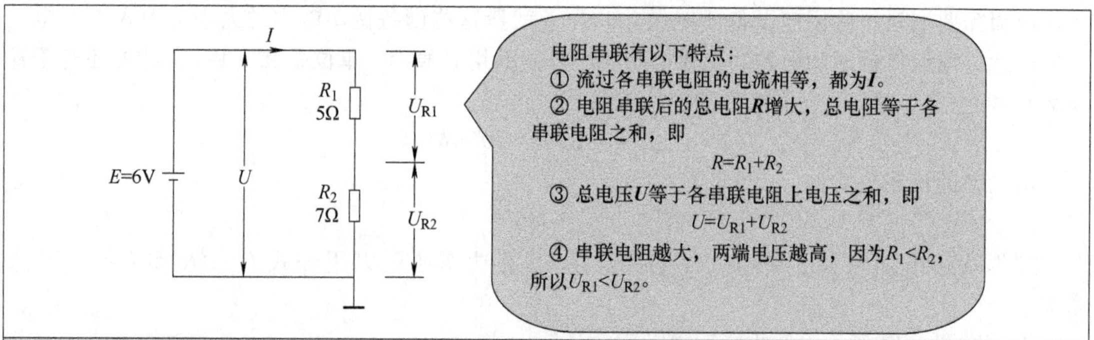
I
R1 5Ω
UR1
E=6V
U
R2 7Ω
UR2
电阻串联有以下特点：
① 流过各串联电阻的电流相等，都为I。
② 电阻串联后的总电阻R增大，总电阻等于各串联电阻之和，即
R=R1+R2
③ 总电压U等于各串联电阻上电压之和，即
U=UR1+UR2
④ 串联电阻越大，两端电压越高，因为R1<R2，所以UR1<UR2。

图1-15 电阻的串联

在图1-15所示电路中，两个串联电阻上的总电压 U 等于电源电动势，即 $U=E=6\text{V}$；电阻串联后总电阻 $R=R_1+R_2=12\Omega$；流过各电阻的电流 $I=\dfrac{U}{R_1+R_2}=\dfrac{6}{12}\text{A}=0.5\text{A}$；电阻 R_1 上的电压 $U_{R1}=IR_1=(0.5\times5)\text{V}=2.5\text{V}$，电阻 R_2 上的电压 $U_{R2}=IR_2=(0.5\times7)\text{V}=3.5\text{V}$。

1.4.2 电阻的并联

两个或两个以上的电阻头头相接、尾尾相连并接在电路中，称为电阻的并联，如图1-16所示。

在图 1-16 所示电路中，并联的电阻 R_1、R_2 两端的电压相等，$U_{R1}=U_{R2}=U=6V$；流过 R_1 的电流 $I_1=\frac{U_{R1}}{R_1}=\frac{6}{6}A=1A$，流过 R_2 的电流 $I_2=\frac{U_{R2}}{R_2}=\frac{6}{12}A=0.5A$，总电流 $I=I_1+I_2=(1+0.5)A=1.5A$；R_1、R_2 并联总电阻为

$$R=\frac{R_1R_2}{R_1+R_2}=\frac{6\times12}{6+12}\Omega=4\Omega$$

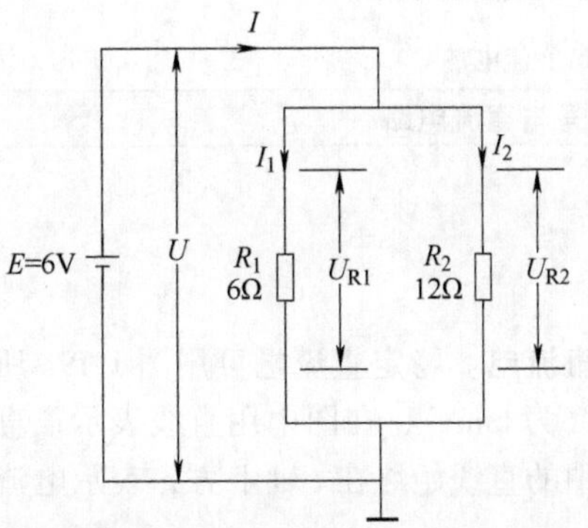

I
I1
I2
E=6V
U
R1
6Ω
UR1
R2
12Ω
UR2

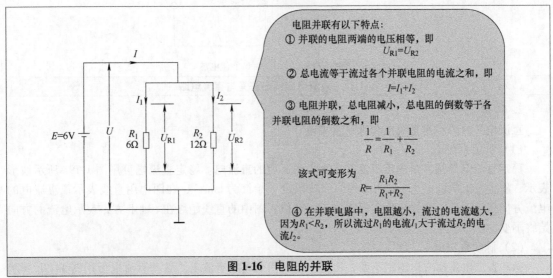

电阻并联有以下特点：

① 并联的电阻两端的电压相等，即

$$U_{R1}=U_{R2}$$

② 总电流等于流过各个并联电阻的电流之和，即

$$I=I_1+I_2$$

③ 电阻并联，总电阻减小，总电阻的倒数等于各并联电阻的倒数之和，即

$$\frac{1}{R}=\frac{1}{R_1}+\frac{1}{R_2}$$

该式可变形为

$$R=\frac{R_1R_2}{R_1+R_2}$$

④ 在并联电路中，电阻越小，流过的电流越大，因为$R_1<R_2$，所以流过R_1的电流I_1大于流过R_2的电流I_2。

图 1-16　电阻的并联

1.4.3　电阻的混联

一个电路中的电阻既有串联又有并联时，称为电阻的混联，如图 1-17 所示。

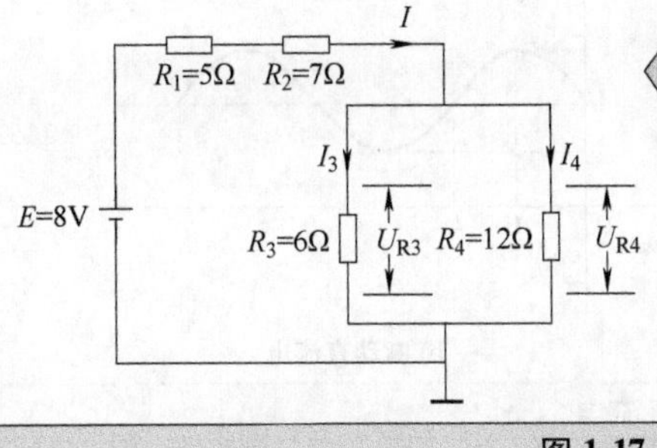

I
R1=5Ω
R2=7Ω
I3
I4
E=8V
R3=6Ω
UR3
R4=12Ω
UR4

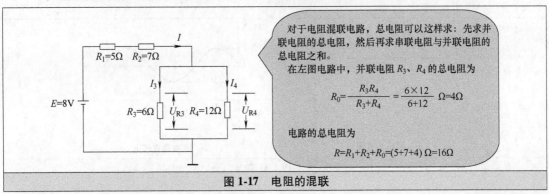

对于电阻混联电路，总电阻可以这样求：先求并联电阻的总电阻，然后再求串联电阻与并联电阻的总电阻之和。

在左图电路中，并联电阻 R_3、R_4 的总电阻为

$$R_0=\frac{R_3R_4}{R_3+R_4}=\frac{6\times12}{6+12}\ \Omega=4\Omega$$

电路的总电阻为

$$R=R_1+R_2+R_0=(5+7+4)\ \Omega=16\Omega$$

图 1-17　电阻的混联

读者如有兴趣，可试试求图 1-17 所示电路的总电流 I，R_1 两端电压 U_{R1}，R_2 两端电压 U_{R2}，R_3两端电压 U_{R3}和流过 R_3、R_4的电流 I_3、I_4的大小。

1.5　直流电与交流电

1.5.1　直流电

1. 符号

直流电是指方向始终固定不变的电压或电流。能产生直流电的电源称为直流电源，常见的

干电池、蓄电池和直流发电机等都是直流电源，直流电源常用图 1-18a 所示的图形符号表示。直流电的电流方向总是由电源正极流出，通过电路流到负极。在图 1-18b 所示的直流电路中，电流从直流电源正极流出，经电阻 R 和灯泡流到负极。

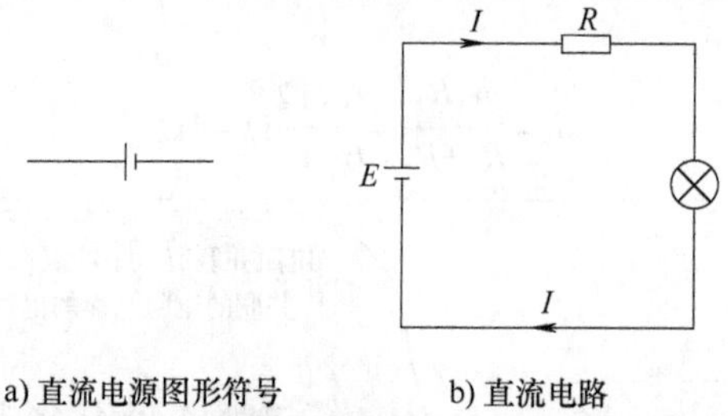
I
R
E
I
a) 直流电源图形符号
b) 直流电路

图 1-18　直流电源图形符号与直流电路

2. 种类

直流电又分为稳定直流电和脉动直流电。

（1）稳定直流电

稳定直流电是指方向固定不变并且大小也不变的直流电。稳定直流电可用图 1-19a 所示波形表示，稳定直流电的电流 I 的大小始终保持恒定（始终为 6mA），在图中用直线表示；直流电的电流方向保持不变，始终是从电源正极流向负极，图中的直线始终在 t 轴上方，表示电流的方向始终不变。

（2）脉动直流电

脉动直流电是指方向固定不变，但大小随时间变化的直流电。脉动直流电可用图 1-19b 所示的波形表示。从图中可以看出，脉动直流电的电流 I 的大小随时间做波动变化（如在 t_1 时刻电流为 6mA，在 t_2 时刻电流变为 4mA），电流大小波动变化在图中用曲线表示；脉动直流电的方向始终不变（电流始终从电源正极流向负极），图中的曲线始终在 t 轴上方，表示电流的方向始终不变。

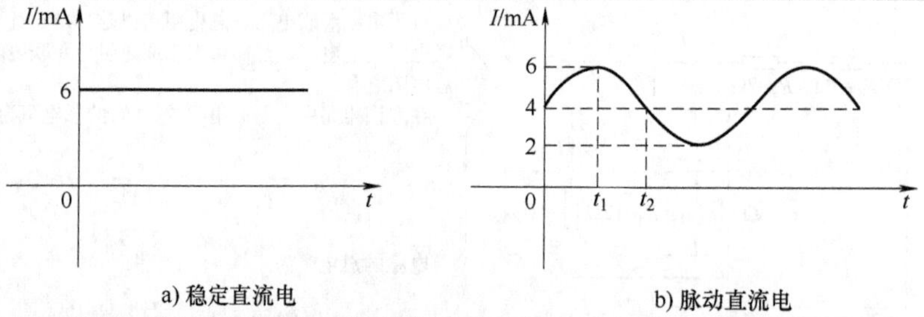
I/mA
6
0
t
a) 稳定直流电
I/mA
6
4
2
0
t1
t2
t
b) 脉动直流电

图 1-19　直流电

1.5.2　单相交流电

交流电是指方向和大小都随时间做周期性变化的电压或电流。交流电类型很多，其中最常见的是正弦交流电，因此这里就以正弦交流电为例来介绍交流电。

1. 正弦交流电

正弦交流电的符号、电路和波形如图 1-20 所示。

2. 周期和频率

周期和频率是交流电最常用的两个概念，下面以图 1-21 所示的正弦交流电波形图来说明。

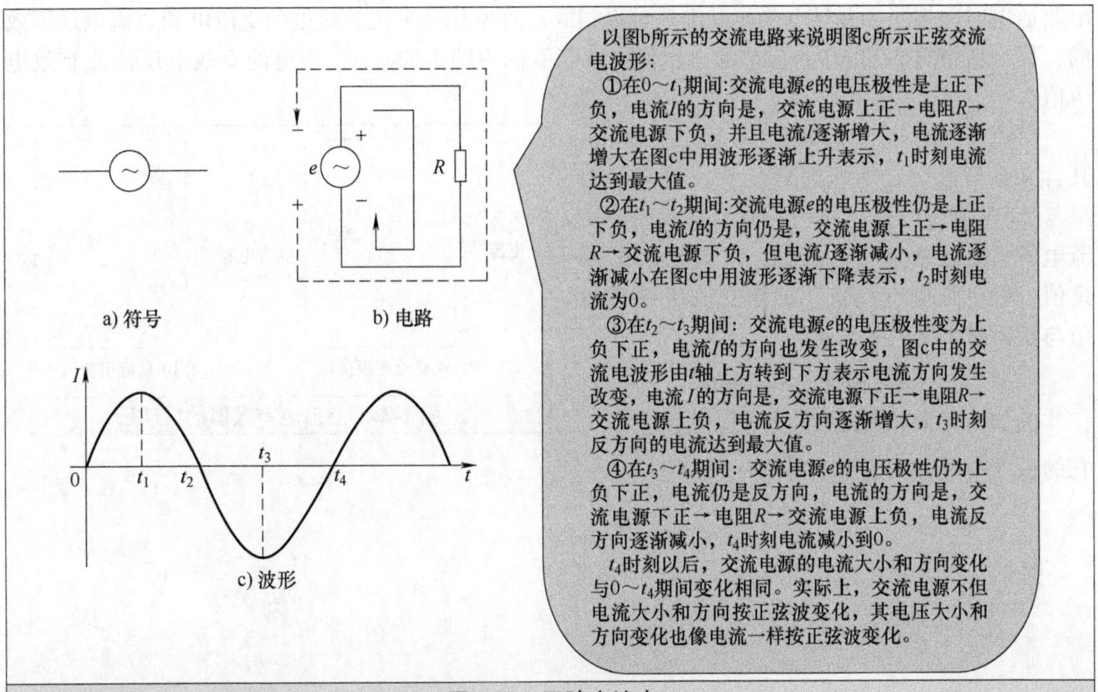
a) 符号
e
R
b) 电路
I
0
t_1
t_2
t_3
t_4
t
c) 波形
以图b所示的交流电路来说明图c所示正弦交流电波形：
①在0～t_1期间：交流电源e的电压极性是上正下负，电流I的方向是，交流电源上正→电阻R→交流电源下负，并且电流I逐渐增大，电流逐渐增大在图c中用波形逐渐上升表示，t_1时刻电流达到最大值。
②在t_1～t_2期间：交流电源e的电压极性仍是上正下负，电流I的方向仍是，交流电源上正→电阻R→交流电源下负，但电流I逐渐减小，电流逐渐减小在图c中用波形逐渐下降表示，t_2时刻电流为0。
③在t_2～t_3期间：交流电源e的电压极性变为上负下正，电流I的方向也发生改变，图c中的交流电波形由t轴上方转到下方表示电流方向发生改变，电流I的方向是，交流电源下正→电阻R→交流电源上负，电流反方向逐渐增大，t_3时刻反方向的电流达到最大值。
④在t_3～t_4期间：交流电源e的电压极性仍为上负下正，电流仍是反方向，电流的方向是，交流电源下正→电阻R→交流电源上负，电流反方向逐渐减小，t_4时刻电流减小到0。
t_4时刻以后，交流电源的电流大小和方向变化与0～t_4期间变化相同。实际上，交流电源不但电流大小和方向按正弦波变化，其电压大小和方向变化也像电流一样按正弦波变化。

图 1-20　正弦交流电

(1) 周期

从图 1-21 可以看出，交流电变化过程是不断重复的，**交流电重复变化一次所需的时间称为周期，用 T 表示，单位是秒（s）**。图 1-21 所示交流电的周期为 $T=0.02\text{s}$，说明该交流电每隔 0.02s 就会重复变化一次。

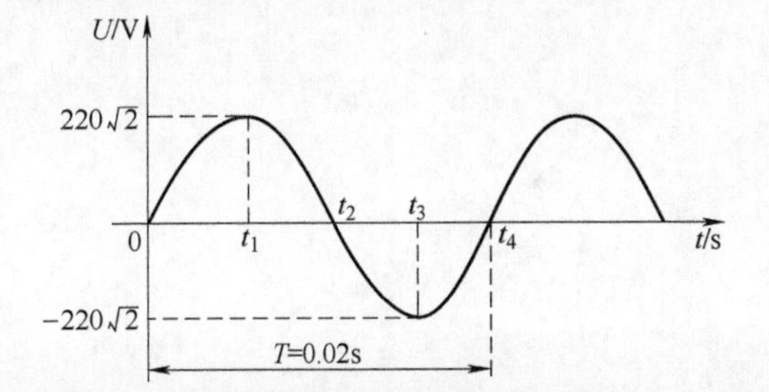
U/V
$220\sqrt{2}$
$-220\sqrt{2}$
0
t_1
t_2
t_3
t_4
t/s
T=0.02s

图 1-21　正弦交流电的周期、频率和瞬时值说明图

(2) 频率

交流电在每秒钟内重复变化的次数称为频率，频率用 f 表示，它是周期的倒数，即

$$f=\frac{1}{T}$$

频率的单位是赫兹（Hz）。图 1-21 所示交流电的周期 $T=0.02\text{s}$，那么它的频率 $f=1/T=1/0.02\text{s}=50\text{Hz}$，该交流电的频率 $f=50\text{Hz}$，说明在 1s 内交流电能重复 0～t_4 这个过程 50 次。交流电变化越快，变化一次所需要时间越短，周期就越短，频率就越高。

3. 瞬时值和有效值

(1) 瞬时值

交流电的大小和方向是不断变化的，交流电在某一时刻的值称为交流电在该时刻的瞬时值。 以图 1-21 所示的交流电压为例，它在 t_1 时刻的瞬时值为 $220\sqrt{2}$V（约为 311V），该值为最大瞬时值，在 t_2 时刻的瞬时值为 0V，该值为最小瞬时值。

(2) 有效值

交流电的大小和方向是不断变化的，这给电路计算和测量带来不便，为此引入有效值的概念。下面以图 1-22 所示电路来说明有效值的含义。

图 1-22 所示两个电路中的电热丝完全一样，现分别给电热丝通交流电和直流电，如果两个

电路通电时间相同，并且电热丝发出热量也相同。对电热丝来说，这里的交流电和直流电是等效的，那么就将图 1-22b 中直流电的电压值或电流值称为图 1-22a 中交流电的有效电压值或有效电流值。

交流市电电压为 220V 指的就是有效值，其含义是虽然交流电压时刻变化，但它的效果与 220V 直流电是一样的。没特别说明，交流电的大小通常是指有效值，测量仪表的测量值一般也是指有效值。**正弦交流电的有效值与瞬时最大值的关系是**

$$最大瞬时值=\sqrt{2}\times有效值$$

例如，交流市电的有效电压值为 220V，它的最大瞬时电压值$=220\sqrt{2}\,\text{V}\approx311\text{V}$。

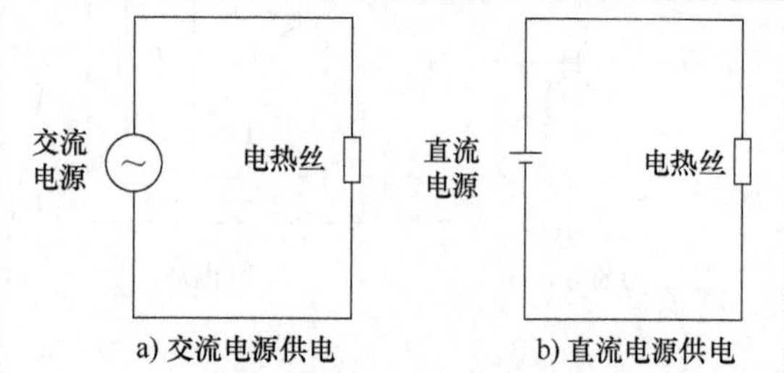
交流
电源
电热丝
a) 交流电源供电
直流
电源
电热丝
b) 直流电源供电

图 1-22　交流电有效值的说明图

第2章

万用表的使用

2.1 指针万用表的使用

指针万用表是一种广泛使用的电子测量仪表，它由一只灵敏很高的直流电流表（微安表）作表头，再加上档位开关和相关电路组成。指针万用表可以测量电压、电流、电阻，还可以用于检测电子元器件的好坏。指针万用表种类很多，使用方法大同小异，本节以MF-47 型万用表为例进行介绍。

扫一扫看视频

2.1.1 面板介绍

MF-47 型万用表的面板如图 2-1 所示。**指针万用表面板主要由刻度盘、档位开关、旋钮和插孔构成。**

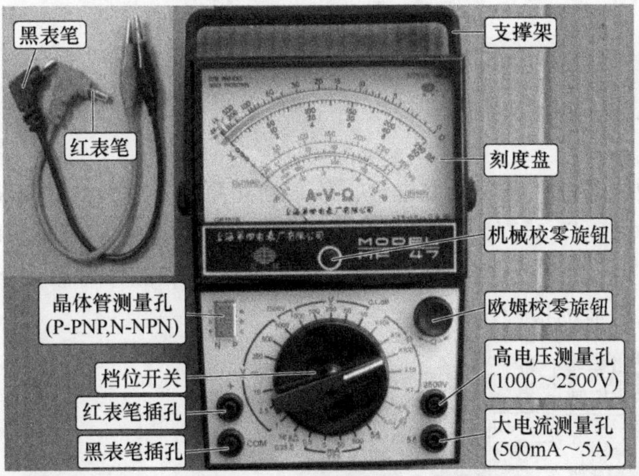
黑表笔
红表笔
支撑架
刻度盘
机械校零旋钮
晶体管测量孔
(P-PNP,N-NPN)
欧姆校零旋钮
档位开关
高电压测量孔
(1000～2500V)
红表笔插孔
黑表笔插孔
大电流测量孔
(500mA～5A)
A-V-Ω
COM

机械校零旋钮的功能是在测量前将表针调到电压 / 电流刻度线的“0”刻度处。
欧姆校零旋钮的功能是在使用欧姆档测量时，将表针调到欧姆刻度线的“0”刻度处。
标有“+”字样的为红表笔插孔，标有“COM（或 -）”字样的为黑表笔插孔。
在测量 500mA ～ 5A 范围内的电流时，红表笔应插入标有“5A”字样的大电流插孔。
在测量 1000 ～ 2500V 范围内的电压时，红表笔应插入标有“2500V”字样的高电压插孔。
6 孔组合插孔为晶体管测量插孔，标有“N”字样的 3 个孔为 NPN 型晶体管的测量插孔，标有“P”字样的 3 个孔为 PNP 型晶体管的测量插孔。

图 2-1 MF-47 型万用表的面板

1. 刻度盘

刻度盘用来指示被测量值的大小，它由 1 根表针和 6 条刻度线组成。刻度盘如图 2-2 所示。

2. 档位开关

档位开关的功能是选择不同的测量档位。档位开关如图 2-3 所示。

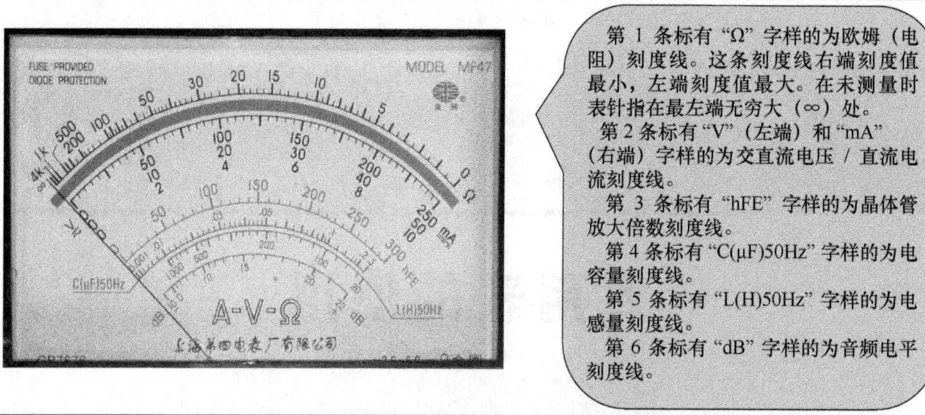
第 1 条标有“Ω”字样的为欧姆（电阻）刻度线。这条刻度线右端刻度值最小，左端刻度值最大。在未测量时表针指在最左端无穷大（∞）处。
第 2 条标有“V”（左端）和“mA”（右端）字样的为交直流电压 / 直流电流刻度线。
第 3 条标有“hFE”字样的为晶体管放大倍数刻度线。
第 4 条标有“C(μF)50Hz”字样的为电容量刻度线。
第 5 条标有“L(H)50Hz”字样的为电感量刻度线。
第 6 条标有“dB”字样的为音频电平刻度线。

图 2-2　刻度盘

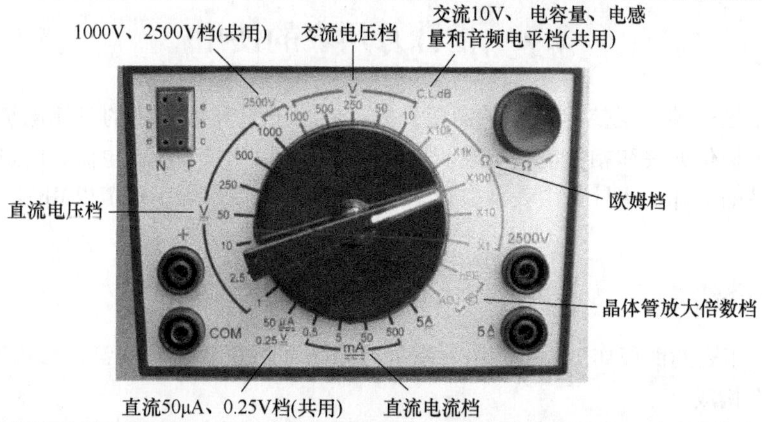
1000V、2500V档(共用)
交流电压档
交流10V、电容量、电感量和音频电平档(共用)
直流电压档
欧姆档
晶体管放大倍数档
直流50μA、0.25V档(共用)
直流电流档

图 2-3　档位开关

2.1.2　使用准备

指针万用表在使用前，需要安装电池、机械校零和安插表笔。

1. 安装电池

在使用万用表前，需要给万用表安装电池，若不安装电池，欧姆档和晶体管放大倍数档将无法使用，但电压档、电流档仍可使用。 MF-47 型万用表需要 9V 和 1.5V 两个电池，如图 2-4 所示，其中 9V 电池供给×10kΩ 档使用，1.5V 电池供给×10kΩ 档以外的欧姆档和晶体管放大倍数测量档使用。安装电池时，一定要注意电池的极性不能装错。

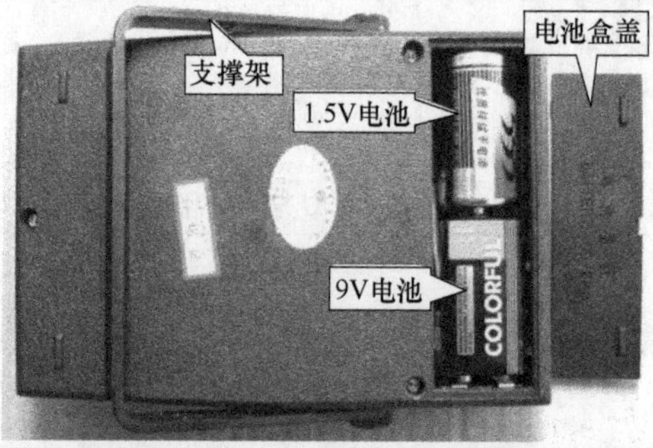
电池盒盖
支撑架
1.5V电池
9V电池

图 2-4　万用表的电池安装

2. 机械校零

在出厂时，大多数厂家已对万用表进行了机械校零，但出于某些原因在使用时还要进行机械校零。机械校零过程如图 2-5 所示。

3. 安插表笔

万用表有红、黑两根表笔，在测量时，红表笔要插入标有“+”字样的插孔，黑表笔要插入标有“-”字样的插孔。

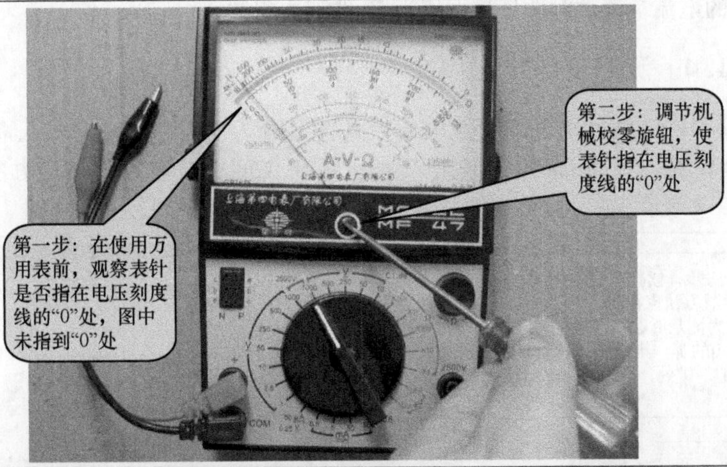
第二步：调节机械校零旋钮，使表针指在电压刻度线的“0”处
第一步：在使用万用表前，观察表针是否指在电压刻度线的“0”处，图中未指到“0”处
A-V-Ω
MODEL MF 47

图 2-5　机械校零

2.1.3　测量直流电压

MF-47 型万用表的直流电压档具体又分为 0.25V、1V、2.5V、10V、50V、250V、500V、1000V 和 2500V 档。下面以测量一节干电池的电压值来说明直流电压的测量方法，如图 2-6 所示。

扫一扫看视频

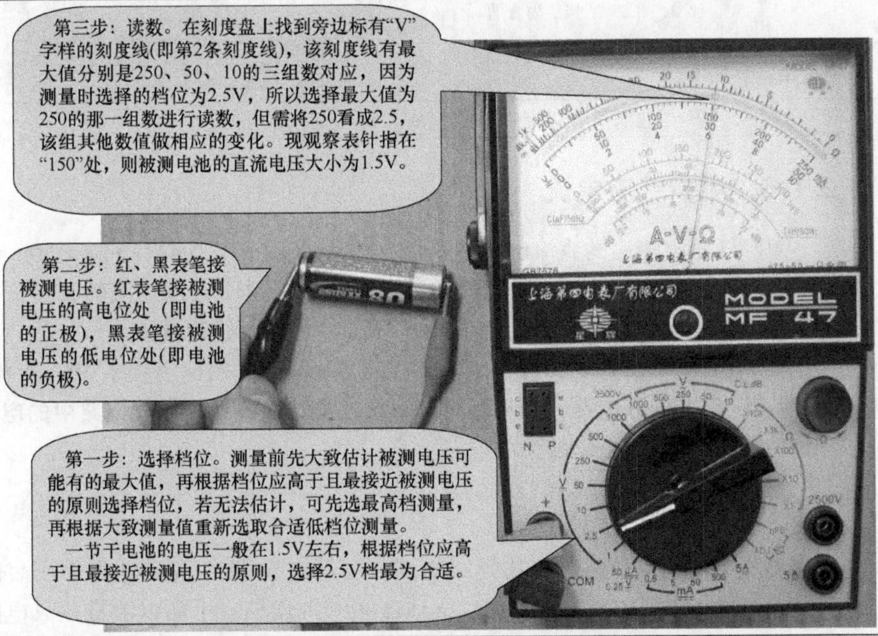
第三步：读数。在刻度盘上找到旁边标有“V”字样的刻度线(即第2条刻度线)，该刻度线有最大值分别是250、50、10的三组数对应，因为测量时选择的档位为2.5V，所以选择最大值为250的那一组数进行读数，但需将250看成2.5，该组其他数值做相应的变化。现观察表针指在“150”处，则被测电池的直流电压大小为1.5V。
第二步：红、黑表笔接被测电压。红表笔接被测电压的高电位处（即电池的正极），黑表笔接被测电压的低电位处(即电池的负极)。
第一步：选择档位。测量前先大致估计被测电压可能有的最大值，再根据档位应高于且最接近被测电压的原则选择档位，若无法估计，可先选最高档测量，再根据大致测量值重新选取合适低档位测量。
一节干电池的电压一般在1.5V左右，根据档位应高于且最接近被测电压的原则，选择2.5V档最为合适。
A-V-Ω
MODEL MF 47

图 2-6　直流电压的测量（测量电池的电压）

补充说明：

1）如果测量 1000~2500V 范围内的电压时，档位开关应置于 1000V 档位，红表笔要插在 2500V 专用插孔中，黑表笔仍插在“COM”插孔中，读数时选择最大值为 250 的那一组数。

2）直流电压 0.25V 档与直流电流 50μA 档是共用的，在测直流电压时选择该档可以测量 0~0.25V 范围内的电压，读数时选择最大值为 250 的那一组数，在测直流电流时选择该档可以测量 0~50μA 范围内的电流，读数时选择最大值为 50 的那一组数。

扫一扫看视频

2.1.4 测量交流电压

MF-47 型万用表的交流电压档具体又分为 10V、50V、250V、500V、1000V 和 2500V 档。下面以测量市电电压的大小来说明交流电压的测量方法，测量操作如图 2-7 所示。

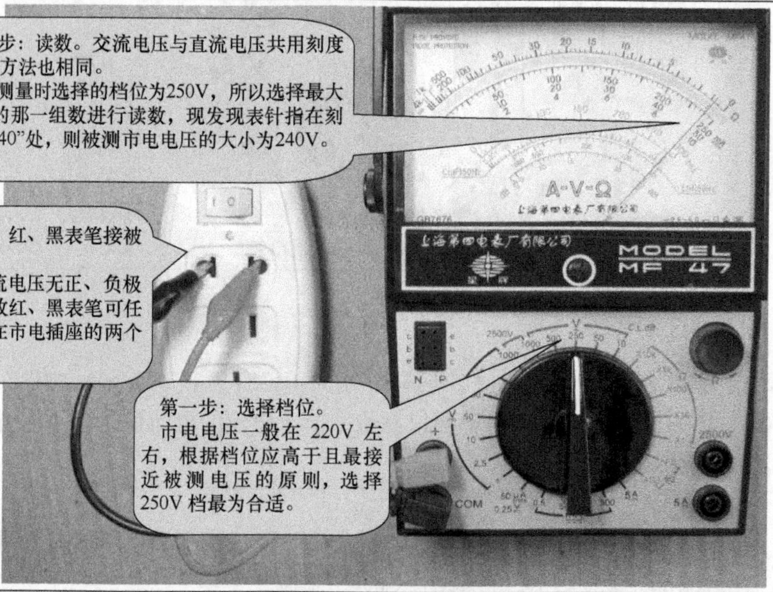
第三步：读数。交流电压与直流电压共用刻度线，读数方法也相同。
因为测量时选择的档位为250V，所以选择最大值为250的那一组数进行读数，现发现表针指在刻度线的“240”处，则被测市电电压的大小为240V。
第二步：红、黑表笔接被测电压。
由于交流电压无正、负极性之分，故红、黑表笔可任意分别插在市电插座的两个插孔中。
第一步：选择档位。
市电电压一般在 220V 左右，根据档位应高于且最接近被测电压的原则，选择 250V 档最为合适。
A-V-Ω
MODEL MF 47
COM
2500V
5A

图 2-7 交流电压的测量（测量市电电压）

扫一扫看视频

2.1.5 测量直流电流

MF-47 型万用表的直流电流档具体又分为 50μA、0.5mA、5mA、50mA、500mA 和 5A 档。下面以测量流过灯泡的电流大小为例来说明直流电流的测量方法，直流电流的测量操作如图 2-8a 所示，图 b 为图 a 的等效电路测量图。

如果流过灯泡的电流大于 500mA，可将红表笔插入 5A 插孔，档位仍置于 500mA 档。注意：**测量电路的电流时，一定要断开电路，并将万用表串接在电路断开处，这样电路中的电流才能流过万用表，万用表才能指示被测电流的大小。**

扫一扫看视频

2.1.6 测量电阻

测量电阻的阻值时需要选择欧姆档（又称电阻档）。MF-47 型万用表的欧姆档具体又分为×1Ω、×10Ω、×100Ω、×1kΩ 和×10kΩ 档。下面以测量一只电阻的阻值来说明欧姆档的使用方法，测量操作如图 2-9 所示。

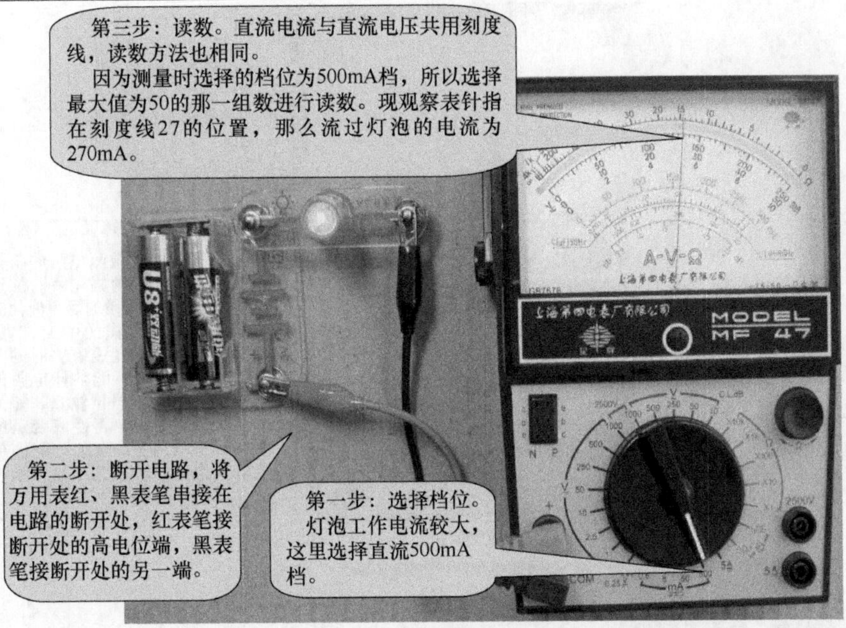
第三步：读数。直流电流与直流电压共用刻度线，读数方法也相同。
因为测量时选择的档位为500mA档，所以选择最大值为50的那一组数进行读数。现观察表针指在刻度线27的位置，那么流过灯泡的电流为270mA。
第二步：断开电路，将万用表红、黑表笔串接在电路的断开处，红表笔接断开处的高电位端，黑表笔接断开处的另一端。
第一步：选择档位。
灯泡工作电流较大，这里选择直流500mA档。
MODEL
MF 47
A-V-Ω

a) 实际测量图

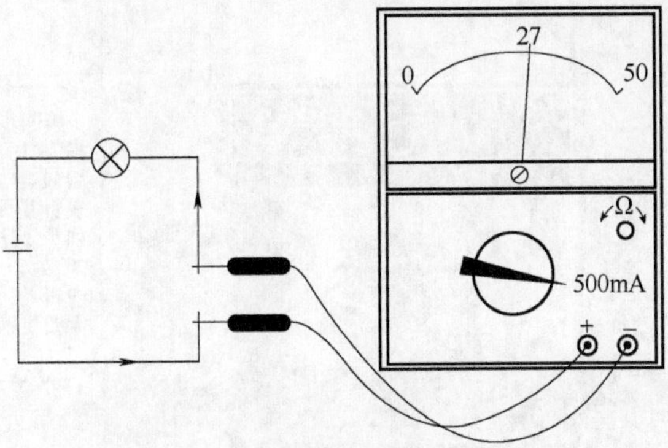
27
0
50
Ω
500mA
+
−

b) 等效测量图

图 2-8　直流电流的测量

2.1.7　万用表使用注意事项

万用表使用时要按正确的方法进行操作，否则会使测量值不准确，重则还会烧坏万用表，甚至会触电，危害人身安全。**万用表使用时要注意以下事项：**

1）测量时不要选错档位，特别是不能用电流档或欧姆档来测电压，这样极易烧坏万用表。 万用表不用时，可将档位置于交流电压最高档（如 1000V 档）。

2）测量直流电压或直流电流时，要将红表笔接电源或电路的高电位，黑表笔接低电位， 若表笔接错会使表针反偏，这时应马上互换红、黑表笔位置。

3）若不能估计被测电压、电流或电阻的大小，应先用最高档，如果高档位测量值偏小，可根据测量值大小选择相应的低档位重新测量。

4）测量时，手不要接触表笔金属部位，以免触电或影响测量精确度。

5）测量电阻阻值和晶体管放大倍数时要进行欧姆校零， 如果旋钮无法将表针调到欧姆刻度线的“0”处，一般为万用表内部电池电压不足，可更换新电池。

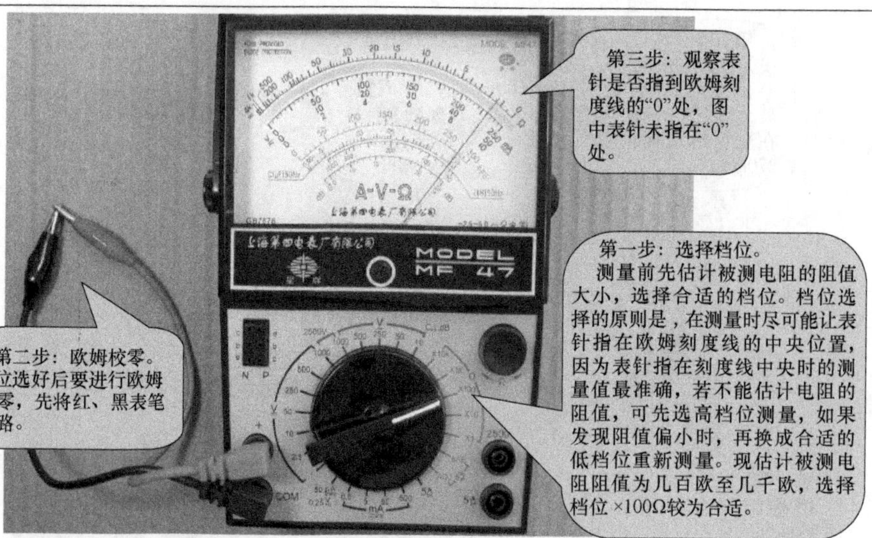
第三步：观察表针是否指到欧姆刻度线的“0”处，图中表针未指在“0”处。
第一步：选择档位。
测量前先估计被测电阻的阻值大小，选择合适的档位。档位选择的原则是，在测量时尽可能让表针指在欧姆刻度线的中央位置，因为表针指在刻度线中央时的测量值最准确，若不能估计电阻的阻值，可先选高档位测量，如果发现阻值偏小时，再换成合适的低档位重新测量。现估计被测电阻阻值为几百欧至几千欧，选择档位×100Ω较为合适。
第二步：欧姆校零。档位选好后要进行欧姆校零，先将红、黑表笔短路。
A-V-Ω
MODEL MF 47

a) 欧姆校零一

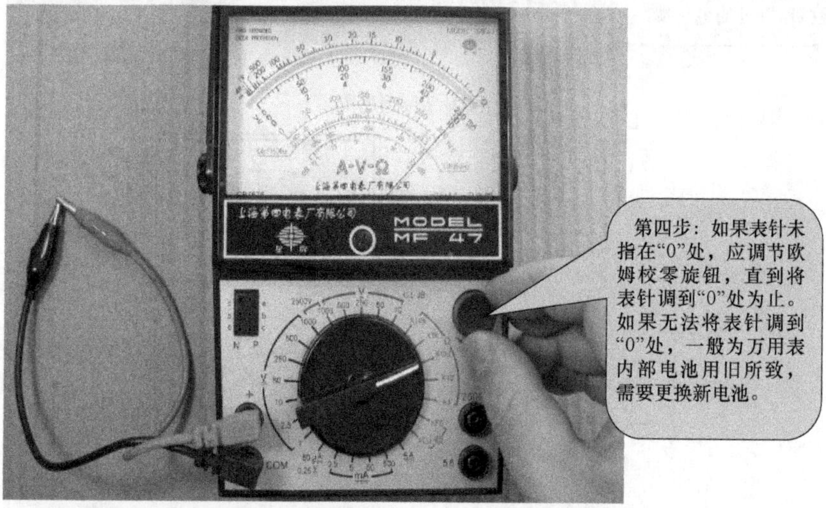
第四步：如果表针未指在“0”处，应调节欧姆校零旋钮，直到将表针调到“0”处为止。如果无法将表针调到“0”处，一般为万用表内部电池用旧所致，需要更换新电池。
A-V-Ω
MODEL MF 47

b) 欧姆校零二

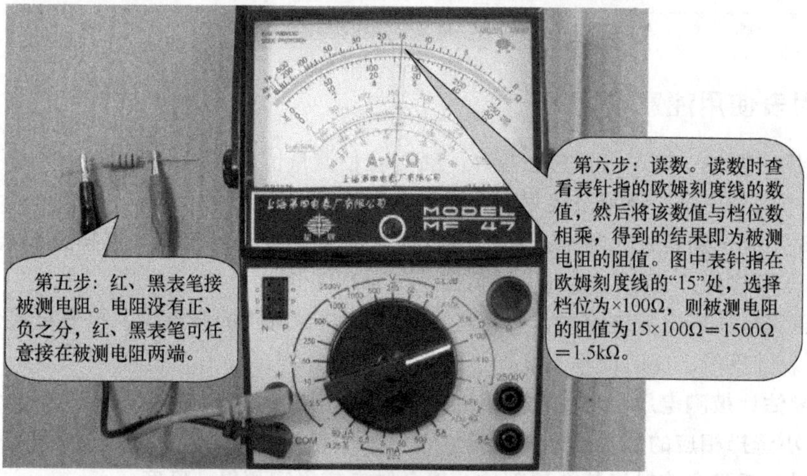
第六步：读数。读数时查看表针指的欧姆刻度线的数值，然后将该数值与档位数相乘，得到的结果即为被测电阻的阻值。图中表针指在欧姆刻度线的“15”处，选择档位为×100Ω，则被测电阻的阻值为15×100Ω＝1500Ω＝1.5kΩ。
第五步：红、黑表笔接被测电阻。电阻没有正、负之分，红、黑表笔可任意接在被测电阻两端。
A-V-Ω
MODEL MF 47

c) 测量电阻值

图 2-9　电阻的测量

2.2　数字万用表的使用

指针万用表是一种平均值式测量仪表，结构简单、成本低、读数直观形象（用表针摆动幅度反映测量值大小），且测量时可输出较高的电压（最高可达 9V 以上），特别适合测量一些需要较高电压才能导通的半导体器件（如发光二极管、MOS 管和 IGBT 等），但由于指针万用表内阻小，在测量时对被测电路具有一定的分流作用，会影响测量精度。数字万用表是一种瞬时取样式测量仪表，它每隔一定时间显示当前测量值，测量时常出现数值不稳定的情况，需要数值稳定后才能读数，数字万用表的内阻大，对被测电路分流小，故测量精度高，由于采用数字测量技术，数字万用表具有较多的测量功能（如电容量、温度和频率测量）。

2.2.1　面板介绍

扫一扫看视频

数字万用表的种类很多，但使用方法大同小异，本章就以应用广泛的 VC890C+型数字万用表为例来说明数字万用表的使用方法。VC890C+型数字万用表及配件如图 2-10 所示。

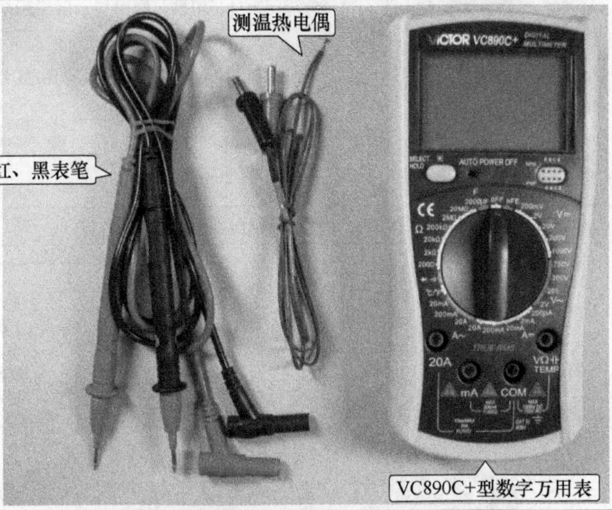
测温热电偶
红、黑表笔
VC890C+型数字万用表

图 2-10　VC890C+型数字万用表及配件

1. 面板说明

VC890C+型数字万用表的面板说明如图 2-11 所示。

2. 档位开关及各档功能

VC890C+型数字万用表的档位开关及各档功能如图 2-12 所示。

2.2.2　直流电压的测量

扫一扫看视频

数字万用表的主要功能有直流电压和直流电流的测量、交流电压和交流电流的测量、电阻阻值的测量、二极管和晶体管的测量，一些功能较全的数字万用表还具有测量电容、电感、温度和频率等功能。VC890C+型数字万用表具有上述大多数测量功能。

VC890C+型数字万用表的直流电压档可分为 200mV、2V、20V、200V 和 1000V 档。

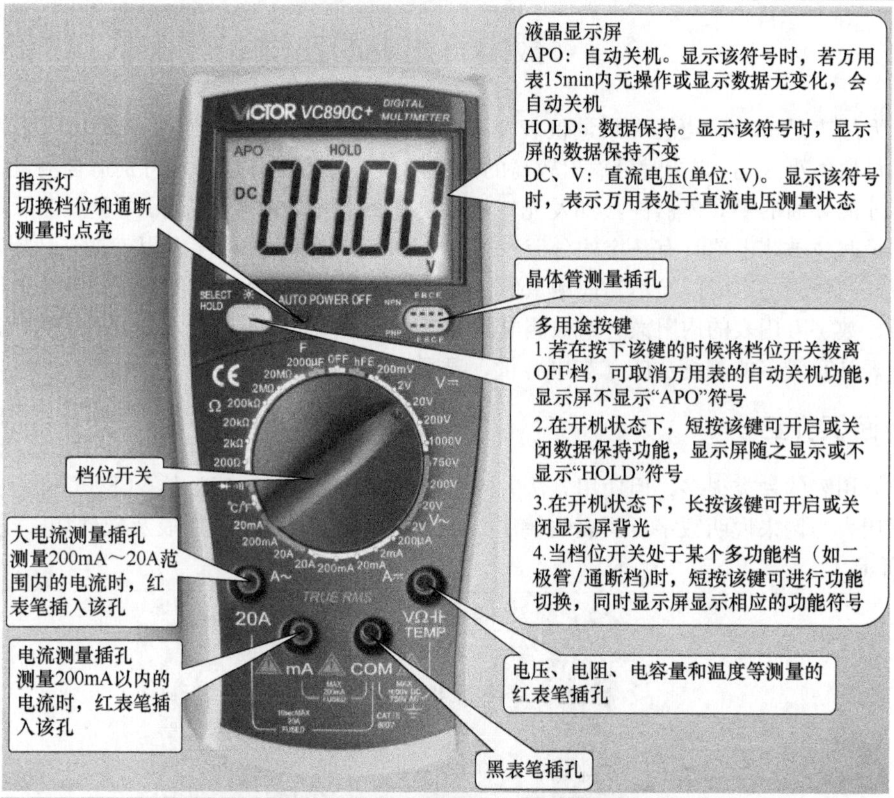
液晶显示屏
APO：自动关机。显示该符号时，若万用表15min内无操作或显示数据无变化，会自动关机
HOLD：数据保持。显示该符号时，显示屏的数据保持不变
DC、V：直流电压(单位: V)。显示该符号时，表示万用表处于直流电压测量状态
指示灯
切换档位和通断测量时点亮
晶体管测量插孔
多用途按键
1.若在按下该键的时候将档位开关拨离OFF档，可取消万用表的自动关机功能，显示屏不显示“APO”符号
2.在开机状态下，短按该键可开启或关闭数据保持功能，显示屏随之显示或不显示“HOLD”符号
3.在开机状态下，长按该键可开启或关闭显示屏背光
4.当档位开关处于某个多功能档（如二极管/通断档)时，短按该键可进行功能切换，同时显示屏显示相应的功能符号
档位开关
大电流测量插孔
测量200mA～20A范围内的电流时，红表笔插入该孔
电流测量插孔
测量200mA以内的电流时，红表笔插入该孔
电压、电阻、电容量和温度等测量的红表笔插孔
黑表笔插孔
VICTOR VC890C+ DIGITAL MULTIMETER

图 2-11　VC890C+型数字万用表的面板说明

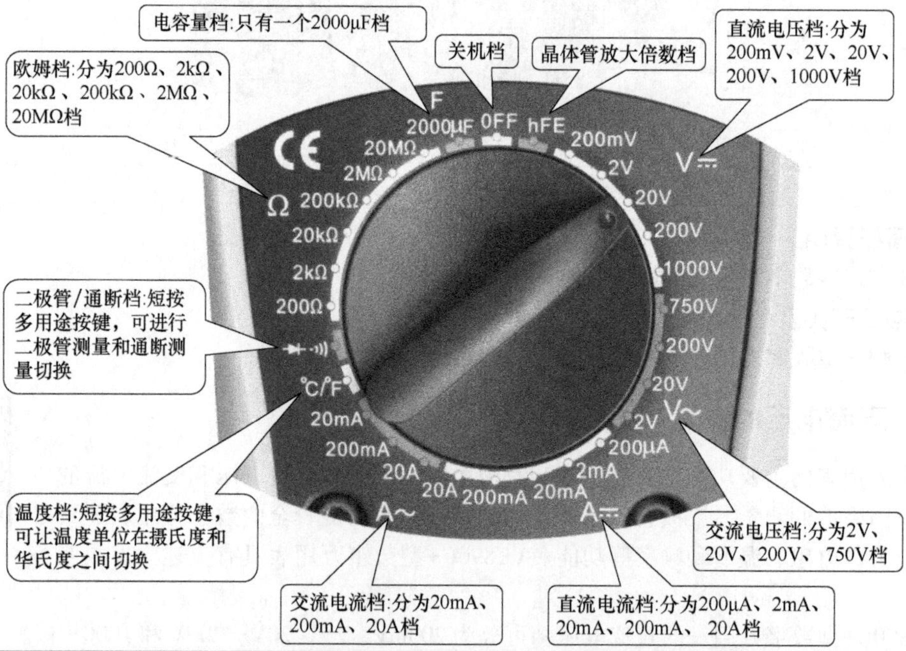
电容量档:只有一个2000μF档
关机档
晶体管放大倍数档
直流电压档:分为200mV、2V、20V、200V、1000V档
欧姆档:分为200Ω、2kΩ、20kΩ、200kΩ、2MΩ、20MΩ档
二极管/通断档:短按多用途按键，可进行二极管测量和通断测量切换
温度档:短按多用途按键，可让温度单位在摄氏度和华氏度之间切换
交流电压档:分为2V、20V、200V、750V档
交流电流档:分为20mA、200mA、20A档
直流电流档:分为200μA、2mA、20mA、200mA、20A档

图 2-12　VC890C+型数字万用表的档位开关及各档功能

1. 直流电压的测量步骤

1）将红表笔插入“VΩ ⊣⊢ TEMP”插孔，黑表笔插入“COM”插孔。

2）测量前先估计被测电压可能有的最大值，选取比估计电压高且最接近的电压档位，这样测量值更准确。若无法估计，可先选最高档测量，再根据大致测量值重新选取合适低档位进行测量。

3）测量时，红表笔接被测电压的高电位处，黑表笔接被测电压的低电位处。

4）读数时，直接从显示屏读出的数字就是被测电压值，读数时要注意小数点。

2. 直流电压测量举例

下面以测量一节标称为 9V 电池的电压来说明直流电压的测量方法，测量操作如图 2-13 所示。

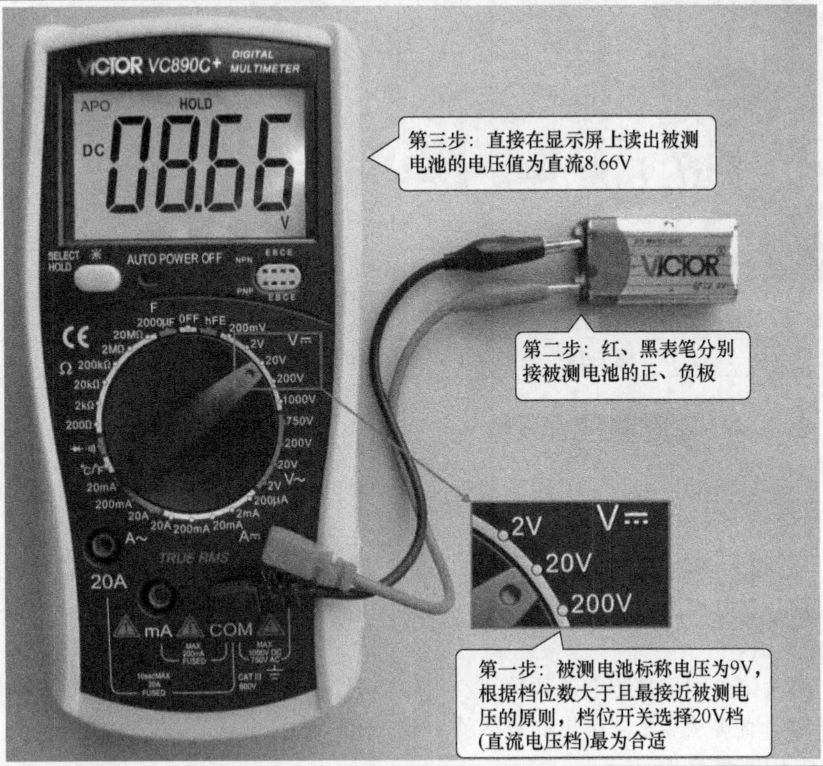
VICTOR VC890C+ DIGITAL MULTIMETER
08.66
第三步：直接在显示屏上读出被测电池的电压值为直流8.66V
第二步：红、黑表笔分别接被测电池的正、负极
2V
20V
200V
第一步：被测电池标称电压为9V，根据档位数大于且最接近被测电压的原则，档位开关选择20V档(直流电压档)最为合适

图 2-13　用数字万用表测量电池的直流电压值

2.2.3　直流电流的测量

扫一扫看视频

VC890C+型数字万用表的直流电流档位可分为 200μA、2mA、20mA、200mA 和 20A 档。

1. 直流电流的测量步骤

1）将黑表笔插入“COM”插孔，红表笔插入“mA”插孔；如果测量 200mA～20A 电流，红表笔应插入“20A”插孔。

2）测量前先估计被测电流的大小，选取合适的档位，选取的档位应大于且最接近被测电流值。

3）测量时，先将被测电路断开，再将红表笔置于断开位置的高电位处，黑表笔置于断开位置的低电位处。

4）从显示屏上直接读出电流值。

2. 直流电流测量举例

下面以测量流过一只灯泡的工作电流为例来说明直流电流的测量方法，测量操作如图 2-14 所示。

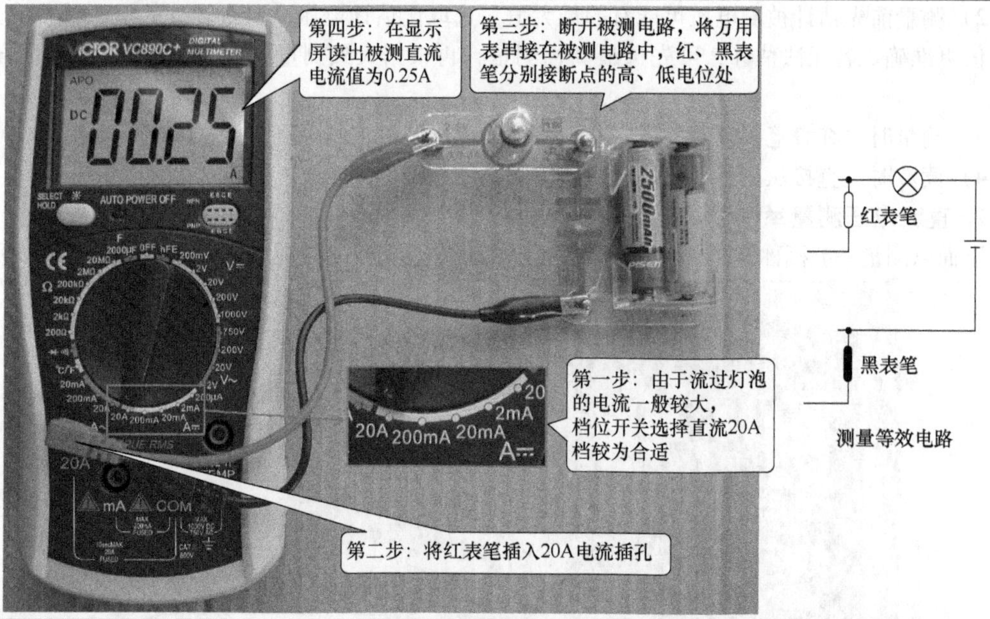
第四步：在显示屏读出被测直流电流值为0.25A
第三步：断开被测电路，将万用表串接在被测电路中，红、黑表笔分别接断点的高、低电位处
第一步：由于流过灯泡的电流一般较大，档位开关选择直流20A档较为合适
第二步：将红表笔插入20A电流插孔
红表笔
黑表笔
测量等效电路

图 2-14　用数字万用表测量灯泡的工作电流

2.2.4　交流电压的测量

扫一扫看视频

VC890C+型数字万用表的交流电压档可分为 2V、20V、200V 和 750V 档。

1. 交流电压的测量步骤

1）将红表笔插入“VΩ ⊣⊢ TEMP”插孔，黑表笔插入“COM”插孔。

2）测量前，估计被测交流电压可能出现的最大值，选取合适的档位，选取的档位要大于且最接近被测电压值。

3）红、黑表笔分别接被测电压两端（交流电压无正、负之分，故红、黑表笔可任意接）。

4）读数时，直接从显示屏读出的数字就是被测电压值。

2. 交流电压测量举例

下面以测量市电电压的大小为例来说明交流电压的测量方法，测量操作如图 2-15 所示。数字万用表显示屏上的“T-RMS”表示真有效值。在测量交流电压或电流时，万用表测得的电压或电流值均为有效值，对于正弦交流电，其有效值与真有效值是相等的，对于非正弦交流电，其有效值与真有效值是不相等的，故对于无真有效值测量功能的万用表，在测量非正弦交流电时测得的电压值（有效值）是不准确的，仅供参考。

2.2.5　交流电流的测量

扫一扫看视频

VC890C+型数字万用表的交流电流档可分为 20mA、200mA 和 20A 档。

1. 交流电流的测量步骤

1）将黑表笔插入“COM”插孔，红表笔插入“mA”插孔；如果测量 200mA～20A 电流，红表笔应插入“20A”插孔。

2）测量前先估计被测电流的大小，选取合适的档位，选取的档位应大于且最接近被测电流。

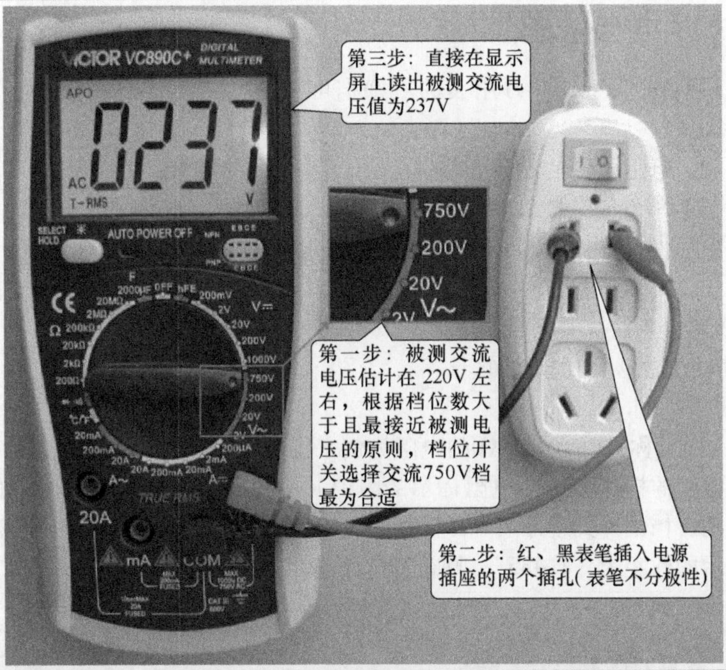
VICTOR VC890C+
第三步：直接在显示屏上读出被测交流电压值为237V
0237
750V
200V
20V
V~
第一步：被测交流电压估计在 220V 左右，根据档位数大于且最接近被测电压的原则，档位开关选择交流750V档最为合适
第二步：红、黑表笔插入电源插座的两个插孔(表笔不分极性)

图 2-15　用数字万用表测量市电的电压值

3）测量时，先将被测电路断开，再将红、黑表笔各接断开位置的一端。

4）从显示屏上直接读出电流值。

2. 交流电流测量举例

下面以测量一个电烙铁的工作电流为例来说明交流电流的测量方法，测量操作如图 2-16 所示。

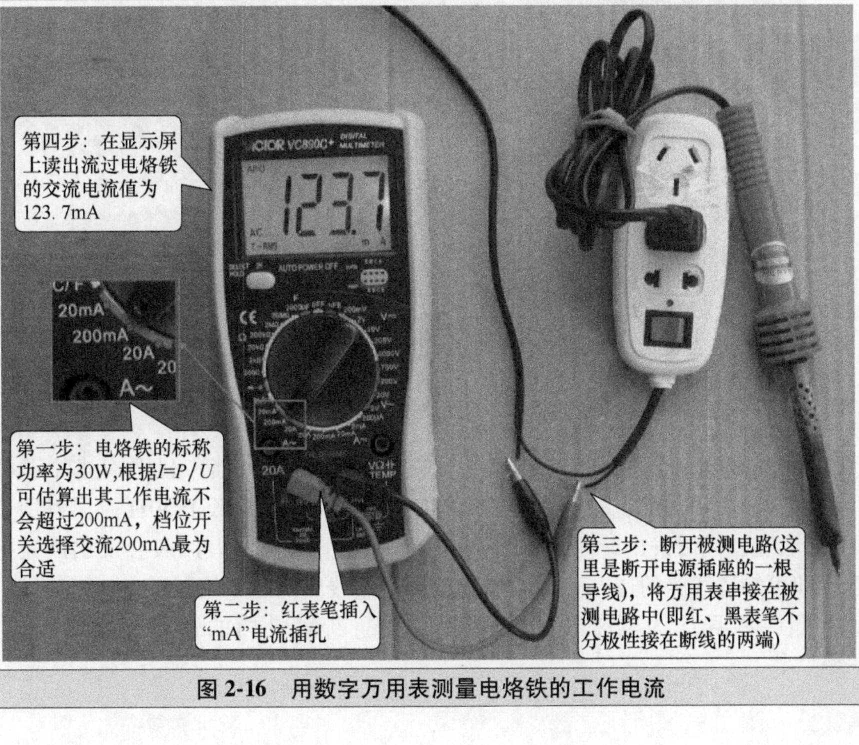
第四步：在显示屏上读出流过电烙铁的交流电流值为123. 7mA
123.7
20mA
200mA
20A
A~
第一步：电烙铁的标称功率为30W，根据I=P/U可估算出其工作电流不会超过200mA，档位开关选择交流200mA最为合适
第二步：红表笔插入“mA”电流插孔
第三步：断开被测电路(这里是断开电源插座的一根导线)，将万用表串接在被测电路中(即红、黑表笔不分极性接在断线的两端)

图 2-16　用数字万用表测量电烙铁的工作电流

扫一扫看视频

2.2.6　电阻阻值的测量

VC890C+型数字万用表的欧姆档可分为 200Ω、2kΩ、20kΩ、200kΩ、2MΩ 和 20MΩ 档。

1. 电阻阻值的测量步骤

1）将红表笔插入“VΩ ⊣⊢ TEMP”插孔，黑表笔插入“COM”插孔。

2）测量前先估计被测电阻的大致阻值范围，选取合适的档位，选取的档位要大于且最接近被测电阻的阻值。

3）红、黑表笔分别接被测电阻的两端。

4）从显示屏上直接读出阻值大小。

2. 欧姆档测量举例

下面以测量一个标称阻值为 1. 5kΩ 的电阻为例来说明欧姆档的使用方法，测量操作如图 2-17 所示。由于被测电阻的标称阻值（电阻标示的阻值）为 1. 5kΩ，根据选择的档位大于且最接近被测电阻值的原则，档位开关选择“2kΩ”档最为合适，然后红、黑表笔分别接被测电阻两端，再观察显示屏显示的数字为“1. 485”，则被测电阻的阻值为 1. 485kΩ。

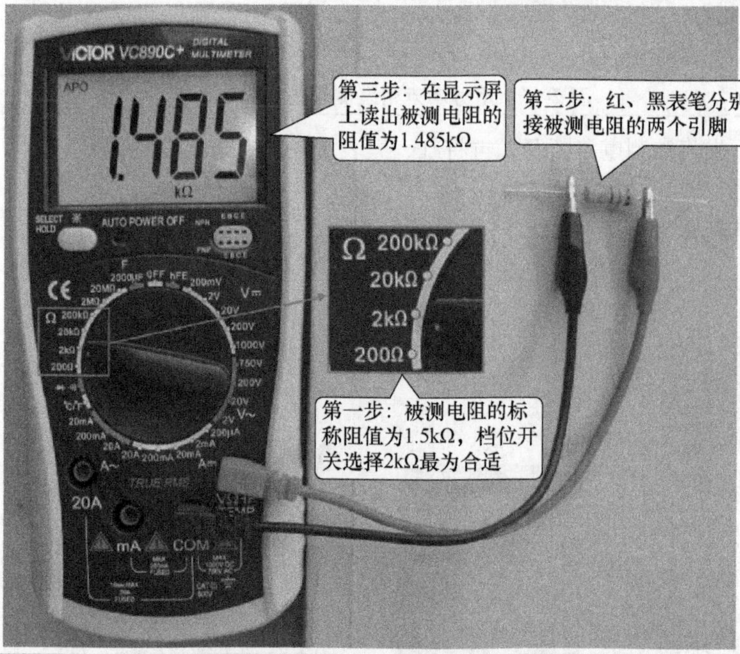
VICTOR VC890C+ DIGITAL MULTIMETER
1.485
kΩ
第三步：在显示屏上读出被测电阻的阻值为1.485kΩ
第二步：红、黑表笔分别接被测电阻的两个引脚
Ω 200kΩ
20kΩ
2kΩ
200Ω
第一步：被测电阻的标称阻值为1.5kΩ，档位开关选择2kΩ最为合适
AUTO POWER OFF
TRUE RMS
20A
COM

图 2-17　用数字万用表测量电阻的阻值

扫一扫看视频

2.2.7　线路通断测量

VC890C+型数字万用表有一个二极管/通断测量档，利用该档除了可以测量二极管外，还可以测量线路的通断。当被测线路的电阻低于 50Ω 时，万用表上的指示灯会亮，同时发出蜂鸣声，由于使用该档测量线路时万用表会发出声光提示，故无需查看显示屏即可知道线路的通断，适合快速检测大量线路的通断情况。

下面以测量一根导线为例来说明数字万用表通断测量档的使用，测量操作如图 2-18 所示。

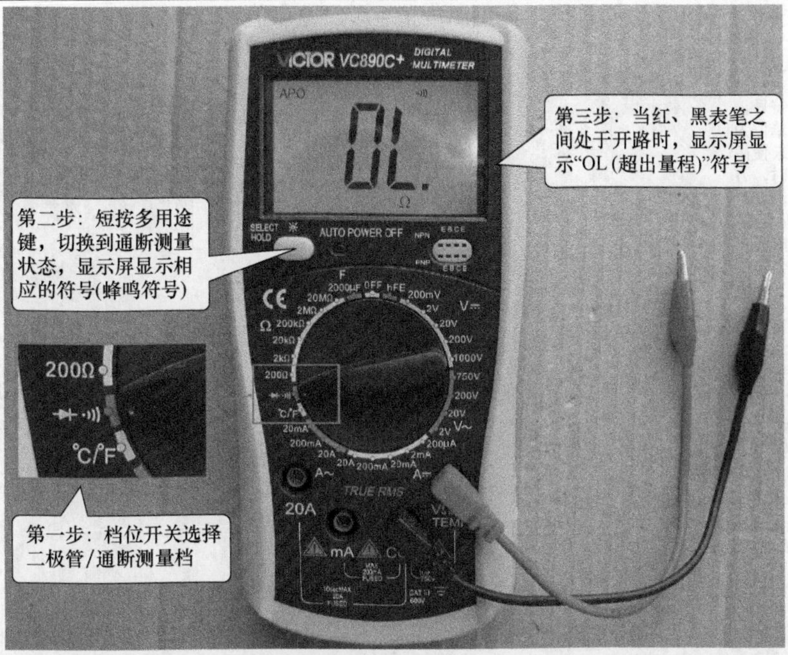
VICTOR VC890C+ DIGITAL MULTIMETER
第三步：当红、黑表笔之间处于开路时，显示屏显示“OL (超出量程)”符号
第二步：短按多用途键，切换到通断测量状态，显示屏显示相应的符号(蜂鸣符号)
200Ω
°C/°F
第一步：档位开关选择二极管/通断测量档

a) 线路断时

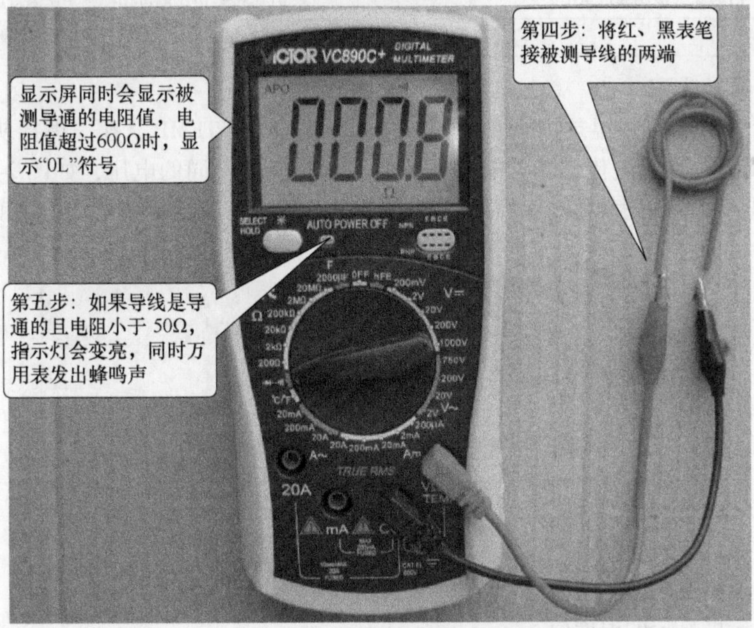
VICTOR VC890C+ DIGITAL MULTIMETER
第四步：将红、黑表笔接被测导线的两端
显示屏同时会显示被测导通的电阻值，电阻值超过600Ω时，显示“0L”符号
第五步：如果导线是导通的且电阻小于 50Ω，指示灯会变亮，同时万用表发出蜂鸣声

b) 线路通时

图 2-18　通断测量档的使用

2.2.8　温度的测量

VC890C+型数字万用表有一个摄氏温度/华氏温度测量档，温度测量范围是 -20～1000℃，短按多用途键可以将显示屏的温度单位在摄氏度和华氏度之间切换，如图 2-19 所示。

扫一扫看视频

摄氏温度与华氏温度的关系是，华氏温度值=摄氏温度值×(9/5)+32。

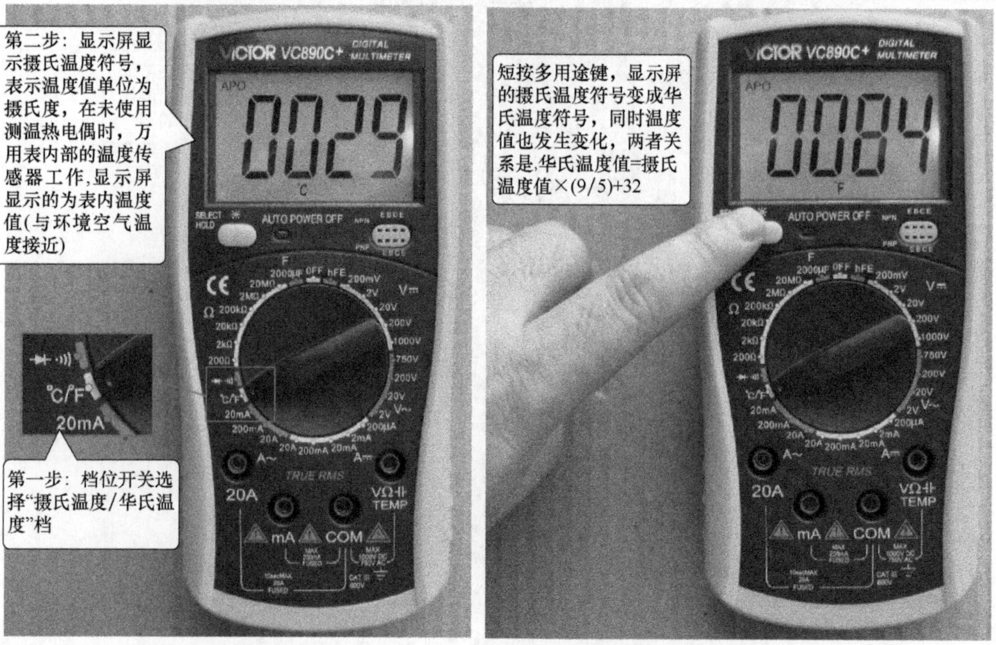
第二步：显示屏显示摄氏温度符号，表示温度值单位为摄氏度，在未使用测温热电偶时，万用表内部的温度传感器工作，显示屏显示的为表内温度值(与环境空气温度接近)
第一步：档位开关选择“摄氏温度/华氏温度”档
短按多用途键，显示屏的摄氏温度符号变成华氏温度符号，同时温度值也发生变化，两者关系是,华氏温度值=摄氏温度值×(9/5)+32
VICTOR VC890C+
0029
0084
°C/°F
20mA

a) 默认为摄氏温度单位　　b) 短按多用途键可切换到华氏温度单位

图 2-19　两种温度单位的切换

1. 温度测量的步骤

1）将万用表附带的测温热电偶的红插头插入“VΩ ⊣⊢ TEMP”孔，黑插头插入“COM”孔。测温热电偶是一种温度传感器，能将不同的温度转换成不同的电压，如图 2-20 所示。如果不使用测温热电偶，万用表也会显示温度值，该温度为表内传感器测得的环境温度值。

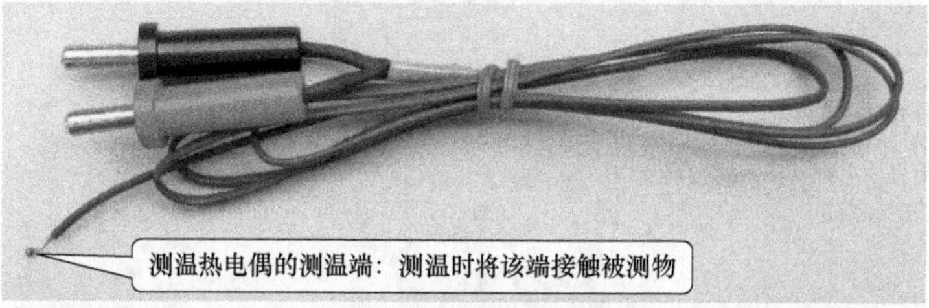
测温热电偶的测温端：测温时将该端接触被测物

图 2-20　测温热电偶

2）档位开关选择温度测量档。

3）将热电偶测温端接触被测温的物体。

4）读取显示屏显示的温度值。

2. 温度测量举例

下面以测一只电烙铁的温度为例来说明温度测量方法，测量操作如图 2-21 所示。测量时将热电偶的黑插头插入“COM”孔，红插头插入“VΩ ⊣⊢ TEMP”孔，并将档位开关置于“摄氏温度/华氏温度”档，然后将热电偶测温端接触电烙铁的烙铁头，再观察显示屏显示的数值为“0230”，则说明电烙铁烙铁头的温度为 230℃。

2.2.9　数字万用表的使用注意事项

数字万用表使用时要注意以下事项：

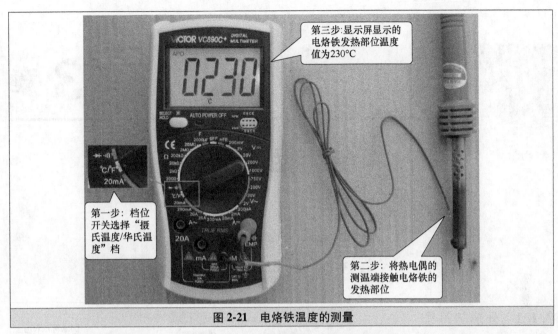

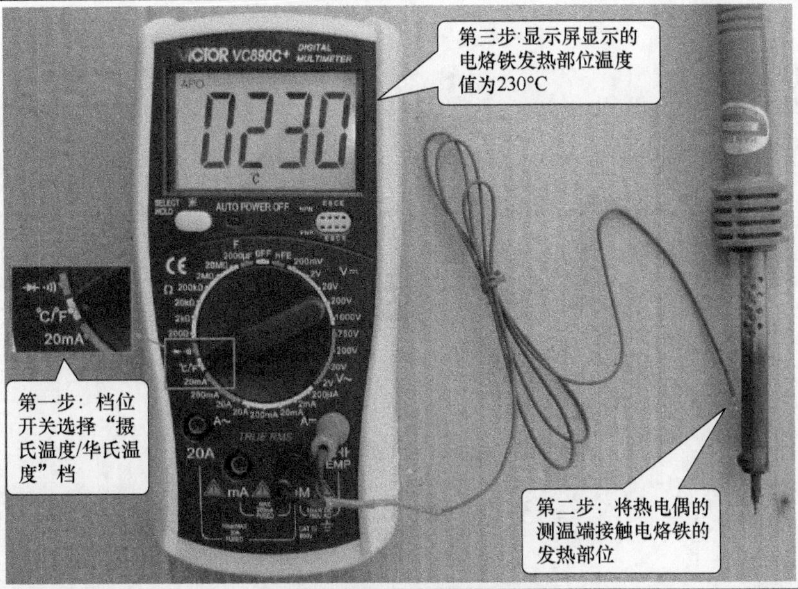
第三步:显示屏显示的电烙铁发热部位温度值为230°C
第一步：档位开关选择“摄氏温度/华氏温度”档
第二步：将热电偶的测温端接触电烙铁的发热部位

图 2-21　电烙铁温度的测量

1）选择各量程测量时，严禁输入的电参数值超过量程的极限值。

2）36V 以下的电压为安全电压，在测高于 36V 的直流电压或高于 25V 的交流电压时，要检查表笔是否可靠接触、是否正确连接、是否绝缘良好等，以免发生触电事故。

3）转换功能和量程时，表笔应离开测试点。

4）选择正确的功能和量程，谨防操作失误，数字万用表内部一般都设有保护电路，但为了安全起见，仍应正确操作。

5）在电池没有装好和电池后盖没安装时，不要进行测试操作。

6）请不要带电测量电阻。

7）在更换电池或熔丝前，请将测试表笔从测试点移开，再关闭电源开关。

第3章

电 阻 器

3.1 固定电阻器

3.1.1 外形与符号

固定电阻器是指生产出来后阻值就固定不变的电阻器。固定电阻器的实物外形和电路符号如图 3-1 所示。

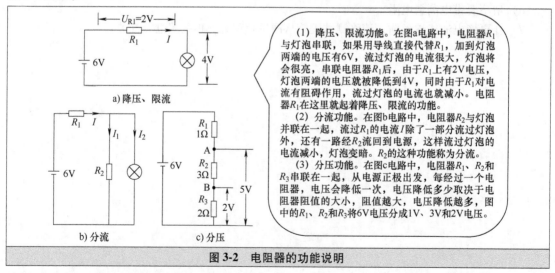

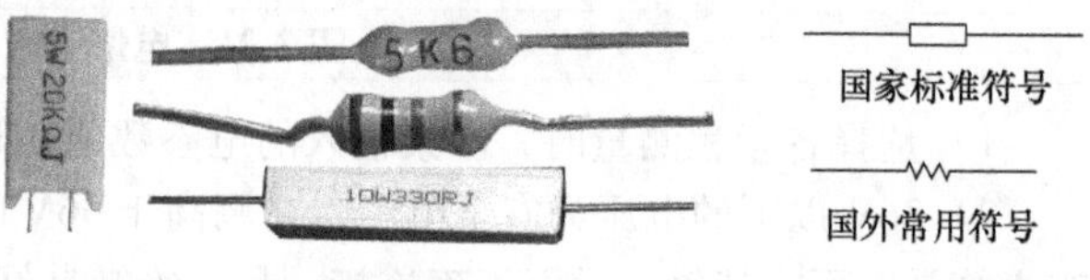
5W20KΩJ
5K6
10W330RJ
国家标准符号
国外常用符号

a) 实物外形　　b) 电路符号

图 3-1　固定电阻器

3.1.2 功能

电阻器的功能主要有降压限流、分流和分压。电阻器的降压限流、分流和分压说明如图 3-2 所示。

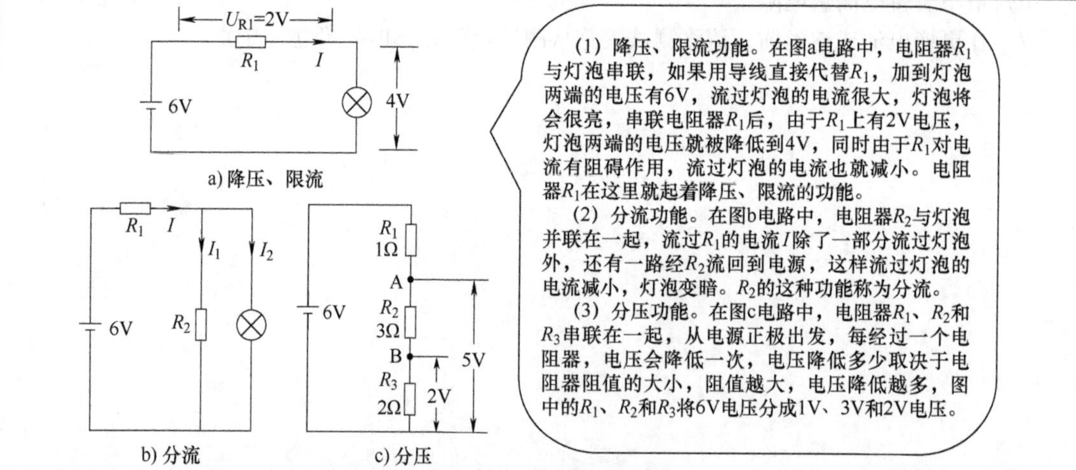
U_{R1}=2V
R_1
I
6V
4V
R_1
I
I_1
I_2
6V
R_2
R_1
1Ω
A
6V
R_2
3Ω
B
R_3
2Ω
5V
2V
（1）降压、限流功能。在图a电路中，电阻器R_1与灯泡串联，如果用导线直接代替R_1，加到灯泡两端的电压有6V，流过灯泡的电流很大，灯泡将会很亮，串联电阻器R_1后，由于R_1上有2V电压，灯泡两端的电压就被降低到4V，同时由于R_1对电流有阻碍作用，流过灯泡的电流也就减小。电阻器R_1在这里就起着降压、限流的功能。
（2）分流功能。在图b电路中，电阻器R_2与灯泡并联在一起，流过R_1的电流I除了一部分流过灯泡外，还有一路经R_2流回到电源，这样流过灯泡的电流减小，灯泡变暗。R_2的这种功能称为分流。
（3）分压功能。在图c电路中，电阻器R_1、R_2和R_3串联在一起，从电源正极出发，每经过一个电阻器，电压会降低一次，电压降低多少取决于电阻器阻值的大小，阻值越大，电压降低越多，图中的R_1、R_2和R_3将6V电压分成1V、3V和2V电压。

a) 降压、限流　　b) 分流　　c) 分压

图 3-2　电阻器的功能说明

3.1.3 阻值与允许偏差的表示方法

为了表示阻值的大小，电阻器在出厂时会在表面标注阻值。标注在电阻器上的阻值称为标称阻值。电阻器的实际阻值与标称阻值往往有一定的差距，这个差距称为允许偏差。电阻器标注阻值和允许偏差的方法主要有直标法和色环法。

1. 直标法

直标法是指用文字符号（数字和字母）在电阻器上直接标注出阻值和允许偏差的方法。直标法的阻值单位有欧（Ω）、千欧（kΩ）和兆欧（MΩ）。

（1）允许偏差表示方法

直标法表示允许偏差一般采用两种方式：一是用罗马数字Ⅰ、Ⅱ、Ⅲ分别表示允许偏差为±5%、±10%、±20%，如果不标注允许偏差，则允许偏差为±20%；二是用字母来表示，各字母对应的允许偏差见表 3-1，如 J、K 分别表示允许偏差为±5%、±10%。

表 3-1　字母与阻值允许偏差对照表

字　母	对应允许偏差（%）	字　母	对应允许偏差（%）
W	±0. 05	G	±2
B	±0. 1	J	±5
C	±0. 25	K	±10
D	±0. 5	M	±20
F	±1	N	±30

（2）直标法常见的表示形式

直标法表示阻值常见形式如图 3-3 所示。

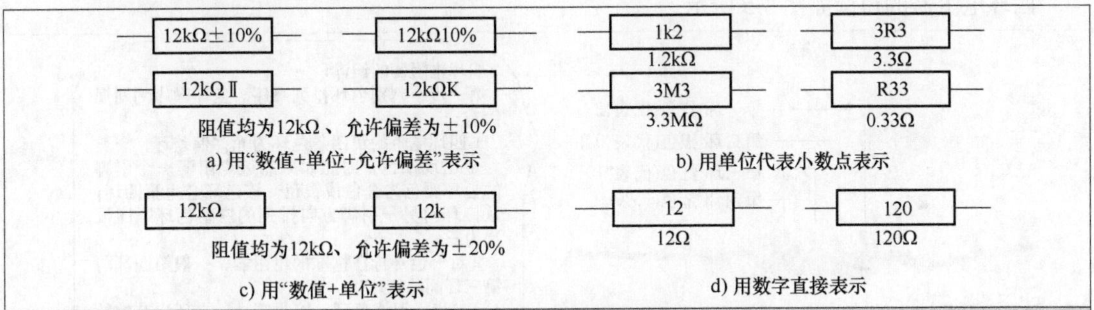
12kΩ±10%
12kΩ10%
12kΩⅡ
12kΩK
阻值均为12kΩ、允许偏差为±10%
a) 用“数值+单位+允许偏差”表示
1k2
1.2kΩ
3R3
3.3Ω
3M3
3.3MΩ
R33
0.33Ω
b) 用单位代表小数点表示
12kΩ
12k
阻值均为12kΩ、允许偏差为±20%
c) 用“数值+单位”表示
12
12Ω
120
120Ω
d) 用数字直接表示

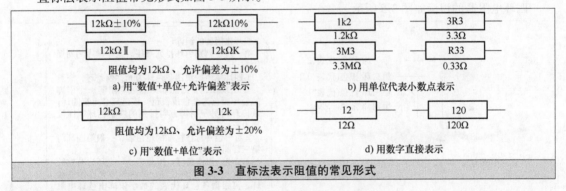

图 3-3　直标法表示阻值的常见形式

2. 色环法

色环法是指在电阻器上标注不同颜色圆环来表示阻值和允许偏差的方法。图 3-4 中的两个电阻器就采用了色环法来标注阻值和允许偏差，其中一只电阻器上有四条色环，称为四环电阻器，另一只电阻器上有五条色环，称为五环电阻器，五环电阻器表示的阻值精度比四环电阻器更高。

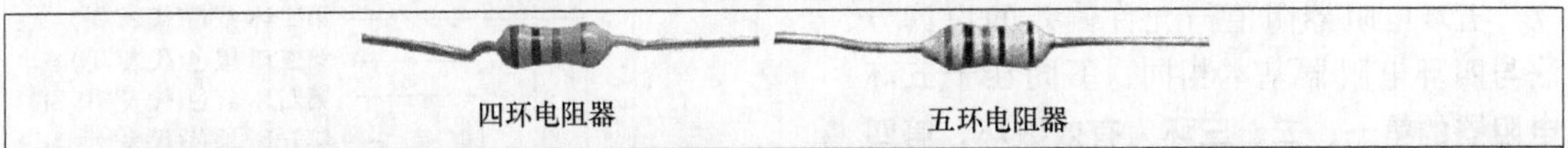
四环电阻器
五环电阻器

图 3-4　色环电阻器

（1）色环含义

要正确识读色环电阻器的阻值和允许偏差，必须先了解各种色环代表的意义。色环电阻器各色环代表的意义见表 3-2。

表 3-2　四环色环电阻器各色环颜色代表的意义及数值

色环颜色	第一环（有效数）	第二环（有效数）	第三环（倍乘数）	第四环（允许偏差）
棕	1	1	$\times10^{1}$	±1%
红	2	2	$\times10^{2}$	±2%

（续）

色环颜色	第一环（有效数）	第二环（有效数）	第三环（倍乘数）	第四环（允许偏差）
橙	3	3	$\times10^3$	
黄	4	4	$\times10^4$	
绿	5	5	$\times10^5$	±0. 5%
蓝	6	6	$\times10^6$	±0. 2%
紫	7	7	$\times10^7$	±0. 1%
灰	8	8	$\times10^8$	
白	9	9	$\times10^9$	
黑	0	0	$\times10^0=1$	
金				±5%
银				±10%
无色环				±20%

（2）四环电阻器的识读

四环电阻器的识读如图 3-5 所示。

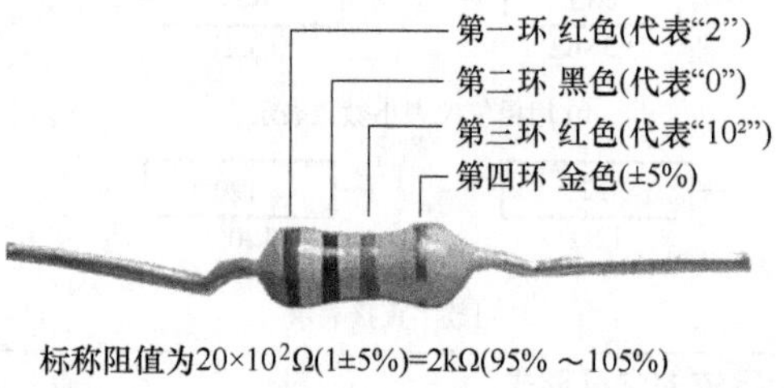
第一环 红色(代表"2")
第二环 黑色(代表"0")
第三环 红色(代表"10²")
第四环 金色(±5%)
标称阻值为20×10²Ω(1±5%)=2kΩ(95% ～105%)

四环电阻器的识读：

第一步：判别色环排列顺序。色环顺序判别规律有：

①四环电阻的第四条色环为允许偏差环，一般为金色或银色，因此如果靠近电阻器一个引脚的色环颜色为金色或银色，该色环必为第四环，从该环向另一引脚方向排列的三条色环顺序依次为三、二、一。

②对于色环标注标准的电阻器，一般第四环与第三环间隔较远。

第二步：识读色环。按照第一、二环为有效数环，第三环为倍乘数环，第四环为允许偏差数环，再根据各色环代表的数字识读出色环电阻器的阻值和允许偏差。

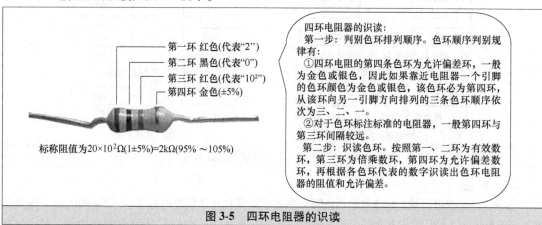

图 3-5　四环电阻器的识读

（3）五环电阻器的识读

五环电阻器阻值与允许偏差的识读方法与四环电阻器基本相同，不同在于**五环电阻器的第一、二、三环为有效数环，第四环为倍乘数环，第五环为允许偏差数环。**另外，五环电阻器的允许偏差数环颜色除了有金色、银色外，还可能是棕色、红色、绿色、蓝色和紫色。五环电阻器的识读如图 3-6 所示。

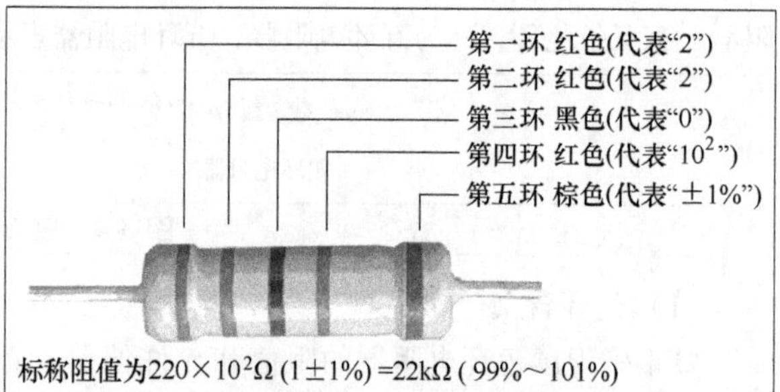
第一环 红色(代表"2")
第二环 红色(代表"2")
第三环 黑色(代表"0")
第四环 红色(代表"10²")
第五环 棕色(代表"±1%")
标称阻值为220×10²Ω (1±1%) =22kΩ (99%～101%)

图 3-6　五环电阻器阻值和允许偏差的识读

3. 1. 4　标称阻值系列

电阻器是由厂家生产出来的，但厂家是不能随意生产任何阻值的电阻器。**为了生产、选购和使用的方便，国家规定了电阻器阻值的系列标称值，该标称值分 E-24、E-12 和 E-6 三个系列，**

具体见表3-3。

国家标准规定，生产某系列的电阻器，其标称阻值应等于该系列中标称值的10^n（n为正整数）倍。如E-24系列的允许偏差等级为Ⅰ，允许偏差范围为±5%，若要生产E-24系列（允许偏差为±5%）的电阻器，厂家可以生产标称阻值为1.3Ω、13Ω、130Ω、1.3kΩ、13kΩ、130kΩ、1.3MΩ…的电阻器，而不能生产标称阻值是1.4Ω、14Ω、140Ω…的电阻器。

表3-3　电阻器的标称阻值系列

标称阻值系列	允许偏差（%）	允许偏差等级	标　称　值
E-24	±5	Ⅰ	1.0，1.1，1.2，1.3，1.5，1.6，1.8，2.0，2.2，2.4，2.7，3.0，3.3，3.6，3.9，4.3，4.7，5.1，5.6，6.2，6.8，7.5，8.2，9.1
E-12	±15	Ⅱ	1.0，1.2，1.5，1.8，2.2，2.7，3.3，3.9，4.7，5.6，6.8，8.2
E-6	±20	Ⅲ	1.0，1.5，2.2，3.3，4.7，6.8

3.1.5　额定功率

额定功率是指在一定的条件下元件长期使用允许承受的最大功率。电阻器额定功率越大，允许流过的电流越大。固定电阻器的额定功率也要按国家标准进行标注，其标称系列有1/8W、1/4W、1/2W、1W、2W、5W和10W等。小电流电路一般采用功率为1/8~1/2W的电阻器，而大电流电路中常采用1W以上的电阻器。

电阻器额定功率识别方法如下：

1）对于标注了额定功率的电阻器，可根据标注的额定功率值来识别功率大小。图3-7中的电阻器标注的额定功率值为10W，阻值为330Ω，允许偏差为±5%。

2）对于没有标注额定功率的电阻器，可根据长度和直径来判别其额定功率的大小。长度和直径值越大，额定功率越大，图3-8中的一大一小两个色环电阻器，大电阻器的额定功率更大。

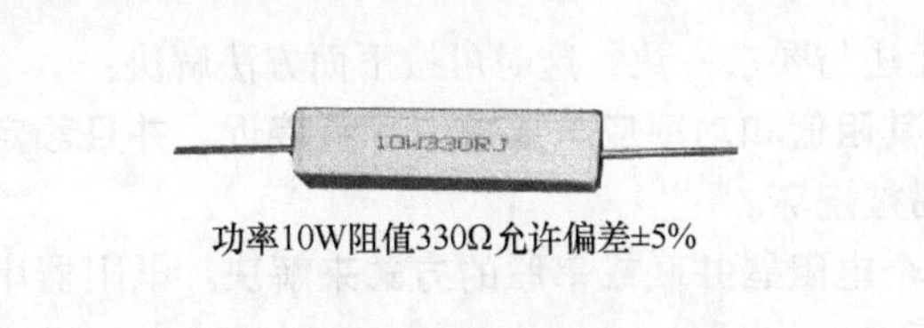
功率10W阻值330Ω允许偏差±5%

图3-7　根据标注识别额定功率

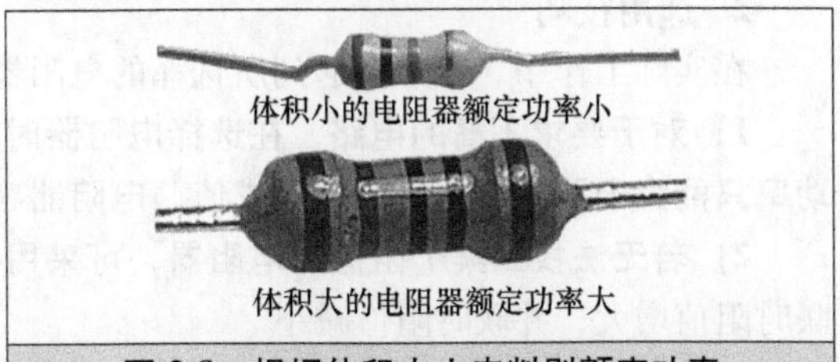
体积小的电阻器额定功率小
体积大的电阻器额定功率大

图3-8　根据体积大小来判别额定功率

3）在电路图中，为了表示电阻器的额定功率大小，一般会在电阻器符号上标注一些标志。电阻器上标注的标志与对应额定功率值如图3-9所示，1W以下用线条表示，1W以上的直接用数字表示额定功率大小（旧标准用罗马数字表示）。

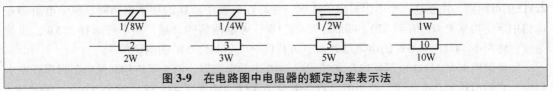

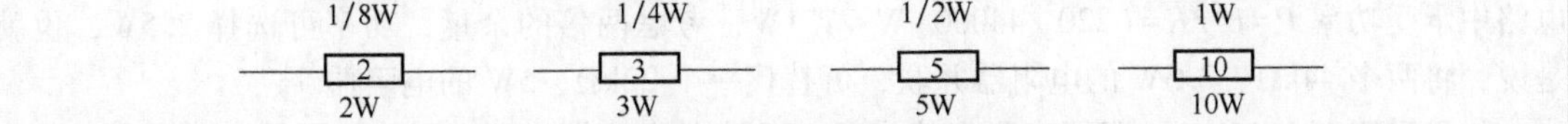
1/8W
1/4W
1/2W
1
1W
2
2W
3
3W
5
5W
10
10W

图3-9　在电路图中电阻器的额定功率表示法

3.1.6　选用

电子元器件的选用是学习电子技术一个重要的内容，在选用元器件时，不同技术层次的人考虑问题不同，从事电子产品研发的人员需要考虑元器件很多参数，这样才能保证生产出来的电子产品性能好，并且不易出现问题；而对大多数从事维修、制作和简单设计的电子爱好者来说，只要考虑元器件的一些重要参数就可以解决实际问题。本书中介绍的各种元器件的选用方法主要是针对广大初、中级层次的电子技术人员。

1. 选用举例

在选用电阻器时，主要考虑电阻器的阻值、允许偏差、额定功率和极限电压。在图 3-10 中，要求通过电阻器 R 的电流 $I=0.01A$，电阻器的选用过程如下：

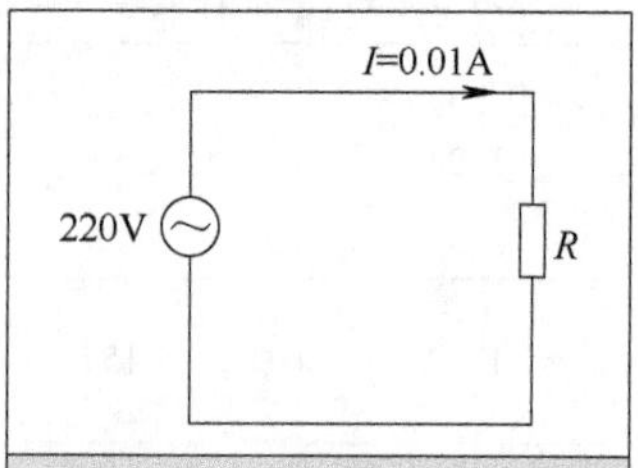
I=0.01A
220V
R
图 3-10　电阻器选用例图

1）确定阻值。用欧姆定律可求出电阻器的阻值 $R=U/I=220V/0.01A=22000\Omega=22k\Omega$。

2）确定允许偏差。对于电路来说，允许偏差越小越好，这里选择电阻器允许偏差为±5%，若难以找到允许偏差为±5%，也可选择允许偏差为±10%。

3）确定额定功率。根据功率计算公式可求出电阻器的额定功率大小为 $P=I^2R=(0.01A)^2\times 22000\Omega=2.2W$，为了让电阻器能长时间使用，选择的电阻器额定功率应在实际功率的两倍以上，这里选择电阻器额定功率为 5W。

4）确定被选电阻器的极限电压是否满足电路需要。当电阻器用在高电压小电流的电路时，可能额定功率满足要求，但电阻器的极限电压小于电路加到它两端的电压，电阻器会被击穿。

电阻器的极限电压可用 $U=\sqrt{PR}$ 来求，这里的电阻器极限电压 $U=\sqrt{5\times 22000}V\approx 331V$，该值大于两端所加的 220V 电压，故可正常使用。当电阻器的极限电压不够时，为了保证电阻器在电路中不被击穿，可根据情况选择阻值更大或功率更大的电阻器。

综上所述，为了让图 3-10 电路中的电阻器 R 能正常工作并满足要求，应选择阻值为 22kΩ、允许偏差为±5%、额定功率为 5W 的电阻器。

2. 选用技巧

在实际工作中，经常会遇到所选择的电阻器无法与要求一致，这时可按下面方法解决：

1）对于要求不高的电路，在选择电阻器时，其阻值和功率应与要求值尽量接近，并且额定功率只能大于要求值，若小于要求值，电阻器容易被烧坏。

2）若无法找到某个阻值的电阻器，可采用多个电阻器并联或串联的方式来解决。电阻器串联时阻值增大，并联时阻值减小。

3）若某个电阻器功率不够，可采用多个大阻值的小功率电阻器并联，或采用多个小阻值的小功率电阻器串联，不管是采用并联还是串联，每个电阻器承受的功率都会变小。至于每个电阻器应选择多大功率，可用 $P=U^2/R$ 或 $P=I^2R$ 来计算，再考虑两倍左右的余量。

在图 3-10 中，如果无法找到 22kΩ、5W 的电阻器，可用两个 44kΩ 的电阻器并联来充当 22kΩ 的电阻器。由于这两个电阻器阻值相同，并联在电路中消耗的功率也相同，单个电阻器在电路中承受功率 $P=U^2/R=(220^2/44000)W=1.1W$，考虑两倍的余量，功率可选择 2.5W，也就是说，将两个 44kΩ、2.5W 的电阻器并联，可替代一个 22kΩ、5W 的电阻器。

如果采用两个 11kΩ 电阻器串联来替代图 3-10 中的电阻器，两个阻值相同的电阻器串联在电路中，它们消耗的功率相同，单个电阻器在电路中承受的功率 $P=(U/2)^2/R=(110^2/11000)W=1.1W$，考虑两倍的余量，功率选择 2.5W，也就是说，将两个 11kΩ、2.5W 的电阻器串联，同样可替代一个 22kΩ、5W 的电阻器。

3.1.7 用指针万用表检测固定电阻器

固定电阻器常见故障有开路、短路和变值。检测固定电阻器使用万用表的欧姆档。在检测时，先识读出电阻器上的标称阻值，选用合适的档位并进行欧姆校零，然后开始检测电阻器。测量时为了减小测量误差，应尽量让万用表表针指在欧姆刻度线中央，若表针在刻度线上过于偏左或偏右，应切换更大或更小的档位重新测量。固定电阻器的检测如图 3-11 所示。

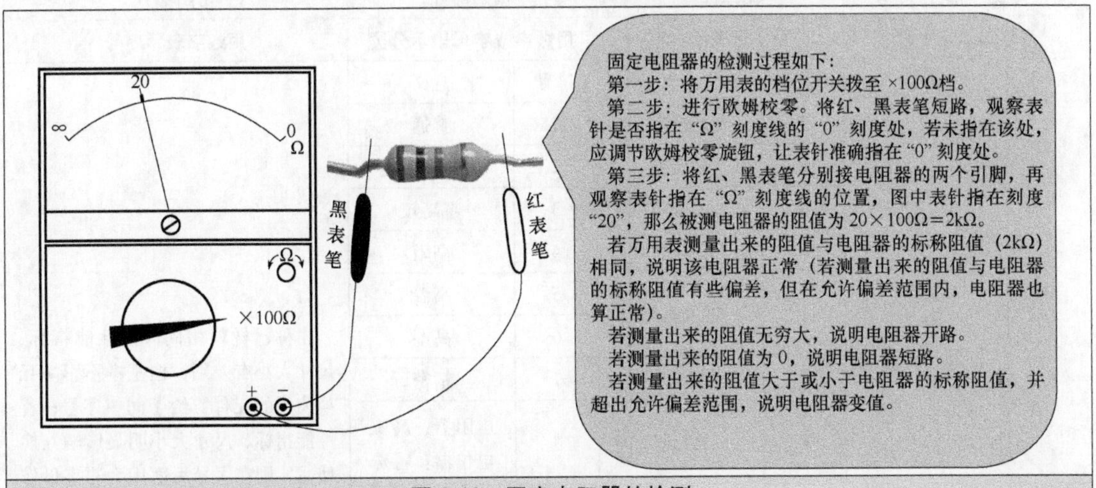
20
∞
0
Ω
×100Ω
+
−
黑表笔
红表笔
固定电阻器的检测过程如下：
第一步：将万用表的档位开关拨至 ×100Ω档。
第二步：进行欧姆校零。将红、黑表笔短路，观察表针是否指在"Ω"刻度线的"0"刻度处，若未指在该处，应调节欧姆校零旋钮，让表针准确指在"0"刻度处。
第三步：将红、黑表笔分别接电阻器的两个引脚，再观察表针指在"Ω"刻度线的位置，图中表针指在刻度"20"，那么被测电阻器的阻值为 20×100Ω=2kΩ。
若万用表测量出来的阻值与电阻器的标称阻值（2kΩ）相同，说明该电阻器正常（若测量出来的阻值与电阻器的标称阻值有些偏差，但在允许偏差范围内，电阻器也算正常）。
若测量出来的阻值无穷大，说明电阻器开路。
若测量出来的阻值为 0，说明电阻器短路。
若测量出来的阻值大于或小于电阻器的标称阻值，并超出允许偏差范围，说明电阻器变值。

图 3-11 固定电阻器的检测

3.1.8 用数字万用表检测固定电阻器

扫一扫看视频

用数字万用表检测固定电阻器如图 3-12 所示，被测电阻器的色环标注值为 1.5kΩ，测量时档位开关选择 2kΩ 档。

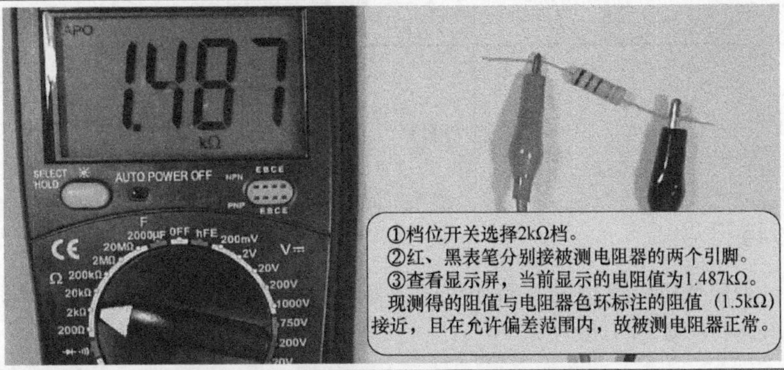
1.487
kΩ
AUTO POWER OFF
①档位开关选择2kΩ档。
②红、黑表笔分别接被测电阻器的两个引脚。
③查看显示屏，当前显示的电阻值为1.487kΩ。
现测得的阻值与电阻器色环标注的阻值（1.5kΩ）接近，且在允许偏差范围内，故被测电阻器正常。

图 3-12 用数字万用表检测固定电阻器

3.1.9 电阻器的型号命名方法

国产电阻器的型号由四部分组成（不适合敏感电阻器的命名）：

第一部分用字母表示元件的主称，R 表示电阻器，W（或 RP）表示电位器。

第二部分用字母表示电阻体的制作材料。T 表示碳膜、H 表示合成碳膜、S 表示有机实心、N 表示无机实心、J 表示金属膜、Y 表示氧化膜、C 表示沉积膜、I 表示玻璃釉膜、X 表示线绕。

第三部分用数字或字母表示元件的类型。1 表示普通、2 表示普通或阻燃、3 表示超高频、4 表示高阻、5 表示高温、6 表示高湿、7 表示精密、8 表示高压、9 表示特殊、G 表示高功率、T 表示可调。

第四部分用数字表示序号。用不同序号来区分同类产品中的不同参数，如元件的外形尺寸和性能指标等。

国产电阻器的型号命名方法具体见表 3-4。

表 3-4　国产电阻器的型号命名方法

第一部分		第二部分		第三部分		第四部分
用字母表示主称		用字母表示材料		用数字或字母表示分类		用数字表示序号
符号	意义	符号	意义	符号	意义	
R	电阻器	T	碳膜	1	普通	主称、材料相同，仅性能指标、尺寸大小有差别，但基本不影响互换使用的元件，给予同一序号；若性能指标、尺寸大小明显影响互换使用，则在序号后面用大写字母作为区别代号
		P	硼碳膜	2	普通或阻燃	
		U	硅碳膜	3	超高频	
		H	合成膜	4	高阻	
		I	玻璃釉膜	5	高温	
				6	高湿	
		J	金属膜（箔）	7	精密	
		Y	氧化膜	8	电阻器：高压 电位器：特殊	
W	电位器	S	有机实心	9	特殊	
		N	无机实心	G	高功率	
		X	线绕	T	可调	
		C	沉积膜	X	电阻器：小型	
		G	光敏	L	电阻器：测量用	
				W	电位器：微调	
				D	电位器：多圈	

3.2 电　位　器

3.2.1　外形与符号

电位器是一种阻值可以通过调节而变化的电阻器，又称可变电阻器。常见电位器的实物外形及电位器的电路符号如图 3-13 所示。

205

a) 实物外形　　b) 电路符号

图 3-13　电位器外形与符号

3.2.2 结构与工作原理

电位器种类很多，但基本结构与原理是相同的，电位器的结构原理如图 3-14 所示。

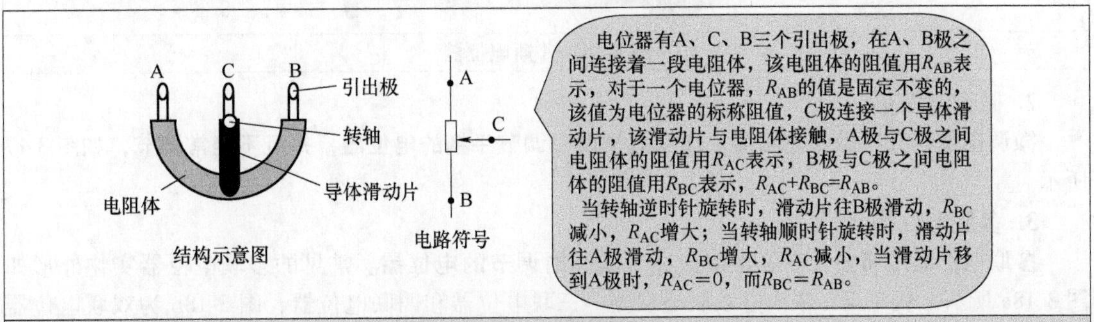
A
C
B
引出极
转轴
导体滑动片
电阻体
结构示意图
A
C
B
电路符号
电位器有A、C、B三个引出极，在A、B极之间连接着一段电阻体，该电阻体的阻值用R_{AB}表示，对于一个电位器，R_{AB}的值是固定不变的，该值为电位器的标称阻值，C极连接一个导体滑动片，该滑动片与电阻体接触，A极与C极之间电阻体的阻值用R_{AC}表示，B极与C极之间电阻体的阻值用R_{BC}表示，$R_{AC}+R_{BC}=R_{AB}$。
当转轴逆时针旋转时，滑动片往B极滑动，R_{BC}减小，R_{AC}增大；当转轴顺时针旋转时，滑动片往A极滑动，R_{BC}增大，R_{AC}减小，当滑动片移到A极时，$R_{AC}=0$，而$R_{BC}=R_{AB}$。

图 3-14 电位器的结构原理

3.2.3 应用电路

电位器与固定电阻器一样，都具有降压、限流和分流的功能，不过由于电位器具有阻值可调性，故它可随时调节阻值来改变降压、限流和分流的程度。电位器的典型应用电路如图 3-15 所示。

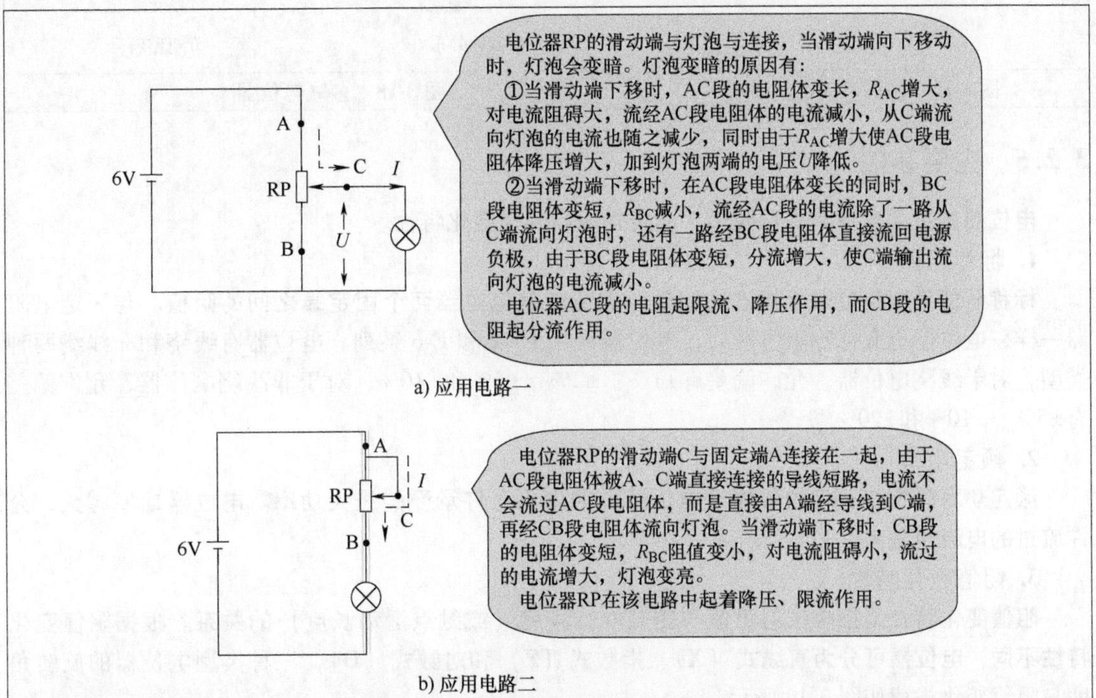
6V
A
C
I
RP
U
B
电位器RP的滑动端与灯泡与连接，当滑动端向下移动时，灯泡会变暗。灯泡变暗的原因有：
①当滑动端下移时，AC段的电阻体变长，R_{AC}增大，对电流阻碍大，流经AC段电阻体的电流减小，从C端流向灯泡的电流也随之减少，同时由于R_{AC}增大使AC段电阻体降压增大，加到灯泡两端的电压U降低。
②当滑动端下移时，在AC段电阻体变长的同时，BC段电阻体变短，R_{BC}减小，流经AC段的电流除了一路从C端流向灯泡时，还有一路经BC段电阻体直接流回电源负极，由于BC段电阻体变短，分流增大，使C端输出流向灯泡的电流减小。
电位器AC段的电阻起限流、降压作用，而CB段的电阻起分流作用。
a) 应用电路一
A
I
RP
C
B
6V
电位器RP的滑动端C与固定端A连接在一起，由于AC段电阻体被A、C端直接连接的导线短路，电流不会流过AC段电阻体，而是直接由A端经导线到C端，再经CB段电阻体流向灯泡。当滑动端下移时，CB段的电阻体变短，R_{BC}阻值变小，对电流阻碍小，流过的电流增大，灯泡变亮。
电位器RP在该电路中起着降压、限流作用。
b) 应用电路二

图 3-15 电位器的典型应用电路

3.2.4 种类

电位器种类较多，通常可分为普通电位器、微调电位器和多联电位器等。

1. 普通电位器

普通电位器一般是指带有调节手柄的电位器，常见有旋转式电位器和直滑式电位器，如图 3-16 所示。

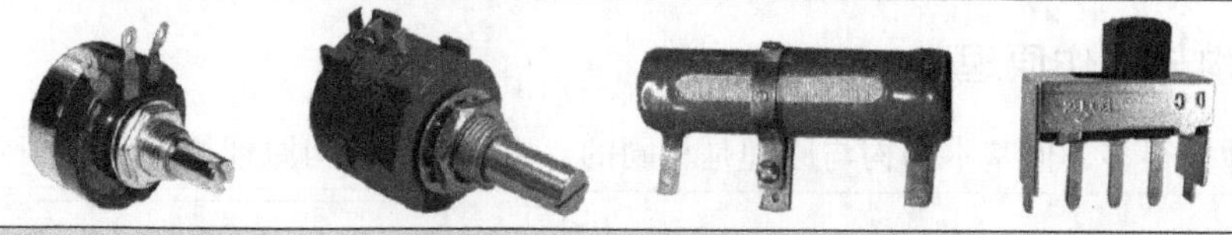

图 3-16　普通电位器

2. 微调电位器

微调电位器又称微调电阻器，通常是指没有调节手柄的电位器，并且不经常调节，如图 3-17 所示。

3. 多联电位器

多联电位器是将多个电位器结合在一起同时调节的电位器。常见的多联电位器实物外形如图 3-18a 所示，从左至右依次是双联电位器、三联电位器和四联电位器，图 3-18b 为双联电位器的电路符号。

图 3-17　微调电位器

a) 实物外形

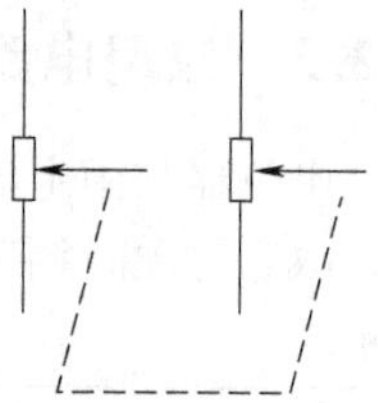

b) 电路符号

图 3-18　多联电位器

3.2.5　主要参数

电位器的主要参数有标称阻值、额定功率和阻值变化特性。

1. 标称阻值

标称阻值是指电位器上标注的阻值，该值就是电位器两个固定端之间的阻值。与固定电阻器一样，电位器也有标称阻值系列，电位器采用 E-12 和 E-6 系列。电位器有线绕和非线绕两种类型，对于线绕电位器，允许偏差有±1%、±2%、±5%和±10%；对于非线绕电位器，允许偏差有±5%、±10%和±20%。

2. 额定功率

额定功率是指在一定的条件下电位器长期使用允许承受的最大功率。电位器功率越大，允许流过的电流也越大。

3. 阻值变化特性

阻值变化特性是指电位器阻值与转轴旋转角度（或触点滑动长度）的关系。根据阻值变化特性不同，电位器可分为直线式（X）、指数式（Z）和对数式（D），三种类型电位器的旋转角度与阻值变化规律如图 3-19 所示。

3.2.6　用指针万用表检测电位器

电位器检测使用万用表的欧姆档。在检测时，先测量电位器两个固定端之间的阻值，正常测量值应与标称阻值一致，然后再测量一个固定端与滑动端之间的阻值，同时旋转转轴，正常测量值应在 0 至标称阻值范围内变化。若是带开关电位器，还要检测开关是否正常。电位器的检测如图 3-20 所示。

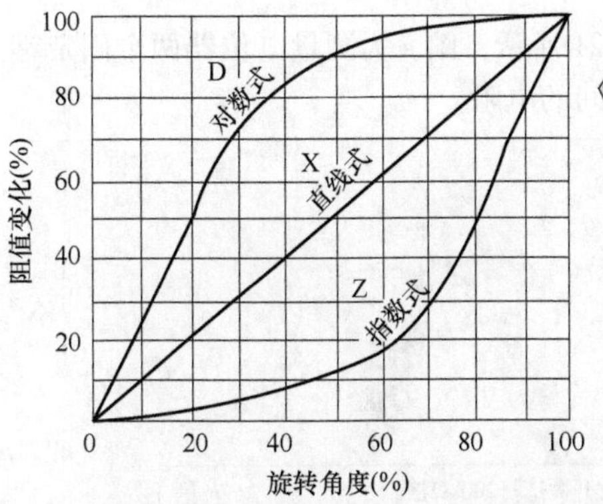
100
80
60
40
20
0
20
40
60
80
100
阻值变化(%)
旋转角度(%)
D
对数式
X
直线式
Z
指数式

直线式电位器的阻值与旋转角度呈直线关系，当旋转转轴时，电位器的阻值会匀速变化，即电位器的阻值变化与旋转角度大小呈正比关系。直线式电位器电阻体上的导电物质分布均匀，所以具有这种特性。

指数式电位器的阻值与旋转角度呈指数关系，在刚开始转动转轴时，阻值变化很慢，随着转动角度增大，阻值变化很大。指数式电位器的这种性质的产生是因为电阻体上的导电物质分布不均匀。指数式电位器通常用在音量调节电路中。

对数式电位器的阻值与旋转角度呈对数关系，在刚开始转动转轴时，阻值变化很快，随着转动角度增大，阻值变化变慢。指数式电位器与对数式电位器性质正好相反，因此常用在与指数式电位器要求相反的电路中，如电视机的音调控制电路和对比度控制电路。

图 3-19　三种类型电位器的旋转角度与阻值变化规律

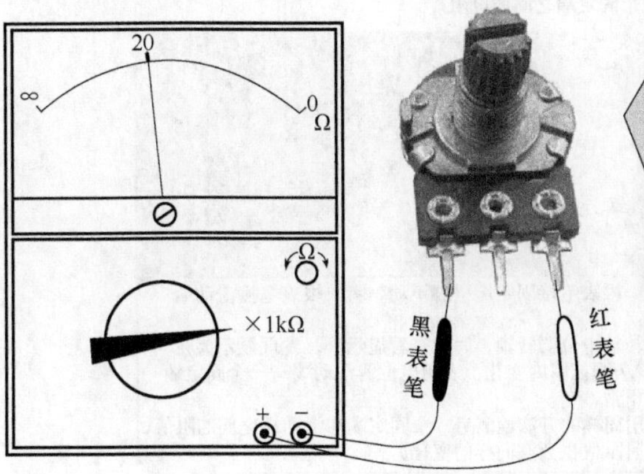
20
∞
0
Ω
×1kΩ
Ω
黑表笔
红表笔
+
−

第一步：测量电位器两个固定端之间的阻值。将万用表拨至×1kΩ档（该电位器标称阻值为20kΩ），红、黑表笔分别与电位器两个固定端接触，然后在刻度盘上读出阻值大小。

若电位器正常，测得的阻值应与电位器的标称阻值相同或相近（在允许偏差范围内）。

若测得的阻值为∞，说明电位器两个固定端之间开路。

若测得的阻值为0，说明电位器两个固定端之间短路。

若测得的阻值大于或小于标称阻值，说明电位器两个固定端之间电阻体变值。

a) 测量两个固定端之间的阻值

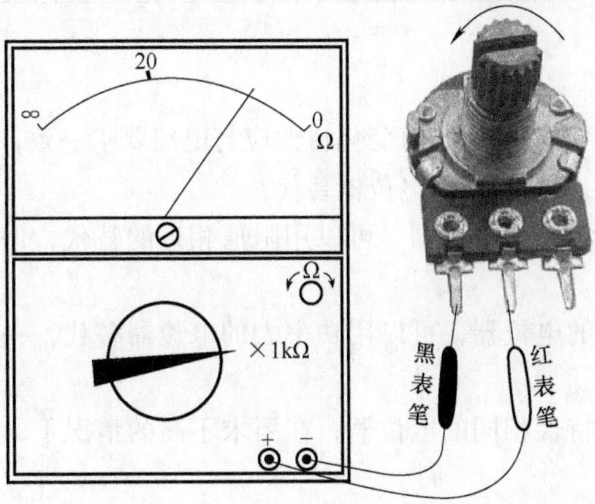
旋转转轴
20
∞
0
Ω
×1kΩ
Ω
黑表笔
红表笔
+
−

第二步：测量电位器一个固定端与滑动端之间的阻值。万用表仍置于×1kΩ档，红、黑表笔分别与电位器任意一个固定端和滑动端接触，然后旋转电位器转轴，同时观察刻度盘表针。

若电位器正常，表针会发生摆动，指示的阻值应在0～20kΩ范围内连续变化。

若测得的阻值始终为∞，说明电位器固定端与滑动端之间开路。

若测得的阻值始终为0，说明电位器固定端与滑动端之间短路。

若测得的阻值变化不连续、有跳变，说明电位器滑动端与电阻体之间接触不良。

电位器检测分两步，只有每步测量均正常才能认为电位器正常。

b) 测量固定端与滑动端之间的阻值

图 3-20　电位器的检测

扫一扫看视频

3.2.7　用数字万用表检测电位器

用数字万用表检测电位器如图 3-21 所示，图 a 为测量电位器两个固定端之间的电阻，图 b 为测量滑动端与固定端之间的电阻。

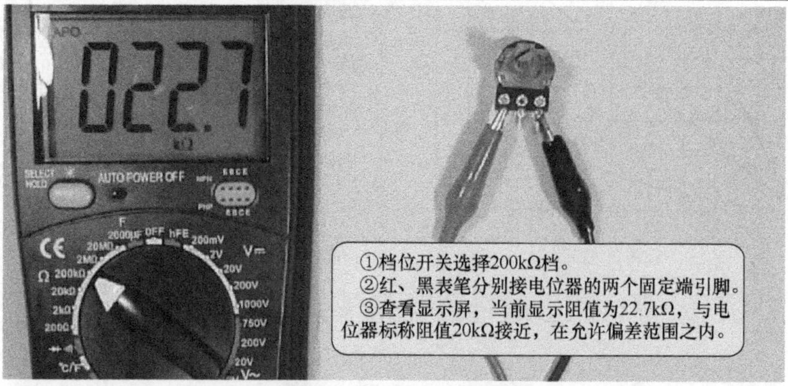

022.7
kΩ
AUTO POWER OFF
①档位开关选择200kΩ档。
②红、黑表笔分别接电位器的两个固定端引脚。
③查看显示屏，当前显示阻值为22.7kΩ，与电位器标称阻值20kΩ接近，在允许偏差范围之内。

a) 测量两个固定端之间的电阻

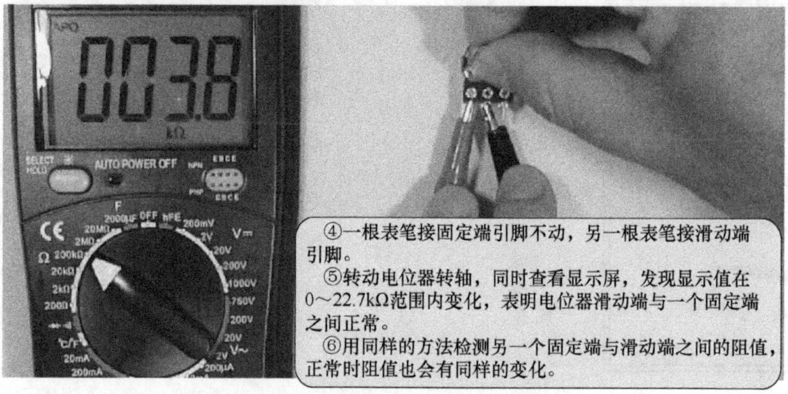

003.8
kΩ
AUTO POWER OFF
④一根表笔接固定端引脚不动，另一根表笔接滑动端引脚。
⑤转动电位器转轴，同时查看显示屏，发现显示值在0～22.7kΩ范围内变化，表明电位器滑动端与一个固定端之间正常。
⑥用同样的方法检测另一个固定端与滑动端之间的阻值，正常时阻值也会有同样的变化。

b) 测量滑动端与固定端之间的电阻

图 3-21　用数字万用表检测电位器

3.2.8　选用

在选用电位器时，主要考虑标称阻值、额定功率和阻值变化特性应与电路要求一致，如果难以找到各方面符合要求的电位器，可按下面的原则用其他电位器替代：

1）标称阻值应尽量相同，若无标称阻值相同的电位器，可以用阻值相近的替代，但标称阻值不能超过要求阻值的±20%。

2）额定功率应尽量相同，若无功率相同的电位器，可以用功率大的电位器替代，一般不允许用小功率的电位器替代大功率的电位器。

3）阻值变化特性应相同，若无阻值变化特性相同的电位器，在要求不高的情况下，可用直线式电位器替代其他类型的电位器。

4）除满足上面三点要求外，还应尽量选择外形和体积相同的电位器。

3.3　敏感电阻器

敏感电阻器是指阻值随某些外界条件改变而变化的电阻器。敏感电阻器种类很多，常见的有热敏电阻器、光敏电阻器、湿敏电阻器、力敏电阻器和磁敏电阻器等。

3.3.1 热敏电阻器

热敏电阻器是一种对温度敏感的电阻器，它一般由半导体材料制作而成，当温度变化时其阻值也会随之变化。

1. 外形与符号

热敏电阻器的实物外形和符号如图 3-22 所示。

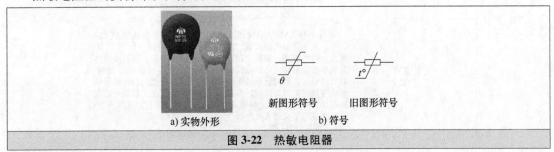

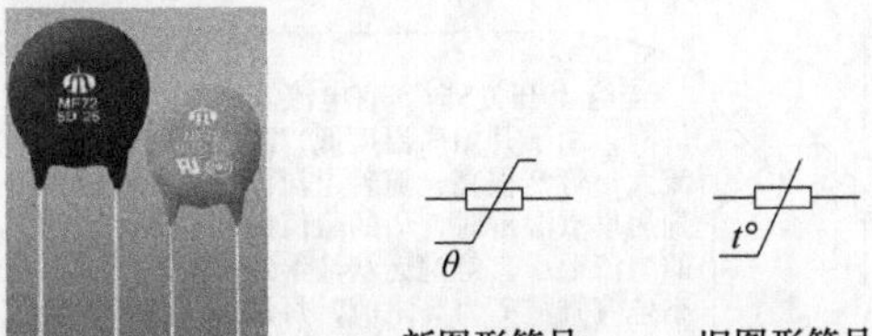
θ
t°

新图形符号　　旧图形符号

a) 实物外形　　b) 符号

图 3-22　热敏电阻器

2. 种类

热敏电阻器种类很多，通常可分为正温度系数（PTC）热敏电阻器和负温度系数（NTC）热敏电阻器两类。

（1）NTC 热敏电阻器

NTC 热敏电阻器的阻值随温度升高而减小。NTC 热敏电阻器是由氧化锰、氧化钴、氧化镍、氧化铜和氧化铝等金属氧化物为主要原料制作而成的。根据使用温度条件不同，NTC 热敏电阻器可分为低温（-60~300℃）、中温（300~600℃）、高温（>600℃）三种。

NTC 热敏电阻器的温度每升高 1℃，阻值会减小 1%~6%，阻值减小程度视不同型号而定。NTC 热敏电阻器广泛用于温度补偿和温度自动控制电路，如电冰箱、空调器、温室等温控系统常采用 NTC 热敏电阻器作为测温元件。

（2）PTC 热敏电阻

PTC 热敏电阻器的阻值随温度升高而增大。PTC 热敏电阻器是在钛酸钡（$BaTiO_3$）中掺入适量的稀土元素制作而成。

PTC 热敏电阻器可分为缓慢型和开关型。缓慢型 PTC 热敏电阻器的温度每升高 1℃，其阻值会增大 0.5%~8%。开关型 PTC 热敏电阻器有一个转折温度（又称居里点温度，钛酸钡材料 PTC 热敏电阻器的居里点温度一般为 120℃左右），当温度低于居里点温度时，阻值较小，并且温度变化时阻值基本不变（相当于一个闭合的开关），一旦温度超过居里点温度，其阻值会急剧增大（相关于开关断开）。

缓慢型 PTC 热敏电阻器常用在温度补偿电路中，开关型 PTC 热敏电阻器由于具有开关性质，常用在开机瞬间接通而后又马上断开的电路中，如电视机的消磁电路和电冰箱的压缩机起动电路。

3. 应用电路

热敏电阻器具有阻值随温度变化而变化的特点，一般用在与温度有关的电路中。热敏电阻器的应用电路如图 3-23 所示。

4. 用指针万用表检测热敏电阻器

热敏电阻器的检测分两步，只有两步测量均正常才能说明热敏电阻器正常，在进行测量时还可以判断出电阻器的类型（NTC 或 PTC）。热敏电阻器的检测如图 3-24 所示。

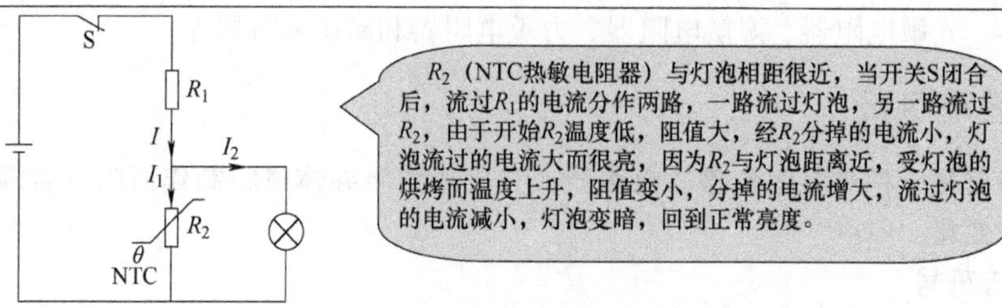
S
R1
I
I2
I1
R2
θ
NTC
R2（NTC热敏电阻器）与灯泡相距很近，当开关S闭合后，流过R1的电流分作两路，一路流过灯泡，另一路流过R2，由于开始R2温度低，阻值大，经R2分掉的电流小，灯泡流过的电流大而很亮，因为R2与灯泡距离近，受灯泡的烘烤而温度上升，阻值变小，分掉的电流增大，流过灯泡的电流减小，灯泡变暗，回到正常亮度。

a) NTC热敏电阻器的应用

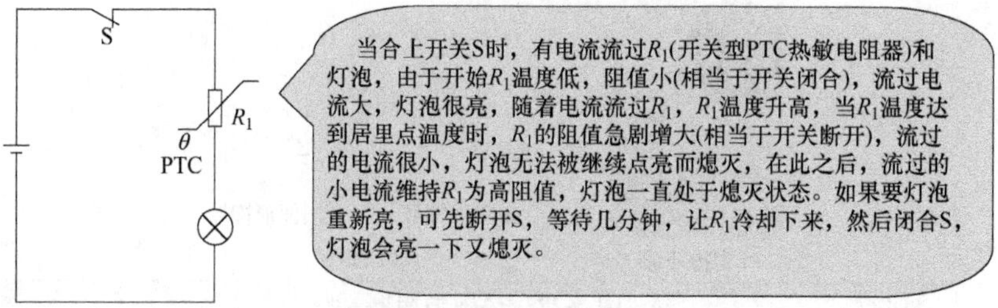
S
R1
θ
PTC
当合上开关S时，有电流流过R1(开关型PTC热敏电阻器)和灯泡，由于开始R1温度低，阻值小(相当于开关闭合)，流过电流大，灯泡很亮，随着电流流过R1，R1温度升高，当R1温度达到居里点温度时，R1的阻值急剧增大(相当于开关断开)，流过的电流很小，灯泡无法被继续点亮而熄灭，在此之后，流过的小电流维持R1为高阻值，灯泡一直处于熄灭状态。如果要灯泡重新亮，可先断开S，等待几分钟，让R1冷却下来，然后闭合S，灯泡会亮一下又熄灭。

b) PTC热敏电阻器的应用

图 3-23　热敏电阻器的应用电路

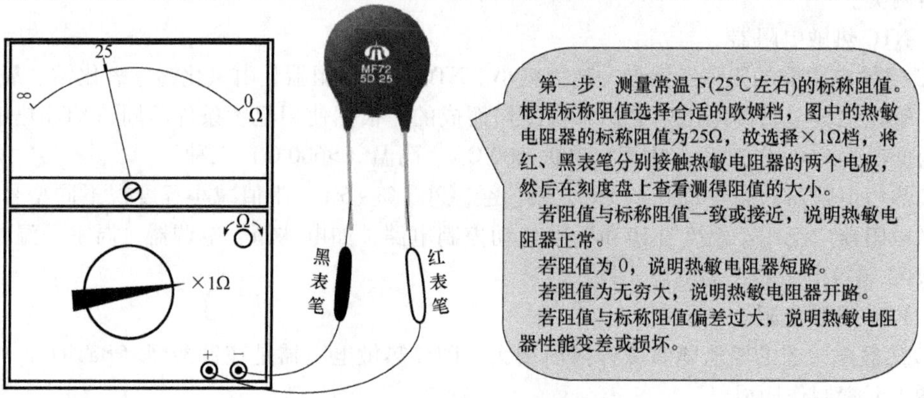
25
∞
0
Ω
×1Ω
MF72
5D 25
黑表笔
红表笔
+
−
第一步：测量常温下(25℃左右)的标称阻值。根据标称阻值选择合适的欧姆档，图中的热敏电阻器的标称阻值为25Ω，故选择×1Ω档，将红、黑表笔分别接触热敏电阻器的两个电极，然后在刻度盘上查看测得阻值的大小。
若阻值与标称阻值一致或接近，说明热敏电阻器正常。
若阻值为0，说明热敏电阻器短路。
若阻值为无穷大，说明热敏电阻器开路。
若阻值与标称阻值偏差过大，说明热敏电阻器性能变差或损坏。

a) 测量常温下（25℃左右）的标称阻值

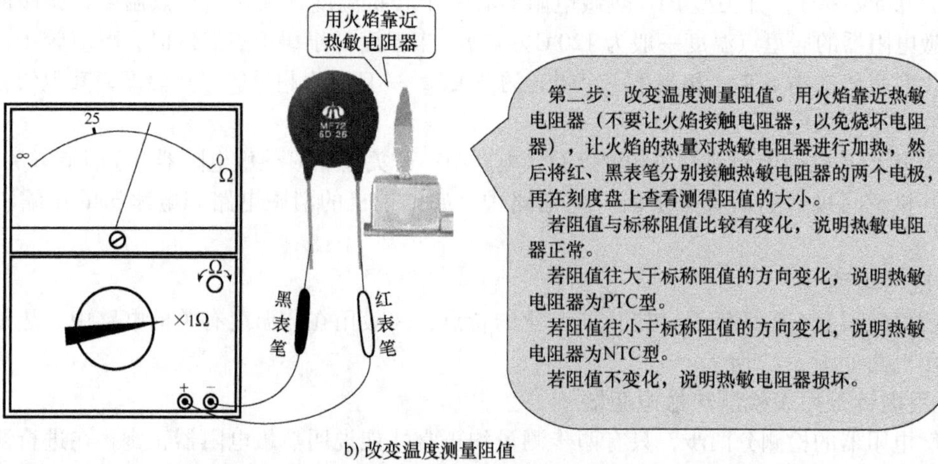
用火焰靠近热敏电阻器
25
∞
0
Ω
×1Ω
黑表笔
红表笔
+
−
第二步：改变温度测量阻值。用火焰靠近热敏电阻器（不要让火焰接触电阻器，以免烧坏电阻器），让火焰的热量对热敏电阻器进行加热，然后将红、黑表笔分别接触热敏电阻器的两个电极，再在刻度盘上查看测得阻值的大小。
若阻值与标称阻值比较有变化，说明热敏电阻器正常。
若阻值往大于标称阻值的方向变化，说明热敏电阻器为PTC型。
若阻值往小于标称阻值的方向变化，说明热敏电阻器为NTC型。
若阻值不变化，说明热敏电阻器损坏。

b) 改变温度测量阻值

图 3-24　热敏电阻器的检测

扫一扫看视频

5. 用数字万用表检测热敏电阻器

用数字万用表检测热敏电阻器如图 3-25 所示，图 a 为测量热敏电阻器常温时的阻值，图 b 为改变温度时测量阻值有无变化。

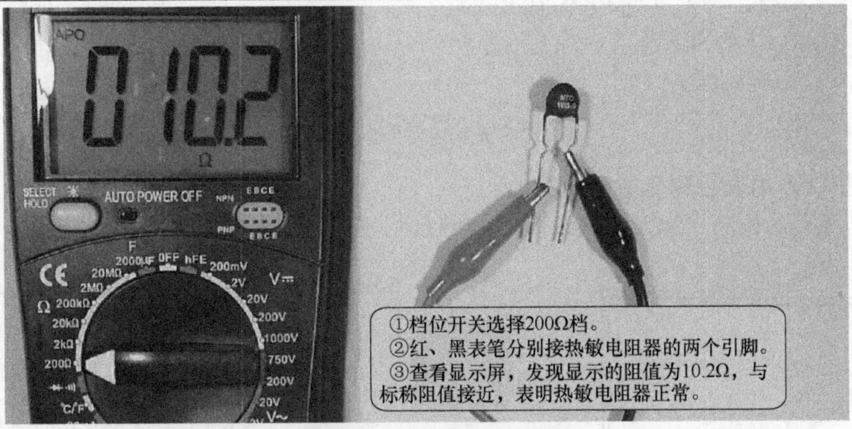
①档位开关选择200Ω档。
②红、黑表笔分别接热敏电阻器的两个引脚。
③查看显示屏，发现显示的阻值为10.2Ω，与标称阻值接近，表明热敏电阻器正常。

a) 测量热敏电阻器常温时的阻值

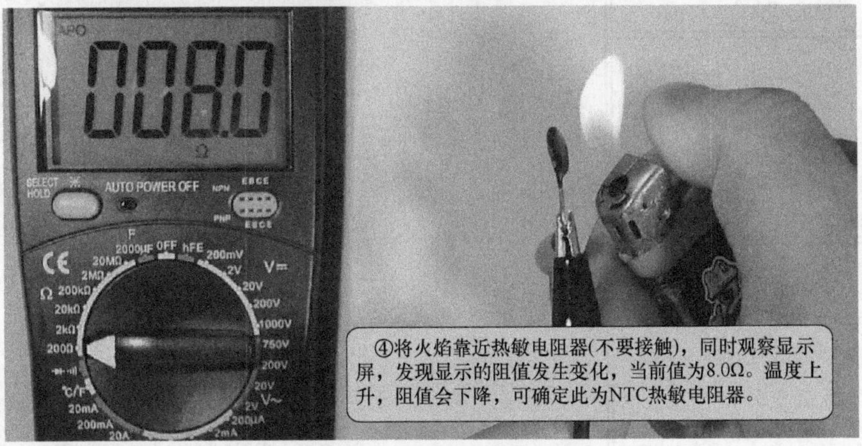
④将火焰靠近热敏电阻器(不要接触)，同时观察显示屏，发现显示的阻值发生变化，当前值为8.0Ω。温度上升，阻值会下降，可确定此为NTC热敏电阻器。

b) 改变温度测量阻值有无变化

图 3-25　用数字万用表检测热敏电阻器

3.3.2　光敏电阻器

光敏电阻器是一种对光线敏感的电阻器，当照射的光线强弱变化时，阻值也会随之变化，通常光线越强，阻值越小。根据光的敏感性不同，光敏电阻器可分为可见光光敏电阻器（硫化镉材料）、红外光光敏电阻器（砷化镓材料）和紫外光光敏电阻器（硫化锌材料）。其中硫化镉材料制成的可见光光敏电阻器应用最为广泛。

1. 外形与符号

光敏电阻器的外形与符号如图 3-26 所示。

a) 实物外形

国内常用符号　　国外常用符号

b) 符号

图 3-26　光敏电阻器

2. 应用电路

光敏电阻器的功能与固定电阻器一样，不同之处在于它的阻值可以随光线强弱变化而变化。其应用电路如图 3-27 所示。

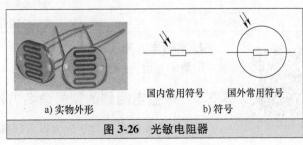

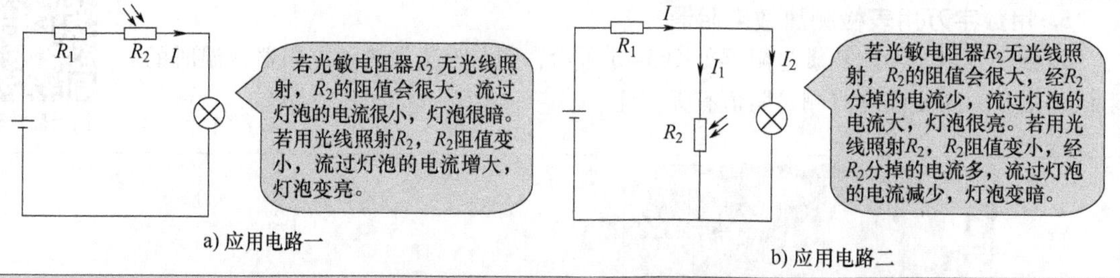

R_1
R_2
I
若光敏电阻器R_2无光线照射，R_2的阻值会很大，流过灯泡的电流很小，灯泡很暗。若用光线照射R_2，R_2阻值变小，流过灯泡的电流增大，灯泡变亮。
a) 应用电路一
I
R_1
I_1
I_2
R_2
若光敏电阻器R_2无光线照射，R_2的阻值会很大，经R_2分掉的电流少，流过灯泡的电流大，灯泡很亮。若用光线照射R_2，R_2阻值变小，经R_2分掉的电流多，流过灯泡的电流减少，灯泡变暗。
b) 应用电路二

图 3-27　光敏电阻器的应用电路

3. 用指针万用表检测光敏电阻器

光敏电阻器的检测分为两步，只有两步测量均正常才能说明光敏电阻器正常，如图 3-28 所示。

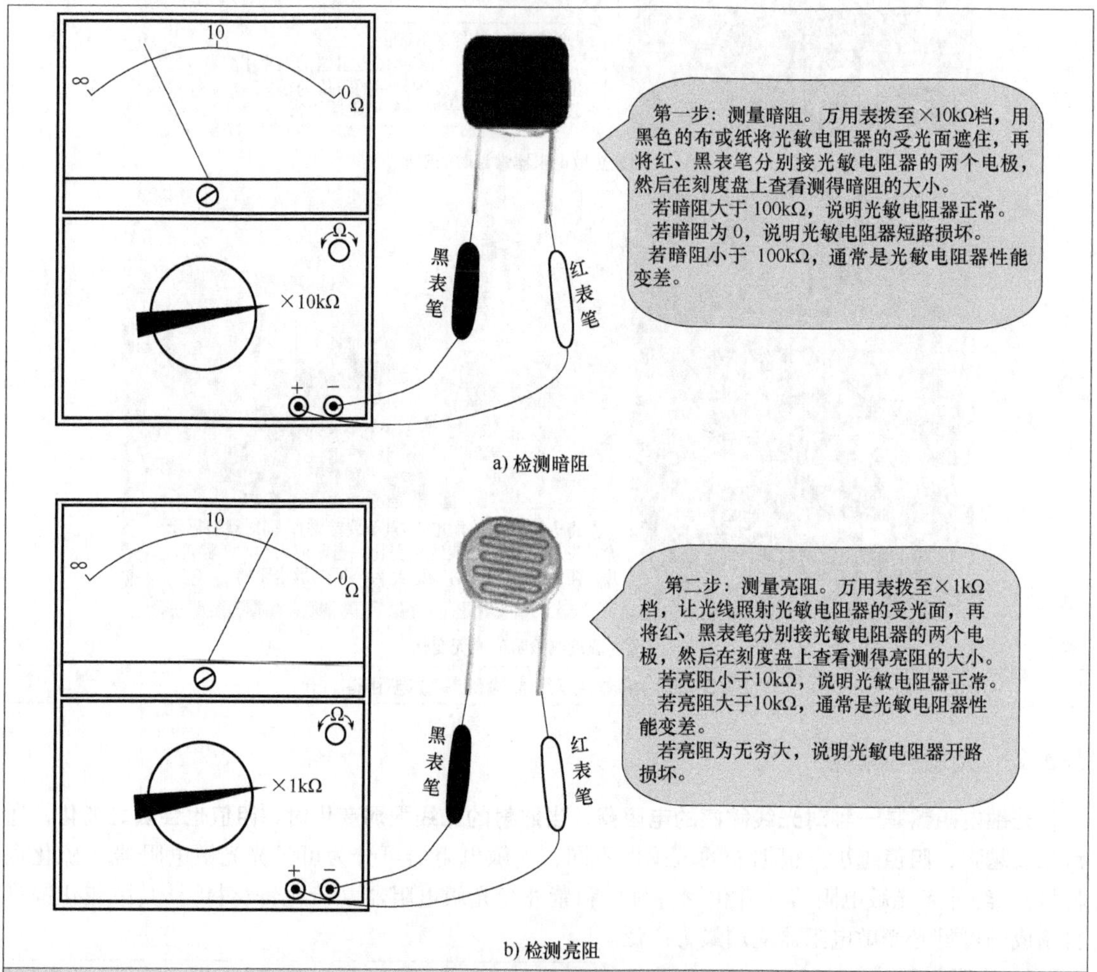

10
∞
0Ω
×10kΩ
黑表笔
红表笔
第一步：测量暗阻。万用表拨至×10kΩ档，用黑色的布或纸将光敏电阻器的受光面遮住，再将红、黑表笔分别接光敏电阻器的两个电极，然后在刻度盘上查看测得暗阻的大小。
若暗阻大于 100kΩ，说明光敏电阻器正常。
若暗阻为 0，说明光敏电阻器短路损坏。
若暗阻小于 100kΩ，通常是光敏电阻器性能变差。
a) 检测暗阻
10
∞
0Ω
×1kΩ
黑表笔
红表笔
第二步：测量亮阻。万用表拨至×1kΩ档，让光线照射光敏电阻器的受光面，再将红、黑表笔分别接光敏电阻器的两个电极，然后在刻度盘上查看测得亮阻的大小。
若亮阻小于10kΩ，说明光敏电阻器正常。
若亮阻大于10kΩ，通常是光敏电阻器性能变差。
若亮阻为无穷大，说明光敏电阻器开路损坏。
b) 检测亮阻

图 3-28　光敏电阻器的检测

扫一扫看视频

4. 用数字万用表检测光敏电阻器

用数字万用表检测光敏电阻器如图 3-29 所示。

3.3.3　敏感电阻器的型号命名方法

敏感电阻器的型号命名分为以下四部分：

第一部分用字母表示主称。用字母“M”表示主称为敏感电阻器。

第二部分用字母表示类别。

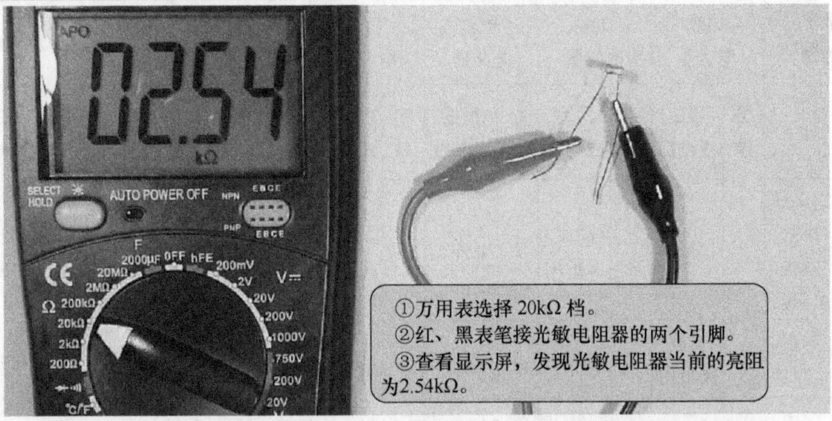
APO
02.54
kΩ
SELECT HOLD
AUTO POWER OFF
NPN
PNP
EBCE
F
2000μF
OFF
hFE
200mV
2V
20V
200V
1000V
750V
20MΩ
2MΩ
200kΩ
20kΩ
2kΩ
200Ω
℃/F
①万用表选择 20kΩ 档。
②红、黑表笔接光敏电阻器的两个引脚。
③查看显示屏，发现光敏电阻器当前的亮阻为2.54kΩ。

a) 测量亮阻

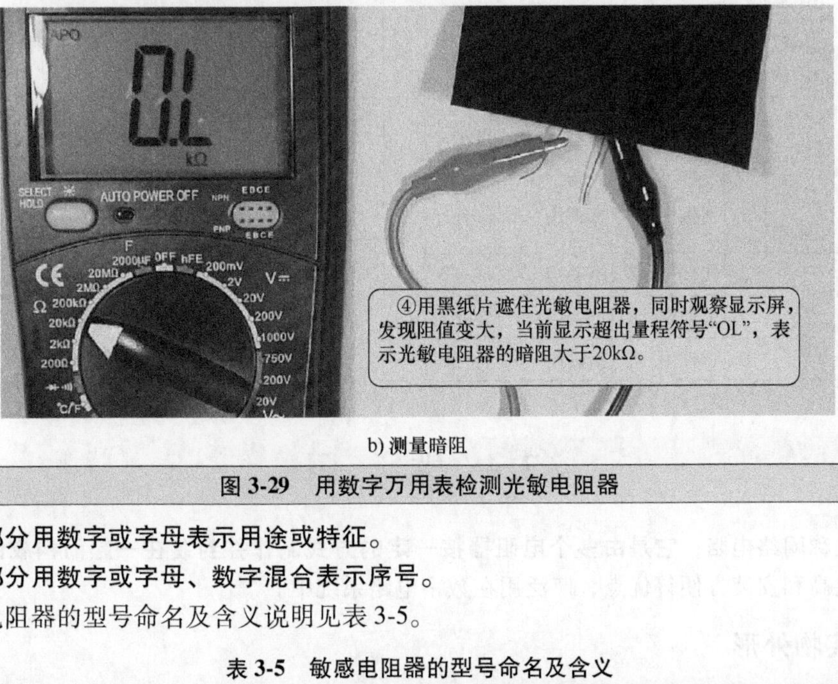
APO
0.L
kΩ
SELECT HOLD
AUTO POWER OFF
④用黑纸片遮住光敏电阻器，同时观察显示屏，发现阻值变大，当前显示超出量程符号“OL”，表示光敏电阻器的暗阻大于20kΩ。

b) 测量暗阻

图 3-29 用数字万用表检测光敏电阻器

第三部分用数字或字母表示用途或特征。

第四部分用数字或字母、数字混合表示序号。

敏感电阻器的型号命名及含义说明见表 3-5。

表 3-5 敏感电阻器的型号命名及含义

第一部分：主称		第二部分：类别		第三部分：用途或特征														第四部分：序号
				热敏电阻器		压敏电阻器		光敏电阻器		湿敏电阻器		气敏电阻器		磁敏元件		力敏元件		
字母	含义	字母	含义	数字	用途或特征	字母	用途或特征	数字	用途或特征	字母	用途或特征	字母	用途或特征	字母	用途或特征	数字	用途或特征	用数字或数字、字母混合表示
M	敏感元件	Z	正温度系数热敏电阻器	1	普通用	W	稳压用	1	紫外光	C	测湿用	Y	烟敏	Z	电阻器	1	硅应变片	

（续）

<table>
<tr><th colspan="2" rowspan="2">第一部分：主称</th><th colspan="2" rowspan="2">第二部分：类别</th><th colspan="14">第三部分：用途或特征</th><th rowspan="3">第四部分：序号</th></tr>
<tr><th colspan="2">热敏电阻器</th><th colspan="2">压敏电阻器</th><th colspan="2">光敏电阻器</th><th colspan="2">湿敏电阻器</th><th colspan="2">气敏电阻器</th><th colspan="2">磁敏元件</th><th colspan="2">力敏元件</th></tr>
<tr><th>字母</th><th>含义</th><th>字母</th><th>含义</th><th>数字</th><th>用途或特征</th><th>字母</th><th>用途或特征</th><th>数字</th><th>用途或特征</th><th>字母</th><th>用途或特征</th><th>字母</th><th>用途或特征</th><th>字母</th><th>用途或特征</th><th>数字</th><th>用途或特征</th></tr>
<tr><td rowspan="9">M</td><td rowspan="9">敏感元件</td><td>F</td><td>负温度系数热敏电阻器</td><td>2</td><td>稳压用</td><td>G</td><td>高压保护用</td><td>2</td><td>紫外光</td><td rowspan="4">C</td><td rowspan="4">测湿用</td><td>J</td><td>酒精</td><td rowspan="4">Z</td><td rowspan="4">电阻器</td><td>2</td><td>硅应变梁</td><td rowspan="9">用数字或数字、字母混合表示</td></tr>
<tr><td>Y</td><td>压敏电阻器</td><td>3</td><td>微波测量用</td><td>P</td><td>高频用</td><td>3</td><td>紫外光</td><td rowspan="2">K</td><td rowspan="2">可燃性</td><td>3</td><td>硅杯</td></tr>
<tr><td>S</td><td>湿敏电阻器</td><td>4</td><td>旁热式</td><td>N</td><td>高能用</td><td>4</td><td>可见光</td><td>4</td><td></td></tr>
<tr><td>Q</td><td>气敏电阻器</td><td>5</td><td>测温用</td><td>K</td><td>高可靠用</td><td>5</td><td>可见光</td><td>N</td><td>N 型</td><td>5</td><td></td></tr>
<tr><td>G</td><td>光敏电阻器</td><td>6</td><td>控温用</td><td>L</td><td>防雷用</td><td>6</td><td>可见光</td><td rowspan="5">K</td><td rowspan="5">控湿用</td><td rowspan="5">P</td><td rowspan="5">P 型</td><td rowspan="5">W</td><td rowspan="5">电位器</td><td>6</td><td></td></tr>
<tr><td>C</td><td>磁敏电阻器</td><td>7</td><td>消磁用</td><td>H</td><td>灭弧用</td><td>7</td><td>红外光</td><td>7</td><td></td></tr>
<tr><td rowspan="3">L</td><td rowspan="3">力敏电阻器</td><td>8</td><td>线性用</td><td>Z</td><td>消噪用</td><td>8</td><td>红外光</td><td>8</td><td></td></tr>
<tr><td>9</td><td>恒温用</td><td>B</td><td>补偿用</td><td>9</td><td>红外光</td><td>9</td><td></td></tr>
<tr><td>0</td><td>特殊用</td><td>C</td><td>消磁用</td><td>0</td><td>特殊</td><td>0</td><td></td></tr>
</table>

3.4　排　阻

排阻又称网络电阻，它是由多个电阻器按一定的方式制作并封装在一起而构成的。排阻具有安装密度高和安装方便等优点，广泛用在数字电路系统中。

3.4.1　实物外形

常见的排阻实物外形如图 3-30 所示，前面两种为直插封装式（SIP）排阻，后一种为表面贴装式（SMD）排阻。

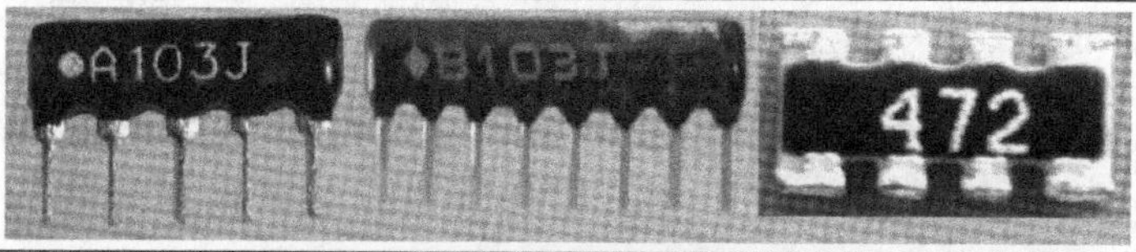
A103J
472

图 3-30　常见的排阻实物外形

3.4.2　命名方法

排阻命名一般由以下四部分组成：第一部分为内部电路类型；第二部分为引脚数（由于引脚数可直接看出，故该部分可省略）；第三部分为阻值；第四部分为阻值允许偏差，见表 3-6。

表 3-6 排阻命名方法

第一部分 电路类型	第二部分 引脚数	第三部分 阻值	第四部分 允许偏差
A：所有电阻器共用一端，公共端从左端（1 脚）引出 B：每个电阻器有各自独立引脚，相互间无连接 C：各个电阻器首尾相连，各连接端均有引脚 D：所有电阻器共用一端，公共端从中间引出 E、F、G、H、I：内部连接较为复杂，详见表 3-7	4~14	3 位数字 （第 1、2 位为有效数，第 3 位为有效数后面 0 的个数，如 102 表示 1000Ω）	F：±1% G：±2% J：±5%

举例：排阻 A08472J 表示 8 个引脚 4700（1±5%）Ω 的 A 类排阻。

3.4.3 种类与结构

根据内部电路结构不同，排阻种类可分为 A、B、C、D、E、F、G、H。排阻虽然种类很多，但最常用的为 A、B 类。排阻的种类及结构见表 3-7。

表 3-7 排阻的种类及结构

类型代码	内 部 电 路	类型代码	内 部 电 路
A	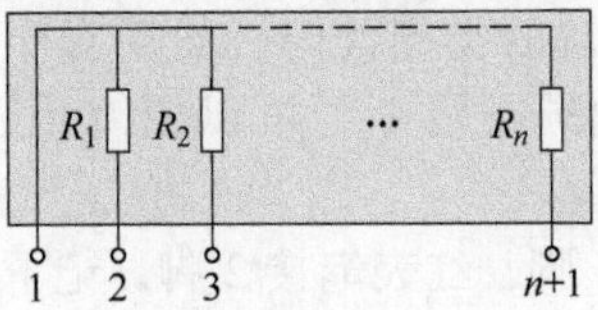 $R_1=R_2=\cdots=R_n$	E	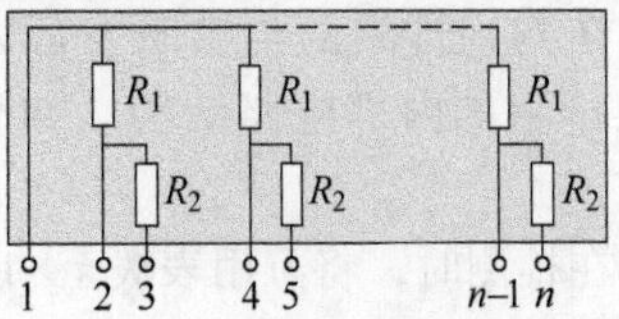 $R_1=R_2$或$R_1\neq R_2$
B	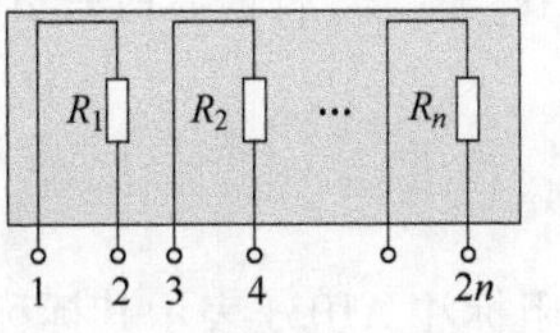 $R_1=R_2=\cdots=R_n$	F	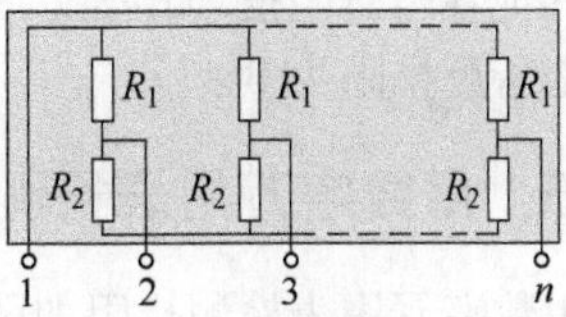 $R_1=R_2$或$R_1\neq R_2$
C	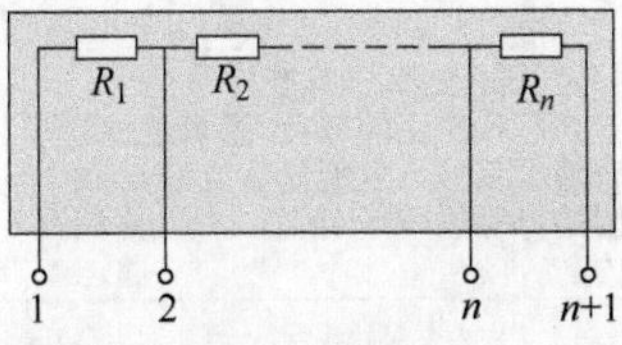 $R_1=R_2=\cdots=R_n$	G	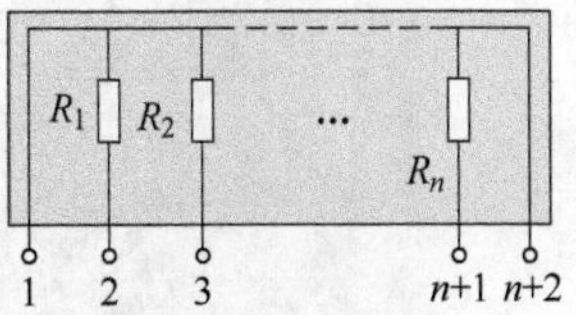 $R_1=R_2$或$R_1\neq R_2$
D	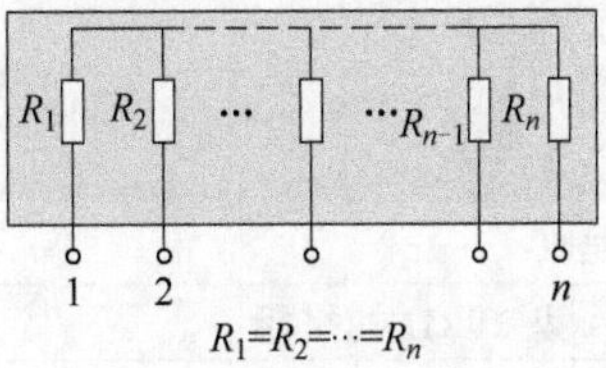 $R_1=R_2=\cdots=R_n$	H	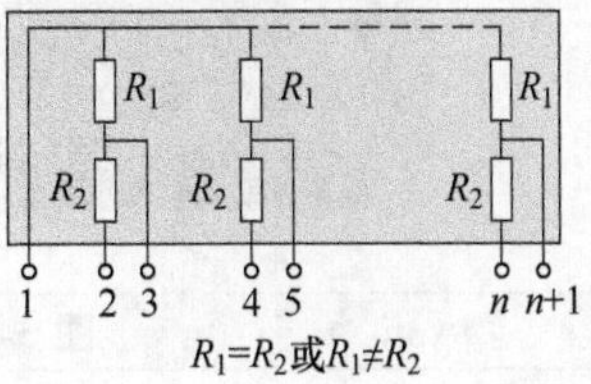 $R_1=R_2$或$R_1\neq R_2$

扫一扫看视频

3.4.4　用指针万用表检测排阻

1. 好坏检测

在检测排阻前，要先找到排阻的 1 脚，1 脚旁一般有标记（如圆点），也可正对排阻字符，字符左下方第一个引脚即为 1 脚。在检测时，根据排阻的标称阻值，将万用表置于合适的欧姆档，图 3-31 是测量一只 10kΩ 的 A 型排阻（A103J）。

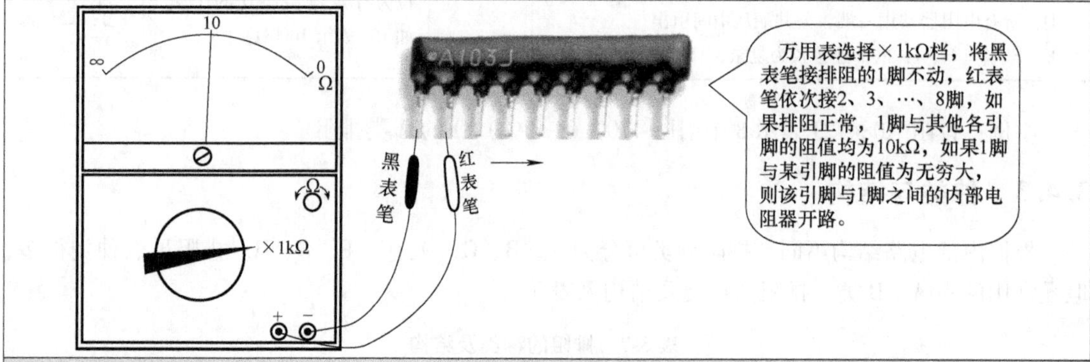

10
∞
0
Ω
×1kΩ
+
−
A103J
黑表笔
红表笔
万用表选择×1kΩ档，将黑表笔接排阻的1脚不动，红表笔依次接2、3、…、8脚，如果排阻正常，1脚与其他各引脚的阻值均为10kΩ，如果1脚与某引脚的阻值为无穷大，则该引脚与1脚之间的内部电阻器开路。

图 3-31　排阻的检测

2. 类型判别

在判别排阻的类型时，可以直接查看其表面标注的类型代码，然后对照表 3-7 就可以了解该排阻的内部电路结构。如果排阻表面的类型代码不清晰，可以用万用表检测来判断其类型。

在检测时，将万用表拨至×10Ω 档，用黑表笔接 1 脚，红表笔接 2 脚，记下测量值，然后保持黑表笔不动，红表笔再接 3 脚，并记下测量值，再用同样的方法依次测量并记下红表笔连接其他引脚时的阻值，分析 1 脚与其他引脚的阻值规律，对照表 3-7 判断出所测排阻的类型。比如 1 脚与其他各引脚阻值均相等，所测排阻应为 A 型，如果 1 脚与 2 脚之后所有引脚的阻值均为无穷大，则所测排阻为 B 型。

3.4.5　用数字万用表检测排阻

用数字万用表检测排阻如图 3-32 所示，图中的排阻标注 A103J 表示其标称阻值为 10kΩ，允许偏差为±5%，图 a 是测量排阻 1、2 脚的电阻，图 b 是测量 1、3 脚的电阻。

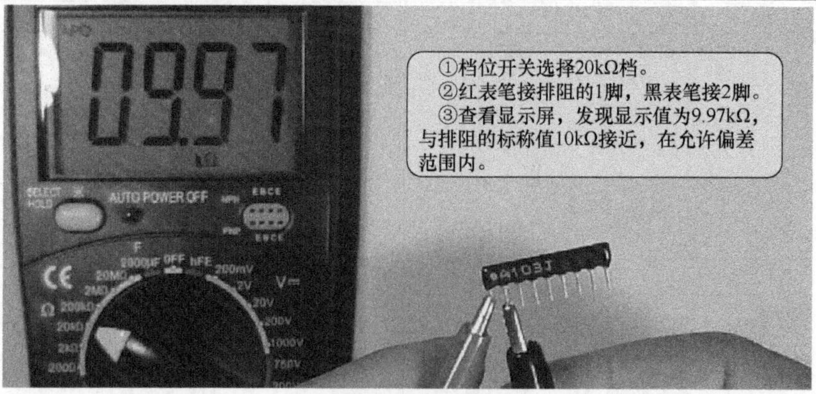

09.97
AUTO POWER OFF
A103J
①档位开关选择20kΩ档。
②红表笔接排阻的1脚，黑表笔接2脚。
③查看显示屏，发现显示值为9.97kΩ，与排阻的标称值10kΩ接近，在允许偏差范围内。

a) 测量1、2脚的电阻

图 3-32　用数字万用表检测 A 型 10kΩ 的排阻

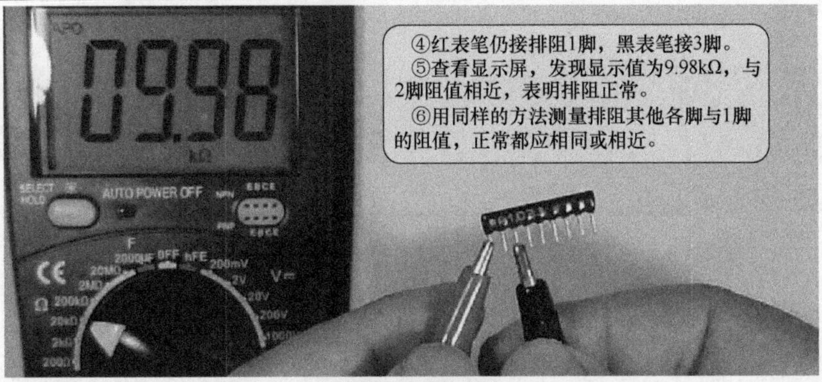
④红表笔仍接排阻1脚，黑表笔接3脚。
⑤查看显示屏，发现显示值为9.98kΩ，与2脚阻值相近，表明排阻正常。
⑥用同样的方法测量排阻其他各脚与1脚的阻值，正常都应相同或相近。
AUTO POWER OFF

b) 测量1、3脚的电阻

图 3-32 用数字万用表检测 A 型 10kΩ 的排阻（续）

第 4 章

电 容 器

4.1 固定电容器

4.1.1 结构、外形与符号

电容器是一种可以存储电荷的元件。相距很近且中间隔有绝缘介质（如空气、纸和陶瓷等）的两块导电极板就构成了电容器，电容器也简称电容。固定电容器是指容量固定不变的电容器。固定电容器的结构、外形与电路符号如图 4-1 所示。

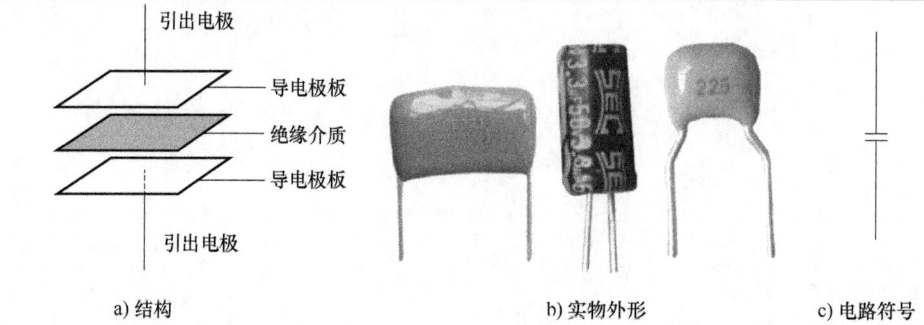

引出电极
导电极板
绝缘介质
导电极板
引出电极
225
a) 结构
b) 实物外形
c) 电路符号

图 4-1 电容器

4.1.2 主要参数

电容器主要参数有标称容量、允许偏差、额定电压和绝缘电阻等。

1. 容量与允许偏差

电容器能存储电荷，其存储电荷的多少称为容量。这一点与蓄电池类似，不过蓄电池存储电荷的能力比电容器大得多。电容器的容量越大，存储的电荷越多。**电容器的容量大小与下面的因素有关：**

1）两导电极板之间的相对面积。相对面积越大，容量越大。

2）两极板之间的距离。极板相距越近，容量越大。

3）两极板中间的绝缘介质。在极板相对面积和距离相同的情况下，绝缘介质不同的电容器，其容量不同。

电容器的容量单位有法拉（F）、毫法（mF）、微法（μF）、纳法（nF）和皮法（pF），它们

的关系是

$$1F=10^3mF=10^6\mu F=10^9nF=10^{12}pF$$

标注在电容器上的容量称为标称容量。允许偏差是指电容器标称容量与实际容量之间允许的最大偏差范围。

2. 额定电压

额定电压又称电容器的耐压值，是指在正常条件下电容器长时间使用两端允许承受的最高电压。一旦加到电容器两端的电压超过额定电压，两极板之间的绝缘介质容易被击穿而失去绝缘能力，造成两极板短路。

3. 绝缘电阻

电容器两极板之间隔着绝缘介质，绝缘电阻用来表示绝缘介质的绝缘程度。绝缘电阻越大，表明绝缘介质绝缘性能越好，如果绝缘电阻比较小，绝缘介质绝缘性能下降，就会出现一个极板上的电流会通过绝缘介质流到另一个极板上，这种现象称为漏电。由于绝缘电阻小的电容器存在着漏电，故不能继续使用。

一般情况下，无极性电容器的绝缘电阻为无穷大，而有极性电容器（电解电容器）绝缘电阻很大，但一般达不到无穷大。

4.1.3 电容器的“充电”和“放电”特性

“充电”和“放电”是电容器非常重要的性质。电容器的“充电”和“放电”说明如图 4-2 所示。

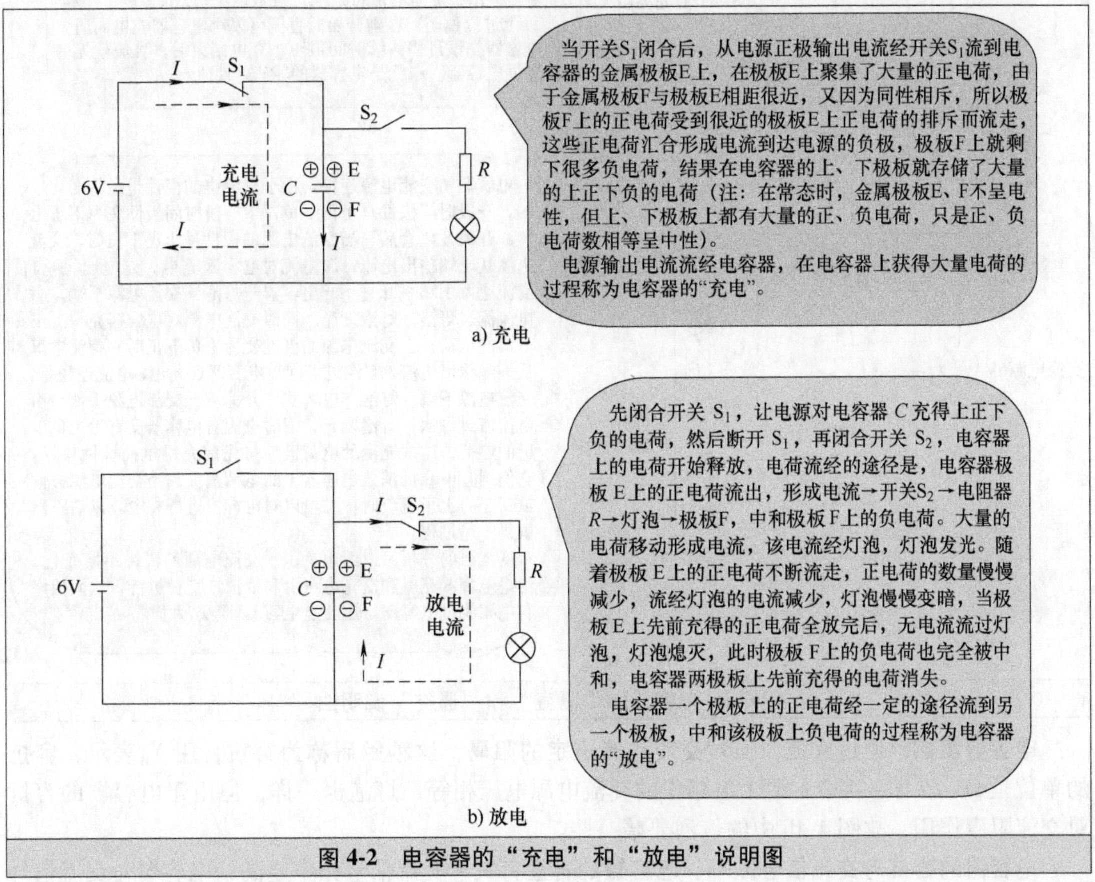
I
S_1
S_2
6V
充电电流
C
⊕⊕E
⊖⊖F
R
I
当开关S_1闭合后，从电源正极输出电流经开关S_1流到电容器的金属极板E上，在极板E上聚集了大量的正电荷，由于金属极板F与极板E相距很近，又因为同性相斥，所以极板F上的正电荷受到很近的极板E上正电荷的排斥而流走，这些正电荷汇合形成电流到达电源的负极，极板F上就剩下很多负电荷，结果在电容器的上、下极板就存储了大量的上正下负的电荷（注：在常态时，金属极板E、F不呈电性，但上、下极板上都有大量的正、负电荷，只是正、负电荷数相等呈中性）。
电源输出电流流经电容器，在电容器上获得大量电荷的过程称为电容器的“充电”。
a) 充电
S_1
I
S_2
6V
C
⊕⊕E
⊖⊖F
放电电流
R
I
先闭合开关 S_1，让电源对电容器 C 充得上正下负的电荷，然后断开 S_1，再闭合开关 S_2，电容器上的电荷开始释放，电荷流经的途径是，电容器极板 E上的正电荷流出，形成电流→开关S_2→电阻器R→灯泡→极板F，中和极板F上的负电荷。大量的电荷移动形成电流，该电流经灯泡，灯泡发光。随着极板 E上的正电荷不断流走，正电荷的数量慢慢减少，流经灯泡的电流减少，灯泡慢慢变暗，当极板E上先前充得的正电荷全放完后，无电流流过灯泡，灯泡熄灭，此时极板 F上的负电荷也完全被中和，电容器两极板上先前充得的电荷消失。
电容器一个极板上的正电荷经一定的途径流到另一个极板，中和该极板上负电荷的过程称为电容器的“放电”。
b) 放电

图 4-2　电容器的“充电”和“放电”说明图

电容器充电后两极板上存储了电荷，两极板之间也就有了电压，这就像杯子装水后有水位一样。电容器极板上的电荷数与两极板之间的电压有一定的关系，即**在容量不变的情况下，电容器存储的电荷数与两端电压成正比**，即

$$Q=C\cdot U$$

式中，Q 表示电荷数（C）；C 表示容量（F）；U 表示电容器两端的电压（V）。

这个公式可以从以下几个方面来理解：

1）在容量不变的情况下（C 不变），电容器充得电荷越多（Q 增大），两端电压越高（U 增大）。这就像杯子大小不变时，杯子中装的水越多，杯子的水位越高一样。

2）若向容量一大一小的两只电容器充相同数量的电荷（Q 不变），那么容量小的电容器两端的电压更高（C 小 U 大）。

4.1.4　电容器的“隔直”和“通交”特性

电容器的“隔直”和“通交”是指直流不能通过电容器，而交流能通过电容器。电容器的“隔直”和“通交”说明如图 4-3 所示。

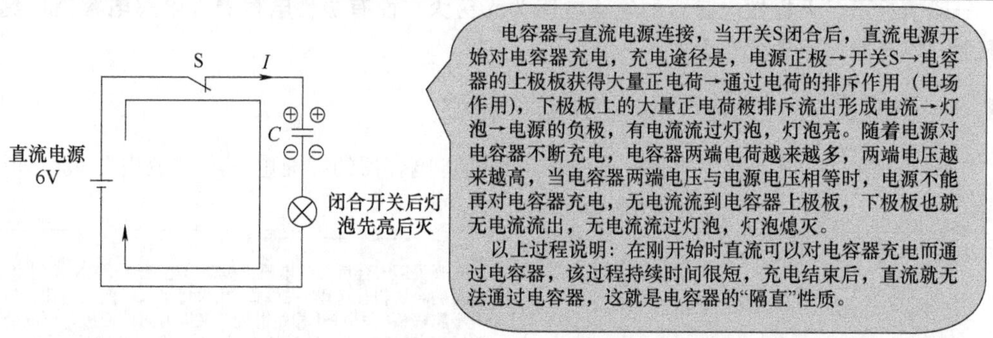

S
I
C
直流电源
6V
闭合开关后灯泡先亮后灭
电容器与直流电源连接，当开关S闭合后，直流电源开始对电容器充电，充电途径是，电源正极→开关S→电容器的上极板获得大量正电荷→通过电荷的排斥作用（电场作用），下极板上的大量正电荷被排斥流出形成电流→灯泡→电源的负极，有电流流过灯泡，灯泡亮。随着电源对电容器不断充电，电容器两端电荷越来越多，两端电压越来越高，当电容器两端电压与电源电压相等时，电源不能再对电容器充电，无电流流到电容器上极板，下极板也就无电流流出，无电流流过灯泡，灯泡熄灭。
以上过程说明：在刚开始时直流可以对电容器充电而通过电容器，该过程持续时间很短，充电结束后，直流就无法通过电容器，这就是电容器的“隔直”性质。

a) 隔直

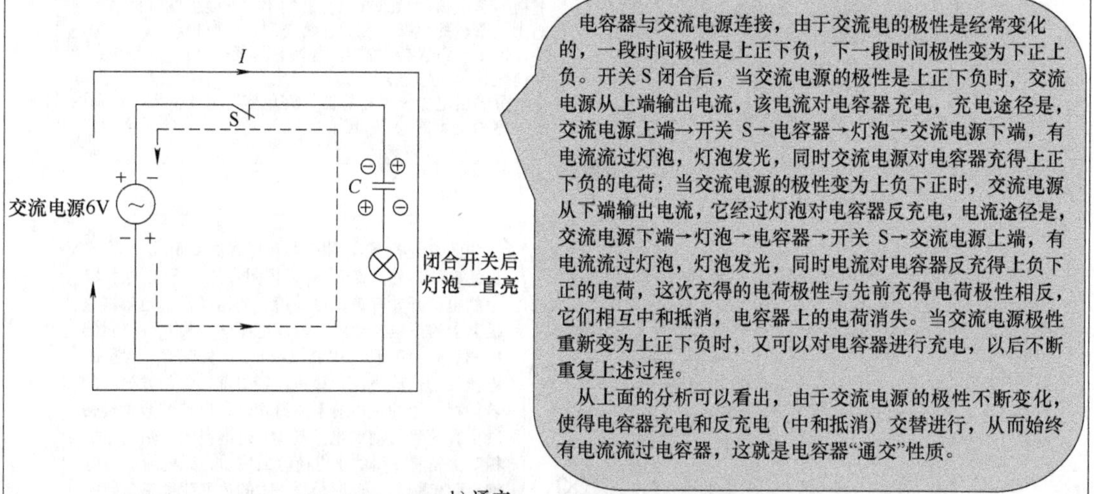

I
S
C
交流电源6V
闭合开关后灯泡一直亮
电容器与交流电源连接，由于交流电的极性是经常变化的，一段时间极性是上正下负，下一段时间极性变为下正上负。开关 S 闭合后，当交流电源的极性是上正下负时，交流电源从上端输出电流，该电流对电容器充电，充电途径是，交流电源上端→开关 S→电容器→灯泡→交流电源下端，有电流流过灯泡，灯泡发光，同时交流电源对电容器充得上正下负的电荷；当交流电源的极性变为上负下正时，交流电源从下端输出电流，它经过灯泡对电容器反充电，电流途径是，交流电源下端→灯泡→电容器→开关 S→交流电源上端，有电流流过灯泡，灯泡发光，同时电流对电容器反充得上负下正的电荷，这次充得的电荷极性与先前充得电荷极性相反，它们相互中和抵消，电容器上的电荷消失。当交流电源极性重新变为上正下负时，又可以对电容器进行充电，以后不断重复上述过程。
从上面的分析可以看出，由于交流电源的极性不断变化，使得电容器充电和反充电（中和抵消）交替进行，从而始终有电流流过电容器，这就是电容器“通交”性质。

b) 通交

图 4-3　电容器的“隔直”和“通交”说明图

电容器虽然能通过交流，但对交流也有一定的阻碍，这种阻碍称为容抗，用 X_C 表示，容抗的单位是 Ω。在图 4-4 中，两个电路中的交流电源电压相等，灯泡也一样，但由于电容器的容抗对交流阻碍作用，故图 4-4b 中的灯泡要暗一些。

电容器的容抗与交流信号频率、电容器的容量有关，交流信号频率越高，电容器对交流信号的容抗越小，电容器容量越大，它对交流信号的容抗越小。在图 4-4b 中，若交流电频率不变，

当电容器容量越大，灯泡越亮；若电容器容量不变，交流电频率越高，灯泡越亮。这种关系可用下式表示：

$$X_C = \frac{1}{2\pi fC}$$

式中，X_C表示容抗；f表示交流信号频率；π 为常数 3.14。

在图 4-4b 中，若交流电源的频率$f=50\text{Hz}$，电容器的容量$C=100\mu\text{F}$，那么该电容器对交流电的容抗为

$$X_C = \frac{1}{2\pi fC} = \frac{1}{2\times 3.14\times 50\times 100\times 10^{-6}}\Omega \approx 31.8\Omega$$

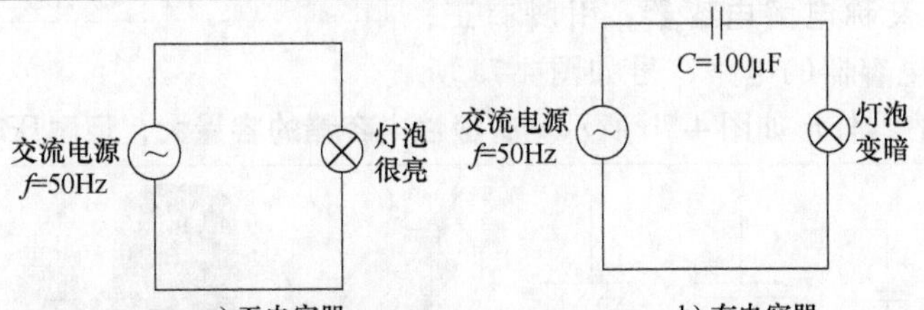
交流电源
f=50Hz
灯泡
很亮
a) 无电容器
C=100μF
交流电源
f=50Hz
灯泡
变暗
b) 有电容器

图 4-4　容抗说明图

4.1.5 电容器的“两端电压不能突变”特性

电容器两端的电压是由电容器充得的电荷建立起来的，电容器充得的电荷越多，两端电压越高，电容器上没有电荷，电容器两端就没有电压。由于电容器充电（电荷增多）和放电（电荷减少）都需要一定的时间，不能瞬间完成，所以电容器两端的电压不能突然增大很多，也不能突然减小到零，这就是电容器“两端电压不能突变”特性。下面用图 4-5 来说明电容器“两端电压不能突变”特性。

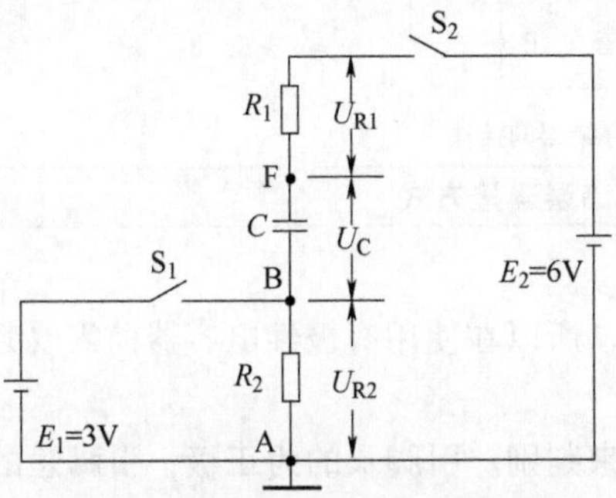
S2
R1
UR1
F
C
UC
S1
B
E2=6V
R2
UR2
E1=3V
A

总之，由于电容器充、放电都需要一定的时间(电容器容量越大，所需时间越长)，电容器上的电荷数量不能突然变化，故电容器两端电压也不能突然变化，当电容器一端电压突然上升或下降时，另一端电压也随之上升或下降。

先将开关S_2闭合，在闭合S_2的瞬间，电容器C还未来得及充电，故两端电压U_C为0V，随后电源E_2开始对电容器C充电，充电电流途径是E_2正极→开关S_2→R_1→C→R_2→E_2负极，随着充电的进行，电容器上充得的电荷慢慢增多，电容器两端的电压U_C慢慢增大，一段时间后，当U_C增大到6V与电源 E_2电压相等时，充电过程结束，这时流过R_1、R_2的电流为0，故U_{R1}、U_{R2}均为0，A点电压为0（A点接地固定为0V），B点电压U_B为0V（$U_B=U_{R2}$），F点电压U_F为6V（$U_F=U_{R2}+U_C$）。

接着将开关S_1闭合，电源E_1直接加到B点，B点电压U_B（等于U_{R2}）马上由0V变为3V，由于电容器还没来得及放电，其两端电压U_C仍为6V，那么F点电压（$U_F=U_{R2}+U_C$=3V+6V）变为9V，也就是说，由于电容器两端电压不能突变，一端电压上升（U_B由0V突然上升到3V），另一端电压也上升（U_F由6V上升到9V）。因为U_F为9V，大于电源E_2电压，电容器C开始放电，放电途径为C上正→R_1→S_2→电源E_2内阻→R_2→C下负，随着放电的进行，电容器C两端电压U_C不断下降，当U_C=3V时，F点电压$U_F=U_{R2}+U_C$=3V+3V=6V，与电源E_2电压相同，放电结束。

然后将开关S_1断开，B点电压U_B（与U_{R2}相等）马上由3V变为0V，由于电容器还没有来得及充电，其两端电压U_C仍为3V，那么F点电压（$U_F=U_{R2}+U_C$=0V+3V）变为3V，即由于电容器两端电压不能突变，电容器一端电压下降（U_B由3V突然下降到0V），另一端电压也下降（U_F由6V下降到3V）。因为U_F为3V，小于电源E_2电压，电容器C开始充电，充电途径为E_2正极→S_2→R_1→电容器C→R_2→电源E_2负极，随着充电的进行，电容器C两端电压U_C不断上升，当U_C=6V时，F点电压$U_F=U_{R2}+U_C$=0V+6V=6V，与电源E_2电压相同，充电结束。

图 4-5　电容器“两端电压不能突变”特性说明

4.1.6　无极性电容器和有极性电容器

固定电容器可分为无极性电容器和有极性电容器。

1. 无极性电容器

无极性电容器的引脚无正、负极之分。无极性电容器的电路符号如图 4-6a 所示，常见无极性电容器外形如图 4-6b 所示。**无极性电容器的容量小，但耐压高。**

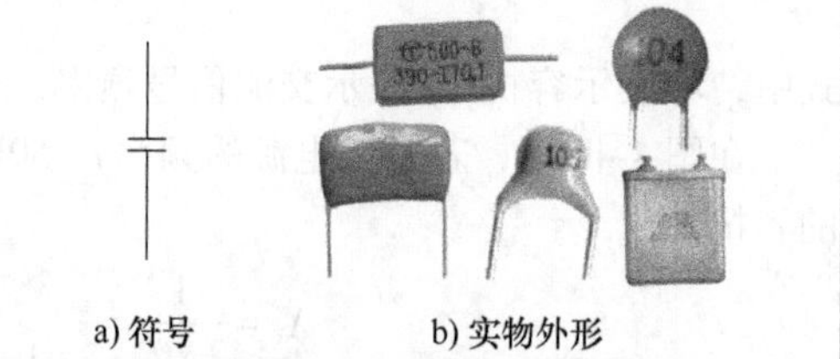
a) 符号
b) 实物外形

图 4-6　无极性电容器

2. 有极性电容器

有极性电容器又称电解电容器，引脚有正、负极之分。有极性电容器的电路符号如图 4-7a 所示，常见有极性电容器外形如图 4-7b 所示。**有极性电容器的容量大，但耐压较低。**

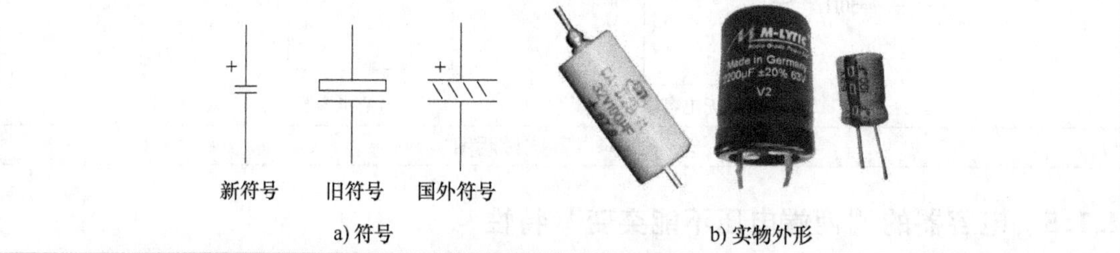
新符号
旧符号
国外符号
a) 符号
M-LYTIC
Made in Germany
V2
b) 实物外形

图 4-7　有极性电容器

有极性电容器引脚有正、负极之分，在电路中不能乱接，若正、负极位置接错，轻则电容器不能正常工作，重则电容器炸裂。**有极性电容器正确的连接方法是，电容器正极接电路中的高电位，负极接电路中的低电位。**有极性电容器正确和错误的接法分别如图 4-8 所示。

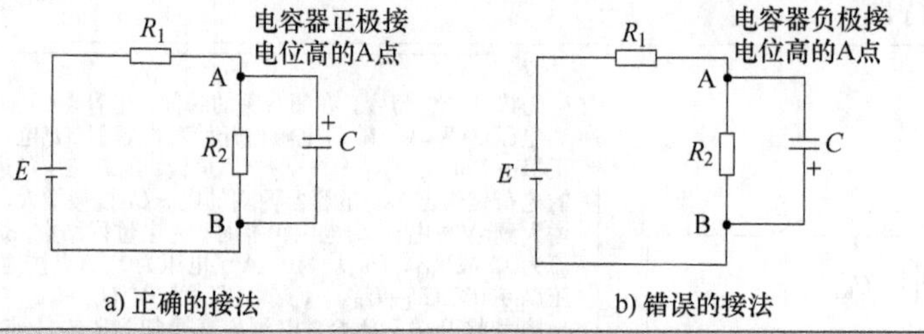
电容器正极接
电位高的A点
R_1
A
R_2
C
E
B
a) 正确的接法
电容器负极接
电位高的A点
R_1
A
R_2
C
E
B
b) 错误的接法

图 4-8　有极性电容器在电路中的正确与错误连接方式

3. 有极性电容器的引脚极性判别

由于有极性电容器有正、负极之分，在电路中不能乱接，所以在使用有极性电容器前需要判别出正、负极。**有极性电容器的正、负极判别方法如下：**

方法一：对于未使用过的新电容器，可以根据引脚长短来判别。引脚长的为正极，引脚短的为负极，如图 4-9 所示。

方法二：根据电容器上标注的极性判别。电容器上标“+”为正极，标“-”为负极，如图 4-10 所示。

方法三：用万用表判别。万用表拨至×10kΩ 档，测量电容器两极之间阻值，正反各测一次，每次测量时表针都会先向右摆动，然后慢慢往左返回，待表针稳定不摆动后再观察阻值大小，两次测量会出现阻值一大一小，如图 4-11 所示，以阻值大的那次为准，如图 4-11b 所示，黑表笔接的为正极，红表笔接的为负极。

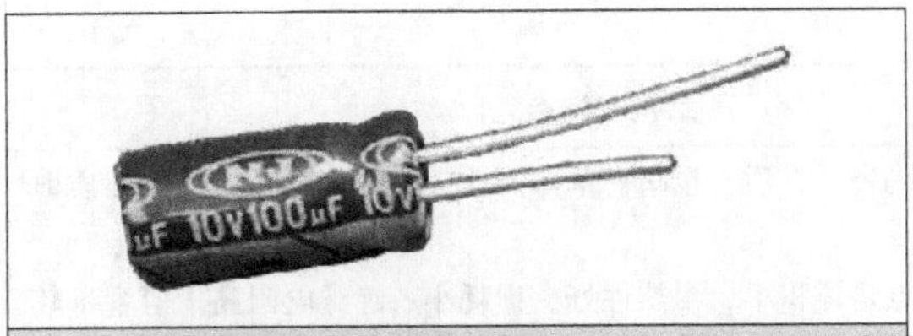
10V100μF 10V

图 4-9 引脚长的引脚为正极

6.3V
100μF

图 4-10 标“-”的引脚为负极

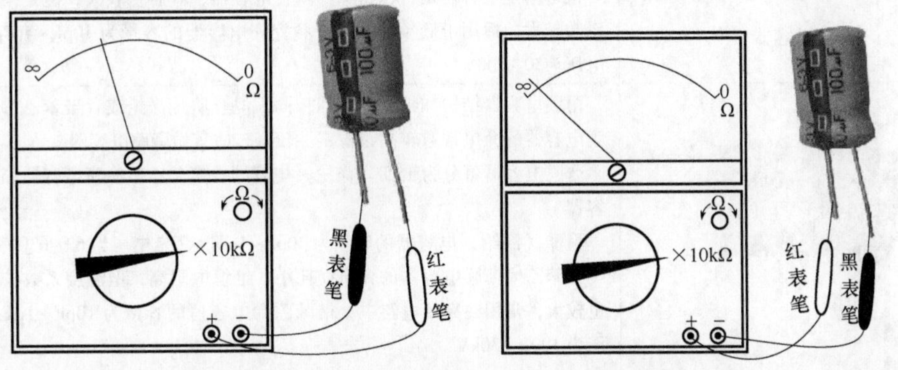
∞
0
Ω
×10kΩ
黑表笔
红表笔
+
−
100μF
∞
0
Ω
×10kΩ
红表笔
黑表笔
+
−
100μF

a) 阻值小　　b) 阻值大

图 4-11 用万用表判别有极性电容器引脚的极性

4.1.7 种类

电容器种类很多，不同材料的电容器有不同的结构与特点，表 4-1 列出了常见类型电容器的结构与特点。

表 4-1 常见类型电容器的结构与特点

常见类型的电容器	结构与特点
 纸介电容器	纸介电容器是以两片金属箔做电极，中间夹有极薄的电容纸，再卷成圆柱形或者扁柱形芯，然后密封在金属壳或者绝缘材料壳（如陶瓷、火漆、玻璃釉等）中制成。它的特点是体积较小，容量可以做得较大，但固有电感和损耗都比较大，用于低频比较合适 金属化纸介电容器和油浸纸介电容器是两种较特殊的纸介电容器。金属化纸介电容器是在电容器纸上覆上一层金属膜来代替金属箔，其体积小、容量较大，一般用在低频电路中。油浸纸介电容器是把纸介电容器浸在经过特别处理的油里，以增强它的耐压，其特点是耐压高、容量大，但体积也较大
 500-B 390-I70.1 云母电容器	云母电容器是以金属箔或者在云母片上喷涂的银层作为极板，极板和云母片一层一层叠合后，再压铸在胶木粉或封固在环氧树脂中制成 云母电容器的特点是介质损耗小、绝缘电阻大、温度系数小、体积较大。云母电容器的容量一般为 10pF ~ 0.1μF，额定电压为 100V ~ 7kV，因其具有高稳定性和高可靠性的特点，故常用于高频振荡等要求较高的电路中

（续）

常见类型的电容器	结构与特点
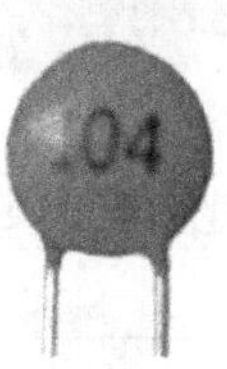 陶瓷电容器	陶瓷电容器是以陶瓷做介质，在陶瓷基体两面喷涂银层，然后烧成银质薄膜做极板制成 陶瓷电容器的特点是体积小、耐热性好、损耗小、绝缘电阻高，但容量较小，一般用在高频电路中。高频瓷介电容器的容量通常为1～6800pF，额定电压为63～500V 铁电陶瓷电容器是一种特殊的陶瓷电容器，其容量较大，但是损耗和温度系数较大，适用于低频电路。低频瓷介电容器的容量为10pF～4.7μF，额定电压为50～100V
 薄膜电容器	薄膜电容器结构和纸介电容器相同，但介质是涤纶或者聚苯乙烯。涤纶薄膜电容器的介电常数较高，稳定性较好，适宜做旁路电容器 薄膜电容器可分为聚酯（涤纶）电容器、聚苯乙烯薄膜电容器和聚丙烯电容器 聚酯（涤纶）电容器的容量为40pF～4μF，额定电压为63～630V 聚苯乙烯薄膜电容器的介质损耗小、绝缘电阻高，但温度系数较大，体积也较大，常用在高频电路中。聚苯乙烯电容器的容量为10pF～1μF，额定电压为100V～30kV 聚丙烯电容器性能与聚苯乙烯电容器相似，但体积小，稳定性稍差，可代替大部分聚苯乙烯或云母电容器，常用于要求较高的电路。聚丙烯电容器的容量为1000pF～10μF，额定电压为63～2000V
105 玻璃釉电容器	玻璃釉电容器由一种浓度适于喷涂的特殊混合物喷涂成薄膜作为介质，再以银层电极经烧结制成的 玻璃釉电容器能耐受各种气候环境，一般可在200℃或更高温度下工作，其特点是稳定性较好，损耗小。玻璃釉电容器的容量为10pF～0.1μF，额定电压为63～400V
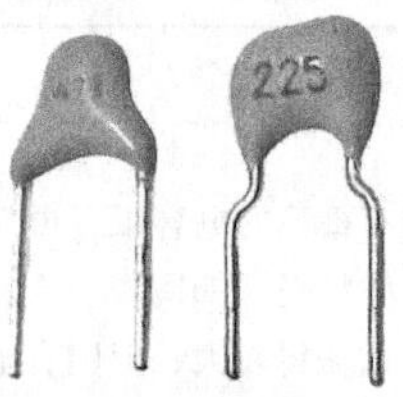225 独石电容器	独石电容器又称多层瓷介电容器，可分Ⅰ、Ⅱ两种类型，Ⅰ型性能较好，但容量一般小于0.2μF，Ⅱ型容量大，但性能一般。独石电容器具有正温度系数，而聚丙烯电容器具有负温度系数，两者用适当比例并联使用，可使温漂降到很小 独石电容器具有容量大、体积小、可靠性高、容量稳定、耐湿性好等特点，广泛用于电子精密仪器和各种小型电子设备作谐振、耦合、滤波、旁路。独石电容器容量范围为0.5pF～1μF，耐压可为两倍额定电压
63 V 470μF 铝电解电容器	铝电解电容器是由两片铝带和两层绝缘膜相互层叠，卷好后浸泡在电解液（含酸性的合成溶液）中，出厂前需要经过直流电压处理，使正极片上形成一层氧化膜做介质 铝电解电容器的特点是体积小、容量大、损耗大、漏电较大和有正负极性，常应用在电路中作电源滤波、低频耦合、去耦和旁路。铝电解电容器的容量为0.47～10000μF，额定电压为6.3～450V
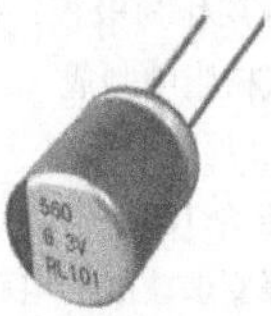 固态电容器	固态电容器全称固态铝电解电容器，它与普通液态铝电解电容器最大差别在于采用了不同的介电材料，固态电容器的介电材料为导电性高分子，液态铝电解电容器的介电材料为电解液 固态电容器具有防爆浆、高低温稳定、使用寿命长和等效串联电阻小等优点，但价格较液态铝电解电容器高。固态电容器一般采用铝壳结构，顶端没有K或+形状的防爆开槽，其外壳色块对应的引脚为负极

4.1.8 电容器的串联与并联

在使用电容器时，如果无法找到合适容量或耐压的电容器，可将多个电容器进行并联或串联来得到需要的电容器。

1. 电容器的并联

两个或两个以上电容器头头相连、尾尾相接称为电容器并联，如图 4-12 所示。

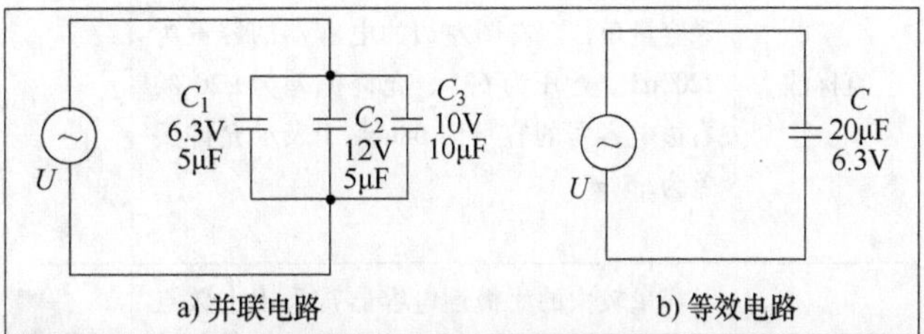

C_1
6.3V
5μF
C_2
12V
5μF
C_3
10V
10μF
U
C
20μF
6.3V
U

a) 并联电路　b) 等效电路

图 4-12 电容器的并联

电容器并联后的总容量增大，总容量等于所有并联电容器的容量之和，以图 4-12a 为例，并联后总容量为

$C=C_1+C_2+C_3=5\mu F+5\mu F+10\mu F=20\mu F$

电容器并联后的总耐压以耐压最小的电容器的耐压为准，仍以图 4-12a 为例，C_1、C_2、C_3 耐压不同，其中 C_1 的耐压最小，故并联后电容器的总耐压以 C_1 耐压 6.3V 为准，加在并联电容器两端的电压不能超过 6.3V。

根据上述原则，图 4-12a 的电路可等效为图 4-12b 所示的电路。

2. 电容器的串联

两个或两个以上电容器在电路中头尾相连就是电容器的串联，如图 4-13 所示。

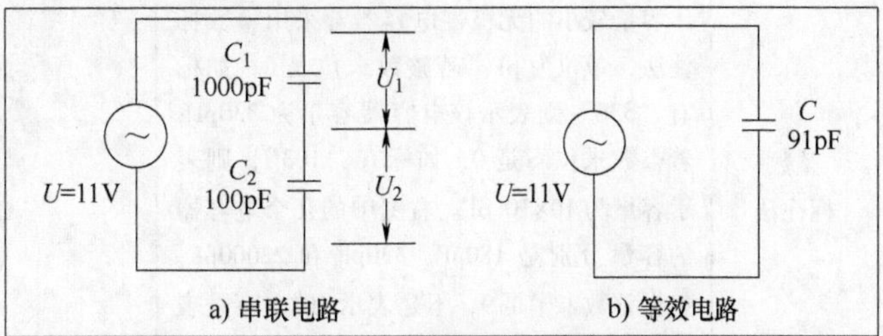

C_1
1000pF
U_1
C_2
100pF
U_2
U=11V
C
91pF
U=11V

a) 串联电路　b) 等效电路

图 4-13 电容器的串联

电容器串联后总容量减小，总容量比容量最小电容器的容量还小。电容器串联后总容量的计算规律是，总容量的倒数等于各电容器容量倒数之和，这与电阻器的并联计算相同，以图 4-13a 为例，电容器串联后的总容量计算公式是

$$\frac{1}{C}=\frac{1}{C_1}+\frac{1}{C_2}\Rightarrow C=\frac{C_1C_2}{C_1+C_2}=\frac{1000\times100}{1000+100}\text{pF}=91\text{pF}$$

所以图 4-13a 的电路与图 4-13b 的电路是等效的。

在电路中，串联的各电容器两端的电压与容量成反比，即容量越大，电容器两端电压越低，这个关系可用公式表示：

$$\frac{C_1}{C_2}=\frac{U_2}{U_1}$$

以图 4-13a 所示电路为例，C_1 的容量是 C_2 的容量的 10 倍，用上述公式计算可知，C_2 两端的电压 U_2 应是 C_1 两端电压 U_1 的 10 倍，如果交流电压 U 为 11V，则 $U_1=1V$，$U_2=10V$，若 C_1、C_2 都是耐压为 6.3V 的电容器，就会出现 C_2 先被击穿短路（因为它两端有 10V 电压），11V 电压马上全部加到 C_1 两端，接着 C_1 被击穿损坏。

当电容器串联时，容量小的电容器应尽量选用耐压大的，以接近或等于电源电压为佳，因为当电容器串联时，容量小的电容器两端电压较容量大的电容器两端电压大，容量越小，两端承受的电压越高。

4.1.9 容量与允许偏差的标注方法

1. 容量的标注方法

电容器容量标注方法很多，表 4-2 列出了电容器常见的容量标注方法。

表 4-2　电容器常见的容量标注方法

标注法	说　明	例　图
直标法	直标法是指在电容器上直接标出容量值和容量单位。右图左边的电容器的容量为 2200μF，耐压为 63V，允许偏差为±20%，右边电容器的容量为 68nF，J 表示允许偏差为±5%	M-LYTIC 2200μF 63V ±20% 63 68nJ
小数点标注法	容量较大的无极性电容器常采用小数点标注法。小数点标注法的容量单位是 μF。右图两个实物电容器的容量分别是 0.01μF 和 0.033μF。有的电容器用 μ、n、p 来表示小数点，同时指明容量单位，右图中的 p1、4n7、3μ3 分别表示容量 0.1pF、4.7nF、3.3μF，如果用 R 表示小数点，单位则为 μF，如 R33 表示容量是 0.33μF	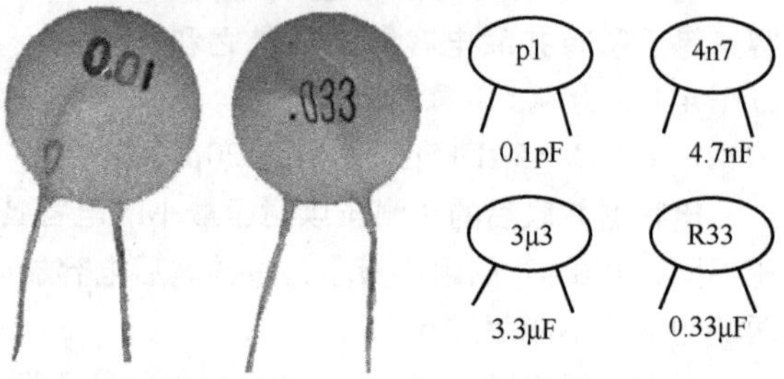0.01 .033 p1 0.1pF 4n7 4.7nF 3μ3 3.3μF R33 0.33μF
整数标注法	容量较小的无极性电容器常采用整数标注法，单位为 pF。若整数末位是 0，如标有“330”则表示该电容器容量为 330pF；若整数末位不是 0，如标有“103”，则表示容量为 10×10^3pF。右图中的几个电容器的容量分别是 180pF、330pF 和 22000pF。如果整数末尾是 9，不是表示 10^9，而是表示 10^{-1}，如 339 表示 3.3pF	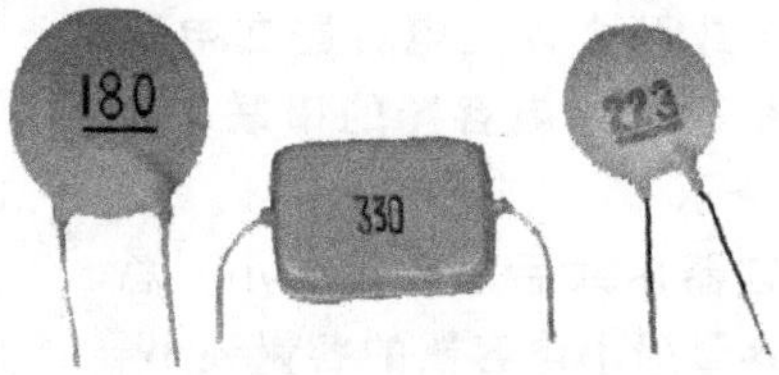180 330 223

2. 允许偏差表示法

电容器允许偏差表示方法主要有罗马数字表示法、字母表示法和直接表示法。

（1）罗马数字表示法

罗马数字表示法是在电容器标注罗马数字来表示允许偏差大小。这种方法用 0、Ⅰ、Ⅱ、Ⅲ分别表示允许偏差±2%、±5%、±10%和±20%。

（2）字母表示法

字母表示法是在电容器上标注字母来表示允许偏差的大小。字母及其代表的允许偏差见表 4-3。例如，某电容器上标注“K”，表示允许偏差为±10%。

表 4-3　字母及其代表的允许偏差

字　母	允许偏差	字　母	允许偏差
L	±0.01%	B	±0.1%
D	±0.5%	V	±0.25%
F	±1%	K	±10%
G	±2%	M	±20%
J	±5%	N	±30%
P	±0.02%	不标注	±20%
W	±0.05%		

（3）直接表示法

直接表示法是指在电容器上直接标出允许偏差数值。如标注“68pF±5pF”表示允许偏差为±5pF，标注“±20%”表示允许偏差为±20%，标注“0.033/5”表示允许偏差为±5%（%号被省掉）。

4.1.10　用指针万用表检测电容器

电容器常见的故障有开路、短路和漏电。

1. 无极性电容器的检测

无极性电容器的检测如图4-14所示。对于容量小于0.01μF的正常电容器，在测量时表针可能不会摆动，故无法用万用表判断是否开路，但可以判别是否短路和漏电。如果怀疑容量小的电容器开路，万用表又无法检测时，可找相同容量的电容器代换，如果故障消失，就说明原电容器开路。

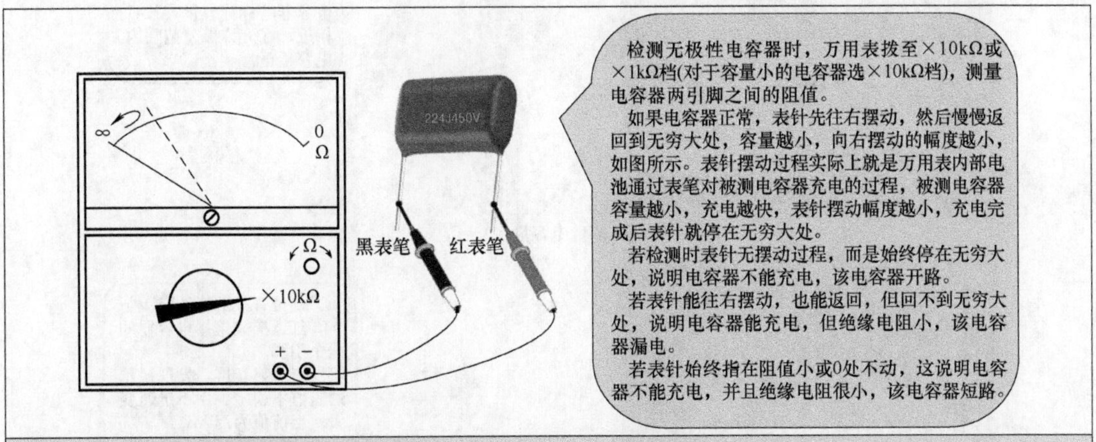
∞
0
Ω
224J450V
Ω
×10kΩ
+ −
黑表笔
红表笔
检测无极性电容器时，万用表拨至×10kΩ或×1kΩ档(对于容量小的电容器选×10kΩ档)，测量电容器两引脚之间的阻值。
如果电容器正常，表针先往右摆动，然后慢慢返回到无穷大处，容量越小，向右摆动的幅度越小，如图所示。表针摆动过程实际上就是万用表内部电池通过表笔对被测电容器充电的过程，被测电容器容量越小，充电越快，表针摆动幅度越小，充电完成后表针就停在无穷大处。
若检测时表针无摆动过程，而是始终停在无穷大处，说明电容器不能充电，该电容器开路。
若表针能往右摆动，也能返回，但回不到无穷大处，说明电容器能充电，但绝缘电阻小，该电容器漏电。
若表针始终指在阻值小或0处不动，这说明电容器不能充电，并且绝缘电阻很小，该电容器短路。

图4-14　无极性电容器的检测

2. 有极性电容器的检测

在检测有极性电容器时，万用表拨至×1kΩ或×10kΩ档（对于容量很大的电容器，可选择×100Ω档），测量电容器正、反向电阻。

如果电容器正常，在测量正向电阻（黑表笔接电容器正极引脚，红表笔接负极引脚）时，表针先向右做大幅度摆动，然后慢慢返回到无穷大处（用×10kΩ档测量可能到不了无穷大处，但非常接近也是正常的），如图4-15a所示；在测量反向电阻时，表针也是先向右摆动，也能返回，但一般回不到无穷大处，如图4-15b所示。也就是说，正常电解电容器的正向电阻大，反向电阻略小，它的检测过程与判别正、负极是一样的。

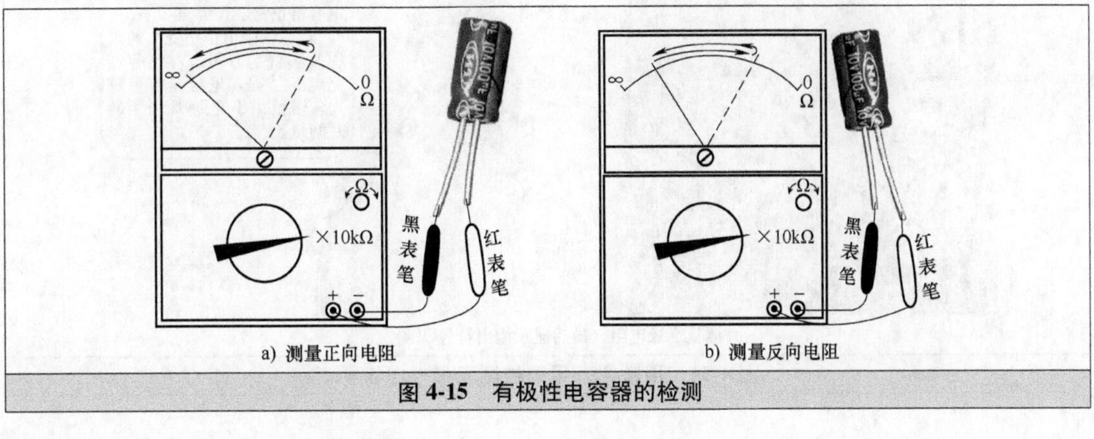
∞
0
Ω
×10kΩ
+ −
黑表笔
红表笔
a) 测量正向电阻
∞
0
Ω
×10kΩ
+ −
黑表笔
红表笔
b) 测量反向电阻

图4-15　有极性电容器的检测

扫一扫看视频

若正、反向电阻均为无穷大，表明电容器开路；若正、反向电阻都很小，说明电容器漏电；若正、反向电阻均为0，说明电容器短路。

4.1.11　用数字万用表检测电容器

1. 无极性电容器的检测

用数字万用表检测无极性电容器如图4-16所示。

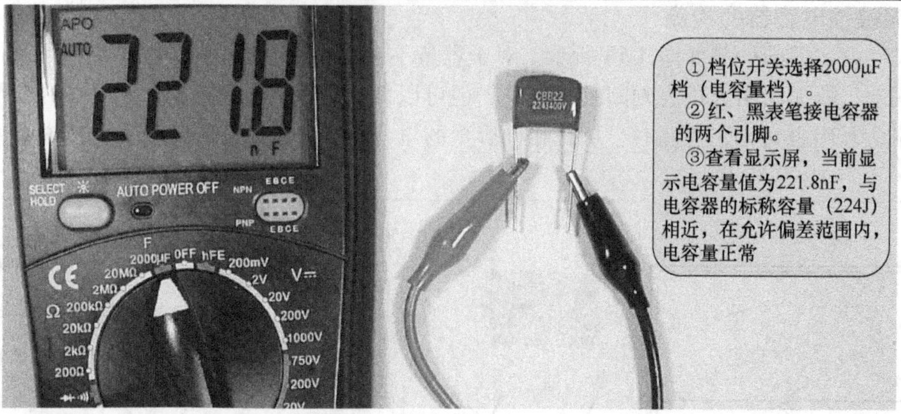
①档位开关选择2000μF档（电容量档）。
②红、黑表笔接电容器的两个引脚。
③查看显示屏，当前显示电容量值为221.8nF，与电容器的标称容量（224J）相近，在允许偏差范围内，电容量正常

a) 测量电容量

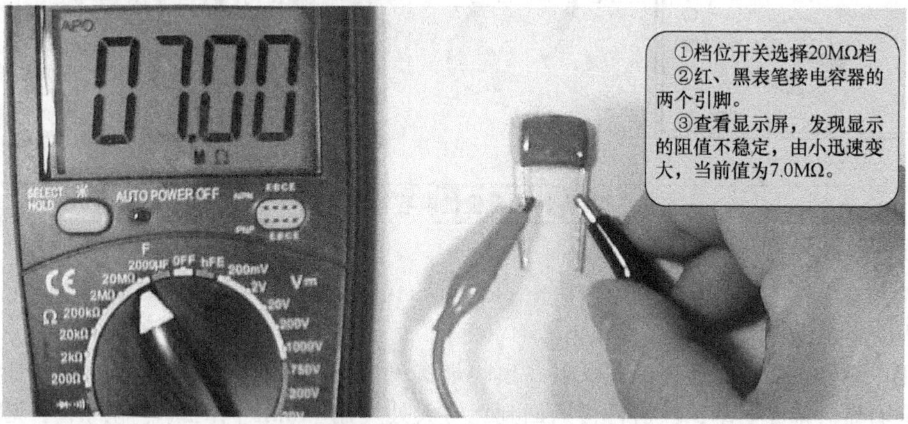
①档位开关选择20MΩ档
②红、黑表笔接电容器的两个引脚。
③查看显示屏，发现显示的阻值不稳定，由小迅速变大，当前值为7.0MΩ。

b) 测量绝缘电阻（开始阻值小且不断变大）

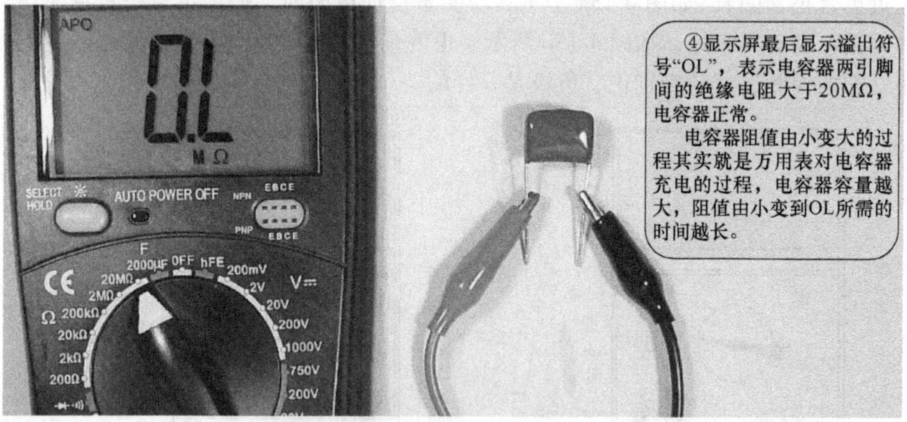
④显示屏最后显示溢出符号“OL”，表示电容器两引脚间的绝缘电阻大于20MΩ，电容器正常。
电容器阻值由小变大的过程其实就是万用表对电容器充电的过程，电容器容量越大，阻值由小变到OL所需的时间越长。

c) 测量绝缘电阻（最后显示溢出符号OL）

图4-16　用数字万用表检测无极性电容器

2. 有极性电容器的检测

用数字万用表检测有极性电容器如图4-17所示。

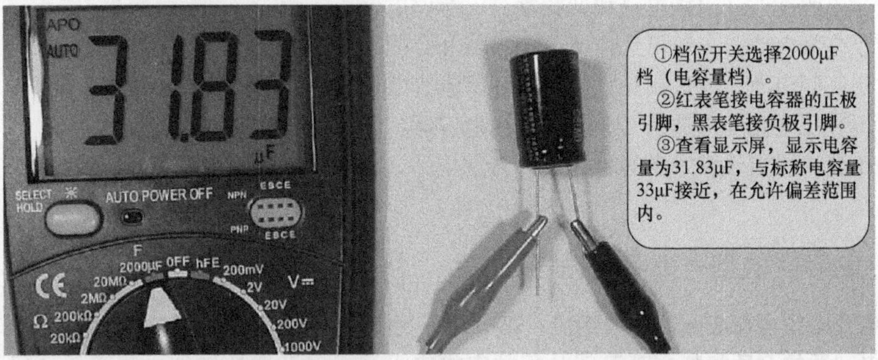
31.83
μF
①档位开关选择2000μF档（电容量档）。
②红表笔接电容器的正极引脚，黑表笔接负极引脚。
③查看显示屏，显示电容量为31.83μF，与标称电容量33μF接近，在允许偏差范围内。

a) 测量电容量

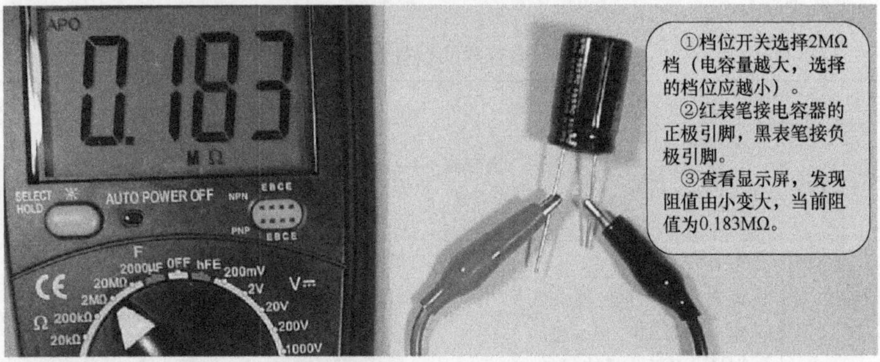
0.183
MΩ
①档位开关选择2MΩ档（电容量越大，选择的档位应越小）。
②红表笔接电容器的正极引脚，黑表笔接负极引脚。
③查看显示屏，发现阻值由小变大，当前阻值为0.183MΩ。

b) 测量绝缘电阻（开始阻值小且不断变大）

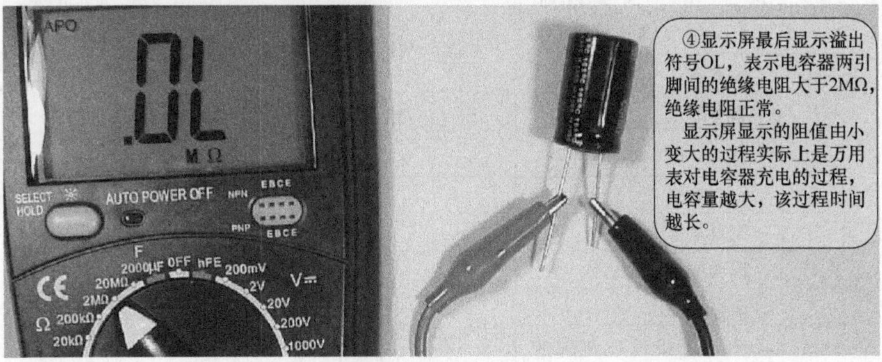
.0L
MΩ
④显示屏最后显示溢出符号OL，表示电容器两引脚间的绝缘电阻大于2MΩ，绝缘电阻正常。
显示屏显示的阻值由小变大的过程实际上是万用表对电容器充电的过程，电容量越大，该过程时间越长。

c) 测量绝缘电阻（最后显示溢出符号OL）

图4-17 用数字万用表检测有极性电容器

4.1.12 选用

电容器是一种较常用的电子元件，在选用时可遵循以下原则：

1）标称容量要符合电路的需要。对于一些对容量大小有严格要求的电路（如定时电路、延时电路和振荡电路等），选用的电容器容量应与要求相同，对于一些对容量要求不高的电路（如耦合电路、旁路电路、电源滤波和电源退耦等），其容量与要求相近即可。

2）工作电压要符合电路的需要。为了保证电容器能在电路中长时间正常工作，选用的电容器其额定电压应略大于电路可能出现的最高电压，一般应大10%～30%。

3）电容器特性尽量符合电路的需要。 不同种类的电容器有不同的特性，为了让电路工作状态尽量最佳，可针对不同电路的特点来选择适合种类的电容器。下面是一些电路选择电容器的规律：

① 对于电源滤波、退耦电路和低频耦合、旁路电路，一般选择电解电容器。

② 对于中频电路，一般可选择薄膜电容器和金属化纸介电容器。

③ 对于高频电路，应选用高频特性良好的电容器，如瓷介电容器和云母电容器。

④ 对于高压电路，应选用工作电压高的电容器，如高压瓷介电容器。

⑤ 对于频率稳定性要求高的电路（如振荡电路、选频电路和移相电路），应选用温度系数小的电容器。

4.1.13　电容器的型号命名方法

国产电容器型号命名由四部分组成：第一部分用字母“C”表示主称为电容器；第二部分用字母表示电容器的介质材料；第三部分用数字或字母表示电容器的类别；第四部分用数字表示序号， 见表 4-4。

表 4-4　电容器的型号命名及含义

第一部分：主称		第二部分：介质材料		第四部分：序号
字母	含义	字母	含义	
C	电容器	A	钽电解	用数字表示序号，以区别电容器的外形尺寸及性能指标
		B	聚苯乙烯等非极性有机薄膜（常在“B”后面再加一字母，以区分具体材料。例如“BB”为聚丙烯，“BF”为聚四氟乙烯）	
		C	高频陶瓷	
		D	铝电解	
		E	其他材料电解	
		G	合金电解	
		H	纸膜复合	
		I	玻璃釉	
		J	金属化纸介	
		L	涤纶等极性有机薄膜（常在“L”后面再加一字母，以区分具体材料。例如“LS”为聚碳酸酯）	
		N	铌电解	
		O	玻璃膜	
		Q	漆膜	
		T	低频陶瓷	
		V	云母纸	
		Y	云母	
		Z	纸介	

第三部分：类别				
数字或字母	含义			
	瓷介电容器	云母电容器	有机电容器	电解电容器
1	圆形	非密封	非密封	箔式
2	管形	非密封	非密封	箔式
3	叠片	密封	密封	烧结粉，非固体
4	独石	密封	密封	烧结粉，固体
5	穿心		穿心	
6	支柱等			
7				无极性
8	高压	高压	高压	
9			特殊	特殊
G	高功率型			
T	叠片式			
W	微调型			
J	金属化型			
Y	高压型			

4.2 可变电容器

可变电容器又称可调电容器，是指容量可以调节的电容器。可变电容器主要可分为微调电容器、单联电容器和多联电容器。

4.2.1 微调电容器

1. 外形与和符号

微调电容器又称半可变电容器，其容量不经常调节。图 4-18a 是两种常见微调电容器的实物外形，微调电容器用图 4-18b 所示符号表示。

2. 结构

微调电容器是由一片动片和一片定片构成。微调电容器的典型结构如图 4-19 所示。

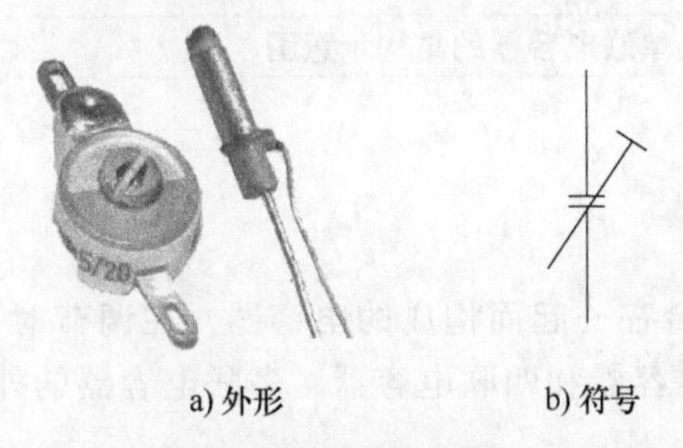
5/20
a) 外形
b) 符号

图 4-18 微调电容器

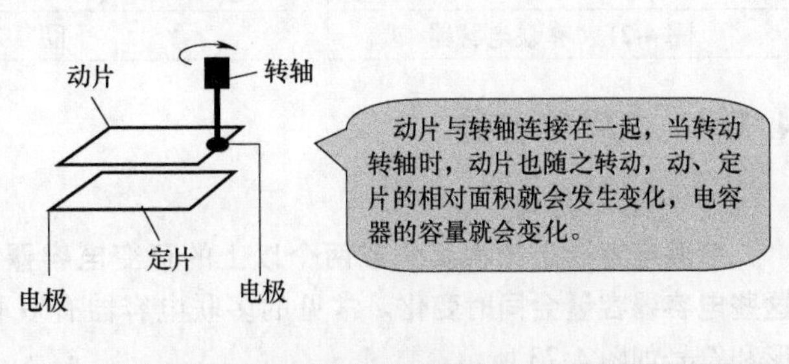
动片
转轴
定片
电极
电极
动片与转轴连接在一起，当转动转轴时，动片也随之转动，动、定片的相对面积就会发生变化，电容器的容量就会变化。

图 4-19 微调电容器的结构示意图

3. 种类

微调电容器可分为云母微调电容器、瓷介微调电容器、薄膜微调电容器和拉线微调电容器等。

云母微调电容器一般是通过螺钉调节动、定片之间的距离来改变容量。

瓷介微调电容器、薄膜微调电容器一般是通过改变动、定片之间的相对面积来改变容量。

拉线微调电容器是以瓷管内壁镀银层作为定片，外面缠绕的细金属丝作为动片，减小金属丝的圈数，就可改变容量。这种电容器的容量只能从大调到小。

4. 检测

微调电容器的检测如图 4-20 所示。

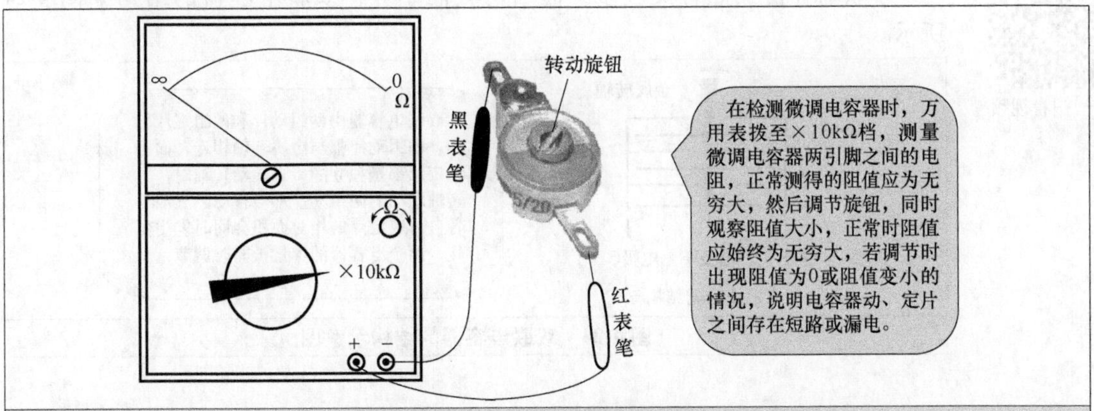
∞
0
Ω
×10kΩ
+
−
黑表笔
转动旋钮
5/20
红表笔
在检测微调电容器时，万用表拨至×10kΩ档，测量微调电容器两引脚之间的电阻，正常测得的阻值应为无穷大，然后调节旋钮，同时观察阻值大小，正常时阻值应始终为无穷大，若调节时出现阻值为0或阻值变小的情况，说明电容器动、定片之间存在短路或漏电。

图 4-20 微调电容器的检测

4.2.2 单联电容器

1. 外形与符号

单联电容器是由多个连接在一起的金属片作为定片，以多个与金属转轴连接的金属片作为动片构成的。单联电容器的外形和符号如图 4-21 所示。

2. 结构

单联电容器的结构如图 4-22 所示。

a) 外形　　b) 符号

图 4-21 单联电容器

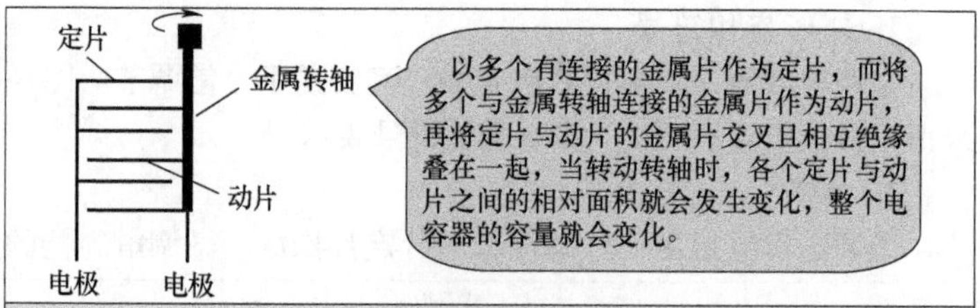
定片
金属转轴
动片
电极
电极
以多个有连接的金属片作为定片，而将多个与金属转轴连接的金属片作为动片，再将定片与动片的金属片交叉且相互绝缘叠在一起，当转动转轴时，各个定片与动片之间的相对面积就会发生变化，整个电容器的容量就会变化。

图 4-22 单联电容器的结构示意图

4.2.3 多联电容器

1. 外形与符号

多联电容器是指将两个或两个以上的可变电容器结合在一起而构成的电容器，在调节时，这些电容器容量会同时变化。常见的多联电容器有双联电容器和四联电容器，多联电容器的外形和符号如图 4-23 所示。

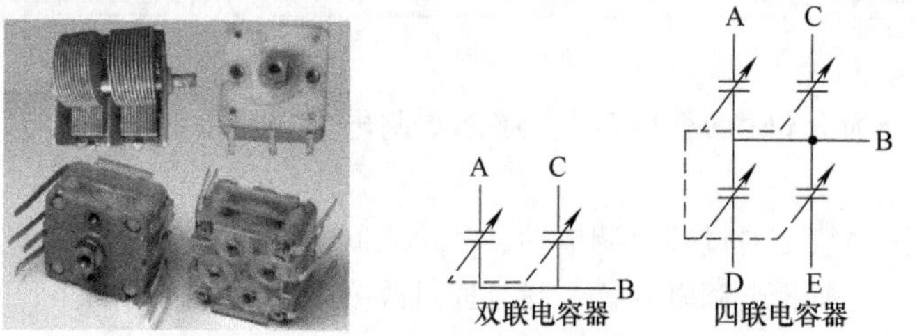
A
C
B
双联电容器
A
C
B
D
E
四联电容器
a) 外形　　b) 符号

图 4-23 多联电容器

扫一扫看视频

2. 结构

多联电容器虽然种类较多，但结构大同小异，双联电容器的结构如图 4-24 所示。

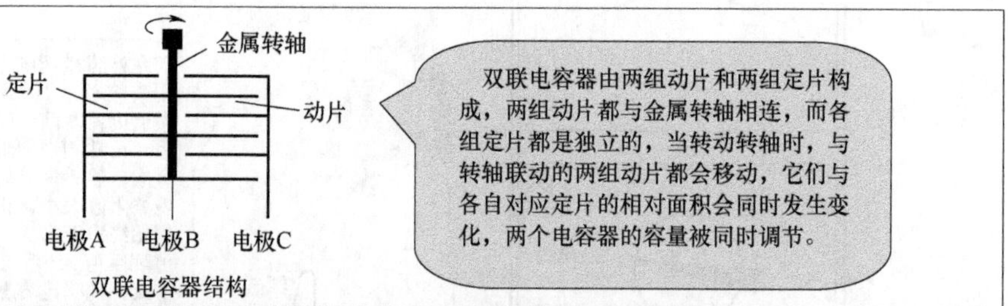
金属转轴
定片
动片
电极A
电极B
电极C
双联电容器结构
双联电容器由两组动片和两组定片构成，两组动片都与金属转轴相连，而各组定片都是独立的，当转动转轴时，与转轴联动的两组动片都会移动，它们与各自对应定片的相对面积会同时发生变化，两个电容器的容量被同时调节。

图 4-24 双联电容器的结构示意图

第 5 章

电感器与变压器

5.1 电 感 器

5.1.1 外形与符号

将导线在绝缘支架上绕制一定的匝数（圈数）就构成了电感器。常见的电感器的实物外形如图 5-1a 所示。根据绕制的支架不同，电感器可分为空心电感器（无支架）、磁心电感器（磁性材料支架）和铁心电感器（硅钢片支架），电感器的电路符号如图 5-1b 所示。

a) 实物外形

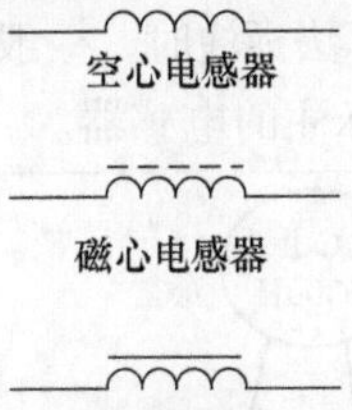
空心电感器
磁心电感器
铁心电感器
b) 电路符号

图 5-1 电感器

5.1.2 主要参数与标注方法

1. 主要参数

电感器的主要参数有电感量、允许偏差、品质因数和额定电流等。

（1）电感量

电感器由线圈组成，当电感器通过电流时就会产生磁场，电流越大，产生的磁场越强，穿过电感器的磁场（又称为磁通量 Φ）就越大。实验证明，通过电感器的磁通量 Φ 和通入的电流 I 成正比关系。磁通量 Φ 与电流的比值称为自感系数，又称电感量 L，用公式表示为

$$L=\Phi/I$$

电感量的基本单位为亨利（简称亨），用字母“H”表示，此外还有毫亨（mH）和微亨（μH），它们之间的关系是

$$1\text{H}=10^3\text{mH}=10^6\mu\text{H}$$

电感器的电感量大小主要与线圈的匝数（圈数）、绕制方式和磁心材料等有关。线圈匝数越多、绕制的线圈越密集，电感量就越大；有磁心的电感器的电感量比无磁心的电感器大；电感器

的磁心磁导率越高，电感量也就越大。

（2）允许偏差

允许偏差是指电感器上标称电感量与实际电感量的差距。对于精度要求高的电路，电感器的允许偏差范围通常为±0.2%～±0.5%，一般的电路可采用允许偏差为±10%～±15%的电感器。

（3）品质因数（Q值）

品质因数也称 Q 值，是衡量电感器质量的主要参数。品质因数是指当电感器两端加某一频率的交流电压时，其感抗 X_L（$X_L=2\pi fL$）与直流电阻 R 的比值，用公式表示为

$$Q=X_L/R$$

从上式可以看出，感抗越大或直流电阻越小，品质因数就越大。

提高品质因数既可通过提高电感器的电感量来实现，也可通过减小电感器线圈的直流电阻来实现。例如粗线圈绕制而成的电感器，直流电阻较小，其 Q 值高；有磁心的电感器较空心电感器的电感量大，其 Q 值也高。

（4）额定电流

额定电流是指电感器在正常工作时允许通过的最大电流值。电感器在使用时，流过的电流不能超过额定电流，否则电感器就会因发热而使性能参数发生改变，甚至会因过电流而损坏。

2. 参数标注方法

电感器的参数标注方法主要有直标法和色标法。

（1）直标法

电感器采用直标法标注时，一般会在外壳上标注电感量、允许偏差和额定电流值。图 5-2 列出了几个采用直标法标注的电感器。

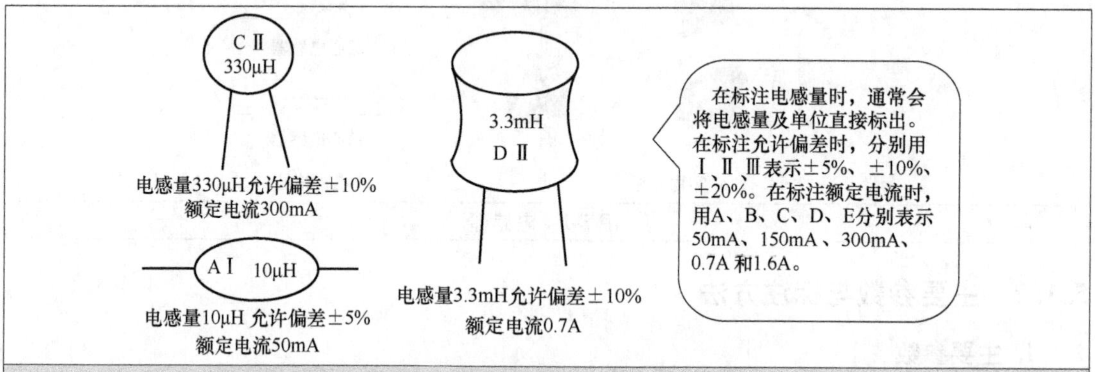

CⅡ
330μH
电感量330μH允许偏差±10%
额定电流300mA
AⅠ 10μH
电感量10μH 允许偏差±5%
额定电流50mA
3.3mH
DⅡ
电感量3.3mH允许偏差±10%
额定电流0.7A
在标注电感量时，通常会将电感量及单位直接标出。在标注允许偏差时，分别用Ⅰ、Ⅱ、Ⅲ表示±5%、±10%、±20%。在标注额定电流时，用A、B、C、D、E分别表示50mA、150mA、300mA、0.7A和1.6A。

图 5-2 采用直标法标注电感的参数

（2）色标法

色标法是采用色点或色环标在电感器上来表示电感量和允许偏差的方法。色码电感器采用色标法标注，其电感量和允许偏差标注方法与色环电阻器相同，单位为 μH。色码电感器的各种颜色含义及代表的数值与色环电阻器相同。色码电感器颜色的排列顺序方法也与色环电阻器相同。色码电感器与色环电阻器识读的不同仅在于单位不同，色码电感器单位为 μH。色码电感器的识别如图 5-3 所示。

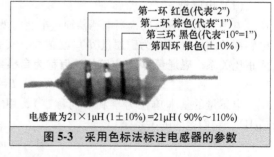

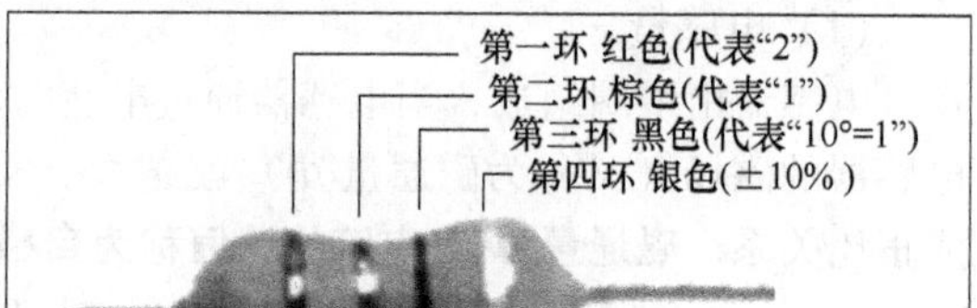

第一环 红色(代表“2”)
第二环 棕色(代表“1”)
第三环 黑色(代表“10°=1”)
第四环 银色(±10%)
电感量为21×1μH (1±10%) =21μH (90%～110%)

图 5-3 采用色标法标注电感器的参数

5.1.3　电感器的“通直阻交”特性与感抗说明

电感器具有“通直阻交”的性质。电感器的“通直阻交”是指电感器对通过的直流信号阻碍很小，直流信号可以很容易地通过电感器，而交流信号通过时会受到较大的阻碍。

电感器对通过的交流信号有较大的阻碍，这种阻碍称为感抗，感抗用 X_L 表示，感抗的单位是 Ω。电感器的感抗大小与自身的电感量和交流信号的频率有关，感抗大小可以用以下公式计算：

$$X_L = 2\pi fL$$

式中，X_L 表示感抗，单位为 Ω；f 表示交流信号的频率，单位为 Hz；L 表示电感器的电感量，单位为 H。

由上式可以看出，交流信号的频率越高，电感器对交流信号的感抗越大；电感器的电感量越大，对交流信号的感抗也越大。

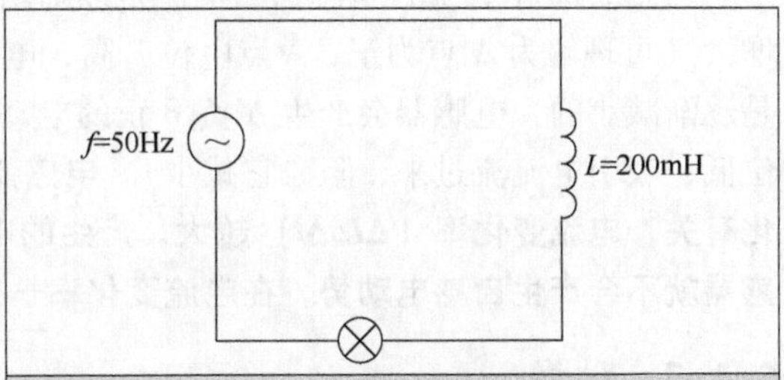

f=50Hz
L=200mH

图 5-4　感抗计算例图

举例：在图 5-4 所示的电路中，交流信号的频率为 50Hz，电感器的电感量为 200mH，那么电感器对交流信号的感抗就为

$$X_L = 2\pi fL = 2\times 3.14\times 50\times 200\times 10^{-3}\,\Omega = 62.8\Omega$$

5.1.4　电感器的“阻碍电流变化”特性说明

电感器具有“阻碍电流变化”性质，当流过电感器的电流发生变化时，电感器会产生自感电动势来阻碍电流变化。电感器“阻碍电流变化”性质说明如图 5-5 所示。

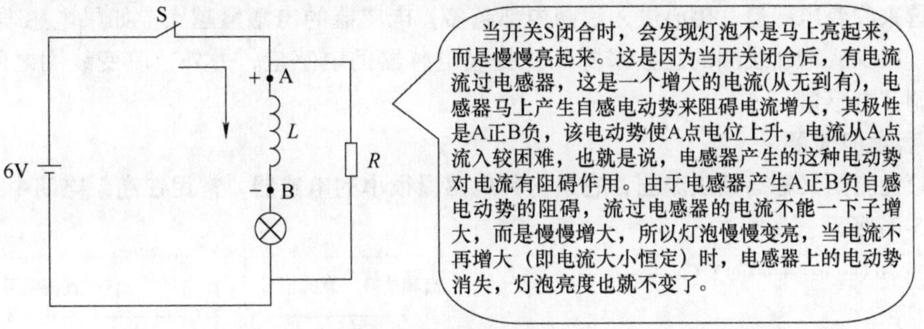

S
A
B
L
R
6V
当开关S闭合时，会发现灯泡不是马上亮起来，而是慢慢亮起来。这是因为当开关闭合后，有电流流过电感器，这是一个增大的电流(从无到有)，电感器马上产生自感电动势来阻碍电流增大，其极性是A正B负，该电动势使A点电位上升，电流从A点流入较困难，也就是说，电感器产生的这种电动势对电流有阻碍作用。由于电感器产生A正B负自感电动势的阻碍，流过电感器的电流不能一下子增大，而是慢慢增大，所以灯泡慢慢变亮，当电流不再增大（即电流大小恒定）时，电感器上的电动势消失，灯泡亮度也就不变了。

a) 开关闭合时灯泡慢慢变亮

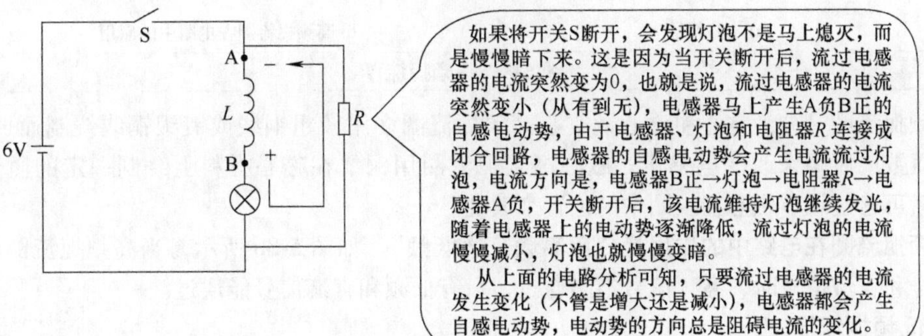

S
A
B
L
R
6V
如果将开关S断开，会发现灯泡不是马上熄灭，而是慢慢暗下来。这是因为当开关断开后，流过电感器的电流突然变为0，也就是说，流过电感器的电流突然变小（从有到无），电感器马上产生A负B正的自感电动势，由于电感器、灯泡和电阻器R连接成闭合回路，电感器的自感电动势会产生电流流过灯泡，电流方向是，电感器B正→灯泡→电阻器R→电感器A负，开关断开后，该电流维持灯泡继续发光，随着电感器上的电动势逐渐降低，流过灯泡的电流慢慢减小，灯泡也就慢慢变暗。
从上面的电路分析可知，只要流过电感器的电流发生变化（不管是增大还是减小），电感器都会产生自感电动势，电动势的方向总是阻碍电流的变化。

b) 开关断开时灯泡慢慢变暗

图 5-5　电感器“阻碍电流变化”性质说明图

电感器“阻碍电流变化”性质非常重要，在以后的电路分析中经常要用到该性质。为了让大家能更透彻地理解电感器这个性质，再来看图 5-6 中两个例子。

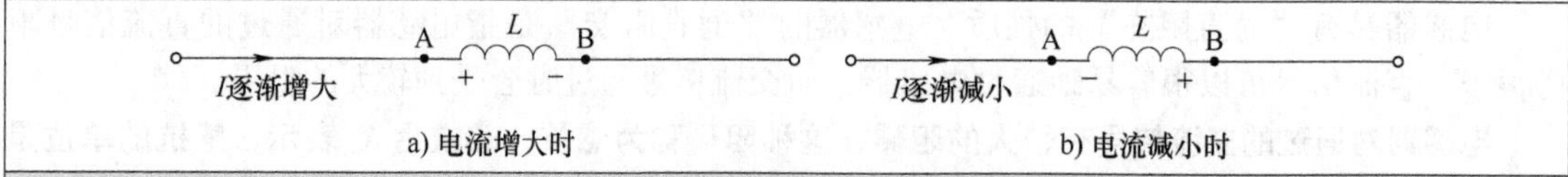
A
L
B
I逐渐增大
+
−
a) 电流增大时
A
L
B
I逐渐减小
−
+
b) 电流减小时

图 5-6　电感器性质解释图

在图 5-6a 中，流过电感器的电流是逐渐增大的，电感器会产生 A 正 B 负的电动势阻碍电流增大（可理解为 A 点为正，A 点电位升高，电流通过较困难）；在图 5-6b 中，流过电感器的电流是逐渐减小的，电感器会产生 A 负 B 正的电动势阻碍电流减小（可理解为 A 点为负时，A 点电位低，吸引电流流过来，阻碍它减小）。**电感器产生的自感电动势大小与电感量及流过的电流变化有关，电流变化率（$\Delta I/\Delta t$）越大，产生的电动势越高，如果流过电感器的电流恒定不变，电感器就不会产生自感电动势，在电流变化率一定时，电感量越大，产生的电动势越高。**

5.1.5　种类

电感器种类较多，下面主要介绍几种典型的电感器。

1. 可调电感器

可调电感器是指电感量可以调节的电感器。可调电感器的电路符号和实物外形如图 5-7 所示。

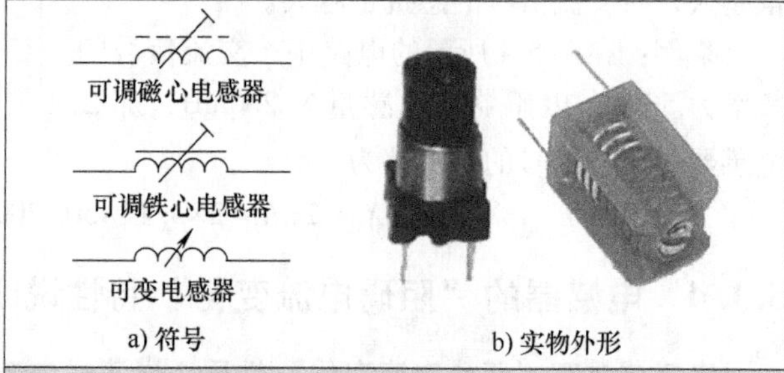
可调磁心电感器
可调铁心电感器
可变电感器
a) 符号
b) 实物外形

图 5-7　可调电感器

可调电感器是通过调节磁心在线圈中的位置来改变电感量，磁心进入线圈内部越多，电感器的电感量越大。如果电感器没有磁心，可以通过减少或增加线圈的匝数来降低或提高电感器的电感量，另外，改变线圈之间的疏密程度也能调节电感量。

2. 高频扼流圈

高频扼流圈又称高频阻流圈，它是一种电感量很小的电感器，常用在高频电路中，其电路符号如图 5-8a 所示。

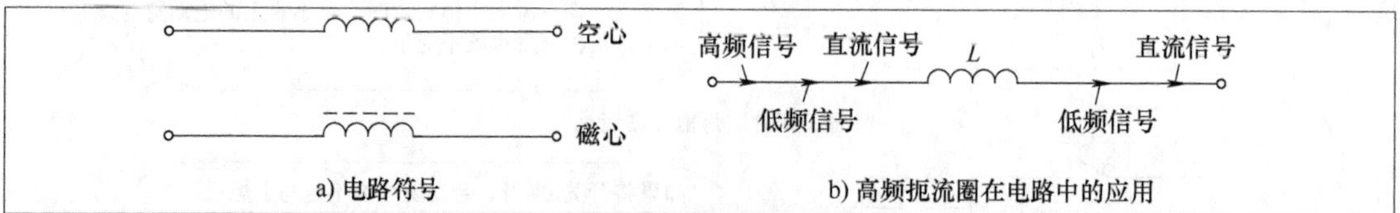
空心
磁心
a) 电路符号
高频信号
直流信号
L
直流信号
低频信号
低频信号
b) 高频扼流圈在电路中的应用

图 5-8　高频扼流圈

高频扼流圈又分为空心和磁心，空心高频扼流圈多用较粗铜线或镀银铜线绕制而成，可通过改变匝数或匝距来改变电感量；磁心高频扼流圈用铜线在磁心材料上绕制一定的匝数构成，其电感量可通过调节磁心在线圈中的位置来改变。

高频扼流圈在电路中的作用是“阻高频，通低频”。如图 5-8b 所示，当高频扼流圈输入高、低频信号和直流信号时，高频信号不能通过，只有低频和直流信号能通过。

3. 低频扼流圈

低频扼流圈又称低频阻流圈，它是一种电感量很大的电感器，常用在低频电路（如音频电路和电源滤波电路）中，其电路符号如图 5-9a 所示。

低频扼流圈是用较细的漆包线在铁心（硅钢片）或铜心上绕制很多匝数制成的。**低频扼流**

圈在电路中的作用是“通直流，阻低频”。如图 5-9b 所示，当低频扼流圈输入高、低频信号和直流信号时，高、低频信号均不能通过，只有直流信号才能通过。

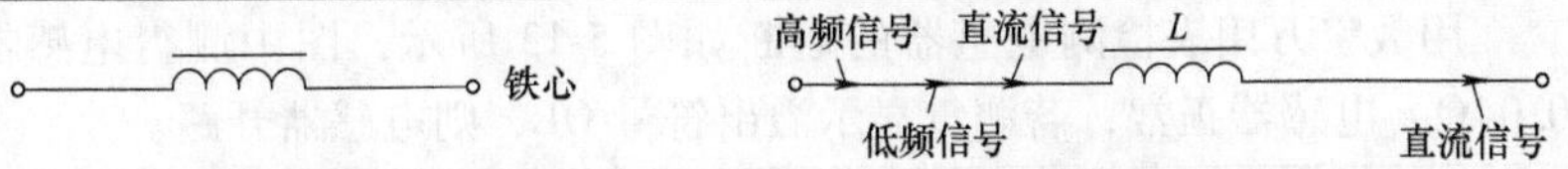
铁心
高频信号
直流信号
L
低频信号
直流信号

a) 电路符号　　b) 低频扼流圈在电路中的应用

图 5-9　低频扼流圈

5.1.6　电感器的串联与并联

1. 电感器的串联

电感器的串联如图 5-10 所示。

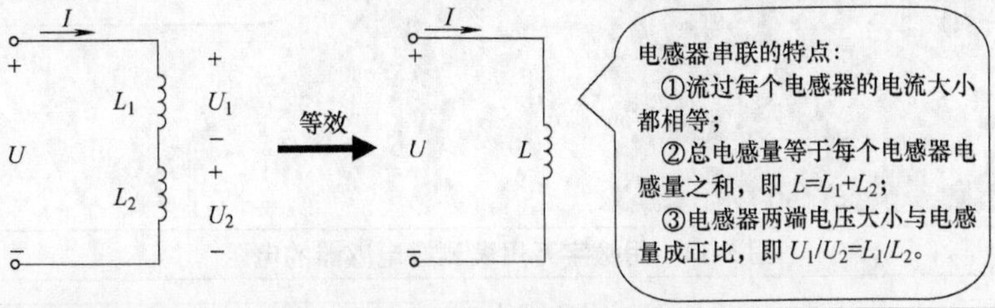
I
+
U
−
L1
L2
+
U1
−
+
U2
−
等效
I
+
U
−
L
电感器串联的特点：
①流过每个电感器的电流大小都相等；
②总电感量等于每个电感器电感量之和，即 L=L1+L2；
③电感器两端电压大小与电感量成正比，即 U1/U2=L1/L2。

图 5-10　电感器的串联

2. 电感器的并联

电感器的并联如图 5-11 所示。

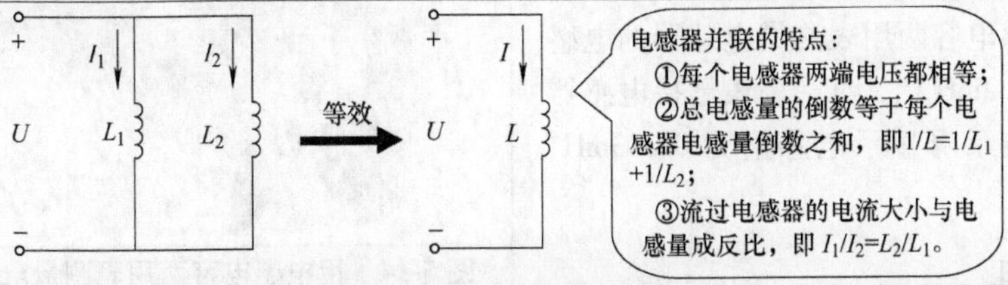
+
U
−
I1
L1
I2
L2
等效
+
U
−
I
L
电感器并联的特点：
①每个电感器两端电压都相等；
②总电感量的倒数等于每个电感器电感量倒数之和，即 1/L=1/L1+1/L2；
③流过电感器的电流大小与电感量成反比，即 I1/I2=L2/L1。

图 5-11　电感器的并联

5.1.7　用指针万用表检测电感器

电感器的电感量和 Q 值一般用专门的电感测量仪和 Q 表来测量，一些功能齐全的万用表也具有电感量测量功能。电感器常见的故障有开路和线圈匝间短路。电感器实际上就是线圈，由于线圈的电阻一般比较小，测量时一般用万用表的×1Ω 档，电感器的检测如图 5-12 所示。

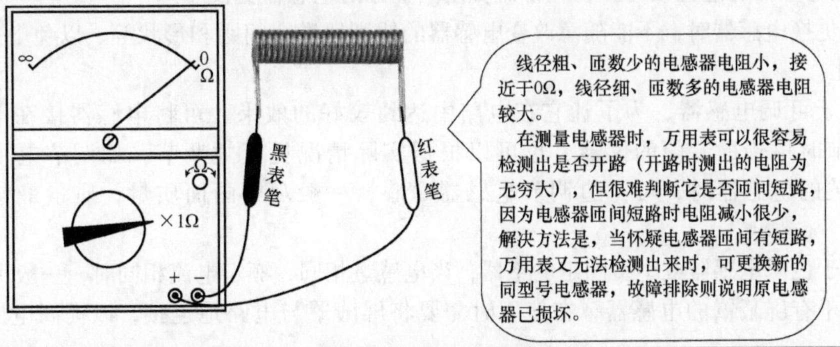
∞
0
Ω
×1Ω
+
−
黑表笔
红表笔
线径粗、匝数少的电感器电阻小，接近于0Ω，线径细、匝数多的电感器电阻较大。
在测量电感器时，万用表可以很容易检测出是否开路（开路时测出的电阻为无穷大），但很难判断它是否匝间短路，因为电感器匝间短路时电阻减小很少，解决方法是，当怀疑电感器匝间有短路，万用表又无法检测出来时，可更换新的同型号电感器，故障排除则说明原电感器已损坏。

图 5-12　电感器的检测

扫一扫看视频

5.1.8 用数字万用表检测电感器的通断

用数字万用表检测电感器的通断如图 5-13 所示，图中测得电感器的电阻值为 0.04Ω，电感器正常，若测量显示溢出符号 OL，则电感器开路。

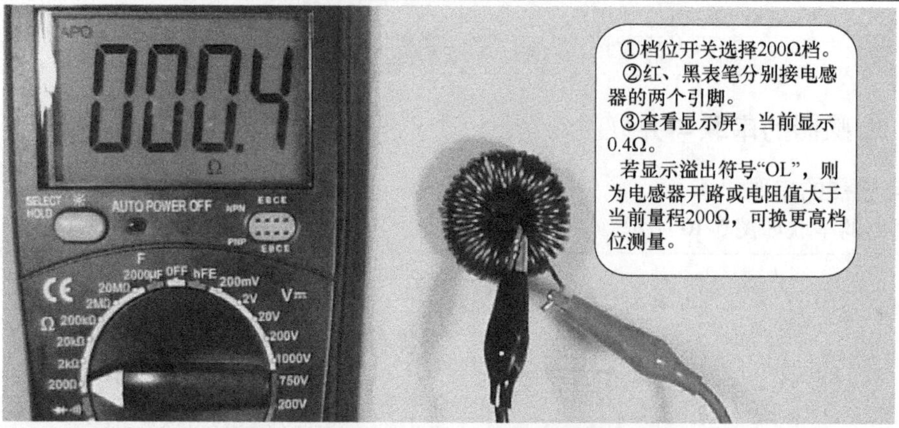
①档位开关选择200Ω档。
②红、黑表笔分别接电感器的两个引脚。
③查看显示屏，当前显示0.4Ω。
若显示溢出符号“OL”，则为电感器开路或电阻值大于当前量程200Ω，可换更高档位测量。
SELECT HOLD
AUTO POWER OFF
200Ω
200kΩ
20kΩ
2kΩ
20V
200V
1000V
750V
200mV
hFE
OFF

图 5-13 用数字万用表测量电感器的电阻

5.1.9 用电感表测量电感器的电感量

测量电感器的电感量可使用电感表，也可以使用具有电感量测量功能的数字万用表。图 5-14 是用电感电容两用表测量电感器的电感量，测量时选择 2mH 档，红、黑表笔接电感器的两个引脚，显示屏显示电感量为 0.343mH，也即 343μH。

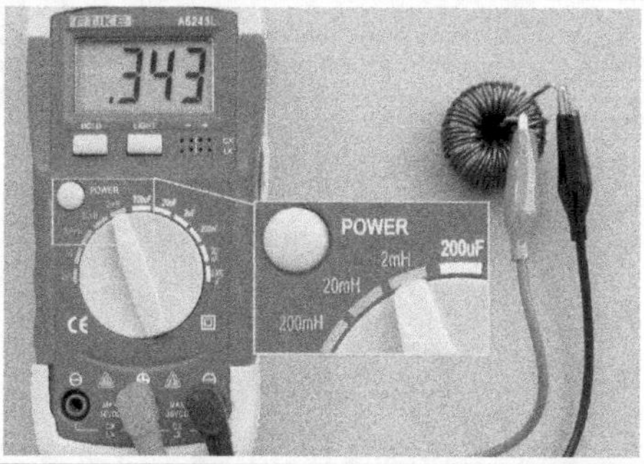
.343
POWER
2mH
20mH
200mH
200uF

图 5-14 用电感电容两用表测量电感器的电感量

5.1.10 选用

在选用电感器时，要注意以下几点：

1）选用电感器的电感量必须与电路要求一致，额定电流选大一些不会影响电路。

2）选用电感器的工作频率要适合电路。低频电路一般选用硅钢片铁心或铁氧体磁心的电感器，而高频电路一般选用高频铁氧体磁心或空心的电感器。

3）对于不同的电路，应该选用相应性能的电感器，在检修电路时，如果遇到损坏的电感器，并且该电感器功能比较特殊，通常需要用同型号的电感器更换。

4）在更换电感器时，不能随意改变电感器的线圈匝数、间距和形状等，以免电感器的电感量发生变化。

5）对于可调电感器，为了让它在电路中达到较好的效果，可将电感器接在电路中进行调节。调节时可借助专门的仪器，也可以根据实际情况凭直觉调节，如调节电视机中与图像处理有关的电感器时，可一边调节电感器磁心，一般观察画面质量，质量最佳时调节就最准确。

6）对于色码电感器或小型固定电感器，当电感量相同、额定电流相同时，一般可以代换。

7）对于有屏蔽罩的电感器，在使用时需要将屏蔽罩与电路地连接，以提高电感器的抗干扰性。

5.1.11　电感器的型号命名方法

电感器的型号命名由三部分组成：

第一部分用字母表示主称为电感线圈。

第二部分用字母与数字混合或数字来表示电感量。

第三部分用字母表示允许偏差范围。

电感器的型号命名及含义见表 5-1。

表 5-1　电感器的型号命名及含义

第一部分：主称		第二部分：电感量			第三部分：允许偏差范围	
字 母	含义	数字与字母	数字	含义	字母	含义
L 或 PL	电感线圈	2R2	2.2	2.2μH	J	±5%
		100	10	10μH	K	±10%
		101	100	100μH		
		102	1000	1mH	M	±20%
		103	10000	10mH		

5.2　变　压　器

5.2.1　外形与符号

变压器可以改变交流电压或交流电流的大小。常见变压器的实物外形及电路符号如图 5-15 所示。

a) 实物外形　　b) 电路符号

图 5-15　变压器

5.2.2　结构原理

1. 结构

两组相距很近、又相互绝缘的线圈就构成了变压器。变压器的结构如图 5-16 所示。

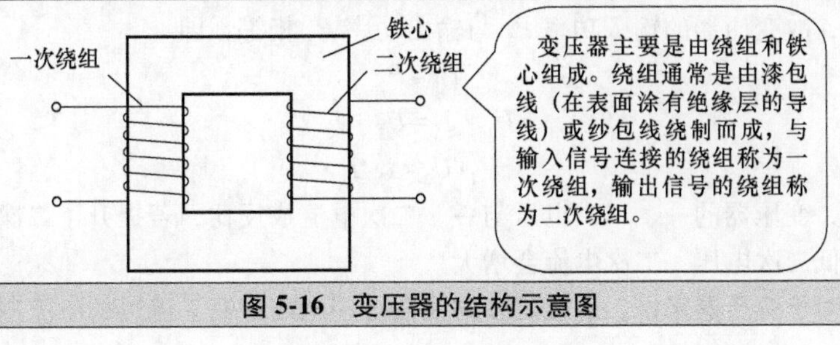
铁心
一次绕组
二次绕组
变压器主要是由绕组和铁心组成。绕组通常是由漆包线（在表面涂有绝缘层的导线）或纱包线绕制而成，与输入信号连接的绕组称为一次绕组，输出信号的绕组称为二次绕组。

图 5-16　变压器的结构示意图

2. 工作原理

变压器是利用电-磁和磁-电转换原理工作的。下面以图 5-17 所示电路来说明变压器的工作原理。

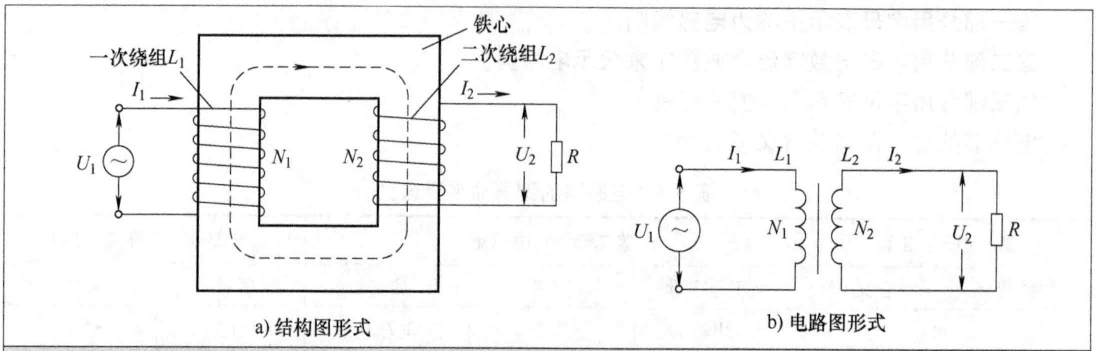
铁心
一次绕组L_1
二次绕组L_2
I_1
I_2
U_1
N_1
N_2
U_2
R
a) 结构图形式
I_1 L_1 L_2 I_2
U_1
N_1
N_2
U_2
R
b) 电路图形式

图 5-17　变压器工作原理说明图

当交流电压 U_1 送到变压器的一次绕组 L_1 两端时（L_1 的匝数为 N_1），有交流电流 I_1 流过 L_1，L_1 马上产生磁场，磁场的磁力线沿着导磁良好的铁心穿过二次绕组 L_2（其匝数为 N_2），有磁力线穿过 L_2，L_2 上马上产生感应电动势，此时 L_2 相当一个电源，由于 L_2 与电阻器 R 连接成闭合电路，L_2 就有交流电流 I_2 输出并流过电阻器 R，R 两端的电压为 U_2。

变压器的一次绕组进行电-磁转换，而二次绕组进行磁-电转换。

5.2.3　变压器的“变压”和“变流”功能说明

变压器可以改变交流电压大小，也可以改变交流电流大小。

1. 改变交流电压

变压器既可以升高交流电压，也可以降低交流电压。在忽略电能损耗的情况下，变压器一次电压 U_1、二次电压 U_2 与一次绕组匝数 N_1、二次绕组匝数 N_2 的关系有

$$U_1/U_2=N_1/N_2=n$$

n 称作匝数比或电压比，由上式可知：

1）当二次绕组匝数 N_2 多于一次绕组匝数 N_1 时，二次电压 U_2 就会高于一次电压 U_1。即 $n=N_1/N_2<1$ 时，变压器可以提升交流电压，故电压比 **$n<1$ 的变压器称为升压变压器**。

2）当二次绕组匝数 N_2 少于一次绕组匝数 N_1 时，变压器能降低交流电压，故 **$n>1$ 的变压器称为降压变压器**。

3）当二次绕组匝数 N_2 与一次绕组匝数 N_1 相等时，变压器不会改变交流电压的大小，即一次电压 U_1 与二次电压 U_2 相等。这种变压器虽然不能改变电压大小，但能对一次、二次电路进行电气隔离，故 **$n=1$ 的变压器常用作隔离变压器**。

2. 改变交流电流

变压器不但能改变交流电压的大小，还能改变交流电流的大小。由于变压器对电能损耗很少，可忽略不计，故变压器的输入功率 P_1 与输出功率 P_2 相等，即

$$P_1=P_2$$

$$U_1\cdot I_1=U_2\cdot I_2$$

$$U_1/U_2=I_2/I_1$$

从上式可知，变压器的一、二次电压与一、二次电流成反比，若提升了二次电压，就会使二次电流减小，降低二次电压，二次电流会增大。

综上所述，**对于变压器来说，匝数越多的线圈两端电压越高，流过的电流越小。**例如某个电

源变压器上标注“输入电压 220V，输出电压 6V”，那么该变压器的一、二次绕组匝数比 $n=220/6=110/3\approx37$，当将该变压器接在电路中时，二次绕组流出的电流是一次绕组流入的电流的 37 倍。

5.2.4　特殊绕组变压器

前面介绍的变压器一、二次绕组分别只有一组绕组，实际应用中经常会遇到其他一些形式绕组的变压器，如图 5-18 所示。

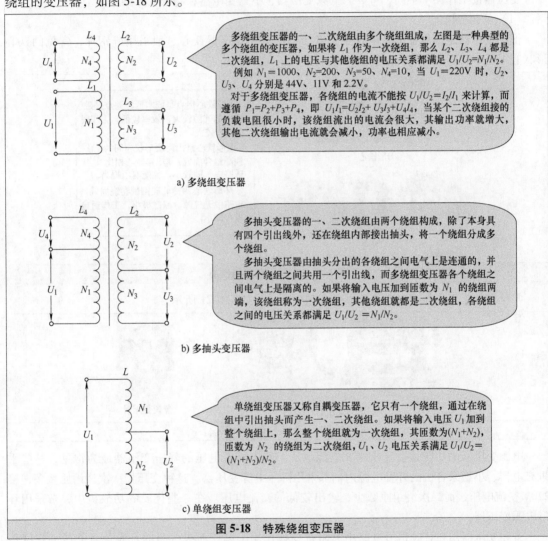

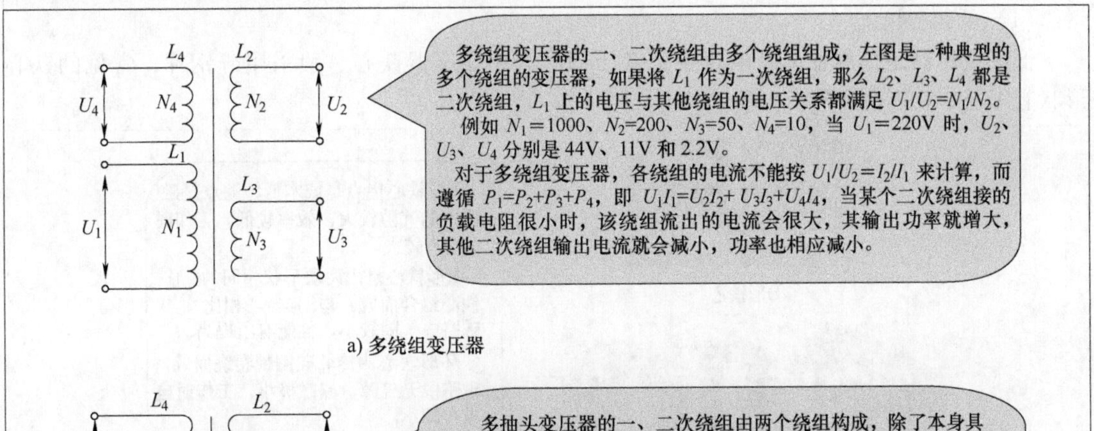
L_4 L_2 U_4 N_4 N_2 U_2 L_1 L_3 U_1 N_1 N_3 U_3
多绕组变压器的一、二次绕组由多个绕组组成，左图是一种典型的多个绕组的变压器，如果将 L_1 作为一次绕组，那么 L_2、L_3、L_4 都是二次绕组，L_1 上的电压与其他绕组的电压关系都满足 $U_1/U_2=N_1/N_2$。
例如 $N_1=1000$、$N_2=200$、$N_3=50$、$N_4=10$，当 $U_1=220V$ 时，U_2、U_3、U_4 分别是 44V、11V 和 2.2V。
对于多绕组变压器，各绕组的电流不能按 $U_1/U_2=I_2/I_1$ 来计算，而遵循 $P_1=P_2+P_3+P_4$，即 $U_1I_1=U_2I_2+U_3I_3+U_4I_4$，当某个二次绕组接的负载电阻很小时，该绕组流出的电流会很大，其输出功率就增大，其他二次绕组输出电流就会减小，功率也相应减小。
a) 多绕组变压器
L_4 L_2 U_4 N_4 N_2 U_2 U_1 N_1 N_3 U_3
多抽头变压器的一、二次绕组由两个绕组构成，除了本身具有四个引出线外，还在绕组内部接出抽头，将一个绕组分成多个绕组。
多抽头变压器由抽头分出的各绕组之间电气上是连通的，并且两个绕组之间共用一个引出线，而多绕组变压器各个绕组之间电气上是隔离的。如果将输入电压加到匝数为 N_1 的绕组两端，该绕组称为一次绕组，其他绕组就都是二次绕组，各绕组之间的电压关系都满足 $U_1/U_2=N_1/N_2$。
b) 多抽头变压器
L N_1 U_1 N_2 U_2
单绕组变压器又称自耦变压器，它只有一个绕组，通过在绕组中引出抽头而产生一、二次绕组。如果将输入电压 U_1 加到整个绕组上，那么整个绕组就为一次绕组，其匝数为 (N_1+N_2)，匝数为 N_2 的绕组为二次绕组，U_1、U_2 电压关系满足 $U_1/U_2=(N_1+N_2)/N_2$。
c) 单绕组变压器

图 5-18　特殊绕组变压器

5.2.5　种类

变压器种类较多，可以根据铁心种类、用途及工作频率等进行分类。

1. 按铁心种类分类

变压器按铁心种类不同，可分为空心变压器、磁心变压器和铁心变压器，它们的电路符号如图 5-19 所示。

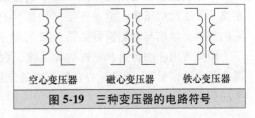

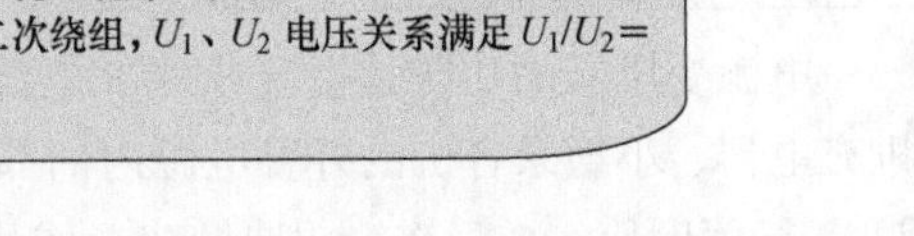
空心变压器
磁心变压器
铁心变压器

图 5-19　三种变压器的电路符号

空心变压器是指一、二次绕组没有绕制支架的变压器。磁心变压器是指一、二次绕组绕在磁心（如铁氧体材料）上构成的变压器。铁心变压器是指一、二次绕组绕在铁心（如硅钢片）上构成的变压器。

2. 按用途分类

变压器按用途不同，可分为电源变压器、音频变压器、脉冲变压器、恒压变压器、自耦变压器和隔离变压器等。

3. 按工作频率分类

变压器按工作频率不同，可分为低频变压器、中频变压器和高频变压器。

（1）低频变压器

低频变压器是指用在低频电路中的变压器。低频变压器铁心一般采用硅钢片，常见的铁心形状有 E 形、C 形和环形，如图 5-20 所示。

E形铁心
C形铁心
环形铁心
E形铁心优点是成本低，缺点是磁路中的气隙较大，效率较低，工作时电噪声较大。
C形铁心是由两块形状相同的C形铁心组合而成，与E形铁心相比，其磁路中气隙较小，性能有所提高。
环形铁心由冷轧硅钢带卷绕而成，磁路中无气隙，漏磁极小，工作时电噪声较小。

图 5-20　常见的变压器铁心

常见的低频变压器有电源变压器和音频变压器，如图 5-21 所示。

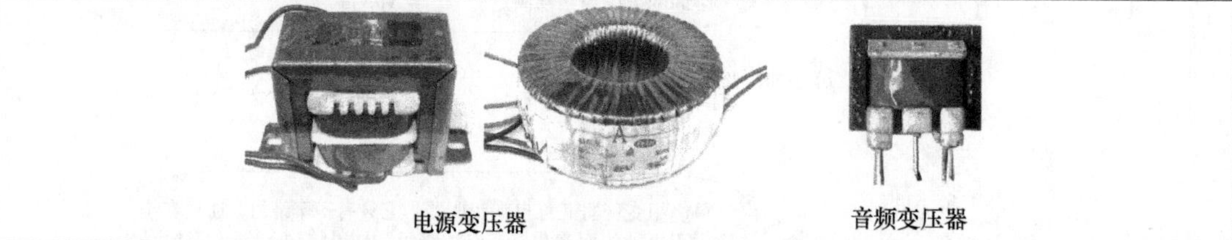
电源变压器
音频变压器

图 5-21　常见的低频变压器

电源变压器的功能是提升或降低电源电压。其中降低电压的降压变压器最为常见，一些手机充电器、小型录音机的外置电源内部都采用降压电源变压器，这种变压器一次绕组匝数多，接 220V 交流电压，而二次绕组匝数少，输出较低的交流电压。在一些优质的功放机中，常采用环形电源变压器。

音频变压器用在音频信号电路中起阻抗变换作用，可让前级电路的音频信号能最大程度传送到后级电路。

（2）中频变压器

中频变压器是指用在中频电路中的变压器。无线电设备采用的中频变压器又称中周，中周是将一、二次绕组绕在尼龙支架（内部装有磁心）上，并用金属屏蔽罩封装起来而构成的。中周的外形、结构与电路符号如图 5-22 所示。

中周常用在收音机和电视机等无线电设备中，主要用来选频（即从众多频率的信号中选出需要频率的信号），调节磁心在绕组中的位置可以改变一、二次绕组的电感量，就能选取不同频率的信号。

（3）高频变压器

高频变压器是指用在高频电路中的变压器。高频变压器一般采用磁心或空心，其中采用磁心的更为多见，最常见的高频变压器就是收音机的磁性天线，其外形和电路符号如图 5-23 所示。

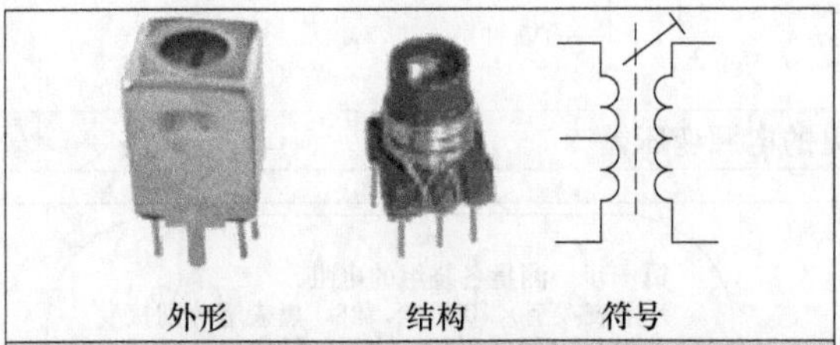
外形
结构
符号

图 5-22　中周（中频变压器）

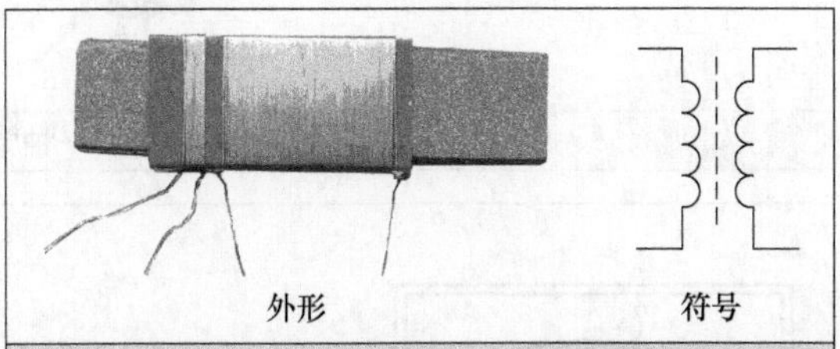
外形
符号

图 5-23　磁性天线（高频变压器）

磁性天线的一、二次绕组都绕在磁棒上，一次绕组匝数很多，二次绕组匝数很少。磁性天线的功能是从空间接收无线电波，当无线电波穿过磁棒时，一次绕组上会感应出无线电波信号电压，该电压再感应到二次绕组上，二次绕组上的信号电压送到电路进行处理。磁性天线的磁棒越长，截面积越大，接收到的无线电波信号越强。

5.2.6　主要参数

变压器的主要参数有电压比、额定功率、频率特性和效率等。

（1）电压比

变压器的电压比是指一次绕组电压 U_1 与二次绕组电压 U_2 之比，它等于一次绕组匝数 N_1 与二次绕组 N_2 的匝数比，即 $n=U_1/U_2=N_1/N_2$。

降压变压器的电压比 $n>1$，升压变压器的电压比 $n<1$，隔离变压器的电压比 $n=1$。

（2）额定功率

额定功率是指在规定工作频率和电压下，变压器能长期正常工作时的输出功率。变压器的额定功率与铁心截面积、漆包线的线径等有关，变压器的铁心截面积越大、漆包线径越粗，其输出功率就越大。

一般只有电源变压器才有额定功率参数，其他变压器由于工作电压低、电流小，通常不考虑额定功率。

（3）频率特性

频率特性是指变压器有一定的工作频率范围。不同工作频率范围的变压器，一般不能互换使用，如不能用低频变压器代替高频变压器。当变压器在其频率范围外工作时，会出现温度升高或不能正常工作等现象。

（4）效率

效率是指在变压器接额定负载时，输出功率 P_2 与输入功率 P_1 的比值。变压器效率可用下式计算：

$$\eta=P_2/P_1\times100\%$$

η 值越大，表明变压器损耗越小，效率越高，变压器的效率值一般在 60%~100%之间。

5.2.7　用指针万用表检测变压器

在检测变压器时，通常要测量各绕组的电阻、绕组间的绝缘电阻、绕组与铁心之间的绝缘电阻。下面检测图 5-24 所示的电源变压器，检测方法如图 5-25 所示。注意：该变压器输入电压为 220V、输出电压为 3V-0V-3V、额定功率为 3VA。

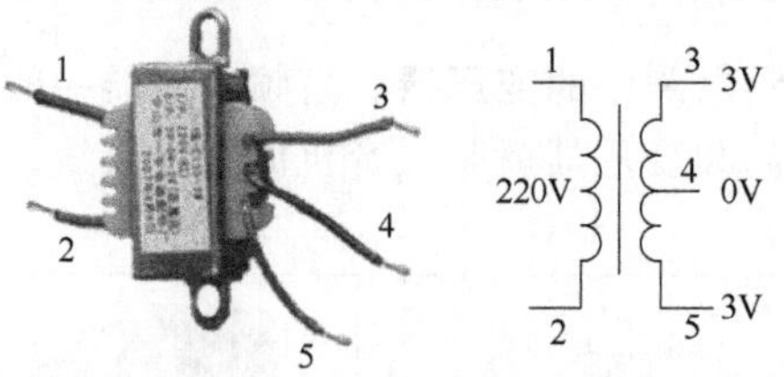
1
2
3
4
5
220V
3V
0V
3V

图 5-24　一种常见的电源变压器

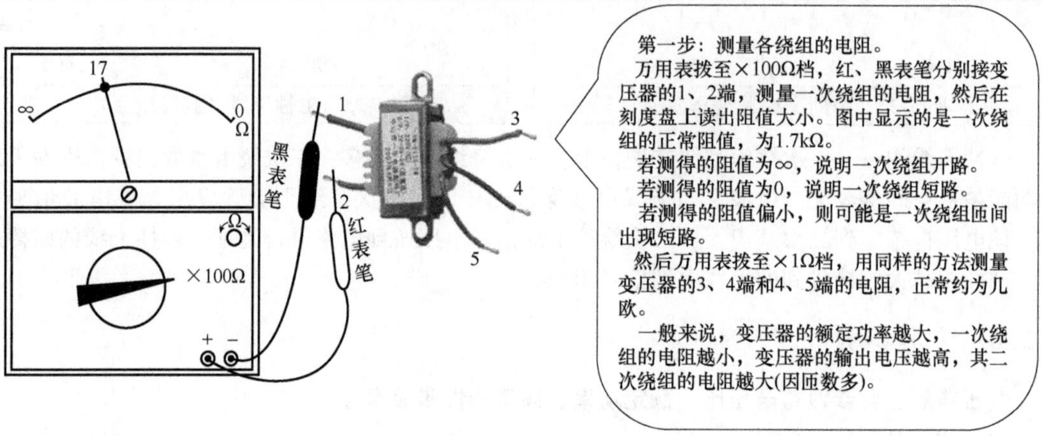
17
∞
0
Ω
黑表笔
红表笔
×100Ω
1
2
3
4
5
第一步：测量各绕组的电阻。
万用表拨至×100Ω档，红、黑表笔分别接变压器的1、2端，测量一次绕组的电阻，然后在刻度盘上读出阻值大小。图中显示的是一次绕组的正常阻值，为1.7kΩ。
若测得的阻值为∞，说明一次绕组开路。
若测得的阻值为0，说明一次绕组短路。
若测得的阻值偏小，则可能是一次绕组匝间出现短路。
然后万用表拨至×1Ω档，用同样的方法测量变压器的3、4端和4、5端的电阻，正常约为几欧。
一般来说，变压器的额定功率越大，一次绕组的电阻越小，变压器的输出电压越高，其二次绕组的电阻越大(因匝数多)。

a) 测量各绕组的电阻

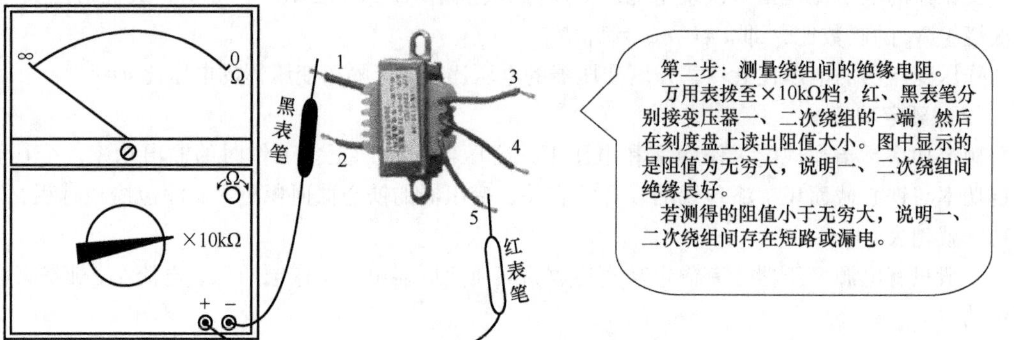
∞
0
Ω
黑表笔
红表笔
×10kΩ
1
2
3
4
5
第二步：测量绕组间的绝缘电阻。
万用表拨至×10kΩ档，红、黑表笔分别接变压器一、二次绕组的一端，然后在刻度盘上读出阻值大小。图中显示的是阻值为无穷大，说明一、二次绕组间绝缘良好。
若测得的阻值小于无穷大，说明一、二次绕组间存在短路或漏电。

b) 测量绕组间的绝缘电阻

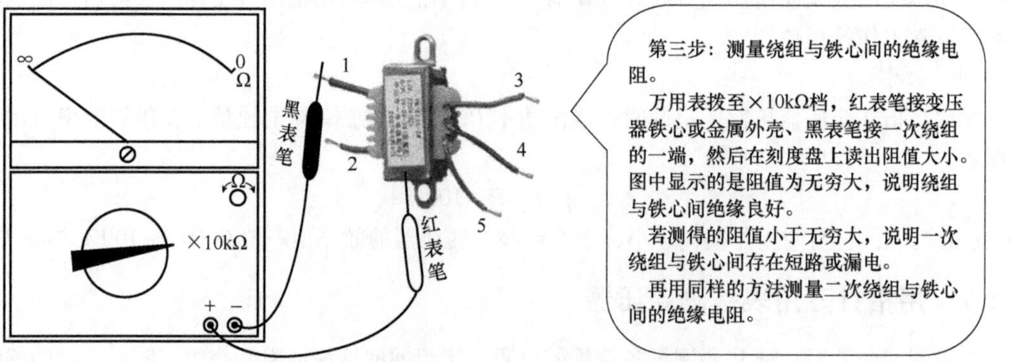
∞
0
Ω
黑表笔
红表笔
×10kΩ
1
2
3
4
5
第三步：测量绕组与铁心间的绝缘电阻。
万用表拨至×10kΩ档，红表笔接变压器铁心或金属外壳、黑表笔接一次绕组的一端，然后在刻度盘上读出阻值大小。图中显示的是阻值为无穷大，说明绕组与铁心间绝缘良好。
若测得的阻值小于无穷大，说明一次绕组与铁心间存在短路或漏电。
再用同样的方法测量二次绕组与铁心间的绝缘电阻。

c) 测量绕组与铁心间的绝缘电阻

图 5-25　变压器的检测

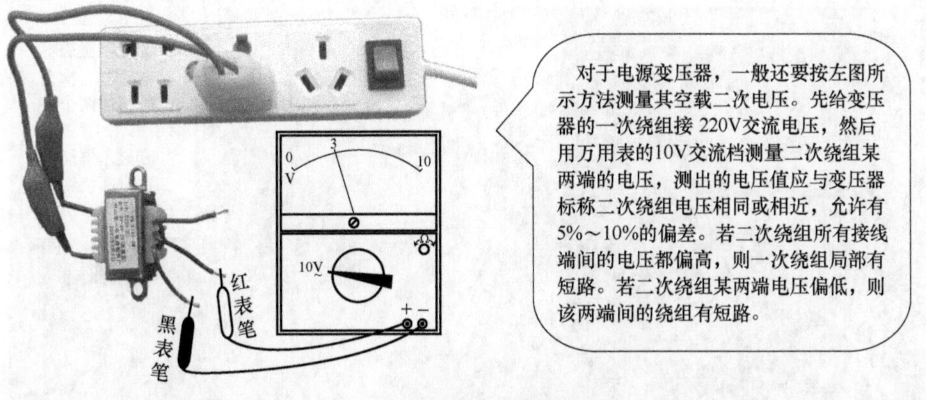
对于电源变压器，一般还要按左图所示方法测量其空载二次电压。先给变压器的一次绕组接 220V交流电压，然后用万用表的10V交流档测量二次绕组某两端的电压，测出的电压值应与变压器标称二次绕组电压相同或相近，允许有5%～10%的偏差。若二次绕组所有接线端间的电压都偏高，则一次绕组局部有短路。若二次绕组某两端电压偏低，则该两端间的绕组有短路。
红表笔
黑表笔
10V

d) 测量空载二次电压

图 5-25　变压器的检测（续）

5. 2. 8　用数字万用表检测变压器

扫一扫看视频

用数字万用表检测变压器如图 5-26 所示，测量内容有变压器一、二次绕组的电阻，一、二次绕组间的绝缘电阻，绕组与金属外壳间的绝缘电阻和二次绕组的输出电压。

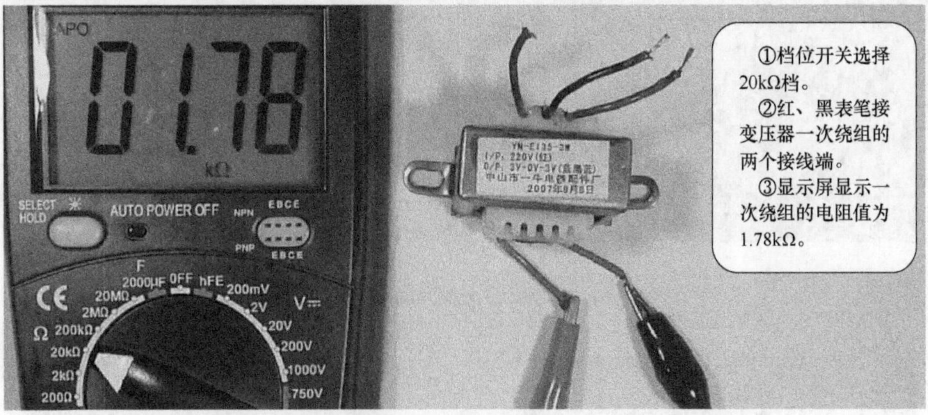
①档位开关选择20kΩ档。
②红、黑表笔接变压器一次绕组的两个接线端。
③显示屏显示一次绕组的电阻值为1.78kΩ。

a) 测量一次绕组的电阻

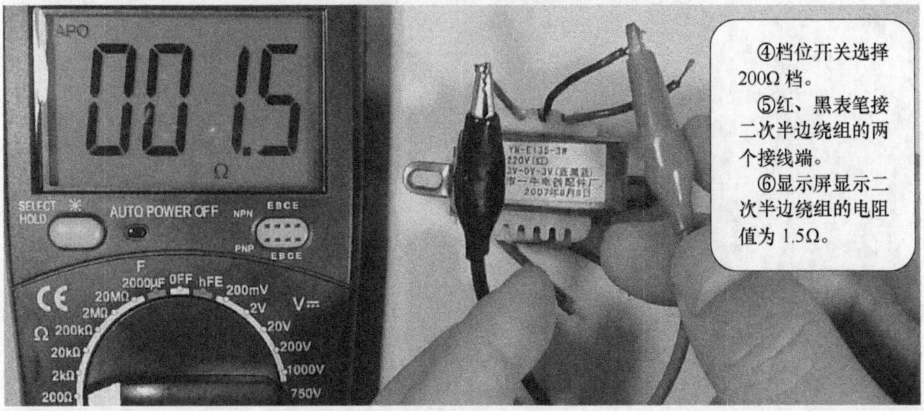
④档位开关选择200Ω 档。
⑤红、黑表笔接二次半边绕组的两个接线端。
⑥显示屏显示二次半边绕组的电阻值为 1.5Ω。

b) 测量二次半边绕组的电阻

图 5-26　用数字万用表检测变压器

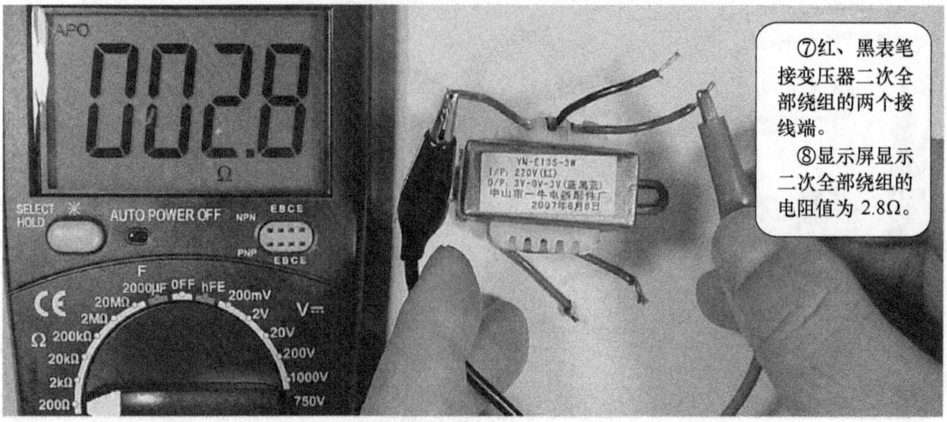
⑦红、黑表笔接变压器二次全部绕组的两个接线端。
⑧显示屏显示二次全部绕组的电阻值为 2.8Ω。
APO
0002.8
Ω
SELECT HOLD
AUTO POWER OFF

c) 测量二次全部绕组的电阻

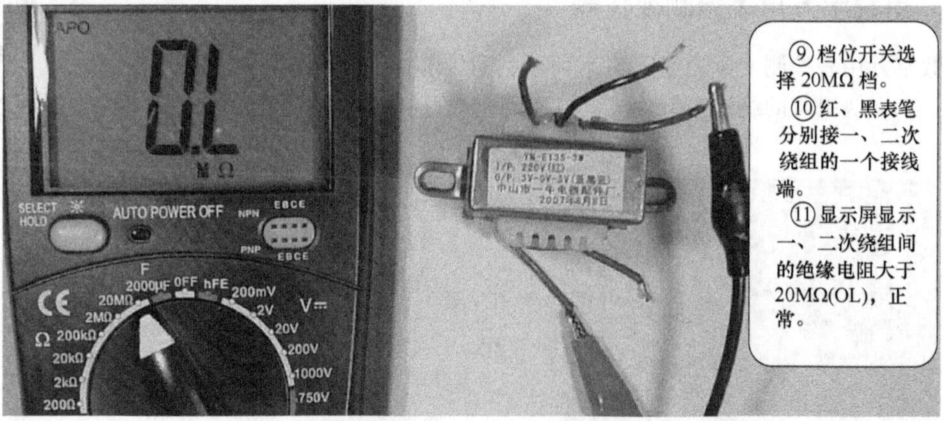
⑨档位开关选择 20MΩ 档。
⑩红、黑表笔分别接一、二次绕组的一个接线端。
⑪显示屏显示一、二次绕组间的绝缘电阻大于 20MΩ(OL)，正常。
0.L
MΩ
AUTO POWER OFF

d）测量一、二次绕组间的绝缘电阻

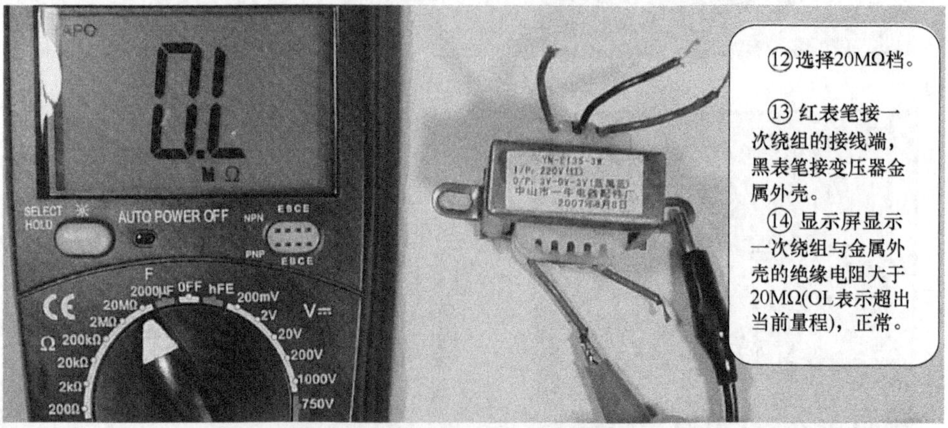
⑫选择20MΩ档。
⑬红表笔接一次绕组的接线端，黑表笔接变压器金属外壳。
⑭显示屏显示一次绕组与金属外壳的绝缘电阻大于20MΩ(OL表示超出当前量程)，正常。
0.L
MΩ
AUTO POWER OFF

e) 测量一次绕组与金属外壳间的绝缘电阻

图 5-26　用数字万用表检测变压器（续）

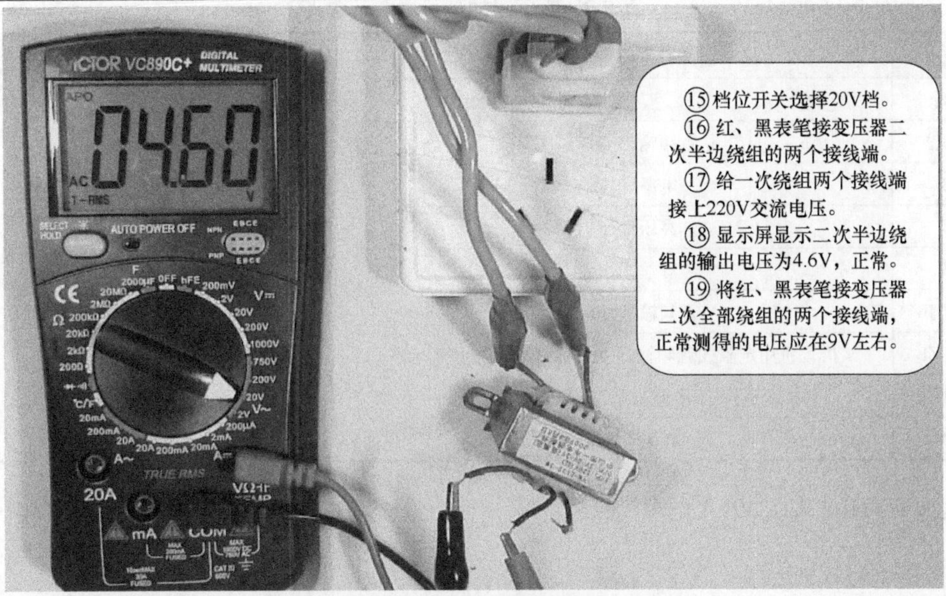
VICTOR VC890C+ DIGITAL MULTIMETER
04.60
⑮档位开关选择20V档。
⑯红、黑表笔接变压器二次半边绕组的两个接线端。
⑰给一次绕组两个接线端接上220V交流电压。
⑱显示屏显示二次半边绕组的输出电压为4.6V，正常。
⑲将红、黑表笔接变压器二次全部绕组的两个接线端，正常测得的电压应在9V左右。

f) 测量二次半边绕组的输出电压

图 5-26　用数字万用表检测变压器（续）

5.2.9　选用

1. 电源变压器的选用

选用电源变压器时，输入、输出电压要符合电路的需要，额定功率应大于电路所需的功率，如图 5-27 所示。

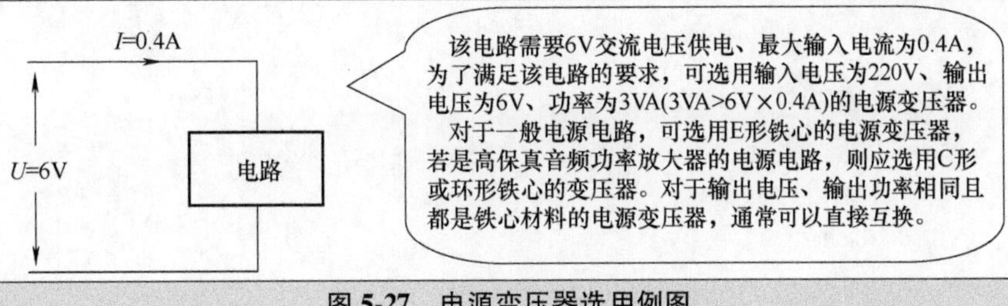
I=0.4A
U=6V
电路
该电路需要6V交流电压供电、最大输入电流为0.4A，为了满足该电路的要求，可选用输入电压为220V、输出电压为6V、功率为3VA(3VA>6V×0.4A)的电源变压器。
对于一般电源电路，可选用E形铁心的电源变压器，若是高保真音频功率放大器的电源电路，则应选用C形或环形铁心的变压器。对于输出电压、输出功率相同且都是铁心材料的电源变压器，通常可以直接互换。

图 5-27　电源变压器选用例图

2. 其他类型的变压器

虽然变压器基本工作原理相同，但由于铁心材料、绕组形式和引脚排列等不同，造成变压器种类繁多。在设计制作电路时，选用变压器时要根据电路的需要，从结构、电压比、频率特性、工作电压和额定功率等方面考虑。在检修电路中，最好用同型号的变压器代换已损坏的变压器，若无法找到同型号的变压器，尽量找到参数相似的变压器进行代换。

5.2.10　变压器的型号命名方法

国产变压器型号命名由三部分组成：

第一部分：用字母表示变压器的主称。

第二部分：用数字表示变压器的额定功率。

第三部分：用数字表示序号。

变压器的型号命名及含义见表 5-2。

表 5-2　变压器的型号命名及含义

第一部分：主称		第二部分：额定功率	第三部分：序号
字母	含义	用数字表示变压器的额定功率	用数字表示变压器的序号
CB	音频输出变压器		
DB	电源变压器		
GB	高压变压器		
HB	灯丝变压器		
RB 或 JB	音频输入变压器		
SB 或 ZB	扩音机用定阻式音频输送变压器（线间变压器）		
SB 或 EB	扩音机用定压或自耦式音频输送变压器		
KB	开关变压器		

例如 DB-60-2 表示 60VA 电源变压器。

第6章

二 极 管

6.1 半导体与二极管

6.1.1 半导体

导电性能介于导体与绝缘体之间的材料称为半导体，常见的半导体材料有硅、锗和硒等。利用半导体材料可以制作各种各样的半导体器件，如二极管、晶体管、场效应晶体管和晶闸管等都是由半导体材料制作而成的。

1. 半导体的特性

半导体的主要特性有：

1）掺杂性。当往纯净的半导体中掺入少量某些物质时，半导体的导电性就会大大增强。二极管、晶体管就是用掺入杂质的半导体制成的。

2）热敏性。当温度上升时，半导体的导电能力会增强，利用该特性可以将某些半导体制成热敏器件。

3）光敏性。当有光线照射半导体时，半导体的导电能力也会显著增强，利用该特性可以将某些半导体制成光敏器件。

2. 半导体的类型

半导体主要有三种类型：本征半导体、N型半导体和P型半导体。

1）本征半导体。纯净的半导体称为本征半导体，它的导电能力是很弱的，在纯净的半导体中掺入杂质后，导电能力会大大增强。

2）N型半导体。在纯净半导体中掺入五价杂质（原子核最外层有五个电子的物质，如磷、砷和锑等）后，半导体中会有大量带负电荷的电子（因为半导体原子核最外层一般只有四个电子，所以可理解为当掺入五价元素后，半导体中的电子数偏多），这种电子偏多的半导体叫作N型半导体。

3）P型半导体。在纯净半导体中掺入三价杂质（如硼、铝和镓）后，半导体中电子偏少，有大量的空穴（可以看作正电荷）产生，这种空穴偏多的半导体叫作P型半导体。

6.1.2 二极管的结构和符号

1. 构成

PN结的形成如图6-1所示。

2. 结构、符号和外形

二极管内部结构、电路符号和实物外形如图 6-2 所示。与 P 型半导体连接的电极称为正极（或阳极），用“+”或“A”表示，与 N 型半导体连接的电极称为负极（或阴极），用“-”或“K”表示。

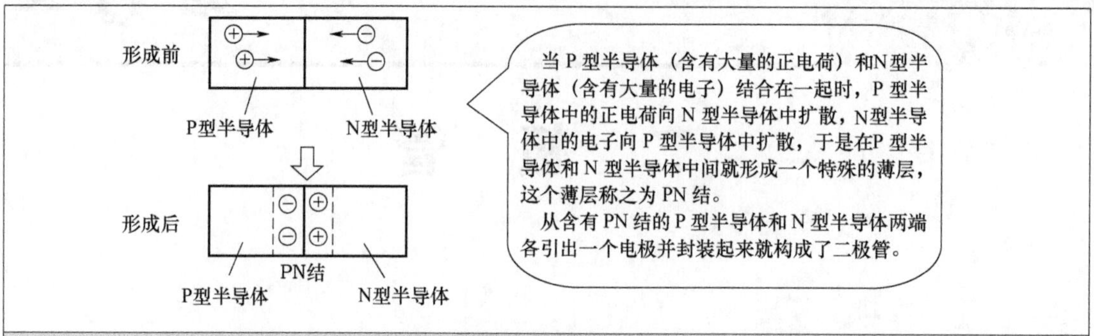

形成前
P型半导体
N型半导体
形成后
PN结
P型半导体
N型半导体
当 P 型半导体（含有大量的正电荷）和N型半导体（含有大量的电子）结合在一起时，P 型半导体中的正电荷向 N 型半导体中扩散，N型半导体中的电子向 P 型半导体中扩散，于是在P 型半导体和 N 型半导体中间就形成一个特殊的薄层，这个薄层称之为 PN 结。
从含有PN结的P型半导体和N型半导体两端各引出一个电极并封装起来就构成了二极管。

图 6-1　PN 结的形成

P
N
A K
新符号
旧符号
a) 结构
b) 电路符号
c) 实物外形

图 6-2　二极管

6.1.3　二极管的单向导电性和伏安特性说明

1. 单向导电性

下面通过分析图 6-3 中的两个电路来说明二极管的性质。

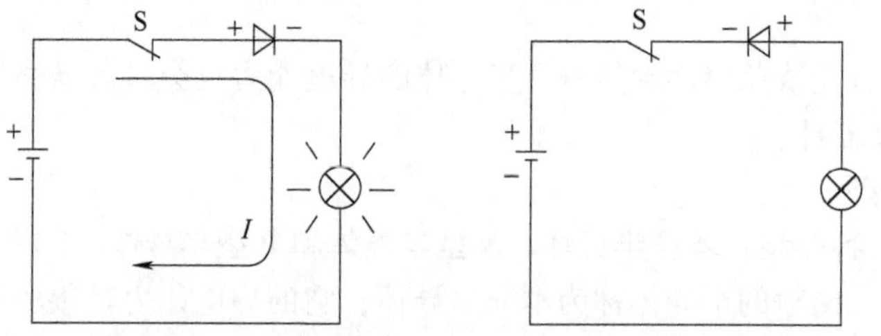

S
I
a) 二极管正向导通
b) 二极管反向截止

图 6-3　二极管的性质说明图

在图 6-3a 中，当闭合开关 S 后，发现灯泡会发光，表明有电流流过二极管，二极管导通；而在图 6-3b 中，当开关 S 闭合后灯泡不亮，说明无电流流过二极管，二极管不导通。通过观察这两个电路中二极管的接法可以发现：在图 6-3a 中，二极管的正极通过开关 S 与电源的正极连接，二极管的负极通过灯泡与电源负极相连，而在图 6-3b 中，二极管的负极通过开关 S 与电源的正极连接，二极管的正极通过灯泡与电源负极相连。

由此可以得出这样的结论：**当二极管正极与电源正极连接，负极与电源负极相连时，二极管能导通，反之二极管不能导通。二极管这种单方向导通的性质称为二极管的单向导电性。**

2. 伏安特性曲线

在电子工程技术中，常采用伏安特性曲线来说明元器件的性质。**伏安特性曲线又称电压电**

流特性曲线，它用来说明元器件两端电压与通过电流的变化规律。二极管的伏安特性曲线用来说明加到二极管两端的电压 U 与通过电流 I 之间的关系。

二极管的伏安特性曲线如图 6-4a 所示，图 6-4b、c 则是为解释伏安特性曲线而画的电路。

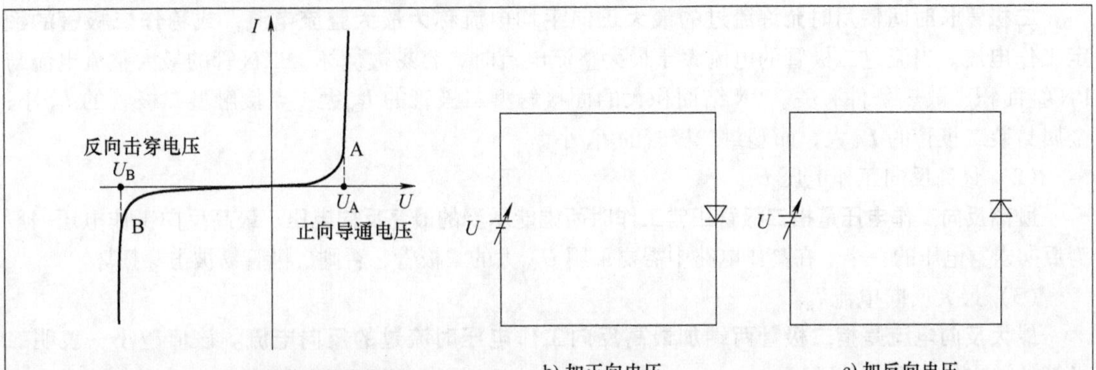
I
反向击穿电压
U_B
A
U_A
U
B
正向导通电压
U
U

a) 二极管伏安特性曲线　　b) 加正向电压　　c) 加反向电压

图 6-4　二极管的伏安特性曲线

在图 6-4a 的坐标图中，第一象限内的曲线表示二极管的正向特性，第三象限内的曲线则是表示二极管的反向特性。下面从两方面来分析伏安特性曲线。

（1）正向特性

正向特性是指给二极管加正向电压（二极管正极接高电位，负极接低电位）时的特性。在图 6-4b 中，电源直接接到二极管两端，此电源电压对二极管来说是正向电压。将电源电压 U 从 0V 开始慢慢调高，在刚开始时，但由于电压 U 很低，流过二极管的电流极小，可认为二极管没有导通，只有当正向电压达到图 6-4a 所示的 U_A 时，流过二极管的电流急剧增大，二极管导通。这里的 U_A 称为正向导通电压，又称门电压（或阈值电压），不同材料的二极管，其门电压是不同的，硅材料二极管的门电压约为 0.5~0.7V，锗材料二极管的门电压约为 0.2~0.3V。

从上面的分析可以看出，**二极管的正向特性是，当二极管加正向电压时不一定能导通，只有正向电压达到门电压时，二极管才能导通。**

（2）反向特性

反向特性是指给二极管加反向电压（二极管正极接低电位，负极接高电位）时的特性。在图 6-4c 中，电源直接接到二极管两端，此电源电压对二极管来说是反向电压。将电源电压 U 从 0V 开始慢慢调高，在反向电压不高时，没有电流流过二极管，二极管不能导通。当反向电压达到图 6-4a 所示 U_B 时，流过二极管的电流急剧增大，二极管反向导通了，这里的 U_B 称为反向击穿电压，反向击穿电压一般很高，远大于正向导通电压，不同型号的二极管反向击穿电压不同，低的有十几伏，高的有几千伏。普通二极管反向击穿导通后通常是损坏性的，所以反向击穿导通的普通二极管一般不能再使用。

从上面的分析可以看出，**二极管的反向特性是，当二极管加较低的反向电压时不能导通，但反向电压达到反向击穿电压时，二极管会反向击穿导通。**

二极管的正、反向特性与生活中的开门类似：当你从室外推门（门是朝室内开的）时，如果力很小，门是推不开的，只有力气较大时门才能被推开，这与二极管加正向电压，只有达到门电压才能导通相似；当你从室内往外推门时，是很难推开的，但如果推门的力气非常大，门也会被推开，不过门被推开的同时一般也就损坏了，这与二极管加反向电压时不能导通，但反向电压达到反向击穿电压（电压很高）时，二极管会击穿导通相似。

6.1.4　二极管的主要参数

（1）最大整流电流 I_{FM}

二极管长时间使用时允许流过的最大正向平均电流称为最大整流电流，或称作二极管的额定工作电流。当流过二极管的电流大于最大整流电流时，容易被烧坏。二极管的最大整流电流与 PN 结面积、散热条件有关。PN 结面积大的面接触型二极管的 I_{FM} 大，点接触型二极管的 I_{FM} 小；金属封装二极管的 I_{FM} 大，而塑封二极管的 I_{FM} 小。

（2）最高反向工作电压 U_{RM}

最高反向工作电压是指二极管正常工作时两端能承受的最高反向电压。最高反向工作电压一般为反向击穿电压的一半。在高压电路中需要采用 U_{RM} 大的二极管，否则二极管易被击穿损坏。

（3）最大反向电流 I_{RM}

最大反向电流是指二极管两端加最高反向工作电压时流过的反向电流。该值越小，表明二极管的单向导电性越佳。

（4）最高工作频率 f_M

最高工作频率是指二极管在正常工作条件下的最高频率。如果加给二极管的信号频率高于该频率，二极管将不能正常工作，f_M 的大小通常与二极管的 PN 结面积有关，PN 结面积越大，f_M 越低，故点接触型二极管的 f_M 较高，而面接触型二极管的 f_M 较低。

6.1.5　二极管正、负极性判别

二极管引脚有正、负极之分，在电路中乱接，轻则不能正常工作，重则损坏。二极管极性判别可采用下面一些方法：

1. 根据标注或外形判断极性

为了让人们更好区分出二极管正、负极，有些二极管会在表面做一定的标志来指示正、负极，有些特殊的二极管，从外形也可找出正、负极。在图 6-5 中，左边的二极管表面标有二极管符号，其中三角形端对应的电极为正极，另一端为负极；中间的二极管标有白色圆环的一端为负极；右边的二极管金属螺栓为负极，另一端为正极。

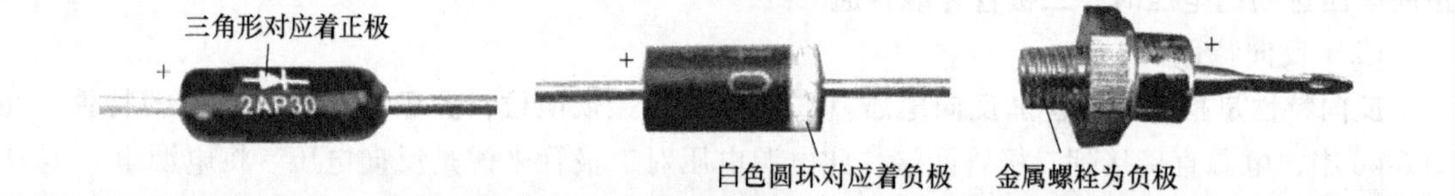
三角形对应着正极
+
2AP30
+
白色圆环对应着负极
+
金属螺栓为负极

图 6-5　根据标注或外形判断二极管的极性

2. 用指针万用表判断极性

对于没有标注极性或无明显外形特征的二极管，可用指针万用表的欧姆档来判断极性。万用表拨至×100Ω 或×1kΩ 档，测量二极管两个引脚之间的阻值，正、反向各测一次，会出现阻值一大一小，如图 6-6 所示，以阻值小的一次为准，如图 6-6a 所示，黑表笔接的引脚为二极管的正极，红表笔接的引脚为二极管的负极。

3. 用数字万用表判断极性

数字万用表与指针万用表一样，也有欧姆档，但由于两者测量原理不同，数字万用表欧姆档无法判断二极管的正、负极（数字万用表测量正、反向电阻时阻值都显示无穷大符号“1”），不过数字万用表有一个二极管专用测量档，可以用该档来判断二极管的极性。用数字万用表判断二极管极性的过程如图 6-7 所示。

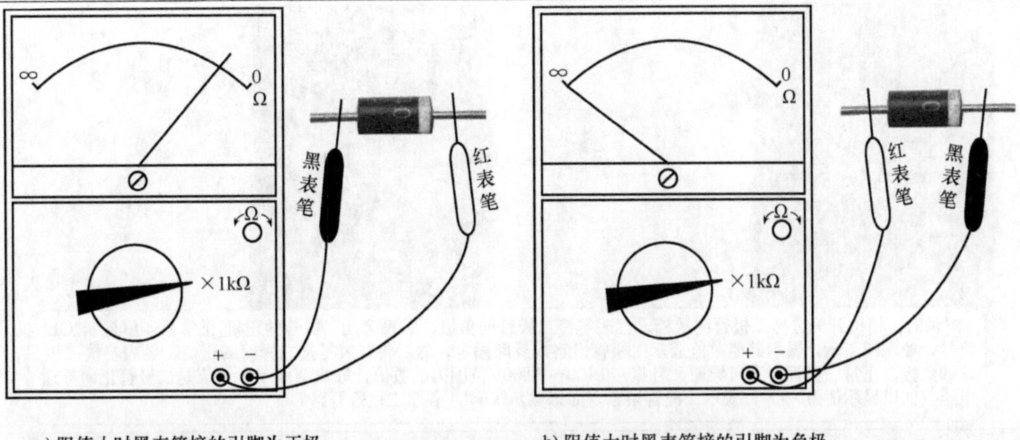
∞
0
Ω
黑表笔
红表笔
×1kΩ
+　−
∞
0
Ω
红表笔
黑表笔
×1kΩ
+　−

a) 阻值小时黑表笔接的引脚为正极　　b) 阻值大时黑表笔接的引脚为负极

图 6-6　用指针万用表判断二极管的极性

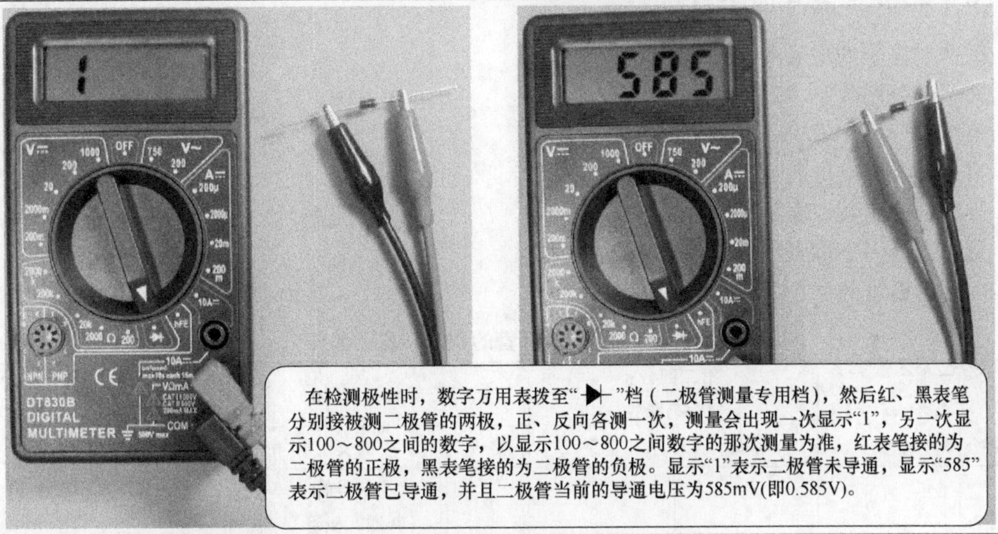
1
585
在检测极性时，数字万用表拨至"→|—"档（二极管测量专用档），然后红、黑表笔分别接被测二极管的两极，正、反向各测一次，测量会出现一次显示"1"，另一次显示100～800之间的数字，以显示100～800之间数字的那次测量为准，红表笔接的为二极管的正极，黑表笔接的为二极管的负极。显示"1"表示二极管未导通，显示"585"表示二极管已导通，并且二极管当前的导通电压为585mV(即0.585V)。

图 6-7　用数字万用表判断二极管的极性

6.1.6　二极管的常见故障及检测

二极管常见故障有开路、短路和性能不良。

在检测二极管时，万用表拨至×1kΩ 档，测量二极管正、反向电阻，测量方法与极性判断相同，可参见图 6-6。正常锗材料二极管正向阻值在 1kΩ 左右，反向阻值在 500kΩ 以上；正常硅材料二极管正向电阻在 1~10kΩ，反向电阻为无穷大（注：不同型号万用表测量值略有差距）。也就是说，正常二极管的正向电阻小、反向电阻很大。

若测得二极管正、反向电阻均为 0，说明二极管短路。

若测得二极管正、反向电阻均为无穷大，说明二极管开路。

若测得正、反向电阻差距小（即正向电阻偏大，反向电阻偏小），说明二极管性能不良。

扫一扫看视频

6.1.7　用数字万用表检测二极管

用数字万用表检测二极管如图 6-8 所示。

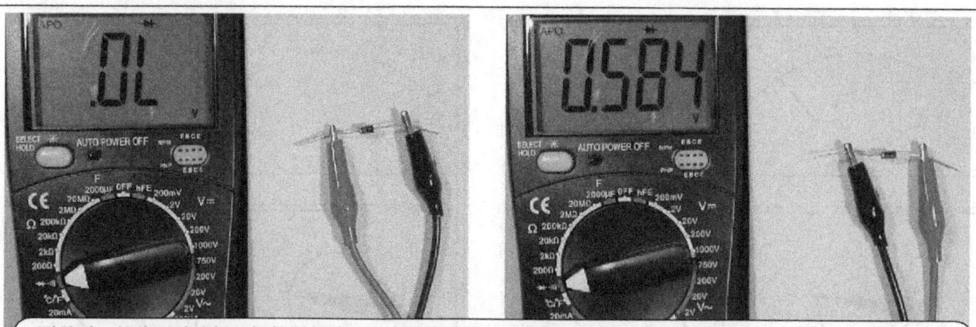

0L
0.584
AUTO POWER OFF

测量时，档位开关选择二极管测量档，红表笔接二极管的负极，黑表笔接二极管的正极,正常显示屏显示“OL”符号，如左图所示，显示其他数值表示二极管短路或反向漏电，然后将红表笔接二极管的正极，黑表笔接二极管的负极，正常二极管会正向导通，且显示0.100～0.800V范围内的数值，如右图所示，该值是二极管正向导通电压，如果显示值为0.000，表示二极管短路，如果显示“OL”，表示二极管开路。

图 6-8　用数字万用表检测二极管

6.1.8　二极管型号命名方法

国产二极管的型号命名分为五个部分：

第一部分用数字“2”表示主称为二极管。

第二部分用字母表示二极管的材料与极性。

第三部分用字母表示二极管的类别。

第四部分用数字表示序号。

第五部分用字母表示二极管的规格号。

国产二极管的型号命名及含义见表 6-1。

表 6-1　国产二极管的型号命名及含义

第一部分：主称		第二部分：材料与极性		第三部分：类别		第四部分：序号	第五部分：规格号
数字	含义	字母	含义	字母	含义		
2	二极管	A	N 型锗材料	P	小信号管（普通二极管）	用数字表示同一类别产品序号	用字母表示产品规格、档次
				W	电压调整管和电压基准管（稳压二极管）		
				L	整流桥		
		B	P 型锗材料	N	阻尼二极管		
				Z	整流二极管		
				U	光电二极管		
		C	N 型硅材料	K	开关二极管		
				B 或 C	变容二极管		
				V	混频检波二极管		
		D	P 型硅材料	JD	激光二极管		
				S	隧道二极管		
				CM	磁敏二极管		
		E	化合物材料	H	恒流二极管		
				Y	体效应二极管		
				EF	发光二极管		

举例：

2AP9（N 型锗材料普通二极管）	2CW56（N 型硅材料稳压二极管）
2——二极管	2——二极管
A——N 型锗材料	C——N 型硅材料
P——普通型	W——稳压二极管
9——序号	56——序号

6.2　整流二极管和整流桥

6.2.1　整流二极管

整流二极管的功能是将交流电转换成直流电。整流二极管的功能说明如图 6-9 所示。

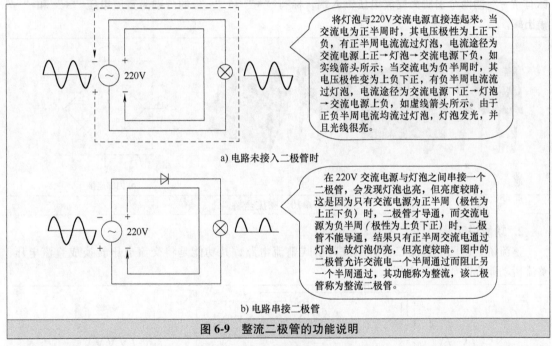

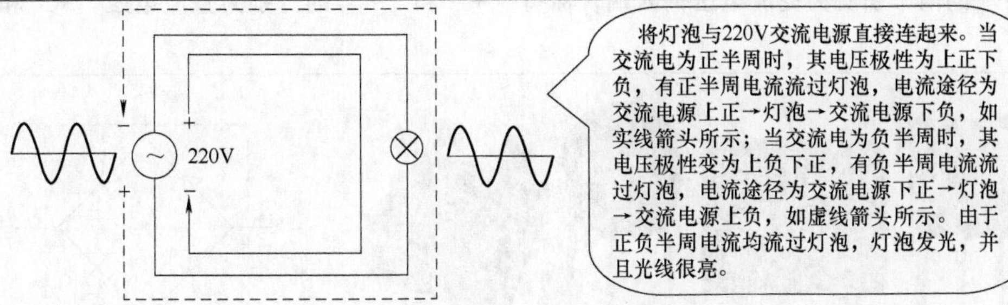
220V
将灯泡与220V交流电源直接连起来。当交流电为正半周时，其电压极性为上正下负，有正半周电流流过灯泡，电流途径为交流电源上正→灯泡→交流电源下负，如实线箭头所示；当交流电为负半周时，其电压极性变为上负下正，有负半周电流流过灯泡，电流途径为交流电源下正→灯泡→交流电源上负，如虚线箭头所示。由于正负半周电流均流过灯泡，灯泡发光，并且光线很亮。

a) 电路未接入二极管时

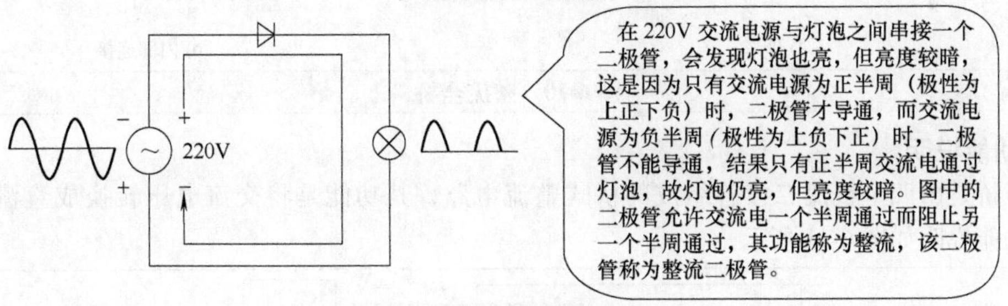
220V
在 220V 交流电源与灯泡之间串接一个二极管，会发现灯泡也亮，但亮度较暗，这是因为只有交流电源为正半周（极性为上正下负）时，二极管才导通，而交流电源为负半周（极性为上负下正）时，二极管不能导通，结果只有正半周交流电通过灯泡，故灯泡仍亮，但亮度较暗。图中的二极管允许交流电一个半周通过而阻止另一个半周通过，其功能称为整流，该二极管称为整流二极管。

b) 电路串接二极管

图 6-9　整流二极管的功能说明

用作整流功能的二极管要求最大整流电流和最高反向工作电压满足电路要求，图 6-9b 中的整流二极管在交流电源负半周时截止，它两端要承受最高 300 多伏电压，如果选用的二极管最高反向工作电压低于该值，二极管会被反向击穿。表 6-2 列出了一些常用整流二极管的主要参数。

表 6-2　常用整流二极管的主要参数

电流规格系列	最高反向工作电压/V								
	50	100	200	300	400	500	600	800	1000
1A 系列	1N4001	1N4002	1N4003		1N4004		1N4005	1N4006	1N4007
1. 5A 系列	1N5391	1N5392	1N5393	1N5394	1N5395	1N5396	1N5397	1N5398	1N5399

（续）

电流规格系列	最高反向工作电压/V								
	50	100	200	300	400	500	600	800	1000
2A 系列	PS200	PS201	PS202		PS204		PS206	PS208	PS2010
3A 系列	1N5400	1N5401	1N5402	1N5403	1N5404	1N5405	1N5406	1N5407	1N5408
6A 系列	P600A	P600B	P600D		P600G		P600J	P600K	P600L

6.2.2　整流桥

1. 外形与结构

桥式整流电路使用了四个二极管，为了方便起见，有些元器件厂家将四个二极管做在一起并封装成一个器件，该器件称为整流全桥，其外形与内部连接如图 6-10 所示。**全桥有四个引脚，标有“~”的两个引脚为交流电压输入端，标有“+”和“−”的分别为直流电压“+”和“−”输出端。**

MIC
KBL608
+ AC −
DB107
− +
~ ~
+
22W10Z
GUERTE
KBPC3510
~
−
+
~

a) 外形　　b) 内部连接

图 6-10　整流全桥

2. 功能说明

整流桥是由四个整流二极管组成的桥式整流电路，其功能是将交流电压转换成直流电压。整流桥功能说明如图 6-11 所示。

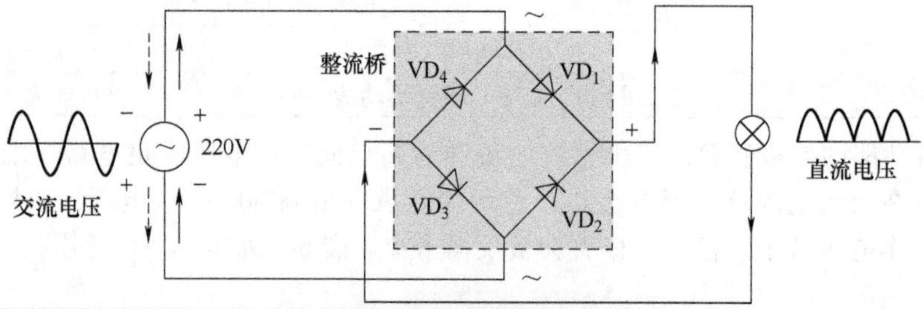
~
整流桥
VD4
VD1
−
+
220V
+
−
交流电压
VD3
VD2
直流电压
~

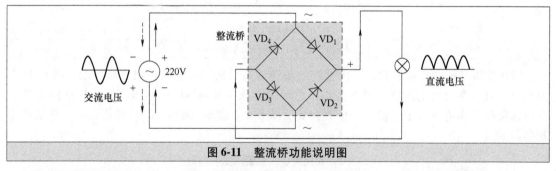

图 6-11　整流桥功能说明图

整流桥有四个引脚，两个~端（交流输入端）接交流电压，+、−端接负载。当交流电压为正半周时，电压的极性为上正下负，整流桥内的 VD_1、VD_3 导通，有电流流过负载（灯泡），电流途径是交流电压上正→VD_1→灯泡→VD_3→交流电压下负；当交流电压为负半周时，电压的极性为上负下正，整流桥内的 VD_2、VD_4 导通，有电流流过负载（灯泡），电流途径是交流电压下正→VD_2→灯泡→VD_4→交流电压上负。

从上述分析可以看出，由于交流电压正负极性反复变化，故流过整流桥~端的电流方向也反复变化（比如交流电压为正半周时电流从某个～端流入，那么负半周时电流则从该端流出），但整流桥+端始终流出电流、-端始终流入电流，这种方向不变的电流即为直流电流，该电流流过负载时，负载上得到的电压即为直流电压。

3. 引脚极性判别

整流全桥有四个引脚，两个为交流电压输入引脚（两引脚不用区分），两个为直流电压输出引脚（分正引脚和负引脚），在使用时需要区分出各引脚，如果整流全桥上无引脚极性标注，可使用万用表欧姆档来测量判别，整流全桥引脚极性检测如图 6-12 所示。

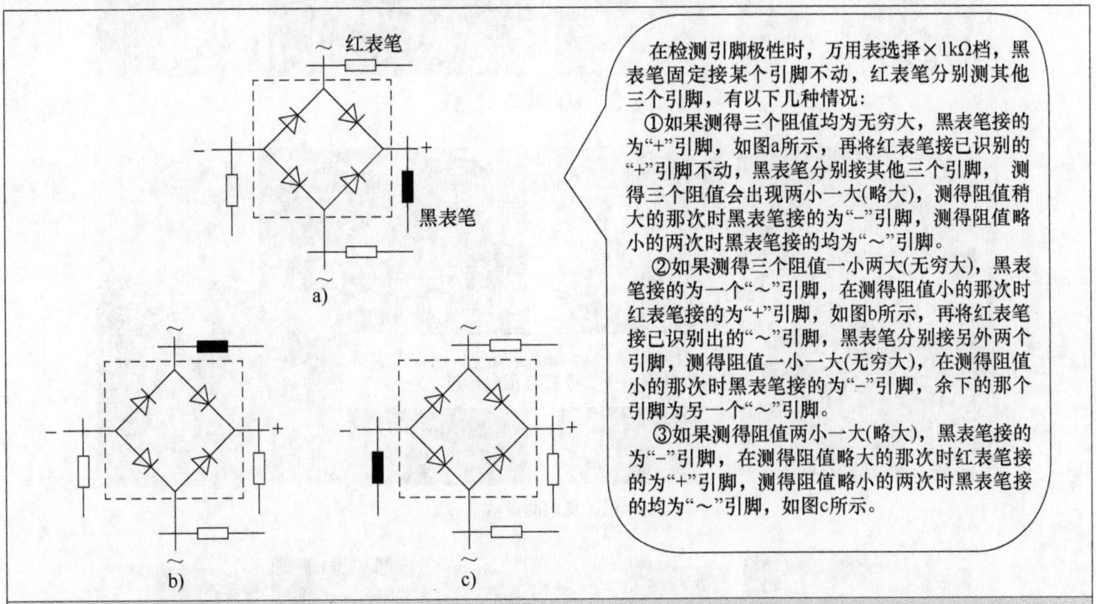
～ 红表笔
－
＋
黑表笔
～
a)
～
－
＋
～
b)
～
－
＋
～
c)
在检测引脚极性时，万用表选择×1kΩ档，黑表笔固定接某个引脚不动，红表笔分别测其他三个引脚，有以下几种情况：
①如果测得三个阻值均为无穷大，黑表笔接的为“+”引脚，如图a所示，再将红表笔接已识别的“+”引脚不动，黑表笔分别接其他三个引脚，测得三个阻值会出现两小一大(略大)，测得阻值稍大的那次时黑表笔接的为“–”引脚，测得阻值略小的两次时黑表笔接的均为“～”引脚。
②如果测得三个阻值一小两大(无穷大)，黑表笔接的为一个“～”引脚，在测得阻值小的那次时红表笔接的为“+”引脚，如图b所示，再将红表笔接已识别出的“～”引脚，黑表笔分别接另外两个引脚，测得阻值一小一大(无穷大)，在测得阻值小的那次时黑表笔接的为“–”引脚，余下的那个引脚为另一个“～”引脚。
③如果测得阻值两小一大(略大)，黑表笔接的为“–”引脚，在测得阻值略大的那次时红表笔接的为“+”引脚，测得阻值略小的两次时黑表笔接的均为“～”引脚，如图c所示。

图 6-12　整流全桥引脚极性检测

4. 好坏检测

整流全桥内部由四个整流二极管组成，在检测整流全桥好坏时，应先判明各引脚的极性（如查看全桥上的引脚极性标记），然后用万用表×10kΩ 档通过外部引脚测量四个二极管的正、反向电阻，如果四个二极管均为正向电阻小、反向电阻无穷大，则整流全桥正常。

扫一扫看视频

5. 用数字万用表检测整流全桥

用数字万用表检测整流全桥如图 6-13 所示。

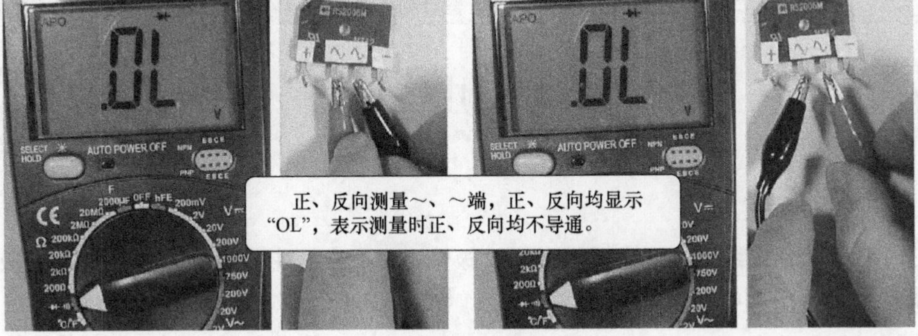
.OL
AUTO POWER OFF
正、反向测量～、～端，正、反向均显示“OL”，表示测量时正、反向均不导通。
.OL

a) 正、反向测量～、～端

图 6-13　用数字万用表检测整流全桥

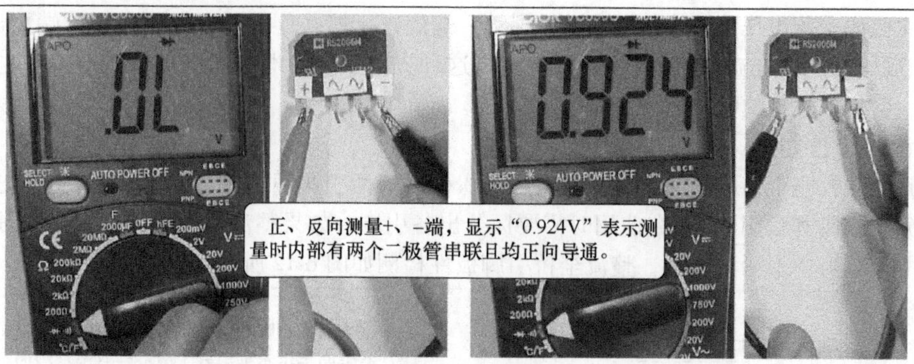
正、反向测量+、–端，显示“0.924V”表示测
量时内部有两个二极管串联且均正向导通。

b) 正、反向测量+、–端

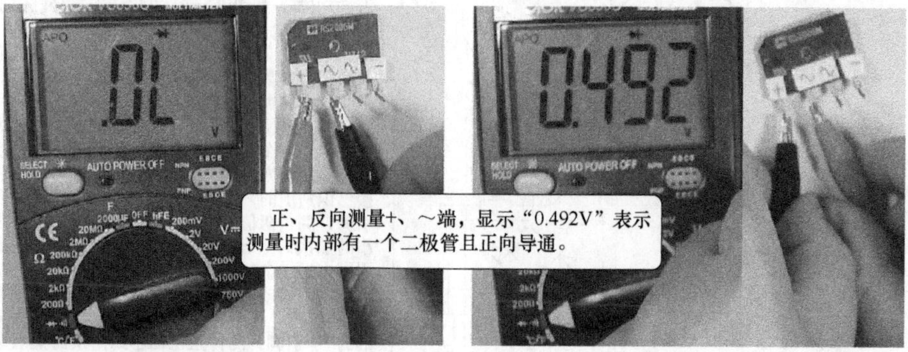
正、反向测量+、～端，显示“0.492V”表示
测量时内部有一个二极管且正向导通。

c) 正、反向测量+、～端

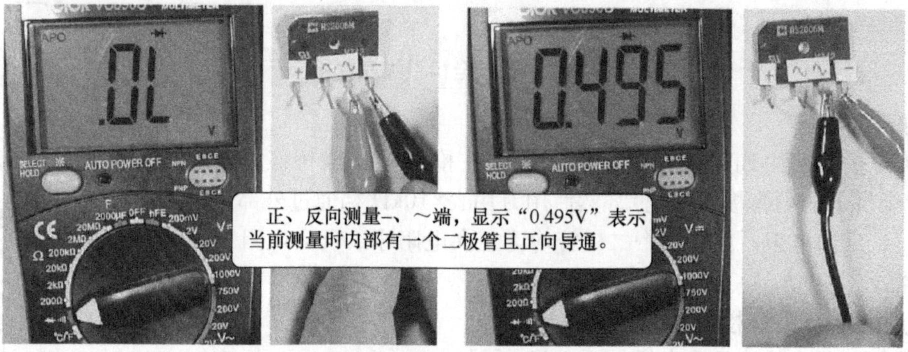
正、反向测量–、～端，显示“0.495V”表示
当前测量时内部有一个二极管且正向导通。

d)正、反向测量–、～端

图 6-13　用数字万用表检测整流全桥（续）

6.3　稳压二极管

6.3.1　外形与符号

稳压二极管又称齐纳二极管或反向击穿二极管，它在电路中起稳压作用。稳压二极管的实物外形和电路符号如图 6-14 所示。

6.3.2　工作原理

在电路中，稳压二极管可以稳定电压。要让稳压二极管起稳压作用，须将它反接在电路中

（即稳压二极管的负极接电路中的高电位，正极接低电位），稳压二极管在电路中正接时的性质与普通二极管相同。下面以图 6-15 所示的电路来说明稳压二极管的稳压原理。

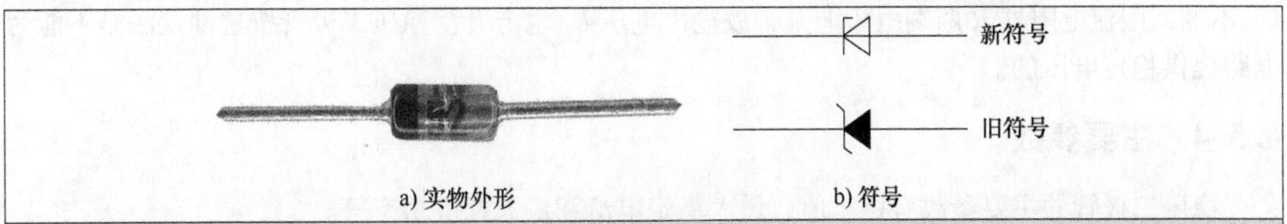
新符号
旧符号
a) 实物外形
b) 符号

图 6-14 稳压二极管

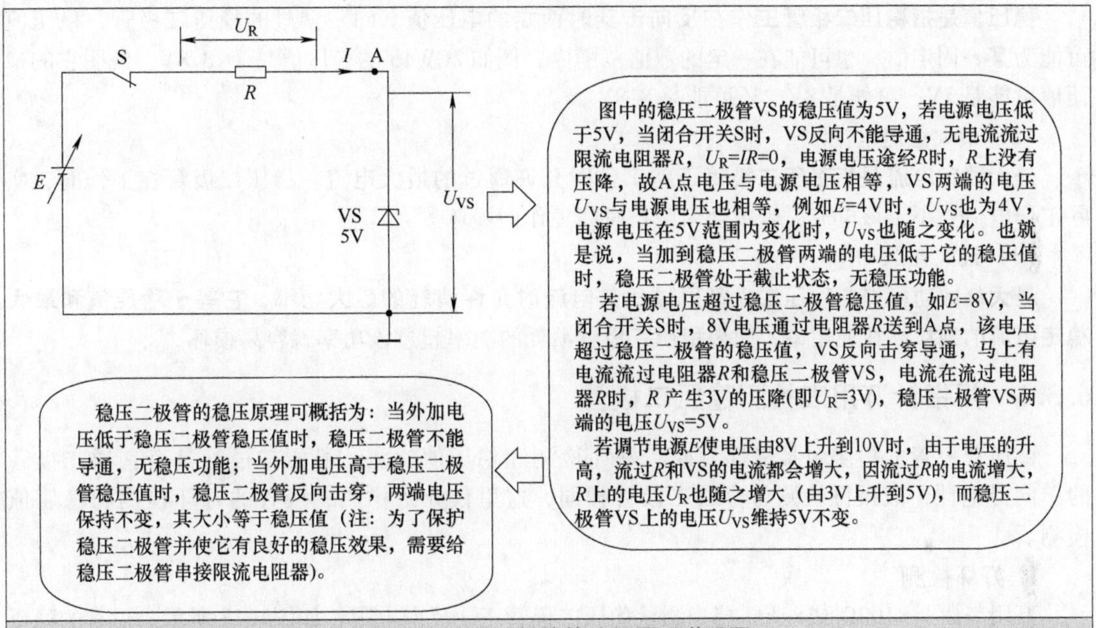
S
U_R
I
A
R
E
VS
5V
U_{VS}
图中的稳压二极管VS的稳压值为5V，若电源电压低于5V，当闭合开关S时，VS反向不能导通，无电流流过限流电阻器R，U_R=IR=0，电源电压途经R时，R上没有压降，故A点电压与电源电压相等，VS两端的电压U_{VS}与电源电压也相等，例如E=4V时，U_{VS}也为4V，电源电压在5V范围内变化时，U_{VS}也随之变化。也就是说，当加到稳压二极管两端的电压低于它的稳压值时，稳压二极管处于截止状态，无稳压功能。
若电源电压超过稳压二极管稳压值，如E=8V，当闭合开关S时，8V电压通过电阻器R送到A点，该电压超过稳压二极管的稳压值，VS反向击穿导通，马上有电流流过电阻器R和稳压二极管VS，电流在流过电阻器R时，R 产生3V的压降(即U_R=3V)，稳压二极管VS两端的电压U_{VS}=5V。
若调节电源E使电压由8V上升到10V时，由于电压的升高，流过R和VS的电流都会增大，因流过R的电流增大，R上的电压U_R也随之增大（由3V上升到5V)，而稳压二极管VS上的电压U_{VS}维持5V不变。
稳压二极管的稳压原理可概括为：当外加电压低于稳压二极管稳压值时，稳压二极管不能导通，无稳压功能；当外加电压高于稳压二极管稳压值时，稳压二极管反向击穿，两端电压保持不变，其大小等于稳压值（注：为了保护稳压二极管并使它有良好的稳压效果，需要给稳压二极管串接限流电阻器)。

图 6-15 稳压二极管的稳压原理说明图

6.3.3 应用电路

稳压二极管在电路通常有两种应用连接形式，如图 6-16 所示。

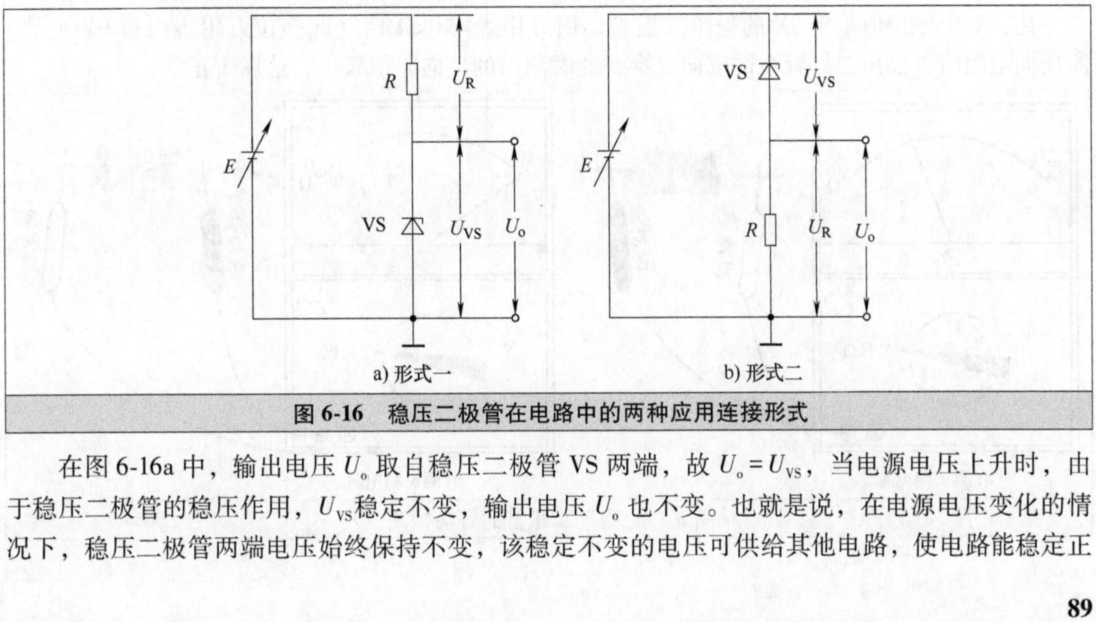
R
U_R
E
VS
U_{VS}
U_o
a) 形式一
VS
U_{VS}
E
R
U_R
U_o
b) 形式二

图 6-16 稳压二极管在电路中的两种应用连接形式

在图 6-16a 中，输出电压 U_o 取自稳压二极管 VS 两端，故 $U_o = U_{VS}$，当电源电压上升时，由于稳压二极管的稳压作用，U_{VS}稳定不变，输出电压 U_o 也不变。也就是说，在电源电压变化的情况下，稳压二极管两端电压始终保持不变，该稳定不变的电压可供给其他电路，使电路能稳定正常工作。

在图6-16b中，输出电压取自限流电阻器R两端，当电源电压上升时，稳压二极管两端电压U_{VS}不变，限流电阻器R两端电压上升，故输出电压U_o也上升。稳压二极管按这种接法是不能为电路提供稳定电压的。

6.3.4　主要参数

稳压二极管的主要参数有稳压值、最大稳定电流和最大耗散功率等。

(1) 稳压值

稳压值是指稳压二极管工作在反向击穿时两端的电压值。同一型号的稳压二极管，稳压值可能为某一固定值，也可能在一定的数值范围内，例如2CW15的稳压值是7~8.8V，说明它的稳压值可能是7V，可能是8V，还可能是8.8V等。

(2) 最大稳定电流

最大稳定电流是指稳压二极管正常工作时允许通过的最大电流。稳压二极管在工作时，实际工作电流要小于该电流，否则会因为长时间工作而损坏。

(3) 最大耗散功率

最大耗散功率是指稳压二极管通过反向电流时允许消耗的最大功率，它等于稳压值和最大稳定电流的乘积。在使用中，如果稳压二极管消耗的功率超过该功率就容易损坏。

6.3.5　用指针万用表检测稳压二极管

稳压二极管的检测包括极性判断、好坏检测和稳压值检测。稳压二极管具有普通二极管的单向导电性，故极性检测与普通二极管相同，这里仅介绍稳压二极管的好坏检测和稳压值检测。

1. 好坏检测

万用表拨至×100Ω或×1kΩ档，测量稳压二极管正、反向电阻，如图6-17所示。正常的稳压二极管正向电阻小，反向电阻很大。

若测得的正、反向电阻均为0，说明稳压二极管短路。

若测得的正、反向电阻均为无穷大，说明稳压二极管开路。

若测得的正、反向电阻差距不大，说明稳压二极管性能不良。

注：对于稳压值小于9V的稳压二极管，用万用表×10kΩ档（此档位万用表内接9V电池）测反向电阻时，稳压二极管会被反向击穿，此时测出的反向阻值较小，这属于正常。

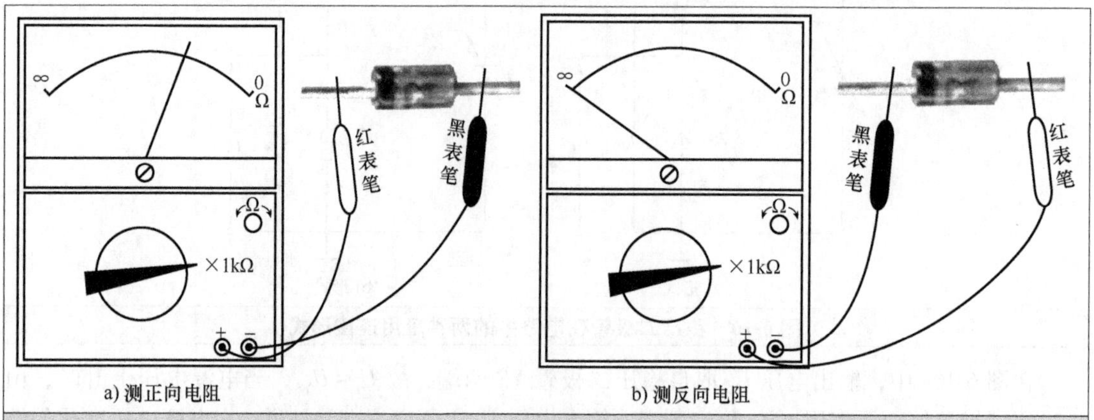
∞
0
Ω
红表笔
黑表笔
×1kΩ
+
−
a) 测正向电阻
∞
0
Ω
黑表笔
红表笔
×1kΩ
+
−
b) 测反向电阻

图6-17　稳压二极管的好坏检测

2. 稳压值检测

稳压二极管稳压值的检测如图 6-18 所示。

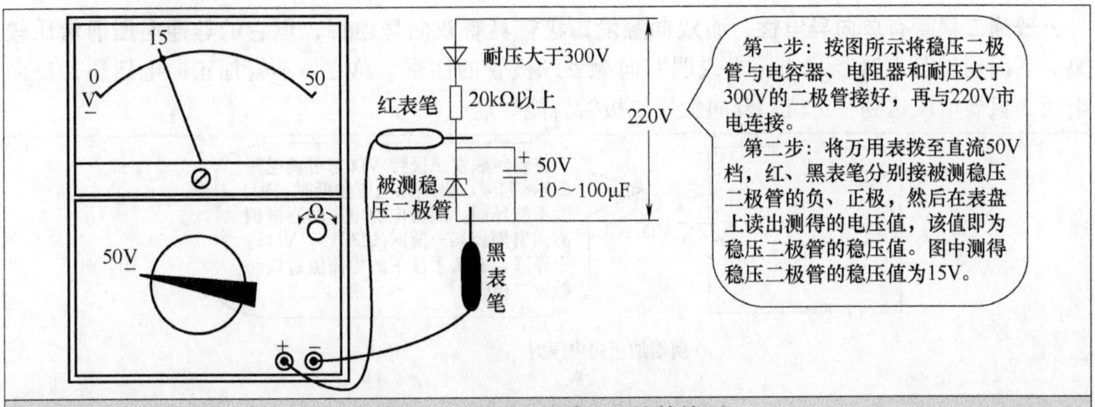
15
0
50
V
50V
耐压大于300V
红表笔
20kΩ以上
220V
50V
10～100μF
被测稳压二极管
黑表笔
第一步：按图所示将稳压二极管与电容器、电阻器和耐压大于300V的二极管接好，再与220V市电连接。
第二步：将万用表拨至直流50V档，红、黑表笔分别接被测稳压二极管的负、正极，然后在表盘上读出测得的电压值，该值即为稳压二极管的稳压值。图中测得稳压二极管的稳压值为15V。

图 6-18　稳压二极管稳压值的检测

6.3.6　用数字万用表检测稳压二极管

扫一扫看视频

用数字万用表检测稳压二极管正、负极如图 6-19 所示。

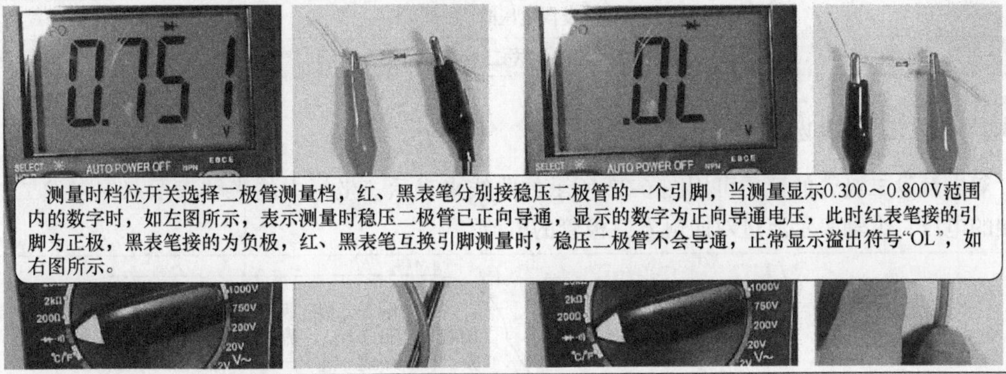
0.751
.0L
AUTO POWER OFF
测量时档位开关选择二极管测量档，红、黑表笔分别接稳压二极管的一个引脚，当测量显示0.300～0.800V范围内的数字时，如左图所示，表示测量时稳压二极管已正向导通，显示的数字为正向导通电压，此时红表笔接的引脚为正极，黑表笔接的为负极，红、黑表笔互换引脚测量时，稳压二极管不会导通，正常显示溢出符号“OL”，如右图所示。

图 6-19　用数字万用表检测稳压二极管

6.4　双向触发二极管

6.4.1　外形与符号

双向触发二极管简称双向二极管，它在电路中可以双向导通。双向触发二极管的实物外形和电路符号如图 6-20 所示。

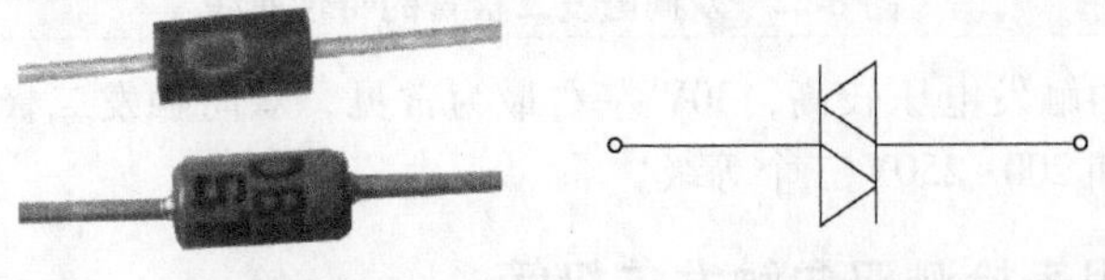

a) 实物外形　　b) 符号

图 6-20　双向触发二极管

6.4.2 双向触发导通性质说明

普通二极管有单向导电性，而双向触发二极管具有双向导电性，但它的导通电压通常比较高。下面通过图 6-21 所示电路来说明双向触发二极管的性质。总之，不管加正向电压还是反向电压，只要电压达到一定值，双向触发二极管就能导通。

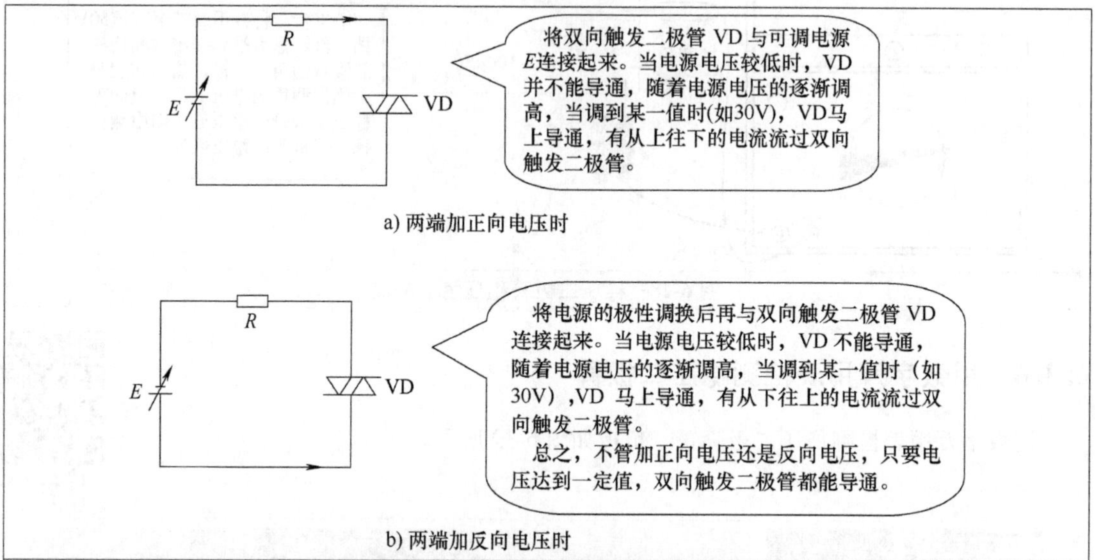
R
E
VD
将双向触发二极管 VD 与可调电源E连接起来。当电源电压较低时，VD并不能导通，随着电源电压的逐渐调高，当调到某一值时(如30V)，VD马上导通，有从上往下的电流流过双向触发二极管。
R
E
VD
将电源的极性调换后再与双向触发二极管 VD 连接起来。当电源电压较低时，VD 不能导通，随着电源电压的逐渐调高，当调到某一值时（如 30V）,VD 马上导通，有从下往上的电流流过双向触发二极管。
总之，不管加正向电压还是反向电压，只要电压达到一定值，双向触发二极管都能导通。

a) 两端加正向电压时

b) 两端加反向电压时

图 6-21 双向触发二极管的性质说明

6.4.3 特性曲线说明

双向触发二极管的性质可用图 6-22 所示的曲线来表示，坐标中的横轴表示双向触发二极管两端的电压，纵轴表示流过双向触发二极管的电流。

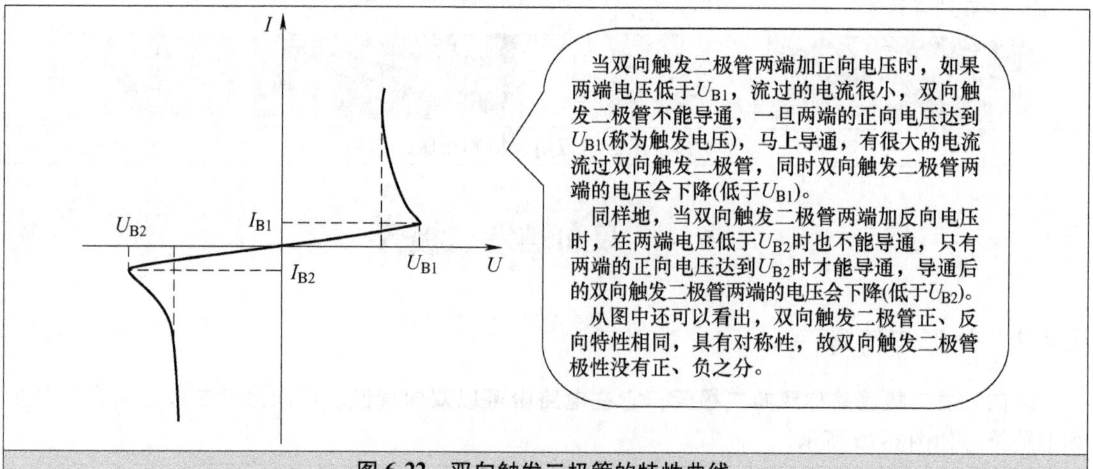
I
U_{B2}
I_{B1}
I_{B2}
U_{B1}
U
当双向触发二极管两端加正向电压时，如果两端电压低于U_{B1}，流过的电流很小，双向触发二极管不能导通，一旦两端的正向电压达到U_{B1}(称为触发电压)，马上导通，有很大的电流流过双向触发二极管，同时双向触发二极管两端的电压会下降(低于U_{B1})。
同样地，当双向触发二极管两端加反向电压时，在两端电压低于U_{B2}时也不能导通，只有两端的正向电压达到U_{B2}时才能导通，导通后的双向触发二极管两端的电压会下降(低于U_{B2})。
从图中还可以看出，双向触发二极管正、反向特性相同，具有对称性，故双向触发二极管极性没有正、负之分。

图 6-22 双向触发二极管的特性曲线

双向触发二极管的触发电压较高，30V 左右最为常见，双向触发二极管的触发电压一般有 20~60V、100~150V 和 200~250V 三个等级。

6.4.4 用指针万用表检测双向触发二极管

双向触发二极管的检测包括好坏检测和触发电压检测。

1. 好坏检测

双向触发二极管的好坏检测如图 6-23 所示。

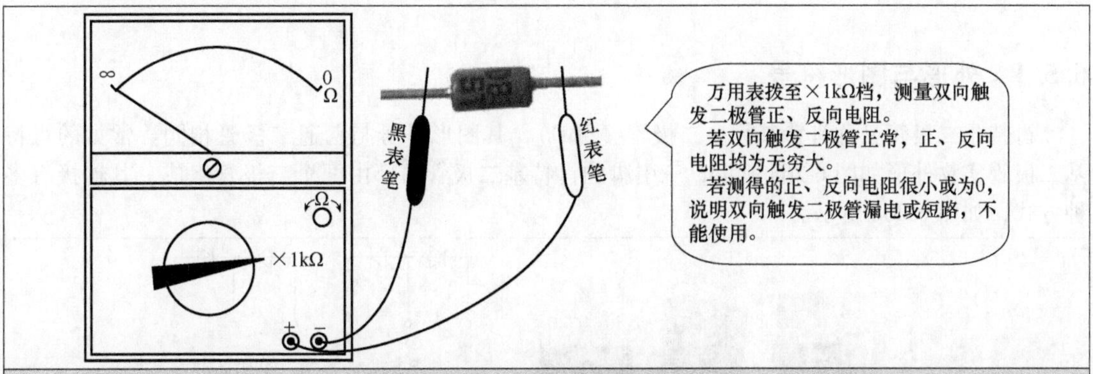
∞
0
Ω
黑表笔
红表笔
×1kΩ
+
−
万用表拨至×1kΩ档，测量双向触发二极管正、反向电阻。
若双向触发二极管正常，正、反向电阻均为无穷大。
若测得的正、反向电阻很小或为0，说明双向触发二极管漏电或短路，不能使用。

图 6-23　双向触发二极管的好坏检测

2. 触发电压检测

双向触发二极管触发电压的检测如图 6-24 所示。

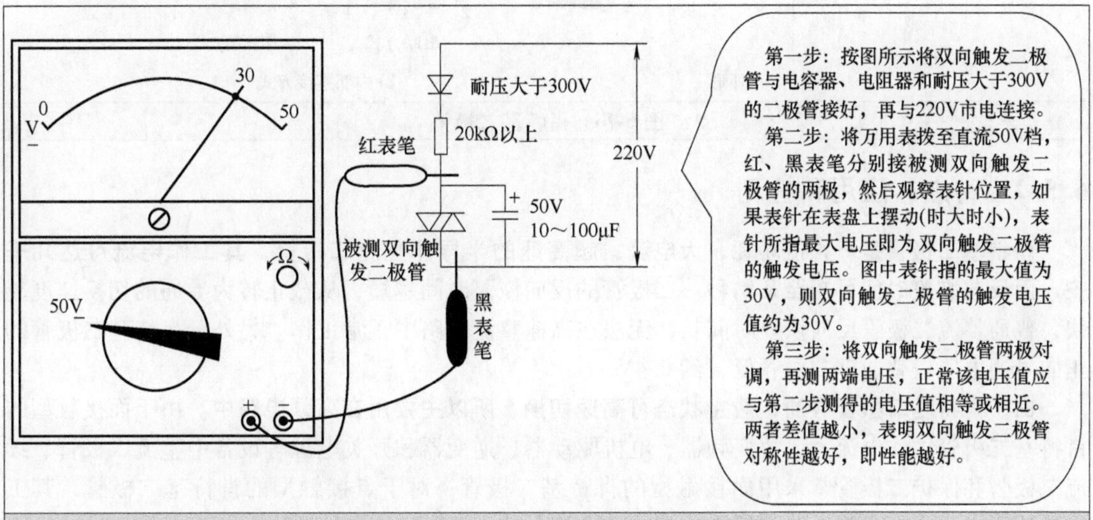
0
30
50
V
耐压大于300V
20kΩ以上
红表笔
220V
50V
10～100μF
被测双向触发二极管
黑表笔
50V
+
−
第一步：按图所示将双向触发二极管与电容器、电阻器和耐压大于300V的二极管接好，再与220V市电连接。
第二步：将万用表拨至直流50V档，红、黑表笔分别接被测双向触发二极管的两极，然后观察表针位置，如果表针在表盘上摆动(时大时小)，表针所指最大电压即为双向触发二极管的触发电压。图中表针指的最大值为30V，则双向触发二极管的触发电压值约为30V。
第三步：将双向触发二极管两极对调，再测两端电压，正常该电压值应与第二步测得的电压值相等或相近。两者差值越小，表明双向触发二极管对称性越好，即性能越好。

图 6-24　双向触发二极管触发电压的检测

6.4.5　用数字万用表检测双向触发二极管

扫一扫看视频

用数字万用表检测双向触发二极管如图 6-25 所示。

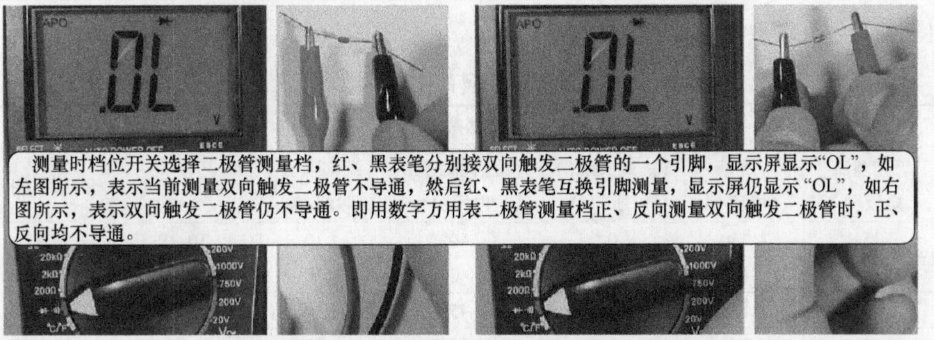
.0L
.0L
测量时档位开关选择二极管测量档，红、黑表笔分别接双向触发二极管的一个引脚，显示屏显示“OL”，如左图所示，表示当前测量双向触发二极管不导通，然后红、黑表笔互换引脚测量，显示屏仍显示“OL”，如右图所示，表示双向触发二极管仍不导通。即用数字万用表二极管测量档正、反向测量双向触发二极管时，正、反向均不导通。

图 6-25　用数字万用表检测双向触发二极管

6.5 肖特基二极管

6.5.1 外形与图形符号

肖特基二极管又称肖特基势垒二极管（SBD），其图形符号与普通二极管相同。常见的肖特基二极管实物外形如图 6-26a 所示，三引脚的肖特基二极管内部由两个二极管组成，其连接有多种方式，如图 6-26b 所示。

a) 外形

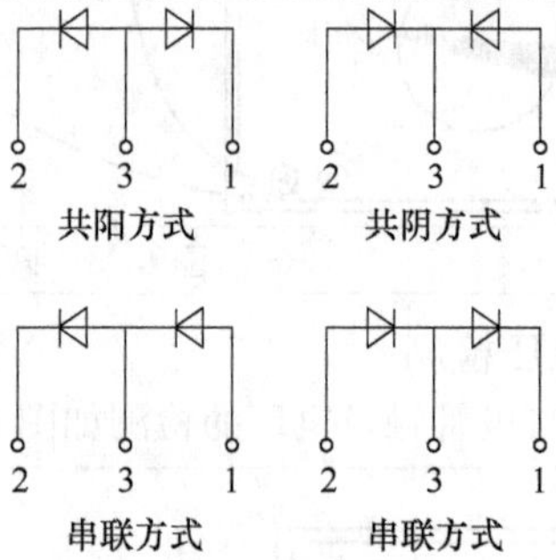

2 3 1
共阳方式
2 3 1
共阴方式
2 3 1
串联方式
2 3 1
串联方式

b) 内部连接方式

图 6-26　肖特基二极管

6.5.2 特点、应用和检测

肖特基二极管是一种低功耗、大电流、超高速的半导体整流二极管，其工作电流可达几千安，而反向恢复时间可短至几纳秒。二极管的反向恢复时间越短，从截止转为导通的切换速度越快，普通整流二极管反向恢复时间长，无法在高速整流电路中正常工作。另外，肖特基二极管的正向导通电压较普通硅二极管低，约 0.4V。

由于肖特基二极管导通、截止状态可高速切换，所以主要用在高频电路中。由于面接触型的肖特基二极管工作电流大，故变频器、电机驱动器、逆变器和开关电源等设备中整流二极管、续流二极管和保护二极管常采用面接触型的肖特基二极管；对于点接触型的肖特基二极管，其工作电流稍小，常在高频电路中用作检波或小电流整流。

肖特基二极管的缺点是反向耐压低，一般在 100V 以下，因此不能用在高电压电路中。肖特基二极管与普通二极管一样具有单向导电性，其极性和好坏检测方法与普通二极管相同。

6.5.3 常用肖特基二极管的主要参数

表 6-3 列出了一些肖特基二极管的主要参数。

表 6-3　一些肖特基二极管的主要参数

型号	参数						
	额定整流电流/A	峰值电流/A	最大正向压降/V	反向峰值电压/V	反向恢复时间/ns	封装形式	内部结构
D80-004	15	250	0.55	40	<10	T0-3P	单管
D82-004	5	100	0.55	40	<10	T0-220	共阴对管
MBR1545	15	150	0.7	45	<10	T0-220	共阴对管
MBR2535	30	300	0.73	35	<10	T0-220	共阴对管

6.5.4 用数字万用表检测肖特基二极管

扫一扫看视频

用数字万用表检测肖特基二极管如图 6-27 所示，该肖特基二极管内部有两个二极管，由于有两极连接在一起接出一个引脚，所以只有三个引脚，测量时万用表选择二极管测量档，肖特基二极管的正向导通电压较普通二极管要低。

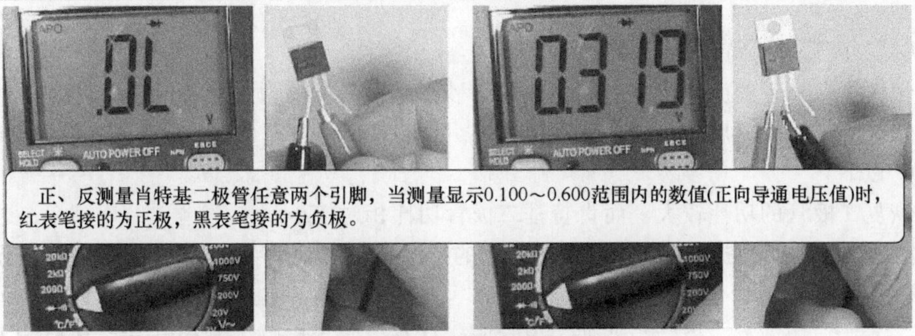
.0L
0.319
正、反测量肖特基二极管任意两个引脚，当测量显示0.100～0.600范围内的数值(正向导通电压值)时，红表笔接的为正极，黑表笔接的为负极。

a) 正、反向测量任意两个引脚

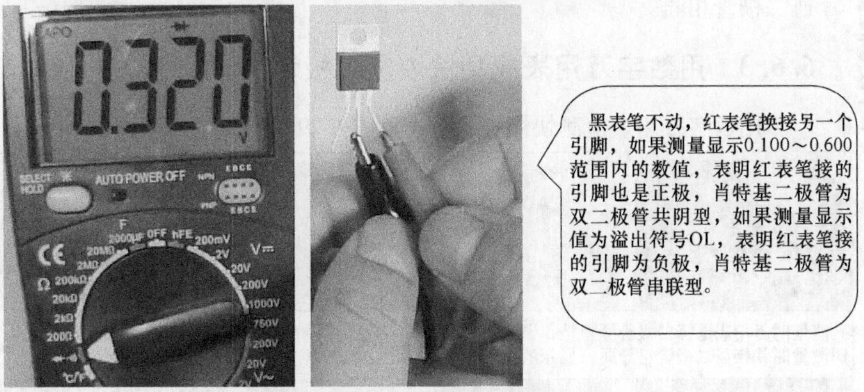
0.320
AUTO POWER OFF
黑表笔不动，红表笔换接另一个引脚，如果测量显示0.100～0.600范围内的数值，表明红表笔接的引脚也是正极，肖特基二极管为双二极管共阴型，如果测量显示值为溢出符号OL，表明红表笔接的引脚为负极，肖特基二极管为双二极管串联型。

b) 测量导通时红表笔接的为二极管的正极

图 6-27 用数字万用表检测肖特基二极管的内部连接类型

6.6 快恢复二极管

6.6.1 外形与符号

快恢复二极管（FRD）、超快恢复二极管（SRD）的图形符号与普通二极管相同。常见的快恢复二极管实物外形如图 6-28a 所示。三引脚的快恢复二极管内部由两个二极管组成，其连接有共阳和共阴两种方式，如图 6-28b 所示。

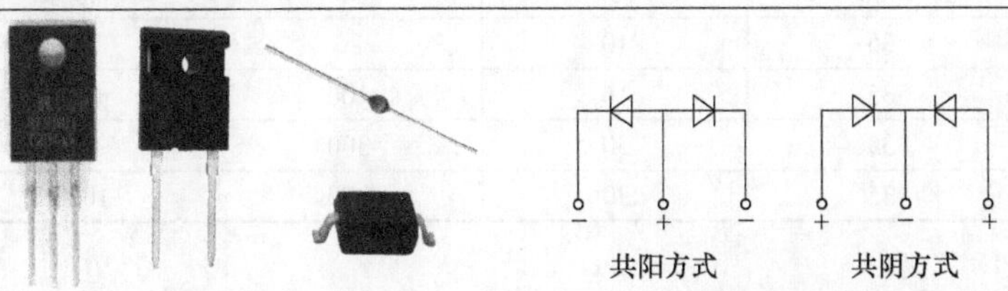
− + −
+ − +
共阳方式
共阴方式

a) 外形　　b) 内部连接方式

图 6-28 快恢复二极管

6.6.2　特点、应用和检测

快恢复二极管是一种反向工作电压高、工作电流较大的高速半导体二极管，其反向击穿电压可达几千伏，反向恢复时间一般为几百纳秒（超快恢复二极管可达几十纳秒）。快恢复二极管广泛应用于开关电源、不间断电源、变频器和电机驱动器中，主要用作高频、高压和大电流整流或续流。

快恢复二极管的肖特基二极管区别主要有：

1）快恢复二极管的反向恢复时间为几百纳秒，肖特基二极管更快，可达几纳秒。

2）快恢复二极管的反向击穿电压高（可达几千伏），肖特基二极管的反向击穿电压低（一般在 100V 以下）。

3）恢复二极管的功耗较大，而肖特基二极管功耗相对较小。

因此快恢复二极管主要用在高电压小电流的高频电路中，肖特基二极管主要用在低电压大电流的高频电路中。

扫一扫看视频

快恢复二极管与普通二极管一样具有单向导电性，其极性和好坏检测方法与普通二极管相同。

6.6.3　用数字万用表检测快恢复二极管

用数字万用表检测快恢复二极管如图 6-29 所示。

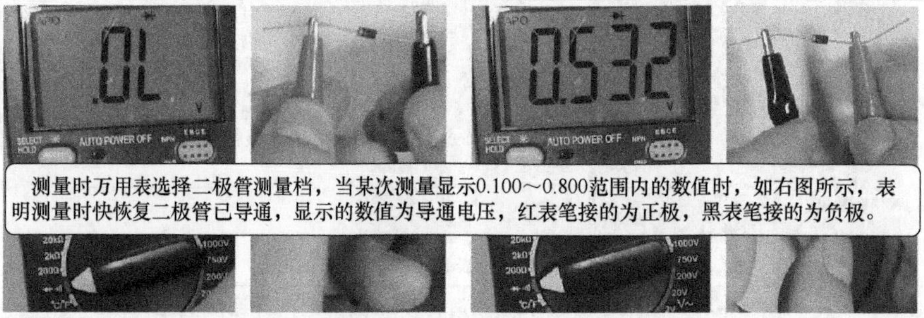
.OL
0.532
AUTO POWER OFF
测量时万用表选择二极管测量档，当某次测量显示0.100～0.800范围内的数值时，如右图所示，表明测量时快恢复二极管已导通，显示的数值为导通电压，红表笔接的为正极，黑表笔接的为负极。

图 6-29　用数字万用表检测快恢复二极管

6.6.4　常用快恢复二极管的主要参数

表 6-4 列出了一些快恢复二极管的主要参数。

表 6-4　一些快恢复二极管的主要参数

型号	参数				
	反向恢复时间 t_{rr}/ns	额定电流 I_d/A	最大整流电流 I_{FSM}/A	最大反向电压 V_{RM}/V	结构形式
C20-04	400	5	70	400	单管
C92-02	35	10	20	200	共阴
MUR1680A	35	16	100	800	共阳
MUR3040PT	35	30	300	400	共阴
MUR30100	35	30	400	1000	共阳

6.6.5　肖特基二极管、快恢复二极管、高速整流二极管和开关二极管的比较

表 6-5 列出了一些典型肖特基二极管、快恢复二极管、高速整流二极管和开关二极管的参

数。从表中列出的参数可以看出各器件的一些特点，比如肖特基二极管平均整流电流（工作电流）最大，正向导通电压低，反向恢复时间短，反向峰值电压（反向最高工作电压）低，开关二极管反向恢复时间很短，但工作电流很小，故只适合小电流整流或用作开关。

表 6-5　一些典型肖特基二极管、快恢复二极管、高速整流二极管和开关二极管的参数比较

半导体器件名称	典型产品型号	平均整流电流 I_d/A	正向导通电压		反向恢复时间 t_{rr}/ns	反向峰值电压 V_{RM}/V
			典型值 V_F/V	最大值 V_{FM}/V		
肖特基二极管	161CMQ050	160	0.4	0.8	<10	50
超快恢复二极管	MUR30100A	30	0.6	1.0	35	1000
快恢复二极管	D25-02	15	0.6	1.0	400	200
高速整流二极管	PR3006	3	0.6	1.2	400	800
开关二极管	1N4148	0.15	0.6	1.0	4	100

第 7 章

晶 体 管

晶体管是一种电子电路中应用最广泛的半导体器件，它有放大、饱和和截止三种状态，因此不但可在电路中用来放大，还可当作电子开关使用。

7.1 普通晶体管

7.1.1 外形与符号

晶体管是一种具有放大功能的半导体器件。图 7-1a 是一些常见的晶体管实物外形，晶体管的电路符号如图 7-1b 所示。

a) 实物外形

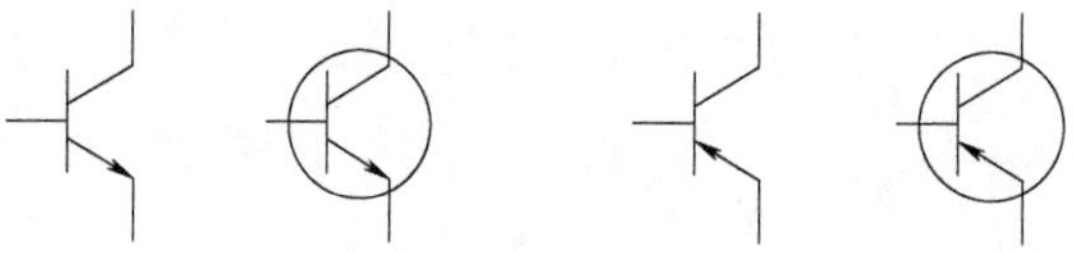

新符号
旧符号
新符号
旧符号
NPN型晶体管
PNP型晶体管

b) 电路符号

图 7-1 晶体管

7.1.2 结构

晶体管有 PNP 型和 NPN 型两种。PNP 型晶体管的构成如图 7-2 所示。

将两个 P 型半导体和一个 N 型半导体按图 7-2a 所示的方式结合在一起，两个 P 型半导体中的正电荷会向中间的 N 型半导体中移动，N 型半导体中的负电荷会向两个 P 型半导体移动，结果在 P、N 型半导体的交界处形成 PN 结，如图 7-2b 所示。

在两个 P 型半导体和一个 N 型半导体上通过连接导体各引出一个电极，然后封装起来就构成了晶体管。**晶体管三个电极分别称为集电极（用 c 或 C 表示）、基极（用 b 或 B 表示）和发射极（用 e 或 E 表示）。**PNP 型晶体管的电路符号如图 7-2c 所示。

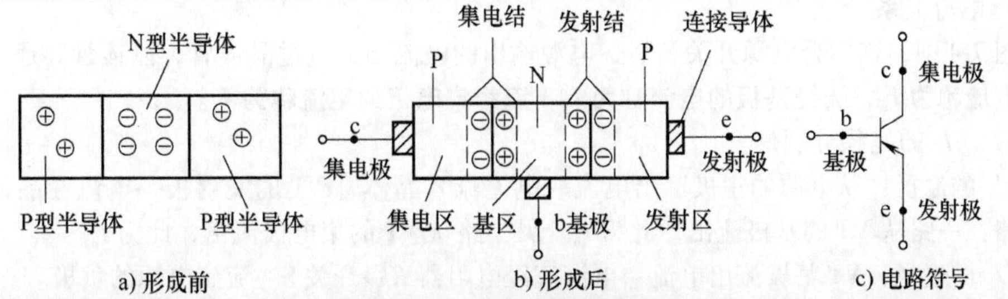
N型半导体
P型半导体
P型半导体
集电结
发射结
连接导体
P
N
P
c
集电极
e
发射极
集电区
基区
b基极
发射区
c
集电极
b
基极
e
发射极
a) 形成前
b) 形成后
c) 电路符号

图 7-2　PNP 型晶体管的构成

晶体管内部有两个 PN 结，其中基极和发射极之间的 PN 结称为发射结，基极与集电极之间的 PN 结称为集电结。两个 PN 结将晶体管内部分作三个区，与发射极相连的区称为发射区，与基极相连的区称为基区，与集电极相连的区称为集电区。发射区的半导体掺入杂质多，故有大量的电荷，便于发射电荷；集电区掺入的杂质少且面积大，便于收集发射区送来的电荷；基区处于两者之间，发射区流向集电区的电荷要经过基区，故基区可控制发射区流向集电区电荷的数量，基区就像设在发射区与集电区之间的关卡。

NPN 型晶体管的构成与 PNP 型晶体管类似，它是由两个 N 型半导体和一个 P 型半导体构成的。具体如图 7-3 所示。

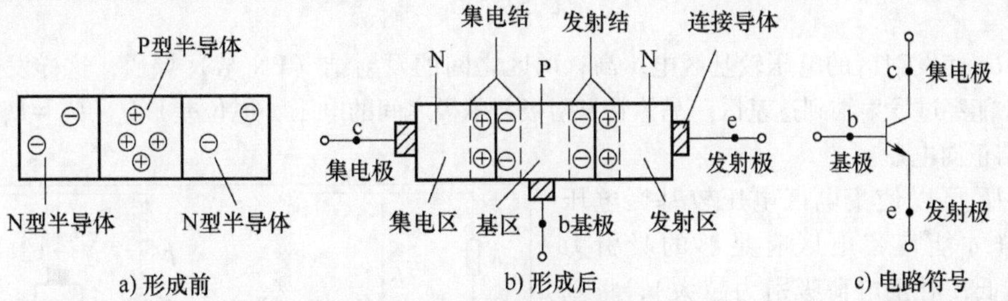
P型半导体
N型半导体
N型半导体
集电结
发射结
连接导体
N
P
N
c
集电极
e
发射极
集电区
基区
b基极
发射区
c
集电极
b
基极
e
发射极
a) 形成前
b) 形成后
c) 电路符号

图 7-3　NPN 型晶体管的构成

7.1.3　电流、电压规律

晶体管是无法单独正常工作的，在电路中需要为晶体管各极提供电压，让它内部有电流流过，这样的晶体管才具有放大能力。为晶体管各极提供电压的电路称为偏置电路。

1. PNP 型晶体管的电流、电压规律

图 7-4a 为 PNP 型晶体管的偏置电路，从图 7-4b 可以清楚看出晶体管内部电流情况。

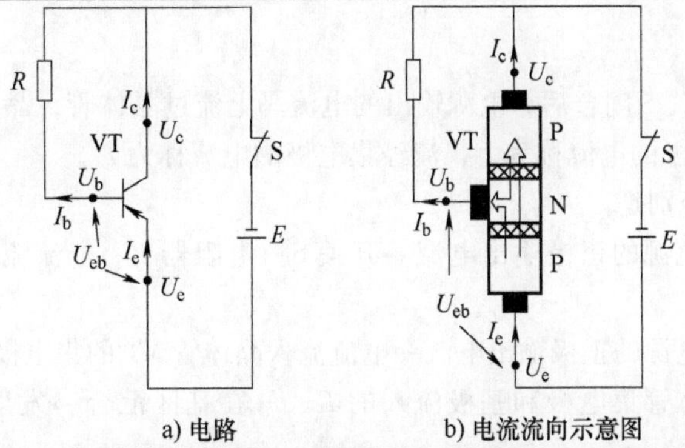
R
VT
S
E
P
N
P
a) 电路
b) 电流流向示意图

图 7-4　PNP 型晶体管的偏置电路

（1）电流关系

在图 7-4 中，当闭合电源开关 S 后，电源输出的电流马上流过晶体管，晶体管导通。**流经发射极的电流称为 I_e，流经基极的电流称为 I_b，流经集电极的电流称为 I_c。**

I_e、I_b、I_c 的途径分别是

1）I_e 的途径：从电源的正极输出电流→电流流入晶体管 VT 的发射极→电流在晶体管内部分作两路：一路从 VT 的基极流出，此为 I_b；另一路从 VT 的集电极流出，此为 I_c。

2）I_b 的途径：VT 基极流出电流→电流流经电阻器 R→开关 S→流到电源的负极。

3）I_c 的途径：VT 集电极流出电流→经开关 S→流到电源的负极。

从图 7-4b 可以看出，流入晶体管的 I_e 在内部分成 I_b 和 I_c，即发射极流入的 I_e 在内部分成 I_b 和 I_c 分别从基极和发射极流出。

不难看出，**PNP 型晶体管的 I_e、I_b、I_c 的关系是，$I_b+I_c=I_e$，并且 I_c 要远大于 I_b。**

（2）电压关系

在图 7-4 中，PNP 型晶体管 VT 的发射极直接接电源正极，集电极直接接电源负极，基极通过电阻器 R 接电源负极。根据电路中电源正极电压最高、负极电压最低可判断出，晶体管发射极电压 U_e 最高，集电极电压 U_c 最低，基极电压 U_b 处于两者之间。

PNP 型晶体管 U_e、U_b、U_c 之间的关系是

$$U_e>U_b>U_c$$

$U_e>U_b$ 使发射区的电压较基区电压高，两区之间的发射结（PN 结）导通，这样发射区大量的电荷才能穿过发射结到达基区。晶体管发射极与基极之间的电压（电位差）U_{eb}（$U_{eb}=U_e-U_b$）称为发射结正向电压。

$U_b>U_c$ 可以使集电区电压较基区电压低，这样才能使集电区有足够的吸引力（电压越低，对正电荷吸引力越大），将基区内大量电荷吸引穿过集电结而到达集电区。

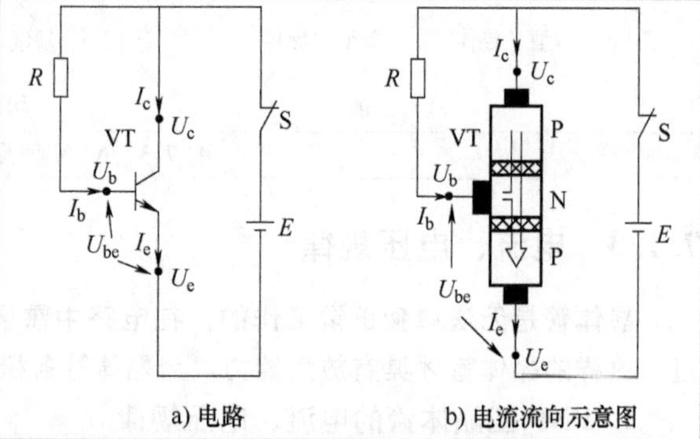
R
VT
I_c
U_c
U_b
I_b
U_{be}
I_e
U_e
S
E
P
N
P
a) 电路
b) 电流流向示意图
图 7-5　NPN 型晶体管的偏置电路

2. NPN 型晶体管的电流、电压规律

图 7-5 为 NPN 型晶体管的偏置电路。从图中可以看出，NPN 型晶体管的集电极接电源的正极，发射极接电源的负极，基极通过电阻器接电源的正极，这与 PNP 型晶体管连接正好相反。

（1）电流关系

在图 7-5 中，当开关 S 闭合后，电源输出的电流马上流过晶体管，晶体管导通。流经发射极的电流称为 I_e，流经基极的电流称为 I_b，流经集电极的电流称为 I_c。

I_e、I_b、I_c 的途径分别是

1）I_b 的途径：从电源的正极输出电流→开关 S→电阻器 R→电流流入晶体管 VT 的基极→基区。

2）I_c 的途径：从电源的正极输出电流→电流流入晶体管 VT 的集电极→集电区→基区。

3）I_e 的途径：晶体管集电极和基极流入的 I_b、I_c 在基区汇合→发射区→电流从发射极输出→电源的负极。

不难看出，**NPN 型晶体管 I_e、I_b、I_c 的关系是，$I_b+I_c=I_e$，并且 I_c 要远大于 I_b。**

（2）电压关系

在图 7-5 中，NPN 型晶体管的集电极接电源的正极，发射极接电源的负极，基极通过电阻器接电源的正极。故 **NPN 型晶体管 U_e、U_b、U_c 之间的关系是**

$$U_e<U_b<U_c$$

$U_c>U_b$ 可以使基区电压较集电区电压低，这样基区才能将集电区的电荷吸引穿过集电结而到达基区。

$U_b>U_e$ 可以使发射区的电压较基极的电压低，两区之间的发射结（PN 结）导通，基区的电荷才能穿过发射结到达发射区。

NPN 型晶体管基极与发射极之间的电压 U_{be}（$U_{be}=U_b-U_e$）称为发射结正向电压。

7.1.4 放大原理

晶体管在电路中主要起放大作用，下面以图 7-6 所示的电路来说明晶体管的放大原理。

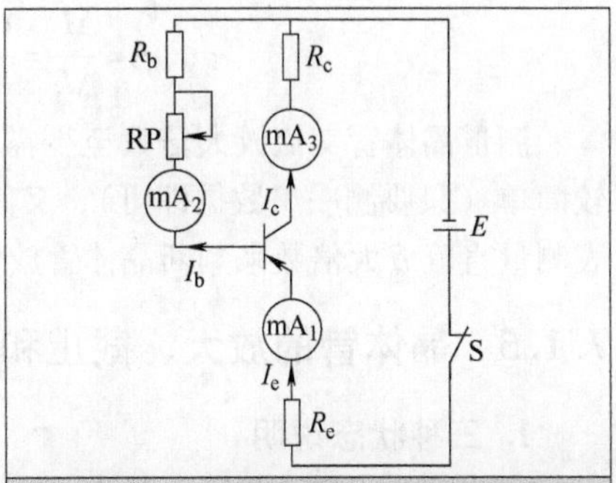
R_b
R_c
RP
mA_3
mA_2
I_c
E
I_b
mA_1
S
I_e
R_e

图 7-6 晶体管的放大原理说明图

1. 放大原理

给晶体管的三个极接上三个毫安表 mA_1、mA_2 和 mA_3，分别用来测量 I_e、I_b、I_c 的大小。电位器 RP 用来调节 I_b 的大小，如 RP 滑动端下移时阻值变小，RP 对晶体管基极流出的 I_b 阻碍减小，I_b 增大。当调节 RP 改变 I_b 大小时，I_c、I_e 也会变化，表 7-1 列出了调节 RP 时毫安表测得的三组数据。

表 7-1 三组 I_e、I_b、I_c 数据

	第一组	第二组	第三组
基极电流（I_b）/mA	0.01	0.018	0.028
集电极电流（I_c）/mA	0.49	0.982	1.972
发射极电流（I_e）/mA	0.5	1	2

从表 7-1 可以看出：

1）不论哪组测量数据都遵循 $I_b+I_c=I_e$。

2）当 I_b 变化时，I_c 也会变化，并且 I_b 有微小的变化，I_c 会有很大的变化。如 I_b 由 0.01mA 增大到 0.018mA，变化量为 0.008mA（0.018mA−0.01mA），I_c 则由 0.49mA 变化到 0.982mA，变化量为 0.492mA（0.982mA−0.49mA），I_c 变化量是 I_b 变化量的 62 倍（0.492mA/0.008mA≈62）。

也就是说，当晶体管的基极电流 I_b 有微小的变化时，集电极电流 I_c 会有很大的变化，I_c 的变化量是 I_b 变化量的很多倍，这就是晶体管的放大原理。

2. 放大倍数

不同的晶体管，其放大能力是不同的，为了衡量晶体管放大能力的大小，需要用到晶体管一个重要参数——放大倍数。晶体管的放大倍数可分为直流放大倍数和交流放大倍数。

晶体管集电极电流 I_c 与基极电流 I_b 的比值称为晶体管的直流放大倍数（用 $\overline{\beta}$ 或 h_{FE} 表示），即

$$\overline{\beta}=\frac{\text{集电极电流 } I_c}{\text{基极电流 } I_b}$$

例如在表 7-1 中，当 $I_b=0.018\text{mA}$ 时，$I_c=0.982\text{mA}$，晶体管直流放大倍数为

$$\bar{\beta}=\frac{0.982\text{mA}}{0.018\text{mA}}=55$$

万用表可测量晶体管的放大倍数，它测得放大倍数 h_{FE} 值实际上就是晶体管直流放大倍数。

晶体管集电极电流变化量 ΔI_c 与基极电流变化量 ΔI_b 的比值称为交流放大倍数（用 β 或 h_{fe} 表示），即

$$\beta=\frac{\text{集电极电流变化量}\ \Delta I_c}{\text{基极电流变化量}\ \Delta I_b}$$

以表 7-1 的第一、二组数据为例：

$$\beta=\frac{\Delta I_c}{\Delta I_b}=\frac{(0.982-0.49)\text{mA}}{(0.018-0.01)\text{mA}}=\frac{0.492\text{mA}}{0.008\text{mA}}=62$$

测量晶体管交流放大倍数至少需要知道两组数据，这样比较麻烦，而测量直流放大倍数比较简单（只要测一组数据即可），又因为直流放大倍数与交流放大倍数相近，所以通常只用万用表测量直流放大倍数来判断晶体管放大能力的大小。

7.1.5　晶体管的放大、截止和饱和状态

1. 三种状态说明

晶体管的状态有三种：截止、放大和饱和。晶体管的三种状态说明如图 7-7 所示。

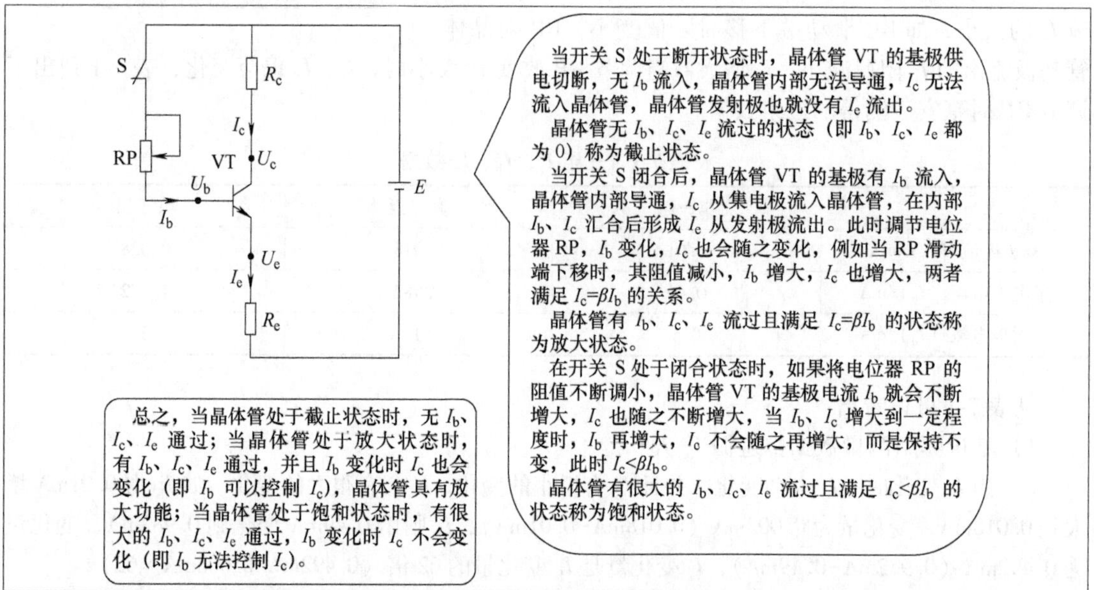
S
R_c
I_c
RP
VT
U_c
U_b
I_b
E
U_e
I_e
R_e
当开关 S 处于断开状态时，晶体管 VT 的基极供电切断，无 I_b 流入，晶体管内部无法导通，I_c 无法流入晶体管，晶体管发射极也就没有 I_e 流出。
晶体管无 I_b、I_c、I_e 流过的状态（即 I_b、I_c、I_e 都为 0）称为截止状态。
当开关 S 闭合后，晶体管 VT 的基极有 I_b 流入，晶体管内部导通，I_c 从集电极流入晶体管，在内部 I_b、I_c 汇合后形成 I_e 从发射极流出。此时调节电位器 RP，I_b 变化，I_c 也会随之变化，例如当 RP 滑动端下移时，其阻值减小，I_b 增大，I_c 也增大，两者满足 $I_c=\beta I_b$ 的关系。
晶体管有 I_b、I_c、I_e 流过且满足 $I_c=\beta I_b$ 的状态称为放大状态。
在开关 S 处于闭合状态时，如果将电位器 RP 的阻值不断调小，晶体管 VT 的基极电流 I_b 就会不断增大，I_c 也随之不断增大，当 I_b、I_c 增大到一定程度时，I_b 再增大，I_c 不会随之再增大，而是保持不变，此时 $I_c<\beta I_b$。
晶体管有很大的 I_b、I_c、I_e 流过且满足 $I_c<\beta I_b$ 的状态称为饱和状态。
总之，当晶体管处于截止状态时，无 I_b、I_c、I_e 通过；当晶体管处于放大状态时，有 I_b、I_c、I_e 通过，并且 I_b 变化时 I_c 也会变化（即 I_b 可以控制 I_c），晶体管具有放大功能；当晶体管处于饱和状态时，有很大的 I_b、I_c、I_e 通过，I_b 变化时 I_c 不会变化（即 I_b 无法控制 I_c）。

图 7-7　晶体管的三种状态说明图

2. 三种状态下 PN 结的特点和各状态的判断

晶体管内部有集电结和发射结，在不同状态下这两个 PN 结的特点是不同的。由于 PN 结的结构与二极管相同，在分析时为了方便，可将晶体管的两个 PN 结画成二极管的符号。图 7-8 为 NPN 型和 PNP 型晶体管的 PN 结示意图。

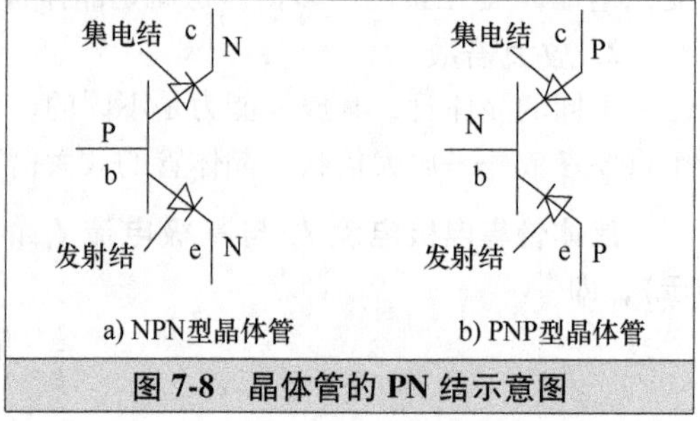
集电结
c
N
P
b
发射结
e
N
a) NPN型晶体管
集电结
c
P
N
b
发射结
e
P
b) PNP型晶体管

图 7-8　晶体管的 PN 结示意图

当晶体管处于不同状态时，集电结和发射结也有相对应的特点。**不论 NPN 型或 PNP 型晶体管，在三种状态下的发射结和集电结特点都有：**

1）处于放大状态时，发射结正偏导通，集电结反偏。

2）处于饱和状态时，发射结正偏导通，集电结也正偏。

3）处于截止状态时，发射结反偏或正偏但不导通，集电结反偏。

正偏是指PN结的P端电压高于N端电压，正偏导通除了要满足PN结的P端电压大于N端电压外，还要求电压要大于门电压（0.2~0.3V或0.5~0.7V），这样才能让PN结导通。反偏是指PN结的N端电压高于P端电压。

不管哪种类型的晶体管，只要记住晶体管某种状态下两个PN结的特点，就可以很容易推断出晶体管在该状态下的电压关系，反之，也可以根据晶体管各极电压关系推断出该晶体管处于什么状态。下面用这种方法判别图7-9中的三个电路的晶体管状态。

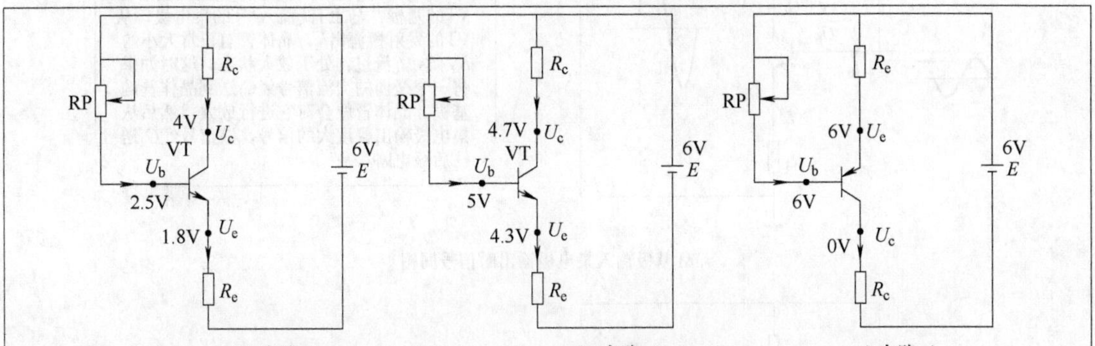
RP
R_c
4V
U_c
VT
6V
E
U_b
2.5V
1.8V
U_e
R_e
RP
R_c
4.7V
U_c
VT
6V
E
U_b
5V
4.3V
U_e
R_e
RP
R_e
6V
U_e
6V
E
U_b
6V
0V
U_c
R_c

a) 电路一　　b) 电路二　　c) 电路三

图7-9　根据PN结的情况推断晶体管的状态

在图7-9a中，NPN型晶体管VT的$U_c=4V$、$U_b=2.5V$、$U_e=1.8V$，其中$U_b-U_e=0.7V$使发射结正偏导通，$U_c>U_b$使集电结反偏，该晶体管处于放大状态。

在图7-9b中，NPN型晶体管VT的$U_c=4.7V$、$U_b=5V$、$U_e=4.3V$，$U_b-U_e=0.7V$使发射结正偏导通，$U_b>U_c$使集电结正偏，晶体管处于饱和状态。

在图7-9c中，PNP型晶体管VT的$U_c=6V$、$U_b=6V$、$U_e=0V$，$U_e-U_b=0V$使发射结零偏不导通，$U_b>U_c$使集电结反偏，晶体管处于截止状态。从该电路的电流情况也可以判断出晶体管是截止的，假设VT可以导通，从电源正极输出的I_e经R_e从发射极流入，在内部分成I_b、I_c，I_b从基极流出后就无法继续流动（不能通过RP返回到电源的正极，因为电流只能从高电位往低电位流动），所以VT的I_b实际上是不存在的，无I_b，也就无I_c，故VT处于截止状态。

3. 三种状态的特点

晶体管三种状态的各种特点见表7-2。

表7-2　晶体管三种状态的特点

项目	放　大	饱　和	截　止
电流关系	I_b、I_c、I_e大小正常，且$I_c=\beta I_b$	I_b、I_c、I_e很大，且$I_c<\beta I_b$	I_b、I_c、I_e都为0
PN结特点	发射结正偏导通，集电结反偏	发射结正偏导通，集电结正偏	发射结反偏或正偏不导通，集电结反偏
电压关系	对于NPN型晶体管，$U_c>U_b>U_e$对于PNP型晶体管，$U_e>U_b>U_c$	对于NPN型晶体管，$U_b>U_c>U_e$，对于PNP型晶体管，$U_e>U_c>U_b$	对于NPN型晶体管，$U_c>U_b$，$U_b<U_e$或U_{be}小于门电压 对于PNP型晶体管，$U_c<U_b$，$U_b>U_e$或U_{eb}小于门电压

4. 三种状态的应用电路

晶体管可以工作在三种状态，处于不同状态时可以实现不同的功能。**当晶体管处于放大状态时，可以对信号进行放大，当晶体管处于饱和与截止状态时，可以当成电子开关使用。**

（1）放大状态的应用电路

晶体管放大状态的应用电路如图 7-10 所示。

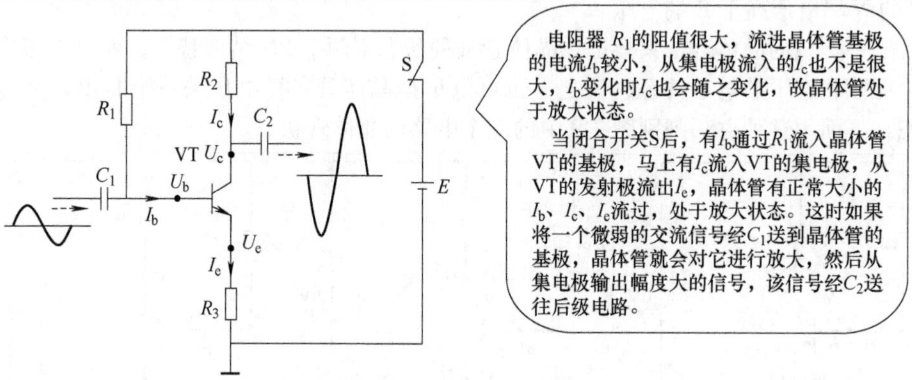

R_2
S
R_1
I_c
C_2
VT U_c
C_1
U_b
E
I_b
U_e
I_e
R_3
电阻器 R_1的阻值很大，流进晶体管基极的电流I_b较小，从集电极流入的I_c也不是很大，I_b变化时I_c也会随之变化，故晶体管处于放大状态。
当闭合开关S后，有I_b通过R_1流入晶体管VT的基极，马上有I_c流入VT的集电极，从VT的发射极流出I_e，晶体管有正常大小的I_b、I_c、I_e流过，处于放大状态。这时如果将一个微弱的交流信号经C_1送到晶体管的基极，晶体管就会对它进行放大，然后从集电极输出幅度大的信号，该信号经C_2送往后级电路。

a) 基极输入集电极输出时信号同相

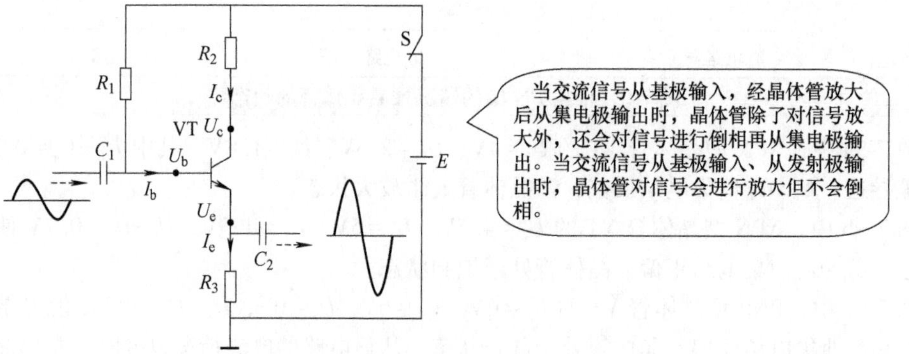

R_2
S
R_1
I_c
VT U_c
C_1
U_b
E
I_b
U_e
I_e
C_2
R_3
当交流信号从基极输入，经晶体管放大后从集电极输出时，晶体管除了对信号放大外，还会对信号进行倒相再从集电极输出。当交流信号从基极输入、从发射极输出时，晶体管对信号会进行放大但不会倒相。

b) 基极输入发射极输出时信号反相

图 7-10　晶体管放大状态的应用电路

（2）饱和与截止状态的应用电路

晶体管饱和与截止状态的应用电路如图 7-11 所示。晶体管处于饱和与截止状态时，集射极之间分别相当于开关闭合与断开，由于晶体管具有这种性质，故在电路中可以当作电子开关（依靠电压来控制通断），当晶体管基极加较高的电压时，集射极之间导通，当基极不加电压时，集射极之间断开。

7.1.6　主要参数

晶体管的主要参数有：

（1）电流放大倍数

晶体管的电流放大倍数有直流电流放大倍数和交流电流放大倍数。晶体管**集电极电流 I_c 与基极电流 I_b 的比值称为晶体管的直流电流放大倍数（用 $\overline{\beta}$ 或 h_{FE} 表示）**，即

$$\overline{\beta}=\frac{\text{集电极电流 } I_c}{\text{基极电流 } I_b}$$

晶体管集电极电流变化量 ΔI_c 与基极电流变化量 ΔI_b 的比值称为交流电流放大倍数（用 β 或

h_{fe}表示），即

$$\beta=\frac{\text{集电极电流变化量 }\Delta I_c}{\text{基极电流变化量 }\Delta I_b}$$

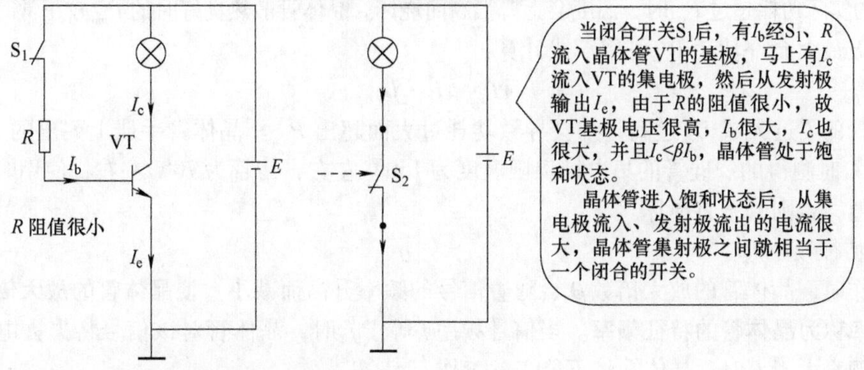
S1
R
VT
Ic
Ib
R 阻值很小
Ie
E
S2
E
当闭合开关S1后，有Ib经S1、R流入晶体管VT的基极，马上有Ic流入VT的集电极，然后从发射极输出Ie，由于R的阻值很小，故VT基极电压很高，Ib很大，Ic也很大，并且Ic<βIb，晶体管处于饱和状态。
晶体管进入饱和状态后，从集电极流入、发射极流出的电流很大，晶体管集射极之间就相当于一个闭合的开关。

a) 饱和状态的应用

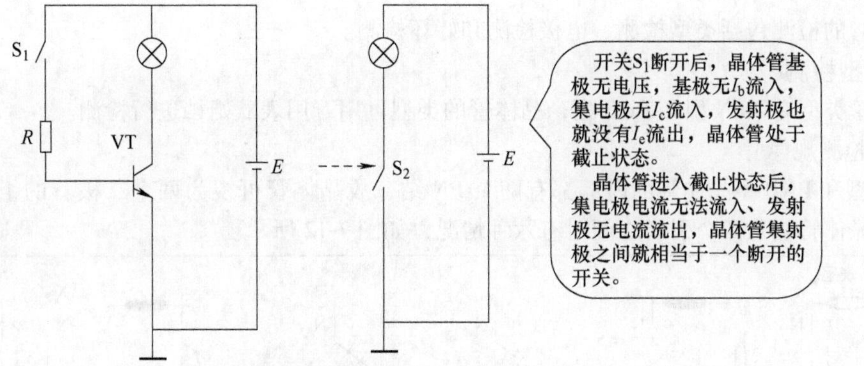
S1
R
VT
E
S2
E
开关S1断开后，晶体管基极无电压，基极无Ib流入，集电极无Ic流入，发射极也就没有Ie流出，晶体管处于截止状态。
晶体管进入截止状态后，集电极电流无法流入、发射极无电流流出，晶体管集射极之间就相当于一个断开的开关。

b) 截止状态的应用

图 7-11　晶体管饱和与截止状态的应用电路

上面两个电流放大倍数的含义虽然不同，但两者近似相等，故在以后应用时一般不加区分。晶体管的 β 值过小，电流放大作用小，β 值过大，晶体管的稳定性会变差，在实际使用时，一般选用 β 在 40~80 的管子较为合适。

（2）穿透电流 I_{ceo}

穿透电流又称集电极-发射极反向电流，它是指在基极开路时，给集电极与发射极之间加一定的电压，由集电极流往发射极的电流。穿透电流的大小受温度的影响较大，晶体管的穿透电流越小，热稳定性越好，通常锗管的穿透电流较硅管的要大些。

（3）集电极最大允许电流 I_{cm}

当晶体管的集电极电流 I_c 在一定的范围内变化时，其 β 值基本保持不变，但当 I_c 增大到某一值时，β 值会下降。**使电流放大倍数 β 明显减小（约减小到 $2/3\beta$）的 I_c 称为集电极最大允许电流。**晶体管用作放大时，I_c 不能超过 I_{cm}。

（4）击穿电压 $U_{BR(ceo)}$

击穿电压 $U_{BR(ceo)}$ 是指基极开路时，允许加在集电极-发射极之间的最高电压。在使用时，若晶体管集电极-发射极之间的电压 $U_{ce}>U_{BR(ceo)}$，集电极电流 I_c 将急剧增大，这种现象称为击穿。击穿的晶体管属于永久损坏，故选用晶体管时要注意其反向击穿电压不能低于电路的电源电压，一般晶体管的反向击穿电压应是电源电压的两倍。

（5）集电极最大允许功耗 P_{cm}

晶体管在工作时，集电极电流流过集电结时会产生热量，从而使晶体管温度升高。**在规定的散热条件下，集电极电流 I_c 在流过晶体管集电极时允许消耗的最大功率称为集电极最大允许功耗 P_{cm}。** 当晶体管的实际功耗超过 P_{cm}时，温度会上升很高而烧坏。晶体管散热良好时的 P_{cm}较正常时要大。

集电极最大允许功耗 P_{cm}可用下式计算：

$$P_{cm}=I_c \cdot U_{ce}$$

晶体管的 I_c过大或 U_{ce}过高，都会导致功耗过大而超出 P_{cm}。晶体管手册上列出的 P_{cm}值是在常温下 25℃时测得的。硅管的集电结上限温度为 150℃左右，锗管为 70℃左右，使用时应注意不要超过此值，否则管子将损坏。

（6）特征频率 f_T

在工作时，晶体管的放大倍数 β 会随着信号的频率升高而减小。**使晶体管的放大倍数 β 下降到 1 的频率称为晶体管的特征频率。** 当信号频率 f 等于 f_T时，晶体管对该信号将失去电流放大功能，信号频率大于 f_T时，晶体管将不能正常工作。

7.1.7　用指针万用表检测晶体管

晶体管的检测包括类型检测、电极检测和好坏检测。

1. 类型检测

晶体管类型有 NPN 型和 PNP 型，晶体管的类型可用万用表欧姆档进行检测。

（1）检测规律

NPN 型和 PNP 型晶体管的内部都有两个 PN 结，故晶体管可视为两个二极管的组合，万用表在测量晶体管任意两个引脚之间时有六种情况，如图 7-12 所示。

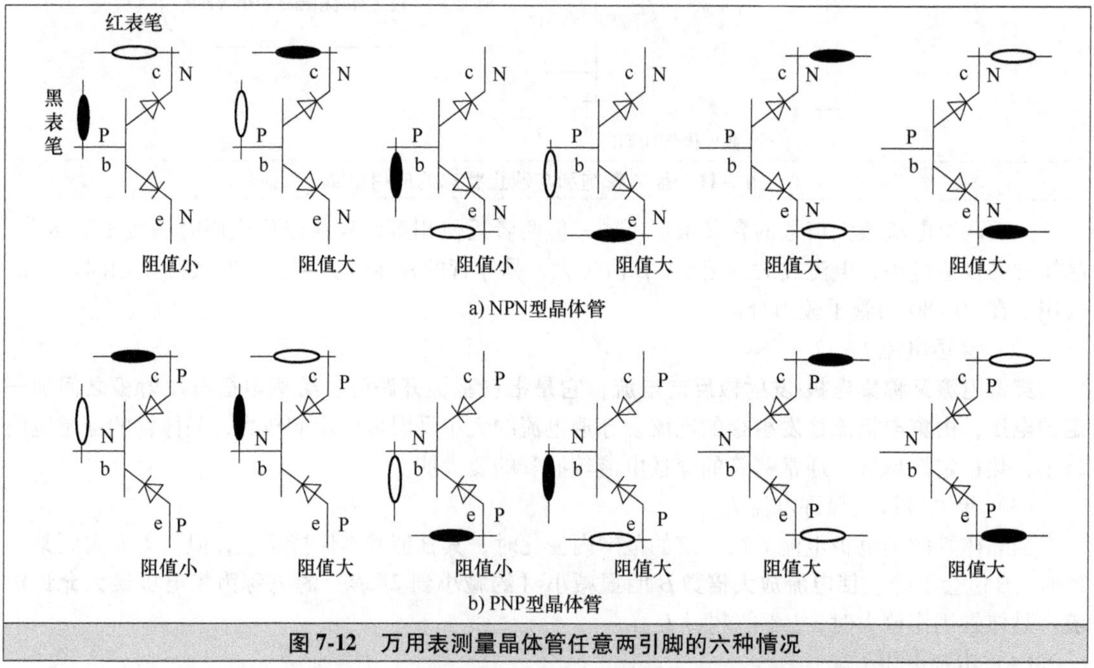
红表笔
黑表笔
c N
P
b
e N
阻值小
阻值大
阻值小
阻值大
阻值大
阻值大
a) NPN型晶体管
c P
N
b
e P
阻值小
阻值大
阻值小
阻值大
阻值大
阻值大
b) PNP型晶体管

图 7-12　万用表测量晶体管任意两引脚的六种情况

从图中不难得出这样的规律：当黑表笔接 P 端、红表笔接 N 端时，测的是 PN 结的正向电阻，该阻值小；当黑表笔接 N 端，红表笔接 P 端时，测的是 PN 结的反向电阻，该阻值很大（接近无穷大）；当黑、红表笔接的两极都为 P 端（或两极都为 N 端）时，测得的阻值大（两个 PN 结不会导通）。

（2）类型检测

晶体管的类型检测如图 7-13 所示。

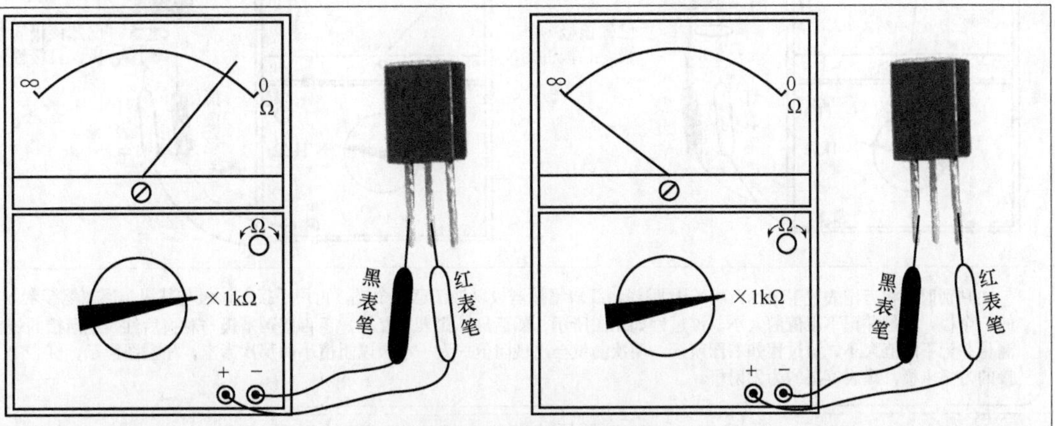
∞
0
Ω
×1kΩ
+ −
黑表笔
红表笔
∞
0
Ω
×1kΩ
+ −
黑表笔
红表笔

在检测时，万用表拨至×100Ω或×1kΩ档，测量晶体管任意两脚之间的电阻，当测量出现一次阻值小时，黑表笔接的为P极，红表笔接的为N极，如左图所示；然后黑表笔不动（即让黑表笔仍接P极），将红表笔接到另外一个极，有两种可能：若测得阻值很大，红表笔接的极一定是P极，该晶体管为PNP型，红表笔先前接的极为基极，如右图所示；若测得阻值小，则红表笔接的为N极，则该晶体管为NPN型，黑表笔所接为基极。

图 7-13　晶体管类型的检测

2. 集电极与发射极的检测

晶体管有发射极、基极和集电极三个电极，在使用时不能混用，由于在检测类型时已经找出基极，下面介绍如何用万用表欧姆档检测出发射极和集电极。

（1）NPN 型晶体管集电极和发射极的判别

NPN 型晶体管集电极和发射极的判别如图 7-14 所示。

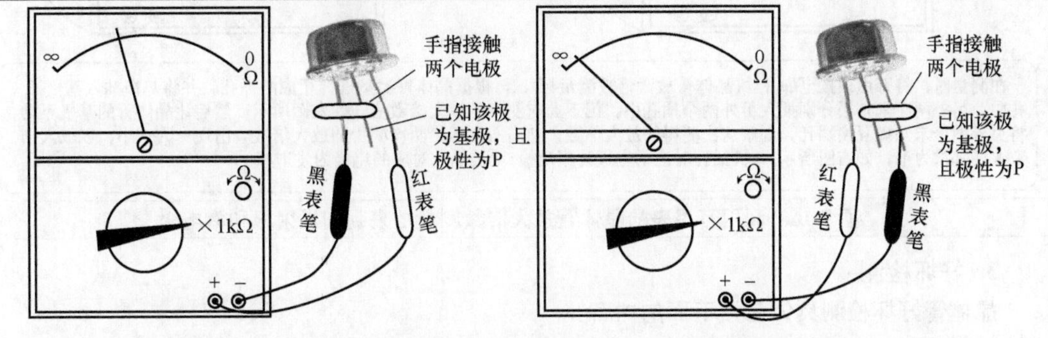
∞
0
Ω
×1kΩ
+ −
手指接触两个电极
已知该极为基极，且极性为P
黑表笔
红表笔
∞
0
Ω
×1kΩ
+ −
手指接触两个电极
已知该极为基极，且极性为P
红表笔
黑表笔

在判别时，将万用表置于×1kΩ或×100Ω档，黑表笔接基极以外任意一个极，再用手接触该极与基极(手相当于一个电阻器，即在该极与基极之间接一个电阻器)，红表笔接另外一个极，测量并记下阻值的大小，该过程如左图所示；然后红、黑表笔互换，手再捏住基极与对换后黑表笔所接的极，测量并记下阻值大小，该过程如右图所示。两次测量会出现阻值一大一小，以阻值小的那次为准，如左图所示，黑表笔接的为集电极，红表笔接的为发射极。

图 7-14　NPN 型晶体管集电极和发射极的判别

（2）PNP 型晶体管集电极和发射极的判别

PNP 型晶体管集电极和发射极的判别如图 7-15 所示。

（3）利用 h_{FE} 档来判别发射极和集电极

如果万用表有 h_{FE} 档（晶体管放大倍数测量档），可利用该档判别晶体管的电极，使用这种方法应在已检测出晶体管的类型和基极时使用。利用万用表的晶体管放大倍数测量档来判别极性的测量过程如图 7-16 所示。

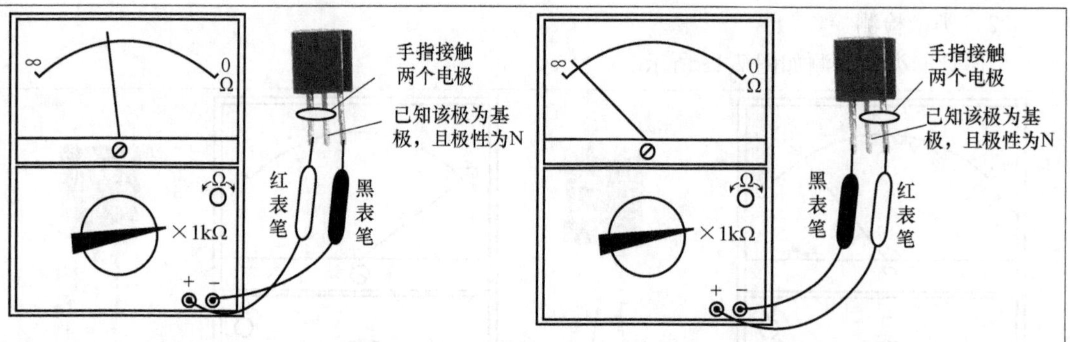
∞
0
Ω
×1kΩ
+ −
手指接触
两个电极
已知该极为基
极，且极性为N
红表笔
黑表笔
∞
0
Ω
×1kΩ
+ −
手指接触
两个电极
已知该极为基
极，且极性为N
黑表笔
红表笔

在判别时，将万用表置于×1kΩ或×100Ω档，红表笔接基极以外任意一个极，再用手接触该极与基极，黑表笔接余下的一个极，测量并记下阻值的大小，该过程如左图所示；然后红、黑表笔互换，手再接触基极与对换后红表笔所接的极，测量并记下阻值大小，该过程如右图所示。两次测量会出现阻值一大一小，以阻值小的那次为准，如左图所示，红表笔接的为集电极，黑表笔接的为发射极。

图 7-15　PNP 型晶体管集电极和发射极的判别

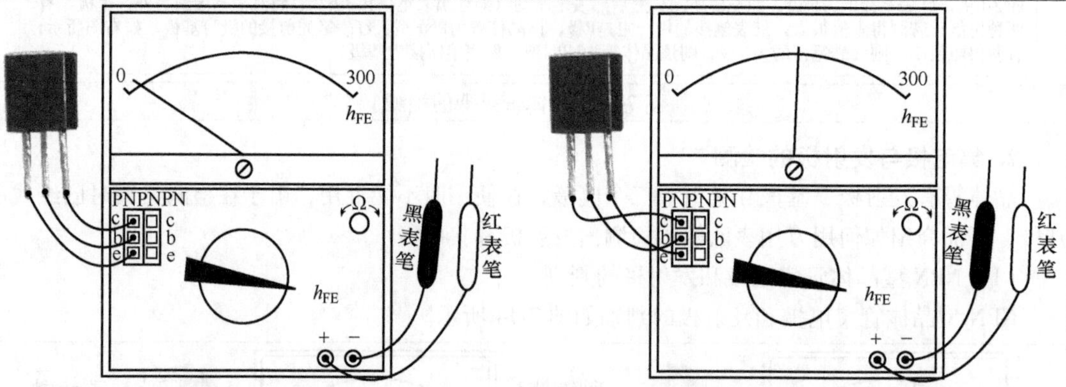
0
300
h_{FE}
PNPNPN
c b e
c b e
h_{FE}
+ −
黑表笔
红表笔
0
300
h_{FE}
PNPNPN
c b e
c b e
h_{FE}
+ −
黑表笔
红表笔

在测量时，将万用表拨至h_{FE}档（晶体管放大倍数测量档），再根据晶体管类型选择相应的插孔，并将基极插入基极插孔中，另外两个未知极分别插入另外两个插孔中，记下此时测得的放大倍数值，如左图所示；然后让晶体管的基极不动，将另外两个未知极互换插孔，观察这次测得的放大倍数，如右图所示，两次测得的放大倍数会出现一大一小，以放大倍数大的那次为准，如右图所示，c极插孔对应的电极为集电极，e极插孔对应的电极为发射极。

图 7-16　利用万用表的晶体管放大倍数测量档来判别发射极和集电极

3. 好坏检测

晶体管好坏检测具体包括下面的内容：

（1）测量集电结和发射结的正、反向电阻

晶体管内部有两个 PN 结，任意一个 PN 结损坏，晶体管就不能使用，所以晶体管检测先要测量两个 PN 结是否正常。检测时万用表拨至×100Ω 或×1kΩ 档，测量 PNP 型或 NPN 型晶体管集电极和基极之间的正、反向电阻（即测量集电结的正、反向电阻），然后再测量发射极与基极之间的正、反向电阻（即测量发射结的正、反向电阻）。正常时，集电结和发射结正向电阻都比较小，约几百欧至几千欧，反向电阻都很大，约几百千欧至无穷大。

（2）测量集电极与发射极之间的正、反向电阻

对于 PNP 型晶体管，红表笔接集电极、黑表笔接发射极测得的为正向电阻，正常约十几千欧至几百千欧（用×1kΩ 档测得），互换表笔测得的为反向电阻，与正向电阻阻值相近；对于 NPN 型晶体管，黑表笔接集电极，红表笔接发射极，测得的为正向电阻，互换表笔测得的为反向电阻，正常时正、反向电阻阻值相近，约几百千欧至无穷大。

如果晶体管任意一个PN结的正、反向电阻不正常，或发射极与集电极之间正、反向电阻不正常，说明晶体管损坏。如发射结正、反向电阻阻值均为无穷大，说明发射结开路；集射极之间阻值为0，说明集射极之间击穿短路。

综上所述，一个晶体管的好坏检测需要进行六次测量，其中测发射结正、反向电阻各一次（两次），集电结正、反向电阻各一次（两次），集射极之间的正、反向电阻各一次（两次）。只有这六次检测都正常才能说明晶体管是正常的，只要有一次测量发现不正常，该晶体管就不能使用。

扫一扫看视频

7.1.8 用数字万用表检测晶体管

1. 检测晶体管的类型并找出基极

用数字万用表检测晶体管的类型并找出基极如图7-17所示。

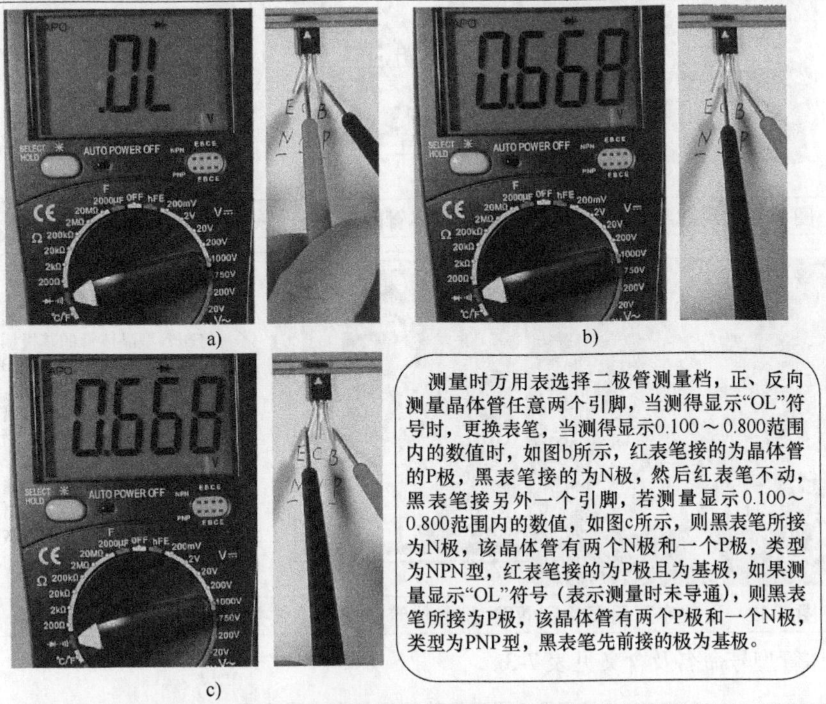

a)
b)
c)
测量时万用表选择二极管测量档，正、反向测量晶体管任意两个引脚，当测得显示"OL"符号时，更换表笔，当测得显示0.100～0.800范围内的数值时，如图b所示，红表笔接的为晶体管的P极，黑表笔接的为N极，然后红表笔不动，黑表笔接另外一个引脚，若测量显示0.100～0.800范围内的数值，如图c所示，则黑表笔所接为N极，该晶体管有两个N极和一个P极，类型为NPN型，红表笔接的为P极且为基极，如果测量显示"OL"符号（表示测量时未导通），则黑表笔所接为P极，该晶体管有两个P极和一个N极，类型为PNP型，黑表笔先前接的极为基极。

图7-17 用数字万用表检测晶体管的类型并找出基极

2. 检测PNP型晶体管的放大倍数并区分出集电极和发射极

用数字万用表检测PNP型晶体管的放大倍数并区分出集电极和发射极如图7-18所示。

3. 检测NPN型晶体管的放大倍数并区分出集电极和发射极

用数字万用表检测NPN型晶体管的放大倍数并区分出集电极和发射极如图7-19所示。

扫一扫看视频

7.1.9 晶体管型号命名方法

国产晶体管型号由五部分组成：

第一部分用数字"3"表示主称晶体管。

第二部分用字母表示晶体管的材料和极性。

第三部分用字母表示晶体管的类别。

第四部分用数字表示同一类型产品的序号。

第五部分用字母表示规格号。

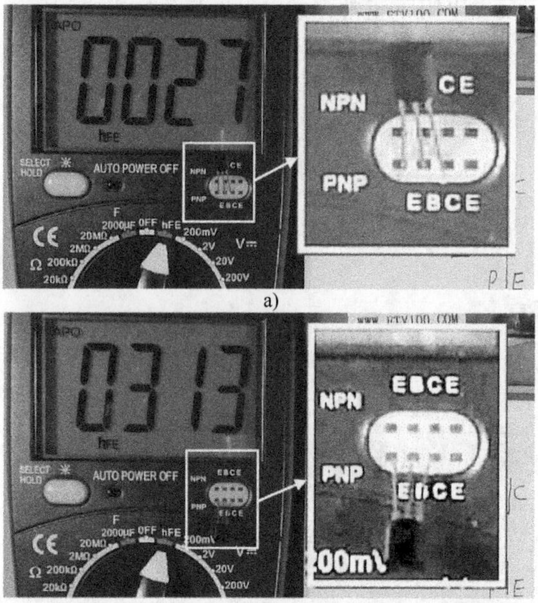
APO
0027
hFE
SELECT HOLD
AUTO POWER OFF
NPN
PNP
CE
EBCE
0313
EBCE
EBCE
测量时万用表选择h_{FE}档（晶体管放大倍数档），然后将PNP型晶体管的基极插入PNP型晶体管测量孔的B插孔，另外两极分别插入E、C插孔，如果测量显示的放大倍数很小，如图a所示，可将晶体管基极以外的两极互换插孔，正常会显示较大的放大倍数，如图b所示，此时E插孔插入的为晶体管的e极（发射极），C插孔插入的为c极（集电极），因为晶体管各引脚的极性只有与晶体管测量插孔极性完全对应，晶体管的放大倍数才最大。

a)

b)

图 7-18　用数字万用表检测 PNP 型晶体管的放大倍数并区分出集电极和发射极

APO
0220
hFE
AUTO POWER OFF
NPN
PNP
EBCE
测量时万用表选择h_{FE}档（晶体管放大倍数档），然后将NPN型晶体管的基极插入NPN型晶体管测量孔的B插孔，另外两极分别插入E、C插孔，如果显示的放大倍数很大，图中显示的放大倍数为220倍，该值是晶体管的正常放大倍数，此时E插孔插入的为晶体管的e极（发射极），C插孔插入的为c极（集电极）。

图 7-19　用数字万用表检测 NPN 型晶体管的放大倍数并区分出集电极和发射极

国产晶体管型号命名及含义见表 7-3。

表 7-3　国产晶体管型号命名及含义

第一部分：主称		第二部分：晶体管的材料和极性		第三部分：类别		第四部分：序号	第五部分：规格号
数字	含义	字母	含义	字母	含义		
3	晶体管	A	锗材料、PNP 型	G	高频小功率管	用数字表示同一类型产品的序号	用字母 A 或 B、C、D 等表示同一型号的器件的不同规格
				X	低频小功率管		
		B	锗材料、NPN 型	A	高频大功率管		
				D	低频大功率管		
		C	硅材料、NPN 型	T	闸流管		
				K	开关管		
		D	硅材料、NPN 型	V	微波管		
				B	雪崩管		
		E	化合物材料	U	光敏管（光电管）		
				J	结型场效应晶体管		

7.2 特殊晶体管

7.2.1 带阻晶体管

1. 外形与符号

带阻晶体管是指基极和发射极接有电阻器并封装为一体的晶体管。带阻晶体管常用在电路中作为电子开关。带阻晶体管外形和符号如图 7-20 所示。

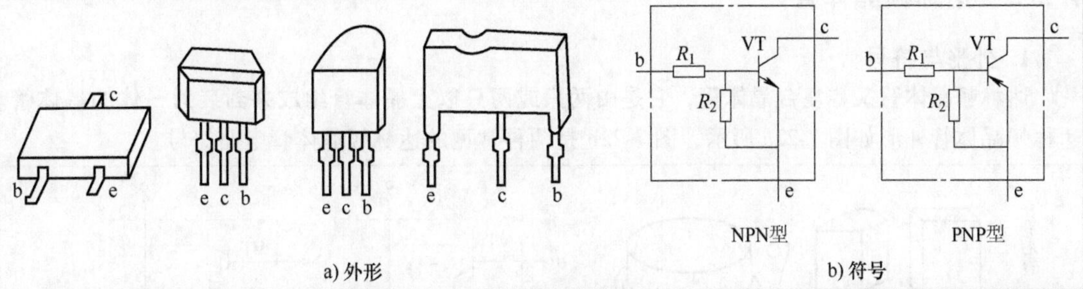
c
b
e
e c b
e c b
e
c
b
a) 外形
b
R_1
VT
c
R_2
e
NPN型
b
R_1
VT
c
R_2
e
PNP型
b) 符号

图 7-20 带阻晶体管

2. 检测

带阻晶体管检测与普通晶体管基本类似，但由于内部接有电阻器，故检测出来的阻值大小稍有不同。以图 7-20b 中的 NPN 型带阻晶体管为例，检测时万用表选择×1kΩ 档，测量 b、e、c 极任意之间的正、反向电阻，若带阻晶体管正常，则有下面的规律：

b、e 极之间正、反向电阻都比较小（具体大小与 R_1、R_2 值有关），但 b、e 极之间的正向电阻（黑表笔接 b 极、红表笔接 e 极测得）会略小一点，因为测正向电阻时发射结会导通。

b、c 极之间正向电阻（黑表笔接 b 极，红表笔接 c 极）小，反向电阻接近无穷大。

c、e 极之间正、反向电阻都接近无穷大。

检测时如果与上述结果不符，则为带阻晶体管损坏。

7.2.2 带阻尼晶体管

1. 外形与符号

带阻尼晶体管是指在集电极和发射极之间接有二极管并封装为一体的晶体管。带阻尼晶体管功率很大，常用在彩色电视机和计算机显示器的扫描输出电路中。带阻尼晶体管外形和符号如图 7-21 所示。

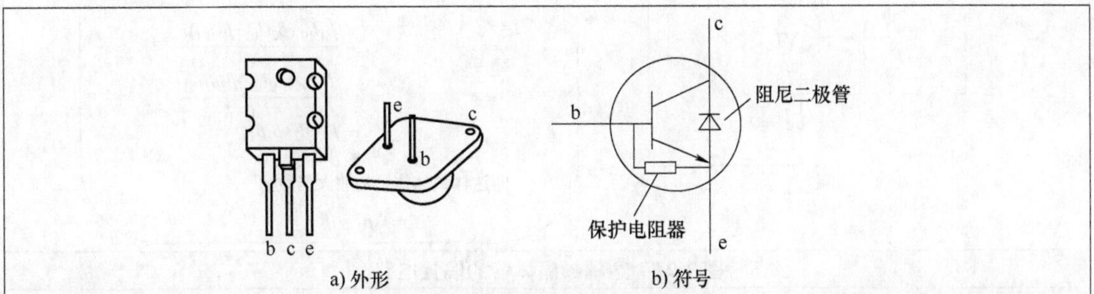
b c e
e
c
b
a) 外形
c
b
阻尼二极管
保护电阻器
e
b) 符号

图 7-21 带阻尼晶体管

2. 检测

在检测带阻尼晶体管时，万用表选择×1kΩ 档，测量 b、e、c 极任意之间的正、反向电阻，若带阻尼晶体管正常，则有下面的规律：

b、e 极之间正、反向电阻都比较小，但 b、e 极之间的正向电阻（黑表笔接 b 极，红表笔接 e 极）会略小一点。

b、c 极之间正向电阻（黑表笔接 b 极，红表笔接 c 极）小，反向电阻接近无穷大。

c、e 极之间正向电阻（黑表笔接 c 极，红表笔接 e 极）接近无穷大，反向电阻很小（因为阻尼二极管会导通）。

检测时如果与上述结果不符，则为带阻尼晶体管损坏。

7.2.3 达林顿晶体管

1. 外形与符号

达林顿晶体管又称复合晶体管，它是由两只或两只以上晶体管组成并封装为一体的晶体管。 达林顿晶体管外形如图 7-22a 所示，图 7-22b 是两种常见的达林顿晶体管电路符号。

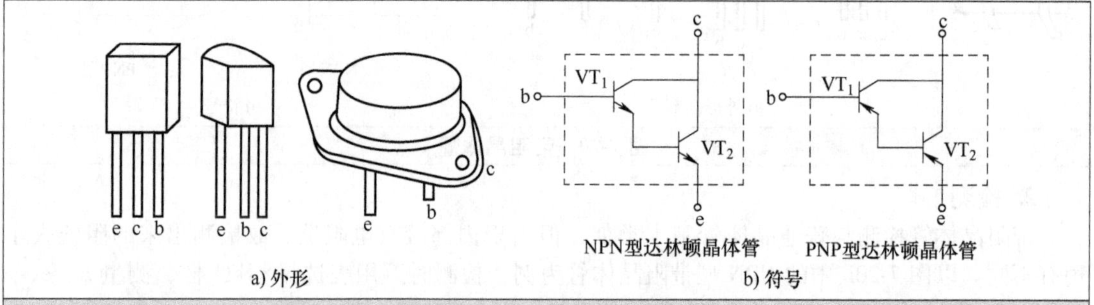
e c b
e b c
e
b
c
a) 外形
c
VT1
b
VT2
e
NPN型达林顿晶体管
c
VT1
b
VT2
PNP型达林顿晶体管
b) 符号

图 7-22 达林顿晶体管

2. 工作原理

与普通晶体管一样，达林顿晶体管也需要给各极提供电压，让各极有电流流过，才能正常工作。达林顿晶体管具有放大倍数高、热稳定性好和简化放大电路等优点。图 7-23 是一种典型的达林顿晶体管偏置电路。

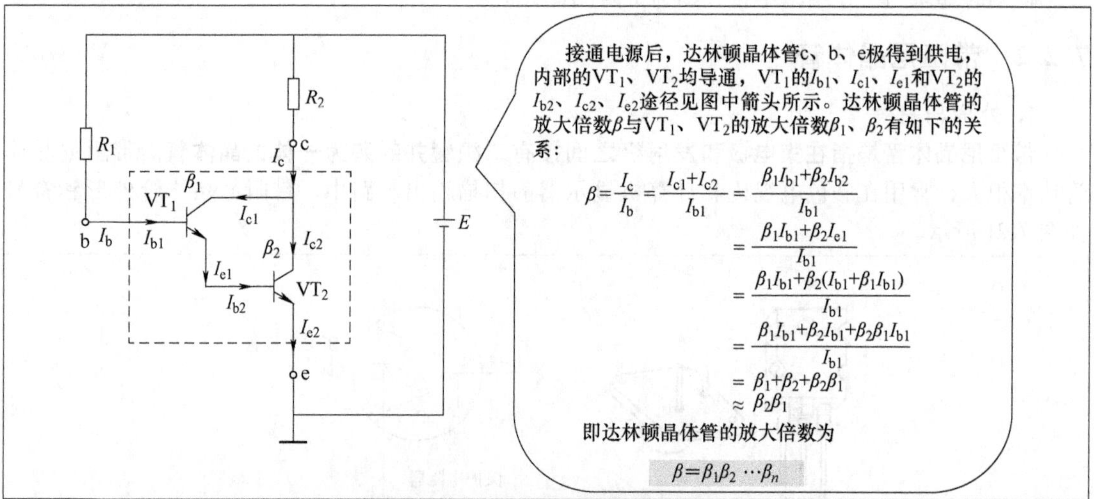
R2
R1
c
Ic
β1
VT1
Ic1
b Ib
Ib1
β2
Ic2
Ie1
VT2
Ib2
Ie2
e
E
接通电源后，达林顿晶体管c、b、e极得到供电，内部的VT1、VT2均导通，VT1的Ib1、Ic1、Ie1和VT2的Ib2、Ic2、Ie2途径见图中箭头所示。达林顿晶体管的放大倍数β与VT1、VT2的放大倍数β1、β2有如下的关系：
$\beta=\frac{I_c}{I_b}=\frac{I_{c1}+I_{c2}}{I_{b1}}=\frac{\beta_1 I_{b1}+\beta_2 I_{b2}}{I_{b1}}$
$=\frac{\beta_1 I_{b1}+\beta_2 I_{e1}}{I_{b1}}$
$=\frac{\beta_1 I_{b1}+\beta_2(I_{b1}+\beta_1 I_{b1})}{I_{b1}}$
$=\frac{\beta_1 I_{b1}+\beta_2 I_{b1}+\beta_2\beta_1 I_{b1}}{I_{b1}}$
$=\beta_1+\beta_2+\beta_2\beta_1$
$\approx\beta_2\beta_1$
即达林顿晶体管的放大倍数为
$\beta=\beta_1\beta_2\cdots\beta_n$

图 7-23 达林顿晶体管的偏置电路

3. 用指针万用表检测达林顿晶体管

以检测图 7-22b 所示的 NPN 型达林顿晶体管为例，在检测时，万用表选择×10kΩ 档，测量 b、e、c 极任意之间的正、反向电阻，若达林顿晶体管正常，则有下面的规律：

b、e极之间正向电阻（黑表笔接b极，红表笔接e极）小，反向电阻接近无穷大。

b、c极之间正向电阻（黑表笔接b极，红表笔接c极）小，反向电阻接近无穷大。

c、e极之间正、反向电阻都接近无穷大。

检测时如果与上述结果不符，则为达林顿晶体管损坏。

扫一扫看视频

4. 用数字万用表检测达林顿晶体管

（1）检测类型和各电极

用数字万用表检测达林顿晶体管类型和各电极如图7-24所示。

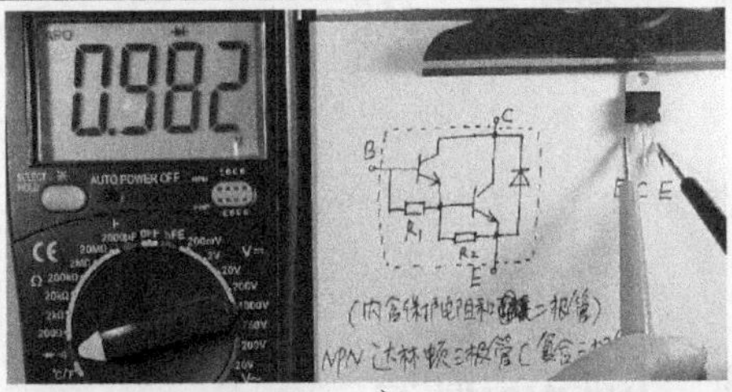
0.982

a)

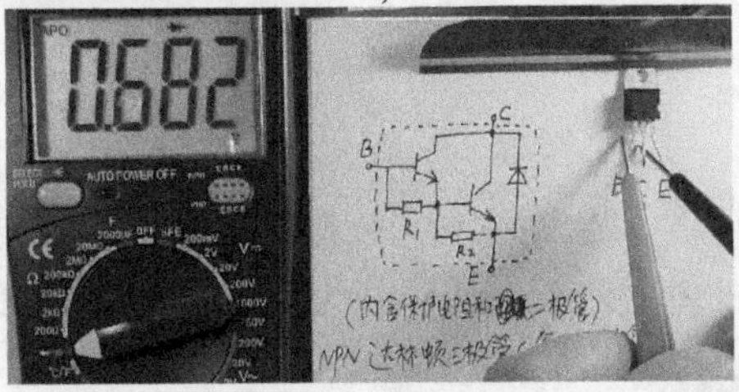
0.682
测量时万用表选择二极管测量档，正、反向测量任意两引脚，当某次测量时显示0.800～1.400范围内的数值，如图a所示，表明有两个PN结串联导通，红表笔接的为P极，黑表笔接的为N极，然后红表笔不动，黑表笔接另外一个引脚，如果测量显示0.400～0.700范围内的数值，如图b所示，则黑表笔接的为N极，该达林顿晶体管为NPN型，红表笔接的为基极，如果测量显示溢出符号OL，则黑表笔接的为P极，该达林顿晶体管为PNP型，黑表笔先前接的为基极。

b)

图7-24 用数字万用表检测达林顿晶体管类型和各电极

（2）检测b、e极之间有无电阻器

有些达林顿晶体管在b、e极之间接有电阻器，可利用数字万用表的欧姆档来检测两极之间有无电阻器，同时能检测出电阻器阻值的大小，在用数字万用表的欧姆档测量PN结时，PN结一般不会导通。用数字万用表检测达林顿晶体管b、e极之间有无电阻器如图7-25所示。

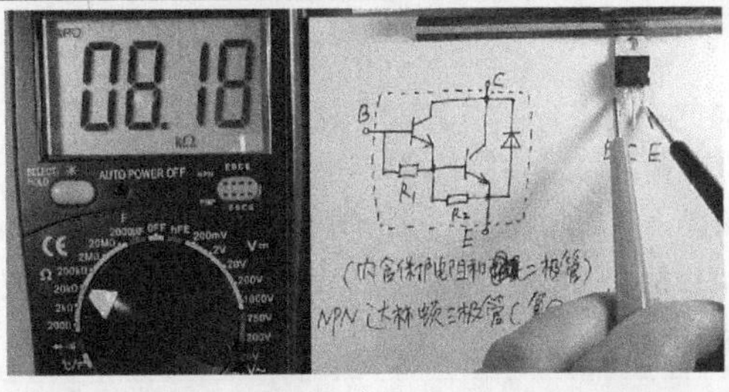
08.18
kΩ

a)

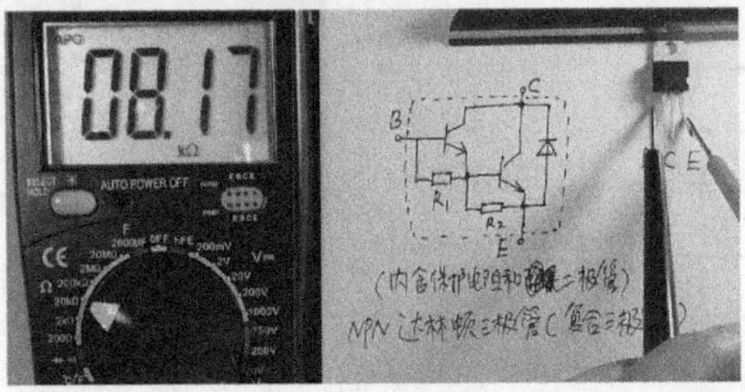
08.17
kΩ
测量时万用表选择20kΩ档，红表笔接达林顿晶体管b极，黑表笔接e极，测量显示阻值为8.18kΩ，如图a所示，再将红、黑表笔互换测量，测量显示阻值为8.17kΩ，如图b所示，经上述两步测量可知，达林顿晶体管b、e极之间有电阻器，阻值为8.18kΩ。

b)

图7-25 用数字万用表检测达林顿晶体管b、e极之间有无电阻器

第 8 章

晶 闸 管

8.1 单向晶闸管

8.1.1 外形与符号

单向晶闸管曾称单向可控硅（SCR），它有三个电极，分别是阳极（A）、阴极（K）和门极（G）。图 8-1a 是一些常见的单向晶闸管的实物外形，图 8-1b 为单向晶闸管的电路符号。

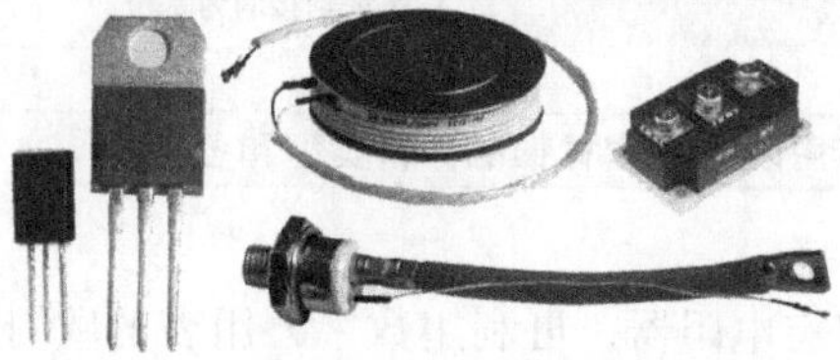
a) 实物外形

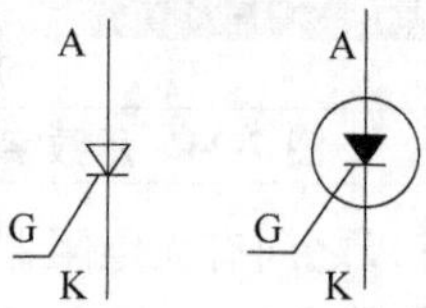

A
G
K
新符号
A
G
K
旧符号

b) 电路符号

图 8-1 单向晶闸管

8.1.2 结构原理

1. 结构

单向晶闸管的内部结构和等效图如图 8-2 所示。单向晶闸管有三个极：A 极（阳极）、G 极（门极）和 K 极（阴极）。单向晶闸管内部结构如图 8-2a 所示，它相当于 PNP 型晶体管和 NPN 型晶体管以图 8-2b 所示的方式连接而成。

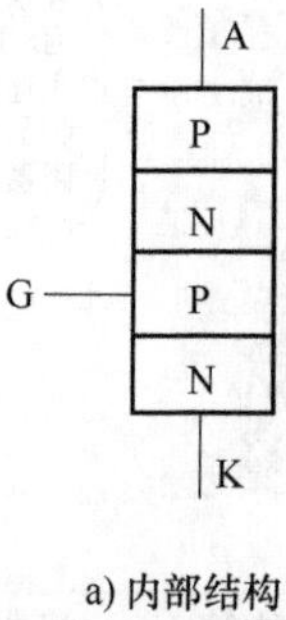

A
P
N
G
P
N
K

a) 内部结构

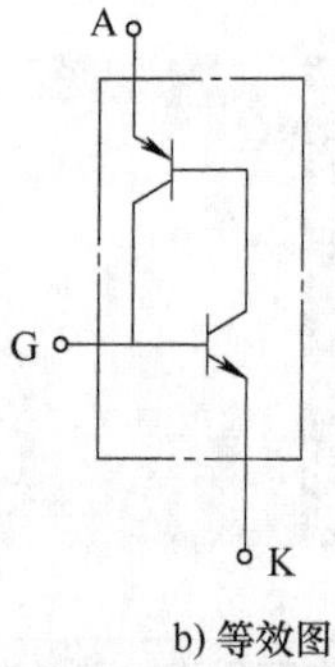

A
G
K

b) 等效图

图 8-2 单向晶闸管的内部结构与等效图

2. 工作原理

下面以图 8-3 所示的电路来说明单向晶闸管的工作原理。

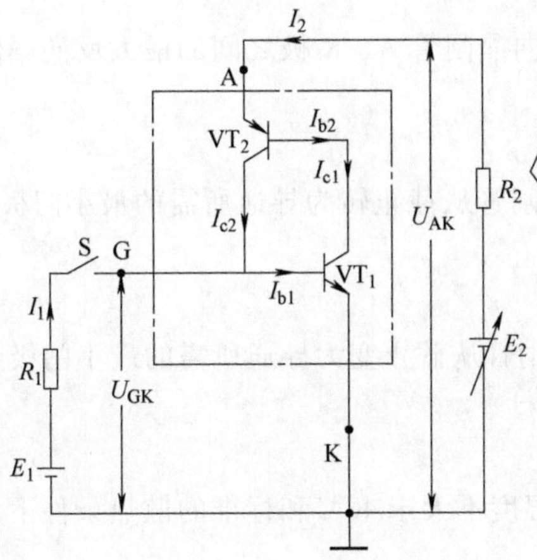

I_2
A
VT_2
I_{b2}
I_{c1}
I_{c2}
R_2
U_{AK}
S
G
VT_1
I_1
I_{b1}
R_1
U_{GK}
E_2
K
E_1

电源E_2通过R_2为晶闸管A、K极提供正向电压U_{AK}，电源E_1经电阻器R_1和开关S为晶闸管G、K极提供正向电压U_{GK}，当开关S处于断开状态时，VT_1无I_{b1}而无法导通，VT_2也无法导通，晶闸管处于截止状态，I_2为0。

如果将开关S闭合，电源E_1马上通过R_1、S为VT_1提供I_{b1}，VT_1导通，VT_2也导通(VT_2的I_{b2}经过VT_1的c、e极)，VT_2导通后，它的I_{c2}与E_1提供的电流汇合形成更大的I_{b1}流经VT_1的发射结，VT_1导通更深，I_{c1}更大，VT_2的I_{b2}也增大（VT_2的I_{b2}与VT_1的I_{c1}相等），I_{c2}增大，这样会形成强烈的正反馈，正反馈过程是

$$I_{b1}\uparrow \rightarrow I_{c1}\uparrow \rightarrow I_{b2}\uparrow \rightarrow I_{c2}\uparrow$$

正反馈使 VT_1、VT_2 都进入饱和状态，I_{b2}、I_{c2} 都很大，I_{b2}、I_{c2} 都由 VT_2 的发射极流入，也即晶闸管 A 极流入，I_{b2}、I_{c2} 在内部流经 VT_1、VT_2 后从 K 极输出。很大的电流从晶闸管 A 极流入，然后从 K 极流出，相当于晶闸管导通。

晶闸管导通后，若断开开关 S，I_{b2}、I_{c2} 继续存在，晶闸管继续导通。这时如果慢慢调低电源 E_2 的电压，流入晶闸管 A 极的电流（即图中的 I_2）也慢慢减小，当电源电压调到很低时（接近 0V），流入 A 极的电流接近 0，晶闸管进入截止状态。

图 8-3　单向晶闸管的工作原理说明图

晶闸管有以下性质：

1）无论 A、K 极之间加什么电压，只要 G、K 极之间没有加正向电压，晶闸管就无法导通。

2）只有 A、K 极之间加正向电压，并且 G、K 极之间也加一定的正向电压，晶闸管才能导通。

3）晶闸管导通后，撤掉 G、K 极之间的正向电压后晶闸管仍继续导通。要让导通的晶闸管截止，可采用两种方法：一是让流入晶闸管 A 极的电流减小到某一值 I_H（维持电流），晶闸管会截止；二是让 A、K 极之间的正向电压 U_{AK}减小到 0 或为反向电压，也可以使晶闸管由导通转为截止。

单向晶闸管导通和关断（截止）条件见表 8-1。

表 8-1　单向晶闸管导通和关断条件

晶闸管导通和关断条件		
状　态	条　件	说　明
从关断到导通	1. 阳极电位高于阴极电位 2. 门极有足够的正向电压和电流	两者缺一不可
维持导通	1. 阳极电位高于阴极电位 2. 阳极电流大于维持电流	两者缺一不可
从导通到关断	1. 阳极电位低于阴极电位 2. 阳极电流小于维持电流	任一条件即可

8.1.3　主要参数

单向晶闸管的主要参数有：

（1）正向断态重复峰值电压 U_{DRM}

正向断态重复峰值电压是指在G极开路和单向晶闸管阻断的条件下，允许重复加到A、K极之间的最大正向峰值电压。一般所说电压为多少伏的单向晶闸管指的就是该值。

（2）反向重复峰值电压 U_{RRM}

反向重复峰值电压是指在G极开路，允许加到单向晶闸管A、K极之间的最大反向峰值电压。一般 U_{RRM} 与 U_{DRM} 接近或相等。

（3）门极触发电压 U_{GT}

在室温条件下，A、K极之间加6V电压时，使晶闸管从截止转为导通所需的最小门极（G极）直流电压。

（4）门极触发电流 I_{GT}

在室温条件下，A、K极之间加6V电压时，使晶闸管从截止变为导通所需的最小门极直流电流。

（5）通态平均电流 I_T

通态平均电流又称额定态平均电流，是指在环境温度不大于40℃和标准的散热条件下，可以连续通过50Hz正弦波电流的平均值。

（6）维持电流 I_H

维持电流是指在G极开路时，维持单向晶闸管继续导通的最小正向电流。

8.1.4　用指针万用表检测单向晶闸管

单向晶闸管的检测包括电极判别、好坏检测和触发能力检测。

1. 电极判别

单向晶闸管的电极判别如图8-4所示。

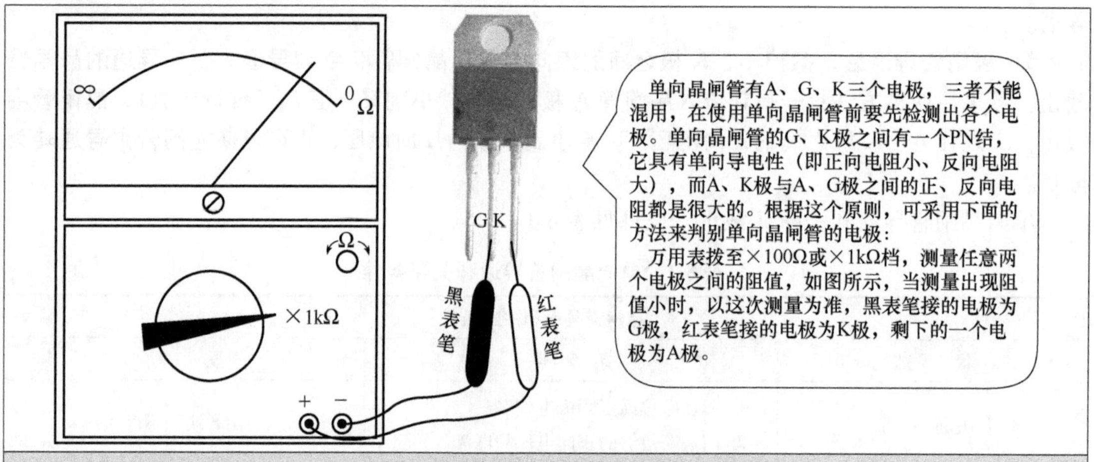
∞
0
Ω
Ω
×1kΩ
+
−
G K
黑表笔
红表笔
单向晶闸管有A、G、K三个电极，三者不能混用，在使用单向晶闸管前要先检测出各个电极。单向晶闸管的G、K极之间有一个PN结，它具有单向导电性（即正向电阻小、反向电阻大），而A、K极与A、G极之间的正、反向电阻都是很大的。根据这个原则，可采用下面的方法来判别单向晶闸管的电极：
万用表拨至×100Ω或×1kΩ档，测量任意两个电极之间的阻值，如图所示，当测量出现阻值小时，以这次测量为准，黑表笔接的电极为G极，红表笔接的电极为K极，剩下的一个电极为A极。

图8-4　单向晶闸管的电极判别

2. 好坏检测

正常的单向晶闸管除了G、K极之间的正向电阻小、反向电阻大外，其他各极之间的正、反向电阻均接近无穷大。在检测单向晶闸管时，将万用表拨至×1kΩ档，测量单向晶闸管任意两极之间的正、反向电阻。

若出现两次或两次以上阻值小，说明单向晶闸管内部有短路。

若G、K极之间的正、反向电阻均为无穷大，说明单向晶闸管G、K极之间开路。

若测量时只出现一次阻值小，并不能确定单向晶闸管一定正常（如G、K极之间正常，A、

G 极之间出现开路)，在这种情况下，需要进一步测量单向晶闸管的触发能力。

3. 触发能力检测

检测单向晶闸管的触发能力实际上就是检测 G 极控制 A、K 极之间导通的能力。单向晶闸管触发能力检测过程如图 8-5 所示。

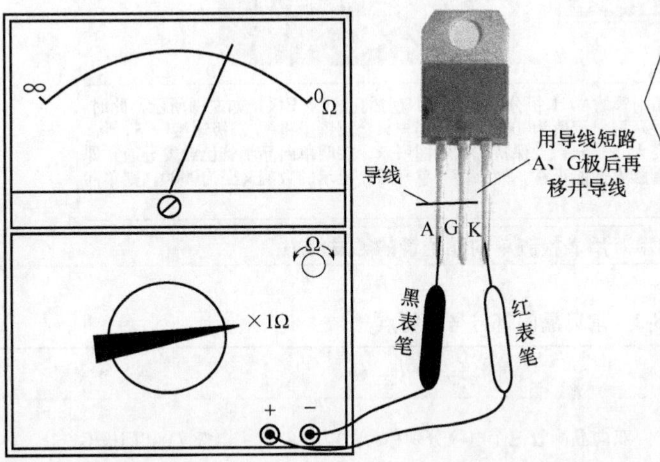
∞
0Ω
×1Ω
+
−
导线
用导线短路
A、G极后再
移开导线
A G K
黑表笔
红表笔
将万用表拨至 ×1Ω档，测量单向晶闸管 A、K 极之间的正向电阻（黑表笔接 A 极，红表笔接 K 极），A、K 极之间的阻值正常应接近无穷大，然后用一根导线将 A、G 极短路，为 G 极提供触发电压，如果单向晶闸管良好，A、K 极之间应导通，A、K 极之间的阻值马上变小，再将导线移开，让 G 极失去触发电压，此时单向晶闸管还应处于导通状态，A、K 极之间阻值仍很小。
在上面的检测中，若导线短路 A、G 极前后，A、K 极之间的阻值变化不大，说明 G 极失去触发能力，单向晶闸管损坏；若移开导线后，单向晶闸管 A、K 极之间阻值又变大，则为单向晶闸管开路（注：即使单向晶闸管正常，如果使用万用表高阻档测量，由于在高阻档时万用表提供给单向晶闸管的维持电流比较小，有可能不足以维持单向晶闸管继续导通，也会出现移开导线后 A、K 极之间阻值变大，为了避免检测判断失误，应采用 ×1Ω或 ×10Ω档测量）。

图 8-5 单向晶闸管触发能力的检测

8.1.5 用数字万用表检测单向晶闸管

扫一扫看视频

1. 电极判别

用数字万用表判别单向晶闸管的电极如图 8-6 所示。

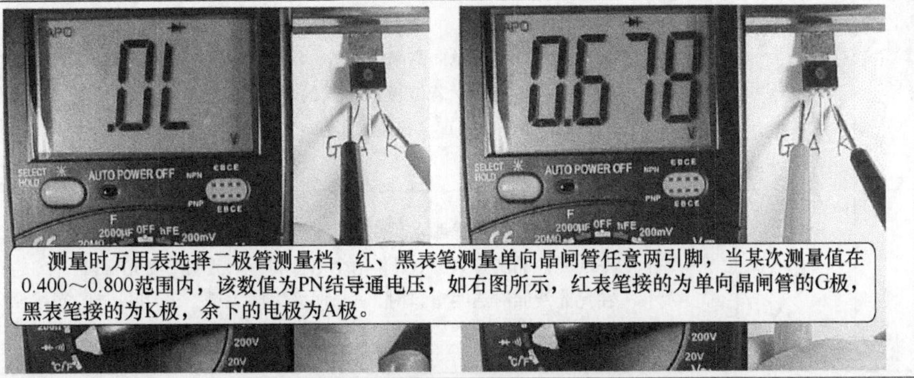
.0L
0.678
AUTO POWER OFF
G A K
测量时万用表选择二极管测量档，红、黑表笔测量单向晶闸管任意两引脚，当某次测量值在0.400～0.800范围内，该数值为PN结导通电压，如右图所示，红表笔接的为单向晶闸管的G极，黑表笔接的为K极，余下的电极为A极。

图 8-6 用数字万用表判别单向晶闸管的电极

2. 触发能力检测

用数字万用表检测单向晶闸管的触发能力如图 8-7 所示。

8.1.6 种类

晶闸管种类很多，前面介绍的为单向晶闸管，此外还有双向晶闸管、门极关断晶闸管、逆导晶闸管和光控晶闸管等。常见的晶闸管的电路符号及特点见表 8-2。

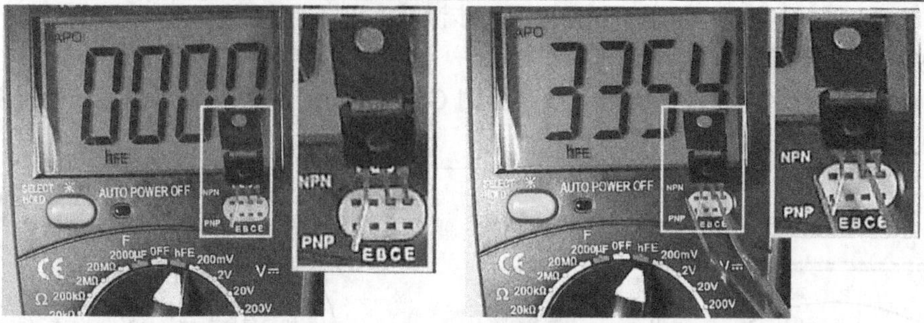

0000
3354
NPN
PNP
EBCE
AUTO POWER OFF

测量时万用表选择h_{FE}档，将单向晶闸管的A、K极分别插入NPN型插孔的C、E极，如左图所示，此时单向晶闸管的A、K极之间不导通，显示屏显示值为0000，然后用一只金属镊子将A、G极短接一下，将A极电压加到G极，显示屏数值马上变大（3354）且保持，如右图所示，表明单向晶闸管已触发导通，即A、K极之间导通且维持，单向晶闸管触发性能正常，如果镊子拿开后，显示的数值又变为0000，则单向晶闸管性能不良。

图 8-7　用数字万用表检测单向晶闸管的触发能力

表 8-2　常见晶闸管符号及特点

种　类	符　号	特　点
双向晶闸管	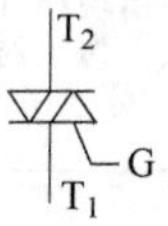 T2 G T1	双向晶闸管三个电极分别称为主电极 T_1、主电极 T_2 和门极 G 当门极加适当的电压时，双向晶闸管可以双向导通，即电流可以由 $T_2 \rightarrow T_1$，也可以由 $T_1 \rightarrow T_2$
门极关断晶闸管	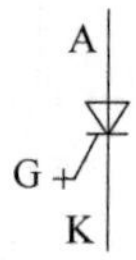 A G K	门极关断晶闸管在导通的情况下，可通过在门极加负电压使 A、K 之间关断
逆导晶闸管	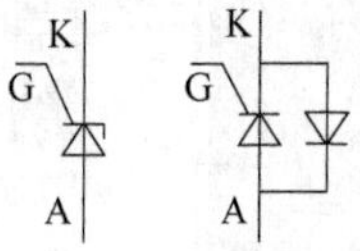 K G A 符号 等效图	逆导晶闸管是在单向晶闸管的 A、K 极之间反向并联一只二极管构成 在加正向电压时，若门极加适当的电压，A、K 极之间导通，在加反向电压时，A、K 极直接导通
光控晶闸管	 A G K	光控晶闸管又称光触发晶闸管，它是利用光线照射来控制通断的。小功率的光控晶闸管只有 A、K 两个电极和一个透明的受光窗口 在无光线照射透明窗口时，A、K 极之间关断，若用一定的光线照射时，A、K 之间导通

8.1.7　晶闸管的型号命名方法

国产晶闸管的型号命名主要由下面四部分组成：

第一部分用字母“K”表示主称为晶闸管。

第二部分用字母表示晶闸管的类别。

第三部分用数字表示晶闸管的额定通态电流值。

第四部分用数字表示重复峰值电压级数。

国产晶闸管型号命名及含义见表 8-3。

表 8-3　国产晶闸管的型号命名及含义

第一部分：主称		第二部分：类别		第三部分：额定通态电流		第四部分： 重复峰值电压级数	
字母	含义	字母	含义	数字	含义	数字	含义
K	晶闸管（可控硅）	P	普通反向阻断型	1	1A	1	100V
				5	5A	2	200V
				10	10A	3	300V
				20	20A	4	400V
		K	快速反向阻断型	30	30A	5	500V
				50	50A	6	600V
				100	100A	7	700V
				200	200A	8	800V
		S	双向型	300	300A	9	900V
				400	400A	10	1000V
				500	500A	12	1200V
						14	1400V

例如：

KP1-2（1A 200V 普通反向阻断型晶闸管）	**KS5-4**（5A 400V 双向晶闸管）
K——晶闸管	K——晶闸管
P——普通反向阻断型	S——双向管
1——通态电流 1A	5——通态电流 5A
2——重复峰值电压 200V	4——重复峰值电压 400V

8.2　双向晶闸管

8.2.1　符号与结构

双向晶闸管符号与结构如图 8-8 所示，**双向晶闸管有三个电极：主电极 T_1、主电极 T_2 和门极 G**。

8.2.2　工作原理

单向晶闸管只能单向导通，而双向晶闸管可以双向导通。下面以图 8-9 来说明说明双向晶闸管的工作原理。

1）当 T_2、T_1 极之间加正向电压（即 $U_{T2}>U_{T1}$）时，如图 8-9a 所示。在这种情况下，若 G 极无电压，则 T_2、T_1 极之间不导通；若在 G、T_1 极之间加正向电压（即 $U_G>U_{T1}$），T_2、T_1 极之间马上导通，电流由 T_2 极流入，从 T_1 极流出，此时撤去 G 极电压，T_2、T_1 极之间仍处于导通状态。

也就是说，当 $U_{T2}>U_G>U_{T1}$ 时，双向晶闸管导通，电流由 T_2 极流向 T_1 极，撤去 G 极电压后，晶闸管继续处于导通。

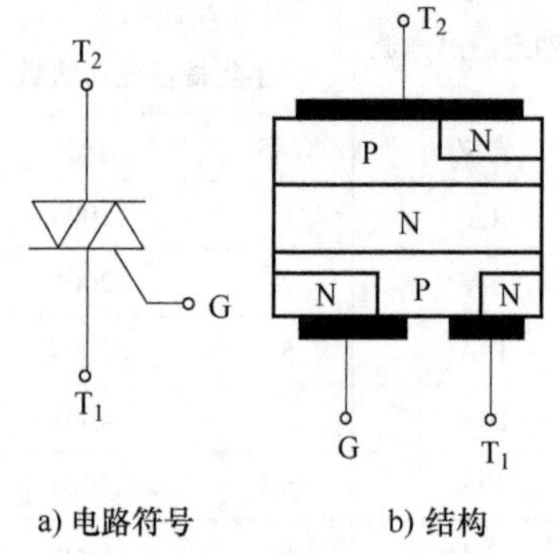

T2
G
T1
P
N
N
P
N
G
T1
a) 电路符号
b) 结构

图 8-8　双向晶闸管

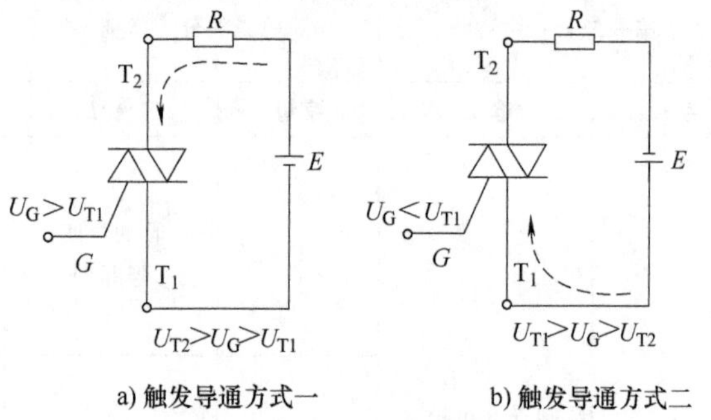

R
T2
E
UG>UT1
G
T1
UT2>UG>UT1
a) 触发导通方式一
R
T2
E
UG<UT1
G
T1
UT1>UG>UT2
b) 触发导通方式二

图 8-9　双向晶闸管的两种触发导通方式

2）当 T_2、T_1 极之间加反向电压（即 $U_{T2}<U_{T1}$）时，如图 8-9b 所示。在这种情况下，若 G 极无电压，则 T_2、T_1 极之间不导通；若在 G、T_1 极之间加反向电压（即 $U_G<U_{T1}$），T_2、T_1 极之间马上导通，电流由 T_1 极流入，从 T_2 极流出，此时撤去 G 极电压，T_2、T_1 极之间仍处于导通状态。

也就是说，当 $U_{T1}>U_G>U_{T2}$ 时，双向晶闸管导通，电流由 T_1 极流向 T_2 极，撤去 G 极电压后，晶闸管继续处于导通。

双向晶闸管导通后，撤去 G 极电压，会继续处于导通状态，在这种情况下，要使双向晶闸管由导通进入截止，可采用以下任意一种方法：

1）让流过主电极 T_1、T_2 的电流减小至维持电流以下。

2）让主电极 T_1、T_2 之间电压为 0 或改变两极间电压的极性。

8.2.3　应用电路

图 8-10 是一种由双向晶闸管和双向触发二极管构成的交流调压电路。

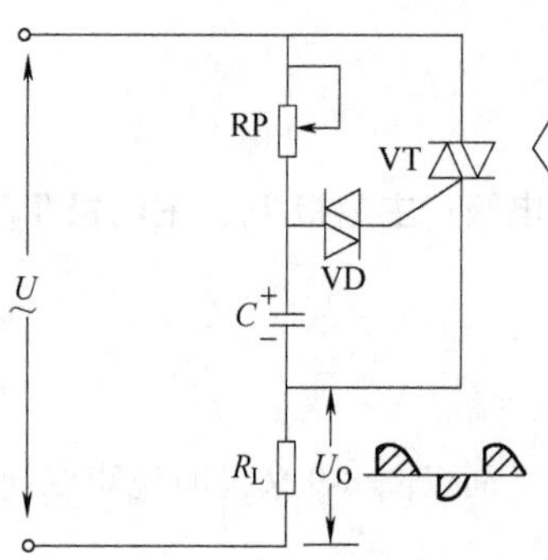

RP
VT
VD
U
~
C
+
RL
UO

当交流电压 U 正半周来时，U 的极性是上正下负，该电压经负载 R_L、电位器 RP 对电容器 C 充得上正下负的电压，随着充电的进行，当 C 的上正下负电压达到一定值时，该电压使双向二极管 VD 导通，电容器 C 的正电压经 VD 送到 VT 的 G 极，VT 的 G 极电压较主极 T_1 的电压高，VT 被正向触发，两主极 T_2、T_1 之间随之导通，有电流流过负载 R_L。在交流电压 U 过零时，流过晶闸管 VT 的电流为 0，VT 由导通转入截止。

当交流电压 U 负半周来时，U 的极性是上负下正，该电压对电容器 C 反向充电，先将上正下负的电压中和，然后再充得上负下正的电压，随着充电的进行，当 C 的上负下正电压达到一定值时，该电压使双向二极管 VD 导通，上负电压经 VD 送到 VT 的 G 极，VT 的 G 极电压较主极 T_1 电压低，VT 被反向触发，两主极 T_1、T_2 之间随之导通，有电流流过负载 R_L。在交流电压 U 过零时，VT 由导通转入截止。

从上面的分析可知，只有在双向晶闸管导通期间，交流电压才能加到负载两端，双向晶闸管导通时间越短，负载两端得到的交流电压有效值越小，而调节电位器 RP 的值可以改变双向晶闸管导通时间，进而改变负载上的电压。例如 RP 滑动端下移，RP 阻值变小，交流电压 U 经 RP 对电容器 C 充电电流大，C 上的电压很快上升到使双向二极管导通的电压值，晶闸管导通提前，导通时间长，负载上得到的交流电压有效值高。

图 8-10　由双向晶闸管和双向触发二极管构成的交流调压电路

8.2.4 用指针万用表检测双向晶闸管

双向晶闸管检测包括电极判别、好坏检测和触发能力检测。

1. 电极判别

双向晶闸管电极判别分两步，具体如图 8-11 所示。

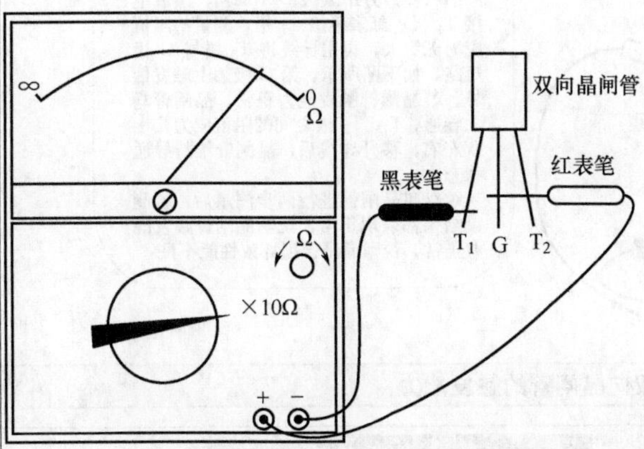
∞
0
Ω
双向晶闸管
红表笔
黑表笔
T1 G T2
Ω
×10Ω
+ −

第一步：找出T_2极。从双向晶闸管内部结构可以看出，T_1极和G极之间为P型半导体，而P型半导体的电阻很小，约几十欧姆，而T_2极距离G极和T_1极都较远，故它们之间的正、反向阻值都接近无穷大。在检测时，万用表拨至×1Ω档，测量任意两个电极之间的正、反向电阻，当测得某两个极之间的正、反向电阻均很小（约几十欧姆），则这两个极为T_1和G极，另一个电极为T_2极。

第二步：判断T_1极和G极。找出双向晶闸管的T_2极后，才能判断T_1极和G极。在测量时，万用表拨至×10Ω档，先假定一个电极为T_1极，另一个电极为G极，将黑表笔接假定的T_1极，红表笔接T_2极，测量的阻值应为无穷大。接着用红表笔尖把T_2极与G极短路，给G极加上负触发信号，阻值应为几十欧左右，说明管子已经导通，再将红表笔尖与G极脱开（但仍接T_2极），如果阻值变化不大，仍很小，表明管子在触发之后仍能维持导通状态，先前的假设正确，即黑表笔接的电极为T_1极，红表笔接的为T_2极（先前已判明），另一个电极为G极。如果红表笔尖与G极脱开后，阻值马上由小变为无穷大，说明先前假设错误，即先前假定的T_1极实为G极，假定的G极实为T_1极。

图 8-11 检测双向晶闸管的 T_1 极和 G 极

2. 好坏检测

正常的双向晶闸管除了 T_1、G 极之间的正、反向电阻较小外，T_1、T_2 极和 T_2、G 极之间的正、反向电阻均接近无穷大。双向晶闸管好坏检测分两步：

第一步：测量双向晶闸管 T_1、G 极之间的电阻。将万用表拨至×10Ω 档，测量晶闸管 T_1、G 极之间的正、反向电阻，正常时正、反向电阻都很小，约几十欧姆；若正、反向电阻均为 0，则 T_1、G 极之间短路；若正、反向电阻均为无穷大，则 T_1、G 极之间开路。

第二步：测量 T_2、G 极和 T_2、T_1 极之间的正、反向电阻。将万用表拨至×1kΩ 档，测量晶闸管 T_2、G 极和 T_2、T_1 极之间的正、反向电阻，它们之间的电阻正常均接近无穷大，若某两极之间出现阻值小，表明它们之间有短路。

如果检测时发现 T_1、G 极之间的正、反向电阻小，T_1、T_2 极和 T_2、G 极之间的正、反向电阻均接近无穷大，不能说明双向晶闸管一定正常，还应检测它的触发能力。

3. 触发能力检测

双向晶闸管触发能力检测分两步，如图 8-12 所示。

8.2.5 用数字万用表判别双向晶闸管电极

用数字万用表判别双向晶闸管的各电极时，先找出 T_2 极，然后区分出 T_1 极和 G 极，如图 8-13 所示。

扫一扫看视频

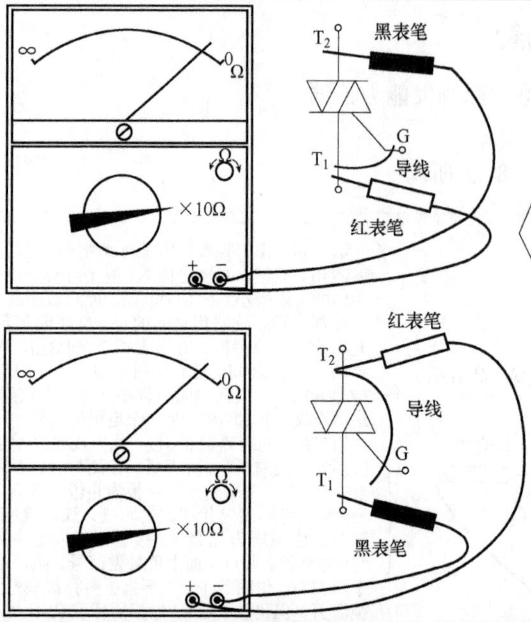

∞
0
Ω
×10Ω
+
−
T_2
黑表笔
G
T_1
导线
红表笔
红表笔
T_2
导线
G
T_1
黑表笔

第一步：万用表拨 ×10Ω档，红表笔接 T_1 极，黑表笔接 T_2 极，测量的阻值应为无穷大，再用导线将 T_1 极与 G 极短路，如上图所示，给 G 极加上触发信号，若晶闸管触发能力正常，晶闸管马上导通，T_1、T_2 极之间的阻值应为几十欧左右，移开导线后，晶闸管仍维持导通状态。

第二步：万用表拨 ×10Ω档，黑表笔接 T_1 极，红表笔接 T_2 极，测量的阻值应为无穷大，再用导线将 T_2 极与 G 极短路，如下图所示，给 G 极加上触发信号，若晶闸管触发能力正常，晶闸管马上导通，T_1、T_2 极之间的阻值应为几十欧左右，移开导线后，晶闸管维持导通状态。

对双向晶闸管进行两步测量后，若测量结果都表现正常，说明晶闸管触发能力正常，否则晶闸管损坏或性能不良。

图 8-12　检测双向晶闸管的触发能力

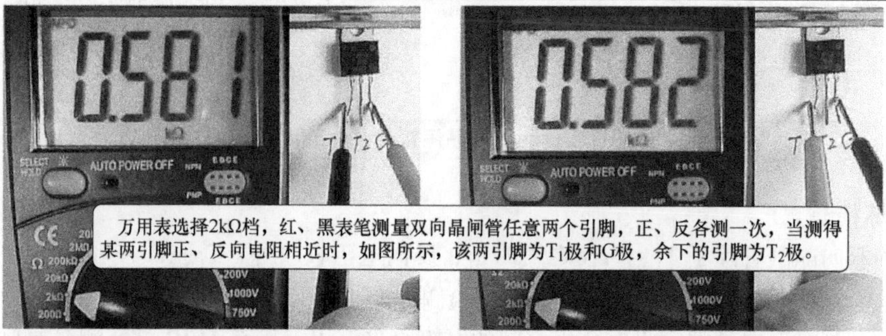

0.581
0.582

万用表选择2kΩ档，红、黑表笔测量双向晶闸管任意两个引脚，正、反各测一次，当测得某两引脚正、反向电阻相近时，如图所示，该两引脚为T_1极和G极，余下的引脚为T_2极。

a) 找出T_2极

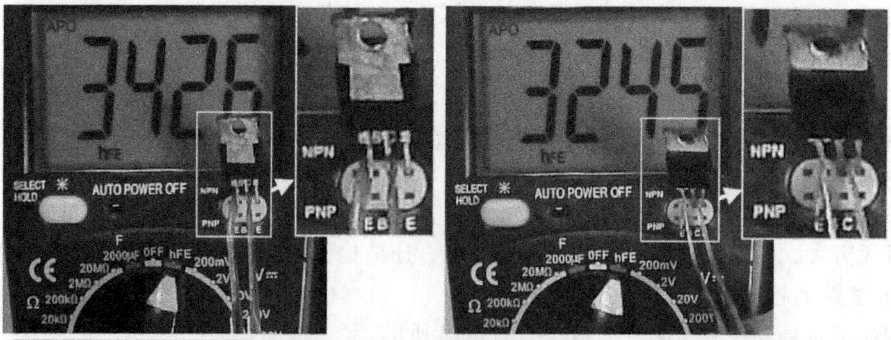

3426
3245
NPN
PNP

万用表选择 h_{FE} 档，将已找出的双向晶闸管 T_2 极引脚插入 NPN 型 C 插孔，将另外任意一个引脚插入 E 插孔，余下的引脚悬空，这时双向晶闸管是不导通的，显示屏会显示 “0000”，接着用金属镊子短接一下 T_2 极与悬空极，双向晶闸管会导通，显示屏会显示一个数值，如左图所示，然后将悬空引脚与 E 插孔的引脚互换（即将 E 插孔的引脚拔出悬空，原悬空的引脚插入 E 插孔），T_2 极仍插在 C 插孔，此时双向晶闸管也不会导通（显示屏会显示 “0000”），用金属镊子短接一下 T_2 极与现在的悬空极，双向晶闸管会导通，显示屏会显示一个数值，如右图所示，两次测量显示的数值有一个稍大一些，以显示数值稍大的那次测量为准，如左图所示，插入 E 插孔的为 T_1 电极，悬空的为 G 电极。

b) 区分T_1极和G极

图 8-13　用数字万用表判别双向晶闸管的电极

第 9 章

场效应晶体管与 IGBT

9.1 结型场效应晶体管

场效应晶体管与晶体管一样具有放大能力，晶体管是电流控制型器件，而场效应晶体管是电压控制型器件。场效应晶体管主要有结型场效应晶体管和绝缘栅型场效应晶体管，它们除了可参与构成放大电路外，还可当作电子开关使用。

9.1.1 外形与符号

结型场效应晶体管外形与符号如图 9-1 所示。

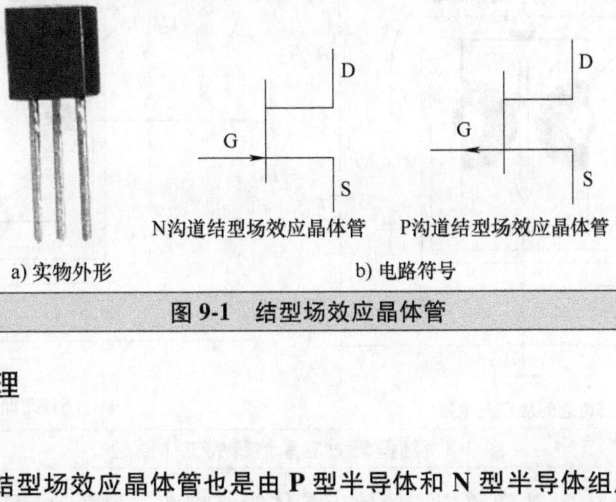
D
G
S
N沟道结型场效应晶体管
D
G
S
P沟道结型场效应晶体管

a) 实物外形　　b) 电路符号

图 9-1　结型场效应晶体管

9.1.2 结构与原理

1. 结构

与晶体管一样，结型场效应晶体管也是由 P 型半导体和 N 型半导体组成，晶体管有 PNP 型和 NPN 型两种，场效应晶体管则分 P 沟道和 N 沟道两种。两种沟道的结型场效应晶体管的结构如图 9-2 所示。

图 9-2a 为 N 沟道结型场效应晶体管的结构图，从图中可以看出，场效应晶体管内部有两块 P 型半导体，它们通过导线内部相连，再引出一个电极，该电极称为栅极 G，两块 P 型半导体以外的部分均为 N 型半导体，在 P 型半导体与 N 型半导体交界处形成两个耗尽层（即 PN 结），耗尽层中间区域为沟道，由于沟道由 N 型半导体构成，所以称为 N 沟道，漏极 D 与源极 S 分别接在沟道两端。

图 9-2b 为 P 沟道结型场效应晶体管的结构图，P 沟道场效应晶体管内部有两块 N 型半导体，栅极 G 与它们连接，两块 N 型半导体与邻近的 P 型半导体在交界处形成两个耗尽层，耗尽层中

间区域为 P 沟道。

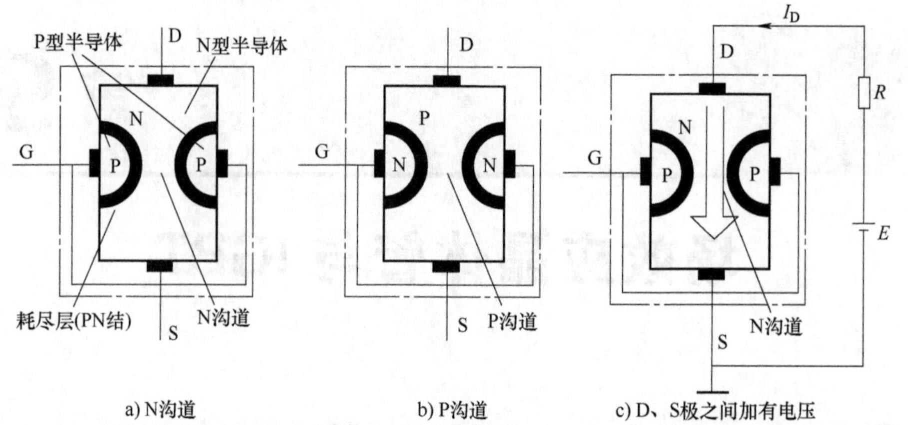
P型半导体
D
N型半导体
N
G
P
P
耗尽层(PN结)
S
N沟道
a) N沟道
D
P
G
N
N
S
P沟道
b) P沟道
I_D
D
R
N
G
P
P
E
N沟道
S
c) D、S极之间加有电压

图 9-2 结型场效应晶体管结构说明图

如果在 N 沟道场效应晶体管 D、S 极之间加电压，如图 9-2c 所示，电源正极输出的电流就会由场效应晶体管 D 极流入，在内部通过沟道从 S 极流出，回到电源的负极。场效应晶体管流过电流的大小与沟道的宽窄有关，沟道越宽，能通过的电流越大。

2. 工作原理

结型场效应晶体管在电路中主要用作放大信号电压。下面通过图 9-3 来说明结型场效应晶体管的工作原理。

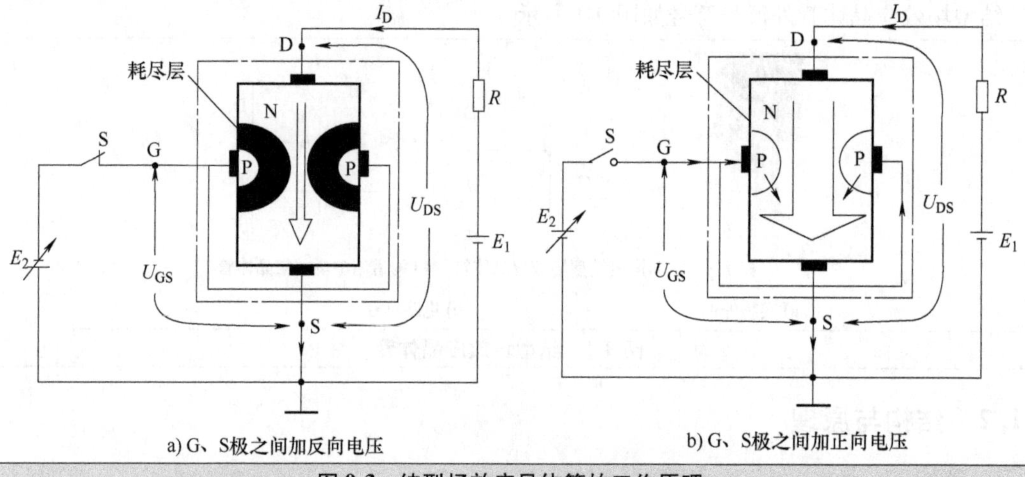
I_D
D
耗尽层
N
R
S
G
P
P
U_{DS}
E_1
E_2
U_{GS}
S
a) G、S极之间加反向电压
I_D
D
耗尽层
N
R
S
G
P
P
U_{DS}
E_2
E_1
U_{GS}
S
b) G、S极之间加正向电压

图 9-3 结型场效应晶体管的工作原理

在图 9-3 点画线框内为 N 沟道结型场效应晶体管结构图。当在 D、S 极之间加上正向电压 U_{DS}，会有电流从 D 极流向 S 极，若再在 G、S 极之间加上反向电压 U_{GS}（P 型半导体接低电位，N 型半导体接高电位），场效应晶体管内部的两个耗尽层变厚，沟道变窄，由 D 极流向 S 极的电流 I_D 就会变小，反向电压越高，沟道越窄，I_D 越小。

由此可见，改变 G、S 极之间的电压 U_{GS}，就能改变从 D 极流向 S 极的电流 I_D 的大小，并且 I_D 变化较 U_{GS} 变化大得多，这就是场效应晶体管的放大原理。场效应晶体管的放大能力大小用跨导 g_m 表示，即

$$g_m = \Delta I_D / \Delta U_{GS}$$

g_m 反映了栅源电压 U_{GS} 对漏极电流 I_D 的控制能力，是表征场效应晶体管放大能力的一个重要

的参数（相当于晶体管的β），g_m的单位是西门子（S），也可以用 A/V 表示。

若给 N 沟道结型场效应晶体管的 G、S 极之间加正向电压，如图 9-3b 所示，场效应晶体管内部两个耗尽层都会导通，耗尽层消失，不管如何增大 G、S 极间的正向电压，沟道宽度都不变，I_D 也不变化。也就是说，当给 N 沟道结型场效应晶体管 G、S 极之间加正向电压时，无法控制 I_D 变化。

在正常工作时，N 沟道结型场效应晶体管 G、S 极之间应加反向电压，即 $U_G<U_S$，$U_{GS}=U_G-U_S$为负压；P 沟道结型场效应晶体管 G、S 极之间应加正向电压，即 $U_G>U_S$，$U_{GS}=U_G-U_S$为正压。

9.1.3　主要参数

场效应晶体管的主要参数有：

（1）跨导 g_m

跨导是指当 U_{DS}为某一定值时，I_D变化量与 U_{GS}变化量的比值，即

$$g_m=\Delta I_D/\Delta U_{GS}$$

跨导反映了栅-源电压对漏极电流的控制能力。

（2）夹断电压 U_P

夹断电压是指当 U_{DS}为某一定值，让 I_D减小到近似为 0 时的 U_{GS}值。

（3）饱和漏极电流 I_{DSS}

饱和漏极电流是指当 $U_{GS}=0$ 且 $U_{DS}>U_P$时的漏极电流。

（4）最大漏-源电压 U_{DS}

最大漏-源电压是指漏极与源极之间的最大反向击穿电压，即当 I_D急剧增大时的 U_{DS}值。

9.1.4　检测

结型场效应晶体管的检测包括类型与电极检测、放大能力检测和好坏检测。

1. 类型与电极的检测

结型场效应晶体管的源极和漏极在制造工艺上是对称的，故两极可互换使用，并不影响正常工作，所以一般不判别漏极和源极（漏源极之间的正、反向电阻相等，均为几十欧至几千欧左右），只判断栅极和沟道的类型。

在判断栅极和沟道的类型前，首先要了解几点：

1）与 D、S 极连接的半导体类型总是相同的（都是 P，或者都是 N），如图 9-2 所示，D、S 极之间的正、反向电阻相等并且比较小。

2）G 极连接的半导体类型与 D、S 极连接的半导体类型总是不同的，如 G 极连接的为 P 型时，D、S 极连接的肯定是 N 型。

3）G 极与 D、S 极之间有 PN 结，PN 结的正向电阻小、反向电阻大。

结型场效应晶体管栅极与沟道的类型判别方法是，万用表拨至×100Ω 档，测量场效应晶体管任意两极之间的电阻，正、反各测一次，两次测量阻值有以下情况：

若两次测得阻值相同或相近，则这两极是 D、S 极，剩下的极为 G 极，然后红表笔不动，黑表笔接已判断出的 G 极。如果阻值很大，此测得的为 PN 结的反向电阻，黑表笔接的应为 N，红表笔接的为 P，由于前面测量已确定黑表笔接的是 G 极，而现测量又确定 G 极为 N，故沟道应为 P，所以该管子为 P 沟道场效应晶体管；如果测得阻值小，则为 N 沟道场效应晶体管。

若两次阻值一大一小，以阻值小的那次为准，红表笔不动，黑表笔接另一个极，如果阻值小，并且与黑表笔换极前测得的阻值相等或相近，则红表笔接的为 G 极，该管子为 P 沟道场效应晶体管；如果测得的阻值与黑表笔换极前测得的阻值有较大差距，则黑表笔换极前接的极为 G 极，该管子为 N 沟道场效应晶体管。

2. 放大能力的检测

万用表没有专门测量场效应晶体管跨导的档位，所以无法准确检测场效应晶体管的放大能力，但可用万用表大致估计放大能力大小。结型场效应晶体管放大能力的估测方法如图 9-4 所示。

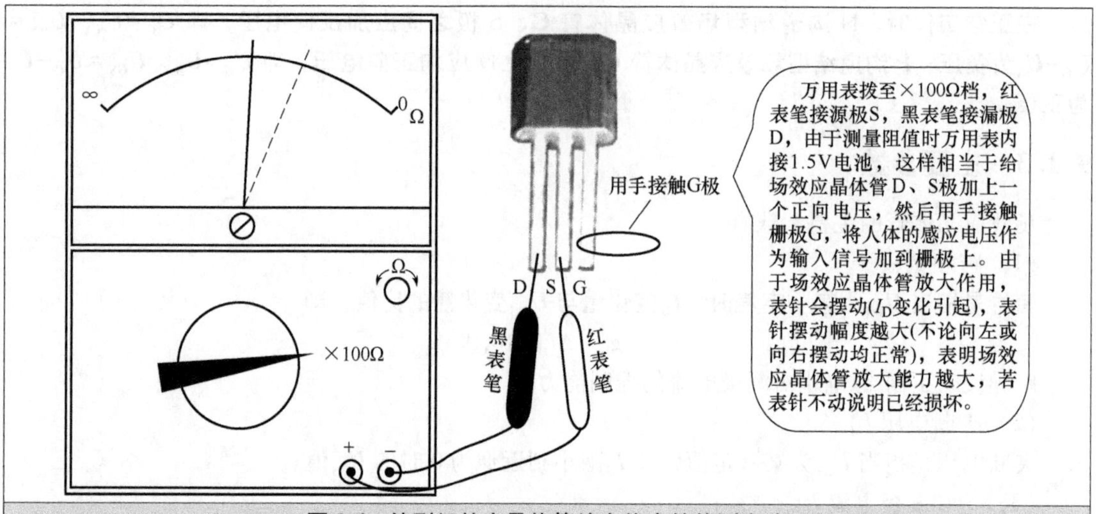

∞
0Ω
×100Ω
用手接触G极
D S G
黑表笔
红表笔
+
−
万用表拨至×100Ω档，红表笔接源极S，黑表笔接漏极D，由于测量阻值时万用表内接1.5V电池，这样相当于给场效应晶体管D、S极加上一个正向电压，然后用手接触栅极G，将人体的感应电压作为输入信号加到栅极上。由于场效应晶体管放大作用，表针会摆动(I_D变化引起)，表针摆动幅度越大(不论向左或向右摆动均正常)，表明场效应晶体管放大能力越大，若表针不动说明已经损坏。

图 9-4　结型场效应晶体管放大能力的估测方法

3. 好坏检测

结型场效应晶体管的好坏检测包括漏源极之间的正、反向电阻、栅漏极之间的正、反向电阻和栅源极之间的正、反向电阻。这些检测共有六步，只有每步检测都通过才能确定场效应晶体管是正常的。

在检测漏源极之间的正、反向电阻时，万用表置于×10Ω 或×100Ω 档，测量漏源极之间的正、反向电阻，正常阻值应在几十欧至几千欧（不同型号有所不同）。若超出这个阻值范围，则可能是漏源极之间短路、开路或性能不良。

在检测栅漏极或栅源极之间的正、反向电阻时，万用表置于×1kΩ 档，测量栅漏极或栅源极之间的正、反向电阻，正常时正向电阻小，反向电阻无穷大或接近无穷大。若不符合，则可能是栅漏极或栅源极之间短路、开路或性能不良。

9.1.5　场效应晶体管型号命名方法

场效应晶体管型号命名现行有两种方法：

第一种方法与晶体管相同。第一位“3”表示电极数；第二位字母代表材料，“D”是 P 型硅 N 沟道，“C”是 N 型硅 P 沟道；第三位字母“J”代表结型场效应晶体管，“O”代表绝缘栅型场效应晶体管。例如 3DJ6D 是结型 N 沟道场效应晶体管，3DO6C 是绝缘栅型 N 沟道场效应晶体管。

第二种命名方法是 CS××#，CS 代表场效应晶体管，××以数字代表型号的序号，#用字母代表同一型号中的不同规格，例如 CS14A、CS45G 等。

9.2　绝缘栅型场效应晶体管

绝缘栅型场效应晶体管（MOSFET）简称 MOS 管，MOS 管分为耗尽型和增强型，每种类

型又分为 P 沟道和 N 沟道。

9.2.1　增强型 MOS 管

1. 外形与符号

增强型 MOS 管分为 N 沟道 MOS 管和 P 沟道 MOS 管，增强型 MOS 管外形与符号如图 9-5 所示。

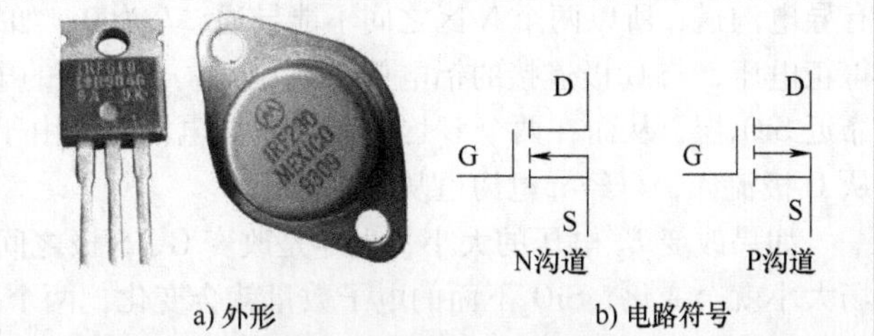
D
G
S
N沟道
D
G
S
P沟道
a) 外形
b) 电路符号

图 9-5　增强型 MOS 管

2. 结构与原理

增强型 MOS 管有 N 沟道和 P 沟道之分，分别称作增强型 NMOS 管和增强型 PMOS 管，其结构与工作原理基本相似，在实际中增强型 NMOS 管更为常用。下面以增强型 NMOS 管为例来说明增强型 MOS 管的结构与工作原理。

（1）结构

增强型 NMOS 管的结构与等效符号如图 9-6 所示。

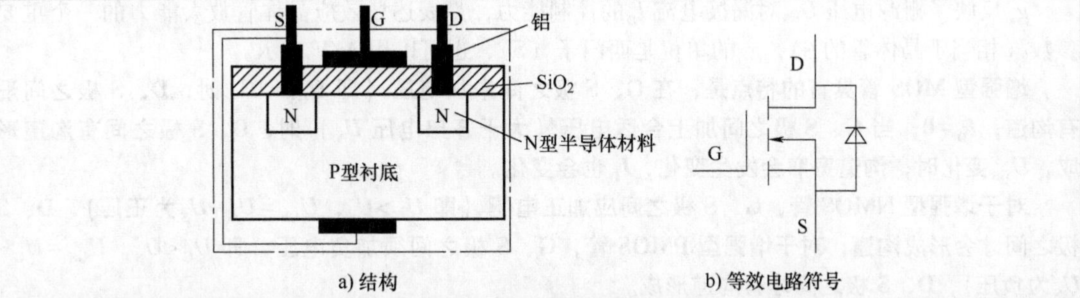
S
G
D
铝
SiO_2
N
N
N型半导体材料
P型衬底
D
G
S
a) 结构
b) 等效电路符号

图 9-6　增强型 NMOS 管

增强型 NMOS 管是以 P 型硅片作为基片（又称衬底），在基片上制作两个含很多杂质的 N 型材料，再在上面制作一层很薄的二氧化硅（SiO_2）绝缘层，在两个 N 型材料上引出两个铝电极，分别称为漏极（D）和源极（S），在两极中间的 SiO_2 绝缘层上制作一层铝制导电层，从该导电层上引出的电极称为 G 极。**P 型衬底与 D 极连接的 N 型半导体会形成二极管结构（称之为寄生二极管）**，由于 P 型衬底通常与 S 极连接在一起，所以增强型 NMOS 管又可用图 9-6b 所示的符号表示。

（2）工作原理

增强型 NMOS 管需要加合适的电压才能工作。加有电压的增强型 NMOS 管如图 9-7 所示。

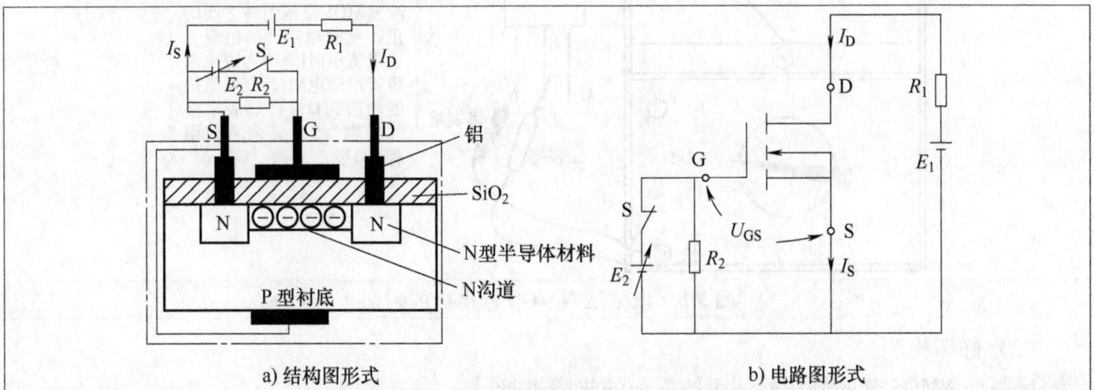
I_S
E_1
R_1
S
I_D
E_2
R_2
S
G
D
铝
SiO_2
N
N
N型半导体材料
N沟道
P 型衬底
a) 结构图形式
I_D
D
R_1
E_1
G
S
U_{GS}
S
I_S
R_2
E_2
b) 电路图形式

图 9-7　加有电压的增强型 NMOS 管

如图 9-7a 所示，电源 E_1 通过 R_1 接场效应晶体管 D、S 极，电源 E_2 通过开关 S 接场效应晶体管的 G、S 极。在开关 S 断开时，场效应晶体管的 G 极无电压，D、S 极所接的两个 N 区之间没有导电沟道，所以两个 N 区之间不能导通，I_D为 0；如果将开关 S 闭合，场效应晶体管的 G 极获得正电压，与 G 极连接的铝电极有正电荷，它产生的电场穿过 SiO_2层，将 P 衬底很多电子吸引靠近 SiO_2层，从而在两个 N 区之间出现导电沟道，由于此时 D、S 极之间加上正向电压，就有 I_D从 D 极流入，再经导电沟道从 S 极流出。

如果改变 E_2 电压的大小，也即是改变 G、S 极之间的电压 U_{GS}，与 G 极相通的铝层产生的电场大小就会变化，SiO_2下面的电子数量就会变化，两个 N 区之间沟道宽度就会变化，流过的 I_D大小就会变化。U_{GS}越高，沟道就会越宽，I_D就会越大。

由此可见，改变 G、S 极之间的电压 U_{GS}，D、S 极之间的内部沟道宽窄就会发生变化，从 D 极流向 S 极的 I_D大小也就发生变化，并且 I_D变化较 U_{GS}变化大得多，这就是场效应晶体管的放大原理（即电压控制电流变化原理）。为了表示场效应晶体管的放大能力，引入一个参数——跨导 g_m，g_m用下式计算：

$$g_m = \Delta I_D / \Delta U_{GS}$$

g_m反映了栅源电压 U_{GS}对漏极电流 I_D的控制能力，是表述场效应晶体管放大能力的一个重要参数（相当于晶体管的 β），g_m的单位是西门子（S），也可以用 A/V 表示。

增强型 MOS 管具有的特点是，在 G、S 极之间未加电压（即 $U_{GS}=0$）时，D、S 极之间没有沟道，$I_D=0$；当 G、S 极之间加上合适电压（大于开启电压 U_T）时，D、S 极之间有沟道形成，U_{GS}变化时，沟道宽窄会发生变化，I_D也会变化。

对于增强型 NMOS 管，G、S 极之间应加正电压（即 $U_G>U_S$，$U_{GS}=U_G-U_S$为正压），D、S 极之间才会形成沟道；对于增强型 PMOS 管，G、S 极之间须加负电压（即 $U_G<U_S$，$U_{GS}=U_G-U_S$为负压），D、S 极之间才有沟道形成。

3. 用指针万用表检测增强型 NMOS 管

（1）电极判别

正常的增强型 NMOS 管的 G 极与 D、S 极之间均无法导通，它们之间的正、反向电阻均为无穷大。在 G 极无电压时，增强型 NMOS 管 D、S 极之间无沟道形成，故 D、S 极之间也无法导通，但由于 D、S 极之间存在一个反向寄生二极管，如图 9-6 所示，所以 D、S 极反向电阻较小。增强型 NMOS 管电极的判别如图 9-8 所示。

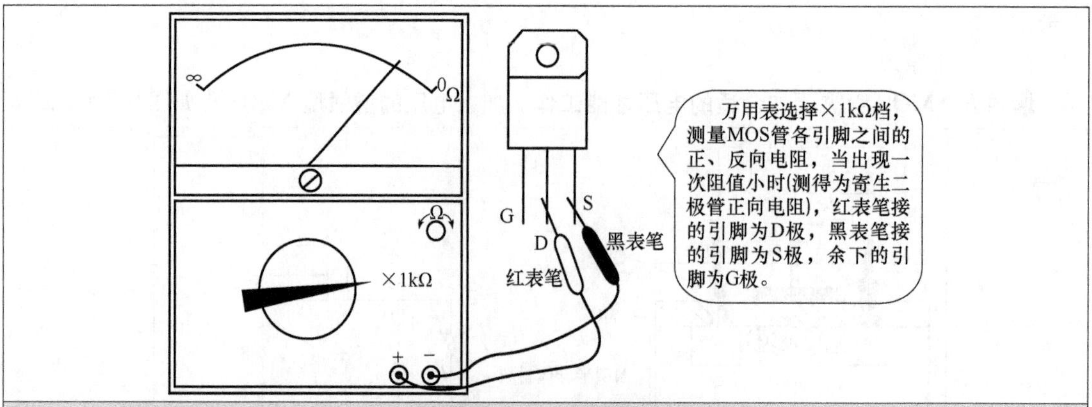
∞
0Ω
×1kΩ
+
−
G
D
S
红表笔
黑表笔
万用表选择×1kΩ档，测量MOS管各引脚之间的正、反向电阻，当出现一次阻值小时(测得为寄生二极管正向电阻)，红表笔接的引脚为D极，黑表笔接的引脚为S极，余下的引脚为G极。

图 9-8　增强型 NMOS 管电极的判别

（2）好坏检测

增强型 NMOS 管的好坏检测可按下面的步骤进行：

第一步：用万用表×1kΩ 档检测 MOS 管各引脚之间的正、反向电阻，正常只会出现一次阻值小。若出现两次或两次以上阻值小，可确定 MOS 管一定损坏；若只出现一次阻值小，还不能确定 MOS 管一定正常，需要进行第二步测量。

第二步：先用导线将 MOS 管的 G、S 极短接，释放 G 极上的电荷（G 极与其他两极间的绝缘电阻很大，感应或测量充得的电荷很难释放，故 G 极易积累较多的电荷而带有很高的电压），再将万用表拨至×10kΩ 档（该档内接 9V 电源），红表笔接 MOS 管的 S 极，黑表笔接 D 极，此时表针指示的阻值为无穷大或接近无穷大，然后用导线瞬间将 D、G 极短接，这样万用表内电池的正电压经黑表笔和导线加给 G 极，如果 MOS 管正常，在 G 极有正电压时会形成沟道，表针指示的阻值马上由大变小，如图 9-9a 所示，再用导线将 G、S 极短路，释放 G 极上的电荷来消除 G 极电压，如果 MOS 管正常，内部沟道会消失，表针指示的阻值马上由小变为无穷大，如图 9-9b 所示。

以上两步检测时，如果有一次测量不正常，则为 NMOS 管损坏或性能不良。

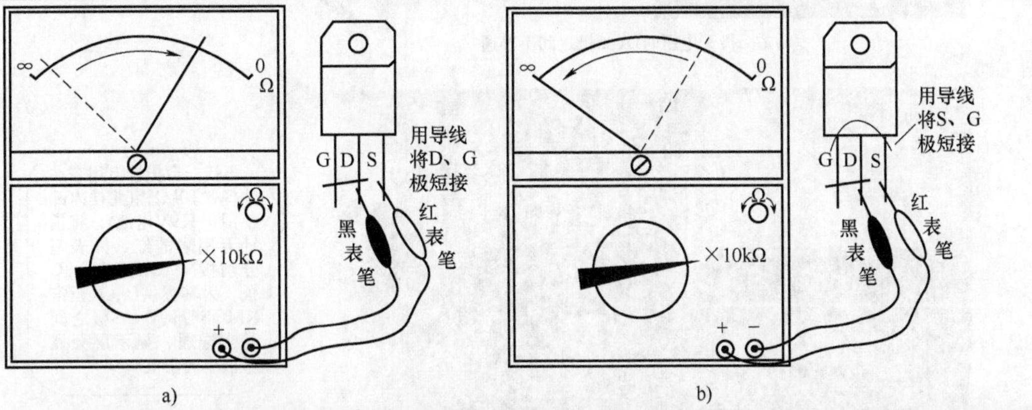
∞
0
Ω
G D S
用导线将D、G极短接
黑表笔
红表笔
×10kΩ
+
−
a)
用导线将S、G极短接
b)

图 9-9 检测增强型 NMOS 管的好坏

4. 用数字万用表检测增强型 NMOS 管

（1）电极判别

增强型 NMOS 管电极的判别如图 9-10 所示。

扫一扫看视频

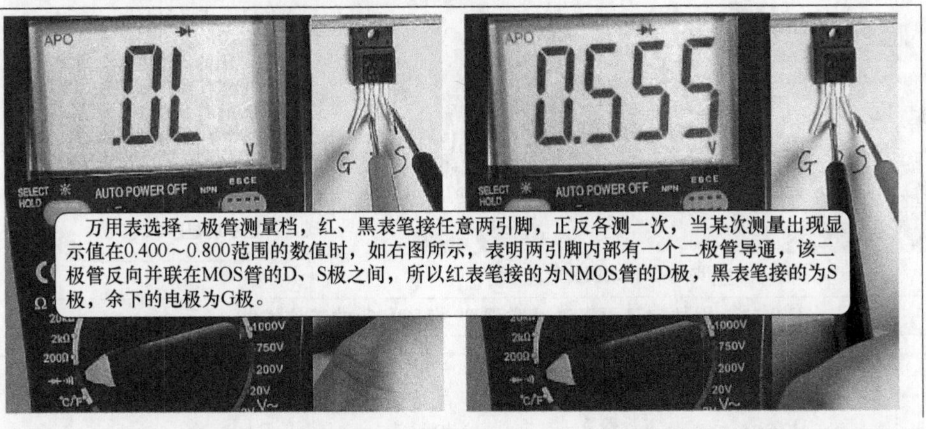
APO
.0L
0.555
AUTO POWER OFF
G
S
万用表选择二极管测量档，红、黑表笔接任意两引脚，正反各测一次，当某次测量出现显示值在0.400～0.800范围的数值时，如右图所示，表明两引脚内部有一个二极管导通，该二极管反向并联在MOS管的D、S极之间，所以红表笔接的为NMOS管的D极，黑表笔接的为S极，余下的电极为G极。

图 9-10 用数字万用表判别增强型 NMOS 管的电极

（2）工作性能测试

增强型 NMOS 管工作性能测试如图 9-11 所示。

9.2.2 耗尽型 MOS 管

1. 电路符号

耗尽型 MOS 管也有 N 沟道和 P 沟道之分。耗尽型 MOS 管的外形与符号如图 9-12 所示。

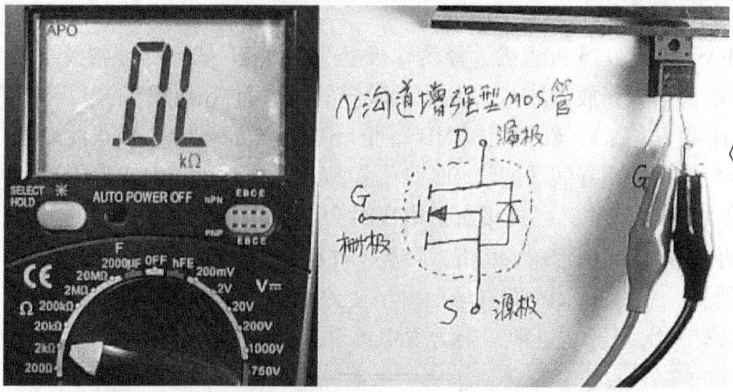
.OL
kΩ
AUTO POWER OFF
N沟道增强型MOS管
D 漏极
G
栅极
S 源极

万用表选择2kΩ档，先将MOS管三个电极短接在一起，释放G极上可能存在的静电，然后将红表笔接D极、黑表笔接S极，正常D、S极之间不会导通，显示屏显示OL符号。

a) 在G极无电压时D、S极之间不导通

0.004
A-V-Ω
MODEL
MF 47
AUTO POWER OFF

再找一台指针万用表并选择×10kΩ档(此档内部使用一只9V电池)，将指针万用表的红、黑表笔分别接NMOS管的S、G极，为其提供U_{GS}，正常NMOS管的D、S极之间马上导通，显示屏会显示很小的阻值。

b) 用指针万用表提供U_{GS}时D、S极之间导通

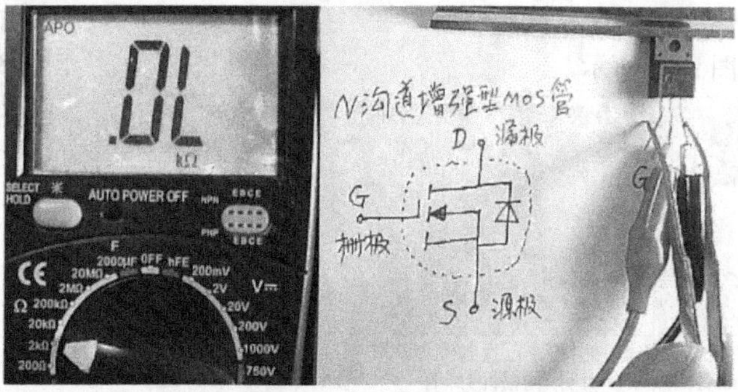
.OL
kΩ
AUTO POWER OFF
N沟道增强型MOS管
D 漏极
G
栅极
S 源极

由于MOS管的G、S极之间存在寄生电容，在测量时指针万用表会对寄生电容充电，当指针万用表红、黑表笔移开后，G、S极之间的寄生电容上的电压会使NMOS管继续导通，显示屏仍显示很小的阻值，这时可用金属镊子将G、S极短路，将G、S极之间的寄生电容上的电荷放掉，使G、S极之间无电压，NMOS管马上截止（不导通），显示屏显示OL符号。

c)让U_{GS}=0时D、S极之间会截止

图 9-11　用数字万用表测试增强型 NMOS 管的工作性能

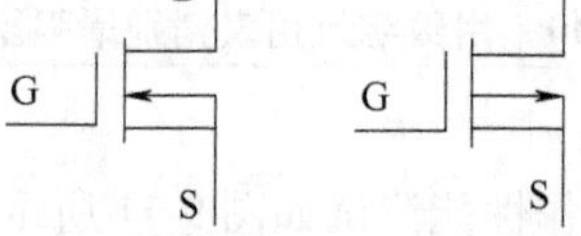
D
G
S
D
G
S

N沟道　　P沟道

a) 外形　　b) 电路符号

图 9-12　耗尽型 MOS 管

2. 结构与原理

P 沟道和 N 沟道的耗尽型场效应晶体管工作原理基本相同，下面以 N 沟道耗尽型 MOS 管（简称耗尽型 NMOS 管）为例来说明耗尽型 MOS 管的结构与原理。耗尽型 NMOS 管的结构与等效符号如图 9-13 所示。

耗尽型 NMOS 管是以 P 型硅片作为基片（又称衬底），在基片上再制作两个含很多杂质的 N 型材料，再在上面制作一层很薄的 SiO_2 绝缘层，在两个 N 型材料上引出两个铝电极，分别称为漏极（D）和源极（S），在两极中间的 SiO_2 绝缘层上制作一层铝制导电层，从该导电层上引出的电极称为 G 极。

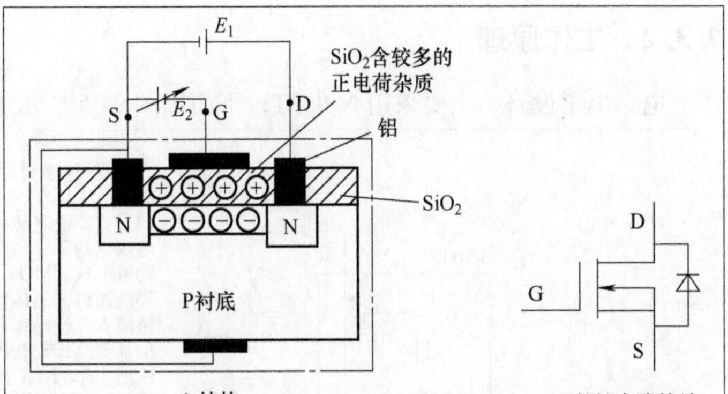

E_1
SiO_2含较多的
正电荷杂质
S
E_2
G
D
铝
SiO_2
N
N
P衬底
D
G
S

a) 结构　　b) 等效电路符号

图 9-13　耗尽型 NMOS 管

与增强型 MOS 管不同的是，在耗尽型 MOS 管内的 SiO_2 中掺入大量的杂质，其中含有大量的正电荷，它将衬底中大量的电子吸引靠近 SiO_2层，从而在两个 N 区之间出现导电沟道。

当场效应晶体管 D、S 极之间加上电源 E_1 时，由于 D、S 极所接的两个 N 区之间有导电沟道存在，所以有 I_D流过沟道；如果再在 G、S 极之间加上电源 E_2，E_2 的正极除了接 S 极外，还与下面的 P 衬底相连，E_2 的负极则与 G 极的铝层相通，铝层负电荷电场穿过 SiO_2层，排斥 SiO_2层下方的电子，从而使导电沟道变窄，流过导电沟道的 I_D减小。

如果改变 E_2 电压的大小，与 G 极相通的铝层产生的电场大小就会变化，SiO_2下面的电子数量就会变化，两个 N 区之间沟道宽度就会变化，流过的 I_D大小就会变化。例如 E_2 电压增大，G 极负电压更低，沟道就会变窄，I_D就会减小。

耗尽型 MOS 管具有的特点是，在 G、S 极之间未加电压（即 $U_{GS}=0$）时，D、S 极之间就有沟道存在，I_D不为 0；当 G、S 极之间加上负电压 U_{GS}时，如果 U_{GS}变化，沟道宽窄会发生变化，I_D就会变化。

在工作时，耗尽型 NMOS 管 G、S 极之间应加负电压，即 $U_G<U_S$，$U_{GS}=U_G-U_S$为负压；耗尽型 PMOS 管 G、S 极之间应加正电压，即 $U_G>U_S$，$U_{GS}=U_G-U_S$为正压。

9.3　绝缘栅双极型晶体管

绝缘栅双极型晶体管（IGBT）是一种由场效应晶体管和晶体管组合成的复合器件，它综合了晶体管和 MOS 管的优点，故有很好的特性，因此广泛应用在各种中小功率的电力电子设备中。

9.3.1　外形、结构与符号

IGBT 的外形、等效图和符号如图 9-14 所示，从等效图可以看出，**IGBT 相当于一个 PNP 型晶体管和增强型 NMOS 管以图 9-14b 所示的方式组合而成。**IGBT 有三个极：C 极（集电极）、G 极（栅极）和 E 极

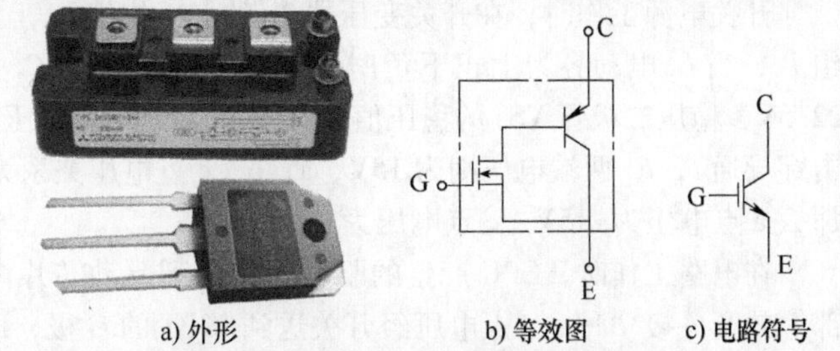

C
G
E
C
G
E

a) 外形　　b) 等效图　　c) 电路符号

图 9-14　IGBT

（发射极）。

图 9-14b 所示的 IGBT 是由 PNP 型晶体管和 N 沟道 MOS 管组合而成，这种 IGBT 称作 N-IGBT，用图 9-14c 符号表示，相应的还有 P 沟道 IGBT，称作 P-IGBT，将图 9-14c 符号中的箭头改为由 E 极指向 G 极即为 P-IGBT 的电路符号。

9.3.2 工作原理

电力电子设备中主要采用 N-IGBT，下面以图 9-15 所示电路来说明 N-IGBT 工作原理。

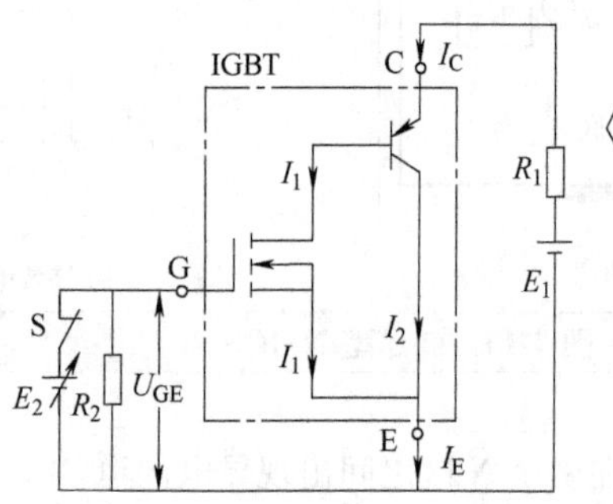
IGBT
C
I_C
R_1
E_1
I_1
G
S
E_2
R_2
U_{GE}
I_2
I_1
E
I_E

电源 E_2 通过开关 S 为 IGBT 提供 U_{GE}，电源 E_1 经 R_1 为 IGBT 提供 U_{CE}。当开关 S 闭合时，IGBT 的 G、E 极之间获得电压 U_{CE}，只要 U_{GE} 大于开启电压（约 2～6V），IGBT 内部的 MOS 管就有导电沟道形成，MOS 管 D、S 极之间导通，为晶体管 I_b 提供通路，晶体管导通，有电流 I_C 从 IGBT 的 C 极流入，经晶体管发射极后分成 I_1 和 I_2 两路电流，I_1 流经 MOS 管的 D、S 极，I_2 从晶体管的集电极流出，I_1、I_2 汇合成 I_E 从 IGBT 的 E 极流出，即 IGBT 处于导通状态。当开关 S 断开后，U_{GE} 为 0，MOS 管导电沟道夹断（消失），I_1、I_2 都为 0，I_C、I_E 也为 0，即 IGBT 处于截止状态。

调节电源 E_2 可以改变 U_{GE} 的大小，IGBT 内部的 MOS 管的导电沟道宽度会随之变化，I_1 大小会发生变化，由于 I_1 实际上是晶体管的 I_b，I_1 细小的变化会引起 I_2（I_2 为晶体管的 I_c）的急剧变化。例如当 U_{GE} 增大时，MOS 管的导通沟道变宽，I_1 增大，I_2 也增大，即 IGBT 的 C 极流入、E 极流出的电流增大。

图 9-15 N-IGBT 工作原理说明图

9.3.3 应用电路

IGBT 在电路中多工作在开关状态（导通截止状态），工作时需要脉冲信号驱动。图 9-16 是一种典型的 IGBT 驱动电路。

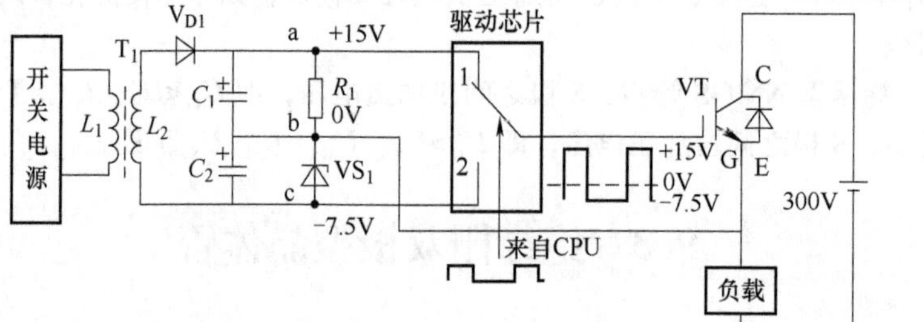
开关电源
T_1
L_1
L_2
V_{D1}
C_1
C_2
a +15V
R_1
0V
b
c
VS_1
-7.5V
驱动芯片
1
2
来自CPU
+15V
0V
-7.5V
VT
C
G
E
300V
负载

图 9-16 一种典型的 IGBT 驱动电路

开关电源工作时，在开关变压器 T_1 的一次绕组 L_1 上有电动势产生，该电动势感应到二次绕组 L_2，当 L_2 电动势为上正下负时，会经 VD_1 对 C_1、C_2 充电，在 C_1、C_2 两端充得总电压约为 22.5V，稳压二极管 VS_1 的稳压值为 7.5V，VS_1 两端电压维持 7.5V 不变（超过该值 VS_1 会反向击穿导通），R_1 两端电压则为 15V，a、b、c 点电压关系为 $U_a>U_b>U_c$，如果将 b 点电位当作 0V，那么 a 点电压为+15V，c 点电压为-7.5V。

在电路工作时，CPU 产生的驱动脉冲送到驱动芯片内部，当脉冲高电平来时，驱动芯片内部等效开关接“1”，a 点电压经开关送到 IGBT 的 G 极，IGBT 的 E 极固定接 b 点，IGBT 的 G、E 极之间电压 U_{GE}=+15V，正电压 U_{GE} 使 IGBT 导通，当脉冲低电平来时，驱动芯片内部等效开关接

“2”，c 点电压经开关送到 IGBT 的 G 极，IGBT 的 E 极固定接 b 点，故 IGBT 的 G、E 极之间的 $U_{GE}=-7.5V$，负电压 U_{GE}可以有效地使 IGBT 截止。

从理论上讲，IGBT 的 $U_{GE}=0V$ 时就能截止，但实际上 IGBT 的 G、E 极之间存在结电容，当正驱动脉冲加到 IGBT 的 G 极时，正的 U_{GE}会对结电容充得一定的电压，正驱动脉冲过后，结电容上的电压使 G 极仍高于 E 极，IGBT 会继续导通，这时如果将负驱动脉冲送到 IGBT 的 G 极，可以迅速中和结电容上的电荷而让 IGBT 由导通转为截止。

9.3.4　用指针万用表检测 IGBT

IGBT 检测包括极性检测和好坏检测，检测方法与增强型 NMOS 管相似。

1. 极性检测

正常的 IGBT 的 G 极与 C、E 极之间不能导通，正、反向电阻均为无穷大。在 G 极无电压时，IGBT 的 C、E 极之间不能正向导通，但由于 C、E 极之间存在一个反向寄生二极管，所以 C、E 极正向电阻无穷大，反向电阻较小。

在检测 IGBT 时，万用表选择×1kΩ 档，测量 IGBT 各引脚之间的正、反向电阻，当出现一次阻值小时，红表笔接的引脚为 C 极，黑表笔接的引脚为 E 极，余下的引脚为 G 极。

2. 好坏检测

IGBT 的好坏检测可按下面的步骤进行：

第一步：用万用表×1kΩ 档检测 IGBT 各引脚之间的正、反向电阻，正常只会出现一次阻值小。若出现两次或两次以上阻值小，可确定 IGBT 一定损坏；若只出现一次阻值小，还不能确定 IGBT 一定正常，需要进行第二步测量。

第二步：用导线将 IGBT 的 G、S 极短接，释放 G 极上的电荷，再将万用表拨至×10kΩ 档，红表笔接 IGBT 的 E 极，黑表笔接 C 极，此时表针指示的阻值为无穷大或接近无穷大，然后用导线瞬间将 C、G 极短接，让万用表内部电池经黑表笔和导线给 G 极充电，让 G 极获得电压，如果 IGBT 正常，内部会形成沟道，表针指示的阻值马上由大变小，再用导线将 G、E 极短路，释放 G 极上的电荷来消除 G 极电压，如果 IGBT 正常，内部沟道会消失，表针指示的阻值马上由小变为无穷大。

以上两步检测时，如果有一次测量不正常，则为 IGBT 损坏或性能不良。

扫一扫看视频

9.3.5　用数字万用表检测 IGBT

1. 电极判别

IGBT 电极的判别如图 9-17 所示。

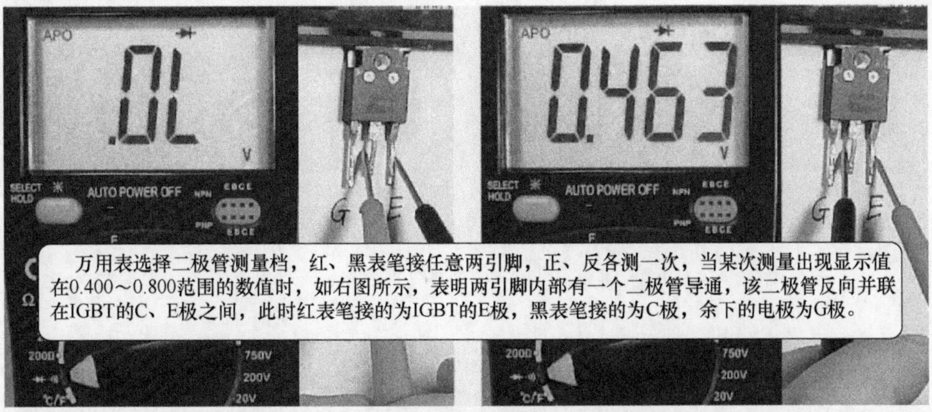
APO
.0L
0.463
AUTO POWER OFF
G
E
万用表选择二极管测量档，红、黑表笔接任意两引脚，正、反各测一次，当某次测量出现显示值在0.400～0.800范围的数值时，如右图所示，表明两引脚内部有一个二极管导通，该二极管反向并联在IGBT的C、E极之间，此时红表笔接的为IGBT的E极，黑表笔接的为C极，余下的电极为G极。

图 9-17　用数字万用表判别 IGBT 的电极

2. 工作性能测试

IGBT 工作性能测试如图 9-18 所示。

.OL
kΩ
IGBT
(绝缘栅双极型晶体管)
C
G
E

在测试IGBT工作性能时，万用表选择2kΩ档，先将IGBT三个电极短接在一起，释放G极上可能存在的静电，然后将红表笔接C极、黑表笔接E极，正常C、E极之间不会导通，显示屏显示OL符号。

a) 在G极无电压时C、E极之间不导通

0.088
kΩ
MODEL
MF 47
A-V-Ω

再找一台指针万用表并选择×10kΩ档（此档内部使用一只9V电池），将指针万用表的红、黑表笔分别接IGBT的E、G极，为其提供U_{GE}，正常IGBT的C、E极之间马上导通，显示屏会显示较小的阻值。

b) 用指针万用表提供U_{GE}时C、E极之间导通

.OL
kΩ
MODEL
MF 47
A-V-Ω

由于IGBT的G、E极之间存在寄生电容，在测量时指针万用表会对寄生电容充电，当指针万用表红、黑表笔移开后，G、E极之间的寄生电容上的电压会使IGBT继续导通，显示屏仍显示较小的阻值，这时可用金属镊子将G、E极短路，将G、E极之间的寄生电容上的电荷放掉，使G、E极之间无电压，IGBT马上截止(不导通)，显示屏显示OL符号。

c) 让$U_{GE}=0$时C、E极之间会截止

图 9-18　用数字万用表测试 IGBT 的工作性能

第10章

继电器与干簧管

继电器可分为电磁继电器和固态继电器，电磁继电器是一种利用线圈通电产生磁场来吸合衔铁而带动触点开关通断的器件。固态继电器（SSR）是由半导体晶体管为主要器件的电子电路组成的，通过给控制端施加电压来控制内部电子开关通断，从而接通或关断输出端的外接电路。

干簧管是一种利用磁场直接磁化触点而让触点开关产生接通或断开动作的器件。干簧继电器由干簧管和线圈组成，当线圈通电时会产生磁场来磁化触点开关，使之接通或断开。

10.1 电磁继电器

电磁继电器是一种利用线圈通电产生磁场来吸合衔铁而驱动带动触点开关通断的器件。

10.1.1 外形与符号

电磁继电器实物外形和图形符号如图 10-1 所示。

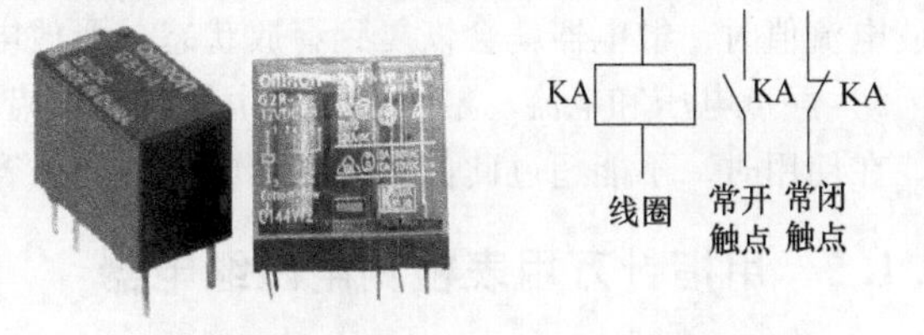

KA
KA
KA
线圈
常开触点
常闭触点

a) 外形　b) 图形符号

图 10-1　电磁继电器

10.1.2 结构

电磁继电器是利用线圈通过电流产生磁场，来吸合衔铁而使触点断开或接通的。电磁继电器内部结构如图 10-2 所示。

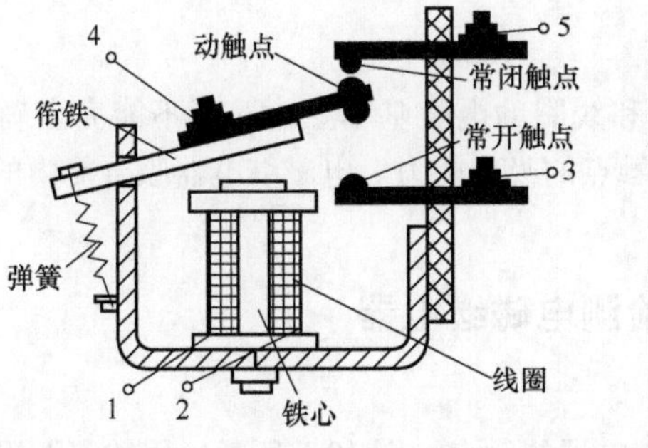

4
动触点
5
常闭触点
衔铁
常开触点
3
弹簧
线圈
1
2
铁心

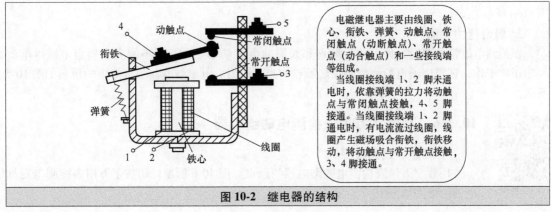

电磁继电器主要由线圈、铁心、衔铁、弹簧、动触点、常闭触点（动断触点）、常开触点（动合触点）和一些接线端等组成。

当线圈接线端 1、2 脚未通电时，依靠弹簧的拉力将动触点与常闭触点接触，4、5 脚接通。当线圈接线端 1、2 脚通电时，有电流流过线圈，线圈产生磁场吸合衔铁，衔铁移动，将动触点与常开触点接触，3、4 脚接通。

图 10-2　继电器的结构

10.1.3　应用电路

电磁继电器典型应用电路如图 10-3 所示。

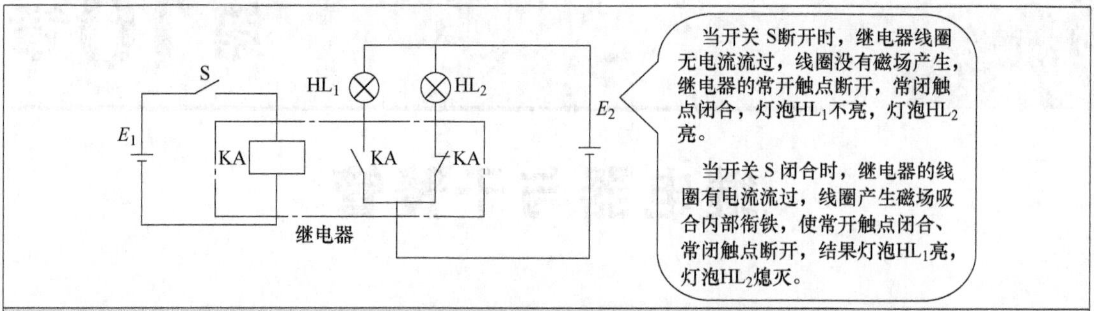
S
HL1
HL2
E1
E2
KA
KA
KA
继电器
当开关 S断开时，继电器线圈无电流流过，线圈没有磁场产生，继电器的常开触点断开，常闭触点闭合，灯泡HL1不亮，灯泡HL2亮。
当开关 S 闭合时，继电器的线圈有电流流过，线圈产生磁场吸合内部衔铁，使常开触点闭合、常闭触点断开，结果灯泡HL1亮，灯泡HL2熄灭。

图 10-3　电磁继电器典型应用电路

10.1.4　主要参数

电磁继电器的主要参数有以下几个。

1）额定工作电压。额定工作电压是指继电器正常工作时线圈所需要的电压。根据继电器的型号不同，可以是交流电压，也可以是直流电压。继电器线圈所加的工作电压，一般不要超过额定工作电压的 1.5 倍。

2）吸合电流。吸合电流是指继电器能够产生吸合动作的最小电流。在正常使用时，通过线圈的电流必须略大于吸合电流，这样继电器才能稳定地工作。

3）直流电阻。直流电阻是指继电器中线圈的直流电阻。直流电阻的大小可以用万用表来测量。

4）释放电流。释放电流是指继电器产生释放动作的最大电流。当继电器线圈的电流减小到释放电流值时，继电器就会恢复到释放状态。释放电流远小于吸合电流。

5）触点电压和电流。触点电压和电流又称触点负荷，是指继电器触点允许承受的电压和电流。在使用时，不能超过此值，否则继电器的触点容易损坏。

10.1.5　用指针万用表检测电磁继电器

电磁继电器的检测包括触点、线圈检测和吸合能力检测。

1. 触点、线圈检测

电磁继电器内部主要有触点和线圈，在判断电磁继电器好坏时需要检测这两部分，检测如图 10-4 所示。

2. 吸合能力检测

在检测电磁继电器时，如果测量触点和线圈的电阻基本正常，还不能完全确定电磁继电器就能正常工作，还需要通电检测线圈控制触点的吸合能力。电磁继电器吸合能力的检测如图 10-5 所示。

扫一扫看视频

10.1.6　用数字万用表检测电磁继电器

1. 触点、线圈检测

用数字万用表检测电磁继电器的触点如图 10-6 所示。用数字万用表检测电磁继电器的线圈如图 10-7 所示。

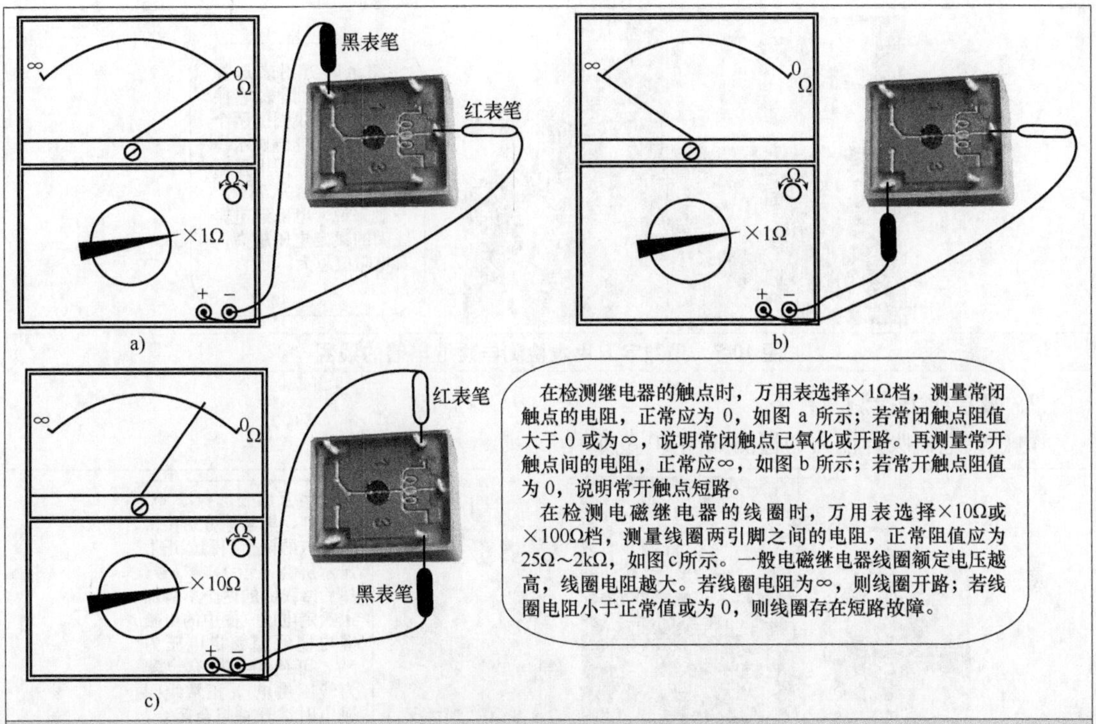
黑表笔
红表笔
∞
0Ω
×1Ω
+ −
a)
b)
×10Ω
c)
在检测继电器的触点时，万用表选择×1Ω档，测量常闭触点的电阻，正常应为 0，如图 a 所示；若常闭触点阻值大于 0 或为∞，说明常闭触点已氧化或开路。再测量常开触点间的电阻，正常应∞，如图 b 所示；若常开触点阻值为 0，说明常开触点短路。
在检测电磁继电器的线圈时，万用表选择×10Ω或×100Ω档，测量线圈两引脚之间的电阻，正常阻值应为25Ω～2kΩ，如图c所示。一般电磁继电器线圈额定电压越高，线圈电阻越大。若线圈电阻为∞，则线圈开路；若线圈电阻小于正常值或为 0，则线圈存在短路故障。

图 10-4　电磁继电器触点、线圈的检测

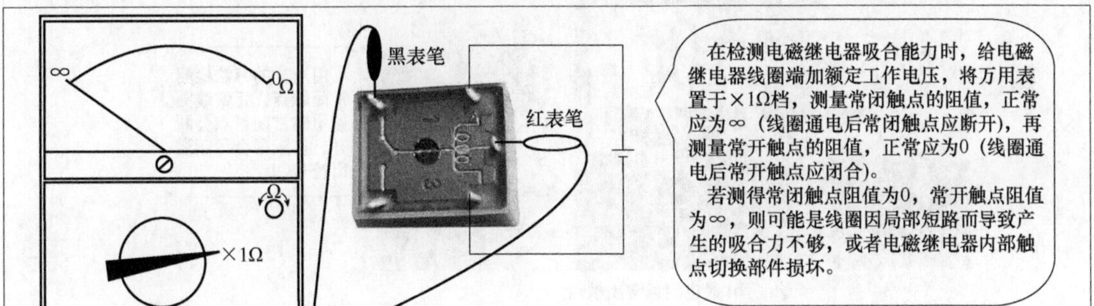
黑表笔
红表笔
∞
0Ω
×1Ω
+ −
在检测电磁继电器吸合能力时，给电磁继电器线圈端加额定工作电压，将万用表置于×1Ω档，测量常闭触点的阻值，正常应为∞（线圈通电后常闭触点应断开），再测量常开触点的阻值，正常应为0（线圈通电后常开触点应闭合）。
若测得常闭触点阻值为0，常开触点阻值为∞，则可能是线圈因局部短路而导致产生的吸合力不够，或者电磁继电器内部触点切换部件损坏。

图 10-5　电磁继电器吸合能力检测

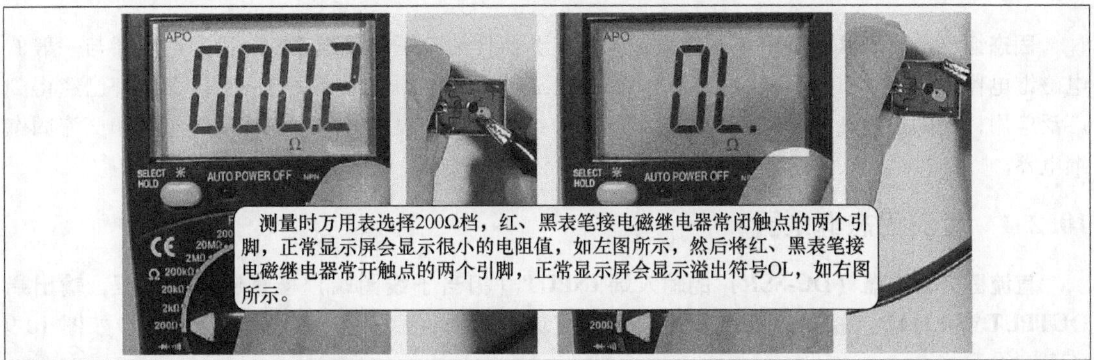
APO
000.2
Ω
SELECT HOLD
AUTO POWER OFF
OL.
测量时万用表选择200Ω档，红、黑表笔接电磁继电器常闭触点的两个引脚，正常显示屏会显示很小的电阻值，如左图所示，然后将红、黑表笔接电磁继电器常开触点的两个引脚，正常显示屏会显示溢出符号OL，如右图所示。

图 10-6　用数字万用表检测电磁继电器的触点

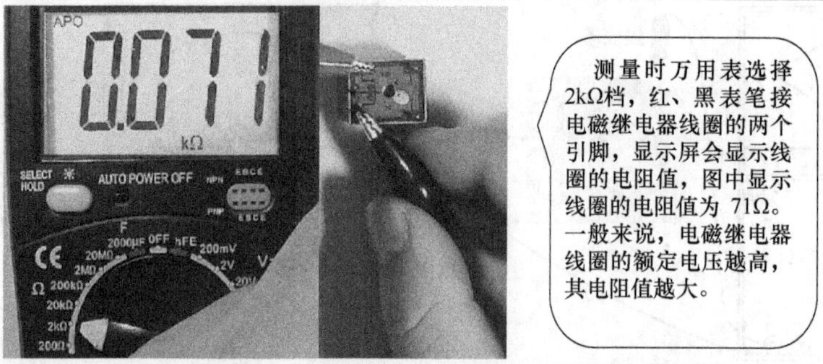
0.071
kΩ
测量时万用表选择2kΩ档，红、黑表笔接电磁继电器线圈的两个引脚，显示屏会显示线圈的电阻值，图中显示线圈的电阻值为71Ω。一般来说，电磁继电器线圈的额定电压越高，其电阻值越大。

图 10-7　用数字万用表检测电磁继电器的线圈

2. 吸合能力检测

电磁继电器吸合能力的检测如图 10-8 所示。

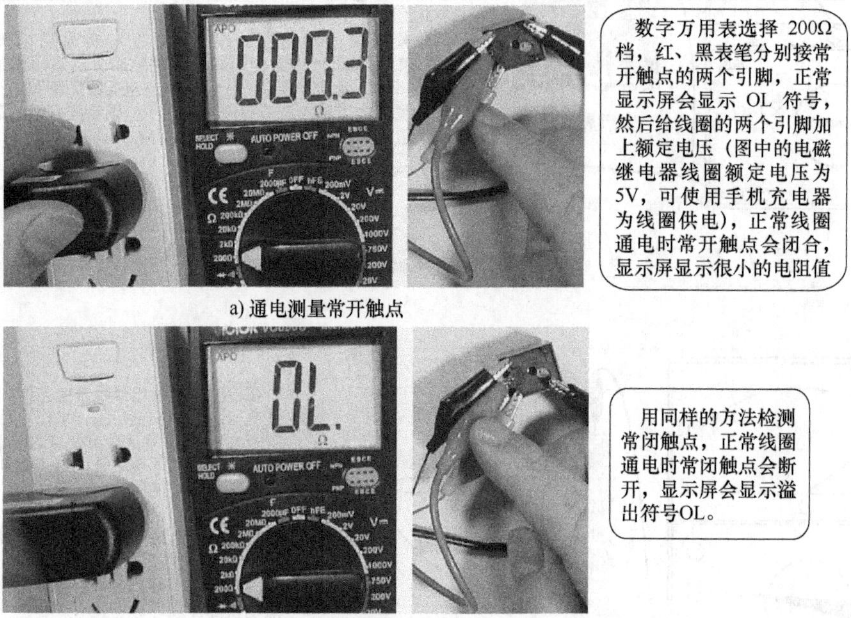
000.3
数字万用表选择200Ω档，红、黑表笔分别接常开触点的两个引脚，正常显示屏会显示OL符号，然后给线圈的两个引脚加上额定电压（图中的电磁继电器线圈额定电压为5V，可使用手机充电器为线圈供电），正常线圈通电时常开触点会闭合，显示屏显示很小的电阻值
0L.
用同样的方法检测常闭触点，正常线圈通电时常闭触点会断开，显示屏会显示溢出符号OL。

a) 通电测量常开触点

b) 通电测量常闭触点

图 10-8　通电检测电磁继电器的触点

10.2　固态继电器

固态继电器（SSR）是由半导体晶体管为主要器件的电子电路组成的。固态继电器与一般的电磁继电器相比，具有寿命长、工作频率高、可靠性高、使用安全等优点，所以在国外已经得到广泛应用，我国也逐渐开始应用。固态继电器种类很多，一般可分为直流固态继电器和交流固态继电器。

10.2.1　直流固态继电器

直流固态继电器（DC-SSR）的输入端 INPUT（相当于线圈端）接直流控制电压，输出端 OUTPUT 或 LOAD（相当于触点开关端）接直流负载。直流固态继电器外形与符号如图 10-9 所示。

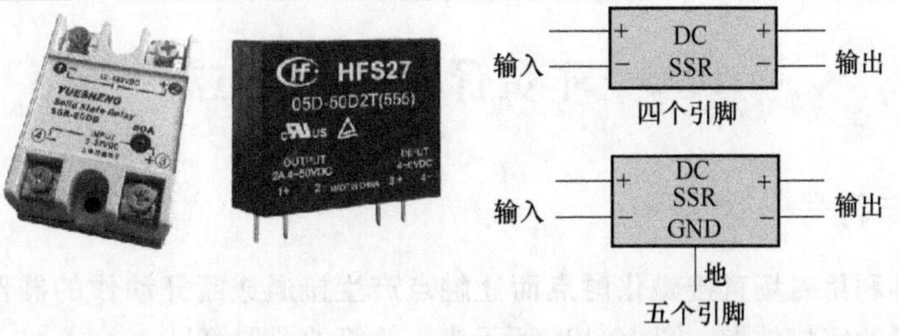
HFS27
输入
DC
SSR
输出
四个引脚
输入
DC
SSR
GND
输出
地
五个引脚

a) 外形　　b) 图形符号

图 10-9　直流固态继电器

10.2.2　交流固态继电器

交流固态继电器（AC-SSR）的输入端接直流控制电压，输出端接交流负载。交流固态继电器外形与符号如图 10-10 所示。

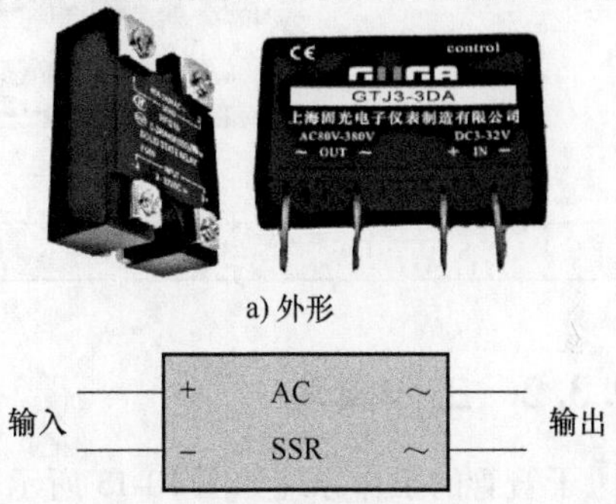
GTJ3-3DA
输入
AC
SSR
输出

a) 外形

b) 图形符号

图 10-10　交流固态继电器

10.2.3　固态继电器的识别与检测

1. 类型及引脚识别

固态继电器的类型及引脚可通过外表标注的字符来识别。交、直流固态继电器输入端标注基本相同，一般都含有“INPUT（或 IN）、DC、+、−”字样，两者的区别在于输出端标注不同，交流固态继电器输出端通常标有“AC、~、~”字样，直流固态继电器输出端通常标有“DC、+、−”字样。

2. 好坏检测

交、直流固态继电器的常态（未通电时的状态）好坏检测方法相同。在检测输入端时，万用表拨至×10kΩ 档，测量输入端两引脚之间的阻值，若固态继电器正常，黑表笔接+端、红表笔接−端时测得阻值较小，反之阻值无穷大或接近无穷大，这是因为固态继电器输入端通常为电阻器与发光二极管的串联电路；在检测输出端时，万用表仍拨至×10kΩ 档，测量输出端两引脚之间的阻值，正、反各测一次，正常时正、反向电阻均为无穷大，有的直流固态继电器输出端的晶体管反接有一只二极管，反向测量（红表笔接+端、黑表笔接−端）时阻值小。

固态继电器的常态检测正常，还无法确定它一定是好的，比如输出端开路时正、反向阻值也会无穷大，这时需要通电检查。下面以图 10-11 所示的交流固态继电器 GTJ3-3DA 为例说明通电检查的方法。

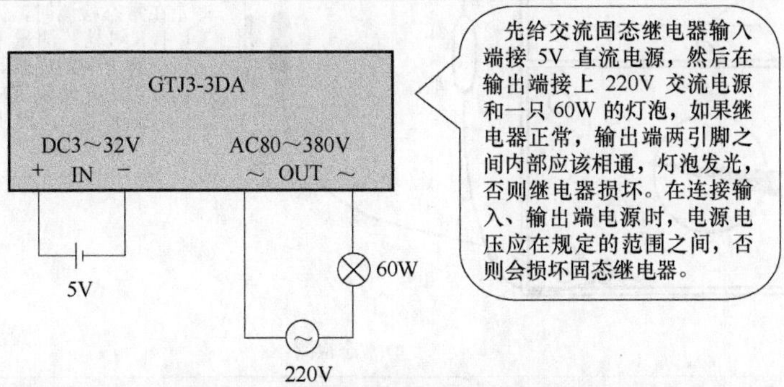
GTJ3-3DA
DC3～32V
+ IN −
AC80～380V
～ OUT ～
5V
60W
220V
先给交流固态继电器输入端接 5V 直流电源，然后在输出端接上 220V 交流电源和一只 60W 的灯泡，如果继电器正常，输出端两引脚之间内部应该相通，灯泡发光，否则继电器损坏。在连接输入、输出端电源时，电源电压应在规定的范围之间，否则会损坏固态继电器。

图 10-11　交流固态继电器的通电检测

10.3　干簧管与干簧继电器

10.3.1　外形与符号

干簧管是一种利用磁场直接磁化触点而让触点产生接通或断开动作的器件。图 10-12a 所示是一些常见干簧管的实物外形，图 10-12b 所示为干簧管的图形符号。

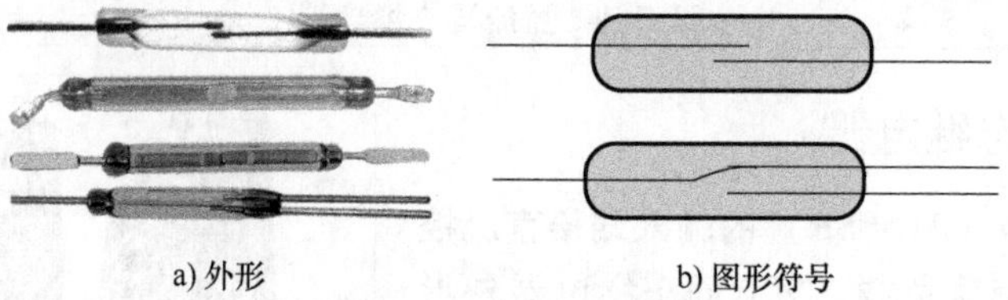
a) 外形
b) 图形符号

图 10-12　干簧管

10.3.2　工作原理

干簧管的工作原理如图 10-13 所示。

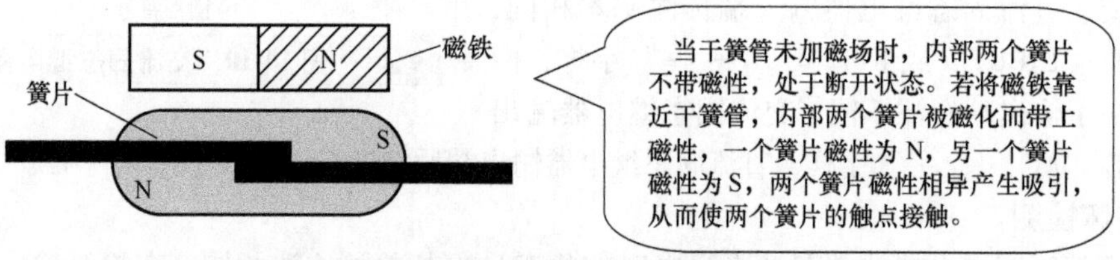
S
N
磁铁
簧片
S
N
当干簧管未加磁场时，内部两个簧片不带磁性，处于断开状态。若将磁铁靠近干簧管，内部两个簧片被磁化而带上磁性，一个簧片磁性为N，另一个簧片磁性为S，两个簧片磁性相异产生吸引，从而使两个簧片的触点接触。

图 10-13　干簧管的工作原理

10.3.3　用指针万用表检测干簧管

干簧管的检测如图 10-14 所示。干簧管的检测包括常态检测和施加磁场检测。

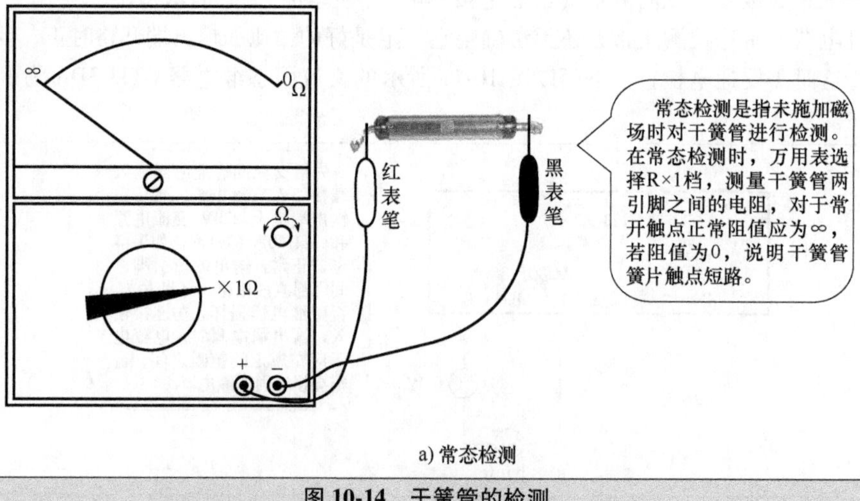
∞
0Ω
Ω
×1Ω
+
−
红表笔
黑表笔
常态检测是指未施加磁场时对干簧管进行检测。在常态检测时，万用表选择R×1档，测量干簧管两引脚之间的电阻，对于常开触点正常阻值应为∞，若阻值为0，说明干簧管簧片触点短路。
a) 常态检测

图 10-14　干簧管的检测

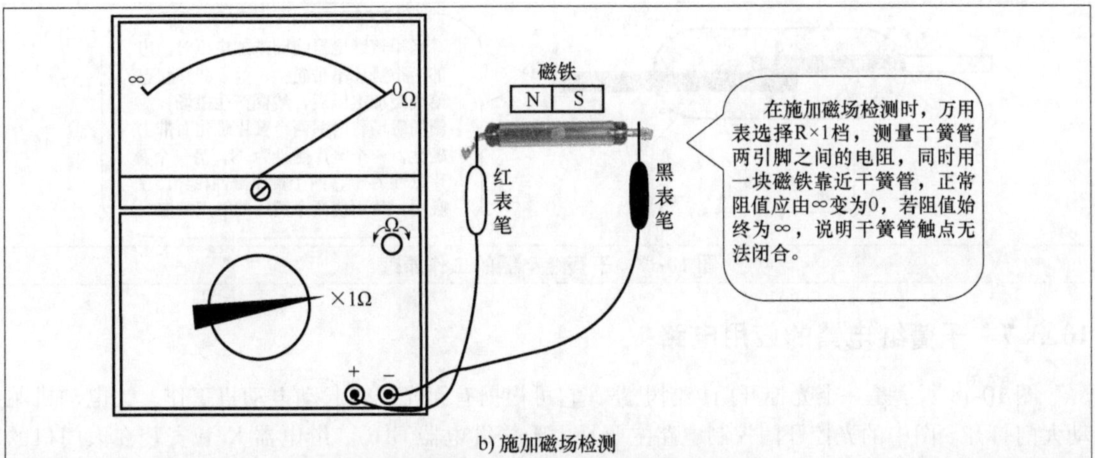
∞
0Ω
磁铁
N
S
红表笔
黑表笔
×1Ω
+
−
在施加磁场检测时，万用表选择R×1档，测量干簧管两引脚之间的电阻，同时用一块磁铁靠近干簧管，正常阻值应由∞变为0，若阻值始终为∞，说明干簧管触点无法闭合。

b) 施加磁场检测

图 10-14　干簧管的检测（续）

10.3.4　用数字万用表检测干簧管

用数字万用表检测干簧管如图 10-15 所示。

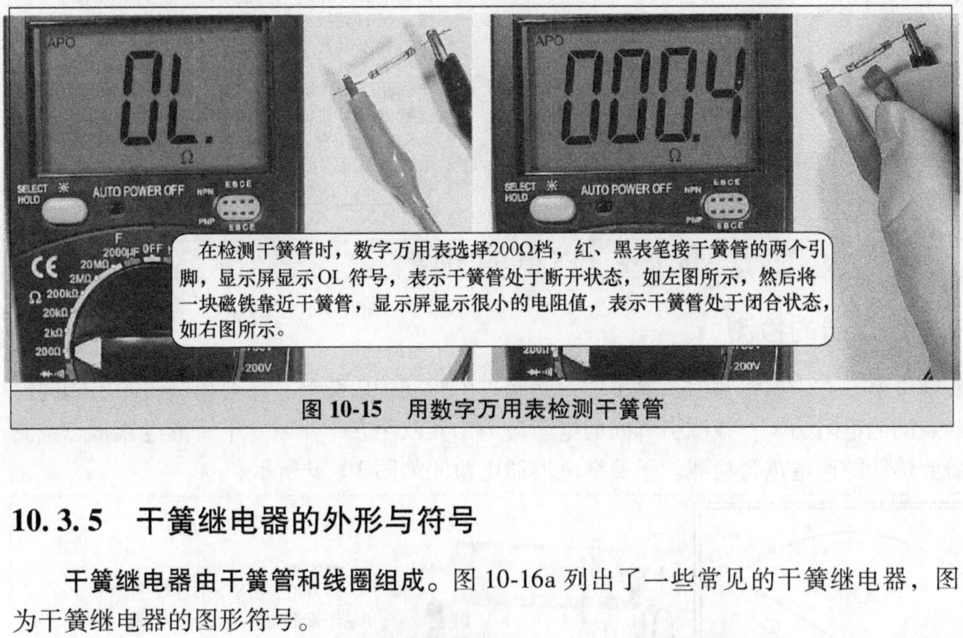
0L.
Ω
0004
AUTO POWER OFF
在检测干簧管时，数字万用表选择200Ω档，红、黑表笔接干簧管的两个引脚，显示屏显示OL 符号，表示干簧管处于断开状态，如左图所示，然后将一块磁铁靠近干簧管，显示屏显示很小的电阻值，表示干簧管处于闭合状态，如右图所示。

图 10-15　用数字万用表检测干簧管

10.3.5　干簧继电器的外形与符号

干簧继电器由干簧管和线圈组成。图 10-16a 列出了一些常见的干簧继电器，图 10-16b 所示为干簧继电器的图形符号。

a) 实物外形

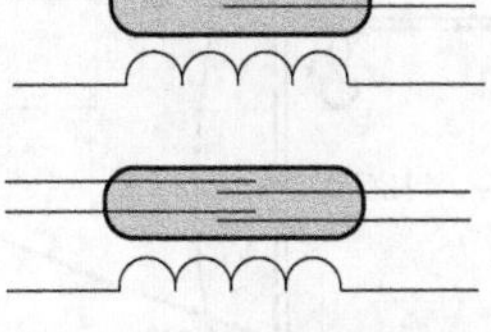

b) 电路符号

图 10-16　干簧继电器

10.3.6　干簧继电器的工作原理

干簧继电器的工作原理如图 10-17 所示。

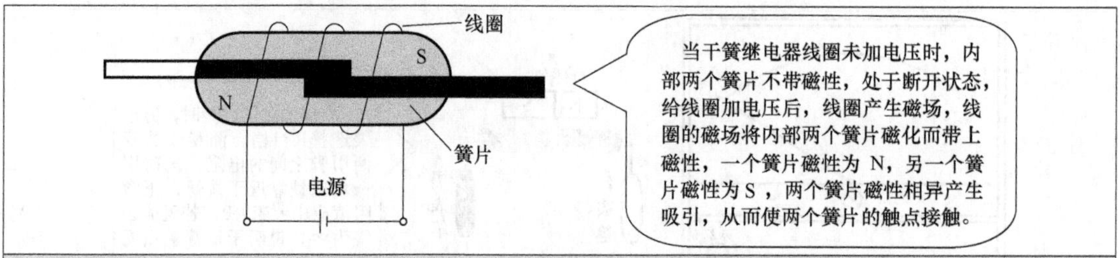
线圈
S
N
簧片
电源
当干簧继电器线圈未加电压时，内部两个簧片不带磁性，处于断开状态，给线圈加电压后，线圈产生磁场，线圈的磁场将内部两个簧片磁化而带上磁性，一个簧片磁性为 N，另一个簧片磁性为 S，两个簧片磁性相异产生吸引，从而使两个簧片的触点接触。

图 10-17　干簧继电器的工作原理

10.3.7　干簧继电器的应用电路

图 10-18 所示是一个光控开门控制电路，它可根据有无光线来起动电动机工作，让电动机驱动大门打开。图中的光控开门控制电路主要是由干簧继电器 GHG、继电器 K_1 和安装在大门口的光敏电阻器 RG 及电动机组成的。

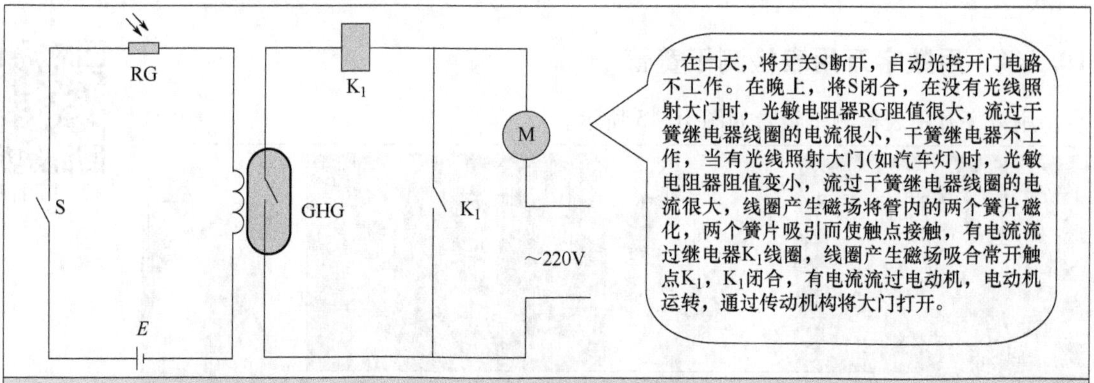
RG
K_1
M
S
GHG
K_1
~220V
E
在白天，将开关S断开，自动光控开门电路不工作。在晚上，将S闭合，在没有光线照射大门时，光敏电阻器RG阻值很大，流过干簧继电器线圈的电流很小，干簧继电器不工作，当有光线照射大门(如汽车灯)时，光敏电阻器阻值变小，流过干簧继电器线圈的电流很大，线圈产生磁场将管内的两个簧片磁化，两个簧片吸引而使触点接触，有电流流过继电器K_1线圈，线圈产生磁场吸合常开触点K_1，K_1闭合，有电流流过电动机，电动机运转，通过传动机构将大门打开。

图 10-18　光控开门控制电路

10.3.8　干簧继电器的检测

对于干簧继电器，在常态检测时，除了要检测触点引脚间的电阻外，还要检测线圈引脚间的电阻，正常触点间的电阻为∞，线圈引脚间的电阻应为十几欧至几十千欧。干簧继电器常态检测正常后，还需要给线圈通电进行检测。干簧继电器通电检测如图 10-19 所示。

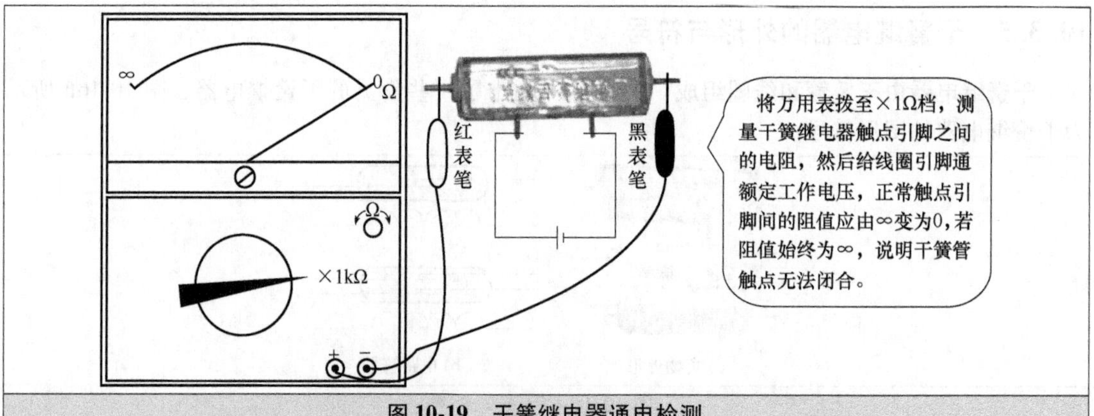
∞
0Ω
×1kΩ
+
−
红表笔
黑表笔
将万用表拨至×1Ω档，测量干簧继电器触点引脚之间的电阻，然后给线圈引脚通额定工作电压，正常触点引脚间的阻值应由∞变为0，若阻值始终为∞，说明干簧管触点无法闭合。

图 10-19　干簧继电器通电检测

第11章

过电流与过电压保护器件

11.1 过电流保护器件

过电流保护器件的功能是当通过的电流过大时切断电路，从而避免过大的电流损坏电路。熔断器是一种最常用的过电流保护器件。

熔断器可分为两类：一类是不可恢复型熔断器，这种熔断器的熔丝被大电流烧断后不会恢复，损坏后需要重新更换，电子电器中最常用的玻壳熔断器就属于该类型的熔断器；**另一类是可恢复型熔断器，**这种熔断器在通过大电流时温度升高，阻值急剧变大，呈开路状态，断电后温度降低，其阻值会自动恢复变小，自恢复熔断器就属于该类型的熔断器。熔断器常用符号如图 11-1 所示。

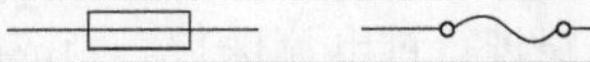

图 11-1　熔断器常用符号

11.1.1　玻壳熔断器

1. 外形

玻壳熔断器是一种不可恢复型熔断器，其外形如图 11-2 所示。

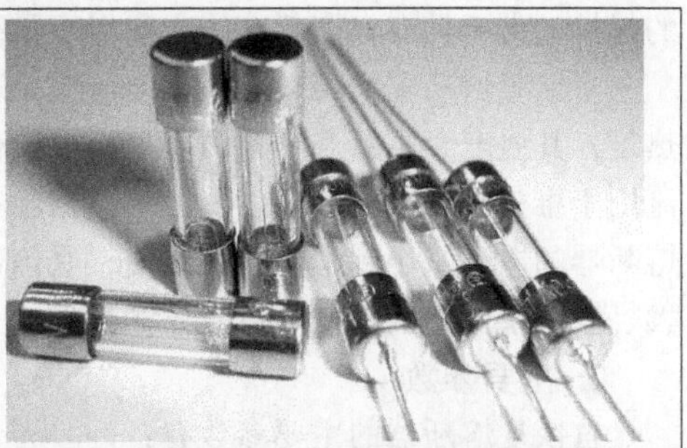

图 11-2　玻壳熔断器外形

2. 种类

玻壳熔断器有普通型和延时型两种，普通熔断器通过的电流超过额定电流时会马上烧断，而延时熔断器允许短时电流超过其额定电流而不会损坏。普通熔断器和延时熔断器可从外观识别出来，如图 11-3 所示，左图的熔断器内部有一根直线熔断器，它为普通熔断器，右图的熔断器内部有一根螺旋状的熔丝，它为延时熔断器。延时熔断器主要用在一些开机电流很大、正常工作时电流小的电路中，彩色电视机的电源电路就使用延时熔断器，其他电器大部分使用普通熔断器。

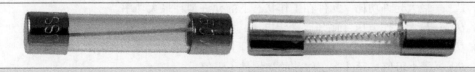

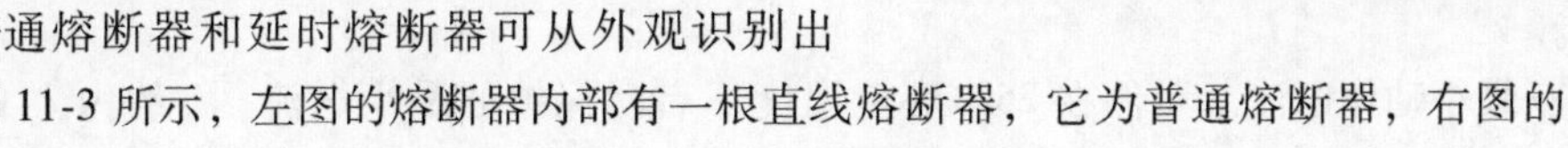

图 11-3　普通熔断器和延时熔断器

3. 选用

玻壳熔断器一般会标注额定电压值或额定电流值，例如某熔断器标注250V/2A，表示该熔断器应用在电压250V以下、电流不超过2A的电路中。在选用时，要先了解电路的电压和电流情况，再选择合适的熔断器，选择时要求所选熔断器的额定电压应高于电路可能有的最高电压、额定电流应略大于电路可能有的最大电流。

4. 好坏检测

在判别玻壳熔断器的好坏时，可先查看玻壳内部的熔断器是否断开，若断开则熔断器开路。如果要准确判断熔断器是否损坏，应使用万用表来检测，检测时万用表拨至×1Ω档，红、黑表笔分别接熔断器两端的金属帽，正常熔断器的阻值应为0Ω，若阻值无穷大则为内部熔丝开路。

11.1.2　自恢复熔断器

自恢复熔断器是一种可恢复型熔断器，它采用高分子有机聚合物在高压、高温、硫化反应的条件下，掺加导电粒子材料后，经过特殊的工艺加工而成。自恢复熔断器的外形如图11-4所示。

F030L
F030L
F-075L
F-075L
LP200
图11-4　自恢复熔断器的外形

1. 工作原理

自恢复熔断器是在经特殊处理的高分子聚合树脂中掺加导电粒子材料后制成的。在正常情况下，聚合树脂与导电粒子紧密结合在一起，此时的自恢复熔断器呈低阻状态，如果流过的电流在允许范围内，其产生的热量较小，不会改变导电树脂结构。当电路发生短路或过载时，流经自恢复熔断器的电流很大，其产生的热量使聚合树脂熔化，体积迅速增大，自恢复熔断器呈高阻状态，工作电流迅速减小，从而对电路进行过电流保护。当故障排除，聚合树脂重新冷却缩小，导电粒子重新紧密接触而形成导电通路，自恢复熔断器重新恢复为低阻状态，从而完成对电路的保护，由于具有自恢复功能，所以不需要人工更换。

自恢复熔断器是否动作与本身热量有关，如果电流使本身产生的热量大于其向外界散发的热量，其温度会不断升高，内部聚合树脂体积增大而使熔断器阻值变大，流过的电流减小，该电流用于维持聚合树脂的温度，让熔断器保持高阻状态。当故障排除后或切断电源后，通过自恢复熔断器的电流减小到维持电流以下，其内部聚合物温度下降而恢复为低阻状态。一般来说，体积大、散热条件好的自恢复熔断器动作电流更大些。

2. 主要参数

自恢复熔断器的主要参数有：

1）I_h—最大工作电流（额定电流、维持电流）。元件在25℃环境温度下保持不动作的最大工作电流。

2）I_t—最小动作电流。元件在25℃环境温度下启动保护的最小电流。I_t约为I_h的1.7~3倍，一般为2倍。

3）I_{max}—最大过载电流。元件能承受的最大电流。

4）P_{max}—最大允许功耗。元件在工作状态下的允许消耗最大功率。

5）U_{max}—最大工作电压（耐压、额定电压）。元件的最大工作电压。

6）U_{maxi}—最大过载电压。元件在阻断状态下所承受的最大电压。

7）R_{min}—最小阻值。元件在工作前的初始最小阻值。

8）R_{max}—最大阻值。元件在工作前的初始最大阻值，自恢复熔断器的初始阻值应在R_{min}至

R_{max}之间。

3. 型号含义

自恢复熔断器无统一的命名方法，较常用的 RF/WH 系列自恢复熔断器的型号含义如下：

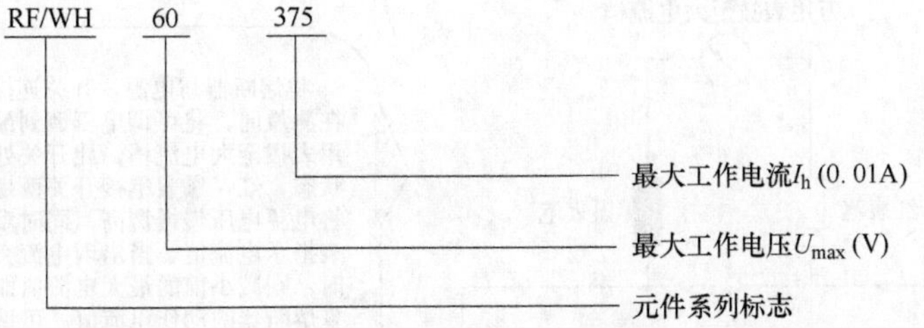
RF/WH
60
375
最大工作电流I_h(0.01A)
最大工作电压U_{max}(V)
元件系列标志

RF/WH 60 375 表示该元件为 RF/WH 系列自恢复熔断器，其最大工作电压为 60V，最大工作电流为 3.75A。

4. 选用

（1）选用说明

选用熔断器的要点如下：

1）根据电路的需要，选择合适类型的熔断器（如自恢复型、贴片安装方式熔断器）。

2）在确定熔断器的额定电压时，要求熔断器额定电压应大于熔断器安装电路处可能有的最高电压。

3）在确定熔断器的额定电流 I 时，可按下式来求：

$$I=I_t/(f_0 f_1)$$

式中，I_t 为保护电流（动作电流）；f_0 为不同规范熔断器的折减率，对于 IEC 规范的熔断器，折减率 $f_0=1$，对于 UL 规范的熔断器，折减率 $f_0=0.75$；f_1 为不同温度下的折减率，环境温度（熔断器周围的温度）越高，熔断器工作时越容易发热，寿命就越短，熔断器在不同温度下的折减率 f_1 值如图 11-5 所示，曲线 A 为玻壳熔断器（满熔丝，低分辨力）的温度折减率，曲线 B 为陶瓷管熔断器（快熔断熔断器和螺旋式绕制熔断器，高分辨力）的温度折减率，曲线 C 为自恢复熔断器的温度折减率，在室温 25℃时，三种类型的熔断器的温度折减率 f_1 均为 1。

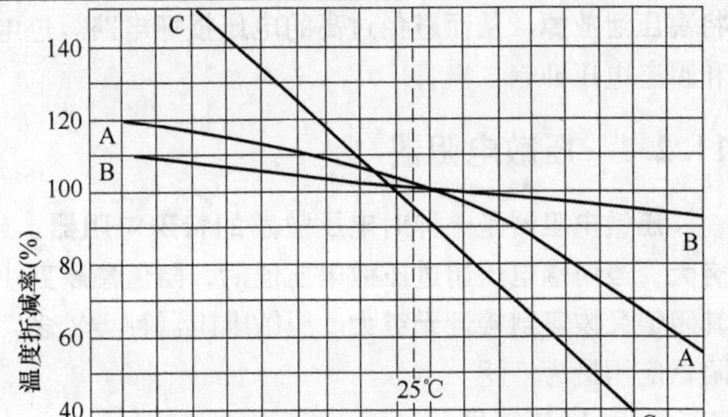
温度折减率(%)
140
120
100
80
60
40
20
A
B
C
25℃
-60℃ -40℃ -20℃ 0℃ 20℃ 40℃ 60℃ 80℃ 100℃
-76°F -40°F -4°F 32°F 68°F 104°F 140°F 176°F 212°F
环境温度

图 11-5 熔断器在不同温度下的折减率 f_1 值

（2）选用举例

某电路额定电压为 12V，正常工作电流为 2A，熔断器长期工作在 90℃，如果选用 UL 规范的自恢复熔断器，则熔断器的温度折减率 f_1 为 40%、规范折减率 $f_0=0.75$，那么熔断器的额定电流 $I=I_t/(f_0 f_1)=2A/(0.75\times0.4)=6.6A$，故可选用 RF/WH16-700 型自恢复熔断器。

如果选用 IEC 规范的自恢复熔断器，熔断器长期工作在 25℃，则要求熔断器的额定电流 $I=I_t/(f_0 f_1)=2A/(1\times1)=2A$，那么可选用 RF/WH16-200 型自恢复熔断器。

5. 检测

自恢复熔断器的阻值很小，大多数在 10Ω 以下，通常额定电压（耐压）越高的阻值越大，额定电流（维持电流）越大的阻值越小。由于自恢复熔断器的阻值很小，在检测时，使用万用表×1Ω 档测量其阻值，正常阻值一般在几十欧以下，如果阻值无穷大，则熔断器开路。

自恢复熔断器的动作电流检测如图 11-6 所示。

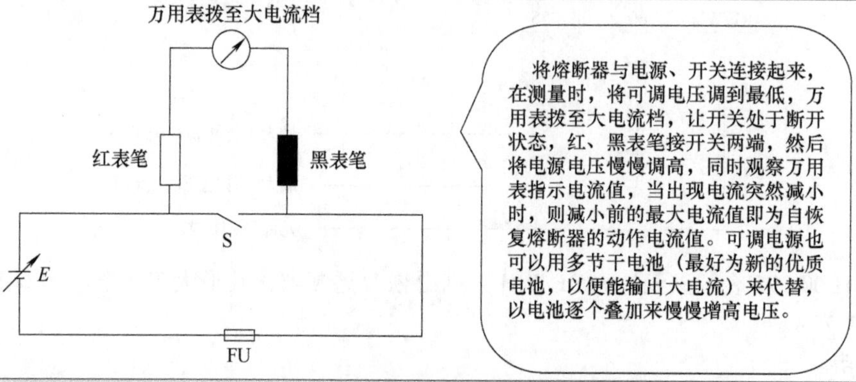
万用表拨至大电流档
红表笔
黑表笔
S
E
FU
将熔断器与电源、开关连接起来，在测量时，将可调电压调到最低，万用表拨至大电流档，让开关处于断开状态，红、黑表笔接开关两端，然后将电源电压慢慢调高，同时观察万用表指示电流值，当出现电流突然减小时，则减小前的最大电流值即为自恢复熔断器的动作电流值。可调电源也可以用多节干电池（最好为新的优质电池，以便能输出大电流）来代替，以电池逐个叠加来慢慢增高电压。

图 11-6　自恢复熔断器的动作电流检测示意图

11.2　过电压保护器件

过电压保护器件的功能是当电路中的电压过高时，器件马上由高阻状态转变成低阻状态，将高压泄放掉，从而避免过高的电压损坏电路。过电压保护器件种类较多，常用的有压敏电阻器和瞬态电压抑制二极管。

11.2.1　压敏电阻器

压敏电阻器是一种对电压敏感的特殊电阻器，当两端电压低于标称电压时，其阻值接近无穷大，当两端电压超过压敏电压值时，阻值急剧变小，如果两端电压回落至压敏电压值以下时，其阻值又恢复到接近无穷大。压敏电阻器种类较多，以氧化锌（ZnO）为材料制作而成的压敏电阻器应用最为广泛。

1. 外形与符号

压敏电阻器外形与符号如图 11-7 所示。

MYL
32D471K
TIEDA
MYN15-621K
MYN15-621KM
MYN15-621KM
385V r.m.s
U

a) 实物外形　　b) 符号

图 11-7　压敏电阻器

2. 应用电路

压敏电阻器具有过电压时阻值变小的性质，利用该性质可以将压敏电阻器应用在保护电路中。压敏电阻器的典型应用如图 11-8 所示。

3. 主要参数与型号含义

（1）主要参数

压敏电阻器参数很多，主要参数有压敏电压、最大连续工作电压和最大限制电压。

压敏电压又称击穿电压或阈值电压，当加到压敏电阻器两端的电压超过压敏电压时，阻值会急剧减小。最大连续工作电压是指压敏电阻器长期使用时两端允许的最高交流或直流电压。最大限制电压是指压敏电阻器两端不允许超过的电压。对于压敏电阻器，若最大连续工作交流电压为 U，则最大连续工作直流电压约为 1.3U，压敏电压约为 1.6U，最大限制电压约为 2.6U。压敏电阻器的压敏电压可在 10~9000V 范围选择。

（2）型号含义

MY 表示压敏电阻器。

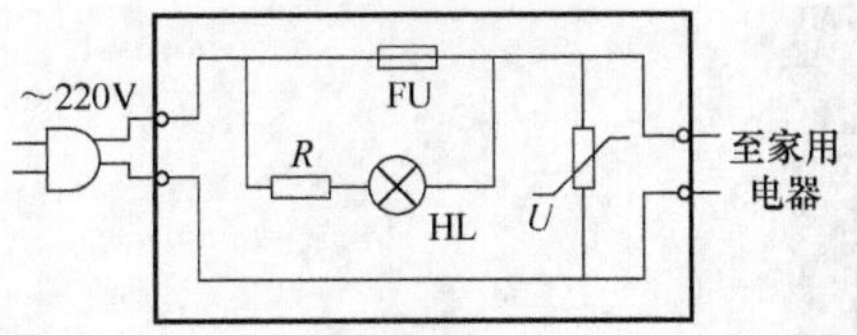
家用电器保护器
~220V
FU
R
HL
U
至家用
电器
左图是一个家用电器保护器，在使用时将它接在 220V 市电和家用电器之间。
在正常工作时，220V 市电通过保护器中的熔断器FU和导线送给家用电器。当某些因素（如雷电窜入电网）造成市电电压上升时，上升的电压通过插头、导线和熔断器加到压敏电阻器两端，压敏电阻器马上击穿而阻值变小，流过熔断器和压敏电阻器的电流急剧增大，熔断器瞬间熔断，高电压无法到达家用电器，从而保护了家用电器不被高压损坏。在熔断器熔断后，有较小的电流流过高阻值的电阻器 R 和灯泡，灯泡亮，指示熔断器损坏。由于压敏电阻器具有自恢复功能，在电压下降后阻值又变为无穷大，当更换熔断器后，保护器可重新使用。

图 11-8　压敏电阻器的典型应用电路

压敏电压用三位数字表示：前两位数字为有效数字，第三位数字表示 0 的个数。如 470 表示 47V，471 表示 470V。

电压允许偏差用字母表示：J 表示±5%、K 表示±10%、L 表示±15%、M 表示±20%。

瓷片直径用数字表示：有 ϕ5、ϕ7、ϕ10、ϕ14、ϕ20 等，单位为 mm。

型号分类用字母表示：D—通用型、H—灭弧型、L—防雷型、T—特殊型、G—浪涌抑制型、Z—组合型、S—元器件保护用。

细分类用数字表示：表示型号分类中更细的分类号。例如，MYDO7K680 表示标称电压 68V，电压允许偏差为±10%，瓷片直径 7mm 的通用型压敏电阻器；MYG20G05K151 表示压敏电压（标称电压）为 150V，电压允许偏差为±10%，瓷片直径为 5mm 的浪涌抑制型压敏电阻器。

在图 11-9 中，压敏电阻器标注“621K”，其中“621”表示压敏电压为 62×10^1V＝620V，“K”表示允许偏差为±10%，若标注为“620”则表示压敏电压为 62×10^0V＝62V。

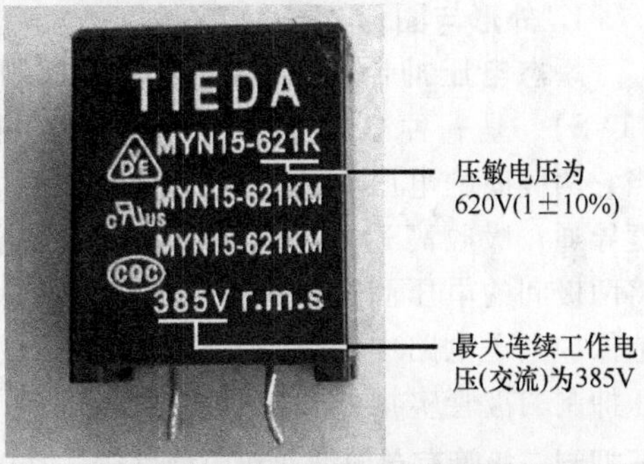
TIEDA
MYN15-621K
MYN15-621KM
MYN15-621KM
385V r.m.s
压敏电压为
620V(1±10%)
最大连续工作电
压(交流)为385V

图 11-9　压敏电阻器的参数识别

4. 用指针万用表检测压敏电阻器

由于压敏电阻器两端的电压低于压敏电压时不会导通，故可以用万用表欧姆档检测其好坏。用指针万用表检测压敏电阻器如图 11-10 所示。

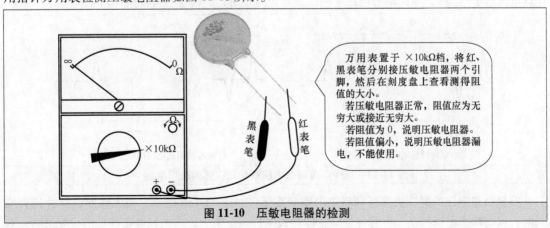

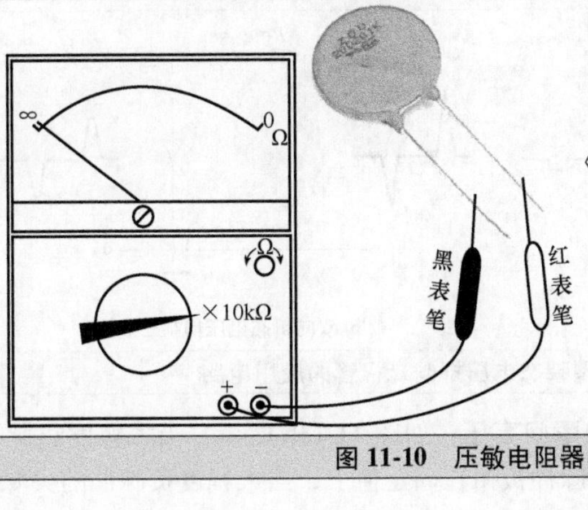
∞
0
Ω
×10kΩ
+
−
黑表笔
红表笔
万用表置于 ×10kΩ档，将红、黑表笔分别接压敏电阻器两个引脚，然后在刻度盘上查看测得阻值的大小。
若压敏电阻器正常，阻值应为无穷大或接近无穷大。
若阻值为 0，说明压敏电阻器。
若阻值偏小，说明压敏电阻器漏电，不能使用。

图 11-10　压敏电阻器的检测

扫一扫看视频

5. 用数字万用表检测压敏电阻器

用数字万用表检测压敏电阻器如图 11-11 所示。

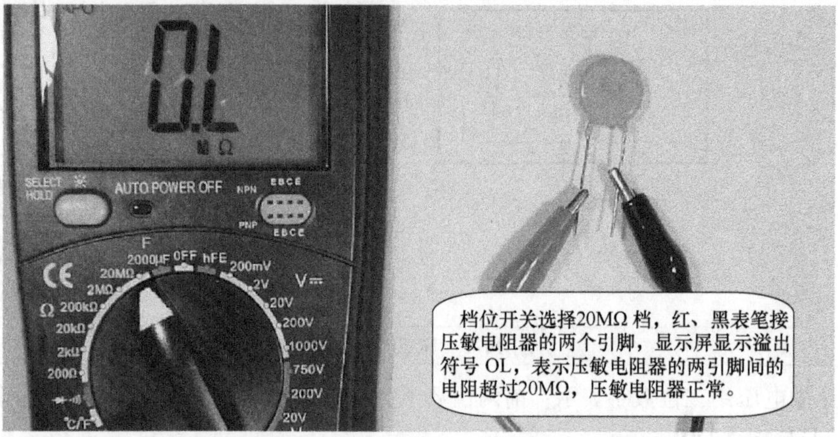
0.L
MΩ
档位开关选择20MΩ 档，红、黑表笔接压敏电阻器的两个引脚，显示屏显示溢出符号 OL，表示压敏电阻器的两引脚间的电阻超过20MΩ，压敏电阻器正常。

图 11-11　用数字万用表检测压敏电阻器

11. 2. 2　瞬态电压抑制二极管

1. 外形与图形符号

瞬态电压抑制二极管又称瞬态抑制二极管（TVS），是一种二极管形式的高效能保护器件，当它两极间的电压超过一定值时，能以极快的速度导通，吸收高达几百瓦到几千瓦的浪涌功率，将两极间的电压固定在一个预定值上，从而有效地保护电子电路中的精密元器件。常见的瞬态电压抑制二极管实物外形如图 11-12a 所示。**瞬态电压抑制二极管有单向型和双向型之分**，其图形符号如图 11-12b 所示。

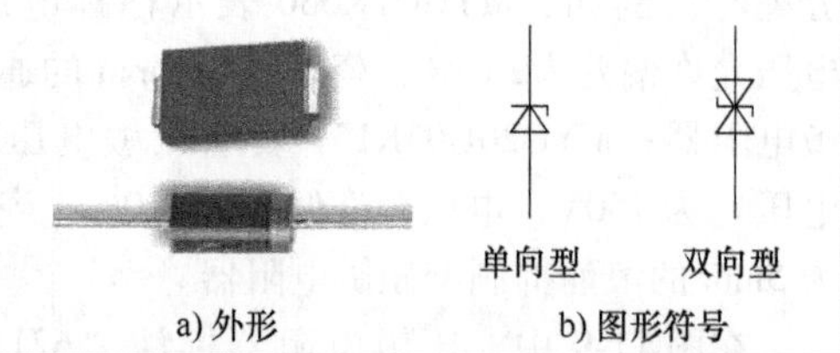
单向型
双向型
a) 外形
b) 图形符号

图 11-12　瞬态电压抑制二极管

2. 单向和双向瞬态电压抑制二极管的应用电路

单向瞬态电压抑制二极管用来抑制单向瞬间高压，如图 11-13a 所示，当大幅度正脉冲的尖峰来时，单向瞬态电压抑制二极管反向导通，正脉冲被钳在固定值上，在大幅度负脉冲来时，若 B 点电压低于-0. 7V，单向瞬态电压抑制二极管正向导通，B 点电压被钳在-0. 7V。

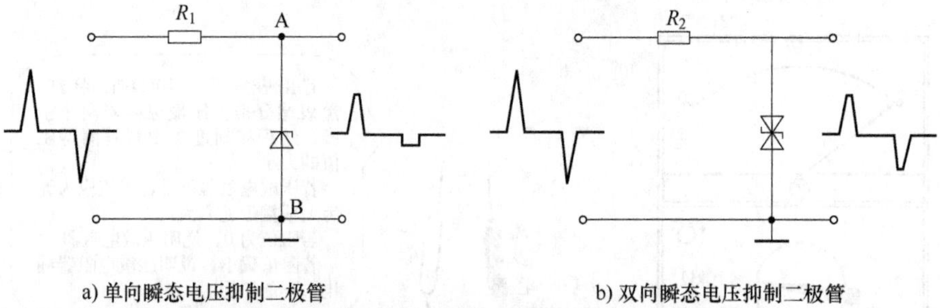
R_1
A
B
R_2
a) 单向瞬态电压抑制二极管
b) 双向瞬态电压抑制二极管

图 11-13　两种类型瞬态电压抑制二极管的应用电路

双向瞬态电压抑制二极管可抑制双向瞬间高压，如图 11-13b 所示，当大幅度正脉冲的尖峰来时，双向瞬态电压抑制二极管导通，正脉冲被钳在固定值上，当大幅度负脉冲的尖峰来时，双向瞬态电压抑制二极管导通，负脉冲被钳在固定值上。在实际电路中，双向瞬态电压抑制二极管更为常用，如无特别说明，瞬态电压抑制二极管均是指双向。

3. 选用

在选用瞬态电压抑制二极管时，主要考虑极性、反向击穿电压和峰值功率，在峰值功率一定的情况下，反向击穿电压越高，允许的峰值电流越小。

从型号了解瞬态电压抑制二极管的主要参数举例：

1）型号 P6SMB6. 8A：P6—峰值功率为 600W，6. 8—反向击穿电压为 6. 8V，A—单向。

2）型号 P6SMB18CA：P6—峰值功率为 600W，18—反向击穿电压为 18V，CA—双向。

3）型号 1. 5KE10A：1. 5K—峰值功率为 1. 5kW，10—反向击穿电压为 10V，A—单向。

4）型号 P6KE33CA：P6—峰值功率为 600W，33—反向击穿电压为 33V，CA-双向。

4. 用指针万用表检测瞬态电压抑制二极管

单向瞬态电压抑制二极管具有单向导电性，极性与好坏检测方法与稳压二极管相同。双向瞬态电压抑制二极管两引脚无极性之分，用万用表×10kΩ 档检测时正、反向阻值应均为无穷大。双向瞬态电压抑制二极管的击穿电压的检测如图 11-14 所示。

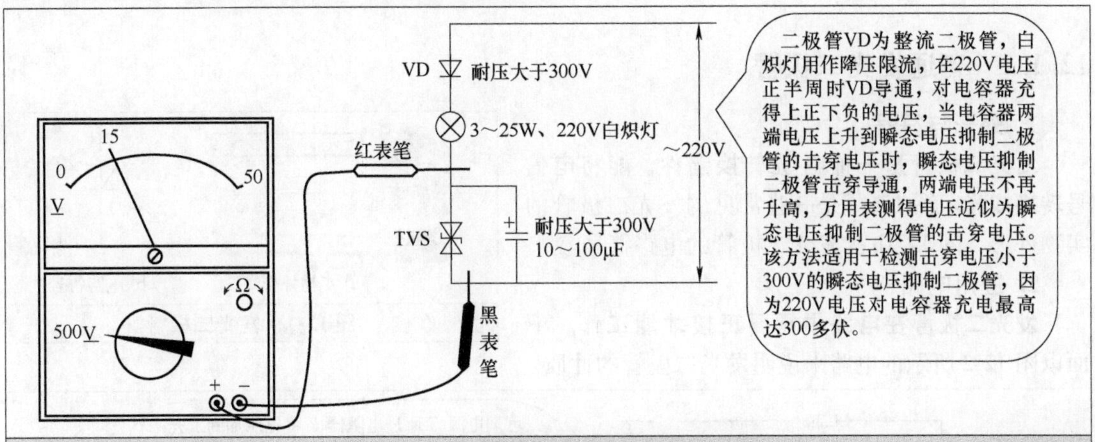
VD
耐压大于300V
3～25W、220V白炽灯
～220V
红表笔
耐压大于300V
10～100μF
TVS
黑表笔
15
0
50
V
Ω
500V
+
−
二极管VD为整流二极管，白炽灯用作降压限流，在220V电压正半周时VD导通，对电容器充得上正下负的电压，当电容器两端电压上升到瞬态电压抑制二极管的击穿电压时，瞬态电压抑制二极管击穿导通，两端电压不再升高，万用表测得电压近似为瞬态电压抑制二极管的击穿电压。该方法适用于检测击穿电压小于300V的瞬态电压抑制二极管，因为220V电压对电容器充电最高达300多伏。

图 11-14　双向瞬态电压抑制二极管的检测

5. 用数字万用表检测瞬态电压抑制二极管

用数字万用表检测单向瞬态电压抑制二极管如图 11-15 所示。

扫一扫看视频

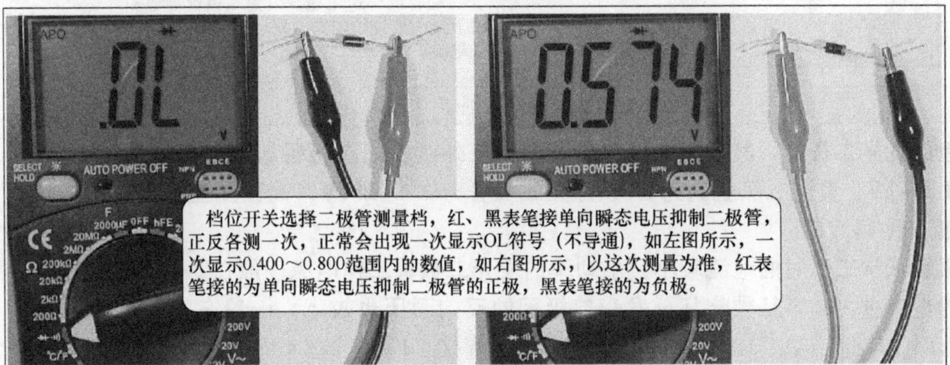
.OL
0.574
AUTO POWER OFF
档位开关选择二极管测量档，红、黑表笔接单向瞬态电压抑制二极管，正反各测一次，正常会出现一次显示OL符号（不导通），如左图所示，一次显示0.400～0.800范围内的数值，如右图所示，以这次测量为准，红表笔接的为单向瞬态电压抑制二极管的正极，黑表笔接的为负极。

图 11-15　用数字万用表检测单向瞬态电压抑制二极管

第12章

光电器件

12.1 发光二极管

12.1.1 普通发光二极管

1. 外形与符号

发光二极管是一种电-光转换器件，能将电信号转换成光。图 12-1a 是一些常见的发光二极管的实物外形，图 12-1b 为发光二极管的电路符号。

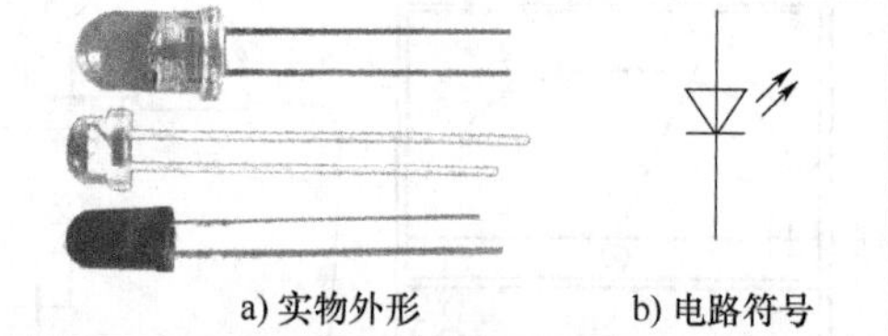

a) 实物外形
b) 电路符号

图 12-1 发光二极管

2. 应用电路

发光二极管在电路中需要正接才能工作。下面以图 12-2 所示的电路来说明发光二极管的性质。

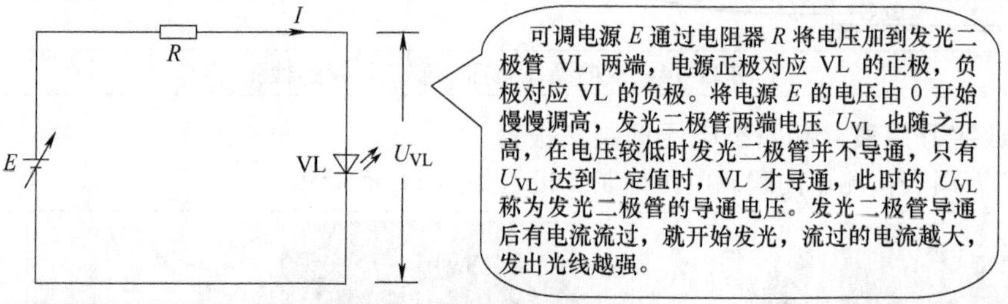

I
R
E
VL
U_{VL}
可调电源 E 通过电阻器 R 将电压加到发光二极管 VL 两端，电源正极对应 VL 的正极，负极对应 VL 的负极。将电源 E 的电压由 0 开始慢慢调高，发光二极管两端电压 U_{VL} 也随之升高，在电压较低时发光二极管并不导通，只有 U_{VL} 达到一定值时，VL 才导通，此时的 U_{VL} 称为发光二极管的导通电压。发光二极管导通后有电流流过，就开始发光，流过的电流越大，发出光线越强。

图 12-2 发光二极管的应用电路

不同颜色的发光二极管，其导通电压有所不同，红外线发光二极管最低，略高于 1V，红光二极管约为 1.5~2V，黄光二极管约为 2V，绿光二极管为 2.5~2.9V，高亮度蓝光、白光二极管导通电压一般达到 3V 以上。

发光二极管正常工作时的电流较小，小功率的发光二极管工作电流一般在 3~20mA，若流过发光二极管的电流过大，容易被烧坏。**发光二极管的反向耐压也较低，一般在 10V 以下。**在焊接发光二极管时，应选用功率在 25W 以下的电烙铁，焊接点应离管帽 4mm 以上。焊接时间不要超过 4s，最好用镊子夹住引脚散热。

3. 限流电阻器的阻值计算

由于发光二极管的工作电流小、耐压低，故使用时需要连接限流电阻器，图 12-3 是发光二极管的两种常用驱动电路，在采用图 b 所示的晶体管驱动时，晶体管相当于一个开关（电子开关），当基极为高电平时晶体管会导通，相当于开关闭合，发光二极管有电流通过而发光。

发光二极管的限流电阻器的阻值可按 $R=(U-U_F)/I_F$ 计算，U 为加到发光二极管和限流电阻器两端的电压，U_F 为发光二极管的正向导通电压（约为 1.5~3.5V，可用数字万用表测量获得），I_F 为发光二极管的正向工作电流（约为 3~20mA，一般取 10mA）。

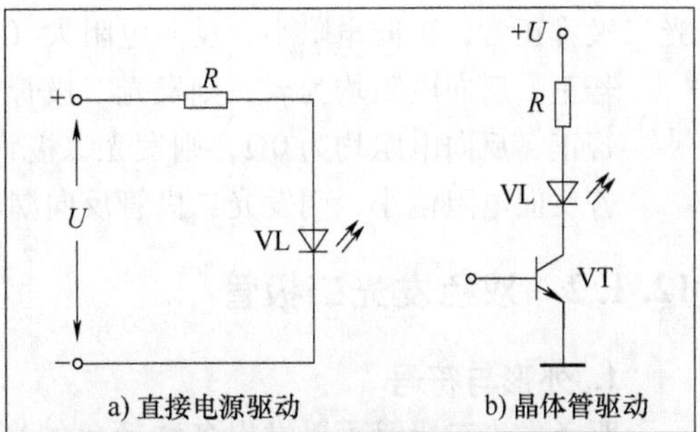
R
+
U
−
VL
a) 直接电源驱动
+U
R
VL
VT
b) 晶体管驱动

图 12-3　发光二极管的两种常用驱动电路

4. 引脚极性判别

（1）从外观判别极性

从外观判别发光二极管引脚极性如图 12-4 所示。

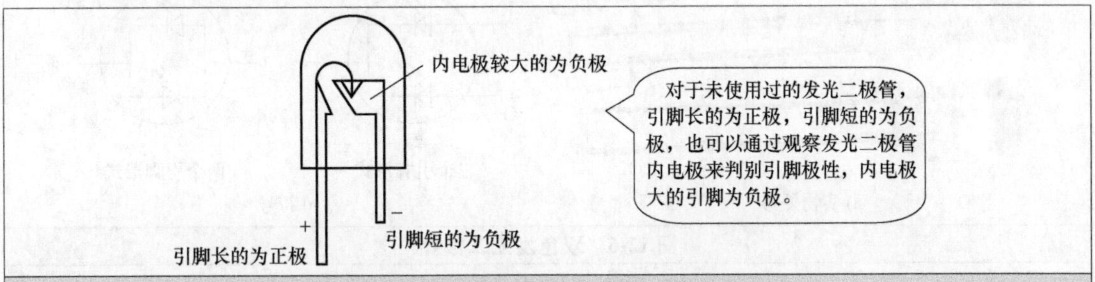
内电极较大的为负极
对于未使用过的发光二极管，引脚长的为正极，引脚短的为负极，也可以通过观察发光二极管内电极来判别引脚极性，内电极大的引脚为负极。
+
−
引脚短的为负极
引脚长的为正极

图 12-4　从外观判别发光二极管引脚极性

（2）用指针万用表判别极性

发光二极管与普通二极管一样具有单向导电性，即正向电阻小，反向电阻大。根据这一点可以用万用表检测发光二极管的极性。

由于发光二极管的导通电压在 1.5V 以上，而万用表选择×1Ω~×1kΩ 档时，内部使用 1.5V 电池，它所提供的电压无法使发光二极管正向导通，故检测发光二极管极性时，万用表选择×10kΩ 档（内部使用 9V 电池），红、黑表笔分别接发光二极管的两个电极，正、反各测一次，两次测量的阻值会出现一大一小，以阻值小的那次为准，黑表笔接的为正极，红表笔接的为负极。

扫一扫看视频

（3）用数字万用表判别极性

用数字万用表判别发光二极管引脚的极性如图 12-5 所示。

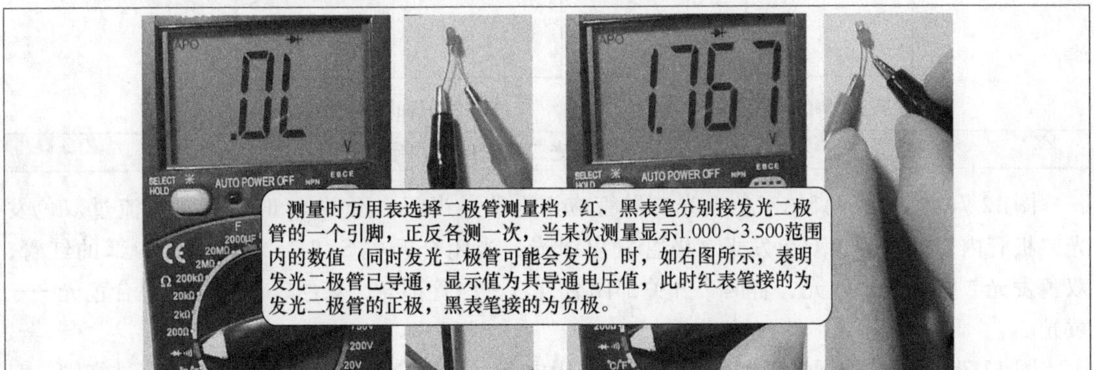
.0L
1.767
测量时万用表选择二极管测量档，红、黑表笔分别接发光二极管的一个引脚，正反各测一次，当某次测量显示1.000～3.500范围内的数值（同时发光二极管可能会发光）时，如右图所示，表明发光二极管已导通，显示值为其导通电压值，此时红表笔接的为发光二极管的正极，黑表笔接的为负极。

图 12-5　用数字万用表判别发光二极管引脚的极性

5. 好坏检测

在检测发光二极管好坏时，万用表选择×10kΩ 档，测量两引脚之间的正、反向电阻。若发光二极管正常，正向电阻小，反向电阻大（接近∞）。

若正、反向电阻均为∞，则发光二极管开路。

若正、反向电阻均为0Ω，则发光二极管短路。

若反向电阻偏小，则发光二极管反向漏电。

12.1.2　双色发光二极管

1. 外形与符号

双色发光二极管可以发出多种颜色的光线。双色发光二极管有两引脚和三引脚之分，常见的双色发光二极管实物外形如图12-6a所示，图12-6b为双色发光二极管的电路符号。

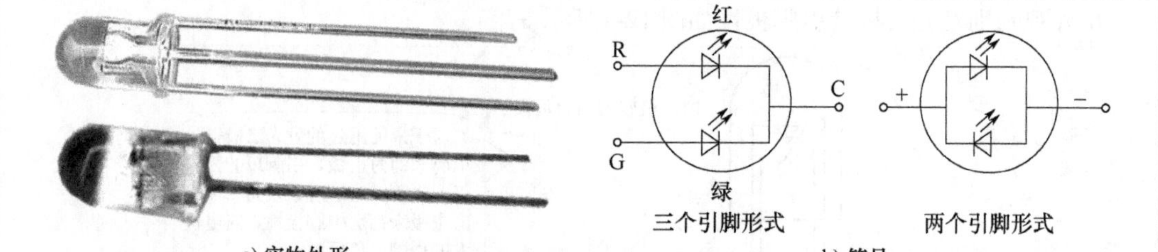
红
R
C
G
绿
三个引脚形式
+
−
两个引脚形式

a) 实物外形　　b) 符号

图12-6　双色发光二极管

2. 应用电路

双色发光二极管是将两种颜色的发光二极管制作封装在一起构成的，常见的有红绿双色发光二极管。**双色发光二极管内部两个二极管的连接方式有两种：一是共阳或共阴形式（即正极或负极连接成公共端），二是正负连接形式（即一只二极管正极与另一只二极管负极连接）。**共阳或共阴式双色二极管有三个引脚，正负连接式双色二极管有两个引脚。下面以图12-7所示的电路来说明双色发光二极管工作原理。

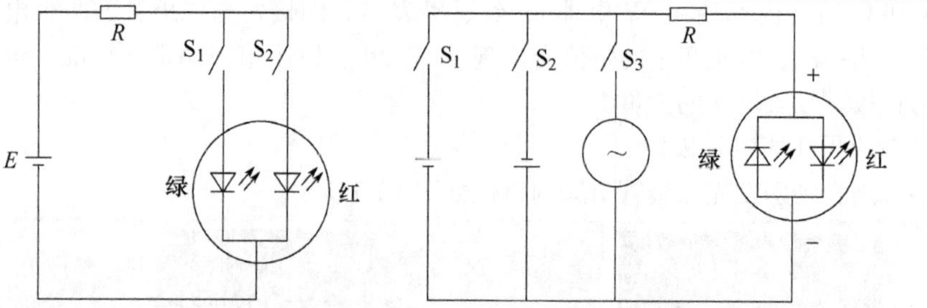
R
S1
S2
E
绿
红
S1
S2
S3
R
+
绿
红
−

a) 三个引脚的双色发光二极管　　b) 两个引脚的双色发光二极管

图12-7　双色发光二极管的应用电路

图12-7a为三个引脚的双色发光二极管应用电路。当闭合开关S_1时，有电流流过双色发光二极管内部的绿管，双色发光二极管发出绿光，当闭合开关S_2时，电流通过内部的红管，双色发光二极管发出红光，若两个开关都闭合，红、绿管都亮，双色二极管发出混合色光——黄光。

图12-7b为两个引脚的双色发光二极管应用电路。当闭合开关S_1时，有电流流过红管，双色发光二极管发出红光；当闭合开关S_2时，电流通过内部绿管，双色发光二极管发出绿光；当闭合开关S_3时，由于交流电源极性周期性变化，它产生的电流交替流过红、绿管，红、绿管都亮，双色二极管发出的光线呈红、绿混合色——黄色。

12.1.3 三基色与全彩发光二极管

1. 三基色与混色方法

实践证明，自然界几乎所有的颜色都可以由红、绿、蓝三种颜色按不同的比例混合而成，反之，自然界绝大多数颜色都可以分解成红、绿、蓝三种颜色，因此将红（R）、绿（G）、蓝（B）三种的颜色称为三基色。

用三基色几乎可以混出自然界几乎所有的颜色。常见的混色方法有：

（1）直接相加混色法

直接相加混色法是指将两种或三种基色按一定的比例混合而得到另一种颜色的方法。图 12-8 为三基色混色环。

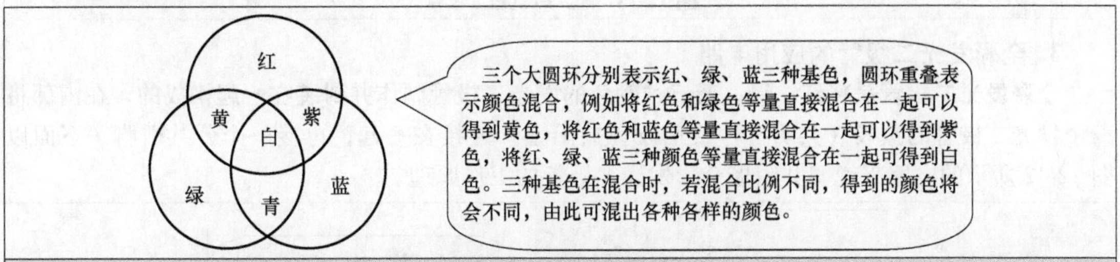
红
黄
紫
白
绿
青
蓝
三个大圆环分别表示红、绿、蓝三种基色，圆环重叠表示颜色混合，例如将红色和绿色等量直接混合在一起可以得到黄色，将红色和蓝色等量直接混合在一起可以得到紫色，将红、绿、蓝三种颜色等量直接混合在一起可得到白色。三种基色在混合时，若混合比例不同，得到的颜色将会不同，由此可混出各种各样的颜色。

图 12-8 三基色混色环

（2）空间相加混色法

当三种基色相距很近，而观察距离又较远时，就会产生混色效果。空间相加混色如图 12-9 所示。

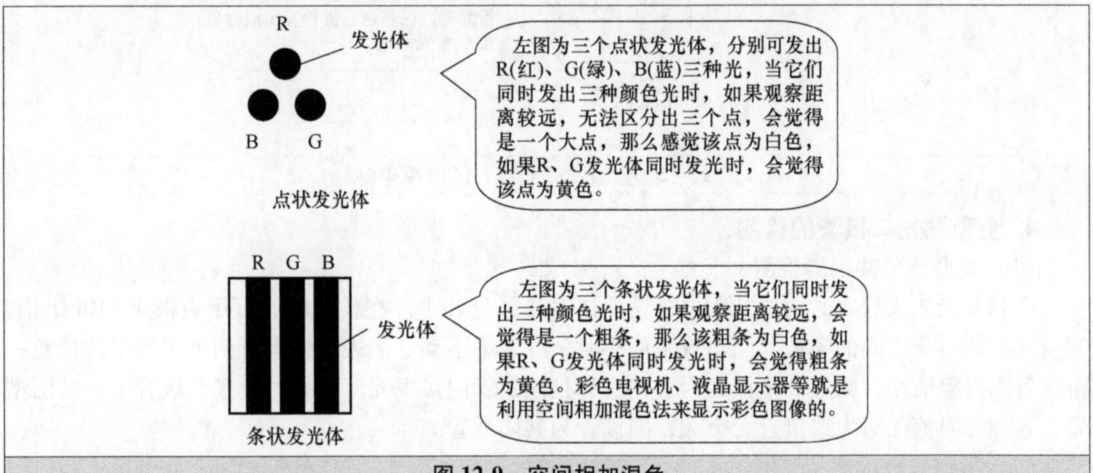
R
发光体
B G
点状发光体
左图为三个点状发光体，分别可发出R(红)、G(绿)、B(蓝)三种光，当它们同时发出三种颜色光时，如果观察距离较远，无法区分出三个点，会觉得是一个大点，那么感觉该点为白色，如果R、G发光体同时发光时，会觉得该点为黄色。
R G B
发光体
条状发光体
左图为三个条状发光体，当它们同时发出三种颜色光时，如果观察距离较远，会觉得是一个粗条，那么该粗条为白色，如果R、G发光体同时发光时，会觉得粗条为黄色。彩色电视机、液晶显示器等就是利用空间相加混色法来显示彩色图像的。

图 12-9 空间相加混色

（3）时间相加混色法

如果将三种基色光按先后顺序照射到同一表面上，只要基色光切换速度足够快，由于人眼的视觉暂留特性（物体在人眼前消失后，人眼会觉得该物体还在眼前，这种印象约能保留 0.04s 时间），人眼就会获得三种基色直接混合而形成的混色感觉。时间相加混色如图 12-10 所示。

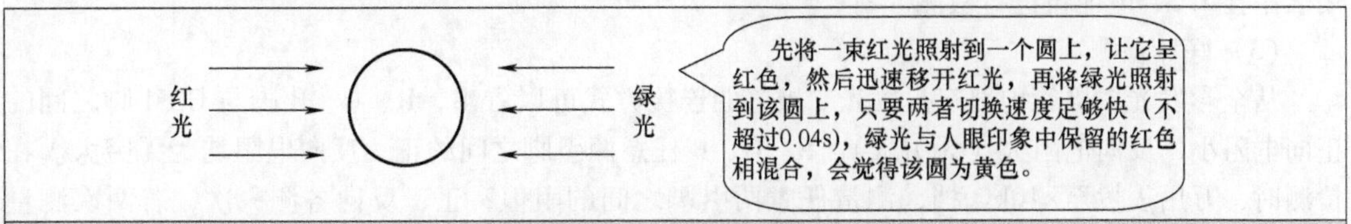
红
光
绿
光
先将一束红光照射到一个圆上，让它呈红色，然后迅速移开红光，再将绿光照射到该圆上，只要两者切换速度足够快（不超过0.04s)，绿光与人眼印象中保留的红色相混合，会觉得该圆为黄色。

图 12-10 时间相加混色

2. 全彩发光二极管的外形与图形符号

全彩发光二极管的外形和图形符号如图 12-11 所示。

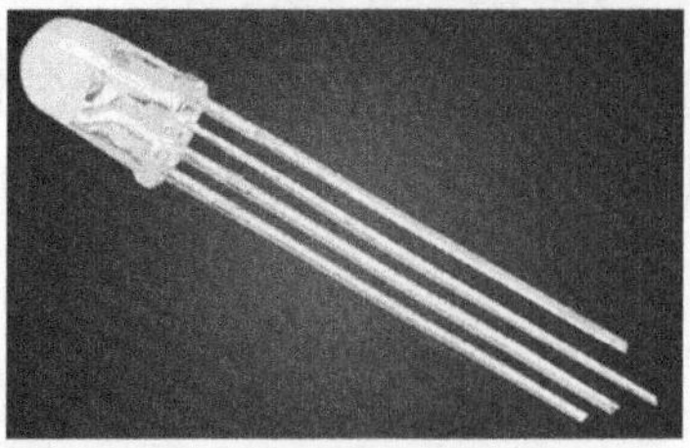
a) 外形

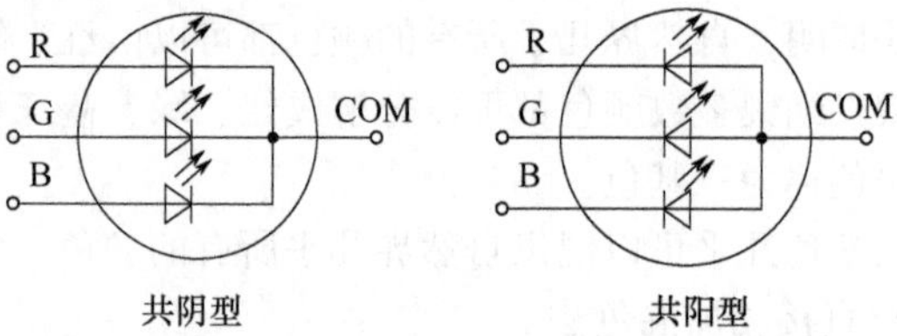
R
G
B
COM
共阴型
R
G
B
COM
共阳型
b) 图形符号

图 12-11　全彩发光二极管

3. 全彩发光二极管的应用电路

全彩发光二极管是将红、绿、蓝三种颜色的发光二极管制作并封装在一起构成的，在内部将三个发光二极管的负极（共阴型）或正极（共阳型）连接在一起，再接一个公共引脚。下面以图 12-12 所示的电路来说明共阴极全彩发光二极管的工作原理。

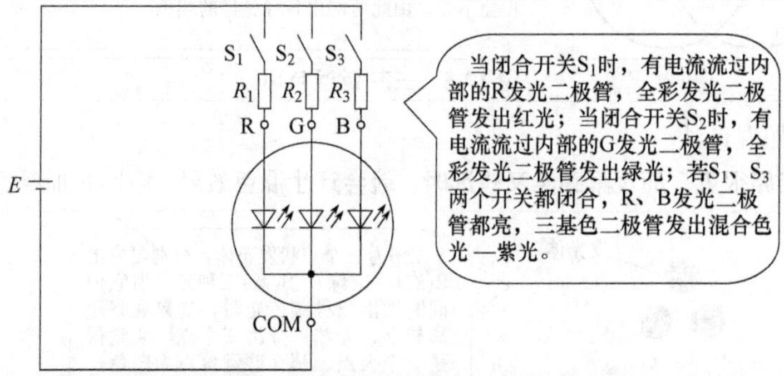
S1 S2 S3
R1 R2 R3
R G B
E
COM
当闭合开关S1时，有电流流过内部的R发光二极管，全彩发光二极管发出红光；当闭合开关S2时，有电流流过内部的G发光二极管，全彩发光二极管发出绿光；若S1、S3两个开关都闭合，R、B发光二极管都亮，三基色二极管发出混合色光—紫光。

图 12-12　全彩发光二极管的应用电路

4. 全彩发光二极管的检测

（1）类型及公共引脚检测

全彩发光二极管有共阴、共阳之分，使用时要区分开来。在检测时，万用表拨至×10kΩ 档，测量任意两引脚之间的阻值，当出现阻值小时，红表笔不动，黑表笔接剩下两个引脚中的任意一个，若测得阻值小，则红表笔接的为公共引脚且该引脚内接发光二极管的负极，该管子为共阴型管，若测得阻值无穷大或接近无穷大，则该管为共阳型管。

（2）引脚极性检测

全彩发光二极管除了公共引脚外，还有 R、G、B 三个引脚，在区分这些引脚时，万用表拨至×10kΩ 档，对于共阴型管，红表笔接公共引脚，黑表笔接某个引脚，管子有微弱的光线发出，观察光线的颜色，若为红色，则黑表笔接的为 R 脚，若为绿色，则黑表笔接的为 G 脚，若为蓝色，则黑表笔接的为 B 脚。如果×10kΩ 档无法使发光二极管发光，可按图 12-13 所示的方法给万用表串接 1.5V 电池再进行检测。

（3）好坏检测

从全彩发光二极管内部三只发光二极管的连接方式可以看出，R、G、B 脚与 COM 脚之间的正向电阻小，反向电阻大（无穷大），R、G、B 任意两引脚之间的正、反向电阻均为无穷大。在检测时，万用表拨至×10kΩ 档，测量任意两引脚之间的阻值，正、反向各测一次，若两次测量阻值均很小或为 0，则管子损坏，若两次阻值均为无穷大，无法确定管子好坏，应一只表笔不动，另一只表笔接其他引脚，再进行正、反向电阻测量。也可以先检测出公共引脚和类型，然后测 R、G、B 脚与 COM 脚之间的正、反向阻值，正常应正向电阻小、反向电阻无穷大，R、G、B 任意两引脚之间的正、反向电阻也均为无穷大，否则管子损坏。

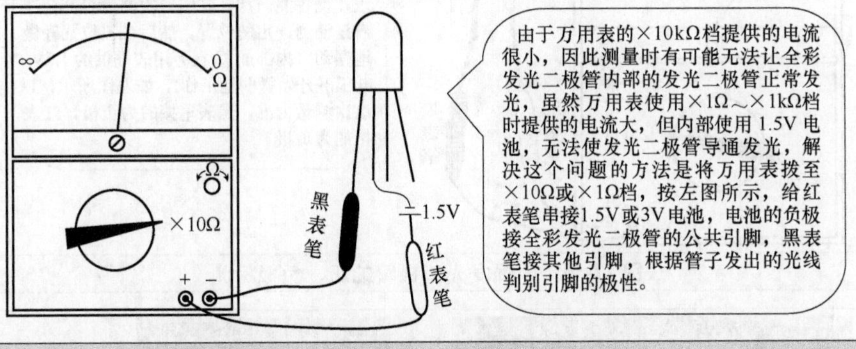
∞
0
Ω
×10Ω
+
−
黑表笔
1.5V
红表笔
由于万用表的×10kΩ档提供的电流很小，因此测量时有可能无法让全彩发光二极管内部的发光二极管正常发光，虽然万用表使用×1Ω～×1kΩ档时提供的电流大，但内部使用 1.5V 电池，无法使发光二极管导通发光，解决这个问题的方法是将万用表拨至×10Ω或×1Ω档，按左图所示，给红表笔串接1.5V或3V电池，电池的负极接全彩发光二极管的公共引脚，黑表笔接其他引脚，根据管子发出的光线判别引脚的极性。

图 12-13　全彩发光二极管的引脚极性检测

12.1.4　闪烁发光二极管

1. 外形与结构

闪烁发光二极管在通电后会时亮时暗闪烁发光。图 12-14a 为常见的闪烁发光二极管的外形，图 12-14b 为闪烁发光二极管的结构。

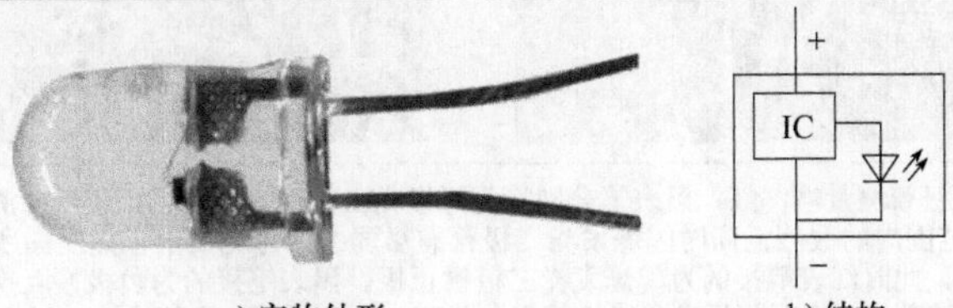
+
IC

a) 实物外形　　b) 结构

图 12-14　闪烁发光二极管

2. 应用电路

闪烁发光二极管是将集成电路（IC）和发光二极管制作并封装在一起。下面以图 12-15 所示的电路来说明闪烁发光二极管的工作原理。

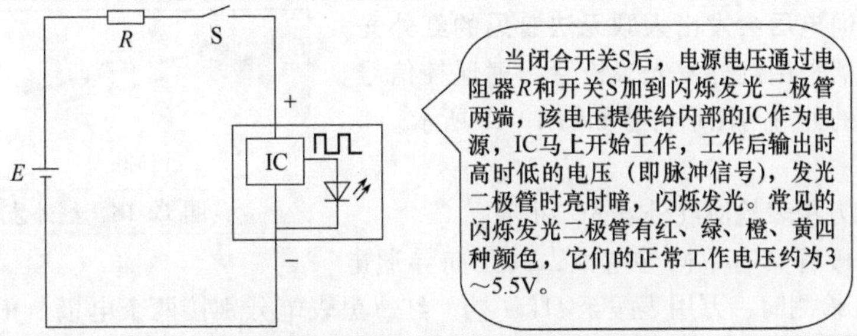
R
S
+
IC
E
−
当闭合开关S后，电源电压通过电阻器R和开关S加到闪烁发光二极管两端，该电压提供给内部的IC作为电源，IC马上开始工作，工作后输出时高时低的电压（即脉冲信号），发光二极管时亮时暗，闪烁发光。常见的闪烁发光二极管有红、绿、橙、黄四种颜色，它们的正常工作电压约为3～5.5V。

图 12-15　闪烁发光二极管应用电路

3. 用指针万用表检测闪烁发光二极管

闪烁发光二极管电极有正、负极之分，在电路中不能接错。闪烁发光二极管的电极判别如图 12-16 所示。

扫一扫看视频

4. 用数字万用表检测闪烁发光二极管

用数字万用表检测闪烁发光二极管如图 12-17 所示。

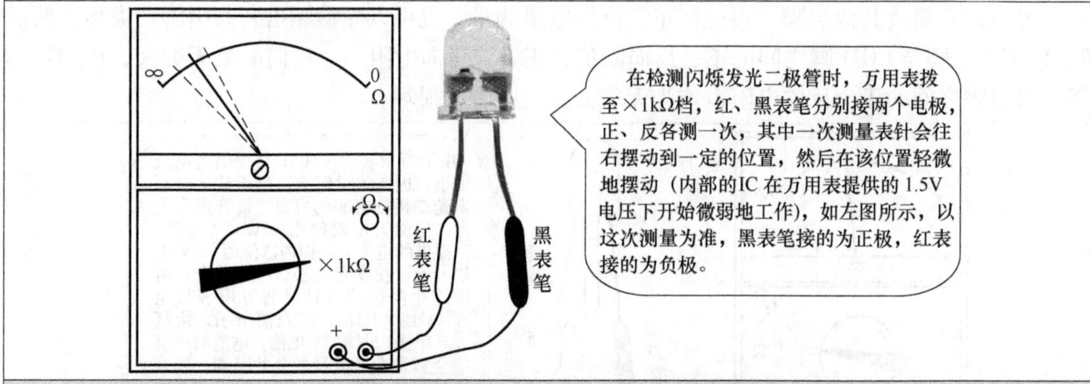
∞
0
Ω
×1kΩ
红表笔
黑表笔
+
−
在检测闪烁发光二极管时，万用表拨至×1kΩ档，红、黑表笔分别接两个电极，正、反各测一次，其中一次测量表针会往右摆动到一定的位置，然后在该位置轻微地摆动（内部的IC 在万用表提供的 1.5V 电压下开始微弱地工作），如左图所示，以这次测量为准，黑表笔接的为正极，红表接的为负极。

图 12-16　闪烁发光二极管的正、负极检测

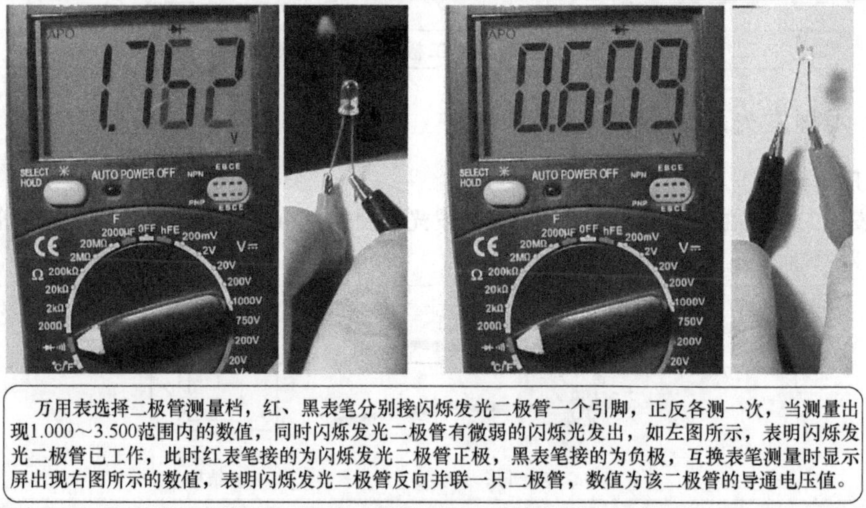
1.762
0.609
APO
SELECT HOLD
AUTO POWER OFF
NPN
PNP
EBCE
200mV
2V
20V
200V
1000V
750V
2000μF
hFE
200kΩ
20kΩ
2kΩ
200Ω
20MΩ
2MΩ
万用表选择二极管测量档，红、黑表笔分别接闪烁发光二极管一个引脚，正反各测一次，当测量出现1.000～3.500范围内的数值，同时闪烁发光二极管有微弱的闪烁光发出，如左图所示，表明闪烁发光二极管已工作，此时红表笔接的为闪烁发光二极管正极，黑表笔接的为负极，互换表笔测量时显示屏出现右图所示的数值，表明闪烁发光二极管反向并联一只二极管，数值为该二极管的导通电压值。

图 12-17　用数字万用表检测闪烁发光二极管

12.1.5　红外发光二极管

1. 外形与图形符号

红外发光二极管通电后会发出人眼无法看见的红外光，家用电器的遥控器采用红外发光二极管发射遥控信号。红外发光二极管的外形与图形符号如图 12-18 所示。

a) 外形　　b) 图形符号

图 12-18　红外发光二极管

2. 检测

（1）用指针万用表检测红外发光二极管

红外发光二极管具有单向导电性，其正向导通电压略高于 1V。在检测时，万用表拨至×1kΩ 档，红、黑表笔分别接两个电极，正、反各测一次，以阻值小的一次测量为准，红表笔接的为负极，黑表笔接的为正极。对于未使用过的红外发光二极管，引脚长的为正极，引脚短的为负极。

扫一扫看视频

在检测红外发光二极管好坏时，使用万用表的×1kΩ 档测正、反向电阻，正常时正向电阻在 20~40kΩ 之间，反向电阻应有 500kΩ 以上，若正向电阻偏大或反向电阻偏小，表明管子性能不良，若正、反向电阻均为 0 或无穷大，表明管子短路或开路。

（2）用数字万用表检测红外发光二极管

用数字万用表检测红外发光二极管如图 12-19 所示。

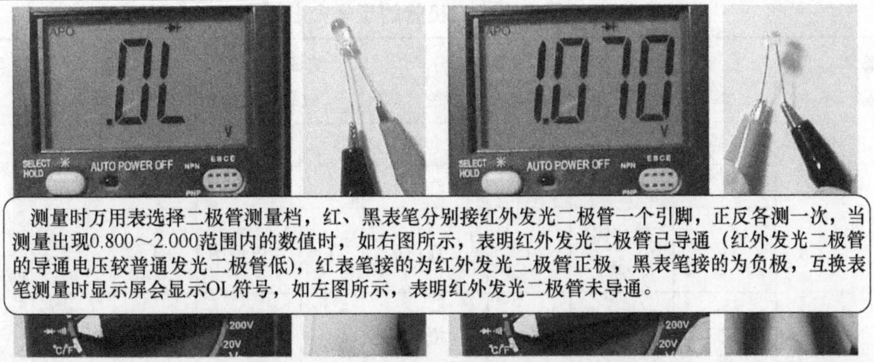
.0L
AUTO POWER OFF
1.070
AUTO POWER OFF
测量时万用表选择二极管测量档，红、黑表笔分别接红外发光二极管一个引脚，正反各测一次，当测量出现0.800～2.000范围内的数值时，如右图所示，表明红外发光二极管已导通（红外发光二极管的导通电压较普通发光二极管低），红表笔接的为红外发光二极管正极，黑表笔接的为负极，互换表笔测量时显示屏会显示OL符号，如左图所示，表明红外发光二极管未导通。

图 12-19　用数字万用表检测红外发光二极管

（3）区分红外发光二极管与普通发光二极管

红外发光二极管的起始导通电压约为 1～1.3V，普通发光二极管约为 1.6～2V，万用表选择×1Ω～×1kΩ 档时，内部使用 1.5V 电池，根据这些规律可使用万用表×100Ω 档来测管子的正、反向电阻。若正、反向电阻均为无穷大或接近无穷大，所测管子为普通发光二极管，若正向电阻小、反向电阻大，所测管子为红外发光二极管。由于红外线为不可见光，故也可使用×10kΩ 档正、反向测量管子，同时观察管子是否有光发出，有光发出者为普通发光二极管，无光发出者为红外发光二极管。

3. 用手机摄像头判断遥控器的红外发光二极管是否发光

如果遥控器正常，按压按键时遥控器会发出红外光信号，由于人眼无法看见红外光，但可借助手机的摄像头或数码相机来观察遥控器能否发出红外光，如图 12-20 所示。

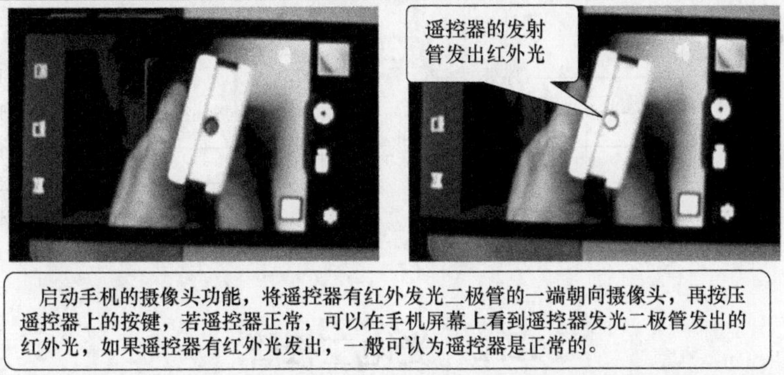
遥控器的发射管发出红外光
启动手机的摄像头功能，将遥控器有红外发光二极管的一端朝向摄像头，再按压遥控器上的按键，若遥控器正常，可以在手机屏幕上看到遥控器发光二极管发出的红外光，如果遥控器有红外光发出，一般可认为遥控器是正常的。

图 12-20　用手机摄像头查看遥控器发射二极管是否发出红外光

12.1.6　发光二极管的型号命名方法

国产发光二极管的型号命名分为六个部分：

第一部分用字母 FG 表示发光二极管。

第二部分用数字表示发光二极管的材料。

第三部分用数字表示发光二极管的发光颜色。

第四部分用数字表示发光二极管的封装形式。

第五部分用数字表示发光二极管的外形。

第六部分用数字表示产品序号。

国产发光二极管的型号命名及含义见表 12-1。

表 12-1　国产发光二极管的型号命名及含义

第一部分：主称		第二部分：材料		第三部分：发光颜色		第四部分：封装形式		第五部分：外形		第六部分：产品序号
字母	含义	数字	含义	数字	含义	数字	含义	数字	含义	
FG	发光二极管			0	红外			0	圆形	用数字表示产品序号
		1	磷化镓（GaP）	1	红色	1	无色透明	1	方形	
		2	磷砷化镓（GaAsP）	2	橙色	2	无色散射	2	符号形	
		3	砷铝化镓（GaAlAs）	3	黄色	3	有色透明	3	三角形	
				4	绿色	4	有色散射透明	4	长方形	
				5	蓝色			5	组合形	
				6	变色			6	特殊形	
				7	紫蓝色					
				8	紫色					
				9	紫外或白色					

例如：

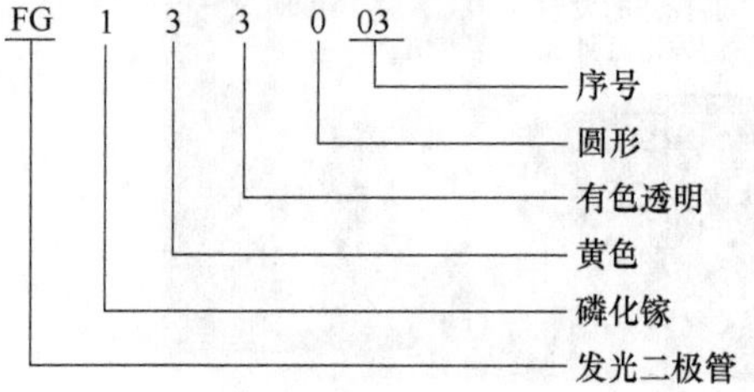
FG　1　3　3　0　03
序号
圆形
有色透明
黄色
磷化镓
发光二极管

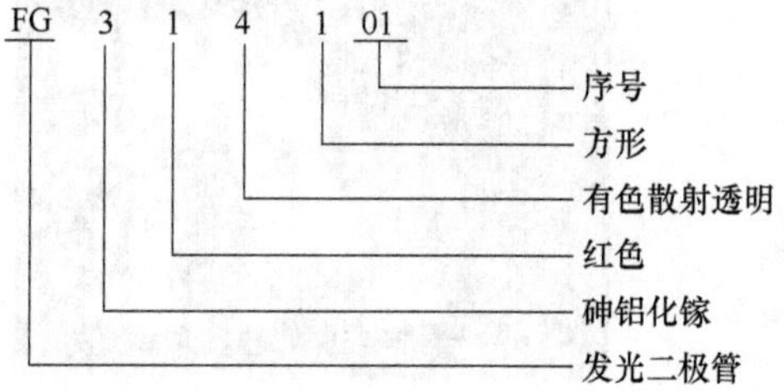
FG　3　1　4　1　01
序号
方形
有色散射透明
红色
砷铝化镓
发光二极管

12.2　光电二极管

12.2.1　普通光电二极管

1. 外形与符号

光电二极管又称光敏二极管，它是一种光-电转换器件，能将光转换成电信号。图 12-21a 是一些常见的光电二极管的实物外形，图 12-21b 为电路符号。

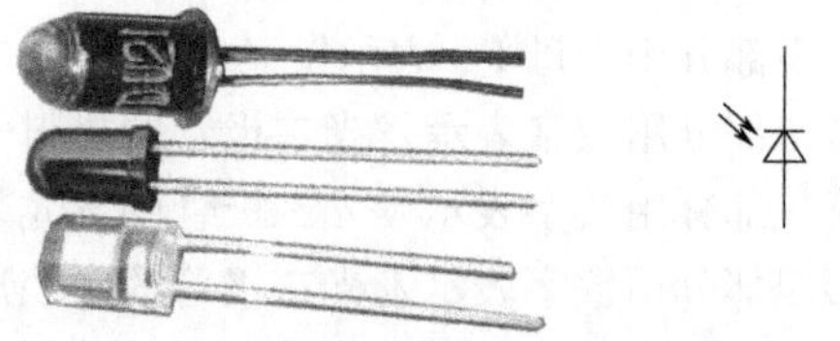

a) 实物外形　　b) 电路符号

图 12-21　光电二极管

2. 应用电路

光电二极管在电路中需要反向连接才能正常工作。下面以图 12-22 所示的电路来说明光电二极管的性质。

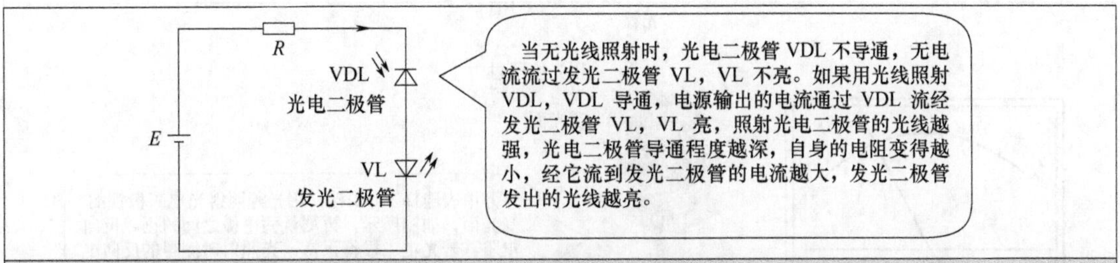
R
VDL
光电二极管
E
VL
发光二极管
当无光线照射时，光电二极管 VDL 不导通，无电流流过发光二极管 VL，VL 不亮。如果用光线照射 VDL，VDL 导通，电源输出的电流通过 VDL 流经发光二极管 VL，VL 亮，照射光电二极管的光线越强，光电二极管导通程度越深，自身的电阻变得越小，经它流到发光二极管的电流越大，发光二极管发出的光线越亮。

图 12-22　光电二极管的应用电路

3. 主要参数

光电二极管的主要参数有最高工作电压、光电流、暗电流、响应时间和光灵敏度等。

1）最高工作电压。最高工作电压是指无光线照射，光电二极管反向电流不超过 1μA 时所加的最高反向电压值。

2）光电流。光电流是指光电二极管在受到一定的光线照射并加有一定的反向电压时的反向电流。对于光电二极管来说，该值越大越好。

3）暗电流。暗电流是指光电二极管无光线照射并加有一定的反向电压时的反向电流。该值越小越好。

4）响应时间。响应时间是指光电二极管将光转换成电信号所需的时间。

5）光灵敏度。光灵敏度是指光电二极管对光线的敏感程度。它是指在接收到 1μW 光线照射时产生的电流大小，光灵敏度的单位是 μA/W。

4. 检测

光电二极管的检测包括极性检测和好坏检测。

（1）极性检测

与普通二极管一样，光电二极管也有正、负极。对于未使用过的光电二极管，引脚长的为正极，引脚短的为负极。在无光线照射时，光电二极管也具有正向电阻小、反向电阻大的特点。根据这一点可以用万用表检测光电二极管的极性。光电二极管极性检测如图 12-23 所示。

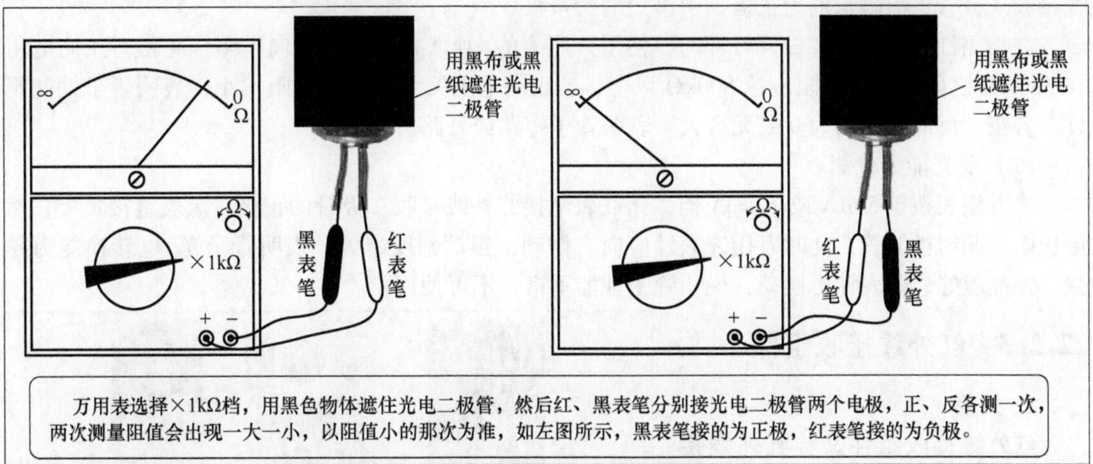
∞
0
Ω
Ω
×1kΩ
+
−
用黑布或黑纸遮住光电二极管
黑表笔
红表笔
∞
0
Ω
Ω
×1kΩ
+
−
用黑布或黑纸遮住光电二极管
红表笔
黑表笔
万用表选择×1kΩ档，用黑色物体遮住光电二极管，然后红、黑表笔分别接光电二极管两个电极，正、反各测一次，两次测量阻值会出现一大一小，以阻值小的那次为准，如左图所示，黑表笔接的为正极，红表笔接的为负极。

图 12-23　光电二极管的极性检测

（2）好坏检测

光电二极管的检测包括遮光检测和受光检测。在进行遮光检测时，用黑纸或黑布遮住光电二极管，然后检测两电极之间的正、反向电阻，正常应正向电阻小、反向电阻大，具体检测如图 12-24所示。

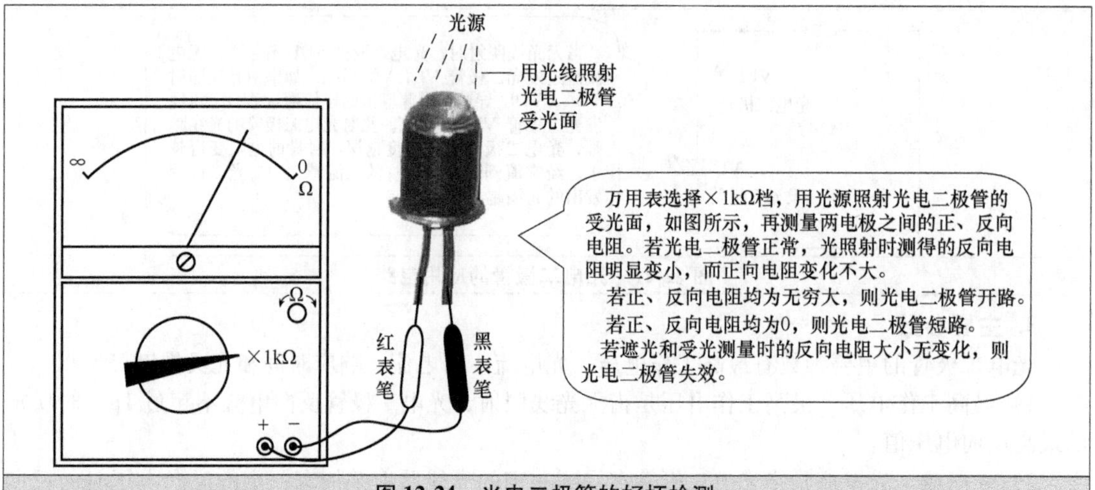
光源
用光线照射
光电二极管
受光面
∞
0
Ω
×1kΩ
红
表
笔
黑
表
笔
+　−
万用表选择×1kΩ档，用光源照射光电二极管的受光面，如图所示，再测量两电极之间的正、反向电阻。若光电二极管正常，光照射时测得的反向电阻明显变小，而正向电阻变化不大。
若正、反向电阻均为无穷大，则光电二极管开路。
若正、反向电阻均为0，则光电二极管短路。
若遮光和受光测量时的反向电阻大小无变化，则光电二极管失效。

图 12-24　光电二极管的好坏检测

12.2.2　红外线接收二极管

1. 外形与图形符号

红外线接收二极管又称红外线光电二极管，简称红外线接收管，能将红外光转换成电信号，为了减少可见光的干扰，常采用黑色树脂材料封装。红外线接收二极管的外形与图形符号如图 12-25 所示。

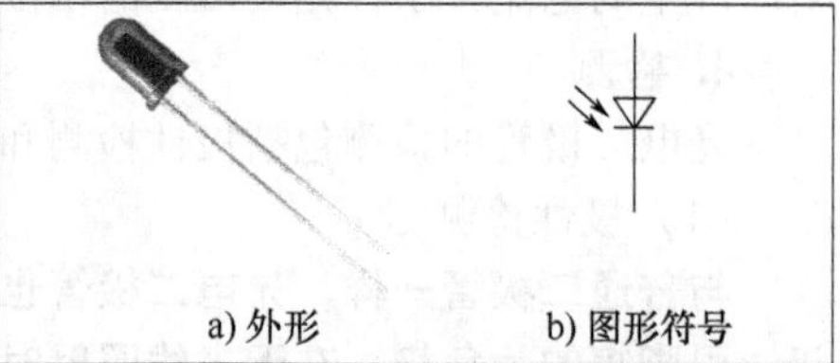
a) 外形
b) 图形符号

图 12-25　红外线接收二极管

2. 检测

（1）极性与好坏检测

红外线接收二极管具有单向导电性，在检测时，万用表拨至×1kΩ 档，红、黑表笔分别接两个电极，正、反各测一次，以阻值小的一次测量为准，红表笔接的为负极，黑表笔接的为正极。对于未使用过的红外线接收二极管，引脚长的为正极，引脚短的为负极。

在检测红外线接收二极管好坏时，使用万用表的×1kΩ 档测正、反向电阻，正常时正向电阻在 3~4kΩ 之间，反向电阻应达 500kΩ 以上，若正向电阻偏大或反向电阻偏小，表明管子性能不良，若正、反向电阻均为 0 或无穷大，表明管子短路或开路。

（2）受光能力检测

将万用表拨至 50μA 或 0.1mA 档，让红表笔接红外线接收二极管的正极，黑表笔接负极，然后让阳光照射被测管，此时万用表表针应向右摆动，摆动幅度越大，表明管子光-电转换能力越强，性能越好，若表针不摆动，说明管子性能不良，不可使用。

12.2.3　红外线接收组件

1. 外形

红外线接收组件又称红外线接收头，广泛用在各种具有红外线遥控接收功能的电子产品中。图 12-26 列出了三种常见的红外线接收组件。

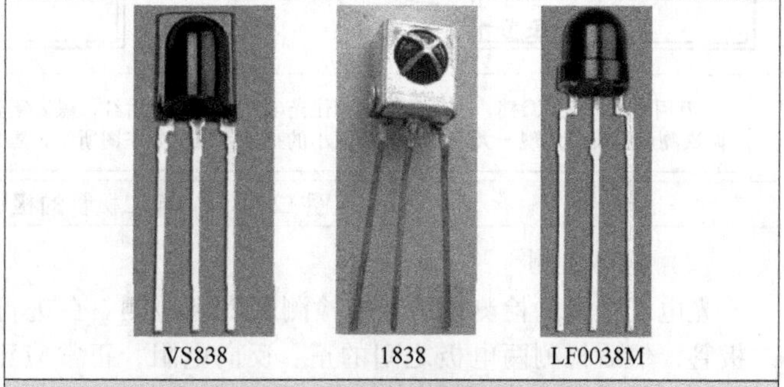
VS838
1838
LF0038M

图 12-26　红外线接收组件

2. 内部电路结构及原理

红外线接收组件内部由红外线接收二极管和接收集成电路组成，

接收集成电路内部主要由放大、选频及解调电路组成，红外线接收组件内部电路结构如图 12-27 所示。

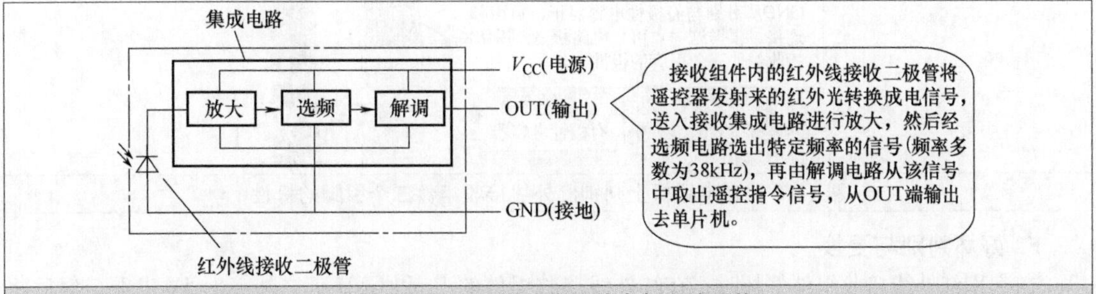
集成电路
放大
选频
解调
V_{CC}(电源)
OUT(输出)
GND(接地)
红外线接收二极管
接收组件内的红外线接收二极管将遥控器发射来的红外光转换成电信号，送入接收集成电路进行放大，然后经选频电路选出特定频率的信号（频率多数为38kHz），再由解调电路从该信号中取出遥控指令信号，从OUT端输出去单片机。

图 12-27 红外线接收组件内部电路结构

3. 应用电路

图 12-28 是空调器的按键输入和遥控接收电路。

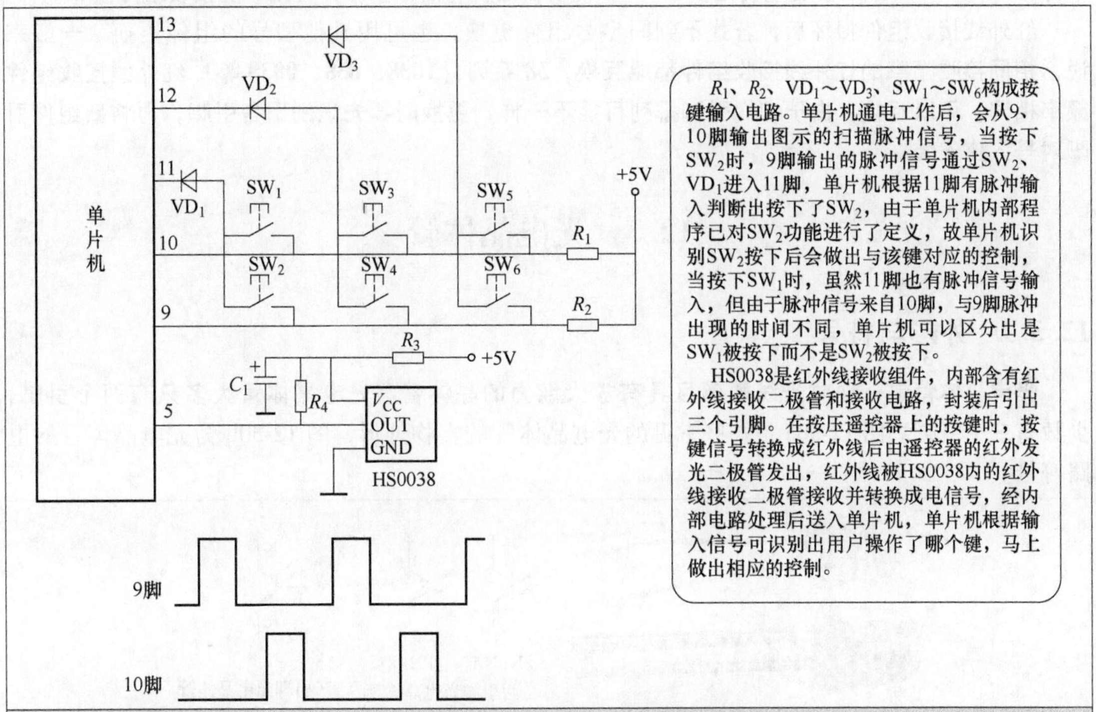
单片机
13
12
11
10
9
5
VD_1
VD_2
VD_3
SW_1
SW_2
SW_3
SW_4
SW_5
SW_6
R_1
R_2
R_3
R_4
C_1
+5V
V_{CC}
OUT
GND
HS0038
9脚
10脚
R_1、R_2、VD_1～VD_3、SW_1～SW_6构成按键输入电路。单片机通电工作后，会从9、10脚输出图示的扫描脉冲信号，当按下SW_2时，9脚输出的脉冲信号通过SW_2、VD_1进入11脚，单片机根据11脚有脉冲输入判断出按下了SW_2，由于单片机内部程序已对SW_2功能进行了定义，故单片机识别SW_2按下后会做出与该键对应的控制，当按下SW_1时，虽然11脚也有脉冲信号输入，但由于脉冲信号来自10脚，与9脚脉冲出现的时间不同，单片机可以区分出是SW_1被按下而不是SW_2被按下。
HS0038是红外线接收组件，内部含有红外线接收二极管和接收电路，封装后引出三个引脚。在按压遥控器上的按键时，按键信号转换成红外线后由遥控器的红外发光二极管发出，红外线被HS0038内的红外线接收二极管接收并转换成电信号，经内部电路处理后送入单片机，单片机根据输入信号可识别出用户操作了哪个键，马上做出相应的控制。

图 12-28 空调器的按键输入和遥控接收电路

4. 引脚极性识别

红外线接收组件有 V_{cc}（电源，通常为 5V）、OUT（输出）和 GND（接地）三个引脚，在安装和更换时，这三个引脚不能弄错。红外线接收组件三个引脚排列没有统一规范，可以使用万用表来判别三个引脚的极性。

在检测红外线接收组件引脚极性时，万用表置于×10Ω 档，测量各引脚之间的正、反向电阻（共测量六次），以阻值最小的那次测量为准，黑表笔接的为 GND 脚，红表笔接的为 V_{cc}脚，余下的为 OUT 脚。

如果要在电路板上判别红外线接收组件的引脚极性，可找到接收组件旁边的有极性电容器，因为接收组件的 V_{cc}端一般会接有极性电容器进行电源滤波，故接收组件的 V_{cc}脚与有极性电容器正引脚直接连接（或通过一个 100 多欧的电阻器连接），GND 脚与电容器的负引脚直接连接，余下的引脚为 OUT 脚，如图 12-29 所示。

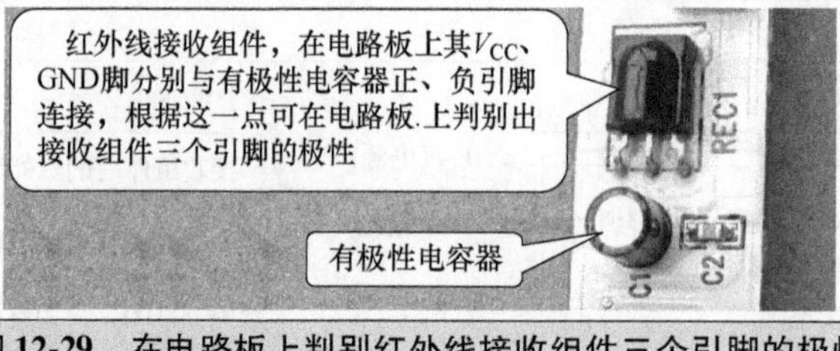
红外线接收组件，在电路板上其V_{CC}、GND脚分别与有极性电容器正、负引脚连接，根据这一点可在电路板上判别出接收组件三个引脚的极性
有极性电容器
REC1
C1
C2

图 12-29 在电路板上判别红外线接收组件三个引脚的极性

5. 好坏判别与更换

在判别红外线接收组件好坏时，在红外线接收组件的 V_{cc} 和 GND 脚之间接上 5V 电源，然后将万用表置于直流 10V 档，测量 OUT 脚电压（红、黑表笔分别接 OUT、GND 脚），在未接收遥控信号时，OUT 脚电压约为 5V，再将遥控器对准接收组件，按压按键让遥控器发射红外线信号，若接收组件正常，OUT 脚电压会发生变化（下降），说明输出脚有信号输出，否则可能接收组件损坏。

红外线接收组件损坏后，若找不到同型号组件更换，也可用其他型号的组件更换。**一般来说，相同接收频率的红外线接收组件都能互换，38 系列（1838、838、0038 等）红外线接收组件频率相同，可以互换，由于它们引脚排列可能不一样，更换时要先识别出各引脚，再将新组件引脚对号入座安装。**

12.3 光电晶体管

12.3.1 外形与符号

光电晶体管是一种对光线敏感且具有放大能力的晶体管。光电晶体管大多只有两个引脚，少数有三个引脚。图 12-30a 是一些常见的光电晶体管的实物外形，图 12-30b 为光电晶体管的电路符号。

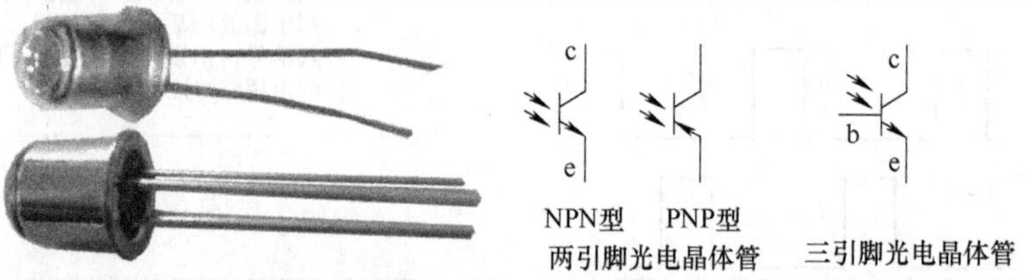
c
e
b
NPN型
PNP型
两引脚光电晶体管
三引脚光电晶体管

a) 实物外形　　b) 电路符号

图 12-30 光电晶体管

12.3.2 应用电路

光电晶体管与光电二极管区别在于，光电晶体管除了具有光电性外，还具有放大能力。两引脚光电晶体管的基极是一个受光面，没有引脚，三引脚光电晶体管的基极既作受光面，又引出电极。下面通过图 12-31 所示的电路来说明光电晶体管的性质。

在图 12-31a 中，两引脚光电晶体管与发光二极管串接在一起。在无光照射时，光电晶体管不导通，发光二极管不亮。当光线照射光电晶体管受光面（基极）时，受光面将入射光转换成 I_b，该电流控制光电晶体管 c、e 极之间导通，有 I_c 流过，光线越强，I_b 越大，I_c 越大，发光二极管越亮。

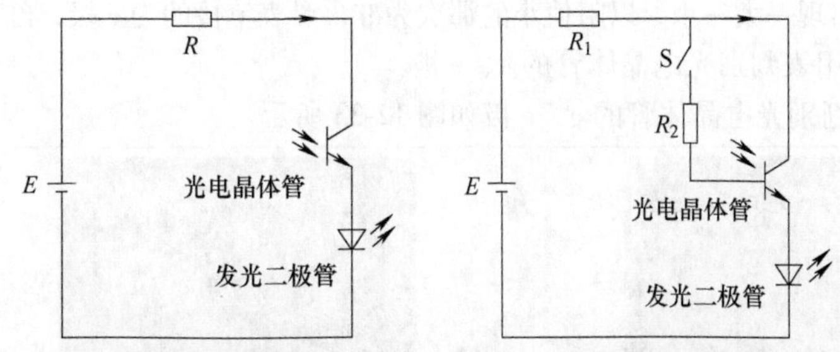
R
E
光电晶体管
发光二极管
R_1
S
R_2
E
光电晶体管
发光二极管

a) 两引脚光电晶体管　　b) 三引脚光电晶体管

图 12-31　光电晶体管的应用电路

在图 12-31b 中，三引脚光电晶体管与发光二极管串接在一起。光电晶体管 c、e 极间导通可由三种方式控制：一是用光线照射受光面；二是给基极直接通入 I_b；三是既通 I_b 又用光线照射。

由于光电晶体管具有放大能力，比较适合用在光线微弱的环境中，它能将微弱光线产生的小电流进行放大，控制光电晶体管导通效果比较明显，而光电二极管对光线的敏感度较差，常用在光线较强的环境中。

12.3.3　检测

1. 光电二极管和光电晶体管的判别

（1）用指针万用表判别光电二极管和光电晶体管

光电二极管与两引脚光电晶体管的外形基本相同，其判定方法是，遮住受光窗口，万用表选择×1kΩ 档，测量两管引脚间正、反向电阻，均为无穷大的为光电晶体管，正、反向阻值一大一小者为光电二极管。

扫一扫看视频

（2）用数字万用表判别光电二极管和光电晶体管

用数字万用表判别光电二极管和光电晶体管如图 12-32 所示。

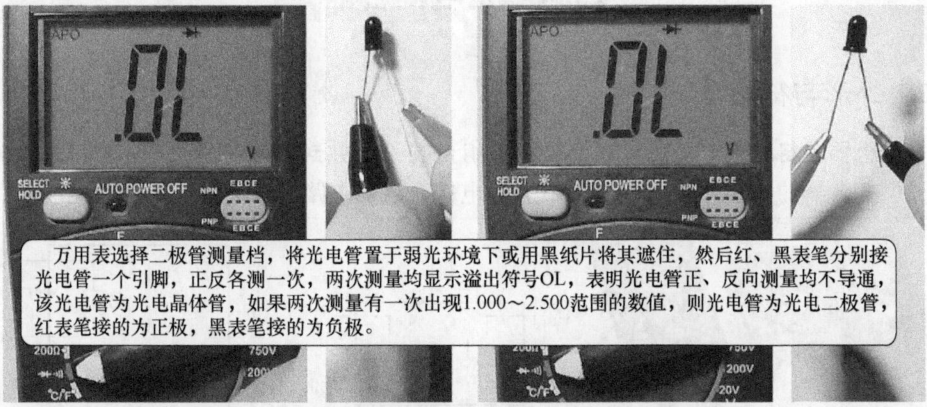
.0L
.0L
AUTO POWER OFF
万用表选择二极管测量档，将光电管置于弱光环境下或用黑纸片将其遮住，然后红、黑表笔分别接光电管一个引脚，正反各测一次，两次测量均显示溢出符号OL，表明光电管正、反向测量均不导通，该光电管为光电晶体管，如果两次测量有一次出现1.000～2.500范围的数值，则光电管为光电二极管，红表笔接的为正极，黑表笔接的为负极。

图 12-32　用数字万用表判别光电二极管和光电晶体管

2. 电极判别

（1）用指针万用表判别光电晶体管的 c、e 极

光电晶体管有 c 极和 e 极，可根据外形判断电极。引脚长的为 e 极，引脚短的为 c 极；对于有标志（如色点）管子，靠近标志处的引脚为 e 极，另一引脚为 c 极。

光电晶体管的 c 极和 e 极也可用万用表检测。以 NPN 型光电晶体管为例，万用表选择×1kΩ 档，将光电晶体管对着自然光或灯光，红、黑表笔测量光电晶体管的两引脚之间的正、反向电阻，

两次测量中阻值会出现一大一小，以阻值小的那次为准，黑表笔接的为 c 极，红表笔接的为 e 极。

（2）用数字万用表判别光电晶体管的 c、e 极

用数字万用表判别光电晶体管的 c、e 极如图 12-33 所示。

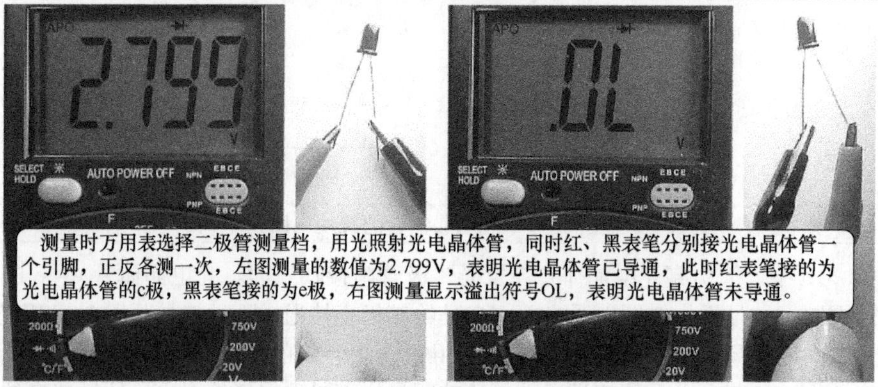
2.799
.0L
AUTO POWER OFF
测量时万用表选择二极管测量档，用光照射光电晶体管，同时红、黑表笔分别接光电晶体管一个引脚，正反各测一次，左图测量的数值为2.799V，表明光电晶体管已导通，此时红表笔接的为光电晶体管的c极，黑表笔接的为e极，右图测量显示溢出符号OL，表明光电晶体管未导通。

图 12-33　用数字万用表判别光电晶体管的 c、e 极

3. 好坏检测

光电晶体管好坏检测包括无光检测和受光检测。

在进行无光检测时，用黑布或黑纸遮住光电晶体管受光面，万用表选择×1kΩ 档，测量两管引脚间正、反向电阻，正常应均为无穷大。

在进行受光检测时，万用表仍选择×1kΩ 档，黑表笔接 c 极，红表笔接 e 极，让光线照射光电晶体管受光面，正常光电晶体管阻值应变小。在无光和受光检测时阻值变化越大，表明光电晶体管灵敏度越高。

若无光检测和受光检测的结果与上述不符，则为光电晶体管损坏或性能变差。

12.4　光电耦合器

12.4.1　外形与符号

光电耦合器是将发光二极管和光电晶体管组合在一起并封装起来构成的。图 12-34a 是一些常见的光电耦合器的实物外形，图 12-34b 为光电耦合器的电路符号。

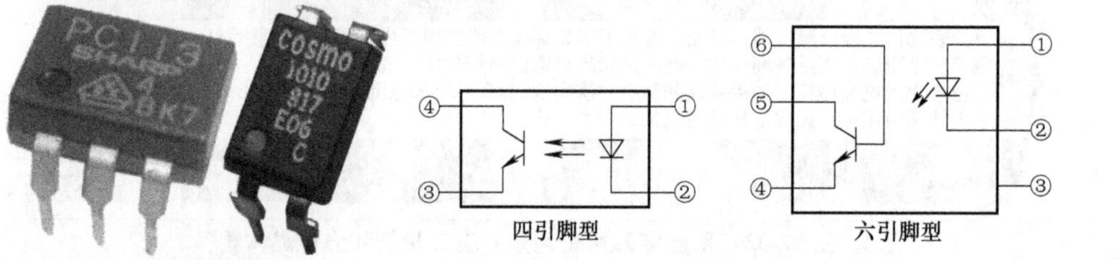
PC113
SHARP
cosmo
1010
817
E06
C
④
①
③
②
四引脚型
⑥
⑤
④
①
②
③
六引脚型

a) 实物外形　　b) 电路符号

图 12-34　光电耦合器

12.4.2　应用电路

光电耦合器内部集成了发光二极管和光电晶体管。下面以图 12-35 所示的电路来说明光电耦合器的工作原理。

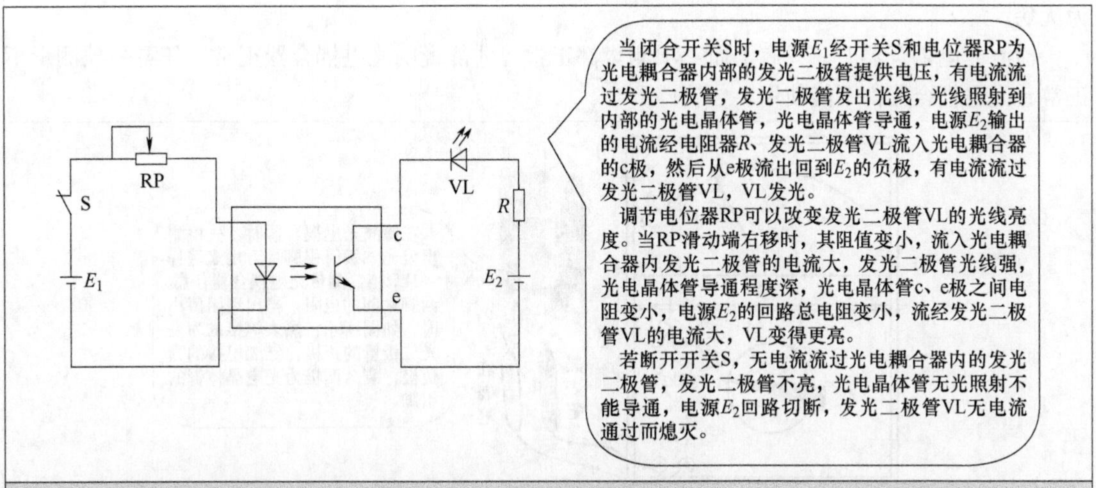
RP
S
E_1
c
e
VL
R
E_2
当闭合开关S时，电源E_1经开关S和电位器RP为光电耦合器内部的发光二极管提供电压，有电流流过发光二极管，发光二极管发出光线，光线照射到内部的光电晶体管，光电晶体管导通，电源E_2输出的电流经电阻器R、发光二极管VL流入光电耦合器的c极，然后从e极流出回到E_2的负极，有电流流过发光二极管VL，VL发光。
调节电位器RP可以改变发光二极管VL的光线亮度。当RP滑动端右移时，其阻值变小，流入光电耦合器内发光二极管的电流大，发光二极管光线强，光电晶体管导通程度深，光电晶体管c、e极之间电阻变小，电源E_2的回路总电阻变小，流经发光二极管VL的电流大，VL变得更亮。
若断开开关S，无电流流过光电耦合器内的发光二极管，发光二极管不亮，光电晶体管无光照射不能导通，电源E_2回路切断，发光二极管VL无电流通过而熄灭。

图 12-35 光电耦合器的应用电路

12.4.3 引脚判别

1. 从外观判别引脚

光电耦合器内部有发光二极管和光电晶体管，根据引脚数量不同，可分为四引脚型和六引脚型。光电耦合器引脚识别如图 12-36 所示。

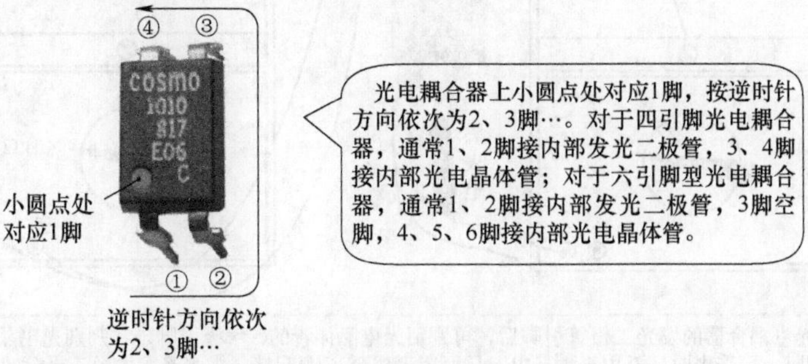
④ ③
COSMO
1010
817
E06
C
小圆点处对应1脚
① ②
逆时针方向依次为2、3脚…
光电耦合器上小圆点处对应1脚，按逆时针方向依次为2、3脚…。对于四引脚光电耦合器，通常1、2脚接内部发光二极管，3、4脚接内部光电晶体管；对于六引脚型光电耦合器，通常1、2脚接内部发光二极管，3脚空脚，4、5、6脚接内部光电晶体管。

图 12-36 光电耦合器引脚识别

2. 用万用表判别引脚

用万用表判别光电耦合器的引脚极性如图 12-37 所示，先找出发光二极管引脚，再区分光电晶体管 c、e 极。

12.4.4 好坏检测

在检测光电耦合器好坏时，要进行三项检测：①检测发光二极管好坏；②检测光电晶体管好坏；③检测发光二极管与光电晶体管之间的绝缘电阻。

在检测发光二极管好坏时，万用表选择×1kΩ 档，测量发光二极管两引脚之间的正、反向电阻。若发光二极管正常，正向电阻小、反向电阻无穷大，否则发光二极管损坏。

在检测光电晶体管好坏时，万用表仍选择×1kΩ 档，测量光电晶体管两引脚之间的正、反向电阻。若光电晶体管正常，正、反向电阻均为无穷大，否则光电晶体管损坏。

在检测发光二极管与光电晶体管绝缘电阻时，万用表选择×10kΩ 档，一只表笔接发光二极管任意一个引脚，另一只表笔接光电晶体管任意一个引脚，测量两者之间的电阻，正、反各测一次。若光电耦合器正常，两次测得发光二极管与光电晶体管之间的绝缘电阻应均为无穷大。

检测光电耦合器时，只有上面三项测量都正常，才能说明光电耦合器正常，任意一项测量不正常，光电耦合器都不能使用。

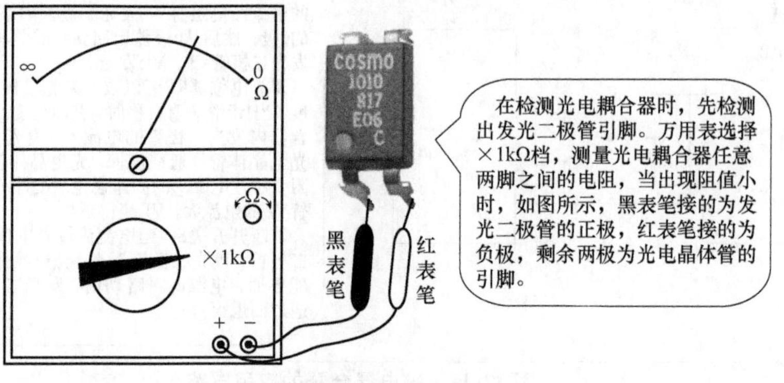
∞
0
Ω
×1kΩ
+ −
COSMO
1010
817
E06
C
黑表笔
红表笔
在检测光电耦合器时，先检测出发光二极管引脚。万用表选择×1kΩ档，测量光电耦合器任意两脚之间的电阻，当出现阻值小时，如图所示，黑表笔接的为发光二极管的正极，红表笔接的为负极，剩余两极为光电晶体管的引脚。

a) 判别发光二极管两引脚

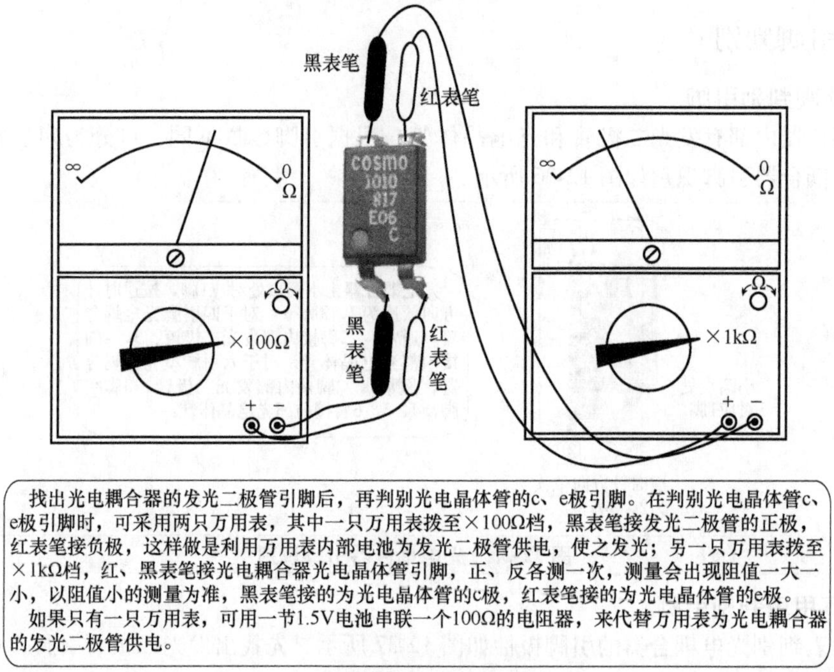
黑表笔
红表笔
∞
0
Ω
×100Ω
×1kΩ
+ −
COSMO
1010
817
E06
C
找出光电耦合器的发光二极管引脚后，再判别光电晶体管的c、e极引脚。在判别光电晶体管c、e极引脚时，可采用两只万用表，其中一只万用表拨至×100Ω档，黑表笔接发光二极管的正极，红表笔接负极，这样做是利用万用表内部电池为发光二极管供电，使之发光；另一只万用表拨至×1kΩ档，红、黑表笔接光电耦合器光电晶体管引脚，正、反各测一次，测量会出现阻值一大一小，以阻值小的测量为准，黑表笔接的为光电晶体管的c极，红表笔接的为光电晶体管的e极。
如果只有一只万用表，可用一节1.5V电池串联一个100Ω的电阻器，来代替万用表为光电耦合器的发光二极管供电。

b) 判别光电晶体管c、e极

图 12-37　用万用表判别光电耦合器引脚

扫一扫看视频

12.4.5　用数字万用表检测光电耦合器

检测光电耦合器分为两步：一是找出光电耦合器的发光二极管的两个引脚，并区分出正、负极；二是区分光电耦合器的光电晶体管的 c、e 极。

（1）找出光电耦合器的发光二极管的两个引脚并区分出正、负极

用数字万用表找出光电耦合器的发光二极管的两个引脚并区分出正、负极如图 12-38 所示。

（2）区分光电耦合器的光电晶体管的 c、e 极

用数字万用表区分光电耦合器的光电晶体管的 c、e 极如图 12-39 所示。

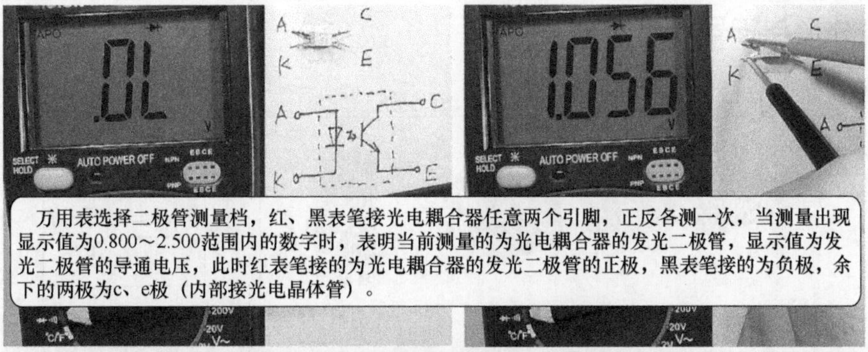
.0L
1.056
A
C
K
E
AUTO POWER OFF
万用表选择二极管测量档，红、黑表笔接光电耦合器任意两个引脚，正反各测一次，当测量出现显示值为0.800～2.500范围内的数字时，表明当前测量的为光电耦合器的发光二极管，显示值为发光二极管的导通电压，此时红表笔接的为光电耦合器的发光二极管的正极，黑表笔接的为负极，余下的两极为c、e极（内部接光电晶体管）。

图 12-38　找出光电耦合器的发光二极管的两个引脚并区分出正、负极

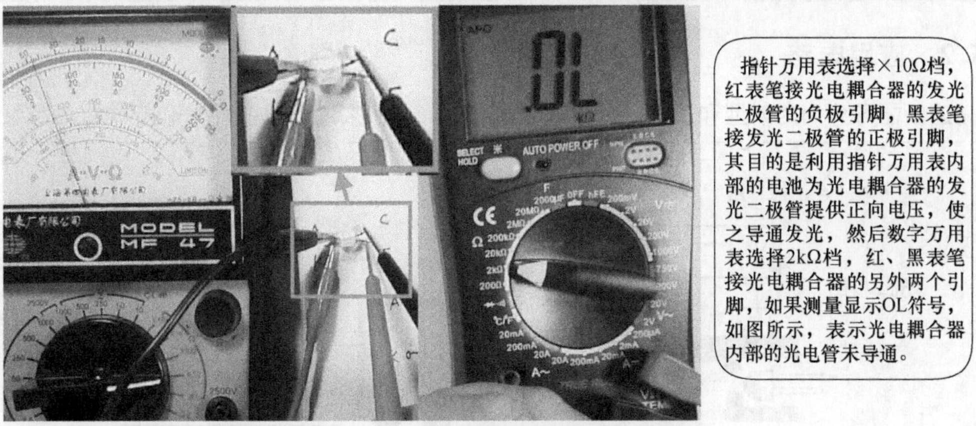
.0L
MODEL
MF 47
AUTO POWER OFF
指针万用表选择×10Ω档，红表笔接光电耦合器的发光二极管的负极引脚，黑表笔接发光二极管的正极引脚，其目的是利用指针万用表内部的电池为光电耦合器的发光二极管提供正向电压，使之导通发光，然后数字万用表选择2kΩ档，红、黑表笔接光电耦合器的另外两个引脚，如果测量显示OL符号，如图所示，表示光电耦合器内部的光电管未导通。

a) 测量时显示OL符号表示光电耦合器的光电晶体管未导通

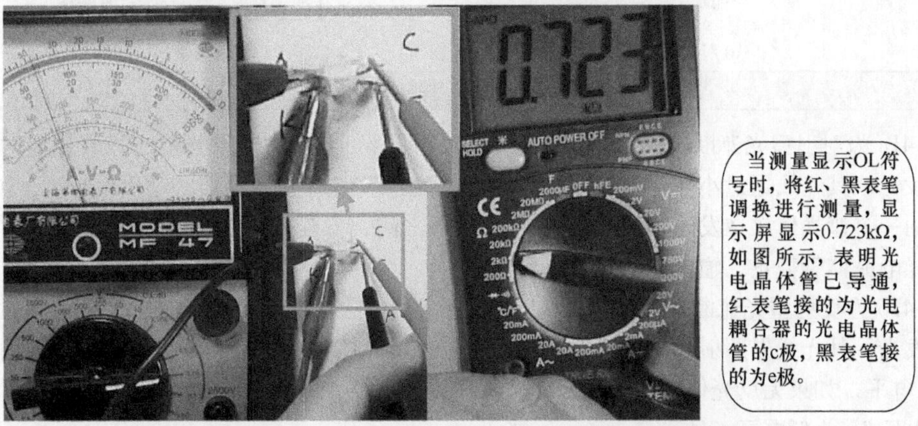
0.723
MODEL
MF 47
AUTO POWER OFF
当测量显示OL符号时，将红、黑表笔调换进行测量，显示屏显示0.723kΩ，如图所示，表明光电晶体管已导通，红表笔接的为光电耦合器的光电晶体管的c极，黑表笔接的为e极。

b) 调换表笔测量时显示0.723kΩ表示光电晶体管已导通（红表笔接为c极，黑表笔接为e极）

图 12-39　区分光电耦合器的光电晶体管的 c、e 极

12.5　光遮断器

光遮断器又称光断续器、穿透型光电感应器，它与光电耦合器一样，都是由发光二极管和光电晶体管组成，但光电遮断器的发光二极管和光电晶体管并没有封装成一体，而是相互独立。

12.5.1 外形与符号

光遮断器外形与符号如图 12-40 所示。

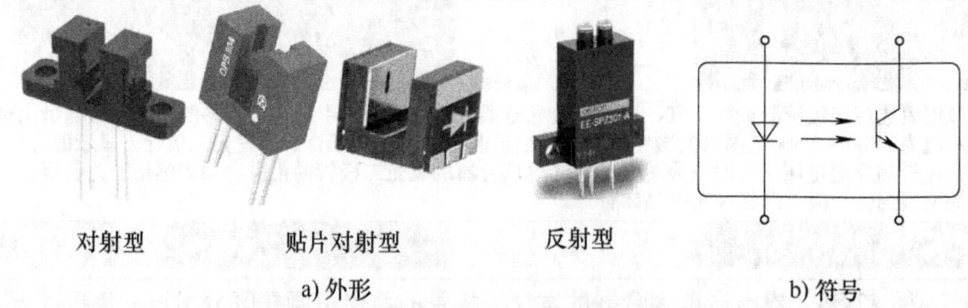
对射型
贴片对射型
反射型
a) 外形
b) 符号

图 12-40 光遮断器外形与符号

12.5.2 应用电路

光遮断器可分为对射型和反射型，下面以图 12-41 为例来说明这两种光遮断器的工作原理。

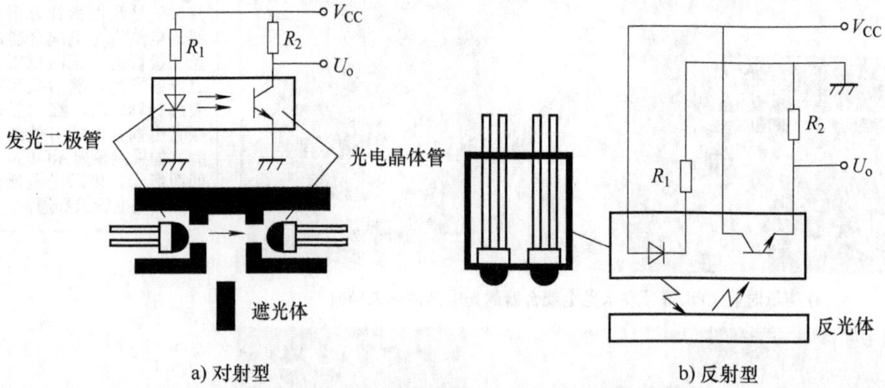
V_{CC}
R_1
R_2
U_o
发光二极管
光电晶体管
遮光体
反光体
a) 对射型
b) 反射型

图 12-41 光遮断器工作原理说明图

图 12-41a 为对射型光遮断器的结构及应用电路。当电源通过 R_1 为发光电二极管供电时，发光二极管发光，其光线通过小孔照射到光电晶体管，光电晶体管受光导通，输出电压 U_o 为低电平，如果用一个遮光体放在发光二极管和光电晶体管之间，发光二极管的光线无法照射到光电晶体管，光电晶体管截止，输出电压 U_o 为高电平。

图 12-41b 为反射型光遮断器的结构及应用电路。当电源通过 R_1 为发光电二极管供电时，发光二极管发光，其光线先照射到反光体上，再反射到光电晶体管，光电晶体管受光导通，输出电压 U_o 为高电平，如果无反光体存在，发光二极管的光线无法反射到光电晶体管，光电晶体管截止，输出电压 U_o 为低电平。

12.5.3 检测

光遮断器的结构与光电耦合器类似，因此检测方法也大同小异。

1. 引脚判别

在检测光遮断器时，先检测出发光二极管引脚。万用表选择×1kΩ 档，测量光电耦合器任意两脚之间的电阻，当出现阻值小时，黑表笔接的为发光二极管的正极，红表笔接的为负极，剩余两极为光电晶体管的引脚。

找出光遮断器的发光二极管引脚后，再判别光电晶体管的 c、e 极引脚。在判别光电晶体管

c、e极引脚时，可采用两只万用表，其中一只万用表拨至×100Ω档，黑表笔接发光二极管的正极，红表笔接负极，这样做是利用万用表内部电池为发光二极管供电，使之发光；另一只万用表拨至×1kΩ档，红、黑表笔接光遮断器光电晶体管引脚，正、反各测一次，测量会出现阻值一大一小，以阻值小的测量为准，黑表笔接的为光电晶体管的c极，红表笔接的为光电晶体管的e极。

2. 好坏检测

在检测光遮断器好坏时，要进行三项检测：①检测发光二极管好坏；②检测光电晶体管好坏；③检测遮光效果。

在检测发光二极管好坏时，万用表选择×1kΩ档，测量发光二极管两引脚之间的正、反向电阻。若发光二极管正常，正向电阻小、反向电阻无穷大，否则发光二极管损坏。

在检测光电晶体管好坏时，万用表仍选择×1kΩ档，测量光电晶体管两引脚之间的正、反向电阻。若光电晶体管正常，正、反向电阻均为无穷大，否则光电晶体管损坏。

在检测光遮断器遮光效果时，可采用两只万用表，其中一只万用表拨至×100Ω档，黑表笔接发光二极管的正极，红表笔接负极，利用万用表内部电池为发光二极管供电，使之发光，另一只万用表拨至×1kΩ档，红、黑表笔分别接光遮断器光电晶体管的c、e极，对于对射型光遮断器，光电晶体管会导通，故正常阻值应较小，对于反射型光遮断器，光电晶体管处于截止，故正常阻值应为无穷大，然后用遮光体或反光体遮挡或反射光线，光电晶体管的阻值应发生变化，否则光遮断器损坏。

检测光遮断器时，只有上面三项测量都正常，才能说明光遮断器正常，任意一项测量不正常，光遮断器都不能使用。

第13章

电声器件与压电器件

13.1 扬 声 器

13.1.1 外形与符号

扬声器又称喇叭，是一种最常用的电-声转换器件，其功能是将电信号转换成声音。扬声器实物外形和电路符号如图 13-1 所示。

a) 实物外形　　b) 电路符号

图 13-1　扬声器

13.1.2 种类与工作原理

1. 种类

扬声器可按以下方式进行分类：

按换能方式可分为动圈式（即电动式）、电容式（即静电式）、电磁式（即舌簧式）和压电式（即晶体式）等。

按频率范围可分为低音扬声器、中音扬声器、高音扬声器。

按扬声器形状可分为纸盆式、号筒式和球顶式等。

2. 结构与工作原理

扬声器的种类很多，工作原理大同小异，这里介绍应用最为广泛的动圈式扬声器的工作原理。动圈式扬声器的结构如图 13-2 所示。

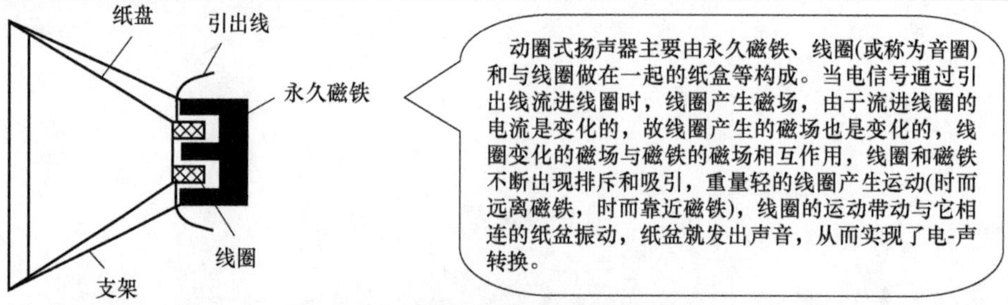
纸盘
引出线
永久磁铁
线圈
支架
动圈式扬声器主要由永久磁铁、线圈(或称为音圈)和与线圈做在一起的纸盒等构成。当电信号通过引出线流进线圈时，线圈产生磁场，由于流进线圈的电流是变化的，故线圈产生的磁场也是变化的，线圈变化的磁场与磁铁的磁场相互作用，线圈和磁铁不断出现排斥和吸引，重量轻的线圈产生运动(时而远离磁铁，时而靠近磁铁)，线圈的运动带动与它相连的纸盆振动，纸盆就发出声音，从而实现了电-声转换。

图 13-2　动圈式扬声器的结构

13.1.3 主要参数

1. 额定功率

额定功率又称标称功率，是指扬声器在无明显失真的情况下，能长时间正常工作时的输入

电功率。扬声器实际能承受的最大功率要大于额定功率（约 1~3 倍），为了获得较好的音质，应让扬声器实际输入功率小于额定功率。

2. 额定阻抗

额定阻抗又称标称阻抗，是指扬声器工作在额定功率下所呈现的交流阻抗值。扬声器的额定阻抗有 4Ω、8Ω、16Ω 和 32Ω 等，当扬声器与功放电路连接时，扬声器的阻抗只有与功放电路的输出阻抗相等，才能工作在最佳状态。

3. 频率特性

频率特性是指扬声器输出的声音大小随输入音频信号频率变化而变化的特性。不同频率特性的扬声器适合用在不同的电路，例如低频特性好的扬声器在还原低音时声音大、效果好。

根据频率特性不同，扬声器可分为高音扬声器（几千赫兹到 20kHz）、中音扬声器（1~3kHz）和低音扬声器（几百赫兹到几十赫兹）。扬声器的频率特性与结构有关，一般体积小的扬声器高频特性较好。

4. 灵敏度

灵敏度是指给扬声器输入规定大小和频率的电信号时，在一定距离处扬声器产生的声压（即声音大小）。在输入相同频率和大小的信号时，灵敏度越高的扬声器发出的声音越大。

5. 指向性

指向性是指扬声器发声时在不同空间位置辐射的声压分布特性。扬声器的指向性越强，就意味着发出的声音越集中。扬声器的指向性与纸盆有关，纸盆越大，指向性越强，另外还与频率有关，频率越高，指向性越强。

13.1.4 用指针万用表检测扬声器

扬声器的检测包括好坏检测和极性识别。

1. 好坏检测

扬声器的好坏检测如图 13-3 所示。

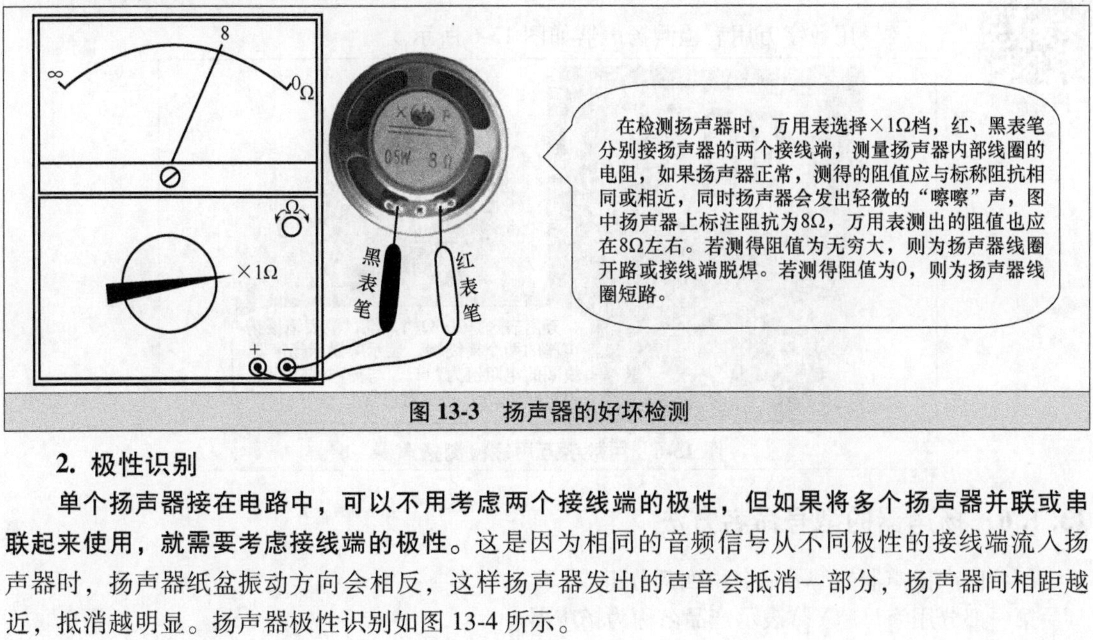
8
∞
0Ω
×1Ω
+
−
黑表笔
红表笔
0.5W 8Ω
在检测扬声器时，万用表选择×1Ω档，红、黑表笔分别接扬声器的两个接线端，测量扬声器内部线圈的电阻，如果扬声器正常，测得的阻值应与标称阻抗相同或相近，同时扬声器会发出轻微的"嚓嚓"声，图中扬声器上标注阻抗为8Ω，万用表测出的阻值也应在8Ω左右。若测得阻值为无穷大，则为扬声器线圈开路或接线端脱焊。若测得阻值为0，则为扬声器线圈短路。

图 13-3 扬声器的好坏检测

2. 极性识别

单个扬声器接在电路中，可以不用考虑两个接线端的极性，但如果将多个扬声器并联或串联起来使用，就需要考虑接线端的极性。这是因为相同的音频信号从不同极性的接线端流入扬声器时，扬声器纸盆振动方向会相反，这样扬声器发出的声音会抵消一部分，扬声器间相距越近，抵消越明显。扬声器极性识别如图 13-4 所示。

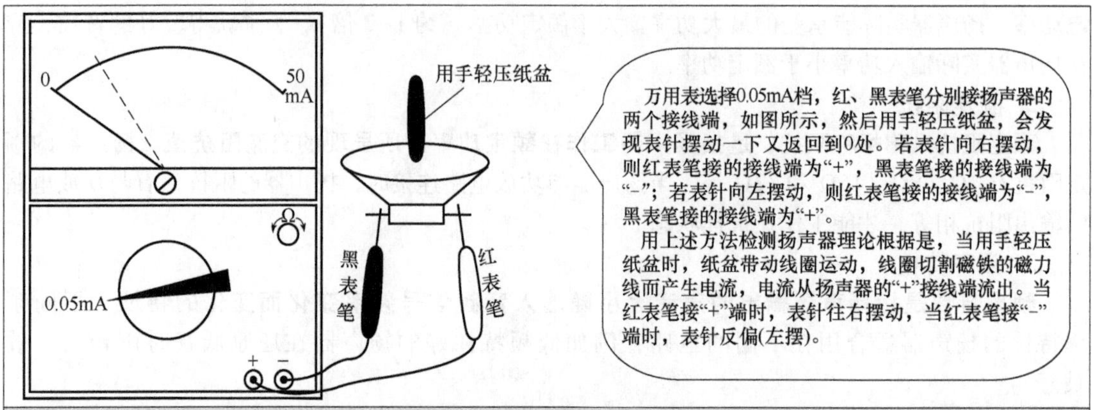
0
50
mA
用手轻压纸盆
0.05mA
黑
表
笔
红
表
笔
+
−
万用表选择0.05mA档，红、黑表笔分别接扬声器的两个接线端，如图所示，然后用手轻压纸盆，会发现表针摆动一下又返回到0处。若表针向右摆动，则红表笔接的接线端为“+”，黑表笔接的接线端为“−”；若表针向左摆动，则红表笔接的接线端为“−”，黑表笔接的接线端为“+”。
用上述方法检测扬声器理论根据是，当用手轻压纸盆时，纸盆带动线圈运动，线圈切割磁铁的磁力线而产生电流，电流从扬声器的“+”接线端流出。当红表笔接“+”端时，表针往右摆动，当红表笔接“−”端时，表针反偏(左摆)。

图 13-4　扬声器的极性识别

当多个扬声器并联使用时，要将各个扬声器的“+”端与“+”端连接在一起，“−”端与“−”端连接在一起，如图 13-5 所示。当多个扬声器串联使用时，要将下一个扬声器的“+”端与上一个扬声器的“−”端连接在一起。

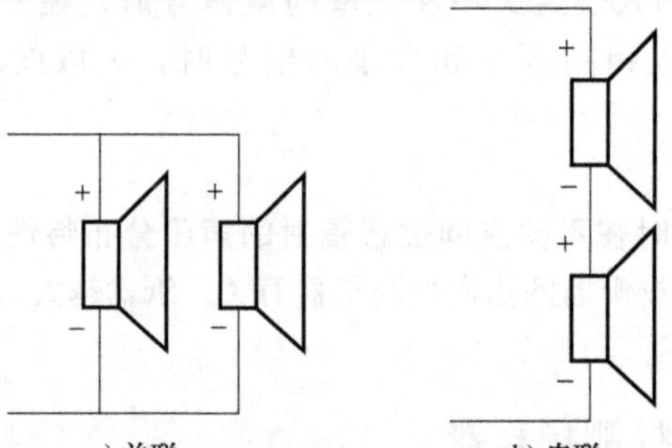
+
−
+
−
+
−
+
−

a) 并联　　b) 串联

图 13-5　多个扬声器并、串联时正确的连接方法

扫一扫看视频

13. 1. 5　用数字万用表检测扬声器

用数字万用表检测扬声器如图 13-6 所示。

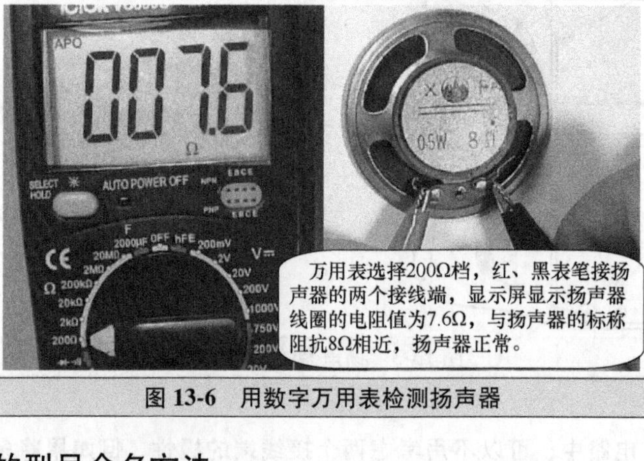
APO
0076
Ω
SELECT HOLD
AUTO POWER OFF
NPN
PNP
F
2000μF
OFF
hFE
200mV
2V
20V
200V
1000V
750V
200V
20MΩ
2MΩ
200kΩ
20kΩ
2kΩ
200Ω
0.5W 8Ω
万用表选择200Ω档，红、黑表笔接扬声器的两个接线端，显示屏显示扬声器线圈的电阻值为7.6Ω，与扬声器的标称阻抗8Ω相近，扬声器正常。

图 13-6　用数字万用表检测扬声器

13. 1. 6　扬声器的型号命名方法

新型国产扬声器的型号命名由四部分组成：

第一部分用字母“Y”表示产品名称为扬声器。

第二部分用字母表示产品类型，“D”为电动式。

第三部分用字母表示扬声器的重放频带，用数字表示扬声器口径（单位为 mm）。

第四部分用数字或数字与字母混合表示扬声器的生产序号。

新型国产扬声器的型号命名及含义见表 13-1。

表 13-1 新型国产扬声器的型号命名及含义

第一部分：主称		第二部分：类型		第三部分：重放频带或口径		第四部分：序号
字母	含义	字母	含义	数字或字母	含义	
Y	扬声器	D	电动式	D	低音	用数字或数字与字母混合表示扬声器的生产序号
				Z	中音	
				G	高音	
				QZ	球顶中音	
				QG	球顶高音	
				HG	号筒高音	
				130	130mm	
				140	140mm	
				166	166mm	
				176	176mm	
				200	200mm	
				206	206mm	

13.2 耳　机

13.2.1 外形与图形符号

耳机与扬声器一样，是一种电-声转换器件，其功能是将电信号转换成声音。耳机的实物外形和图形符号如图 13-7 所示。

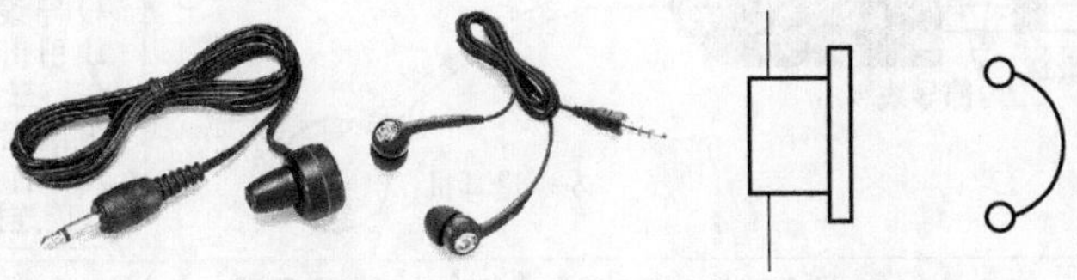

a) 外形　　b) 图形符号

图 13-7 耳机

13.2.2 种类与工作原理

耳机的种类很多，可分为动圈式、动铁式、压电式、静电式、气动式、等磁式和驻极体式七类，动圈式、动铁式和压电式耳机较为常见，其中动圈式耳机使用最为广泛。

动圈式耳机是一种最常用的耳机，其工作原理与动圈式扬声器相同，可以看作是微型动圈式扬声器，其结构与工作原理可参见动圈式扬声器。动圈式耳机的优点是制作相对容易，且线性好、失真小、频响宽。

动铁式耳机又称电磁式耳机，其结构如图 13-8 所示。压电式耳机是利用压电陶瓷的压电效应发声，压电陶瓷的结构如图 13-9 所示，

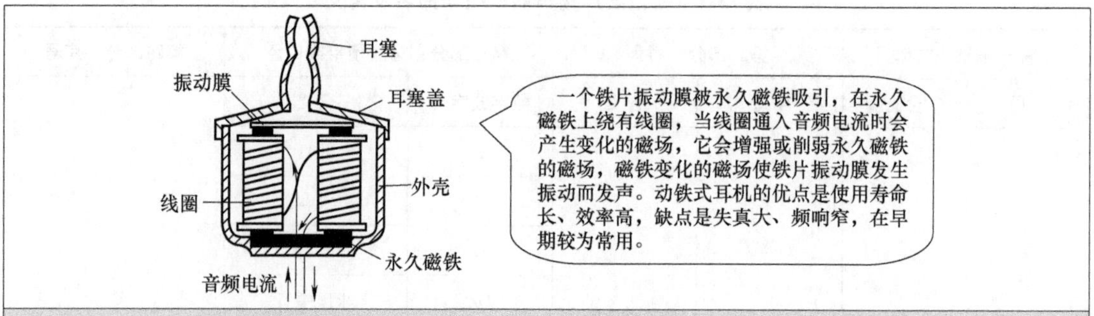
耳塞
振动膜
耳塞盖
线圈
外壳
永久磁铁
音频电流
一个铁片振动膜被永久磁铁吸引，在永久磁铁上绕有线圈，当线圈通入音频电流时会产生变化的磁场，它会增强或削弱永久磁铁的磁场，磁铁变化的磁场使铁片振动膜发生振动而发声。动铁式耳机的优点是使用寿命长、效率高，缺点是失真大、频响窄，在早期较为常用。

图 13-8　动铁式耳机的结构

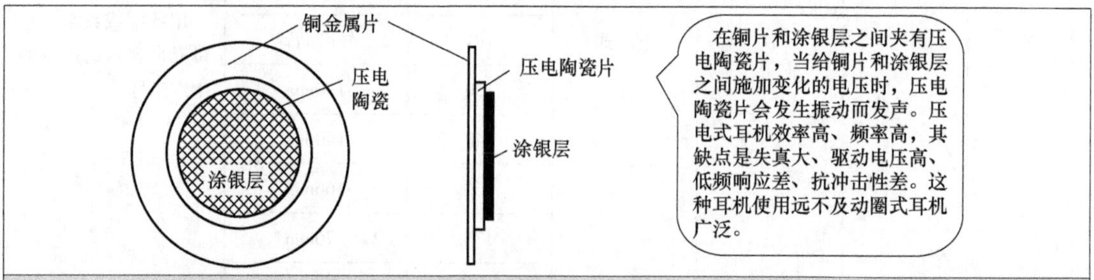
铜金属片
压电陶瓷
涂银层
压电陶瓷片
涂银层
在铜片和涂银层之间夹有压电陶瓷片，当给铜片和涂银层之间施加变化的电压时，压电陶瓷片会发生振动而发声。压电式耳机效率高、频率高，其缺点是失真大、驱动电压高、低频响应差、抗冲击性差。这种耳机使用远不及动圈式耳机广泛。

图 13-9　压电陶瓷的结构

13. 2. 3　双声道耳机的内部接线及检测

1. 内部接线

图 13-10 是双声道耳机的接线示意图。

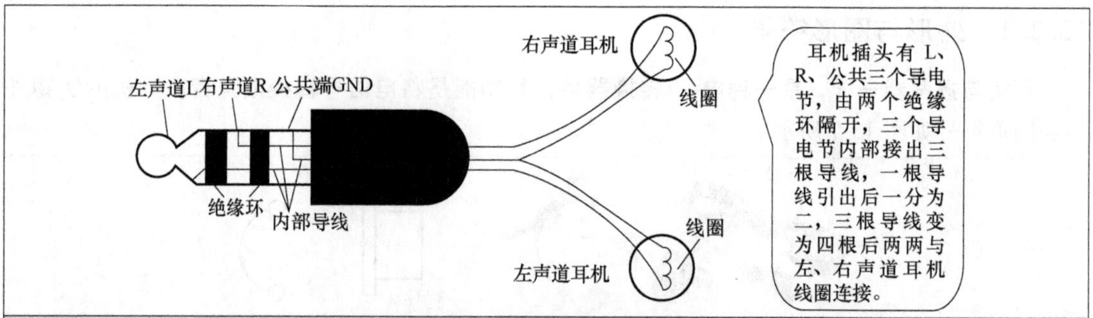
右声道耳机
线圈
左声道L
右声道R
公共端GND
绝缘环
内部导线
线圈
左声道耳机
耳机插头有 L、R、公共三个导电节，由两个绝缘环隔开，三个导电节内部接出三根导线，一根导线引出后一分为二，三根导线变为四根后两两与左、右声道耳机线圈连接。

图 13-10　双声道耳机的接线示意图

扫一扫看视频

2. 用指针万用表检测双声道耳机

用指针万用表检测双声道耳机如图 13-11 所示。

3. 用数字万用表检测双声道耳机

用数字万用表检测双声道耳机如图 13-12 所示，万用表选择 2kΩ 档，图 a 是测量左声道耳机线圈的电阻，显示电阻值为 51Ω（0. 051kΩ），图 b 是测量右声道耳机

线圈的电阻，显示电阻值为 53Ω，图 c 是测量左、右两声道耳机线圈的串联电阻，显示电阻值为 103Ω。

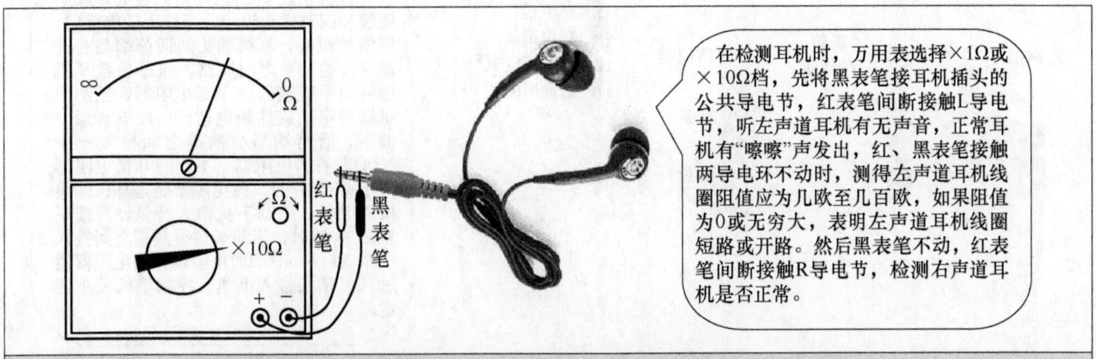
∞
0
Ω
红
表
笔
黑
表
笔
Ω
×10Ω
+
−
在检测耳机时，万用表选择×1Ω或×10Ω档，先将黑表笔接耳机插头的公共导电节，红表笔间断接触L导电节，听左声道耳机有无声音，正常耳机有"嚓嚓"声发出，红、黑表笔接触两导电环不动时，测得左声道耳机线圈阻值应为几欧至几百欧，如果阻值为0或无穷大，表明左声道耳机线圈短路或开路。然后黑表笔不动，红表笔间断接触R导电节，检测右声道耳机是否正常。

图 13-11　双声道耳机的检测

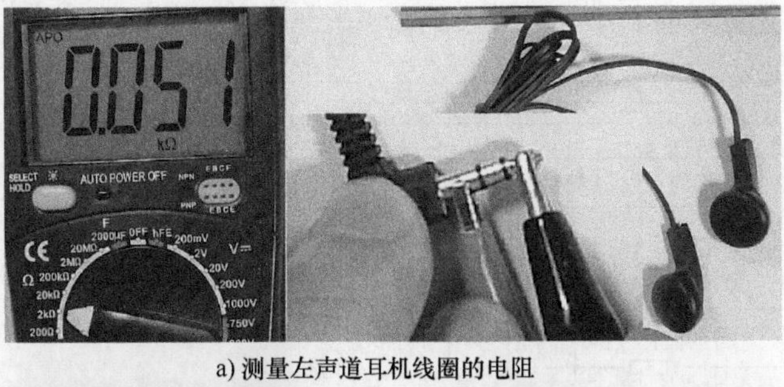
0.051
kΩ

a) 测量左声道耳机线圈的电阻

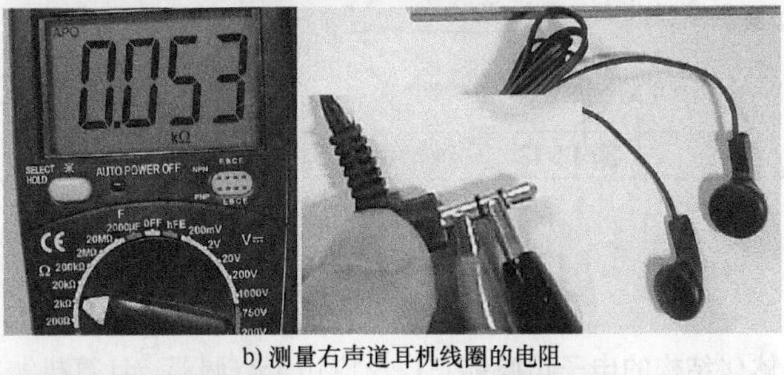
0.053
kΩ

b) 测量右声道耳机线圈的电阻

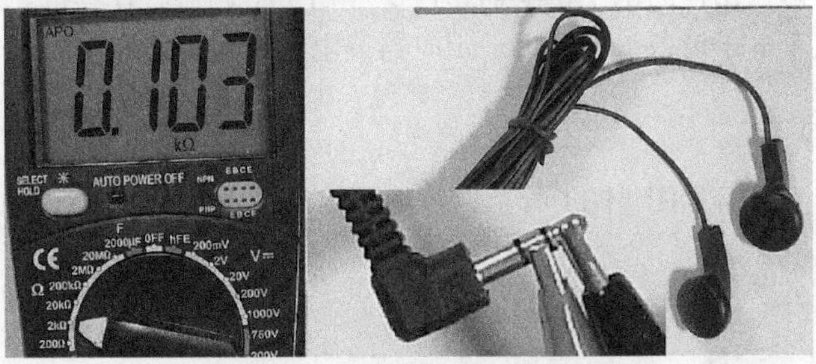
0.103
kΩ

c) 测量左、右两声道耳机线圈的串联电阻

图 13-12　用数字万用表检测双声道耳机

13.2.4　手机线控耳机的内部电路及接线

线控耳机由耳机、话筒和控制按键组成。图 13-13 是一种常见的手机线控耳机。

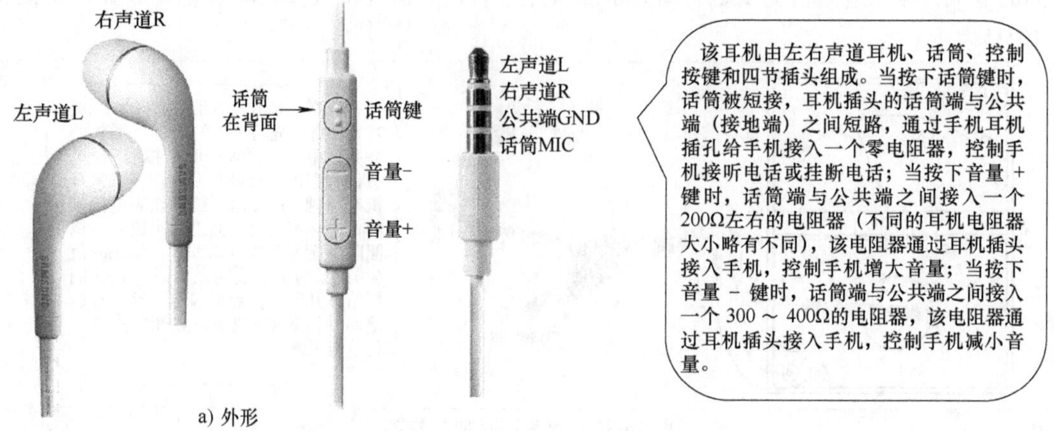
右声道R
左声道L
话筒
在背面
话筒键
音量-
音量+
左声道L
右声道R
公共端GND
话筒MIC
该耳机由左右声道耳机、话筒、控制按键和四节插头组成。当按下话筒键时，话筒被短接，耳机插头的话筒端与公共端（接地端）之间短路，通过手机耳机插孔给手机接入一个零电阻器，控制手机接听电话或挂断电话；当按下音量＋键时，话筒端与公共端之间接入一个200Ω左右的电阻器（不同的耳机电阻器大小略有不同），该电阻器通过耳机插头接入手机，控制手机增大音量；当按下音量－键时，话筒端与公共端之间接入一个300～400Ω的电阻器，该电阻器通过耳机插头接入手机，控制手机减小音量。

a) 外形

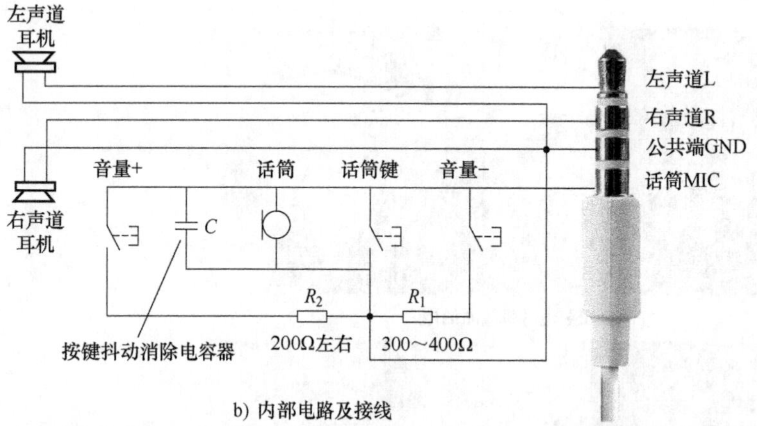
左声道
耳机
右声道
耳机
音量+
话筒
话筒键
音量-
C
R2
R1
200Ω左右
300～400Ω
按键抖动消除电容器
左声道L
右声道R
公共端GND
话筒MIC

b) 内部电路及接线

图 13-13　一种常见的手机线控耳机

13.3　蜂　鸣　器

蜂鸣器是一种一体化结构的电子讯响器，广泛应用于空调器、计算机、打印机、复印机、报警器、电子玩具、汽车电子设备、电话机、定时器等电子产品中作发声器件。

13.3.1　外形与符号

蜂鸣器实物外形和符号如图 13-14 所示，蜂鸣器在电路中用字母“H”或“HA”表示。

a) 实物外形

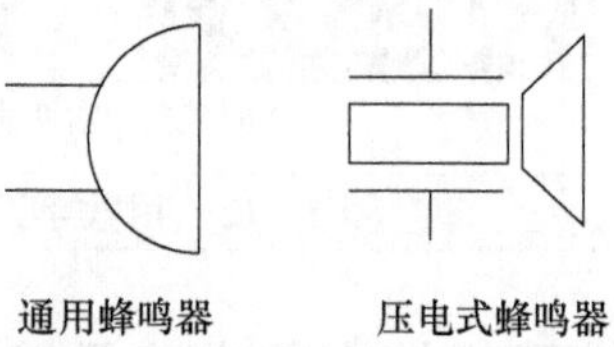
通用蜂鸣器
压电式蜂鸣器

b) 符号

图 13-14　蜂鸣器

13.3.2　种类及结构原理

蜂鸣器种类很多，根据发声材料不同，可分为压电式蜂鸣器和电磁式蜂鸣器，根据是否含有音源电路，可分为无源蜂鸣器和有源蜂鸣器。

1. 压电式蜂鸣器

有源压电式蜂鸣器主要由音源电路（多谐振荡器）、压电蜂鸣片、阻抗匹配器及共鸣腔、外壳等组成。有的压电式蜂鸣器外壳上还装有发光二极管。多谐振荡器由晶体管或集成电路构成，只要提供直流电源（约 1.5~15V），音源电路会产生 1.5~2.5kHz 的音频信号，经阻抗匹配器推动压电蜂鸣片发声。压电蜂鸣片由锆钛酸铅或铌镁酸铅压电陶瓷材料制成，在陶瓷片的两面镀上银电极，经极化和老化处理后，再与黄铜片或不锈钢片粘在一起。无源压电蜂鸣器内部不含音源电路，需要外部提供音频信号才能使之发声。

2. 电磁式蜂鸣器

有源电磁式蜂鸣器由音源电路、电磁线圈、磁铁、振动膜片及外壳等组成。接通电源后，音源电路产生的音频信号电流通过电磁线圈，使电磁线圈产生磁场。振动膜片在电磁线圈和磁铁的相互作用下，周期性地振动发声。无源电磁式蜂鸣器的内部无音源电路，需要外部提供音频信号才能使之发声。

13.3.3　类型判别

蜂鸣器类型可从以下几个方面进行判别：

1）从外观上看，有源蜂鸣器引脚有正、负极性之分（引脚旁会标注极性或用不同颜色引线），无源蜂鸣器引脚则无极性，这是因为有源蜂鸣器内部音源电路的供电有极性要求。

2）给蜂鸣器两引脚加合适的电压（3~24V），能连续发音的为有源蜂鸣器，仅接通和断开电源时发出“咔咔”声的为无源电磁式蜂鸣器，不发声的为无源压电式蜂鸣器。

3）用万用表合适的欧姆档测量蜂鸣器两引脚间的正、反向电阻，正、反向电阻相同且很小（一般 8Ω 或 16Ω 左右，用×1Ω 档测量）的为无源电磁式蜂鸣器，正、反向电阻均为无穷大（用×10kΩ 档测量）的为无源压电式蜂鸣器，正、反向电阻在几百欧以上且测量时可能会发出连续音的为有源蜂鸣器。

扫一扫看视频

13.3.4　用数字万用表检测蜂鸣器

用数字万用表检测蜂鸣器如图 13-15 所示。

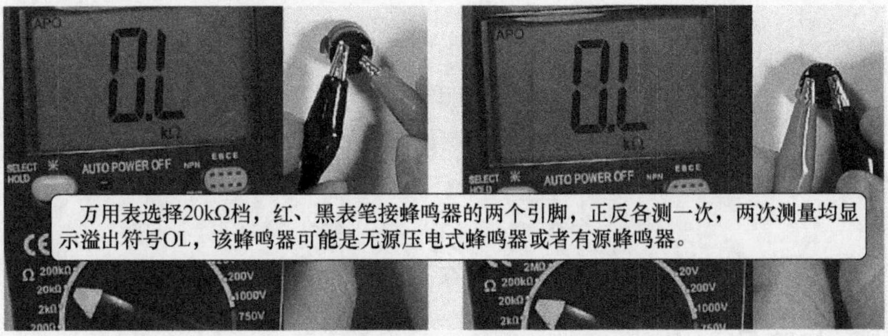
万用表选择20kΩ档，红、黑表笔接蜂鸣器的两个引脚，正反各测一次，两次测量均显示溢出符号OL，该蜂鸣器可能是无源压电式蜂鸣器或者有源蜂鸣器。

a) 正反测量蜂鸣器两引脚的电阻

图 13-15　用数字万用表检测蜂鸣器

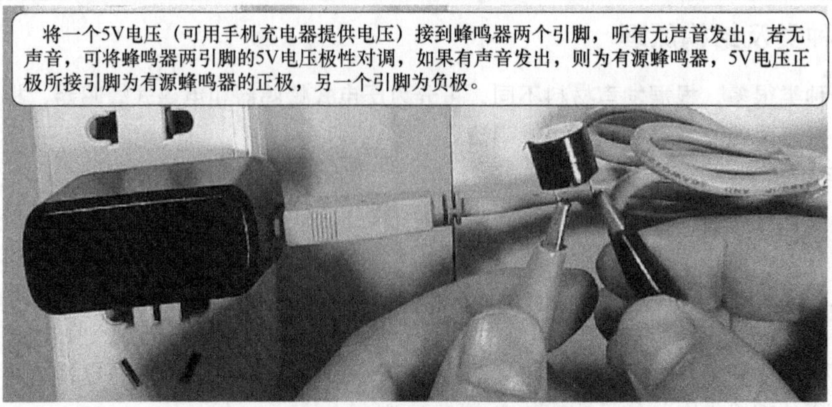
将一个5V电压（可用手机充电器提供电压）接到蜂鸣器两个引脚，听有无声音发出，若无声音，可将蜂鸣器两引脚的5V电压极性对调，如果有声音发出，则为有源蜂鸣器，5V电压正极所接引脚为有源蜂鸣器的正极，另一个引脚为负极。

b) 给蜂鸣器加5V电压听有无声音发出

图 13-15　用数字万用表检测蜂鸣器（续）

13.3.5　应用电路

图 13-16 是两种常见的蜂鸣器电路。

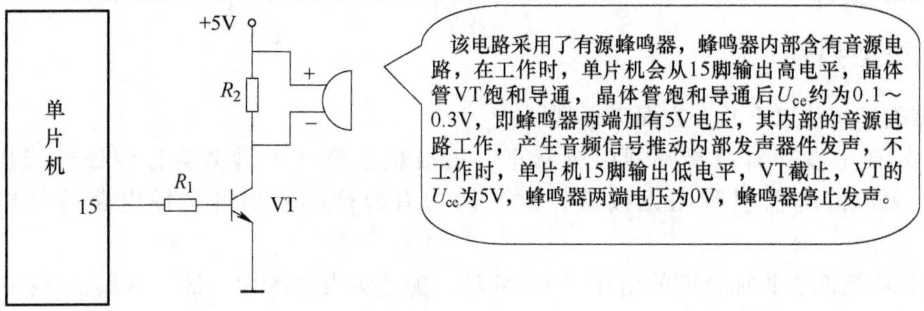
+5V
+
−
R_2
单片机
15
R_1
VT
该电路采用了有源蜂鸣器，蜂鸣器内部含有音源电路，在工作时，单片机会从15脚输出高电平，晶体管VT饱和导通，晶体管饱和导通后U_{ce}约为0.1～0.3V，即蜂鸣器两端加有5V电压，其内部的音源电路工作，产生音频信号推动内部发声器件发声，不工作时，单片机15脚输出低电平，VT截止，VT的U_{ce}为5V，蜂鸣器两端电压为0V，蜂鸣器停止发声。

a) 有源蜂鸣器

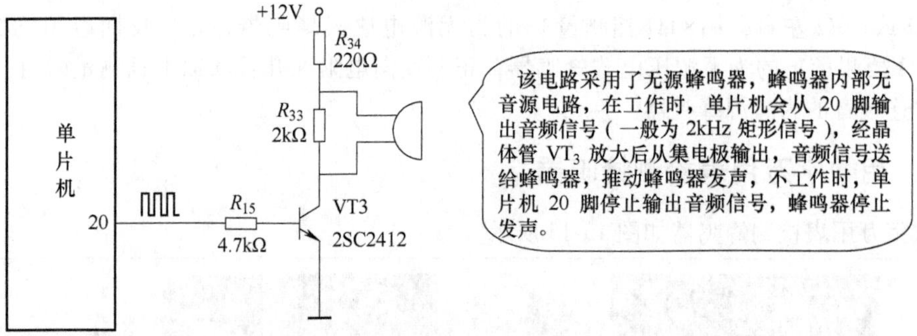
+12V
R_{34}
220Ω
R_{33}
2kΩ
单片机
20
R_{15}
4.7kΩ
VT3
2SC2412
该电路采用了无源蜂鸣器，蜂鸣器内部无音源电路，在工作时，单片机会从 20 脚输出音频信号（一般为 2kHz 矩形信号），经晶体管 VT_3 放大后从集电极输出，音频信号送给蜂鸣器，推动蜂鸣器发声，不工作时，单片机 20 脚停止输出音频信号，蜂鸣器停止发声。

b) 无源蜂鸣器

图 13-16　蜂鸣器的应用电路

13.4　话　　筒

13.4.1　外形与符号

话筒又称麦克风、传声器，是一种声-电转换器件，其功能是将声音转换成电信号。话筒实物外形和电路符号如图 13-17 所示。

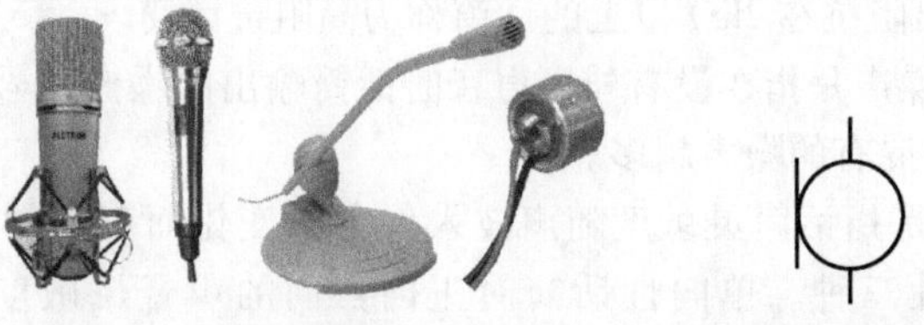
a) 实物外形 b) 电路符号

图 13-17 话筒

13.4.2 工作原理

1. 动圈式话筒工作原理

动圈式话筒的结构如图 13-18 所示，它主要由振动膜、线圈和永久磁铁组成。

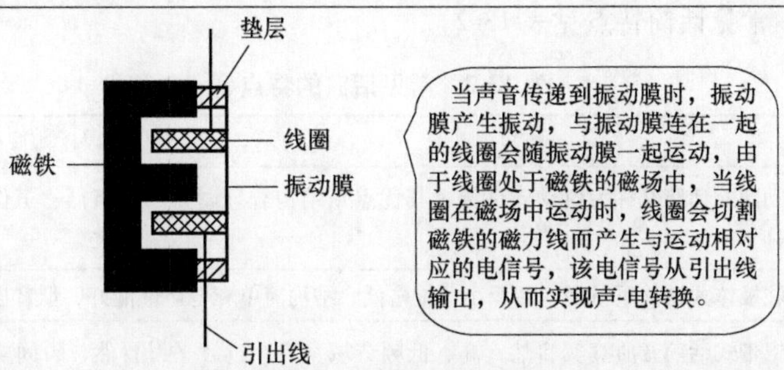
垫层
线圈
磁铁
振动膜
引出线
当声音传递到振动膜时，振动膜产生振动，与振动膜连在一起的线圈会随振动膜一起运动，由于线圈处于磁铁的磁场中，当线圈在磁场中运动时，线圈会切割磁铁的磁力线而产生与运动相对应的电信号，该电信号从引出线输出，从而实现声-电转换。

图 13-18 动圈式话筒的结构

2. 驻极体式话筒工作原理

驻极体式话筒具有体积小、性能好的特点，并且价格便宜，广泛用在一些小型具有录音功能的电子设备中。驻极体式话筒的结构如图 13-19 所示。

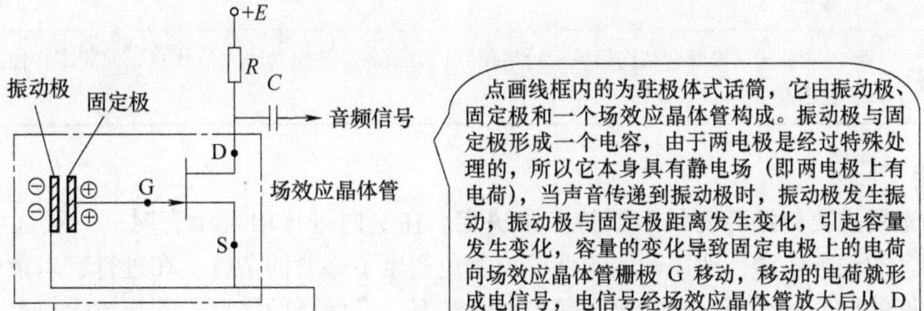
+E
R
C
振动极
固定极
音频信号
D
G
场效应晶体管
S
封装外壳
点画线框内的为驻极体式话筒，它由振动极、固定极和一个场效应晶体管构成。振动极与固定极形成一个电容，由于两电极是经过特殊处理的，所以它本身具有静电场（即两电极上有电荷），当声音传递到振动极时，振动极发生振动，振动极与固定极距离发生变化，引起容量发生变化，容量的变化导致固定电极上的电荷向场效应晶体管栅极 G 移动，移动的电荷就形成电信号，电信号经场效应晶体管放大后从 D 极输出，从而完成了声 - 电转换过程。

图 13-19 驻极体式话筒的结构

13.4.3 主要参数

话筒的主要参数有：

1）灵敏度。灵敏度是指话筒在一定的声压下能产生音频信号电压的大小。灵敏度越高，在相同大小的声音下输出的音频信号幅度越大。

2）频率特性。频率特性是指话筒的灵敏度随频率变化而变化的特性。如果话筒的高频特性好，那么还原出来的高频信号幅度大且失真小。大多数话筒频率特性较好的范围为 100Hz～10kHz，优质话筒频率特性范围可达到 20Hz～20kHz。

3）输出阻抗。输出阻抗是指话筒在 1kHz 的情况下输出端的交流阻抗。低阻抗话筒输出阻抗一般在 2kΩ 以下，输出阻抗在 2kΩ 以上的话筒称为高阻抗话筒。

4）固有噪声。固有噪声是指在没有外界声音时话筒输出的噪声信号电压。话筒的固有噪声越大，工作时输出信号中混有的噪声越多。

5）指向性。指向性是指话筒灵敏度随声波入射方向变化而变化的特性。话筒的指向性有单向性、双向性和全向性三种。单向性话筒对正面方向的声音灵敏度高于其他方向的声音。双向性话筒对正、背面方向的灵敏度高于其他方向的声音。全向性话筒对所有方向的声音灵敏度都高。

13.4.4　种类与选用

1. 种类

话筒种类很多，常见的有动圈式话筒、驻极体式话筒、铝带式话筒、电容式话筒、压电式话筒和炭粒式话筒等。常见话筒特点见表 13-2。

表 13-2　常见话筒的特点

种　类	特　点
动圈式话筒	动圈式话筒又称为电动式话筒，其优点是结构合理耐用、噪声低、工作稳定、经济实用且性能好
驻极体式话筒	驻极体式话筒重量轻、体积小、价格低、结构简单和电声性能好，但音质较差、噪声较大
铝带式话筒	铝带式话筒音质真实自然，高、低频音域宽广，过渡平滑自然，瞬间响应快速精确，但价格较贵
电容式话筒	电容式话筒是一种电声特性非常好的话筒。它的优点是频率范围宽，灵敏度高，非线性失真小，瞬态响应好，缺点是防潮性差，机械强度低，价格较贵，使用时需提供高压
压电式话筒	压电式话筒又称晶体式话筒，它具有灵敏度高、结构简单、价格便宜等优点，但频率特性不够宽
炭粒式话筒	炭粒式话筒具有结构简单、价格便宜、灵敏高、输出功率大等优点，但频率特性差、噪声大、失真也很大

2. 选用

话筒的选用主要根据环境和声源特点来决定。在室内进行语言录音时，一般选用动圈式话筒，因为语言的频带较窄，使用动圈式话筒可避免产生不必要的杂音。在进行音乐录音时，一般要选择性能好的电容式话筒，以满足宽频带、大动态、高保真的需要。若环境噪声大，可选用单向性话筒，以增加选择性。

在使用话筒时，除近讲话筒外，普通话筒要注意与声源保持 0.3m 左右的距离，以防失真。在运动中录音时，要使用无线话筒，使用无线话筒时要注意防止干扰和“死区”，碰到这种情况时，可通过改变话筒无线电频率和调整收、发天线来解决。

13.4.5　用指针万用表检测话筒

1. 动圈式话筒的检测

动圈式话筒外部接线端与内部线圈连接，根据线圈电阻大小可分为低阻抗话筒（约几十欧至几百欧）和高阻抗话筒（约几百欧至几千欧）。

在检测低阻抗话筒时，万用表选择×10Ω 档，检测高阻抗话筒时，可选择×100Ω 或×1kΩ 档，然后测量话筒两接线端之间的电阻。

若话筒正常，阻值应在几十欧至几千欧左右，同时话筒有轻微的“嚓嚓”声发出。

若阻值为 0，说明话筒线圈短路。

若阻值为无穷大，则为话筒线圈开路。

2. 驻极体式话筒的检测

驻极体式话筒的检测包括电极判别、好坏检测和灵敏度检测。

（1）电极判别

驻极体式话筒电极可直观判别，也可以用万用表判别，如图 13-20 所示。

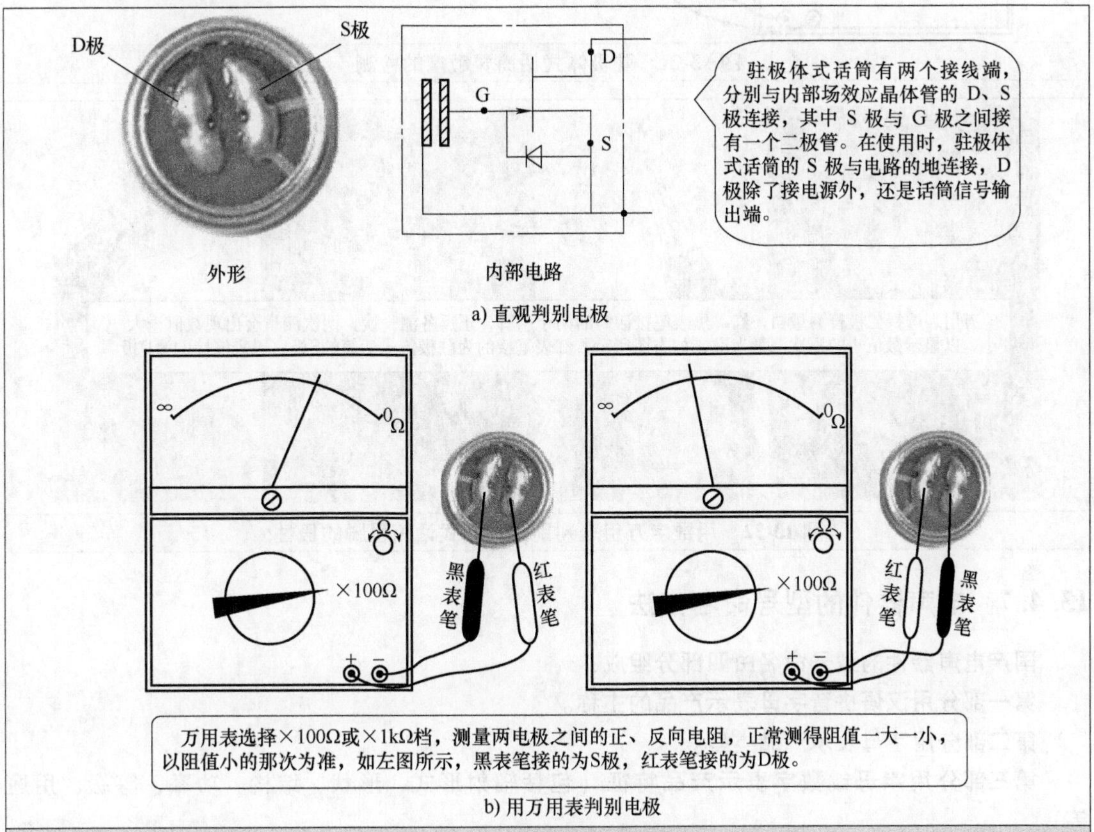
D极
S极
D
G
S
驻极体式话筒有两个接线端，分别与内部场效应晶体管的 D、S 极连接，其中 S 极与 G 极之间接有一个二极管。在使用时，驻极体式话筒的 S 极与电路的地连接，D 极除了接电源外，还是话筒信号输出端。
外形
内部电路
a) 直观判别电极
∞
0Ω
×100Ω
黑表笔
红表笔
+
−
万用表选择×100Ω或×1kΩ档，测量两电极之间的正、反向电阻，正常测得阻值一大一小，以阻值小的那次为准，如左图所示，黑表笔接的为S极，红表笔接的为D极。
b) 用万用表判别电极

图 13-20　驻极体式话筒的检测

（2）好坏检测

在检测驻极体式话筒好坏时，万用表选择×100Ω 或×1kΩ 档，测量两电极之间的正、反向电阻，正常测得阻值一大一小。

若正、反向电阻均为无穷大，则话筒内部的场效应晶体管开路。

若正、反向电阻均为 0，则话筒内部的场效应晶体管短路。

若正、反向电阻相等，则话筒内部场效应晶体管 G、S 极之间的二极管开路。

（3）灵敏度检测

灵敏度检测可以判断话筒的声-电转换效果。灵敏度检测如图 13-21 所示。

13. 4. 6　用数字万用表检测话筒

用数字万用表判别驻极体式话筒引脚的极性如图 13-22 所示。

扫一扫看视频

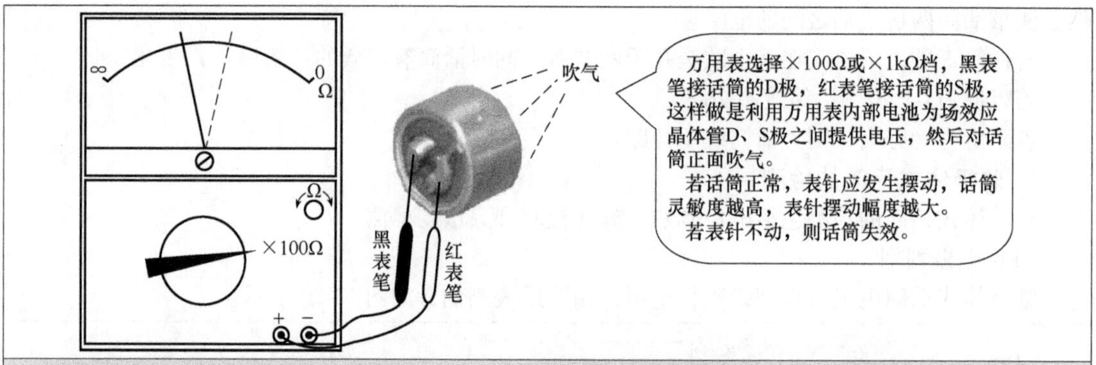
∞
0
Ω
×100Ω
+
−
吹气
黑表笔
红表笔
万用表选择×100Ω或×1kΩ档，黑表笔接话筒的D极，红表笔接话筒的S极，这样做是利用万用表内部电池为场效应晶体管D、S极之间提供电压，然后对话筒正面吹气。
若话筒正常，表针应发生摆动，话筒灵敏度越高，表针摆动幅度越大。
若表针不动，则话筒失效。

图 13-21　驻极体式话筒灵敏度的检测

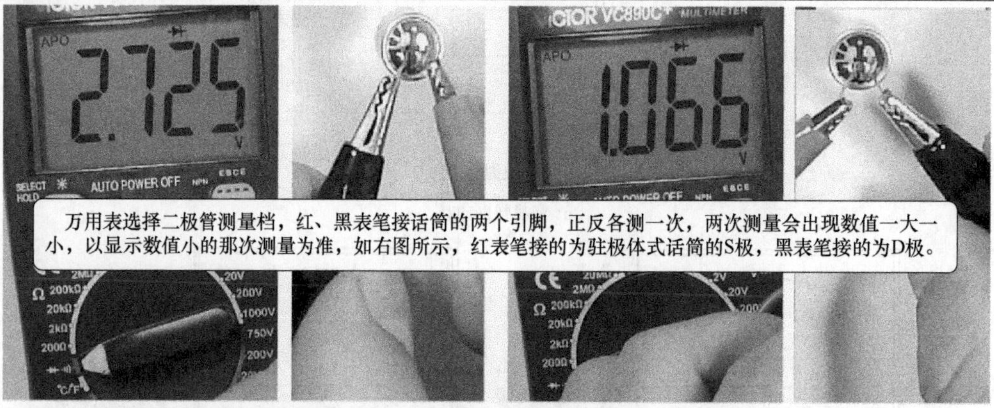
2.725
1.066
AUTO POWER OFF
万用表选择二极管测量档，红、黑表笔接话筒的两个引脚，正反各测一次，两次测量会出现数值一大一小，以显示数值小的那次测量为准，如右图所示，红表笔接的为驻极体式话筒的S极，黑表笔接的为D极。

图 13-22　用数字万用表判别驻极体式话筒引脚的极性

13.4.7　电声器件的型号命名方法

国产电声器件的型号命名由四部分组成：

第一部分用汉语拼音字母表示产品的主称。

第二部分用字母表示产品类型。

第三部分用字母或数字表示产品特征（包括辐射形式、形状、结构、功率、等级、用途等）。

第四部分用数字表示产品序号（部分扬声器表示口径和序号）。

国产电声器件型号命名及含义见表 13-3。

表 13-3　国产电声器件型号命名及含义

第一部分：主称		第二部分：类型		第三部分：特征				第四部分：序号
字母	含义	字母	含义	字母	含义	数字	含义	
Y	扬声器	C	电磁式	C	手持式；测试用	Ⅰ	1 级	用数字表示产品序号
C	传声器	D	电动式（动圈式）	D	头戴式；低频	Ⅱ	2 级	
E	耳机			F	飞行用	Ⅲ	3 级	
O	送话器	A	带式	G	耳挂式；高频	025	0.25W	
H	两用换能器	E	平膜音圈式	H	号筒式	04	0.4W	
S	受话器	Y	压电式	I	气导式	05	0.5W	

（续）

第一部分：主称		第二部分：类型		第三部分：特征				第四部分：序号
字母	含义	字母	含义	字母	含义	数字	含义	
N、OS	送话器组	R	电容式、静电式	J	舰艇用；接触式	1	1W	用数字表示产品序号
EC	耳机传声器组			K	抗噪式	2	2W	
HZ	号筒式组合扬声器	T	炭粒式	L	立体声	3	3W	
		Q	气流式	P	炮兵用	5	5W	
YX	扬声器箱	Z	驻极体式	Q	球顶式	10	10W	
YZ	声柱扬声器	J	接触式	T	椭圆形	15	15W	
						20	20W	

例如：

CDⅡ-1（2 级动圈式传声器）	**EDL-3**（立体声动圈式耳机）
C——传声器	E——耳机
D——动圈式	D——动圈式
Ⅱ——2 级	L——立体声
1——序号	3——序号

YD 10-12B（10W 电动式扬声器）	**YD 3-1655**
Y——扬声器	Y——扬声器
D——电动式	D——电动式
10——功率为 10W	3——功率为 3W
12B——序号	1655——口径为 165mm

13.5　石英晶体谐振器

13.5.1　外形与结构

在石英晶体谐振器上按一定方向切下薄片，将薄片两端抛光并涂上导电的银层，再从银层上接出两个电极并封装起来，这样就构成了石英晶体谐振器，简称晶振。石英晶体谐振器的外形、结构和电路符号如图 13-23 所示。

CRB
455E
晶片
银层
封套
电极

a) 外形　　b) 结构　　c) 电路符号

图 13-23　石英晶体谐振器

13.5.2　特性

石英晶体谐振器可以等效成 LC 电路，其等效电路和特性曲线如图 13-24 所示，L、C 构成串联LC电路，串联谐振频率为$f_s=\frac{1}{2\pi\sqrt{LC}}$，$L$与$C$、$C_0$构成并联LC电路，由于$C_0$容量是$C$容量的数百倍，故$C_0$、$C$串联后的总容量值略小于$C$的容量值（$1/C_{总}=1/C_0+1/C$，$C_0$远大于$C$值，$1/C_0+1/C$略大于$1/C$），故并联谐振频率$f_p$略大于串联谐振频率，但两者非常接近。

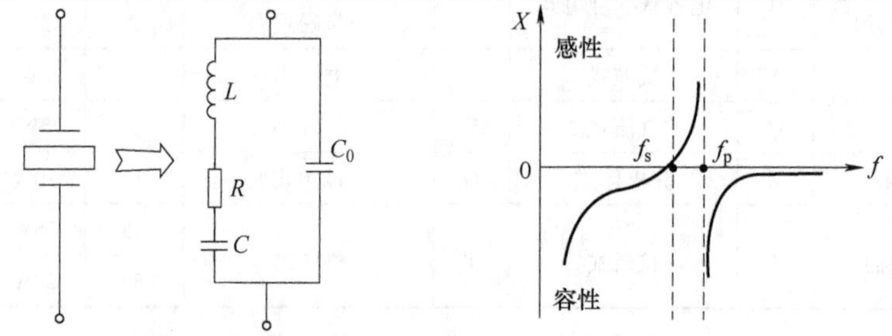

L
R
C
C0
X
感性
0
fs
fp
f
容性

a) 等效电路　　b) 特性

图 13-24　石英晶体谐振器的等效电路与特性曲线

当加到石英晶体谐振器两端信号的频率不同时，石英晶体谐振器会呈现出不同的特性，如图13-25所示，具体说明如下：

1）当$f=f_s$时，石英晶体谐振器呈阻性，相当于阻值小的电阻器。

2）当$f_s<f<f_p$时，石英晶体谐振器呈感性，相当于电感器。

3）当$f<f_s$或$f>f_p$时，石英晶体谐振器呈容性，相当于电容器。

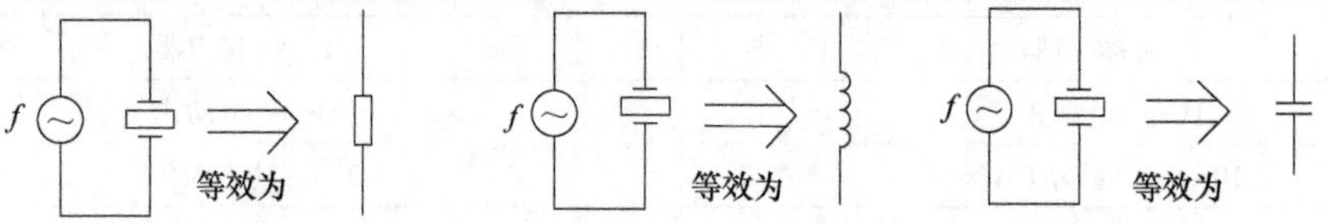

f
等效为
f
等效为
f
等效为

a) 当$f=f_s$时，呈阻性(阻值很小)　　b) 当$f_s<f<f_p$时，呈感性　　c) 当$f<f_s$或$f>f_p$时，呈容性

图 13-25　石英晶体谐振器的特性说明图

13.5.3　应用电路

单片机是一种大规模集成电路，内部有各种各样的数字电路，为了让这些电路按节拍工作，需要为这些电路提供时钟信号。图13-26是典型的单片机时钟电路。

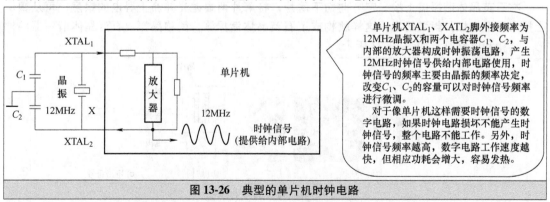

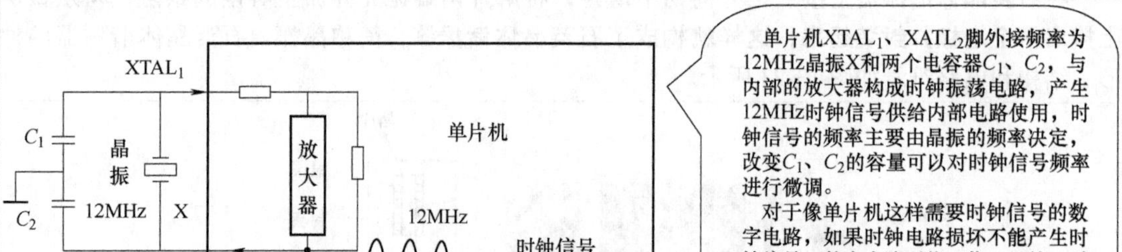

XTAL1
C1
C2
晶振
12MHz
X
XTAL2
放大器
单片机
12MHz
时钟信号
(提供给内部电路)
单片机XTAL1、XATL2脚外接频率为12MHz晶振X和两个电容器C1、C2，与内部的放大器构成时钟振荡电路，产生12MHz时钟信号供给内部电路使用，时钟信号的频率主要由晶振的频率决定，改变C1、C2的容量可以对时钟信号频率进行微调。
对于像单片机这样需要时钟信号的数字电路，如果时钟电路损坏不能产生时钟信号，整个电路不能工作。另外，时钟信号频率越高，数字电路工作速度越快，但相应功耗会增大，容易发热。

图 13-26　典型的单片机时钟电路

13.5.4　有源晶体振荡器

有源晶体振荡器是将晶振和有关元件集成在一起组成晶体振荡器，再封装起来构成的元件，

当给有源晶体振荡器提供电源时，内部的晶体振荡器工作，会输出某一频率的信号。有源晶体振荡器外形如图 13-27 所示。

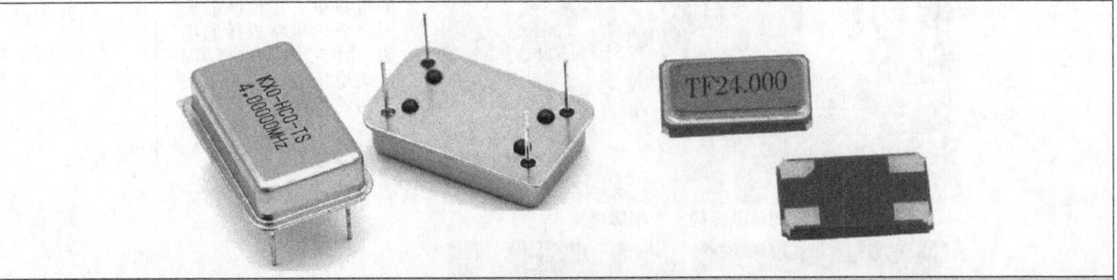
KXO-HC0-TS
4.00000MHz
TF24.000

图 13-27　有源晶体振荡器外形

有源晶体振荡器通常有四个引脚，其中一个引脚为空脚（NC），其他三个引脚分别为电源（VCC）、接地（GND）和输出（OUT）引脚。有源晶体振荡器元件的典型外部接线电路如图 13-28 所示。

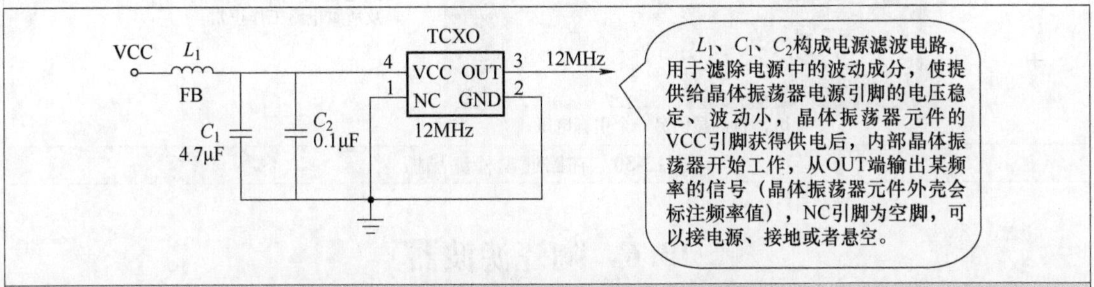
VCC
L_1
FB
C_1
4.7μF
C_2
0.1μF
TCXO
VCC OUT
NC GND
4
1
3
2
12MHz
12MHz
L_1、C_1、C_2构成电源滤波电路，用于滤除电源中的波动成分，使提供给晶体振荡器电源引脚的电压稳定、波动小，晶体振荡器元件的VCC引脚获得供电后，内部晶体振荡器开始工作，从OUT端输出某频率的信号（晶体振荡器元件外壳会标注频率值），NC引脚为空脚，可以接电源、接地或者悬空。

图 13-28　有源晶体振荡器元件的典型外部接线电路

13.5.5　晶振的开路检测和在路检测

1. 开路检测晶振

开路检测晶振是指从电路中拆下晶振进行检测。用数字万用表开路检测晶振如图 13-29 所示。

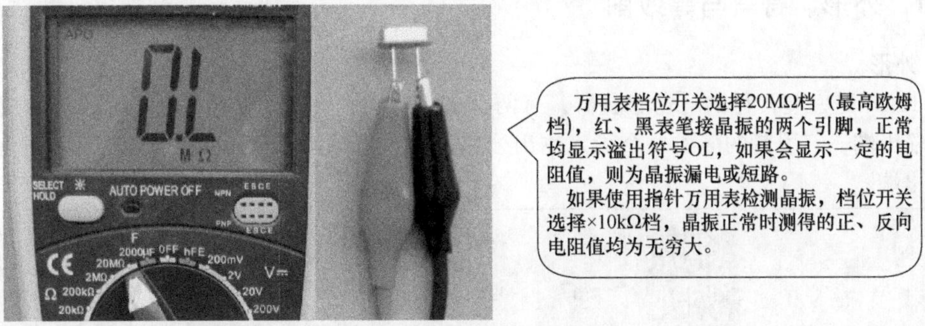
0.L
MΩ
SELECT HOLD
AUTO POWER OFF
20MΩ
2MΩ
200kΩ
20kΩ
2000μF
OFF
hFE
200mV
2V
20V
200V
万用表档位开关选择20MΩ档（最高欧姆档），红、黑表笔接晶振的两个引脚，正常均显示溢出符号OL，如果会显示一定的电阻值，则为晶振漏电或短路。
如果使用指针万用表检测晶振，档位开关选择×10kΩ档，晶振正常时测得的正、反向电阻值均为无穷大。

图 13-29　开路检测晶振

2. 在路通电检测晶振

在路通电检测晶振是指给晶振电路通电使之工作，再检测晶振引脚电压来判别晶振电路是否工作。对于大多数使用了晶振的电路，晶振电路正常工作时，晶振两个引脚的电压接近相等（相差零点几伏），约为电源电压的一半，如果两引脚电压相差很大或相等，则晶振电路工作不正常。在路通电检测晶振如图 13-30 所示。

02.13
这是一块使用了晶振的电路板，在检测晶振时，先给电路板接通电源，数字万用表选择20V直流电压档，黑表笔接电路的地，红表笔接晶振的一个引脚，显示屏显示电压值为2.13V。

a) 测量晶振的一个引脚电压

01.98
再将红表笔接晶振的另一个引脚，显示屏显示电压值为1.98V，两个引脚电压接近，约为电源电压的一半，故晶振及所属电路工作正常。

b) 测量晶振的另一个引脚电压

图 13-30　在路通电检测晶振

13.6　陶瓷滤波器

陶瓷滤波器是一种由压电陶瓷材料制成的选频元件，可以从众多的信号中选出某频率的信号。当陶瓷滤波器输入端输入电信号时，输入端的压电陶瓷将电信号转换成机械振动，机械振动传递到输出端压电陶瓷时，又转换成电信号，只有输入信号的频率与陶瓷滤波器内部压电陶瓷的固有频率相同时，机械振动才能最大程度地传递到输出端压电陶瓷，从而转换成同频率的电信号输出，这就是陶瓷滤波器选频原理。

13.6.1　外形、符号与等效图

1. 外形

图 13-31 是一些常见的陶瓷滤波器，有两引脚、三引脚和四引脚，两引脚的一个为输入端、一个为输出端，三引脚的多了一个输入输出公共端（使用时多接地），四引脚的为两个输入端、两个输出端。

SFU
455B
SFU
455B
B455J
T10.7G

图 13-31　一些常见的陶瓷滤波器

2. 符号与等效图

陶瓷滤波器主要有两引脚和三引脚。两引脚的陶瓷滤波器的符号与等效图如图 13-32a 所示，输入端与输出端之间相当一个 R、L、C 构成的串联谐振电路，当输入信号的频率 $f=f_0=\frac{1}{2\pi\sqrt{LC_1}}$ 时，陶瓷滤波器对该频率的信号阻碍很小，该频率的信号就很容易通过，而对其他频率不等于 f_0 的信号，陶瓷滤波器对其阻碍很大，通过的信号很小，可以认为无法通过。陶瓷滤波器的频率 f_0 值会标注在元件外壳上。等效电路中的 C_2 值为陶瓷滤波器的极间电容，这是因为陶瓷滤波器两极间隔着绝缘的陶瓷材料而形成的电容，一般陶瓷滤波器的选频频率越高，极间电容越小。

三引脚的陶瓷滤波器的符号与等效图如图 13-32b 所示，其选频频率 $f_0=\frac{1}{2\pi\sqrt{LC_1}}$，$C_2$ 为 1、3 脚之间的极间电容，C_3 为 2、3 脚之间的极间电容。如果将 1 脚作为输入端，2 脚作为输出端，3 脚作为接地端，那么 f_0 的信号可以通过陶瓷滤波器，这种用于选取某频率信号的滤波器称为带通滤波器。如果将 1 脚作为输入端，3 脚作为输出端，2 脚作为接地端，那么 f_0 的信号会从 2 脚到地而消失，其他频率的信号则通过 C_2 从 3 脚输出，这种用于去掉某频率信号而选出其他频率信号的滤波器称为陷波器，又称带阻滤波器。

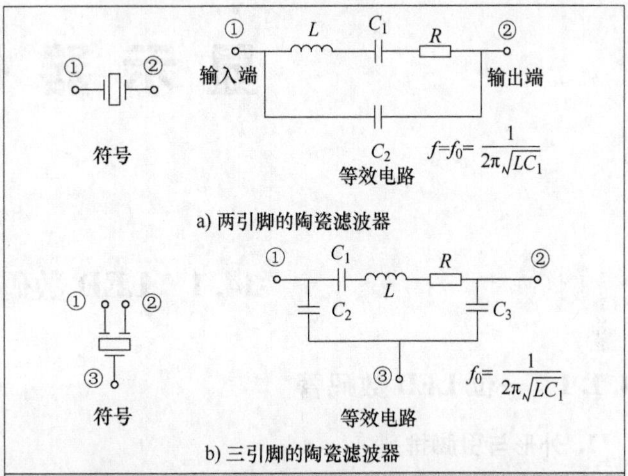

①
②
符号
①
L
C1
R
②
输入端
输出端
C2
等效电路
f=f0= 1/(2π√LC1)
a) 两引脚的陶瓷滤波器
①
②
③
符号
①
C1
L
R
②
C2
C3
③
f0= 1/(2π√LC1)
等效电路
b) 三引脚的陶瓷滤波器

图 13-32 陶瓷滤波器的符号与等效电路

13.6.2 应用电路

陶瓷滤波器的应用如图 13-33 所示。

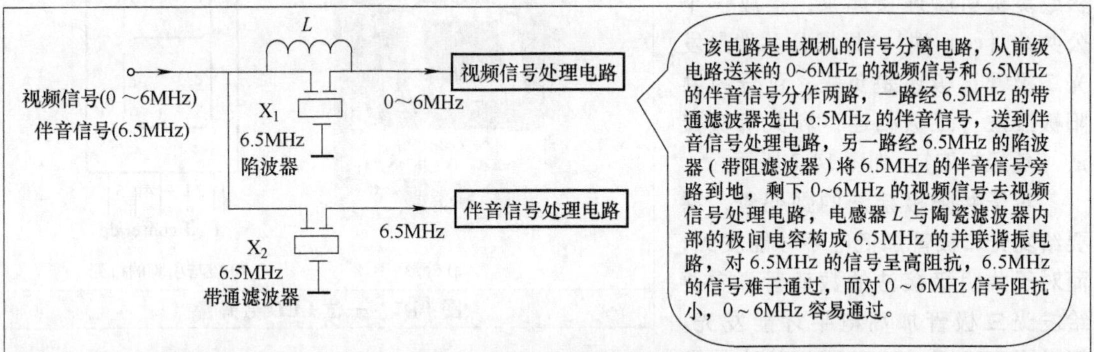

L
视频信号(0 ～6MHz)
伴音信号(6.5MHz)
X1
6.5MHz
陷波器
视频信号处理电路
0~6MHz
伴音信号处理电路
6.5MHz
X2
6.5MHz
带通滤波器
该电路是电视机的信号分离电路，从前级电路送来的 0~6MHz 的视频信号和 6.5MHz 的伴音信号分作两路，一路经 6.5MHz 的带通滤波器选出 6.5MHz 的伴音信号，送到伴音信号处理电路，另一路经 6.5MHz 的陷波器（带阻滤波器）将 6.5MHz 的伴音信号旁路到地，剩下 0~6MHz 的视频信号去视频信号处理电路，电感器 L 与陶瓷滤波器内部的极间电容构成 6.5MHz 的并联谐振电路，对 6.5MHz 的信号呈高阻抗，6.5MHz 的信号难于通过，而对 0 ~ 6MHz 信号阻抗小，0 ~ 6MHz 容易通过。

图 13-33 陶瓷滤波器的应用

13.6.3 检测

在检测陶瓷滤波器时，指针万用表选择×10kΩ 档，不管两引脚陶瓷滤波器，还是三引脚陶瓷滤波器，任意两引脚间的正、反向电阻均为无穷大，如果测得阻值小，则为陶瓷滤波器漏电或短路。在用数字万用表检测陶瓷滤波器时，选择最高欧姆档（20MΩ 档），测量任意两引脚的正、反向电阻时，均会显示溢出符号 OL。

第14章

显示器件

14.1 LED数码管

14.1.1 一位LED数码管

1. 外形与引脚排列

一位LED数码管如图14-1所示，它将a、b、c、d、e、f、g、dp共八个发光二极管排成图示的“8.”字形，通过让a、b、c、d、e、f、g不同的段发光来显示数字0~9。

2. 内部连接方式

由于八个发光二极管共有16个引脚，为了减少数码管的引脚数，在数码管内部将八个发光二极管正极或负极引脚连接起来，接成一个公共端（com端），根据公共端是发光二极管正极还是负极，可分为共阳极接法（正极相连）和共阴极接法（负极相连），如图14-2所示。

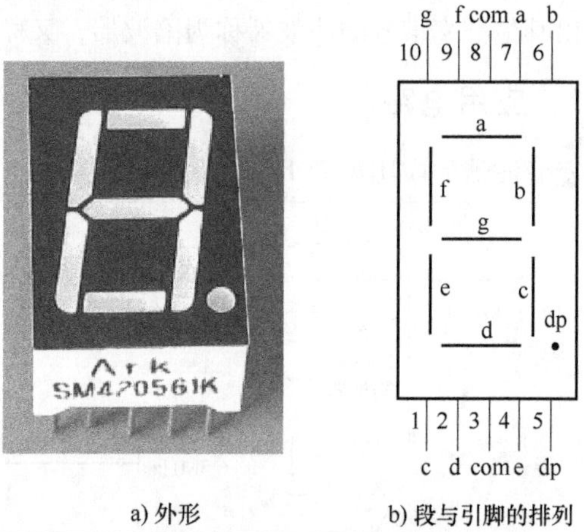

Ark
SM420561K
g f com a b
10 9 8 7 6
a
f
b
g
e
c
dp
d
1 2 3 4 5
c d com e dp

a) 外形　　b) 段与引脚的排列

图14-1　一位LED数码管

对于共阳极接法的数码管，需要给发光二极管加低电平才能发光；而对于共阴极接法的数码管，需要给发光二极管加高电平才能发光。假设图14-1是一个共阴极接法的数码管，如果让它显示一个“5”字，那么需要给a、c、d、f、g引脚加高电平（即这些引脚为1），b、e引脚加低电平（即这些引脚为0），这样a、c、d、f、g段的发光二极管有电流通过而发光，b、e段的发光二极管不发光，数码管就会显示出数字“5”。

3. 用指针万用表判别LED数码管的类型和引脚

检测LED数码管使用万用表的×10kΩ档。从图14-2所示的数码管内部发光二极管的连接方式可以看出，对于共阳极数码管，黑表笔接公共极、红表笔依次接其他各极时，会出现八次阻值小；对于共阴极多位数码管，红表笔接公共极、黑表笔依次接其他各极时，也会出现八次阻值小。用指针万用表判别LED数码管的类型和引脚如图14-3所示。

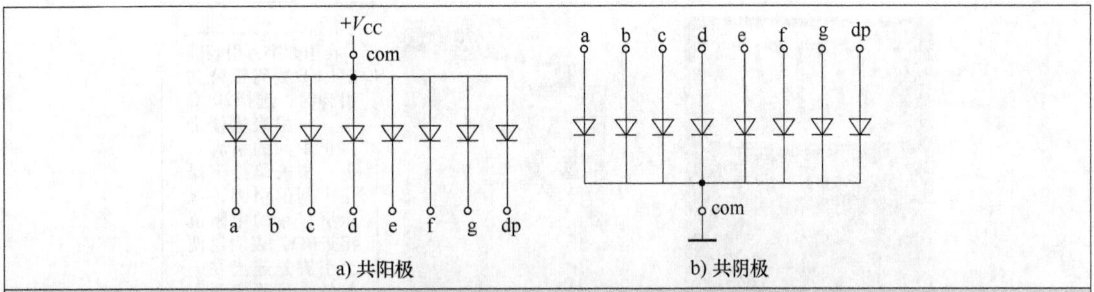

+V_{CC}
com
a b c d e f g dp
a) 共阳极
a b c d e f g dp
com
b) 共阴极

图 14-2　一位 LED 数码管内部发光二极管的连接方式

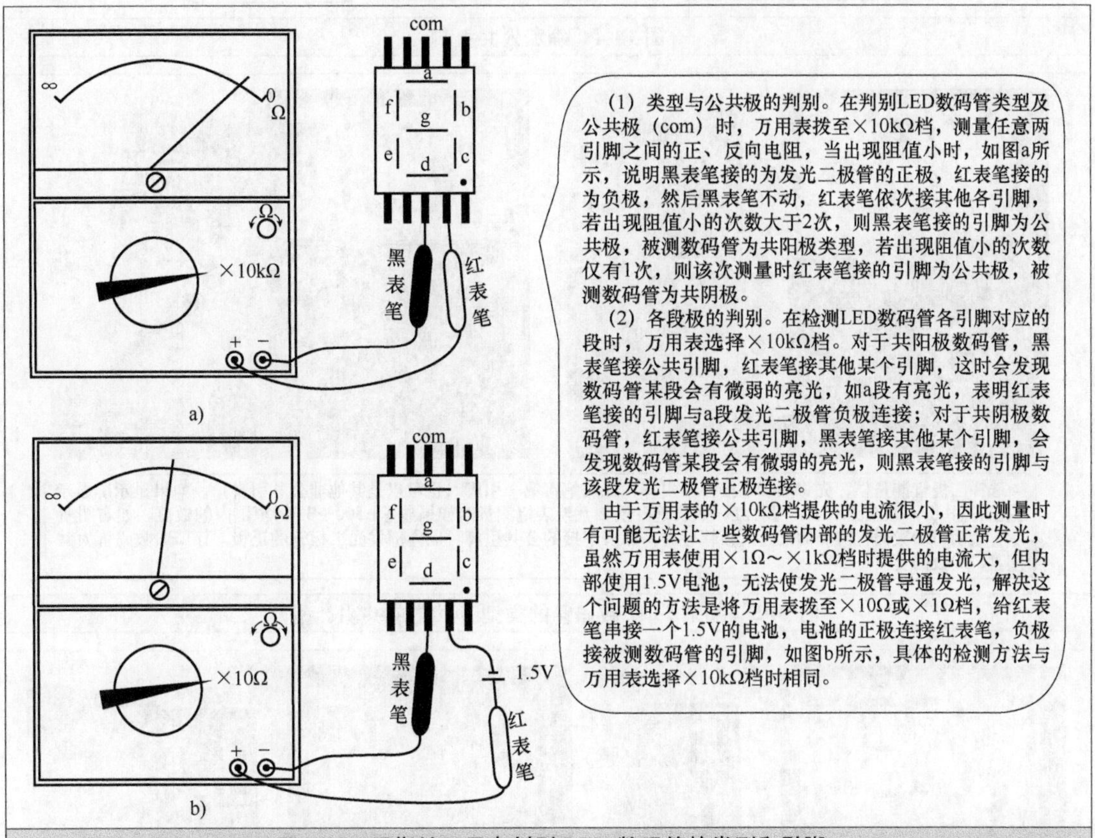

com
a
f
g
b
e
d
c
∞
0
Ω
×10kΩ
黑表笔
红表笔
a)
(1) 类型与公共极的判别。在判别LED数码管类型及公共极（com）时，万用表拨至×10kΩ档，测量任意两引脚之间的正、反向电阻，当出现阻值小时，如图a所示，说明黑表笔接的为发光二极管的正极，红表笔接的为负极，然后黑表笔不动，红表笔依次接其他各引脚，若出现阻值小的次数大于2次，则黑表笔接的引脚为公共极，被测数码管为共阳极类型，若出现阻值小的次数仅有1次，则该次测量时红表笔接的引脚为公共极，被测数码管为共阴极。
(2) 各段极的判别。在检测LED数码管各引脚对应的段时，万用表选择×10kΩ档。对于共阳极数码管，黑表笔接公共引脚，红表笔接其他某个引脚，这时会发现数码管某段会有微弱的亮光，如a段有亮光，表明红表笔接的引脚与a段发光二极管负极连接；对于共阴极数码管，红表笔接公共引脚，黑表笔接其他某个引脚，会发现数码管某段会有微弱的亮光，则黑表笔接的引脚与该段发光二极管正极连接。
由于万用表的×10kΩ档提供的电流很小，因此测量时有可能无法让一些数码管内部的发光二极管正常发光，虽然万用表使用×1Ω～×1kΩ档时提供的电流大，但内部使用1.5V电池，无法使发光二极管导通发光，解决这个问题的方法是将万用表拨至×10Ω或×1Ω档，给红表笔串接一个1.5V的电池，电池的正极连接红表笔，负极接被测数码管的引脚，如图b所示，具体的检测方法与万用表选择×10kΩ档时相同。
com
×10Ω
1.5V
黑表笔
红表笔
b)

图 14-3　用指针万用表判别 LED 数码管的类型和引脚

4. 用数字万用表检测 LED 数码管

（1）确定公共引脚

扫一扫看视频

一位 LED 数码管有 10 个引脚，分上下两排，每排 5 个引脚，上下排均有一个公共引脚（com 引脚），一般位于每排的中间（第 3 个引脚），两个公共引脚内部是连接在一起的。用数字万用表确定 LED 数码管公共引脚如图 14-4 所示。

（2）判别类型（共阳型或共阴型）

共阳型 LED 数码管的公共引脚在内部连接所有发光二极管的正极，共阴型 LED 数码管的公共引脚在内部连接所有发光二极管的负极。用数字万用表判别 LED 数码管类型如图 14-5 所示。

（3）判别各引脚对应的显示段

用数字万用表判别 LED 数码管各引脚对应的显示段如图 14-6 所示。

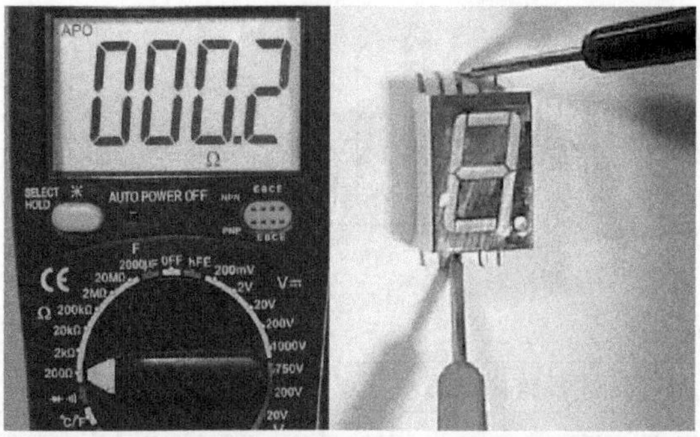
APO
000.2
Ω
SELECT HOLD
AUTO POWER OFF
NPN
PNP
F
2000μF
OFF
hFE
200mV
2V
20V
200V
1000V
750V
200V
20MΩ
2MΩ
200kΩ
20kΩ
2kΩ
200Ω
°C/°F

在用数字万用表确定LED数码管公共引脚时，选择200Ω档，一根表笔接上排正中间的引脚，另一根表笔接下排正中间的引脚，显示屏显示的电阻值接近0Ω，表明这两个引脚是连接在一起的，可确定两引脚均为公共引脚。

图 14-4　确定公共引脚

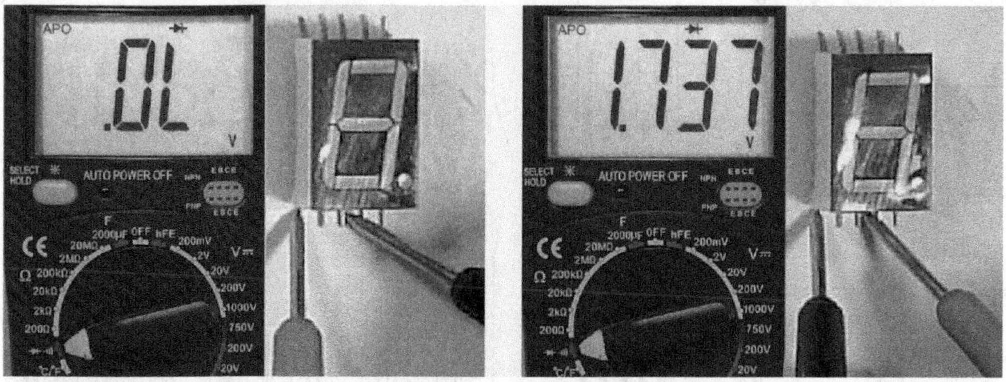
APO
.0L
V
APO
1.737
V
SELECT HOLD
AUTO POWER OFF
SELECT HOLD
AUTO POWER OFF

选择二极管测量档，先将黑表笔接公共引脚，红表笔接第一引脚（也可以是其他非公共引脚），如果显示屏显示溢出符号OL，如左图所示，可将红、黑表笔互换，互换表笔测量时如果显示1.500～3.500范围内的数值，如右图所示，表明LED数码管内部的发光二极管导通，红表笔接的公共引脚对应内部发光二极管的正极，该LED数码管为共阳型LED数码管。

图 14-5　判别 LED 数码管的类型（共阳或共阴类型）

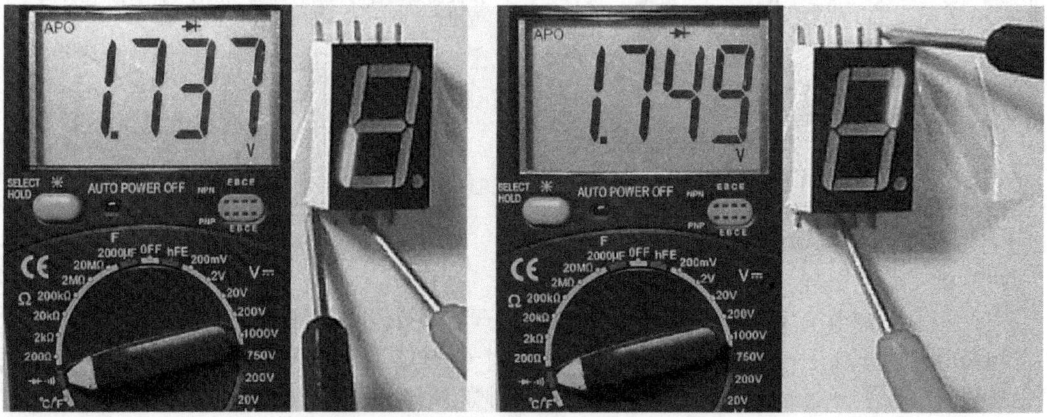
APO
1.737
V
APO
1.749
V
SELECT HOLD
AUTO POWER OFF
SELECT HOLD
AUTO POWER OFF

万用表选择二极管测量档，由于被测LED数码管为共阳型，故将红表笔接公共引脚，黑表笔接下排第一个引脚，发现显示屏显示1.500～3.500范围内的数值，同时数码管的e段亮，如左图所示，表明下排第一个引脚与数码管内部的e段发光二极管负极连接，当测量上排第五个引脚时，发现数码管的b段亮，如右图所示，表明上排第五个引脚与数码管内部的b段发光二极管负极连接，可用同样的方法判别其他引脚对应的显示段。

图 14-6　用数字万用表判别 LED 数码管各引脚对应的显示段

14.1.2 多位 LED 数码管

1. 外形与类型

图 14-7 是四位 LED 数码管，它有两排共 12 个引脚，其内部发光二极管有共阳极和共阴极两种连接方式，如图 14-8 所示，12、9、8、6 脚分别为各位数码管的公共极，也称位极，11、7、4、2、1、10、5、3 脚同时接各位数码管的相应段，称为段极。

图 14-7 四位 LED 数码管

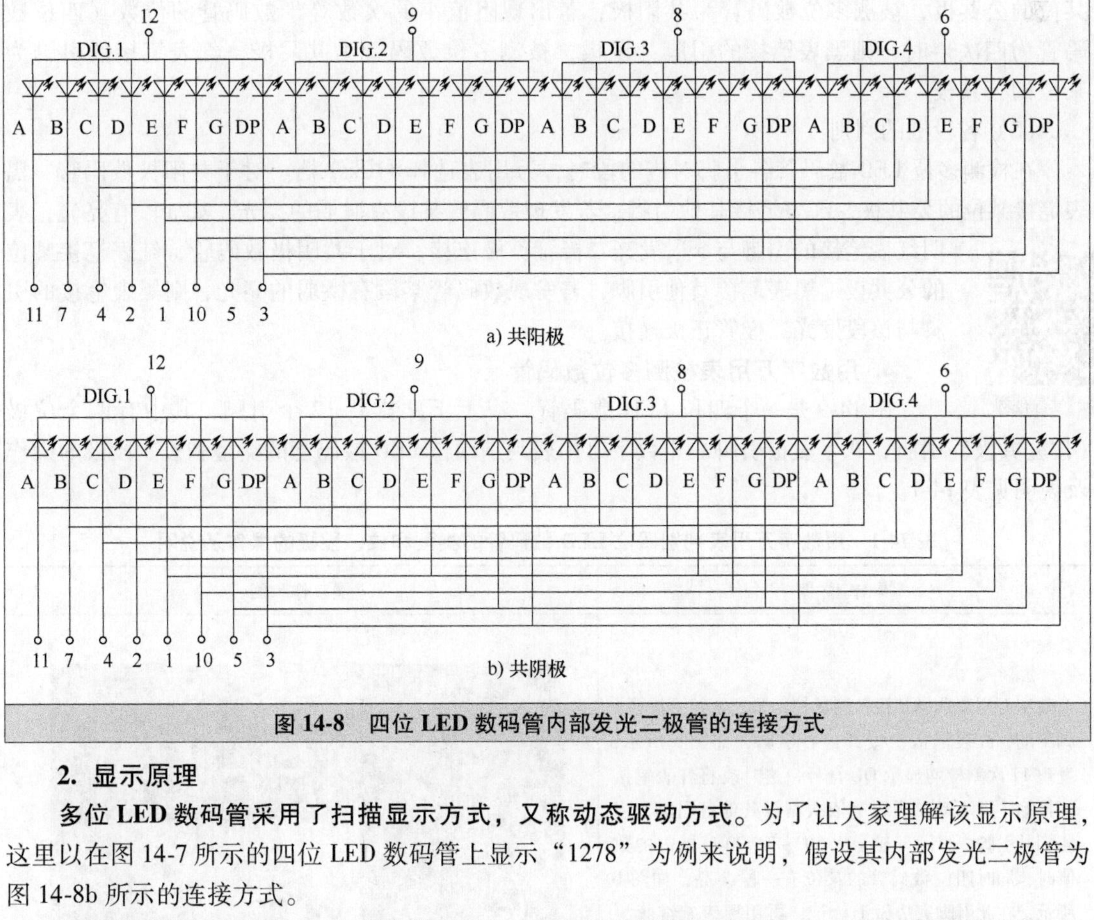
12
9
8
6
DIG.1
DIG.2
DIG.3
DIG.4
A B C D E F G DP A B C D E F G DP A B C D E F G DP A B C D E F G DP
11 7 4 2 1 10 5 3

a) 共阳极

b) 共阴极

图 14-8 四位 LED 数码管内部发光二极管的连接方式

2. 显示原理

多位 LED 数码管采用了扫描显示方式，又称动态驱动方式。为了让大家理解该显示原理，这里以在图 14-7 所示的四位 LED 数码管上显示“1278”为例来说明，假设其内部发光二极管为图 14-8b 所示的连接方式。

先给数码管的 12 脚加一个低电平（9、8、6 脚为高电平），再给 7、4 脚加高电平（11、2、1、10、5 脚均为低电平），结果第一位的 b、c 段发光二极管点亮，第一位显示“1”，由于 9、8、6 脚均为高电平，故第二、三、四位中的所有发光二极管均无法导通而不显示；然后给 9 脚加一个低电平（12、8、6 脚为高电平），给 11、7、2、1、5 脚加高电平（4、10 脚为低电平），第二位的 a、b、d、e、g 段发光二极管点亮，第二位显示“2”，同样原理，在第三位和第四位分别显示数字“7”“8”。

多位数码管的数字虽然是一位一位地显示出来的，但人眼具有视觉暂留特性（所谓视觉暂留特性是指当人眼看见一个物体后，如果物体消失，人眼还会觉得物体仍在原位置，这种感觉约保留 0.04s 的时间），当数码管显示到最后一位数字“8”时，人眼会感觉前面 3 位数字还在显示，故看起来好像是一下子显示“1278”四位数。

3. 用指针万用表检测多位数码管

检测多位 LED 数码管使用万用表的×10kΩ 档。从图 14-8 所示的多位数码管内部发光二极管的连接方式可以看出，对于共阳极多位数码管，黑表笔接某一位极、红表笔依次接其他各极时，会出现八次阻值小；对于共阴极多位数码管，红表笔接某一位极、黑表笔依次接其他各极时，也会出现八次阻值小。

（1）类型与某位的公共极的判别

在检测多位 LED 数码管类型时，万用表拨至×10kΩ 档，测量任意两引脚之间的正、反向电阻，当出现阻值小时，说明黑表笔接的为发光二极管的正极，红表笔接的为负极，然后黑表笔不动，红表笔依次接其他各引脚，若出现阻值小的次数等于八次，则黑表笔接的引脚为某位的公共极，被测多位数码管为共阳极，若出现阻值小的次数等于数码管的位数（四位数码管为四次）时，则黑表笔接的引脚为段极，被测多位数码管为共阴极，红表笔接的引脚为某位的公共极。

（2）各段极的判别

在检测多位 LED 数码管各引脚对应的段时，万用表选择×10kΩ 档。对于共阳极数码管，黑表笔接某位的公共极，红表笔接其他引脚，若发现数码管某段有微弱的亮光，如 a 段有亮光，表明红表笔接的引脚与 a 段发光二极管负极连接；对于共阴极数码管，红表笔接某位的公共极，黑表笔接其他引脚，若发现数码管某段有微弱的亮光，则黑表笔接的引脚与该段发光二极管正极连接。

扫一扫看视频

4. 用数字万用表检测多位数码管

图 14-9 是一个四位 LED 数码管，有上下两排共 12 个引脚，其中有四个位极（位公共极）引脚，八个段极引脚。用数字万用表判别四位 LED 数码管的类型和位、段极的操作及说明见表 14-1。

表 14-1　用数字万用表判别四位 LED 数码管的类型和位、段极的操作及说明

操作说明	操作图
数字万用表选择二极管测量档，黑表笔接下排第 1 脚不动，红表笔依次接其他各引脚，如图 a 所示，发现 11 次测量均显示 OL 符号，这时改将红表笔接下排第 1 脚不动，黑表笔依次测量其他各引脚，当测到某引脚，显示屏显示 1.500～3.500 范围内的数值时，同时四位数码管的某位有一段会亮，如图 b 所示，在此引脚旁边做上标记，再用黑表笔继续测其他引脚，会有以下两种情况：	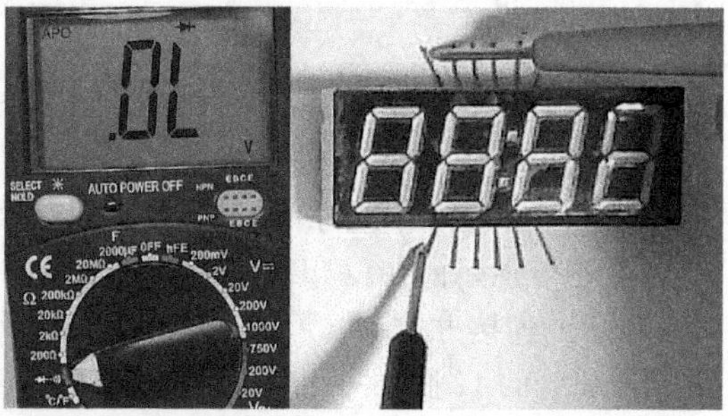 .0L AUTO POWER OFF a) 黑表笔接下排第1脚不动，红表笔依次测量其他各引脚

（续）

操作说明	操作图
（1）如果测量出现 4 次 1.500～3.500 范围内的数值（同时出现亮段），则黑表笔测得的 4 个引脚为 4 个显示位的公共引脚（位极引脚），测量时查看亮段所在的位就能确定当前位极引脚对应的显示位，由于黑表笔接位极引脚时出现亮段（有一段发光二极管亮），故该数码管为共阴型。再将黑表笔接已判明的第一位的位极引脚（上排第 1 脚）不动，红表笔依次测各段极引脚（4 个位极引脚之外的引脚），当测到某段极引脚时，第一位相应的段会点亮，图 c 是红表笔测上排第 3 脚，发现第一位的 f 段变亮，同时显示屏显示 1.840V，则上排第 3 脚为 f 段的段极引脚，图 d 是红表笔测上排第 6 脚，发现第一位的 b 段变亮，则上排第 6 脚为 b 段的段极引脚 （2）如果测量出现 8 次 1.500～3.500 范围内的数值（同时出现亮段），则黑表笔测得的 8 个引脚为 8 个段极引脚，测量时查看亮段的位置就能确定当前段极引脚对应的显示段。8 个段极引脚之外的引脚为位极引脚，将黑表笔接某个段极引脚不动，红表笔依次测 4 个位极引脚，会出现亮段，根据亮段所在的位就能确定当前位极引脚对应的显示位 总之，在检测 4 位 LED 数码管时，当 A 表笔接某引脚不动、B 表笔测其他各引脚时，若出现 4 次 1.500～3.500 范围内的数值，则这 4 次测量时的 4 个引脚均为位极引脚（其他 8 个引脚为段极引脚），如果 B 表笔为红表笔，数码管为共阳型，如果 B 表笔为黑表笔，数码管为共阴型；若出现 8 次 1.500～3.500 范围内的数值，则这 8 次测量时 B 表笔测的 8 个引脚均为段极引脚（其他 4 个引脚为位极引脚），如果 B 表笔为红表笔，数码管为共阴型，如果 B 表笔为黑表笔，数码管为共阳型	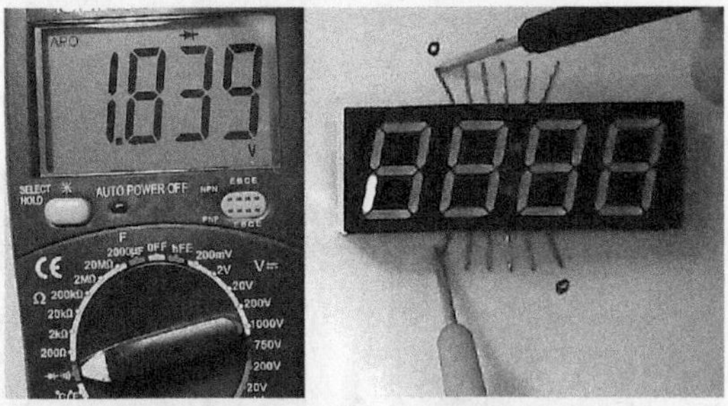 1.839 b) 红表笔接下排第1脚不动，黑表笔依次测量其他各引脚 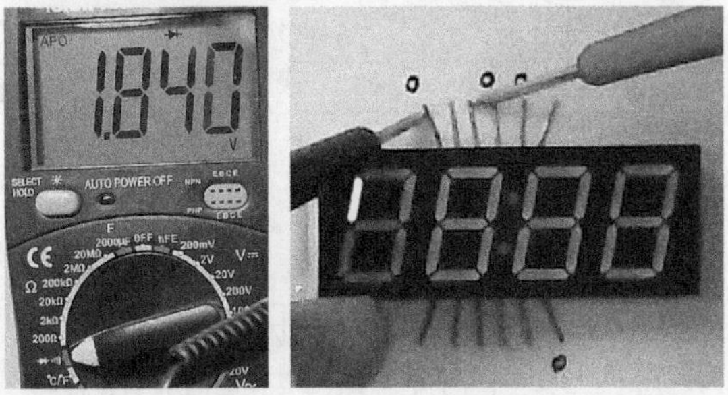 1.840 c) 黑表笔接上排第1脚、红表笔接第3脚时，第一位的f段亮 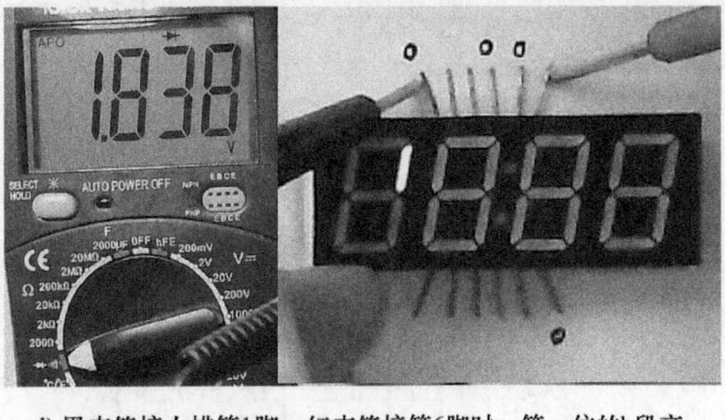 1.838 d) 黑表笔接上排第1脚、红表笔接第6脚时，第一位的b段亮

14.2　LED 点阵显示器

14.2.1　单色点阵显示器

1. 外形与结构

图 14-9a 为 LED 单色点阵显示器的实物外形，图 14-9b 为 8×8 LED 单色点阵显示器内部结构，它是由 8×8＝64 个发光二极管组成，每个发光二极管相当于一个点，发光二极管为单色发光二极管可构成单色点阵显示器，发光二极管为双色发光二极管或三基色发光二极管则能构成彩色点阵显示器。

2. 类型

根据内部发光二极管连接方式不同，LED 点阵显示器可分为共阴型和共阳型，其结构如图 14-10所示，对单色 LED 点阵显示器来说，若第一个引脚（引脚旁通常标有1）接发光二极管的阴极，该点阵显示器叫作共阴型点阵显示器（又称行共阴列共阳点阵显示器），反之则叫共阳型点阵显示器（又称行共阳列共阴点阵显示器）。

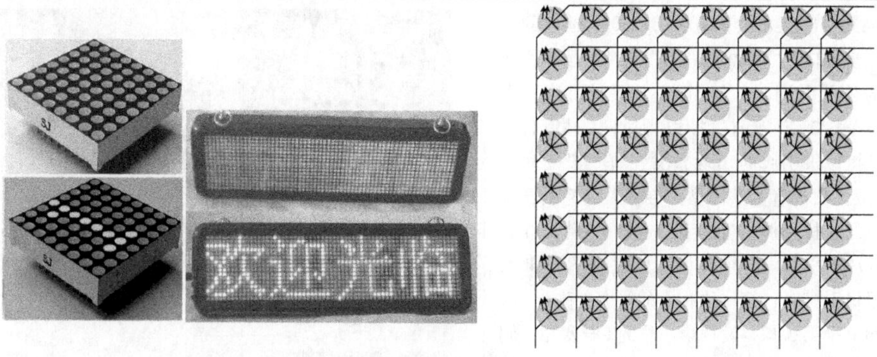
欢迎光临

a) 外形　　b) 结构

图 14-9　LED 单色点阵显示器

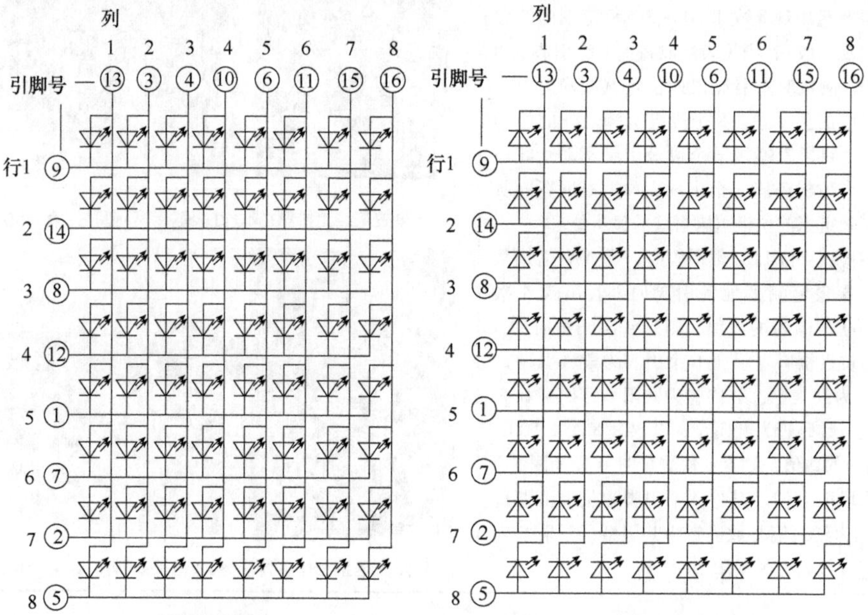
列
1 2 3 4 5 6 7 8
引脚号
⑬ ③ ④ ⑩ ⑥ ⑪ ⑮ ⑯
行1 ⑨
2 ⑭
3 ⑧
4 ⑫
5 ①
6 ⑦
7 ②
8 ⑤

HS-1088AX　　HS-1088BX

a) 共阴型　　b) 共阳型

图 14-10　单色 LED 点阵显示器的结构类型

3. 工作原理

下面以在图 14-11 所示的 5×5 点阵显示器中显示“△”图形为例说明单色 LED 点阵的工作原理。

点阵显示器显示采用扫描显示方式，具体又可分为三种方式：行扫描、列扫描和点扫描。

（1）行扫描方式

在显示前让点阵显示器所有行线为低电平（0）、所有列线为高电平（1），点阵显示器中的发光二极管均截止，不发光。在显示时，首先让行①线为 1，如图 14-11b 所示，列①~⑤线为 11111，第一行 LED 都不亮，然后让行②线为 1，列①~⑤线为 11011，第二行中的第三个 LED 亮，再让行③线为 1，列①~⑤线为 10101，第三行中的第二、四个 LED 亮，接着让行④线为 1，列①~⑤线为 00000，第四行中的所有 LED 都亮，最后让行⑤线为 1，列①~⑤为 11111，第五行中的所有 LED 都不亮。第五行显示后，由于人眼的视觉暂留特性，会觉得前面几行的 LED 还在亮，整个点阵显示器显示一个“△”图形。

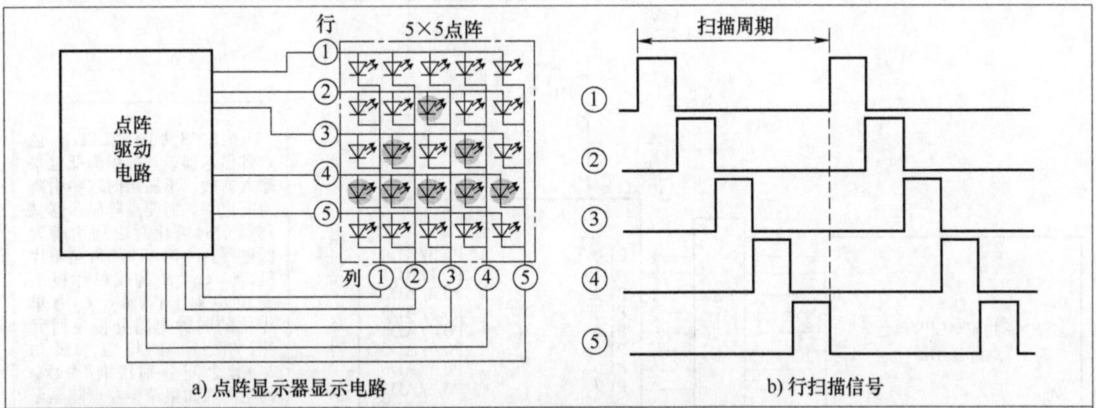

行
5×5点阵
①
②
③
④
⑤
点阵
驱动
电路
列 ① ② ③ ④ ⑤
a) 点阵显示器显示电路
扫描周期
①
②
③
④
⑤
b) 行扫描信号

图 14-11　点阵显示器显示原理说明

当点阵显示器工作在行扫描方式时，为了让显示的图形有整体连续感，要求从行①扫到最后一行的时间不应超过 0.04s（人眼视觉暂留时间），即行扫描信号的周期不要超过 0.04s，频率不要低于 25Hz，若行扫描信号周期为 0.04s，则每行的扫描时间为 0.008s，即每列数据持续时间为 0.008s，列数据切换频率为 125Hz。

（2）列扫描方式

列扫描与行扫描的工作原理大致相同，不同在于列扫描是从列线输入扫描信号，并且列扫描信号为低电平有效，而行线输入行数据。以图 14-11a 所示电路为例，在列扫描时，首先让列①线为低电平（0），从行①~⑤线输入 00010，然后让列②线为 0，从行①~⑤线输入 00110。

（3）点扫描方式

点扫描方式的工作过程是，首先让行①线为高电平，让列①~⑤线逐线依次输出 1、1、1、1、1，然后让行②线为高电平，让列①~⑤线逐线依次输出 1、1、0、1、1，再让行③线为高电平，让列①~⑤线逐线依次输出 1、0、1、0、1，接着让行④线为高电平，让列①~⑤线逐线依次输出 0、0、0、0、0，最后让行⑤线为高电平，让列①~⑤线逐线依次输出 1、1、1、1、1，结果在点阵显示器上显示出“△”图形。

从上述分析可知，点扫描是从前往后让点阵显示器中的每个 LED 逐个显示，由于是逐点输送数据，这样就要求列数据的切换频率很高，以 5×5 点阵显示器为例，如果整个点阵显示器的扫描周期为 0.04s，那么每个 LED 显示时间为 0.04s/25＝0.0016s，即 1.6ms，列数据切换频率达 625Hz。对于 128×128 点阵显示器，若采用点扫描方式显示，其数据切换频率更高达 409600Hz，每个 LED 通电时间约为 2μs，这要求点阵显示器驱动电路有很高的数据处理速度，另外，由于每个 LED 通电时间很短，会造成整个点阵显示器显示的图形偏暗，故像素很多的点阵显示器很少采用点扫描方式。

4. 应用电路

图 14-12 是一个单片机驱动的 8×8 点阵显示器电路。

5. 用指针万用表检测单色点阵显示器

（1）共阳、共阴类型的检测

对单色 LED 点阵显示器来说，若第 1 脚接 LED 的阴极，该点阵显示器叫作共阴型点阵显示器，反之则叫共阳型点阵显示器。在检测时，万用表拨至×10kΩ 档，红表笔接点阵显示器的第 1 脚（引脚旁通常标有 1）不动，黑表笔接其他引脚，若出现阻值小，表明红表笔接的第 1 脚为

LED 的负极，该点阵显示器为共阴型，若未出现阻值小，则红表笔接的第 1 脚为 LED 的正极，该点阵显示器为共阳型。

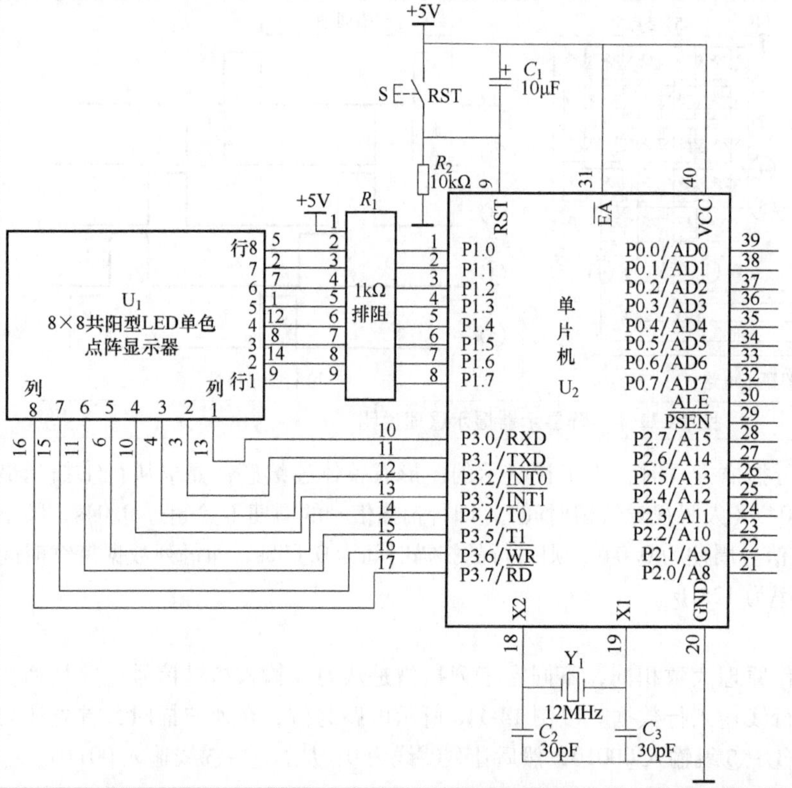
+5V
S
RST
C_1
10μF
R_2
10kΩ
+5V
R_1
1kΩ
排阻
U_1
8×8共阳型LED单色
点阵显示器
行8
行1
列8
列1
单
片
机
U_2
RST
$\overline{EA}$
VCC
P1.0
P1.1
P1.2
P1.3
P1.4
P1.5
P1.6
P1.7
P3.0/RXD
P3.1/TXD
P3.2/$\overline{INT0}$
P3.3/$\overline{INT1}$
P3.4/T0
P3.5/T1
P3.6/$\overline{WR}$
P3.7/$\overline{RD}$
P0.0/AD0
P0.1/AD1
P0.2/AD2
P0.3/AD3
P0.4/AD4
P0.5/AD5
P0.6/AD6
P0.7/AD7
ALE
$\overline{PSEN}$
P2.7/A15
P2.6/A14
P2.5/A13
P2.4/A12
P2.3/A11
P2.2/A10
P2.1/A9
P2.0/A8
X2
X1
GND
Y_1
12MHz
C_2
30pF
C_3
30pF

U_1为8×8共阳型LED单色点阵显示器，其列引脚低电平输入有效，不显示时这些引脚为高电平，需要点阵显示器某列显示时可让对应列引脚为低电平，U_2为AT89S51型单片机，S、C_1、R_2构成单片机的复位电路，Y_1、C_2、C_3为单片机的时钟电路外接定时元件，R_1为1kΩ的排阻，1脚与2~9脚之间分别接有8个1kΩ的电阻。如果希望在点阵显示器上显示字符或图形，可在计算机中用编程软件编写相应的程序，然后通过编程器将程序写入单片机AT89S51，再将单片机安装在图14-12所示的电路中，单片机就能输出扫描信号和显示数据，驱动点阵显示器显示相应的字符或图形，该点阵显示器的扫描方式由编写的程序确定。

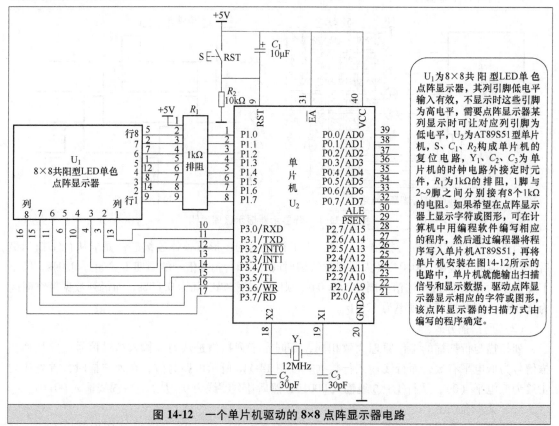

图 14-12　一个单片机驱动的 8×8 点阵显示器电路

（2）点阵显示器引脚与 LED 正、负极连接检测

从图 14-10 所示的点阵显示器内部 LED 连接方式来看，共阴、共阳型点阵显示器没有根本的区别，共阴型上下翻转过来就可变成共阳型，因此如果找不到第 1 脚，只要判断点阵显示器哪些引脚接 LED 正极，哪些引脚接 LED 负极，驱动电路是采用正极扫描或是负极扫描，在使用时就不会出错。

点阵显示器引脚与 LED 正、负极连接检测：万用表拨至×10kΩ 档，测量点阵显示器任意两脚之间的电阻，当出现阻值小时，黑表笔接的引脚为 LED 的正极，红表笔接的为 LED 的负极，然后黑表笔不动，红表笔依次接其他各脚，所有出现阻值小时红表笔接的引脚都与 LED 负极连接，其余引脚都与 LED 正极连接。

（3）好坏检测

LED 点阵显示器由很多发光二极管组成，只要检测这些发光二极管是否正常，就能判断点阵显示器是否正常。LED 点阵显示器的好坏检测如图 14-13 所示。

扫一扫看视频

6. 用数字万用表检测单色点阵显示器

图 14-14 是一个待检测的 8 行 8 列单色点阵显示器，内部有 64 个发光二极管，该点阵显示器有上下两排引脚，每排 8 个引脚，下排最左端为第 1 脚，按逆时针方向依次为 2、3、…、16，即第 16 脚在上排最左端。

（1）判断类型并找出各列（或各行）引脚

在用数字万用表判别单色点阵显示器的类型并找出各列（或各行）引脚时，选择二极管测量档，黑表笔接点阵显示器第 1 脚不动，红表笔依次接第 2、3、…、16 脚，同时查看显示屏显示的数值，如图 14-15a 所示，发现红表笔测第 2、3、…、16 脚时均显示 OL 符号，这时应调换表笔，将红表笔接第 1 脚不动，黑表笔依次接第 2、3、…、16 脚，发现显示屏会出现 8 次 1. 500 ~ 3. 500 范围内的数值，图 14-15b 是黑表笔测量第 15 脚，此时显示屏显示值为 1. 718，同时点阵显示器的第 5 行第 7 列发光二极管亮。

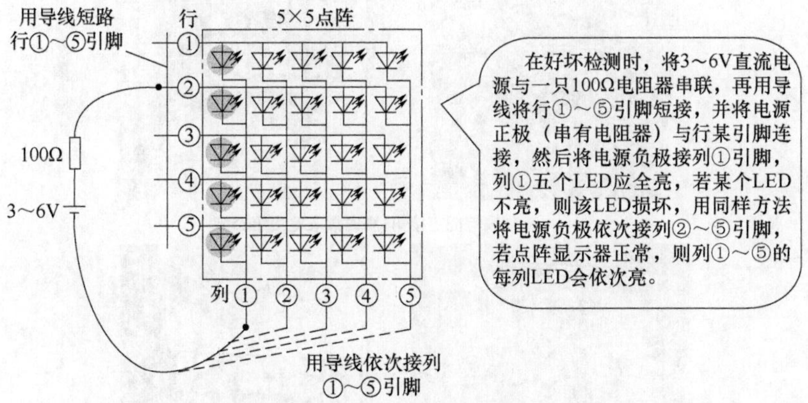
用导线短路
行①～⑤引脚
行
5×5点阵
①
②
③
④
⑤
100Ω
3～6V
列 ①　②　③　④　⑤
用导线依次接列
①～⑤引脚
在好坏检测时，将3～6V直流电源与一只100Ω电阻器串联，再用导线将行①～⑤引脚短接，并将电源正极（串有电阻器）与行某引脚连接，然后将电源负极接列①引脚，列①五个LED应全亮，若某个LED不亮，则该LED损坏，用同样方法将电源负极依次接列②～⑤引脚，若点阵显示器正常，则列①～⑤的每列LED会依次亮。

图 14-13　LED 点阵显示器的好坏检测

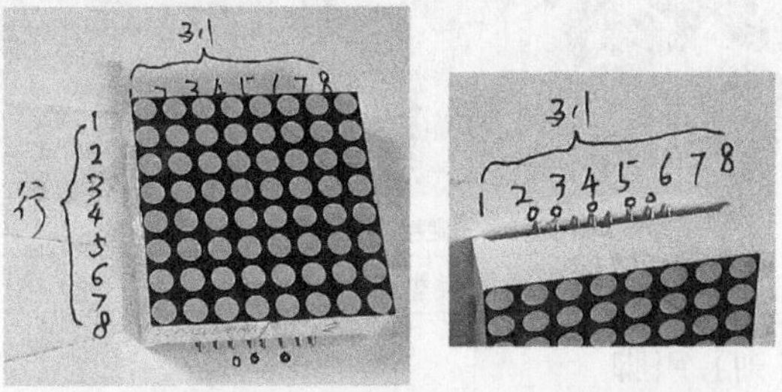
列
1 2 3 4 5 6 7 8
行
1
2
3
4
5
6
7
8

图 14-14　待检测的 8 行 8 列单色点阵显示器

图 14-15c 是黑表笔测量第 16 脚，显示屏显示值为 1. 697，点阵显示器的第 5 行第 8 列发光二极管亮，由此可确定第 15 脚为第 7 列引脚，第 16 脚为第 8 列引脚，第 1 脚为第 5 行引脚，用同样的方法确定点阵显示器的其他各列引脚并做好标记。由于红表笔接第 1 脚时点阵显示器有发光二极管亮，即点阵显示器第 1 脚内部接发光二极管的正极，点阵显示器为共阳型。

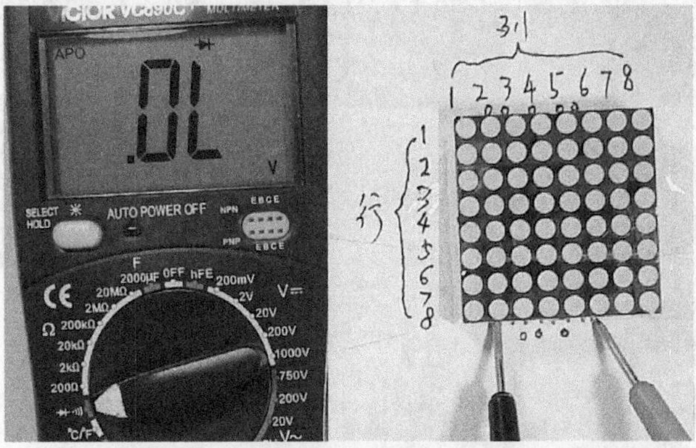
OL
AUTO POWER OFF
列
1 2 3 4 5 6 7 8
行
1
2
3
4
5
6
7
8

a) 在黑表笔固定接点阵显示器第1脚时红表笔依次测其他各引脚

图 14-15　判断点阵显示器的类型并找出各列（或各行）引脚

b) 红表笔固定接第1脚时黑表笔接第15脚

c) 红表笔固定接第1脚时黑表笔接第16脚

图 14-15　判断点阵显示器的类型并找出各列（或各行）引脚（续）

（2）判别各行（或各列）引脚

判别点阵显示器的各行（或各列）引脚的操作如图 14-16 所示。

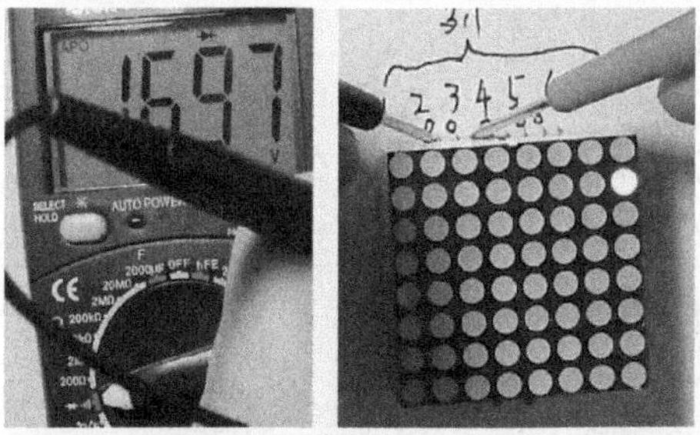

a)

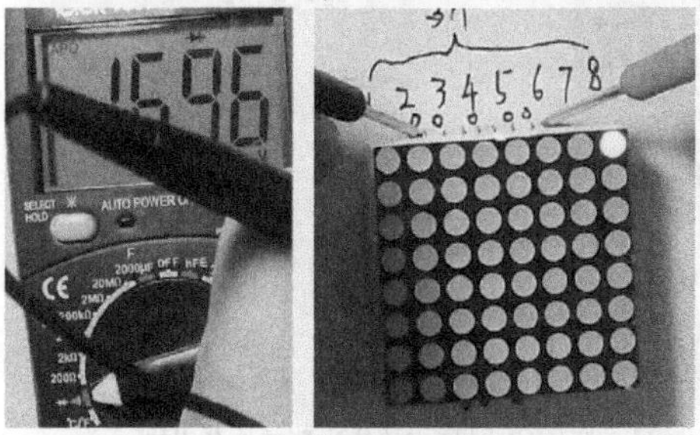

b)

在找出单色点阵显示器的各列引脚后，由于列引脚接发光二极管的负极，故将黑表笔接某个列引脚，图a是黑表笔接第16脚（第8列引脚），红表笔测第14脚，显示屏显示值为1.697，同时发现第8列的第2行发光二极管发光，则第14脚为第2行引脚，图b是黑表笔接第16脚（第8列引脚），红表笔测第9脚，显示屏显示值为1.696，发现第8列的第1行发光二极管发光，则第9脚为第1行引脚，用同样的方法可找出其他各行引脚。

图 14-16　判别点阵显示器的各行（或各列）引脚

14.2.2 双色LED点阵显示器

1. 电路结构

双色点阵显示器有共阳型和共阴型两种类型。图14-17是8×8双色点阵显示器的电路结构，图a为共阳型点阵显示器，有8行16列，每行的16个LED（两个LED组成一个发光点）的正极接在一根行公共线上，共有8根行公共线，每列的8个LED的负极接在一根列公共线上，共有16根列公共线，共阳型点阵显示器也称为行共阳列共阴型点阵显示器；图b为共阴型点阵显示器，有8行16列，每行的16个LED的负极接在一根行公共线上，有8根行公共线，每列的8个LED的正极接在一根列公共线上，共有16根列公共线，共阴型点阵显示器也称为行共阴列共阳型点阵显示器。

2. 引脚号的识别

8×8双色点阵显示器有24个引脚，8个行引脚，8个红列引脚，8个绿列引脚，24个引脚一般分成两排，引脚号识别与集成电路相似。若从侧面识别引脚号，应正对着点阵显示器有字符且有引脚的一侧，左边第一个引脚为1脚，然后按逆时针依次是2、3、…、24脚，如图14-18a所示，若从反面识别引脚号，应正对着点阵显示器底面的字符，右下角第一个引脚为1脚，然后按顺时针依次是2、3、…、24脚，如图14-18b所示，有些点阵显示器还会在第一个和最后一个引脚旁标注引脚号。

3. 行、列引脚的识别与检测

在购买点阵显示器时，可以向商家了解点阵显示器的类型和行列引脚号，最好让商家提供像图14-19一样的点阵显示器电路结构引脚图，如果无法了解点阵显示器的类型及行列引脚号，可以使用万用表检测判别，既可使用指针万用表，也可使用数字万用表。

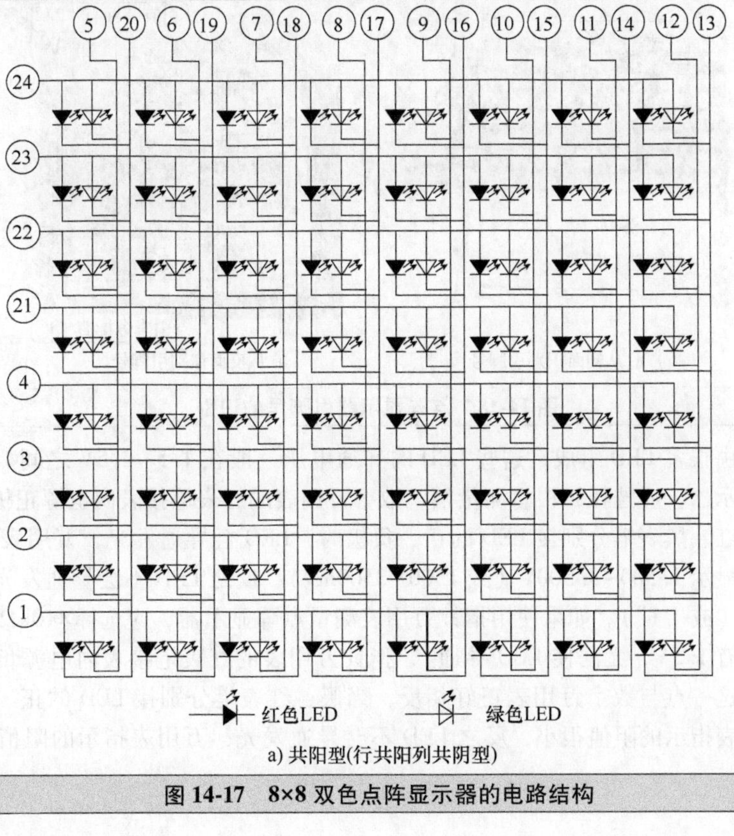
5
20
6
19
7
18
8
17
9
16
10
15
11
14
12
13
24
23
22
21
4
3
2
1
红色LED
绿色LED

a) 共阳型(行共阳列共阴型)

图14-17 8×8双色点阵显示器的电路结构

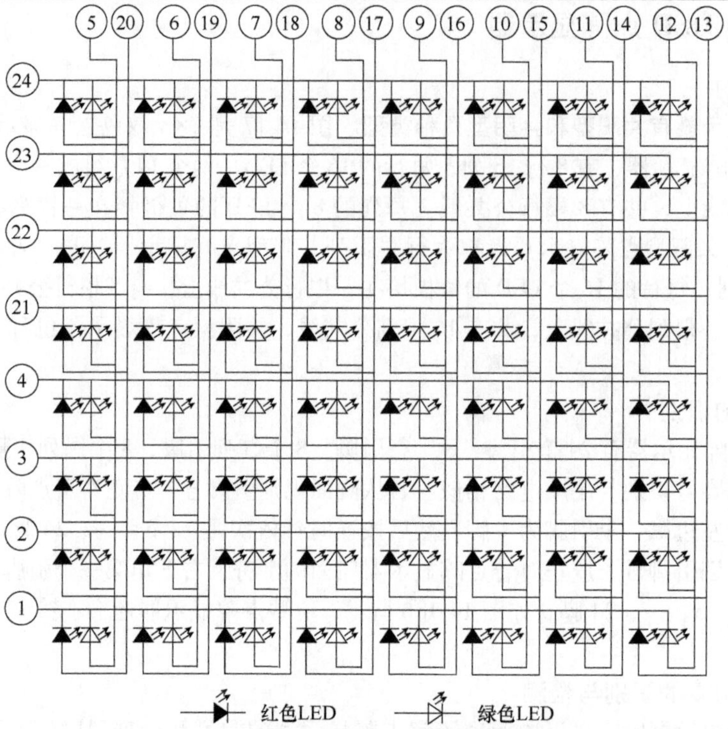

红色LED
绿色LED

b) 共阴型(行共阴列共阳型)

图 14-17 8×8 双色点阵显示器的电路结构（续）

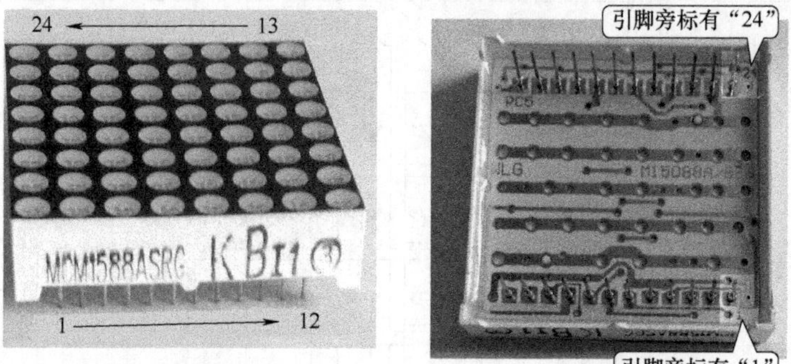

24
13
1
12
引脚旁标有“24”
引脚旁标有“1”

a) 从侧面识别引脚号　　b) 从反面识别引脚号

图 14-18 点阵显示器引脚号的识别

点阵显示器由很多 LED 组成，这些 LED 的导通电压一般在 1.5~3.5V 之间。若使用数字万用表测量点阵显示器，应选择二极管测量档，数字万用表的红表笔接表内电源正极，黑表笔接表内电源负极，当红、黑表笔分别接 LED 的正、负极时，LED 会导通发光，万用表会显示 LED 的导通电压，一般显示 1.500~3.500V（或 1500~3500mV），反之 LED 不会导通发光，万用表显示溢出符号“OL”（或“1”）。如果使用指针万用表测量点阵显示器，应选择×10kΩ 档（其他欧姆档提供的电压只有 1.5V，无法使 LED 导通），指针万用表的红表笔接表内电源负极，黑表笔接表内电源正极，这一点与数字万用表正好相反，当黑、红表笔分别接 LED 的正、负极，LED 会导通发光，万用表指示的阻值很小，反之 LED 不会导通发光，万用表指示的阻值无穷大（或接近无穷大）。

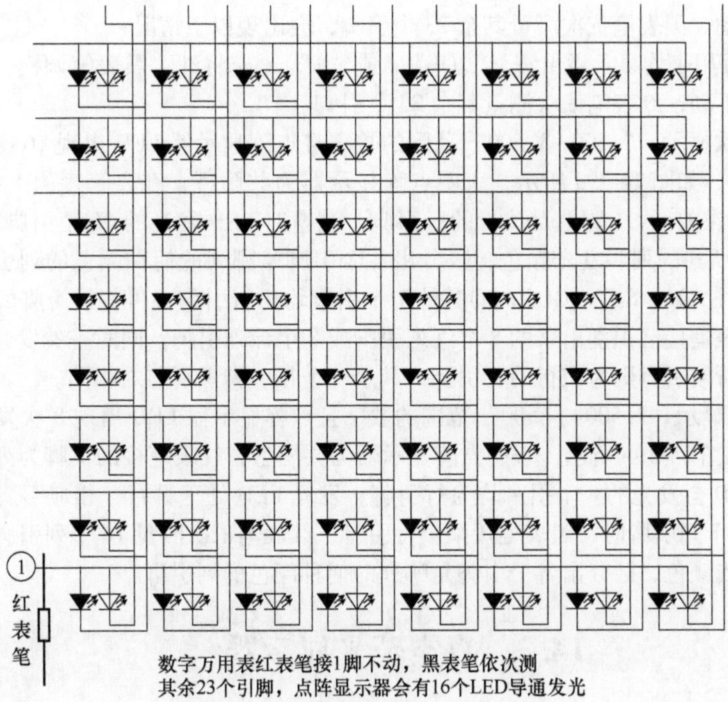
1
红
表
笔

数字万用表红表笔接1脚不动，黑表笔依次测
其余23个引脚，点阵显示器会有16个LED导通发光

a）双色点阵显示器一

数字万用表红表笔接1脚不动，黑表笔依次测
其余23个引脚，点阵显示器会有8个LED导通发光

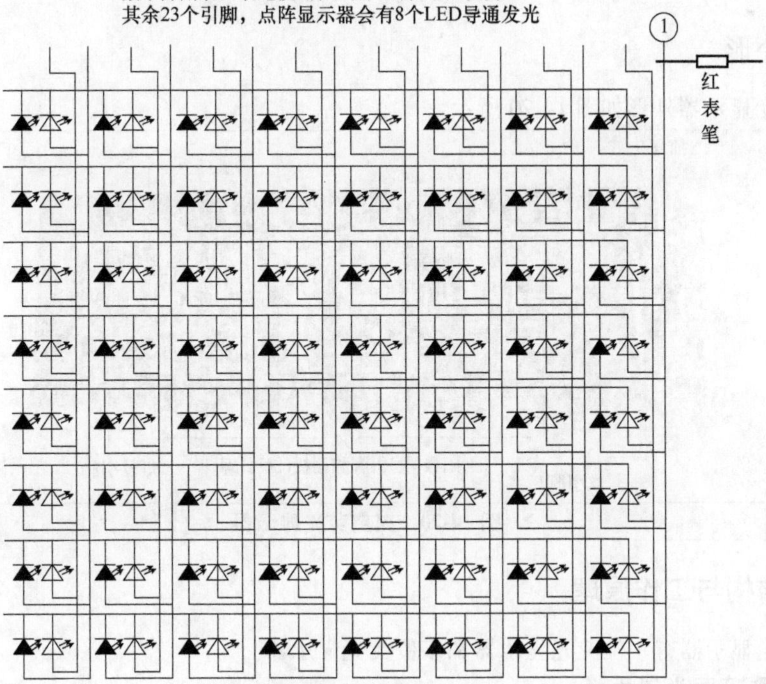
1
红
表
笔

b）双色点阵显示器二

图 14-19　双色点阵显示器行、列引脚检测说明图

以数字万用表检测红绿双色点阵显示器为例，数字万用表选择二极管测量档，红表笔接点阵显示器的1脚不动，黑表笔依次测量其余23个引脚，会出现以下情况：

1）23次测量万用表均显示溢出符号“OL”（或“1”），应将红、黑表笔调换，即黑表笔接点阵显示器的1脚不动，红表笔依次测量其余23个引脚。

2）万用表16次显示“1.500~3.500”范围的数字且点阵显示器LED出现16次发光，即有16个LED导通发光，如图14-19a所示，表明点阵显示器为共阳型，红表笔接的1脚为行引脚，16个发光的LED所在的行，1脚就是该行的行引脚，测量时LED发光的16个引脚为16个列引脚，根据发光LED所在的列和发光颜色，区分出各个引脚是哪列的何种颜色的列引脚。测量时万用表显示溢出符号“1”（或“OL”）的其他7个引脚均为行引脚，再将接1脚的红表笔接到其中一个引脚，黑表笔接已识别出来的8个红列引脚或8个绿列引脚，同时查看发光的8个LED为哪行，则红表笔所接引脚则为该行的行引脚，其余6个行引脚识别与之相同。

3）万用表8次显示“1.500~3.500”范围的数字且点阵显示器LED出现8次发光（有8个LED导通发光），如图14-19b所示，表明点阵显示器为共阴型，红表笔接的1脚为列引脚，测量时黑表笔所接的LED会发光的8个引脚均为行引脚，发光LED处于哪行，相应引脚则为该行的行引脚。在识别16个列引脚时，黑表笔接某个行引脚，红表笔依次测量16个列引脚，根据发光LED所在的列和发光颜色，区分出各个引脚是哪列的何种颜色的列引脚。

14.3　真空荧光显示器

真空荧光显示器（VFD）是一种真空显示器件，常用在家用电器（如影碟机、录像机和音响设备）、办公自动化设备、工业仪器仪表及汽车等各种领域中，用来显示机器的状态和时间等信息。

14.3.1　外形

真空荧光显示器外形如图14-20所示。

抽气孔
TRACK
TOTAL
REM
TIME
PROGRAM
SCAN SHUFFLE
A↔B
REPEAT 1
PAUSE
EDIT FTS
灯丝引脚1
阳极(段)引脚和栅极(位)引脚
灯丝引脚2

图14-20　真空荧光显示器

14.3.2　结构与工作原理

真空荧光显示器有一位荧光显示器和多位荧光显示器。

1. 一位真空荧光显示器

图14-21为一位真空荧光显示器的结构示意图。

2. 多位真空荧光显示器

一个真空荧光显示器能显示一位数字，若需要同时显示多位数字或字符，可使用多位真空荧光显示器。图 14-22a 为四位真空荧光显示器的结构示意图。

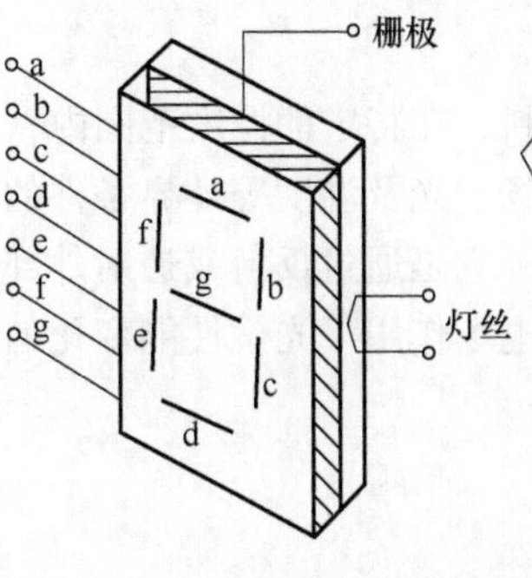
栅极
a
b
c
d
e
f
g
灯丝

真空荧光显示器内部有灯丝、栅极（控制极）和 a、b、c、d、e、f、g 七个阳极，这七个阳极上都涂有荧光粉并排列成“8”字样，灯丝的作用是发射电子，栅极（金属网格状）处于灯丝和阳极之间，灯丝发射出来的电子能否到达阳极受栅极的控制，阳极上涂有荧光粉，当电子轰击荧光粉时，阳极上的荧光粉发光。

在工作时，要给灯丝提供 3V 左右的交流电压，灯丝发热后才能发射电子，栅极加上较高的电压才能吸引电子，让它穿过栅极并往阳极方向运动。电子要轰击某个阳极，该阳极必须有高电压。

当要显示“3”字样时，由驱动电路给真空荧光显示器的 a、b、c、d、e、f、g 七个阳极分别送 1、1、1、1、0、0、1，即给 a、b、c、d、g 五个阳极送高电压，另外给栅极也加上高电压，于是灯丝发射的电子穿过网格状的栅极后轰击加有高电压的 a、b、c、d、g 阳极，由于这些阳极上涂有荧光粉，在电子的轰击下，这些阳极发光，显示器显示“3”的字样。

图 14-21　一位真空荧光显示器的结构示意图

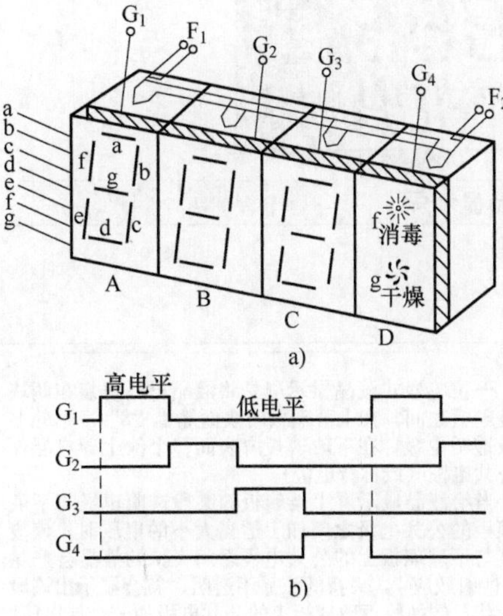
G1
F1
G2
G3
G4
F2
a
b
c
d
e
f
g
A
B
C
D
消毒
干燥
a)
高电平
低电平
G1
G2
G3
G4
b)

图 a 的真空荧光显示器有 A、B、C、D 四位，每位都有单独的栅极，四位的栅极引出脚分别为 G_1、G_2、G_3、G_4；每位的灯丝在内部以并联的形式连接起来，对外只引出两个引脚；A、B、C 位数字的相应各段的阳极都连接在一起，再与外面的引脚相连，例如 C 位的阳极段 a 与 B、A 位的阳极段 a 都连接起来，再与显示器引脚 a 连接，D 位两个阳极为图形和文字形状，“消毒”图形与文字为一个阳极，与引脚 f 连接，“干燥”图形与文字为一个阳极，与引脚 g 连接。

多位真空荧光显示器与多位 LED 数码管一样，都采用扫描显示原理。下面以显示器上显示“127 消毒”为例来说明。

首先给灯丝引脚 F_1、F_2 通电，再给 G_1 脚加一个高电平，此时 G_2、G_3、G_4 均为低电平，然后分别给 b、c 脚加高电平，灯丝通电发热后发射电子，电子穿过 G_1 栅极轰击 A 位阳极 b、c，这两个电极的荧光粉发光，在 A 位显示“1”字样，这时虽然 b、c 脚的电压也会加到 B、C 位的阳极 b、c 上，但因为 B、C 位的栅极为低电平，B、C 位的灯丝发射的电子无法穿过 B、C 位的栅极轰击阳极，故 B、C 位无显示；接着给 G_2 脚加高电平，此时 G_1、G_3、G_4 脚均为低电平，再给阳极 a、b、d、e、g 加高电平，灯丝发射的电子轰击 B 位阳极 a、b、d、e、g，这些阳极发光，在 B 位显示“2”字样。同样的原理，在 C 位和 D 位分别显示“7”“消毒”字样，G_1、G_2、G_3、G_4 极的电压变化关系如图 b 所示。

显示器的数字虽然是一位一位地显示出来的，但由于人眼视觉暂留特性，当显示器显示最后“消毒”字样时，人眼仍会感觉前面 3 位数字还在显示，故看起好像是一下子显示“127 消毒”。

图 14-22　四位真空荧光显示器的结构及扫描信号

14.3.3 检测

真空荧光显示器处于真空工作状态，如果发生显示器破裂漏气就会无法工作。在工作时，真空荧光显示器的灯丝加有 3V 左右的交流电压，在暗处真空荧光显示器内部灯丝有微弱的红光发出。

在检测真空荧光显示器时，可用万用表×1Ω 或×10Ω 档测量灯丝的阻值，正常阻值很小，如果阻值无穷大，则为灯丝开路或引脚开路。在检测各栅极和阳极时，用万用表×1kΩ 档测量各栅极之间、各阳极之间、栅阳极之间和栅阳极与灯丝间的阻值，正常应均为无穷大，若出现阻值为 0 或较小，则为所测极之间出现短路故障。

14.4　液晶显示屏

液晶显示屏（LCD）的主要材料是液晶。液晶是一种有机材料，在特定的温度范围内，既有液体的流动性，又有某些光学特性，其透明度和颜色随电场、磁场、光及温度等外界条件的变化而变化。液晶显示屏是一种被动式显示器件，液晶本身不会发光，它是通过反射或透射外部光线来显示，光线越强，其显示效果越好。液晶显示屏是利用液晶在电场作用下光学性能变化的特性制成的。

液晶显示屏可分为笔段式显示屏和点阵式显示屏。

14.4.1　笔段式液晶显示屏

1. 外形

笔段式液晶显示屏外形如图 14-23 所示。

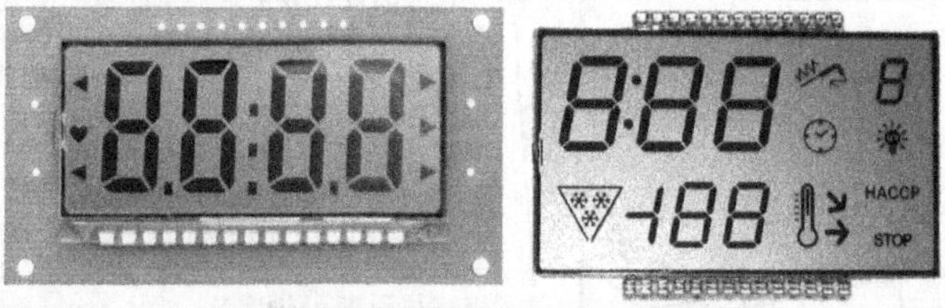
HACCP
STOP

图 14-23　笔段式液晶显示屏

2. 结构与工作原理

图 14-24 是一位笔段式液晶显示屏的结构。

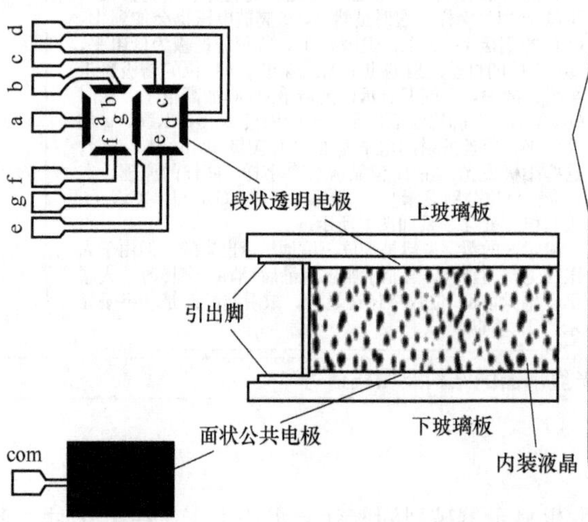
d
c
b
a
f
g
e
a
b
g
f
c
e
d
段状透明电极
上玻璃板
引出脚
面状公共电极
下玻璃板
内装液晶
com

一位笔段式液晶显示屏是将液晶材料封装在两块玻璃板之间，在上玻璃板内表面涂上“8”字形的七段透明电极，在下玻璃板内表面整个涂上导电层作公共电极（或称背电极）。

当给液晶显示屏上玻璃板的某段透明电极与下玻璃板的公共电极之间加上适当大小的电压时，该段极与下玻璃板上的公共电极之间夹持的液晶会产生“散射效应”，夹持的液晶不透明，就会显示出该段形状。例如给下玻璃板上的公共电极加一个低电压，而给上玻璃板内表面的 a、b 段透明电极加高电压，a、b 段极与下玻璃板上的公共电极存在电压差，它们中间夹持的液晶特性改变，a、b 段下面的液晶变得不透明，呈现出“1”字样。

如果在上玻璃板内表面涂上某种形状的透明电极，只要给该电极与下面的公共电极之间加一定的电压，液晶屏就能显示该形状。笔段式液晶显示屏上玻璃板内表面可以涂上各种形状的透明电极，在液晶未加电压时是透明的，显示屏无任何显示，只要给这些电极与公共极之间加电压，就可以将这些形状显示出来。

图 14-24　一位笔段式液晶显示屏的结构

3. 多位笔段式 LCD 屏的驱动方式

多位笔段式液晶显示屏有静态和动态（扫描）两种驱动方式。在采用静态驱动方式时，整个显示屏使用一个公共背电极并接出一个引脚，而各段电极都需要独立接出引脚，如图 14-25 所示，故静态驱动方式的显示屏引脚数量较多。在采用动态驱动（即扫描方式）时，各位都要有独立的背极，各位相应的段电极在内部连接在一起再接出一个引脚，动态驱动方式的显示屏引脚数量较少。

动态驱动方式的多位笔段式液晶显示屏的工作原理与多位 LED 数码管、多位真空荧光显示器一样，采用逐位快速显示的扫描方式，利用人眼的视觉暂留特性来产生屏幕整体显示的效果。如果要将图 14-25 所示的静态驱动显示屏改成动态驱动显示屏，只需将整个公共背极切分成 5 个独立的背极，并引出 5 个引脚，然后将 5 个位中相同的段极在内部连接起来并接出 1 个引脚，共接出 8 个引脚，这样整个显示屏只需 13 个引脚。在工作时，先给第 1 位背极加电压，同时给各段极传送相应电压，显示屏第 1 位会显示出需要的数字，然后给第 2 位背极加电压，同时给各段极传送相应电压，显示屏第 2 位会显示出需要的数字，如此工作，直至第 5 位显示出需要的数字，然后重新从第 1 位开始显示。

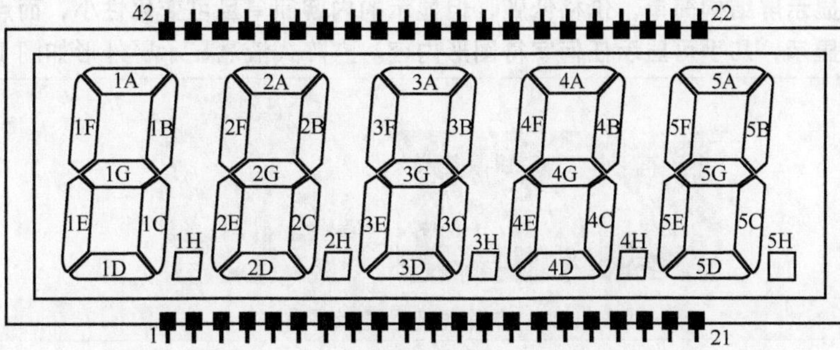
42
22
1A
1F
1B
1G
1E
1C
1D
1H
2A
2F
2B
2G
2E
2C
2D
2H
3A
3F
3B
3G
3E
3C
3D
3H
4A
4F
4B
4G
4E
4C
4D
4H
5A
5F
5B
5G
5E
5C
5D
5H
1
21

各引脚对应的段极

1	2	3	4	5	6	7	8	9	10	11	12	13	14	15	16	17	18	19	20	21
com	1A	1B	1C	1D	1E	1F	1G	1H	2A	2B	2C	2D	2E	2F	2G	2H	3A	3B	3C	3D
22	23	24	25	26	27	28	29	30	31	32	33	34	35	36	37	38	39	40	41	42
3E	3F	3G	3H	4A	4B	4C	4D	4E	4F	4G	4H	5A	5B	5C	5D	5E	5F	5G	5H	/

a) 外形及各引脚对应的段极

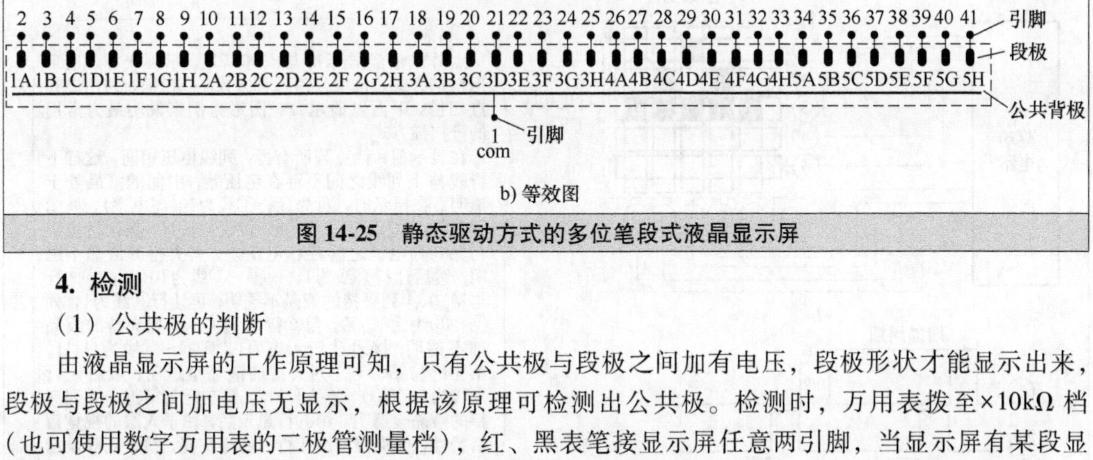
2 3 4 5 6 7 8 9 10 11 12 13 14 15 16 17 18 19 20 21 22 23 24 25 26 27 28 29 30 31 32 33 34 35 36 37 38 39 40 41
引脚
段极
1A 1B 1C 1D 1E 1F 1G 1H 2A 2B 2C 2D 2E 2F 2G 2H 3A 3B 3C 3D 3E 3F 3G 3H 4A 4B 4C 4D 4E 4F 4G 4H 5A 5B 5C 5D 5E 5F 5G 5H
公共背极
1
com
引脚

b) 等效图

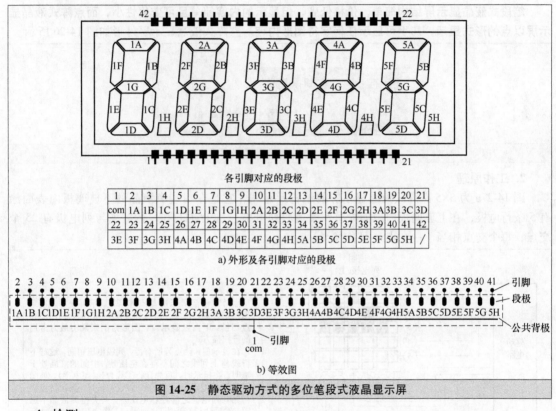

图 14-25 静态驱动方式的多位笔段式液晶显示屏

4. 检测

(1) 公共极的判断

由液晶显示屏的工作原理可知，只有公共极与段极之间加有电压，段极形状才能显示出来，段极与段极之间加电压无显示，根据该原理可检测出公共极。检测时，万用表拨至×10kΩ 档（也可使用数字万用表的二极管测量档），红、黑表笔接显示屏任意两引脚，当显示屏有某段显示时，一只表笔不动，另一只表笔接其他引脚，如果有其他段显示，则不动的表笔所接为公共极。

(2) 好坏检测

在检测静态驱动式笔段式液晶显示屏时，万用表拨至×10kΩ 档，将一只表笔接显示屏的公共极引脚，另一只表笔依次接各段极引脚，当接到某段极引脚时，万用表就通过两表笔给公共极与段极之间加有电压，如果该段正常，该段的形状将会显示出来。如果显示屏正常，各段显示应清晰、无毛边；如果某段无显示或有断线，则该段极可能有开路或断极；如果所有段均不显示，可能是公共极开路或显示屏损坏。在检测时，有时测某段时邻近的段也会显示出来，这是正常的感应现象，可用导线将邻近段引脚与公共极引脚短路，即可消除感应现象。

在检测动态驱动式笔段式液晶显示屏时，万用表仍拨至×10kΩ 档，由于动态驱动显示屏有多个公共极，检测时先将一只表笔接某位公共极引脚，另一只表笔依次接各段引脚，正常各段应正常显示，再将接位公共极引脚的表笔移至下一个位公共极引脚，用同样的方法检测该位各段是否正常。

用上述方法不但可以检测液晶显示屏的好坏，还可以判断出各引脚连接的段极。

14.4.2　点阵式液晶显示屏

1. 外形

笔段式液晶显示屏结构简单，价格低廉，但显示的内容简单且可变化性小，而点阵式液晶显示屏以点的形式显示，几乎可显示任何字符图形内容。点阵式液晶显示屏外形如图 14-26 所示。

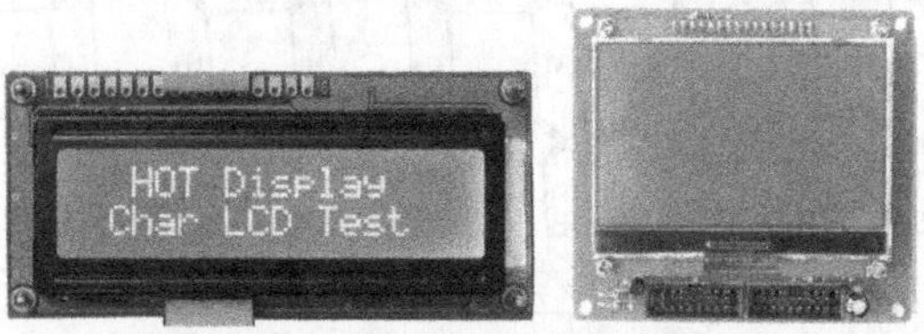
HOT Display
Char LCD Test

图 14-26　点阵式液晶显示屏外形

2. 工作原理

图 14-27a 为 5×5 点阵式液晶显示屏的结构示意图，它是在封装有液晶的下玻璃板内表面涂有 5 条行电极，在上玻璃板内表面涂有 5 条透明列电极，从上往下看，行电极与列电极有 25 个交点，每个交点相当于一个点（又称像素）。

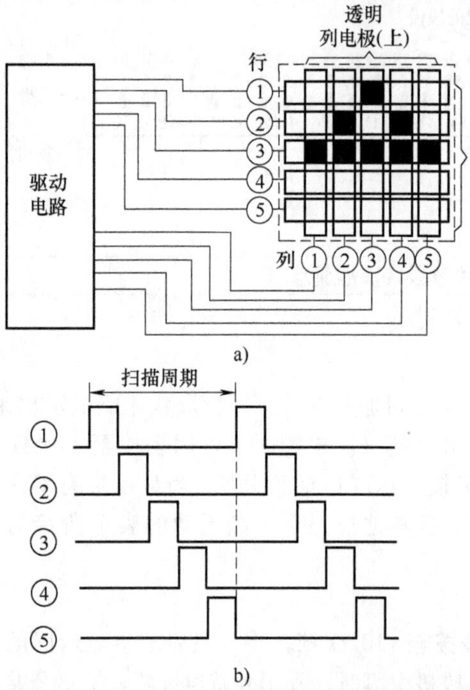
透明
列电极(上)
行
①
②
③
④
⑤
行电极
(下)
驱动
电路
列 ① ② ③ ④ ⑤
a)
扫描周期
①
②
③
④
⑤
b)

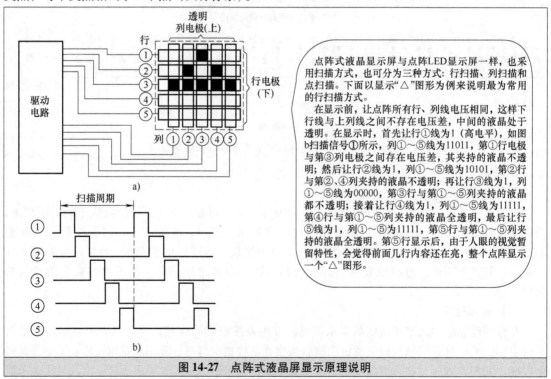

点阵式液晶显示屏与点阵LED显示屏一样，也采用扫描方式，也可分为三种方式：行扫描、列扫描和点扫描。下面以显示“△”图形为例来说明最为常用的行扫描方式。

在显示前，让点阵所有行、列线电压相同，这样下行线与上列线之间不存在电压差，中间的液晶处于透明。在显示时，首先让行①线为1（高电平），如图b扫描信号①所示，列①～⑤线为11011，第①行电极与第③列电极之间存在电压差，其夹持的液晶不透明；然后让行②线为1，列①～⑤线为10101，第②行与第②、④列夹持的液晶不透明；再让行③线为1，列①～⑤线为00000，第③行与第①～⑤列夹持的液晶都不透明；接着让行④线为1，列①～⑤线为11111，第④行与第①～⑤列夹持的液晶全透明，最后让行⑤线为1，列①～⑤为11111，第⑤行与第①～⑤列夹持的液晶全透明。第⑤行显示后，由于人眼的视觉暂留特性，会觉得前面几行内容还在亮，整个点阵显示一个“△”图形。

图 14-27　点阵式液晶屏显示原理说明

3. 类型

点阵式液晶显示屏由反射型和透射型之分，如图 14-28 所示。

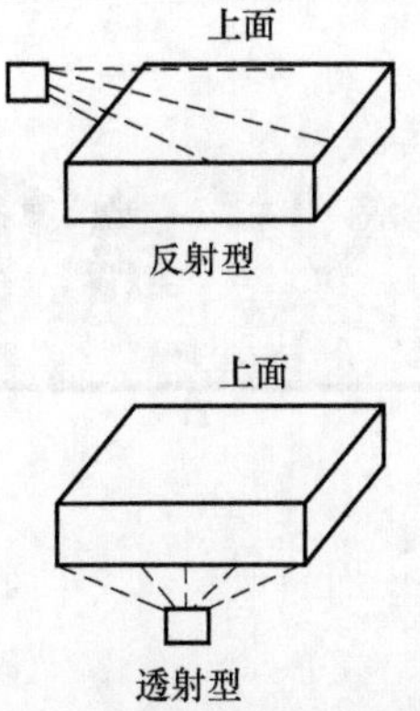
上面
反射型
上面
透射型

反射型液晶显示屏依靠液晶不透明来反射光线显示图形，如电子表显示屏、数字万用表的显示屏等都是利用液晶不透明（通常为黑色）来显示数字，透射型液晶显示屏依靠光线透过透明的液晶来显示图像，如手机显示屏、液晶电视显示屏等都是采用透射方式显示图像。

如果将反射型液晶显示屏改成透射型液晶显示屏，行、列电极均需为透明电极，另外还要用光源（背光源）从下往上照射液晶显示屏，显示屏的25个液晶点像25个小门，液晶点透明相当于门打开，光线可透过小门从上玻璃板射出，该点看起来为白色(背光源为白色)，液晶点不透明相当于门关闭，该点看起来为黑色。

图 14-28　点阵式液晶显示屏的类型

第15章

传　感　器

传感器是一种将非电量（如温度、湿度、光线、磁场和声音）等转换成电信号的器件。传感器种类很多，主要可分为物理传感器和化学传感器。物理传感器可将物理变化（如压力、温度、速度、湿度和磁场的变化）转换成变化的电信号，化学传感器主要以化学吸附、电化学反应等原理，将被测量的微小变化转换成变化的电信号，气敏传感器就是一种常见的化学传感器，如果将人的眼睛、耳朵和皮肤看作是物理传感器，那么舌头、鼻子就是化学传感器。

15.1　气敏传感器

气敏传感器是一种对某种或某些气体敏感的电阻器，当空气中某种或某些气体含量发生变化时，置于其中的气敏传感器阻值就会发生变化。

气敏传感器种类很多，其中采用半导体材料制成的气敏传感器应用最广泛。半导体气敏传感器有 N 型和 P 型之分，N 型气敏传感器在检测到甲烷、一氧化碳、天然气、煤气、液化石油气、乙炔、氢气等气体时，其阻值会减小；P 型气敏传感器在检测到可燃气体时，其阻值将增大，而在检测到氧气、氯气及二氧化氮等气体时，其阻值会减小。

15.1.1　外形与符号

气敏传感器的外形与符号如图 15-1 所示。

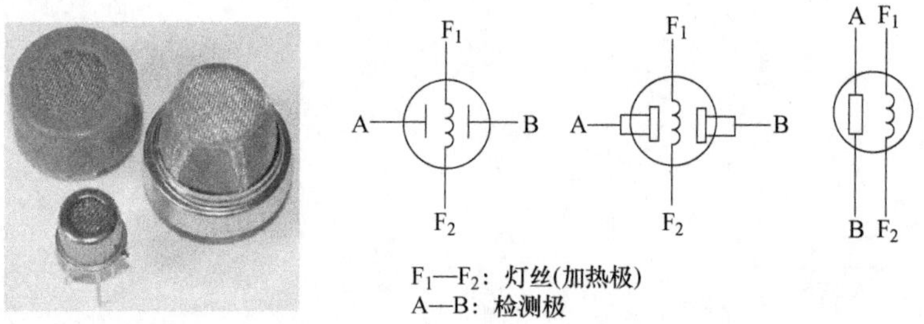

F1
A
B
F2
F1
A
B
F2
A F1
B F2
F1—F2：灯丝(加热极)
A—B：检测极

a) 实物外形　　b) 符号

图 15-1　气敏传感器

15.1.2　结构

气敏传感器的典型结构及特性曲线如图 15-2 所示。

气敏传感器的气敏特性主要由内部的气敏元件来决定。气敏元件引出四个电极，分别与①②③④引脚相连。当在清洁的大气中给气敏传感器的①②脚通电流（对气敏元件加热）时，

③④脚之间的阻值先减小再增大（约 4~5min），阻值变化规律如图 15-2b 曲线所示，升高到一定值时阻值保持稳定，若此时气敏传感器接触某种气体时，气敏元件吸附该气体后，③④脚之间阻值又会发生变化（若是 P 型气敏传感器，其阻值会增大，而 N 型气敏传感器阻值会变小）。

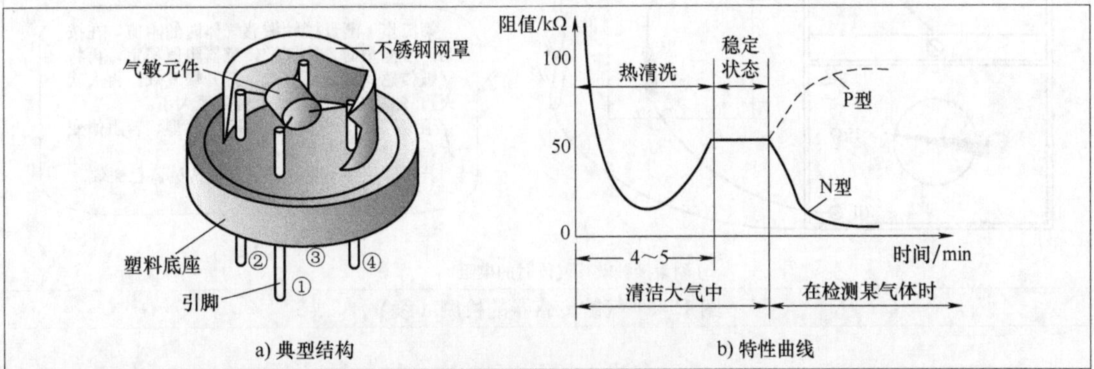

不锈钢网罩
气敏元件
塑料底座
引脚
①
②
③
④
a) 典型结构
阻值/kΩ
100
50
0
热清洗
稳定状态
P型
N型
4～5
时间/min
清洁大气中
在检测某气体时
b) 特性曲线

图 15-2　气敏传感器的典型结构及特性曲线

15.1.3　应用电路

气敏传感器具有对某种或某些气体敏感的特点，利用该特点可以用气敏传感器来检测空气中特殊气体的含量。图 15-3 是采用气敏传感器制作的简易煤气报警器，可将它安装在厨房来监视有无煤气泄漏。

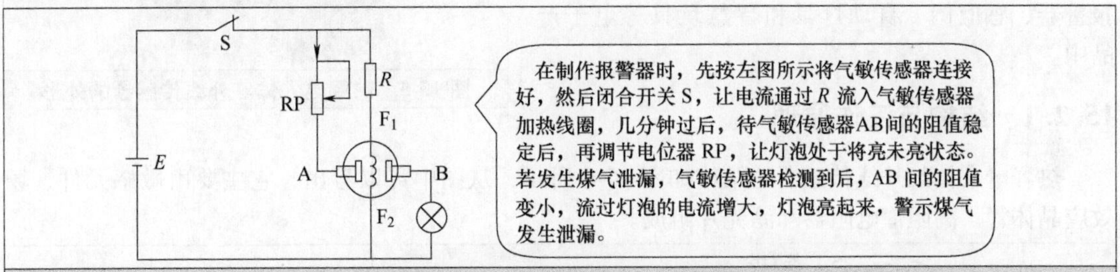

S
RP
R
E
F1
F2
A
B
在制作报警器时，先按左图所示将气敏传感器连接好，然后闭合开关 S，让电流通过 R 流入气敏传感器加热线圈，几分钟过后，待气敏传感器AB间的阻值稳定后，再调节电位器 RP，让灯泡处于将亮未亮状态。若发生煤气泄漏，气敏传感器检测到后，AB 间的阻值变小，流过灯泡的电流增大，灯泡亮起来，警示煤气发生泄漏。

图 15-3　采用气敏传感器制作的简易煤气报警器

15.1.4　检测

气敏传感器检测通常分两步，在这两步测量时还可以判断其特性（P 型或 N 型）。气敏传感器的检测如图 15-4 所示。

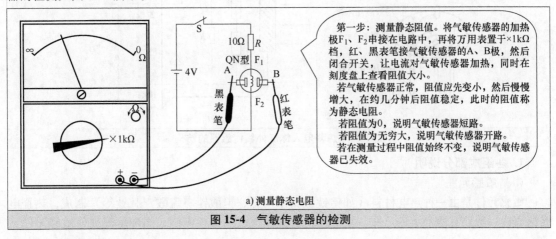

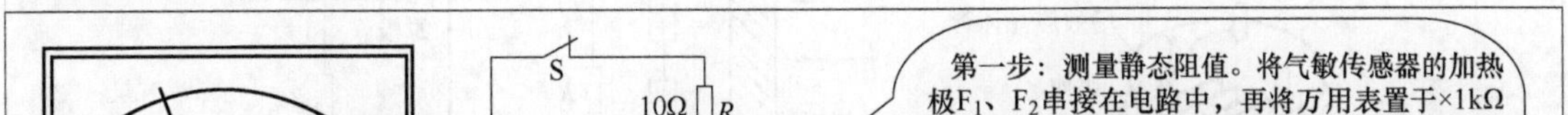

∞
0
Ω
×1kΩ
S
10Ω
R
QN型
F1
F2
4V
A
B
黑表笔
红表笔
第一步：测量静态阻值。将气敏传感器的加热极F1、F2串接在电路中，再将万用表置于×1kΩ档，红、黑表笔接气敏传感器的A、B极，然后闭合开关，让电流对气敏传感器加热，同时在刻度盘上查看阻值大小。
若气敏传感器正常，阻值应先变小，然后慢慢增大，在约几分钟后阻值稳定，此时的阻值称为静态电阻。
若阻值为0，说明气敏传感器短路。
若阻值为无穷大，说明气敏传感器开路。
若在测量过程中阻值始终不变，说明气敏传感器已失效。
a) 测量静态电阻

图 15-4　气敏传感器的检测

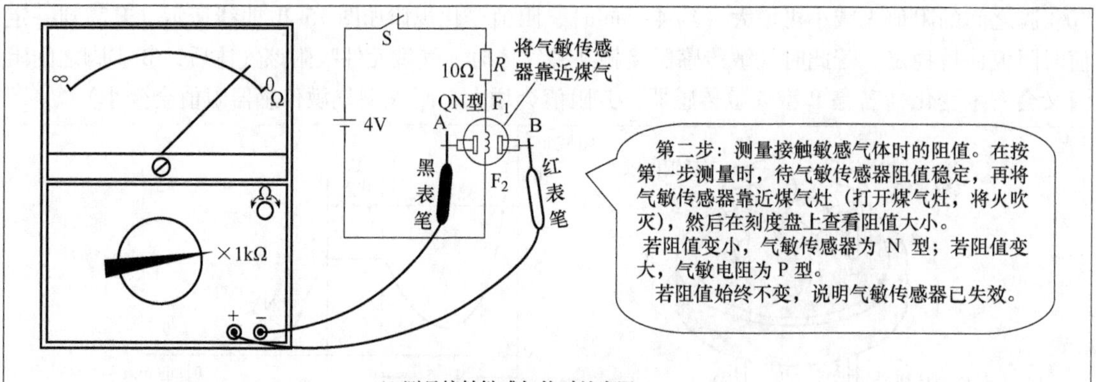
S
10Ω
R
将气敏传感器靠近煤气
QN型
F_1
4V
A
B
黑表笔
红表笔
F_2
∞
0
Ω
×1kΩ
+
−
第二步：测量接触敏感气体时的阻值。在按第一步测量时，待气敏传感器阻值稳定，再将气敏传感器靠近煤气灶（打开煤气灶，将火吹灭），然后在刻度盘上查看阻值大小。
若阻值变小，气敏传感器为 N 型；若阻值变大，气敏电阻为 P 型。
若阻值始终不变，说明气敏传感器已失效。

b) 测量接触敏感气体时的电阻

图 15-4　气敏传感器的检测（续）

15.2　热释电人体红外线传感器

热释电人体红外线传感器是一种将人或动物发出的红外线转换成电信号的器件。热释电人体红外线传感器的外形如图 15-5 所示，利用它可以探测人体的存在，因此广泛用在保险装置、防盗报警器、感应门、自动灯具和智慧玩具等电子产品中。

图 15-5　热释电人体红外线传感器的外形

15.2.1　结构与工作原理

热释电人体红外线传感器的结构如图 15-6 所示，从图中可以看出，它主要由敏感元件、场效应晶体管、高阻值电阻器和滤光片组成。

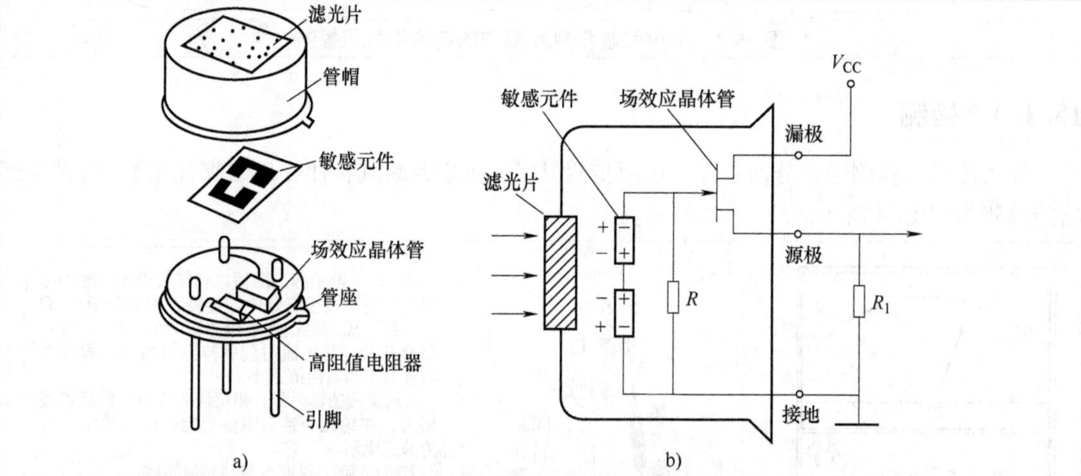
滤光片
管帽
敏感元件
场效应晶体管
管座
高阻值电阻器
引脚
a)
V_{CC}
敏感元件
场效应晶体管
漏极
滤光片
源极
R
R_1
接地
b)

图 15-6　热释电人体红外线传感器的结构

1. 各组成部分说明

（1）敏感元件

敏感元件是由一种热电材料（如锆钛酸铅系陶瓷、钽酸锂、硫酸三甘钛等）制成，热释电传感器内一般装有两个敏感元件，并将两个敏感元件以反极性串联，当环境温度使敏感元件自身温度升高而产生电压时，由于两个敏感元件产生的电压大小相等、方向相反，串联叠加后送给场效应晶体管的电压为 0，从而抑制环境温度干扰。

两个敏感元件串联就像两节电池反向串联一样，如图 15-7a 所示，E_1、E_2 电压均为 1.5V，当它们反极性串联后，两电压相互抵消，输出电压 $U=0$V，如果某原因使 E_1 电压变为 1.8V，如图 15-8b 所示，两电压不能完全抵消，输出电压 $U=0.3$V。

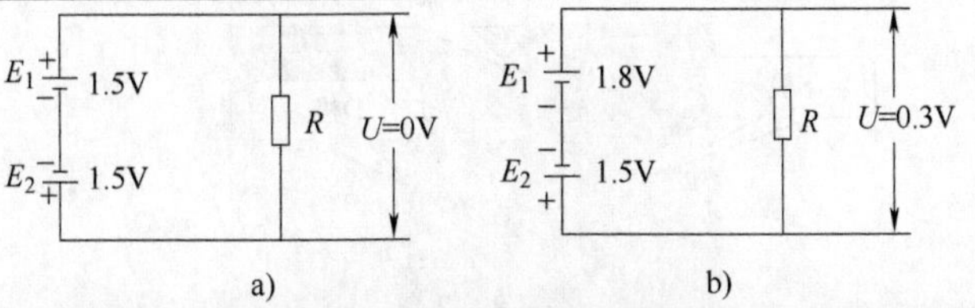

E1 1.5V
E2 1.5V
R
U=0V
a)
E1 1.8V
E2 1.5V
R
U=0.3V
b)

图 15-7　两节电池的反向串联

（2）场效应晶体管和高阻值电阻器

敏感元件产生的电压信号很弱，其输出电流也极小，故采用输入阻抗很高的场效应晶体管（电压放大型器件）对敏感元件产生的电压信号进行放大，在采用源极输出放大方式时，源极输出信号可达 0.4~1.0V。高阻值电阻器的作用是释放场效应晶体管栅极电荷（由敏感元件产生的电压充得），让场效应晶体管始终能正常工作。

（3）滤光片

敏感元件是一种广谱热电材料制成的元件，对各种波长光线比较敏感。为了让传感器仅对人体发出红外线敏感，而对太阳光、电灯光具有抗干扰性，传感器采用特定的滤光片作为受光窗口，该滤光片的通光波长约为 7.5~14μm。人体温度为 36~37℃，该温度的人体会发出波长在 9.64~9.67μm 范围内的红外线（红外线人眼无法看见），由此可见，人体辐射的红外线波长正好处于滤光片的通光波长范围内，而太阳、电灯发出的红外线的波长在滤光片的通光范围之外，无法通过滤光片照射到传感器的敏感元件上。

2. 工作原理

当人体（或与人体温度相似的动物）靠近热释电人体红外线传感器时，人体发出的红外线通过滤光片照射到传感器的一个敏感元件上，该敏感元件两端电压发生变化，另一个敏感元件无光线照射，其两端电压不变，两敏感元件反极性串联得到的电压不再为 0，而是输出一个变化的电压（与受光照射敏感元件两端电压变化相同），该电压送到场效应晶体管的栅极，放大后从源极输出，再到后级电路进一步处理。

3. 菲涅尔透镜

热释电人体红外线传感器可以探测人体发出的红外线，但探测距离近，一般在 2m 以内，为了提高其探测距离，通常在传感器受光面前面加装一个菲涅尔透镜，该透镜可使探测距离达到 10m 以上。菲涅尔透镜如图 15-8 所示。

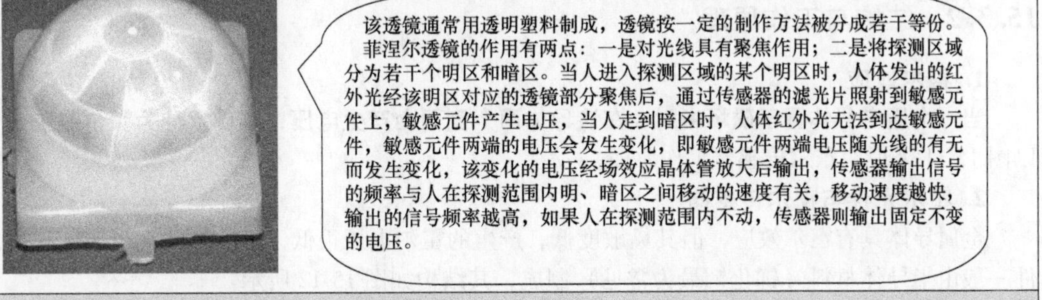

该透镜通常用透明塑料制成，透镜按一定的制作方法被分成若干等份。
菲涅尔透镜的作用有两点：一是对光线具有聚焦作用；二是将探测区域分为若干个明区和暗区。当人进入探测区域的某个明区时，人体发出的红外光经该明区对应的透镜部分聚焦后，通过传感器的滤光片照射到敏感元件上，敏感元件产生电压，当人走到暗区时，人体红外光无法到达敏感元件，敏感元件两端的电压会发生变化，即敏感元件两端电压随光线的有无而发生变化，该变化的电压经场效应晶体管放大后输出，传感器输出信号的频率与人在探测范围内明、暗区之间移动的速度有关，移动速度越快，输出的信号频率越高，如果人在探测范围内不动，传感器则输出固定不变的电压。

图 15-8　菲涅尔透镜

15.2.2 引脚识别

热释电人体红外线传感器有 3 个引脚，分别为 D（漏极）、S（源极）、G（接地极），3 个引脚极性识别如图 15-9 所示。

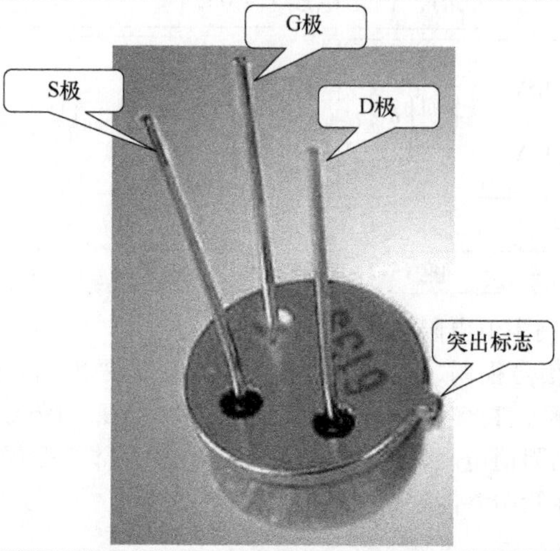
G极
S极
D极
突出标志

图 15-9 热释电人体红外线传感器 3 个引脚的极性识别

15.3 霍尔传感器

霍尔传感器是一种检测磁场的传感器，可以检测磁场的存在和变化，广泛用在测量、自动化控制、交通运输和日常生活等领域。

15.3.1 外形与符号

霍尔传感器外形与符号如图 15-10 所示。

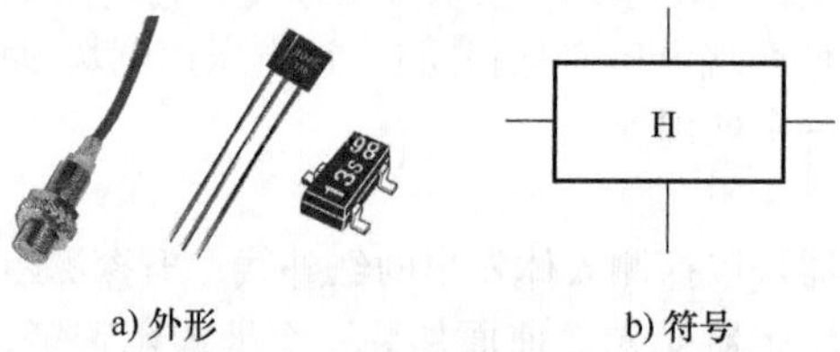
H
a) 外形
b) 符号

图 15-10 霍尔传感器外形与符号

15.3.2 结构与工作原理

1. 霍尔效应

当一个通电导体置于磁场中时，在该导体两个侧面会产生电压，该现象称为霍尔效应。下面以图 15-11 来说明霍尔传感器工作原理。

2. 霍尔元件与霍尔传感器

金属导体具有霍尔效应，但其灵敏度低，产生的霍尔电压很低，不适合作霍尔元件。霍尔元件一般由半导体材料（锑化铟最为常见）制成，其结构如图 15-12 所示。

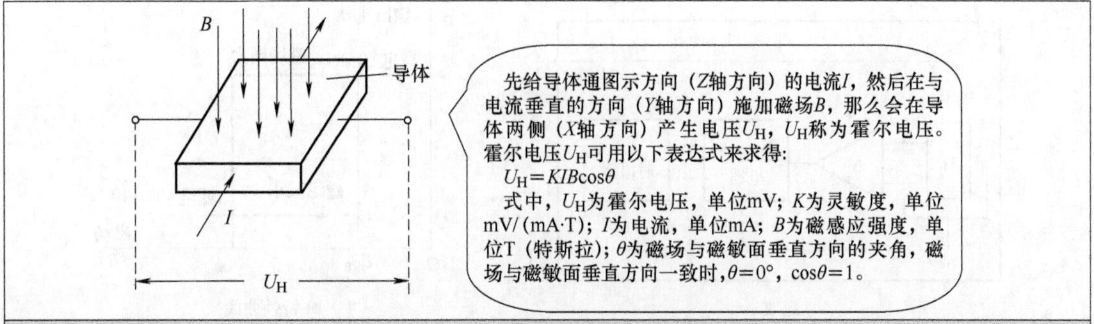
B
导体
I
U_H
先给导体通图示方向（Z轴方向）的电流I，然后在与电流垂直的方向（Y轴方向）施加磁场B，那么会在导体两侧（X轴方向）产生电压U_H，U_H称为霍尔电压。霍尔电压U_H可用以下表达式来求得:
$U_H=KIB\cos\theta$
式中，U_H为霍尔电压，单位mV；K为灵敏度，单位mV/（mA·T）；I为电流，单位mA；B为磁感应强度，单位T（特斯拉）；θ为磁场与磁敏面垂直方向的夹角，磁场与磁敏面垂直方向一致时，θ=0°，cosθ=1。

图 15-11　霍尔传感器的工作原理说明

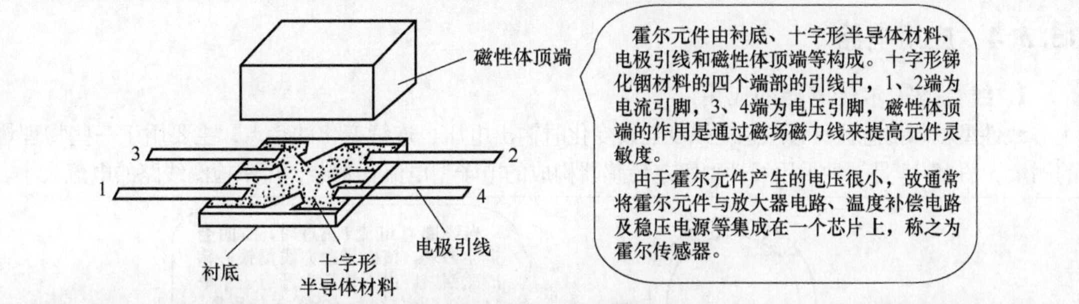
磁性体顶端
3
2
1
4
衬底
十字形
半导体材料
电极引线
霍尔元件由衬底、十字形半导体材料、电极引线和磁性体顶端等构成。十字形锑化铟材料的四个端部的引线中，1、2端为电流引脚，3、4端为电压引脚，磁性体顶端的作用是通过磁场磁力线来提高元件灵敏度。
由于霍尔元件产生的电压很小，故通常将霍尔元件与放大器电路、温度补偿电路及稳压电源等集成在一个芯片上，称之为霍尔传感器。

图 15-12　霍尔元件的结构

15.3.3　种类

霍尔传感器可分为线性型霍尔传感器和开关型霍尔传感器两种。

1. 线性型霍尔传感器

线性型霍尔传感器主要由霍尔元件、线性放大器和射极跟随器组成，其组成如图 15-13a 所示，当施加给线性型霍尔传感器的磁场逐渐增强时，其输出的电压会逐渐增大，即输出信号为模拟量。线性型霍尔传感器的特性曲线如图 15-13b 所示。

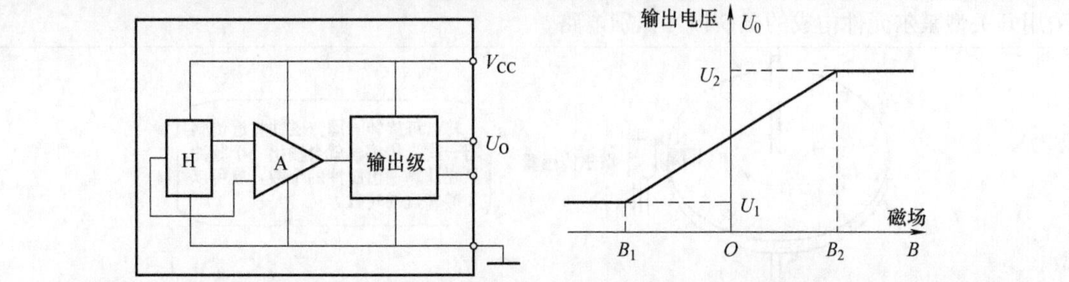
V_{CC}
H
A
输出级
U_O
输出电压
U_0
U_2
U_1
磁场
B_1
O
B_2
B

a) 组成　　b) 特性曲线

图 15-13　线性型霍尔传感器

2. 开关型霍尔传感器

开关型霍尔传感器主要由霍尔元件、放大器、施密特触发器（整形电路）和输出级组成，其组成和特性曲线如图 15-14 所示，当施加给开关型霍尔传感器的磁场增强时，只要小于 B_{OP}时，其输出电压 U_O 为高电平，大于 B_{OP}时输出由高电平变为低电平，当磁场减弱时，磁场需要减小到 B_{RP}时，输出电压 U_O 才能由低电平转为高电平，也就是说，开关型霍尔传感器由高电平转为低电平和由低电平转为高电平所要求的磁感应强度是不同的，高电平转为低电平要求的磁感应强度更强。

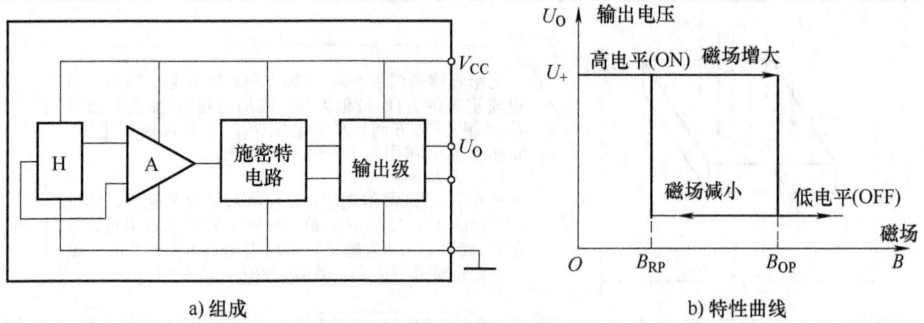
H
A
施密特电路
输出级
V_{CC}
U_O
U_O 输出电压
U_+
高电平(ON) 磁场增大
磁场减小
低电平(OFF)
磁场
O
B_{RP}
B_{OP}
B

a) 组成　　b) 特性曲线

图 15-14　开关型霍尔传感器

15.3.4　应用电路

1. 线性型霍尔传感器的应用

线性型霍尔传感器具有磁感应强度连续变化时输出电压也连续变化的特点，主要用于一些物理量的测量。图 15-15 是一种采用线性型霍尔传感器构成的电子型电流互感器，用来检测线路的电流大小。

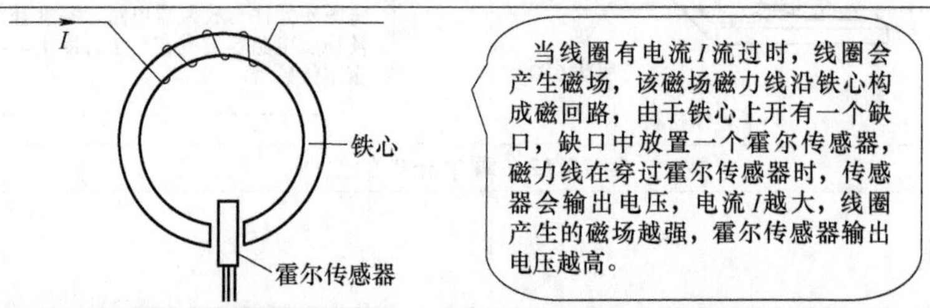
I
铁心
霍尔传感器
当线圈有电流I流过时，线圈会产生磁场，该磁场磁力线沿铁心构成磁回路，由于铁心上开有一个缺口，缺口中放置一个霍尔传感器，磁力线在穿过霍尔传感器时，传感器会输出电压，电流I越大，线圈产生的磁场越强，霍尔传感器输出电压越高。

图 15-15　采用线性型霍尔传感器构成的电子型电流互感器

2. 开关型霍尔传感器的应用

开关型霍尔传感器具有磁感应强度达到一定强度时输出电压才会发生电平转换的特点，主要用于测转数、测转速、测风速、测流速、接近开关、关门告知器、报警器和自动控制电路等。

图 15-16 是一种采用开关型霍尔传感器构成的转数测量装置的结构示意图。图 15-17 是一种采用开关型霍尔元件构成的磁铁极性识别电路。

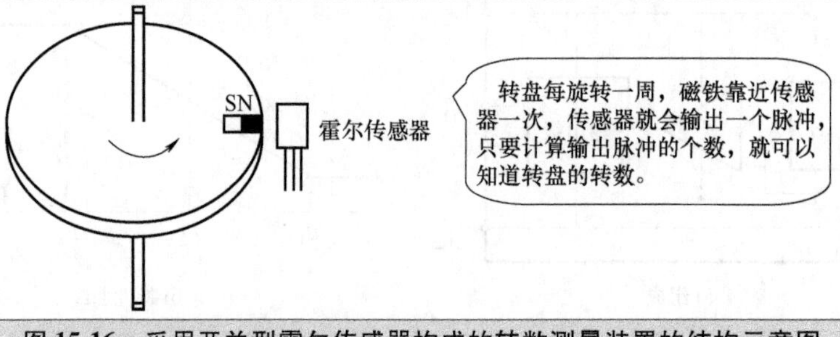
SN
霍尔传感器
转盘每旋转一周，磁铁靠近传感器一次，传感器就会输出一个脉冲，只要计算输出脉冲的个数，就可以知道转盘的转数。

图 15-16　采用开关型霍尔传感器构成的转数测量装置的结构示意图

15.3.5　型号命名

霍尔传感器型号命名方法如下：

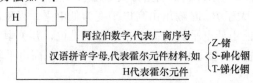

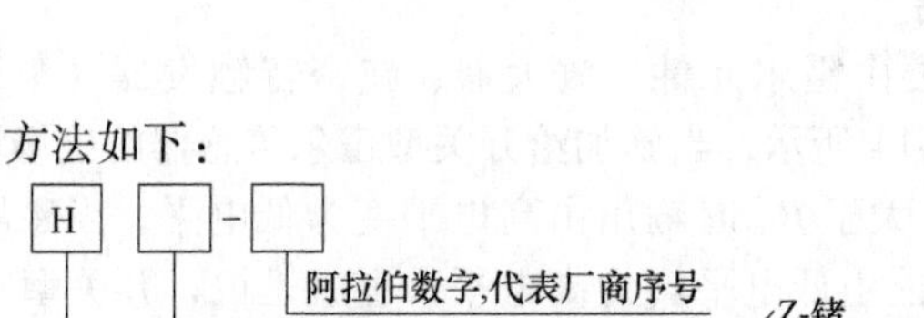
H
阿拉伯数字,代表厂商序号
汉语拼音字母,代表霍尔元件材料,如
Z-锗
S-砷化铟
T-锑化铟
H代表霍尔元件

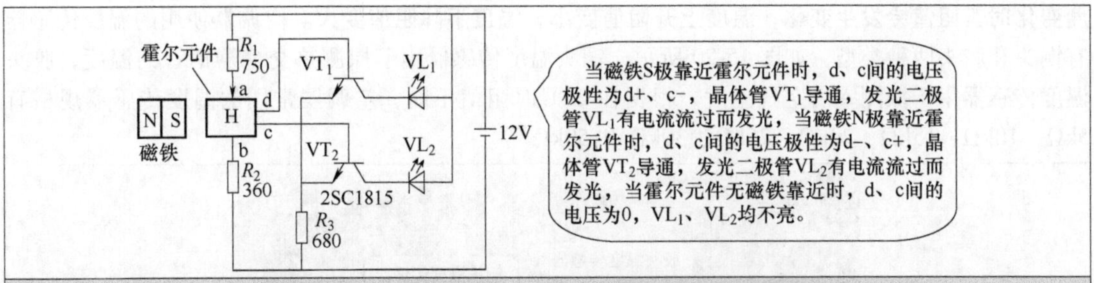
霍尔元件
R_1
750
VT$_1$
VL$_1$
a
d
N S
H
c
12V
磁铁
b
VT$_2$
VL$_2$
R_2
360
2SC1815
R_3
680
当磁铁S极靠近霍尔元件时，d、c间的电压极性为d+、c−，晶体管VT$_1$导通，发光二极管VL$_1$有电流流过而发光，当磁铁N极靠近霍尔元件时，d、c间的电压极性为d−、c+，晶体管VT$_2$导通，发光二极管VL$_2$有电流流过而发光，当霍尔元件无磁铁靠近时，d、c间的电压为0，VL$_1$、VL$_2$均不亮。

图 15-17 采用开关型霍尔元件构成的磁铁极性识别电路

15.3.6 引脚识别与检测

1. 引脚识别

霍尔传感器内部由霍尔元件和有关电路组成，它对外引出 3 个或 4 个引脚，对于 3 个引脚的传感器，分别为电源端、接地端和信号输出端，对于 4 个引脚，分别为电源端、接地端和两个信号输出端。3 个引脚的霍尔传感器更为常用，霍尔传感器的引脚可根据外形来识别，具体如图 15-18 所示。霍尔传感器带文字标记的面通常为磁敏面，正对 N 或 S 磁极时灵敏度最高。

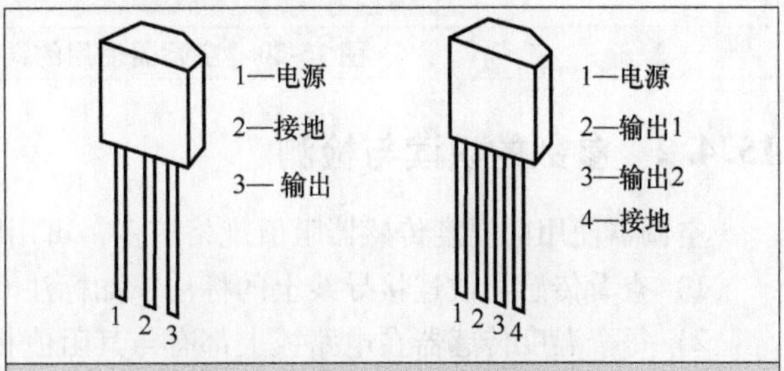
1—电源
2—接地
3— 输出
1 2 3
1—电源
2—输出1
3—输出2
4—接地
1 2 3 4

图 15-18 霍尔传感器的引脚识别

2. 好坏检测

霍尔传感器好坏检测方法如图 15-19 所示。

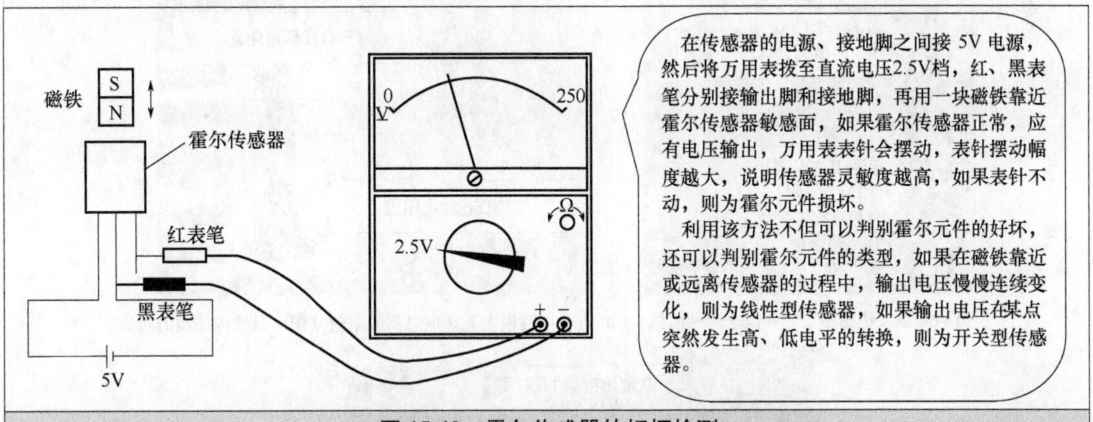
磁铁
S
N
霍尔传感器
红表笔
黑表笔
5V
0
250
2.5V
+ −
在传感器的电源、接地脚之间接 5V 电源，然后将万用表拨至直流电压2.5V档，红、黑表笔分别接输出脚和接地脚，再用一块磁铁靠近霍尔传感器敏感面，如果霍尔传感器正常，应有电压输出，万用表表针会摆动，表针摆动幅度越大，说明传感器灵敏度越高，如果表针不动，则为霍尔元件损坏。
利用该方法不但可以判别霍尔元件的好坏，还可以判别霍尔元件的类型，如果在磁铁靠近或远离传感器的过程中，输出电压慢慢连续变化，则为线性型传感器，如果输出电压在某点突然发生高、低电平的转换，则为开关型传感器。

图 15-19 霍尔传感器的好坏检测

15.4 温度传感器

温度传感器可将不同的温度转换成不同的电信号。本节以空调器的温度传感器为例来介绍温度传感器。

15.4.1 外形与种类

空调器采用的温度传感器又称感温探头，它是一种负温度系数（NTC）热敏电阻器，当温

度变化时其阻值会发生变化，温度上升阻值变小，温度下降阻值变大。 空调器使用的温度传感器有铜头和胶头两种类型，如图 15-20 所示，铜头温度传感器用于探测热交换器铜管的温度，胶头温度传感器用于探测室内空气温度。根据在 25℃时阻值不同，空调器常用的温度传感器规格有 5kΩ、10kΩ、15kΩ、20kΩ、25kΩ、30kΩ 和 50kΩ 等。

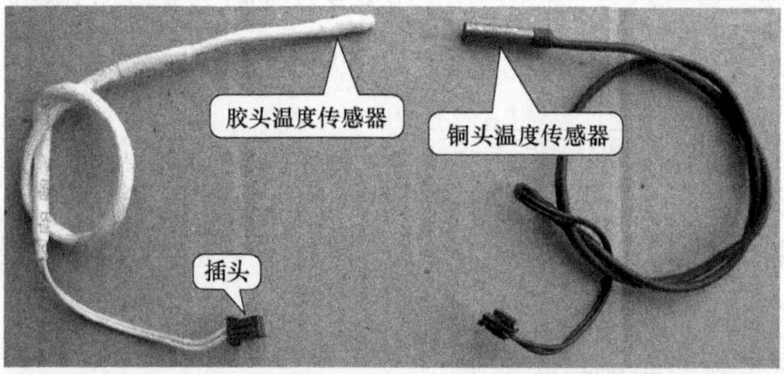
胶头温度传感器
铜头温度传感器
插头

图 15-20　空调器使用的铜头和胶头温度传感器

15.4.2　参数的识读与检测

空调器使用的温度传感器阻值规格较多，可用以下三个方法来识别或检测阻值：

1）查看传感器或连接导线上的标注，如标注 GL20k 表示其阻值为 20kΩ，如图 15-21a 所示。

2）每个温度传感器在电路板上都有与其阻值相等的五环精密电阻器，如图 15-21b 所示，该电阻器一端与相应温度传感器的一端直接连接，识别出该电阻器的阻值即可知道传感器的阻值。

3）用万用表直接测量温度传感器的阻值，如图 15-21c 所示，由于测量时环境温度可能不是 25℃，故测得阻值与标注阻值不同是正常的，只要阻值差距不是太大。

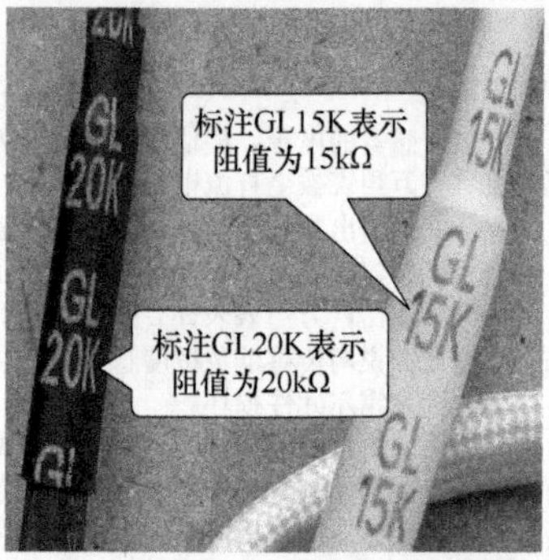
标注GL15K表示阻值为15kΩ
标注GL20K表示阻值为20kΩ
GL
20K
GL
15K

a) 查看温度传感器上的标识来识别阻值

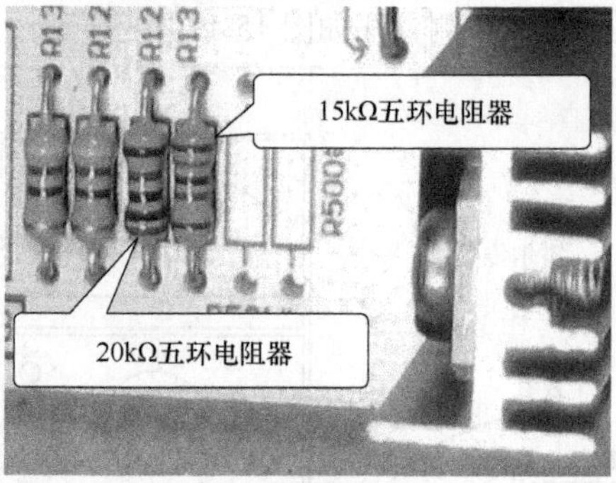
15kΩ五环电阻器
20kΩ五环电阻器

b) 查看电路板上五环电阻器的阻值来识别温度传感器的阻值

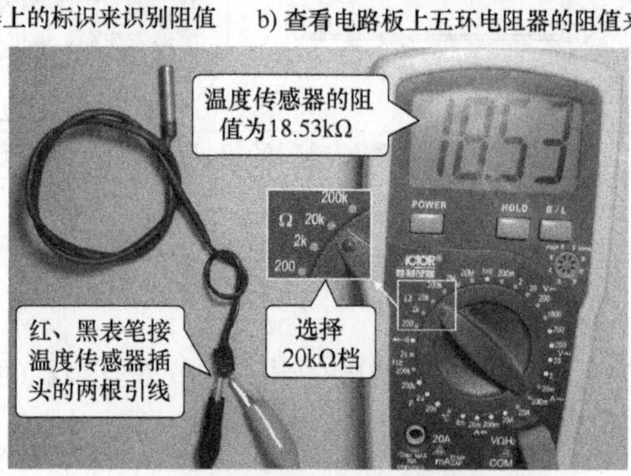
温度传感器的阻值为18.53kΩ
红、黑表笔接温度传感器插头的两根引线
选择20kΩ档
200k
20k
2k
200
POWER
HOLD

c) 用万用表直接测量温度传感器的阻值

图 15-21　空调器温度传感器阻值的识读与检测

15.4.3 温度检测电路

图 15-22 是一种空调器的温度检测电路，它包括室温检测电路、室内管温检测电路和室外管温检测电路，三者都采用 4.3kΩ 的负温度系数温度传感器（温度越高，阻值越小）。

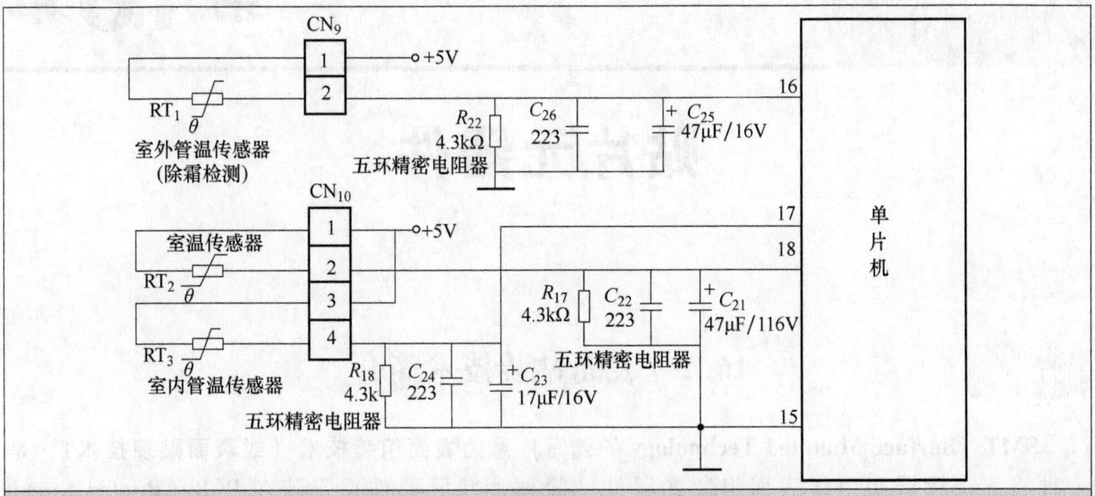
CN9
+5V
RT1
室外管温传感器
(除霜检测)
R22
4.3kΩ
C26
223
C25
47μF/16V
五环精密电阻器
16
CN10
+5V
17
18
单片机
室温传感器
RT2
RT3
室内管温传感器
R17
4.3kΩ
C22
223
C21
47μF/116V
五环精密电阻器
R18
4.3k
C24
223
C23
17μF/16V
五环精密电阻器
15

图 15-22 一种空调器的温度检测电路

（1）室温检测电路

温度传感器 RT_2、R_{17}、C_{21}、C_{22} 构成室温检测电路。+5V 电压经 RT_2、R_{17} 分压后，在 R_{17} 上得到一定的电压送到单片机 18 脚，如果室温为 25℃，RT_2 阻值正好为 4.3kΩ，R_{17} 上的电压为 2.5V，该电压值送入单片机，单片机根据该电压值知道当前室温为 25℃，如果室温高于 25℃，温度传感器 RT_2 的阻值小于 4.3kΩ，送入单片机 18 脚的电压高于 2.5V。

本电路中的温度传感器接在电源与分压电阻器之间，而有的空调器的温度传感器则接在分压电阻器和地之间，对于这样的温度检测电路，温度越高，温度传感器阻值越小，送入单片机的电压越低。

（2）室内管温检测电路

温度传感器 RT_3、R_{18}、C_{23}、C_{24} 构成室内管温检测电路。+5V 电压经 RT_3、R_{18} 分压后，在 R_{18} 上得到一定的电压送到单片机 17 脚，单片机根据该电压值就可了解室内热交换器的温度，如果室内热交换器的温度低于 25℃，温度传感器 RT_3 的阻值大于 4.3kΩ，送入单片机 17 脚的电压低于 2.5V。

（3）室外管温检测电路

温度传感器 RT_1、R_{22}、C_{25}、C_{26} 构成室外管温检测电路。+5V 电压经 RT_1、R_{22} 分压后，在 R_{22} 上得到一定的电压送到单片机 16 脚，单片机根据该电压值就可知道室外热交换器的温度。

第16章

贴片元器件

16.1 表面贴装技术简介

SMT（Surface Mounted Technology 的缩写）意为表面组装技术（或表面贴装技术），是一种将无引脚或短引线表面组装元器件（简称片状元器件）安装在 PCB（Printed Circuit Board，印制电路板）的表面或其他基板的表面上，通过再流焊或浸焊等方法加以焊接组装的电路装连技术。

贴片元器件包括贴片元件（SMC）和贴片器件（SMD），SMC 主要包括矩形贴片元件、圆柱形贴片元件、复合贴片元件和异形贴片元件，SMD 主要包括二极管、晶体管和集成电路等半导体器件。一般将 SMC 和 SMD 统称为 SMT 元器件。

16.1.1 特点

表面贴装技术是现代电子行业组装技术的主流，其主要特点如下：

1）贴装方便，易于实现自动化安装，可大幅度提高生产效率。

2）贴片元器件体积小，组装密度高，生产出来的电子产品体积小、重量轻。贴片元器件体积和重量只有传统插装元器件的 1/10 左右。

3）消耗的材料少，节省能源，可降低电子产品的成本。

4）高频特性好，可减小电磁和射频干扰。

5）由于采用自动化贴装，故焊接缺陷率低，抗振能力强，可靠性高。

16.1.2 封装规格

SMT 元器件封装规格是指外形尺寸规格，有英制和公制两种单位，英制单位为 in（英寸），公制单位为 mm（毫米），1in=25.4mm，公制规格容易看出 SMT 元器件长、宽尺寸，但实际用英制规格更为常见。SMT 元器件常见的封装规格如图 16-1 所示。

16.1.3 手工焊接方法

SMT 元器件通常都是用机器焊接的，少量焊接时可使用手工焊接。SMT 元器件手工焊接方法如图 16-2 所示。

英制 /in	公制 /mm	长(L) /mm	宽(W) /mm	高(H) /mm	a /mm	b /mm
0201	0603	0.60±0.05	0.30±0.05	0.23±0.05	0.10±0.05	0.15±0.05
0402	1005	1.00±0.10	0.50±0.10	0.30±0.10	0.20±0.10	0.25±0.10
0603	1608	1.60±0.15	0.80±0.15	0.40±0.10	0.30±0.20	0.30±0.20
0805	2012	2.00±0.20	1.25±0.15	0.50±0.10	0.40±0.20	0.40±0.20
1206	3216	3.20±0.20	1.60±0.15	0.55±0.10	0.50±0.20	0.50±0.20
1210	3225	3.20±0.20	2.50±0.20	0.55±0.10	0.50±0.20	0.50±0.20
1812	4832	4.50±0.20	3.20±0.20	0.55±0.10	0.50±0.20	0.50±0.20
2010	5025	5.00±0.20	2.50±0.20	0.55±0.10	0.60±0.20	0.60±0.20
2512	6432	6.40±0.20	3.20±0.20	0.55±0.10	0.60±0.20	0.60±0.20

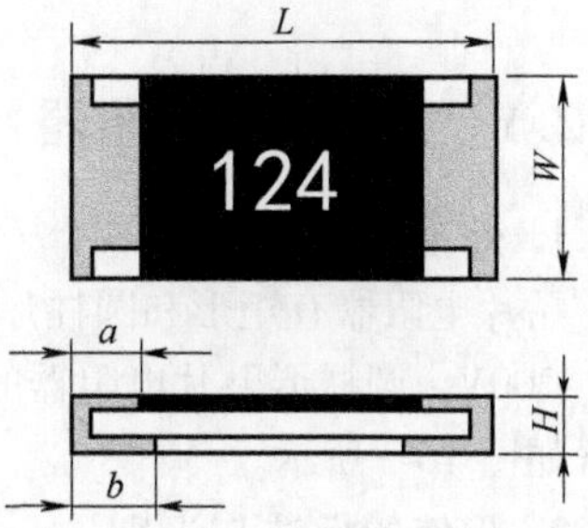
L
124
W
a
H
b

图 16-1 SMT 元器件常见的封装规格

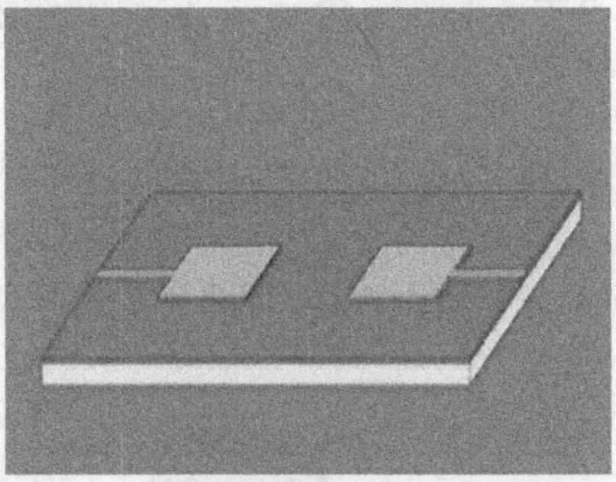

a) 电路板上的SMT元器件焊盘

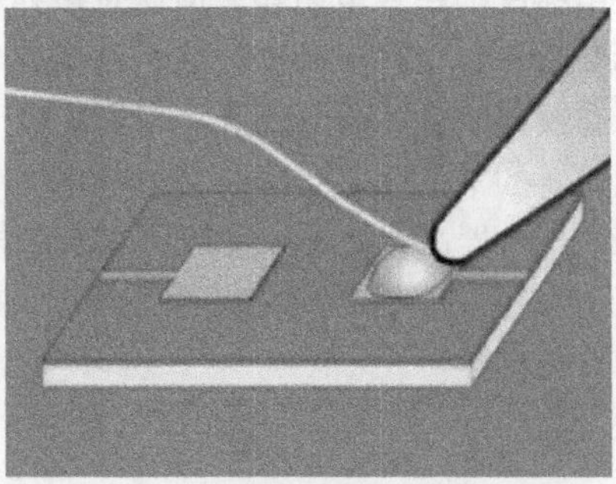

b) 在一个焊盘上用烙铁熔化焊锡（之后烙铁不要拿开）

331

c) 将元器件一个引脚放在有熔化焊锡的焊盘上

331

d) 移动烙铁使焊锡在元器件的引脚分布均匀

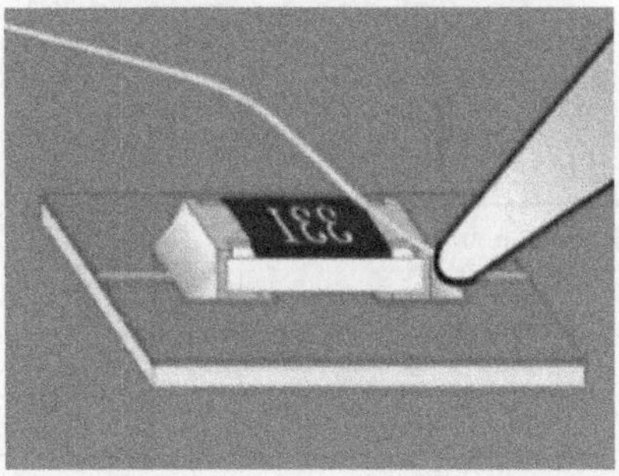
331

e) 将元器件另一个引脚焊接在另一个焊盘上

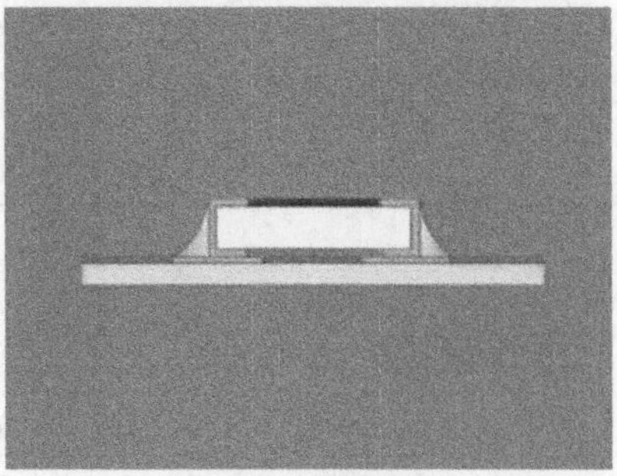

f) SMT元器件焊接完成

图 16-2 SMT 元器件手工焊接方法

16.2　贴片电阻器

16.2.1　贴片固定电阻器

1. 外形

贴片电阻器有矩形和圆柱形，矩形贴片电阻器的功率一般在 0.0315~0.125W，工作电压在 7.5~200V，圆柱形贴片电阻器的功率一般在 0.125~0.25W，工作电压在 75~100V。常见贴片电阻器如图 16-3 所示。

272
202
104
3R9

图 16-3　常见贴片电阻器

2. 阻值的标注与识别

贴片电阻器阻值表示有色环标注法，也有数字标注法。色环标注的贴片电阻器，其阻值识读方法与普通的电阻器相同。**数字标注的贴片电阻器有三位和四位之分，对于三位数字标注的贴片电阻器，前两位表示有效数字，第三位表示 0 的个数；对于四位数字标注的贴片电阻器，前三位表示有效数字，第四位表示 0 的个数。**

贴片电阻器的常见标注形式如图 16-4 所示。在生产电子产品时，贴片元件一般采用贴片机安装，为了便于机器高效安装，贴片元件通常装载在连续条带的凹坑内，凹坑由塑料带盖住并卷成盘状，图 16-5 是一盘贴片元件（约几千个）。卷成盘状的贴片电阻器通常会在盘体标签上标明元件型号和有关参数。

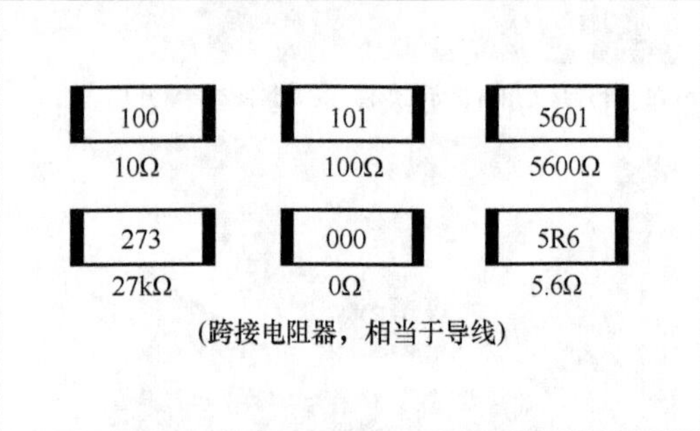
100
10Ω
101
100Ω
5601
5600Ω
273
27kΩ
000
0Ω
(跨接电阻器，相当于导线)
5R6
5.6Ω

图 16-4　贴片电阻器的常见标注形式

ROYALOHM

图 16-5　盘状包装的贴片电阻器

3. 尺寸与功率

贴片电阻器体积小，故功率不大，一般体积越大，功率就越大。表 16-1 列出常用规格的矩形贴片电阻器外形尺寸与功率的关系。

表 16-1　矩形贴片电阻器外形尺寸与功率对照表

尺寸代码		外形尺寸/mm		额定功率/W
公制	英制	长（L）	宽（W）	
0603	0201	0.6	0.3	1/20
1005	0402	1.0	0.5	1/16 或 1/20
1608	0603	1.6	0.8	1/10
2012	0805	2.0	1.25	1/8 或 1/10
3216	1206	3.2	1.6	1/4 或 1/6

（续）

尺寸代码		外形尺寸/mm		额定功率/W
公制	英制	长（L）	宽（W）	
3225	1210	3.2	2.5	1/4
5025	2010	5.0	2.5	1/2
6332	2512	6.4	3.2	1

4. 标注含义

贴片电阻器各项标注的含义见表 16-2。

表 16-2 贴片电阻器各项标注的含义

产品代号		型号		电阻温度系数		阻值		电阻值允许偏差		包装方法	
		代号	型号	代号	温度系数/（$10^{-6}\Omega/℃$）	表示方式	阻值	代号	允许偏差值	代号	包装方式
RC	片状电阻器	02	0402	K	≤±100	E-24	前两位表示有效数字，第三位表示零的个数	F	±1%	T	编带包装
		03	0603	L	≤±250			G	±2%		
		05	0805	U	≤±400	E-96	前三位表示有效数字，第四位表示零的个数	J	±5%	B	塑料盒散包装
		06	1206	M	≤±500			0	跨接电阻		
示例	RC	05		K		103		J			
备注	小数点用 R 表示，例如，E-24：1R0 = 1.0Ω 103 = 10kΩ R047 = 0.047Ω；E-96：1003 = 100kΩ；跨接电阻采用“000”表示										

16.2.2 贴片电位器

贴片电位器是一种阻值可以调节的元件，体积小巧，贴片电位器的功率一般在 0.1~0.25W，其阻值标注方法与贴片电阻器相同。图 16-6 列出一些贴片电位器。

3361

图 16-6 贴片电位器

16.2.3 贴片熔断器

贴片熔断器又称贴片保险丝，是一种在电路中用作过电流保护的电阻器，其阻值一般很小，当流过的电流超过一定值时，会熔断开路。贴片熔断器可分为快熔断型、慢熔断型（延时型）和可恢复型（正温度系数热敏电阻器）。图 16-7 列出一些贴片熔断器。

1A
OMF125
2A
F250L

图 16-7　贴片熔断器

16.3　贴片电容器和贴片电感器

16.3.1　贴片电容器

1. 外形

贴片电容器可分为无极性电容器和有极性电容器（电解电容器）。图 16-8 是一些常见的贴片电容器。

X2400
47
25V

图 16-8　贴片电容器

2. 种类及特点

不同材料的贴片电容器有自身的一些特点，表 16-3 列出一些不同材料贴片电容器的优缺点。

表 16-3　一些不同材料贴片电容器的优缺点

类　　型	极　　性	优　　点	缺　　点
贴片聚丙烯电容器	无	体积较小、高频特性好	稳定性略差
无感聚丙烯电容器	无	高频特性好	耐热性能差、容量小、价格较高
贴片瓷片电容器	无	体积小、耐压高	容量低、易碎
贴片独石电容器	无	体积小、高频特性好	热稳定性较差
贴片电解电容器	有	容量大	耐压低、高频特性不好
贴片钽电容器	有	容量大、高频特性好、稳定性好	价格贵

3. 容量标注方法

贴片电容器的体积较小，故有很多电容器不标注容量，对于这类电容器，可用电容表测量，或者查看包装上的标签来识别容量。也有些贴片电容器对容量进行标注，贴片电容器常见的方法有直标法、数字标注法、字母与数字标注法。

（1）直标法

直标法是指将电容器的容量直接标出来的标注方法。体积较大的贴片有极性电容器一般采用这种方法，如图 16-9 所示。

（2）数字标注法

数字标注法是用三位数字来表示电容器容量的方法，该表示方法与贴片电阻器相同，前两位表示有效数字，第三位表示 0 的个数，如 820 表示 82pF，272 表示 2700pF。用数字标注法表示的容量单位为 pF。标注字符中的“R”表示小数点，如 1R0 表示 1.0pF，0R5 或 R50 均表示 0.5pF。

CS
100
4V
47
6V

容量为100μF，耐压为4V　　容量为47μF，耐压为6V

a) 铝电解电容器　　b) 钽电解电容器

图 16-9　用直标法标注容量

（3）字母与数字标注法

字母与数字标注法是采用英文字母与数字组合的方式来表示容量大小。这种标注法中的第一位用字母表示容量的有效数，第二位用数字表示有效数后面 0 的个数。字母与数字标注法的字母和数字含义见表 16-4。图 16-10 中的几个贴片电容器就采用了字母与数字标注法，标注“B2”表示容量为 110pF，标注“S3”表示容量为 4700pF。

表 16-4　字母与数字标注法的含义

第一位：字母				第二位：数字	
A	1	N	3.3	0	10^0
B	1.1	P	3.6	1	10^1
C	1.2	Q	3.9	2	10^2
D	1.3	R	4.3	3	10^3
E	1.5	S	4.7	4	10^4
F	1.6	T	5.1	5	10^5
G	1.8	U	5.6	6	10^6
H	2.0	V	6.2	7	10^7
I	2.2	W	6.8	8	10^8
K	2.4	X	7.5	9	10^9
L	2.7	Y	9.0		
M	3.0	Z	9.1		

B2
S3
110pF
4700pF

图 16-10　采用字母与数字标注法的贴片电容器

16.3.2　贴片电感器

1. 外形

贴片电感器功能与普通电感器相同，图 16-11 是一些常见的贴片电感器。

2. 电感量的标注方法

贴片电感器的电感量标注方法与贴片电阻器基本相同，前两位表示有效数字，第三位表示 0 的个数，如果含有字母 N 或 R，均表示小数点，含字母 N 的单位为 nH，含字母 R 的单位为 μH。

常见贴片电感器标注形式如图 16-12 所示。

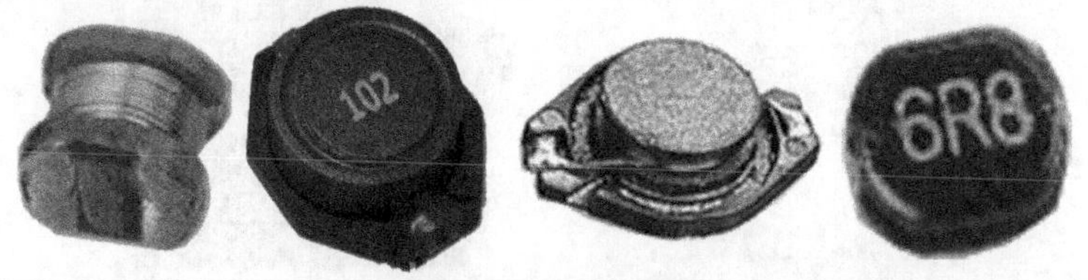
102
6R8

图 16-11　贴片电感器

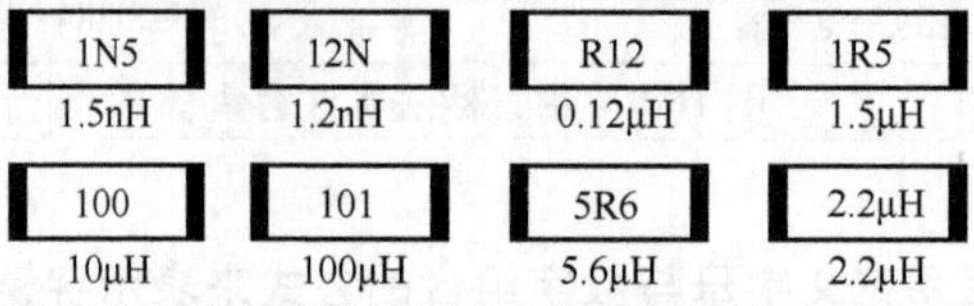
1N5
1.5nH
12N
1.2nH
R12
0.12μH
1R5
1.5μH
100
10μH
101
100μH
5R6
5.6μH
2.2μH
2.2μH

图 16-12　常见贴片电感器标注形式

16.3.3　贴片磁珠

磁珠是一种安装在信号线、电源线上用于抑制高频噪声、尖峰干扰和吸收静电脉冲的元件。在一些 RF（射频）电路、PLL（锁相环）、振荡电路和含超高频的存储器电路中，一般都需要在电源输入部分加磁珠。磁珠的外形如图 16-13 所示。

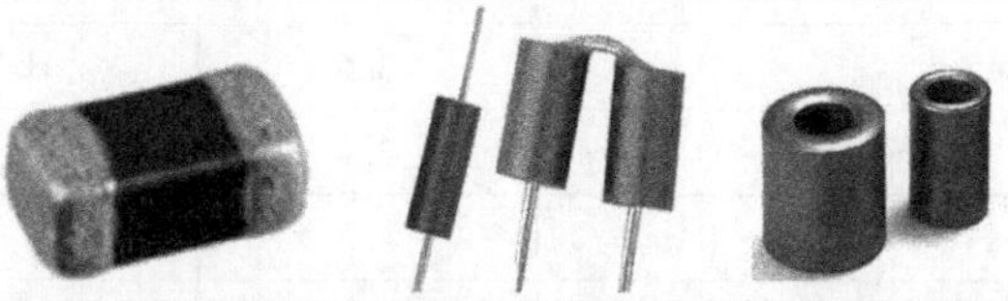

图 16-13　磁珠

对于内部含导线的磁珠，只要将导线连接在线路中即可，对于不含导线的磁珠，需要将线路穿磁珠而过。磁珠等效于电阻器和电感器串联，其电阻值和电感值都随频率变化而变化。磁珠对直流和低频信号阻抗很小（接近 0Ω），对高频信号才有较大的阻碍作用，阻抗单位为 Ω，一般以 100MHz 为标准，比如 600Ω/100MHz 表示该磁珠对 100MHz 信号的阻抗为 600Ω。

16.4　贴片二极管

16.4.1　通用知识

1. 外形

贴片二极管有矩形和圆柱形，矩形贴片二极管一般为黑色，其使用更为广泛，图 16-14 是一些常见的贴片二极管。

S1
SS
12

图 16-14　贴片二极管

2. 结构

贴片二极管有单管和对管之分，单管式贴片二极管内部只有一个二极管，而对管式贴片二极管内部有两个二极管。贴片二极管的内部结构如图 16-15 所示。

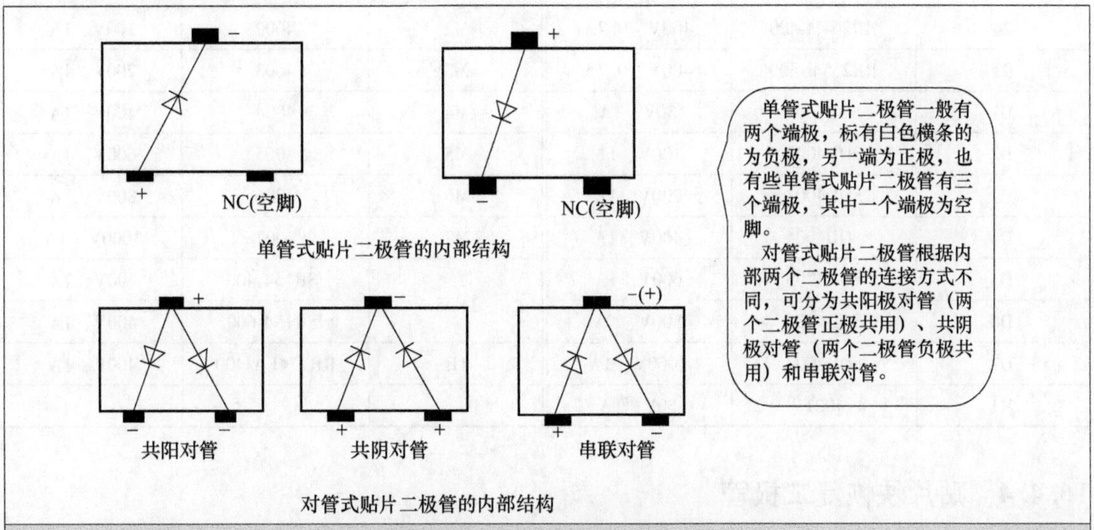

NC(空脚)
NC(空脚)
单管式贴片二极管的内部结构
共阳对管
共阴对管
串联对管
对管式贴片二极管的内部结构
单管式贴片二极管一般有两个端极，标有白色横条的为负极，另一端为正极，也有些单管式贴片二极管有三个端极，其中一个端极为空脚。
对管式贴片二极管根据内部两个二极管的连接方式不同，可分为共阳极对管（两个二极管正极共用）、共阴极对管（两个二极管负极共用）和串联对管。

图 16-15 贴片二极管的内部结构

16.4.2 贴片整流二极管和整流桥

整流二极管的作用是将交流电转换成直流电。普通的整流二极管（如 1N4001、1N407 等）只能对 3kHz 以下的交流电（如 50Hz、220V 的市电）进行整流，对 3kHz 以上的交流电整流要用快恢复二极管或肖特基二极管。

1. 外形

桥式整流电路是最常用的整流电路，它需要用到 4 只整流二极管，为了简化安装过程，通常将 4 只整流二极管连接成桥式整流电路并封装成一个器件，称之为整流桥。贴片整流二极管和贴片整流桥外形如图 16-16 所示。

M4
M7
HD06

图 16-16 贴片整流二极管和贴片整流桥

2. 常用型号代码与参数

由于贴片二极管体积小，不能标注过多的字符，因此常用一些简单的代码表示型号。表 16-5是一些常用贴片整流二极管型号代码及主要参数，比如贴片二极管上标注代码“D7”，表示该二极管的型号为 SOD4007，相当于插脚整流二极管 1N4007。

16.4.3 贴片稳压二极管

稳压二极管的作用是稳定电压。稳压二极管在使用时需要串接限流电阻器，另外还需要反接，即负极接电路的高电位、正极接电路的低电位。在选用稳压二极管时，主要考虑其功率和稳压值应满足电路的需要。贴片稳压二极管的外形如图 16-17 所示。

表 16-5　常用贴片整流二极管型号代码及主要参数

代　码	对应型号	主要参数	代　码	对应型号	主要参数
24	RR264M-400	400V、0.7A	M2	4002	100V、1A
91	RR255M-400	400V、0.7A	M3	4003	200V、1A
D1	SOD4001	50V、1A	M4	4004	400V、1A
D2	SOD4002	100V、1A	M5	4005	600V、1A
D3	SOD4003	200V、1A	M6	4006	800V、1A
D4	SOD4004	400V、1A	M7	4007	1000V、1A
D5	SOD4005	600V、1A	TE25	ISR154-400	400V、1A
D6	SOD4006	800V、1A		ISR154-600	400V、1A
D7	SOD4007	1000V、1A	TR	RR274EA-400	400V、1A
M1	4001	50V、1A			

16.4.4　贴片快恢复二极管

在开关电源、变频调速电路、脉冲调制解调电路、逆变电路和不间断电源等电路中，其工作信号频率很高，普通整流二极管无法使用，需要用到快恢复二极管。快恢复二极管具有反向恢复时间短（一般为几百纳秒），反向工作电压可达几百伏到 1000V，超快恢复二极管反向恢复时间更短（可达几十纳秒），可用在更高频率的电路中。

1. 外形

贴片快恢复二极管外形如图 16-18 所示，图中的 F7 快恢复二极管的最大工作电流为 1A、最高反向工作电压为 1000V，RS1J 快恢复二极管的最大工作电流为 1A、最高反向工作电压为 600V。

图 16-17　贴片稳压二极管

F7
RS1J

图 16-18　贴片快恢复二极管

2. 常用型号代码与参数

表 16-6 是一些常用贴片快恢复二极管型号及主要参数，型号中的数字表示最大正向工作电流，用字母 A、B、D、G、J、K、M 表示最高反向工作电压，用 RS、US、ES 分别表示快速、超快速和高速（反向恢复时间依次由长到短）。

表 16-6　常用贴片快恢复二极管型号及主要参数

型　号	最大正向工作电流/A	最高反向工作电压/V	反向恢复时间/ns
RS1A/F1	1	50	150
RS1B/F2	1	100	150
RS1D/F3	1	200	150

（续）

型　　号	最大正向工作电流/A	最高反向工作电压/V	反向恢复时间/ns
RS1G/F4	1	400	150
RS1J/F5	1	600	250
RS1K/F6	1	800	500
RS1M/F7	1	1000	500
US1A/B/D/G/J/K/M	1	50/100/200/400/600/800/1000	50（A/B/D/G）75（J/K/M）
ES1A/B/D/G/J/K/M	1	50/100/200/400/600/800/1000	35
ES3A/B/D/G/J/K/M	3	50/100/200/400/600/800/1000	35

16.4.5　贴片肖特基二极管

肖特基二极管与快恢复二极管一样，都可用在高频电路中，由于肖特基二极管反向恢复时间更短（可达 10ns 以下），因此可以工作在更高频率的电路中，其工作频率可在 1~3GHz，快恢复（超快恢复）二极管工作频率在 1GHz 以下。**肖特基二极管正向导通电压较普通二极管稍低，约 0.4V（电流大时该电压会略有上升），反向工作电压也比较低，一般在 100V 以下。**肖特基二极管广泛用在自动控制、仪器仪表、通信和遥控等领域。

1. 外形

贴片肖特基二极管外形如图 16-19 所示，图中的 SS56 型肖特基二极管的最大工作电流为 5A、最高反向工作电压为 60V，B36 型肖特基二极管的最大工作电流为 3A、最高反向工作电压为 60V。

SS56
ON C708
B36
图 16-19　贴片肖特基二极管

2. 常用型号与参数

表 16-7 是一些常用贴片肖特基二极管型号及主要参数，型号中的第一个数字表示最大正向工作电流，第二个数字乘 10 表示最高反向工作电压。

表 16-7　常用贴片肖特基二极管型号及主要参数

型　　号	最大正向工作电流/A	最高反向工作电压/V	型　　号	最大正向工作电流/A	最高反向工作电压/V
B32（MBRS320T3）	3	20	SS24	2	40
B36（MBRS360T3）	3	60	SS26	2	60
SS12	1	20	SS28	2	80
SS14	1	40	SS210	2	100
SS16	1	60	SS34	3	40
SS18	1	80	SS36	3	60
SS110	1	100	SS54	5	40
SS22	2	20	SS510	5	100

16.4.6 贴片开关二极管

开关二极管的反向恢复时间很短，高速开关二极管（如 1N4148）反向恢复时间不大于 4ns，超高速开关二极管（如 1SS300）不大于 1.6ns。**开关二极管的反向恢复时间一般小于快恢复二极管和肖特基二极管，但它的正向工作电流小（一般在 500mA 以下），反向工作电压低（一般为几十伏），所以开关二极管不能用在大电流高电压的电路中。**

开关二极管在电路中主要用作电子开关、小电流低电压的高频电路和逻辑控制电路等。由于开关二极管价格便宜，所以除用作电子开关外，小电流低电压的高频整流和低频整流也可采用开关二极管。

1. 两引脚的贴片开关二极管

图 16-20 是两种常见的两引脚贴片开关二极管 1N4148（标注有型号代码“T4”）和 1SS355（标注有型号代码“A”），1N4148 采用了两种不同的封装形式。

T4
A
1N4148
1SS355

图 16-20 两种常见的两引脚贴片开关二极管

2. 三引脚的贴片开关二极管

三引脚的贴片开关二极管内部有两个开关二极管，图 16-21 是几种常见的三引脚贴片开关二极管外形与内部电路结构，型号为 BAW56 的贴片二极管的标注代码为“A1”。

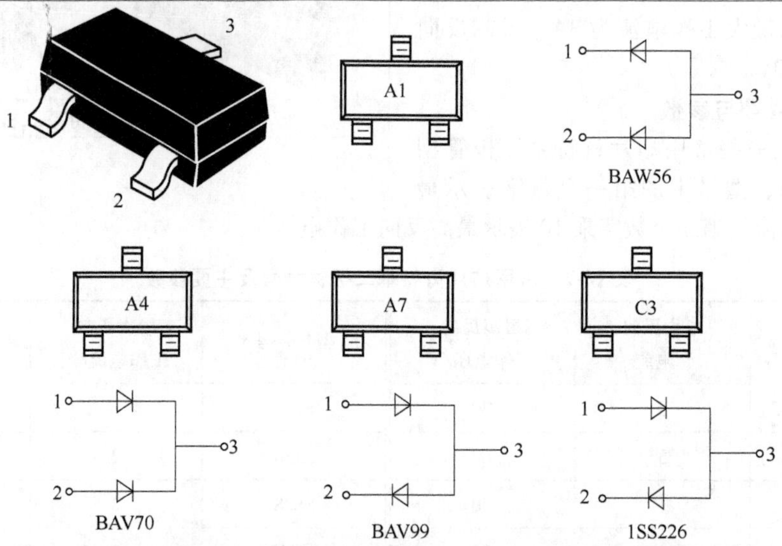
3
1
2
A1
1
2
3
BAW56
A4
A7
C3
1
2
3
BAV70
1
2
3
BAV99
1
2
3
1SS226

图 16-21 几种常见的三引脚贴片开关二极管

16.4.7 贴片发光二极管

发光二极管主要用作指示灯和照明，大量的发光二极管组合在一起还可以构成显示屏。发光二极管的发光颜色主要有白、红、黄、橙、绿和蓝等。普通亮度的发光二极管一般用作指示灯，大功率高亮发光二极管多用作照明光源。

1. 外形

图 16-22 是几种常见的贴片发光二极管的外形。

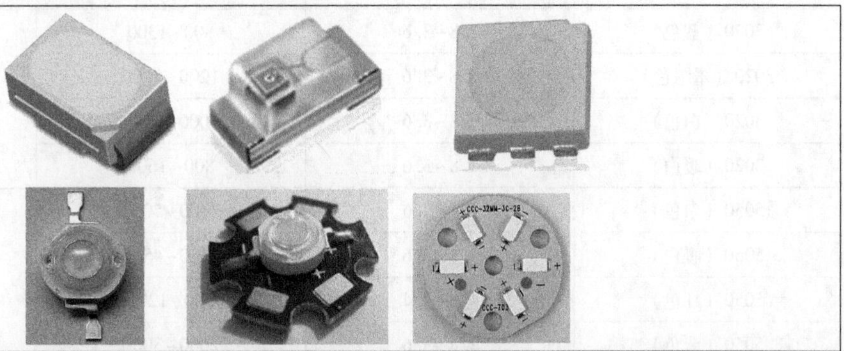

图 16-22　几种常见的贴片发光二极管

2. 常用规格及主要参数

贴片发光二极管的规格主要有 0603、0805、1206、1210、3020、5050，其主要参数见表 16-8。

表 16-8　常用规格贴片发光二极管的主要参数

产 品 规 格	正向电压/V	亮度/mcd	最大工作电流/mA
0603（红色）	1.8~2.4	100~150	20
0603（黄色）	1.8~2.4	120~180	
0603（蓝色）	2.8~3.6	350~400	
0603（绿色）	2.8~3.6	400~500	
0603（白色）	2.8~3.6	300~500	
0805（红色）	1.8~2.4	150~300	
0805（黄色）	1.8~2.4	180~350	
0805（蓝色）	2.8~3.6	450~600	
0805（绿色）	2.8~3.6	550~700	
0805（白色）	2.8~3.6	450~600	
1206（红色）	1.8~2.4	300~450	
1206（黄色）	1.8~2.4	380~500	
1206（蓝色）	2.8~3.6	550~700	
1206（绿色）	2.8~3.6	650~900	
1206（白色）	2.8~3.6	650~900	
1210（红色）	1.8~2.4	400~500	
1210（黄色）	1.8~2.4	450~500	
1210（蓝色）	2.8~3.6	600~750	
1210（绿色）	2.8~3.6	850~1200	
1210（白色）	2.8~3.6	850~1200	
3020（红色）	1.8~2.4	450~550	
3020（黄色）	1.8~2.4	400~650	

（续）

产品规格	正向电压/V	亮度/mcd	最大工作电流/mA
3020（蓝色）	2.8~3.6	800~1300	20
3020（翠绿色）	2.8~3.6	1200~2200	
3020（白色）	2.8~3.6	1000~2000	
3020（暖白）	2.8~3.6	800~1600	
5050（白色）	2.8~3.6	3000~5000	60
5050（暖白）	2.8~3.6	2500~4500	
5050（红色）	1.8~2.4	900~1200	
5050（蓝色）	2.8~3.6	2000~3000	

16.5 贴片晶体管

16.5.1 外形

图 16-23 是一些常见的贴片晶体管实物外形。

图 16-23 贴片晶体管

16.5.2 引脚极性规律与内部结构

贴片晶体管有 C、B、E 三个端极，对于图 16-24a 所示单列贴片晶体管，正面朝上，粘贴面朝下，从左到右依次为 B、C、E 极。对于图 16-24b 所示双列贴片晶体管，正面朝上，粘贴面朝下，单端极为 C 极，双端极左为 B 极，右为 E 极。

与普通晶体管一样，贴片晶体管也有 NPN 型和 PNP 型之分，这两种类型的贴片晶体管内部结构如图 16-25 所示。

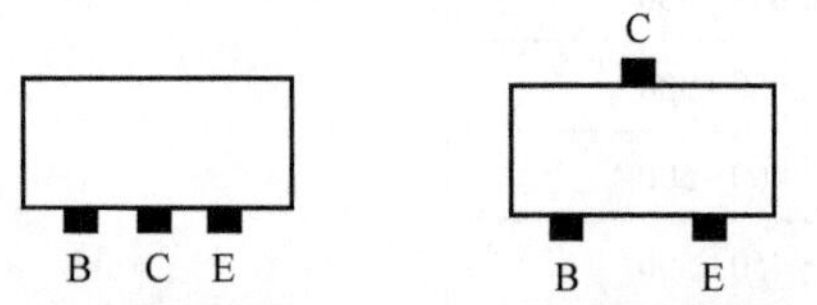
B C E
C
B E

a) 单列贴片晶体管　b) 双列贴片晶体管

图 16-24 贴片晶体管引脚排列规律

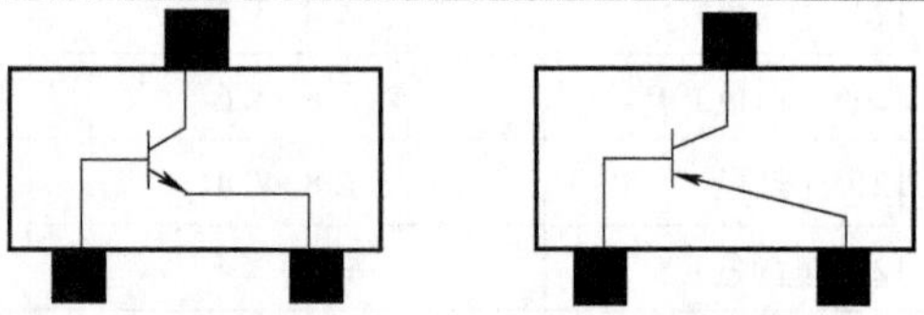

NPN型　PNP型

图 16-25 贴片晶体管内部结构

16.5.3 标注代码与对应型号

贴片晶体管的型号一般是通过在表面标注代码来表示的。常用贴片晶体管标注代码与对应的型号见表 16-9，常用贴片晶体管主要参数见表 16-10。

表 16-9　常用贴片晶体管标注代码与对应的型号

标注代码	对应型号	标注代码	对应型号	标注代码	对应型号
1T	S9011	2A	2N3906	6A	BC817-16
2T	S9012	1D	BTA42	6B	BC817-25
J3	S9013	2D	BTA92	1A	BC846A
J6	S9014	2L	2N5401	1B	BC846B
M6	S9015	G1	2N5551	1E	BC847A
Y6	S9016	702	2N7002	1F	BC847B
J8	S9018	V1	2N2111	1G	BC847C
J3Y	S8050	V2	2N2112	1J	BC848A
2TY	S8550	V3	2N2113	1K	BC848B
Y1	C8050	V4	2N2211	1L	BC848C
Y2	C8550	V5	2N2212	3A	BC856A
HF	2SC1815	V6	2N2213	3B	BC856B
BA	2SA1015	R23	2SC3359	3E	BC857A
CR	2SC945	AD	2SC3838	3F	BC857B
CS	2SA733	5A	BC807-16	3J	BC858A
1P	2N2222	5B	BC807-25	3K	BC858B
1AM	2N3904	5C	BC807-40	3L	BC858C

表 16-10　常用贴片晶体管主要参数

型　号	最大电流/A	最高电压/V	标注代码	类　型
S9011	0. 03	30	1T	PNP
S9012	0. 5	25	2T	PNP
S9013	0. 5	25	J3	NPN
S9014	0. 1	45	J6	NPN
S9015	0. 1	45	M6	PNP
S9016	0. 03	30	Y6	NPN
S9018	0. 05	30	J8	NPN
S8050	0. 5	25	J3Y	NPN
S8550	0. 5	25	2TY	PNP
A1015	0. 15	50	BA	PNP
C1815	0. 15	50	HF	NPN
MMBT3904	0. 2	40	1AM	NPN
MMBT3906	0. 2	40	2A	PNP
MMBTA42	0. 3	300	1D	NPN
MMBTA92	0. 2	300	2D	PNP
MMBT5551	0. 6	180	G1	NPN
MMBT5401	0. 6	180	2L	PNP

第17章

集成电路

17.1 概　　述

17.1.1 快速了解集成电路

将许多电阻器、二极管和晶体管等元器件以电路的形式制作在半导体硅片上，然后接出引脚并封装起来，就构成了集成电路。集成电路简称为集成块，又称芯片 IC，图 17-1a 所示的 LM380 就是一种常见的音频放大集成电路，其内部电路如图 17-1b 所示。

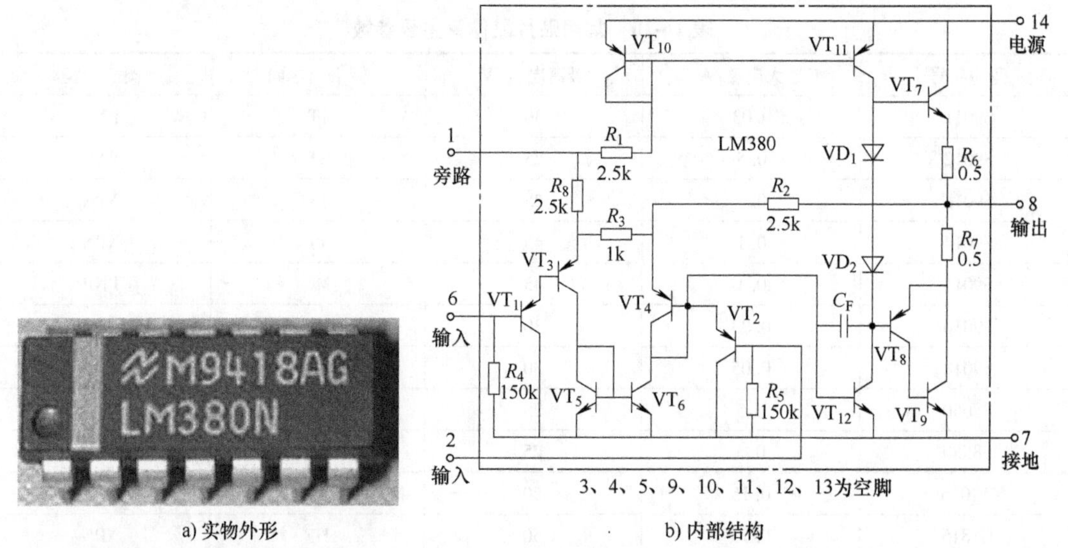

M9418AG
LM380N
a) 实物外形
VT10
VT11
14
电源
VT7
1
旁路
R1
2.5k
LM380
VD1
R6
0.5
R8
2.5k
R2
2.5k
8
输出
R3
1k
R7
0.5
VT3
VD2
6
输入
VT1
VT4
VT2
CF
VT8
R4
150k
VT5
VT6
R5
150k
VT12
VT9
7
接地
2
输入
3、4、5、9、10、11、12、13为空脚
b) 内部结构

图 17-1　LM380 集成电路

由于集成电路内部结构复杂，对于大多数人来说，可不用了解内部电路具体结构，只需知道集成电路的用途和各引脚的功能。

单独集成电路是无法工作的，需要给它加接相应的外围元器件并提供电源才能工作。图 17-2 中的集成电路 LM380 提供了电源并加接了外围元器件，它就可以对 6 脚输入的音频信号进行放大，然后从 8 脚输出放大的音频信号，再送入扬声器使之发声。

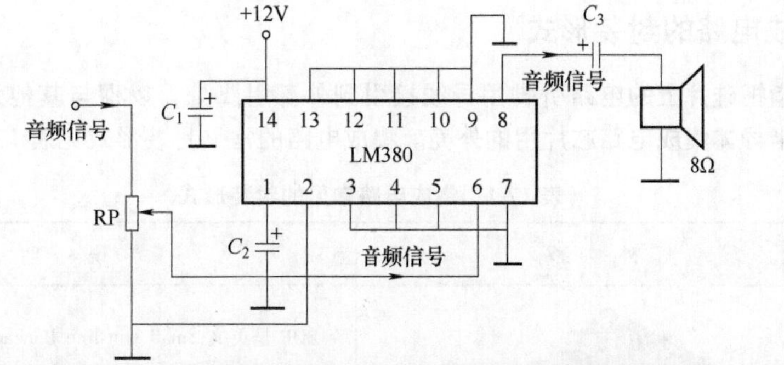
+12V
C_3
音频信号
C_1
音频信号
14 13 12 11 10 9 8
LM380
8Ω
1 2 3 4 5 6 7
RP
C_2
音频信号

图 17-2 LM380 构成的实用电路

17.1.2 集成电路的特点

有的集成电路内部只有十几个元器件，而有些集成电路内部则有上千万个元器件（如计算机中的 CPU）。集成电路内部电路很复杂，对于大多数电子技术人员可不用理会内部电路原理，除非是从事电路设计工作的。

集成电路主要有以下特点：

1）集成电路中多用晶体管，少用电感器、电容器和电阻器，特别是大容量的电容器，因为制作这些元件需要占用大面积硅片，导致成本提高。

2）集成电路内的各个电路之间多采用直接连接（即用导线直接将两个电路连接起来），少用电容器连接，这样可以减少集成电路的面积，又能使它适用各种频率的电路。

3）集成电路内多采用对称电路（如差动电路），这样可以纠正制造工艺上的偏差。

4）集成电路一旦生产出来，内部的电路无法更改，不像分立元器件电路可以随时改动，所以当集成电路内的某个元器件损坏时只能更换整个集成电路。

5）集成电路一般不能单独使用，需要与分立元器件组合才能构成实用的电路。对于集成电路，大多数电子技术人员只要知道它内部具有什么样功能的电路，即了解内部结构框图和各脚功能就行了。

17.1.3 集成电路的种类

集成电路的种类很多，其分类方式也很多，这里介绍几种主要分类方式：

1）按集成电路所体现的功能来分，可分为模拟集成电路、数字集成电路、接口电路和特殊电路四类。

2）按有源器件类型不同，集成电路又可分为双极型、单极型及双极-单极混合型三种。

双极型集成电路内部主要采用二极管和晶体管。它又可以分为 DTL（二极管-晶体管逻辑）、TTL（晶体管-晶体管逻辑）、ECL（发射极耦合逻辑、电流型逻辑）、HTL（高抗干扰逻辑）和 I^2L（集成注入逻辑）电路。双极型集成电路开关速度快，频率高，信号传输延迟时间短，但制造工艺较复杂。

单极型集成电路内部主要采用 MOS 场效应晶体管。它又可分为 PMOS、NMOS 和 CMOS 电路。单极型集成电路输入阻抗高，功耗小，工艺简单，集成密度高，易于大规模集成。

双极-单极混合型集成电路内部采用 MOS 和双极兼容工艺制成，因而兼有两者的优点。

3）按集成电路的集成度来分，可分为小规模集成电路（SSI）、中规模集成电路（MSI）、大规模集成电路（LSI）和超大规模集成电路（VLSI）。

17.1.4　集成电路的封装形式

封装就是指把硅片上的电路引脚用导线接引到外部引脚处，以便与其他元器件连接。封装形式是指安装半导体集成电路芯片用的外壳。集成电路的常见封装形式见表 17-1。

表 17-1　集成电路常见的封装形式

名　称	外　形	说　明
SOP		SOP 是英文 Small Out-line Package 的缩写，即小外形封装。SOP 技术由 1968～1969 年飞利浦公司开发成功，以后逐渐派生出 SOJ（J 型引脚小外形封装）、TSOP（薄小外形封装）、VSOP（甚小外形封装）、SSOP（缩小型 SOP）、TSSOP（薄的缩小型 SOP）及 SOT（小外形晶体管）和 SOIC（小外形集成电路）等
SIP	LW54123 0719	SIP 是英文 Single In-line Package 的缩写，即单列直插式封装。引脚从封装一个侧面引出，排列成一条直线。当装配到印刷基板上时封装呈侧立状。引脚中心距通常为 2.54mm，引脚数为 2～23，多数为定制产品
DIP	24 1	DIP 是英文 Double In-line Package 的缩写，即双列直插式封装。插装型封装之一，引脚从封装两侧引出，封装材料有塑料和陶瓷两种。DIP 是最普及的插装型封装，应用范围包括标准逻辑 IC、存储器 LSI 和微机电路等
PLCC		PLCC 是英文 Plastic Leaded Chip Carrier 的缩写，即塑封 J 引线芯片封装。PLCC 封装方式，外形呈正方形，32 脚封装，四周都有引脚，外形尺寸比 DIP 小得多。PLCC 封装适合用 SMT（表面安装技术）在印制电路板上安装布线，具有外形尺寸小、可靠性高的优点
TQFP		TQFP 是英文 Thin Quad Flat Package 的缩写，即薄塑封四角扁平封装。TQFP 工艺能有效利用空间，从而降低对印制电路板空间大小的要求。由于缩小了高度和体积，这种封装工艺非常适合对空间要求较高的应用，如 PCMCIA 卡和网络器件。几乎所有 ALTERA 的 CPLD/FPGA 都有 TQFP
PQFP		PQFP 是英文 Plastic Quad Flat Package 的缩写，即塑封四角扁平封装。PQFP 的芯片引脚之间距离很小，引脚很细，一般大规模或超大规模集成电路采用这种封装形式，其引脚数一般都在 100 以上

（续）

名　称	外　形	说　明
TSOP		TSOP 是英文 Thin Small Outline Package 的缩写，即薄型小尺寸封装。TSOP 技术的一个典型特征就是在封装芯片的周围做出引脚，TSOP 适合用 SMT（表面安装技术）印制电路板上安装布线。采用 TSOP 时，寄生参数减小，适合高频应用，可靠性比较高
BGA		BGA 是英文 Ball Grid Array 的缩写，即球栅阵列封装。20 世纪 90 年代随着技术的进步，芯片集成度不断提高，I/O 引脚数急剧增加，功耗也随之增大，对集成电路封装的要求也更加严格。为了满足发展的需要，BGA 封装开始应用于生产

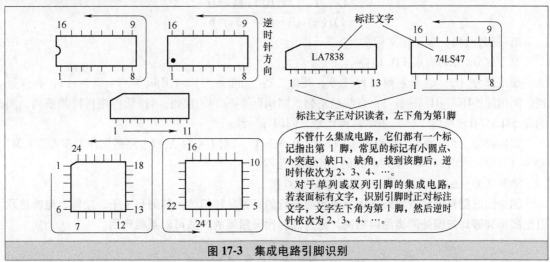

17.1.5　集成电路的引脚识别

集成电路的引脚很多，少则几个，多则几百个，各个引脚功能又不一样，所以在使用时一定要对号入座，否则集成电路不工作甚至烧坏。因此一定要知道集成电路引脚的识别方法。集成电路的引脚识别如图 17-3 所示。

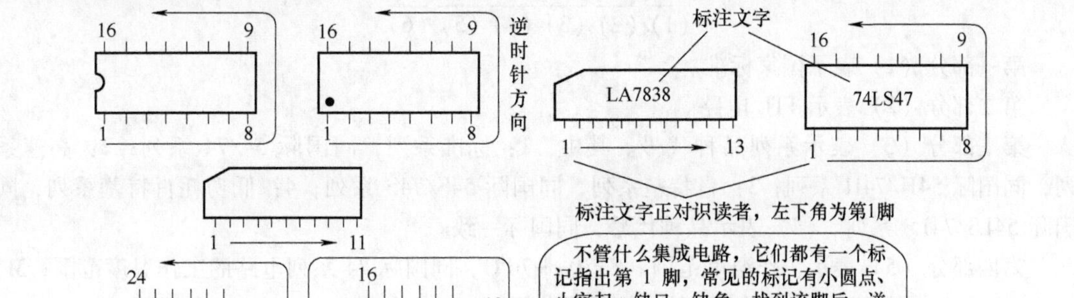

16
9
1
8
逆时针方向
标注文字
LA7838
74LS47
13
11
标注文字正对识读者，左下角为第1脚
24
18
6
7
12
10
22
5
24 1
不管什么集成电路，它们都有一个标记指出第 1 脚，常见的标记有小圆点、小突起、缺口、缺角，找到该脚后，逆时针依次为 2、3、4、…。
对于单列或双列引脚的集成电路，若表面标有文字，识别引脚时正对标注文字，文字左下角为第 1 脚，然后逆时针依次为 2、3、4、…。

图 17-3　集成电路引脚识别

17.1.6　集成电路的型号命名方法

我国国家标准（国标）规定的半导体集成电路型号命名法由五部分组成，具体见表 17-2。

表 17-2　国家标准集成电路型号命名方法及含义

第一部分	第二部分	第三部分	第四部分	第五部分
用字母表示器件符合国家标准	用字母表示器件类型	用阿拉伯数字表示器件的系列和品种代号	用字母表示器件的工作温度范围	用字母表示器件的封装

（续）

第一部分		第二部分		第三部分	第四部分		第五部分	
符号	意义	符号	意义	TTL 分为 54/74 ××× 54/74H ××× 54/74L ××× 54/74LS ××× 54/74AS ××× 54/74ALS ××× 54/74F ××× COMS 分为 4000 系列 54/74HC ××× 54/74HCT ×××	符号	意义	符号	意义
C	中国制造	T	TTL		C	0~70℃	W	陶瓷扁平
		H	HTL		E	-40~85℃	B	塑料扁平
		E	ECL		R	-55~85℃	F	全密封扁平
		C	CMOS		M	-55~125℃	D	陶瓷直插
		F	线性放大器		G	-25~70℃	P	塑料直插
		D	音响、电视电路		L	-25~85℃	J	黑陶瓷直插
		W	稳压器				L	金属菱形
		J	接口电路				T	金属圆形
		B	非线性电路				H	黑瓷低熔点玻璃
		M	存储器					
		S	特殊电路					
		AD	模拟-数字转换器					
		DA	数字-模拟转换器					

例如：

C	T	4	020	M	D
(1)	(2)	(3)	(4)	(5)	(6)

第一部分（1）表示国家标准。

第二部分（2）表示 TTL 电路。

第三部分（3）表示系列品种代号。其中，1：标准系列，同国际 54/74 系列；2：高速系列，同国际 54H/74H 系列；3：肖特基系列，同国际 54S/74S 系列；4：低功耗肖特基系列，同国际 54LS/74LS 系列。（4）表示品种代号，同国际一致。

第四部分（5）表示工作温度范围。C：0~+70℃，同国际 74 系列电路的工作温度范围；M：-55~+125℃，同国际 54 系列电路的工作温度范围。

第五部分（6）表示封装形式为陶瓷双列直插。

国家标准型号的集成电路与国际通用或流行的系列品种相仿，其型号主干、功能、电特性及引出脚排列等均与国外同类品种相同，因而品种代号相同的产品可以互相代用。

17.2　集成电路的检测

集成电路型号很多，内部电路千变万化，故检测集成电路好坏较为复杂。下面介绍一些常用的集成电路好坏检测方法。

17.2.1　开路测量电阻法

开路测量电阻法是指在集成电路未与其他电路连接时，通过测量集成电路各引脚与接地引脚之间的电阻来判别好坏的方法。

集成电路都有一个接地引脚（GND），其他各引脚与接地引脚之间都有一定的电阻，由于同

型号的集成电路内部电路相同，因此同型号的正常集成电路的各引脚与接地引脚之间的电阻均是相同的。根据这一点，可使用开路测量电阻的方法来判别集成电路的好坏。开路测量集成电路电阻如图 17-4 所示。

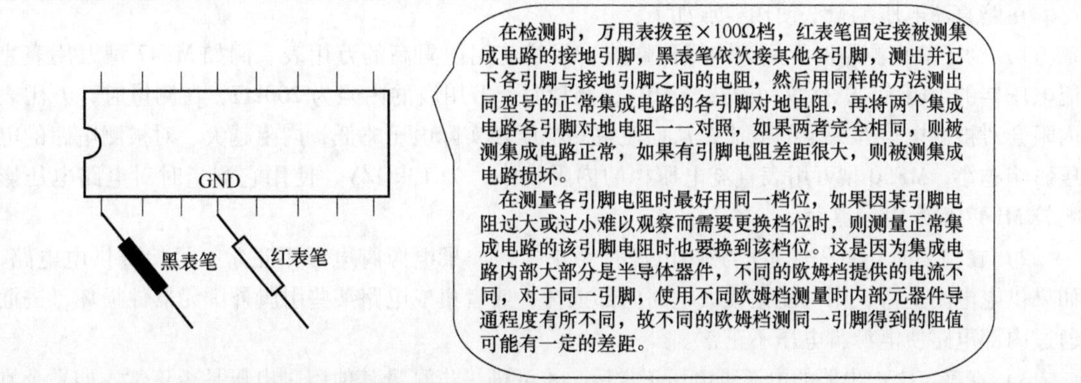
GND
黑表笔
红表笔
在检测时，万用表拨至×100Ω档，红表笔固定接被测集成电路的接地引脚，黑表笔依次接其他各引脚，测出并记下各引脚与接地引脚之间的电阻，然后用同样的方法测出同型号的正常集成电路的各引脚对地电阻，再将两个集成电路各引脚对地电阻一一对照，如果两者完全相同，则被测集成电路正常，如果有引脚电阻差距很大，则被测集成电路损坏。
在测量各引脚电阻时最好用同一档位，如果因某引脚电阻过大或过小难以观察而需要更换档位时，则测量正常集成电路的该引脚电阻时也要换到该档位。这是因为集成电路内部大部分是半导体器件，不同的欧姆档提供的电流不同，对于同一引脚，使用不同欧姆档测量时内部元器件导通程度有所不同，故不同的欧姆档测同一引脚得到的阻值可能有一定的差距。

图 17-4　开路测量集成电路电阻示意图

采用开路测电阻法判别集成电路好坏比较准确，并且对大多数集成电路都适用，其缺点是检测时需要找一个同型号的正常集成电路作为对照，解决这个问题的方法是平时多测量一些常用集成电路的开路电阻数据，以便以后检测同型号集成电路时作为参考，另外也可查阅一些资料来获得这方面的数据，图 17-5 是一种常用的内部有四个运算放大器的集成电路 LM324，表 17-3 中列出其开路电阻数据，测量使用数字万用表 200kΩ 档，表中有两组数据，一组为红表笔接 11 脚（接地脚）、黑表笔接其他各脚测得的数据，另一组为黑表笔接 11 脚、红表笔接其他各脚测得的数据，在检测 LM324 好坏时，也应使用数字万用表的 200kΩ 档，再将实测的各脚数据与表中数据进行对照来判别所测集成电路的好坏。

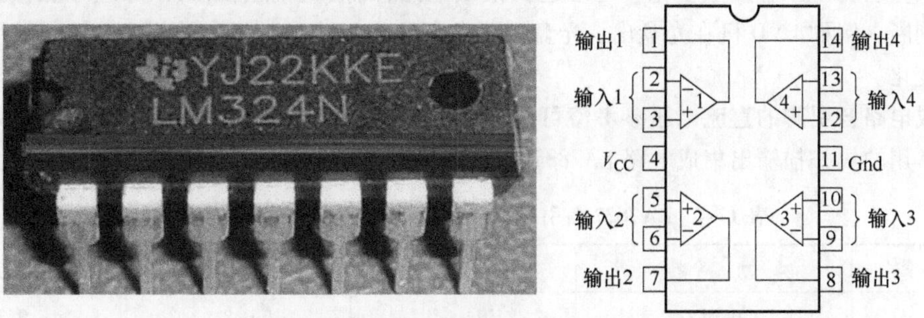
YJ22KKE
LM324N
输出1
输入1
V_{CC}
输入2
输出2
输出4
输入4
Gnd
输入3
输出3
1
2
3
4
5
6
7
8
9
10
11
12
13
14

a) 外形　　b) 内部结构

图 17-5　集成电路 LM324

表 17-3　LM324 各引脚对地的开路电阻数据

项目	引脚													
	1	2	3	4	5	6	7	8	9	10	11	12	13	14
红表笔接 11 脚/kΩ	6.7	7.4	7.4	5.5	7.5	7.5	7.4	7.5	7.4	7.4	0	7.4	7.4	6.7
黑表笔接 11 脚/kΩ	150	∞	∞	19	∞	∞	150	150	∞	∞	0	∞	∞	150

17.2.2　在路检测法

在路检测法是指在集成电路与其他电路连接时检测集成电路的方法。

1. 在路直流电压测量法

在路直流电压测量法是在通电的情况下，用万用表直流电压档测量集成电路各引脚对地电压，再与参考电压进行比较来判断故障的方法。

在路直流电压测量法使用要点如下：

1）为了减小测量时万用表内阻的影响，尽量使用内阻高的万用表。例如 MF47 型万用表直流电压档的内阻为 20kΩ/V，当选择 10V 档测量时，万用表的内阻为 200kΩ，在测量时，万用表内阻会对被测电压有一定的分流，从而使被测电压较实际电压略低，内阻越大，对被测电路的电压影响越小，MF50 型万用表直流电压档的内阻较小，为 10kΩ/V，使用它测量时对电路电压影响较 MF47 型万用表更大。

2）在检测时，首先测量电源脚电压是否正常，如果电源脚电压不正常，可检查供电电路，如果供电电路正常，则可能是集成电路内部损坏，或者集成电路某些引脚外围元器件损坏，进而通过内部电路使电源脚电压不正常。

3）在确定集成电路的电源脚电压正常后，才可进一步测量其他引脚电压是否正常。如果个别引脚电压不正常，先检测该脚外围元器件，若外围元器件正常，则为集成电路损坏。如果多个引脚电压不正常，可通过集成电路内部大致结构和外围电路工作原理，分析这些引脚电压是否因某个或某些引脚电压变化引起，着重检查这些引脚外围元器件，若外围元器件正常，则为集成电路损坏。

4）有些集成电路在有信号输入（动态）和无信号输入（静态）时某些引脚电压可能不同，在将实测电压与该集成电路的参考电压对照时，要注意其测量条件，实测电压也应在该条件下测得。例如彩色电视机图样上标注出来的参考电压通常是在接收彩条信号时测得的，实测时也应尽量让电视机接收彩条信号。

5）有些电子产品有多种工作方式，在不同的工作方式下和工作方式切换过程中，有关集成电路的某些引脚电压会发生变化，对于这种集成电路，需要了解电路工作原理才能做出准确的测量与判断。例如 DVD 机在光盘出、光盘入、光盘搜索和读盘时，有关集成电路某些引脚电压会发生变化。

集成电路各引脚的直流电压参考值可以参看有关图样或查阅有关资料来获得。表 17-4 列出了彩电常用的场扫描输出集成电路 LA7837 各引脚功能、直流电压和在路电阻参考值。

表 17-4　LA7837 各引脚功能、直流电压和在路电阻参考值

引　脚	功　能	直流电压/V	正向电阻/kΩ	反向电阻/kΩ
①	电源 1	11.4	0.8	0.7
②	场频触发脉冲输入	4.3	18	0.9
③	外接定时元件	5.6	1.7	3.2
④	外接场幅调整元件	5.8	4.5	1.4
⑤	50Hz/60Hz 场频控制	0.2/3.0	2.7	0.9
⑥	锯齿波发生器电容	5.7	1.0	0.95
⑦	负反馈输入	5.4	1.4	2.6
⑧	电源 2	24	1.7	0.7
⑨	泵电源提升端	1.9	4.5	1.0
⑩	负反馈消振电容	1.3	1.7	0.9
⑪	接地	0	0	0

（续）

引　脚	功　能	直流电压/V	正向电阻/kΩ	反向电阻/kΩ
⑫	场偏转功率输出	12.4	0.75	0.6
⑬	场功放电源	24.3	∞	0.75

注：表中数据在康佳 T5429D 彩色电视机上测得。正向电阻表示红表笔测量、黑表笔接地；反向电阻表示黑表笔测量、红表笔接地

2. 在路电阻测量法

在路电路测量法是在切断电源的情况下，用万用表欧姆档测量集成电路各引脚及外围元器件的正、反向电阻值，再与参考数据相比较来判断故障的方法。在路电阻测量集成电路如图 17-6 所示。集成电路各引脚的电阻参考值可以参看有关图样或查阅有关资料来获得。

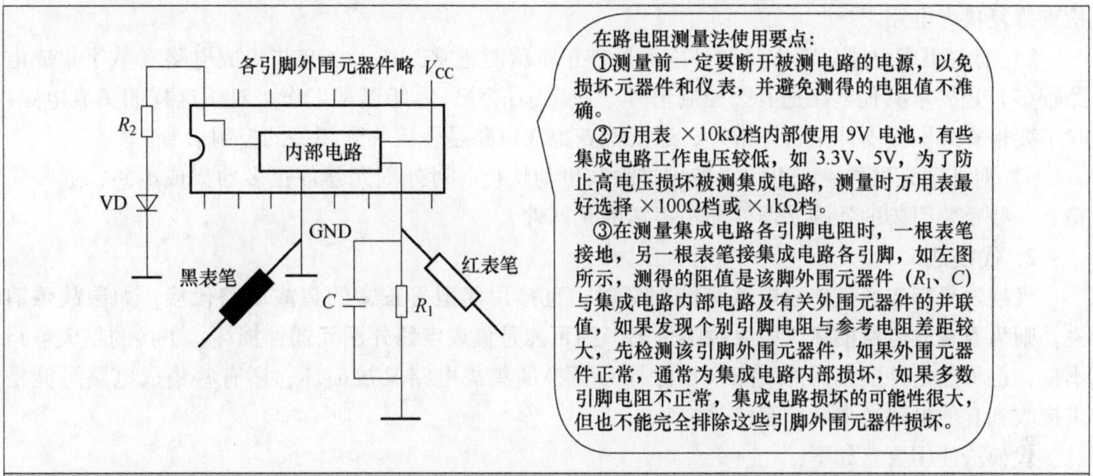
各引脚外围元器件略
V_{CC}
R_2
内部电路
VD
GND
黑表笔
红表笔
C
R_1
在路电阻测量法使用要点：
①测量前一定要断开被测电路的电源，以免损坏元器件和仪表，并避免测得的电阻值不准确。
②万用表 ×10kΩ档内部使用 9V 电池，有些集成电路工作电压较低，如 3.3V、5V，为了防止高电压损坏被测集成电路，测量时万用表最好选择 ×100Ω档或 ×1kΩ档。
③在测量集成电路各引脚电阻时，一根表笔接地，另一根表笔接集成电路各引脚，如左图所示，测得的阻值是该脚外围元器件（R_1、C）与集成电路内部电路及有关外围元器件的并联值，如果发现个别引脚电阻与参考电阻差距较大，先检测该引脚外围元器件，如果外围元器件正常，通常为集成电路内部损坏，如果多数引脚电阻不正常，集成电路损坏的可能性很大，但也不能完全排除这些引脚外围元器件损坏。

图 17-6　测量集成电路的在路电阻

3. 在路总电流测量法

在路总电流测量法是指测量集成电路的总电流来判断故障的方法。

集成电路内部元器件大多采用直接连接方式组成电路，当某个元器件被击穿或开路时，通常对后级电路有一定的影响，从而使得整个集成电路的总工作电流减小或增大，测得集成电路的总电流后再与参考电流比较，过大、过小均说明集成电路或外围元器件存在故障。电子产品的图样和有关资料一般不提供集成电路总电流参考数据，该数据可在正常电子产品的电路中实测获得。

在路测量集成电路的总电流如图 17-7 所示，在测量时，既可以断开集成电路的电源脚直接测量电流，也可以测量电源脚的供电电阻两端电压，然后利用 $I=U/R$ 来计算出电流值。

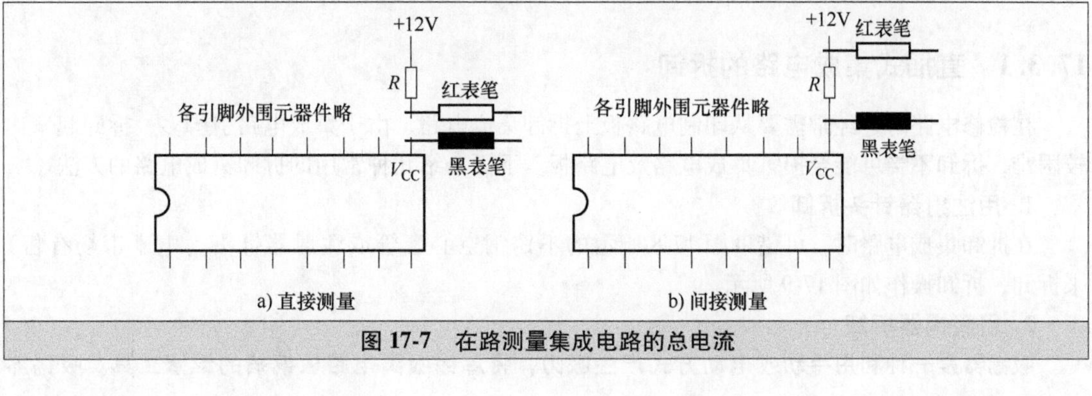
+12V
R
红表笔
各引脚外围元器件略
黑表笔
V_{CC}
a) 直接测量
+12V
红表笔
R
各引脚外围元器件略
黑表笔
V_{CC}
b) 间接测量

图 17-7　在路测量集成电路的总电流

17.2.3　排除法和代换法

不管是开路测量电阻法，还是在路检测法，都需要知道相应的参考数据。如果无法获得参考数据，可使用排除法和代换法。

1. 排除法

在使用集成电路时，需要给它外接一些元器件，如果集成电路不工作，可能是集成电路本身损坏，也可能是外围元器件损坏。**排除法是指先检查集成电路各引脚外围元器件，当外围元器件均正常时，外围元器件损坏导致集成电路工作不正常的原因则可排除，故障应为集成电路本身损坏。**

排除法使用要点如下：

1）在检测时，最好在测得集成电路供电正常后再使用排除法，如果电源脚电压不正常，先检查修复供电电路。

2）有些集成电路只需本身和外围元器件正常就能正常工作，也有些集成电路（数字集成电路较多）还要求其他电路送有关控制信号（或反馈信号）才能正常工作，对于这样的集成电路，除了要检查外围元器件是否正常外，还要检查集成电路是否接收到相关的控制信号。

3）对外围元器件集成电路，使用排除法更为快捷。对外围元器件很多的集成电路，通常先检查一些重要引脚的外围元器件和易损坏的元器件。

2. 代换法

代换法是指当怀疑集成电路可能损坏时，直接用同型号正常的集成电路代换，如果故障消失，则为原集成电路损坏，如果故障依旧，则可能是集成电路外围元器件损坏、更换的集成电路不良，也可能是外围元器件故障未排除导致更换的集成电路又被损坏，还有些集成电路可能是未接收到其他电路送来的控制信号。

代换法使用要点如下：

1）由于在未排除外围元器件故障时直接更换集成电路，可能会使集成电路再次损坏，因此，对于工作在高电压、大电流下的集成电路，最好在检查外围元器件正常的情况下才更换集成电路，对于工作在低电压下的集成电路，也尽量在确定一些关键引脚的外围元器件正常的情况下再更换集成电路。

2）有些数字集成电路内部含有程序，如果程序发生错误，即使集成电路外围元器件和有关控制信号都正常，集成电路也不能正常工作，对于这种情况，可使用一些设备重新给集成电路写入程序，或更换已写入程序的集成电路。

17.3　集成电路的拆卸与焊接

17.3.1　直插式集成电路的拆卸

在检修电路时，经常需要从印制电路板上拆卸集成电路，由于集成电路引脚多，拆卸起来比较困难，拆卸不当可能会损害集成电路及电路板。下面介绍几种常用的拆卸集成电路的方法。

1. 用注射器针头拆卸

在拆卸集成电路时，可借助图 17-8 所示的不锈钢空心套管或注射器针头（电子市场有售）来拆卸，拆卸操作如图 17-9 所示。

2. 用吸锡器拆卸

吸锡器是一种利用手动或电动方式产生吸力，将焊锡吸离电路板铜箔的维修工具。吸锡器如图 17-10 所示，图中下方的吸锡器具有加热功能，又称吸锡电烙铁。利用吸锡器拆卸集成电路的操作如图 17-11 所示。

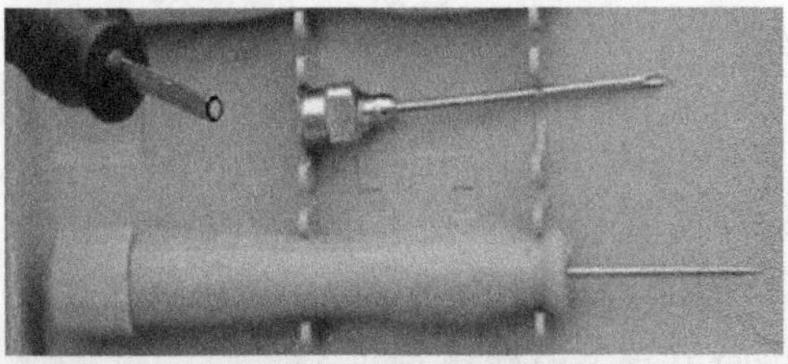

图 17-8 不锈钢空心套管和注射器针头

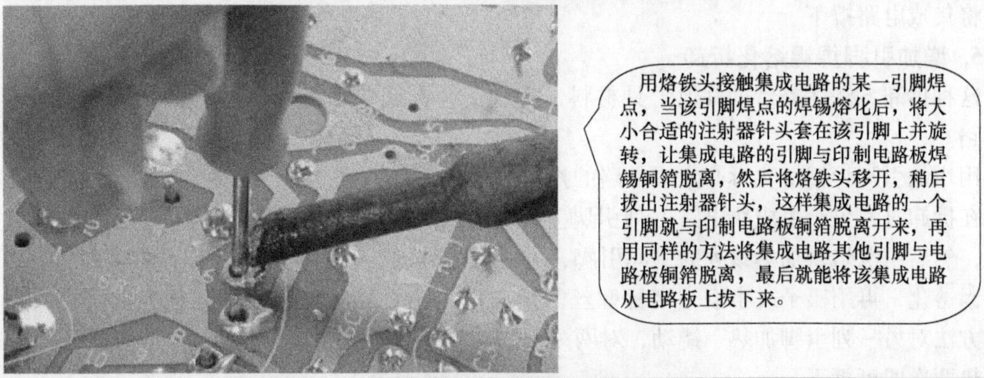
用烙铁头接触集成电路的某一引脚焊点，当该引脚焊点的焊锡熔化后，将大小合适的注射器针头套在该引脚上并旋转，让集成电路的引脚与印制电路板焊锡铜箔脱离，然后将烙铁头移开，稍后拔出注射器针头，这样集成电路的一个引脚就与印制电路板铜箔脱离开来，再用同样的方法将集成电路其他引脚与电路板铜箔脱离，最后就能将该集成电路从电路板上拔下来。

图 17-9 用不锈钢空心套管拆卸多引脚元器件

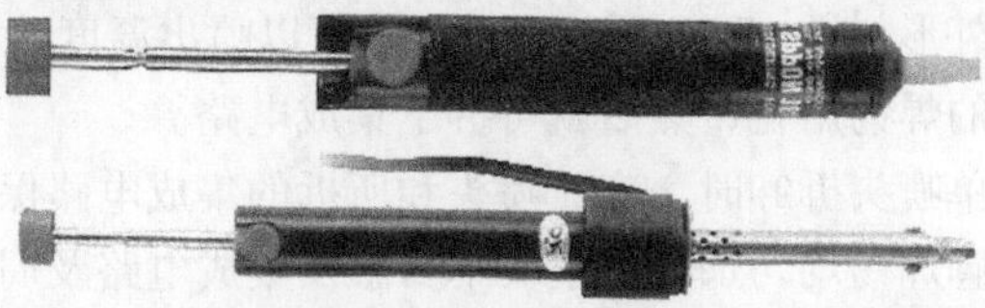

图 17-10 吸锡器

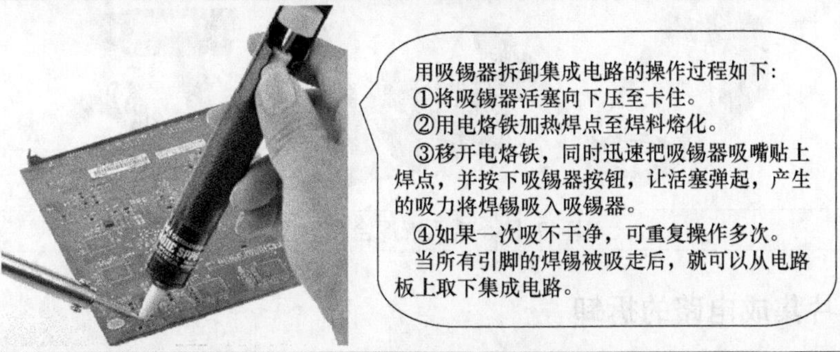
用吸锡器拆卸集成电路的操作过程如下：
①将吸锡器活塞向下压至卡住。
②用电烙铁加热焊点至焊料熔化。
③移开电烙铁，同时迅速把吸锡器吸嘴贴上焊点，并按下吸锡器按钮，让活塞弹起，产生的吸力将焊锡吸入吸锡器。
④如果一次吸不干净，可重复操作多次。
当所有引脚的焊锡被吸走后，就可以从电路板上取下集成电路。

图 17-11 用吸锡器拆卸集成电路

3. 用毛刷配合电烙铁拆卸

这种拆卸方法比较简单，拆卸时只需一把电烙铁和一把小毛刷即可。在使用该方法拆卸集成电路时，先用电烙铁加热集成电路引脚处的焊锡，待引脚上的焊锡熔化后，马上用毛刷将熔化的焊锡扫掉，再用这种方法清除其他引脚的焊锡，当所有引脚焊锡被清除后，用镊子或小型一字槽螺丝刀撬下集成电路。

4. 用多股铜丝吸锡拆卸

在使用这种方法拆卸时，需要用到多股铜芯导线，如图 17-12 所示。

用多股铜丝吸锡拆卸集成电路的操作过程如下：

1）去除多股铜芯导线的塑胶外皮，将导线放在松香中用电烙铁加热，使导线沾上松香。

2）将多股铜芯丝放到集成电路引脚上用电烙铁加热，这样引脚上的焊锡就会被沾有松香的铜丝吸附，吸上焊锡的部分可剪去，重复操作几次就可将集成电路引脚上的焊锡全部吸走，然后用镊子或小型一字槽螺丝刀轻轻将集成电路撬下。

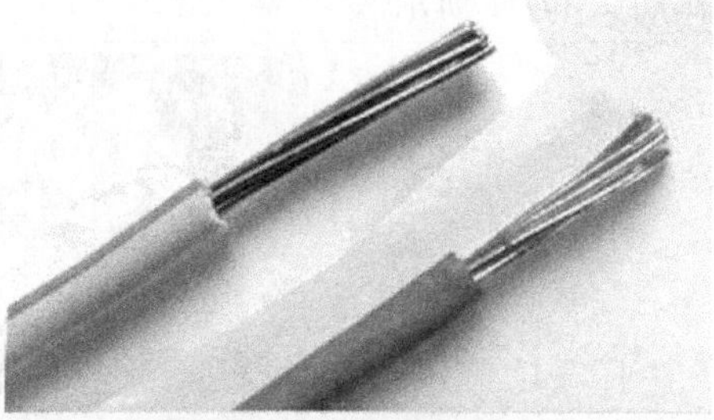

图 17-12　多股铜芯导线

5. 增加引脚焊锡熔化拆卸

这种拆卸方法无需借助其他工具材料，特别适合拆卸单列或双列且引脚数量不是很多的集成电路。

用增加引脚焊锡熔化拆卸集成电路的操作过程如下：

在拆卸时，先给集成块电路一列引脚上增加一些焊锡，让焊锡将该列引脚所有的焊点连接起来，然后用电烙铁加热该列的中间引脚，并往两端移动，利用焊锡的热传导将该列所有引脚上的焊锡熔化，再用镊子或小型一字槽螺丝刀偏向该列位置轻轻将集成电路往上撬一点，再用同样的方法对另一列引脚加热、撬动，对两列引脚轮换加热，直到拆下为止。一般情况下，每列引脚加热两次即可拆下。

6. 用热风拆焊台或热风枪拆卸

热风拆焊台或热风枪外形如图 17-13 所示，其喷头可以喷出温度达几百摄氏度的热风，利用热风将集成电路各引脚上的焊锡熔化，然后就可拆下集成电路。

在拆卸时要注意，用单喷头拆卸时，应让喷头和所拆的集成电路保持垂直，并沿集成电路周围引脚移动喷头，对各引脚焊锡均匀加热，喷头不要触及集成电路及周围的外围元器件，吹焊的位置要准确，尽量不要吹到集成电路周围的元器件。

图 17-13　热风拆焊台和热风枪

17. 3. 2　贴片集成电路的拆卸

贴片集成电路的引脚多且排列紧密，有的还四面都有引脚，在拆卸时若方法不当，轻则无法拆下，重则损坏集成电路引脚和电路板上的铜箔。贴片集成电路的拆卸通常使用热风拆焊台或热风枪拆卸。

贴片集成电路的拆卸操作过程如下：

1）在拆卸前，仔细观察待拆集成电路在电路板的位置和方位，并做好标记，以便焊接时按对应标记安装集成电路，避免安装出错。

2）用小刷子将贴片集成电路周围的杂质清理干净，再给贴片集成电路引脚上涂少许松香粉末或松香水。

3）调好热风枪的温度和风速。温度开关一般调至 3~5 档，风速开关调至 2~3 档。

4）用单喷头拆卸时，应注意使喷头和所拆集成电路保持垂直，并沿集成电路周围引脚移动，对各引脚均匀加热，喷头不可触及集成电路及周围的外围元器件，吹焊的位置要准确，且不可吹到集成电路周围的元器件。

5）待集成电路的各引脚的焊锡全部熔化后，用镊子将集成电路掀起或夹走，且不可用力，否则极易损坏与集成电路连接的铜箔。

对于没有热风拆焊台或热风枪的维修人员，可采用以下方法拆卸贴片集成电路：

先给集成电路某列引脚涂上松香，并用焊锡将该列引脚全部连接起来，然后用电烙铁对焊锡加热，待该列引脚上的焊锡熔化后，用薄刀片（如剃须刀片）从电路板和引脚之间推进去，移开电烙铁等待几秒钟后拿出刀片，这样集成电路该列引脚就和电路板脱离了，再用同样的方法将集成电路其他引脚与电路板分离开，最后就能取下整个集成电路。

17.3.3　贴片集成电路的焊接

贴片集成电路的焊接过程如下：

1）将电路板上的焊点用电烙铁整理平整，如有必要，可对焊锡较少的焊点进行补锡，然后用酒精清洁干净焊点周围的杂质。

2）将待焊接的集成电路与电路板上的焊接位置对好，再用电烙铁焊好集成电路对角线的四个引脚，将集成电路固定，并在引脚上涂上松香水或撒些松香粉末。

3）如果用热风枪焊接，可用热风枪吹焊集成电路四周引脚，待电路板焊点上的焊锡熔化后，移开热风枪，引脚就与电路板焊点粘在一起。如果使用电烙铁焊接，可在烙铁头上沾上少量焊锡，然后在一列引脚上拖动，焊锡会将各引脚与电路板焊点粘好。如果集成电路的某些引脚被焊锡连接短路，可先用多股铜线将多余的焊锡吸走，再在该处涂上松香水，用电烙铁在该处加热，引脚之间的剩余焊锡会自动断开，回到引脚上。

4）焊接完成后，检查集成电路各引脚之间有无短路或漏焊，检查时可借助放大镜或万用表检测，若有漏焊，应用尖头烙铁进行补焊，最后用无水酒精将集成电路周围的松香清理干净。

第18章

基础电路

18.1 放大电路

晶体管是一种具有放大功能的电子器件，但单独的晶体管是无法放大信号的，**只有给晶体管提供电压，让它导通才具有放大能力**。为晶体管提供导通所需的电压，使晶体管具有放大能力的简单放大电路通常称为基本放大电路，又称偏置放大电路。常见的基本放大电路有固定偏置放大电路、电压负反馈放大电路和分压式电流负反馈放大电路。

18.1.1 固定偏置放大电路

固定偏置放大电路是一种最简单的放大电路。固定偏置放大电路如图 18-1 所示，其中图 a 为 NPN 型晶体管构成的固定偏置放大电路，图 b 为 PNP 型晶体管构成的固定偏置放大电路。它们都由晶体管 VT 和电阻 R_b、R_c 组成，R_b 称为偏置电阻，R_c 称为负载电阻。接通电源后，有电流流过晶体管 VT，VT 就会导通而具有放大能力。下面以图 a 为例来分析固定偏置放大电路。

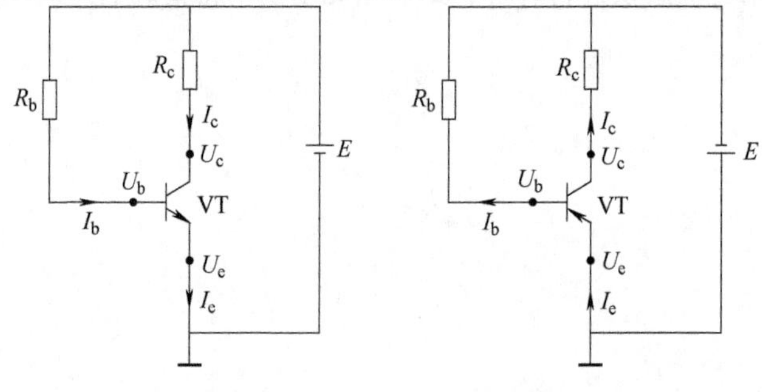

Rc
Rb
Ic
Uc
E
Ub
VT
Ib
Ue
Ie
Rc
Rb
Ic
Uc
E
Ub
VT
Ib
Ue
Ie

a) 采用NPN型晶体管　　b) 采用PNP型晶体管

图 18-1　固定偏置放大电路

1. 电流关系

接通电源后，从电源 E 正极流出电流，分作两路：一路电流经电阻 R_b 流入晶体管 VT 基极，再通过 VT 内部的发射结从发射极流出；另一路电流经电阻 R_c 流入 VT 的集电极，再通过 VT 内部从发射极流出；两路电流从 VT 的发射极流出后汇合成一路电流，再流到电源的负极。

晶体管三个极分别有电流流过，其中流经基极的电流称为 I_b，流经集电极的电流称为 I_c，流经发射极的电流称为 I_e。这些电流的关系有

$$I_b+I_c=I_e$$

$$I_c = I_b \cdot \beta \text{（}\beta\text{ 为晶体管 VT 的放大倍数）}$$

2. 电压关系

接通电源后，电源为晶体管各个极提供电压，电源正极电压经 R_c 降压后为 VT 提供集电极电压 U_c，电源经 R_b 降压后为 VT 提供基极电压 U_b，电源负极电压直接加到 VT 的发射极，发射极电压为 U_e。电路中 R_b 的阻值较 R_c 的阻值大很多，所以晶体管 VT 的三个极的电压关系有

$$U_c > U_b > U_e$$

在放大电路中，晶体管的 I_b（基极电流）、I_c（集电极电流）和 U_{ce}（集射极之间的电压，$U_{ce} = U_c - U_e$）称为静态工作点。

3. 晶体管内部两个 PN 结的状态

图中的晶体管 VT 为 NPN 型晶体管，它内部有两个 PN 结，集电极和基极之间有一个 PN 结，称为集电结，发射极和基极之间有一个 PN 结，称为发射结。因为 VT 的三个极的电压关系是 $U_c > U_b > U_e$，所以 VT 内部两个 PN 结的状态是，发射结正偏（PN 结可相当于一个二极管，P 极电压高于 N 极电压时称为 PN 结电压正偏），集电结反偏。

综上所述，**晶体管处于放大状态时具有的特点是**

1）$I_b + I_c = I_e$，$I_c = I_b \cdot \beta$。

2）$U_c > U_b > U_e$（NPN 型晶体管）。

3）发射结正偏，集电结反偏。

以上分析的是 NPN 型晶体管固定偏置放大电路，读者可根据上面的方法来分析图 18-1b 中的 PNP 型晶体管固定偏置电路。

固定偏置放大电路结构简单，但当晶体管温度上升引起静态工作点发生变化时（如环境温度上升，晶体管内半导体导电能力增强，会使 I_b、I_c 增大），电路无法使静态工作点恢复正常，从而会导致晶体管工作不稳定，所以固定偏置放大电路一般用在要求不高的电子设备中。

18.1.2 电压负反馈放大电路

1. 关于反馈

所谓反馈是指从电路的输出端取一部分电压（或电流）反送到输入端。如果反送的电压（或电流）使输入端电压（或电流）减弱，即起抵消作用，这种反馈称为负反馈；如果反送的电压（或电流）使输入端电压（或电流）增强，这种反馈称为正反馈。反馈放大电路的组成如图 18-2所示。

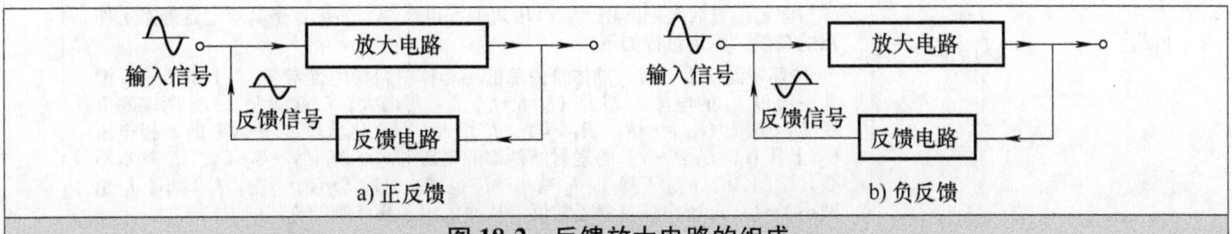
输入信号
放大电路
反馈信号
反馈电路
a) 正反馈
输入信号
放大电路
反馈信号
反馈电路
b) 负反馈

图 18-2 反馈放大电路的组成

在图 18-2a 中，输入信号经放大电路放大后分作两路：一路去后级电路，另一路经反馈电路反送到输入端，从图中可以看出，反馈信号与输入信号相位相同，反馈信号会增强输入信号，所以该反馈电路为正反馈。在图 18-2b 中，反馈信号与输入信号相位相反，反馈信号会抵消削弱输入信号，所以该反馈电路为负反馈。负反馈电路常用来稳定放大电路的静态工作点，即稳定放大电路的电压和电流，正反馈常与放大电路组合构成振荡器。

2. 电压负反馈放大电路

电压负反馈放大电路如图 18-3 所示。电压负反馈放大电路的电阻 R_1 除了可以为晶体管 VT

提供基极电流 I_b 外，还能将输出信号的一部分反馈到 VT 的基极（即输入端），由于基极与集电极是反相关系，故反馈为负反馈。

负反馈电路的一个非常重要的特点就是可以稳定放大电路的静态工作点，下面分析图 18-3 所示电压负反馈放大电路静态工作点的稳定过程。

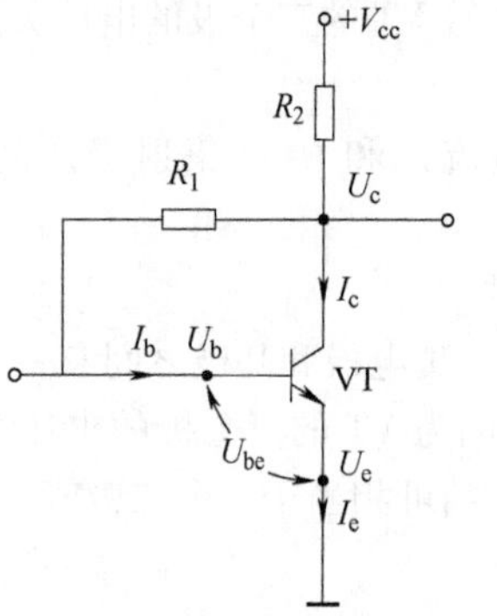

$+V_{cc}$
R_2
R_1
U_c
I_c
I_b U_b
VT
U_{be}
U_e
I_e

由于晶体管是半导体器件，它具有热敏性，当环境温度上升时，它的导电性增强，I_b、I_c 会增大，从而导致晶体管工作不稳定，整个放大电路工作也不稳定，而负反馈电阻 R_1 可以稳定 I_b、I_c。R_1 稳定电路工作点过程如下：

当环境温度上升时，晶体管 VT 的 I_b、I_c 增大→流过 R_2 的电流 I 增大（$I=I_b+I_c$，I_b、I_c 增大，I 就增大）→R_2 两端的电压 U_{R2} 增大（$U_{R2}=I\cdot R_2$，I 增大，R_2 不变，U_{R2} 增大）→VT 的 c 极电压 U_c 下降（$U_c=V_{cc}-U_{R2}$，U_{R2} 增大，V_{cc} 不变，U_c 就减小）→VT 的 b 极电压 U_b 下降（U_b 由 U_c 经 R_1 降压获得，U_c 下降，U_b 也会跟着下降）→I_b 减小（U_b 下降，VT 发射结两端的电压 U_{be} 减小，流过的 I_b 就减小）→I_c 也减小（$I_c=I_b\cdot\beta$，I_b 减小，β 不变，故 I_c 减小）→I_b、I_c 减小恢复到正常值。

由此可见，电压负反馈放大电路由于 R_1 的负反馈作用，使放大电路的静态工作点得到稳定。

图 18-3　电压负反馈放大电路

18.1.3　分压式电流负反馈放大电路

分压式偏置放大电路是一种应用最为广泛的放大电路，这主要是它能有效克服固定偏置放大电路无法稳定静态工作点的缺点。分压式偏置放大电路如图 18-4 所示，R_1 为上偏置电阻，R_2 为下偏置电阻，R_3 为负载电阻，R_4 为发射极电阻。

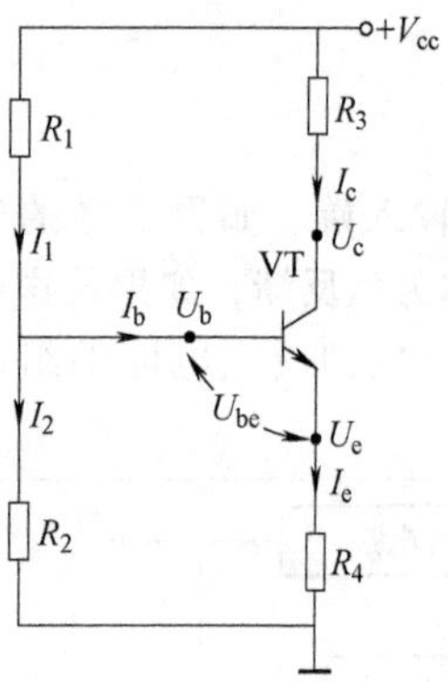

$+V_{cc}$
R_1
R_3
I_c
I_1
U_c
VT
I_b U_b
I_2
U_{be}
U_e
I_e
R_2
R_4

（1）电流关系

接通电源后，电路中有I_1、I_2、I_b、I_c、I_e产生，各电流的流向如图箭头所示。这些电流关系有：$I_2+I_b=I_1$，$I_b+I_c=I_e$，$I_c=I_b\cdot\beta$。

（2）电压关系

接通电源后，电源为晶体管各个极提供电压，$+V_{cc}$电源经R_c降压后为VT提供集电极电压U_c，$+V_{cc}$经R_1、R_2分压为VT提供基极电压U_b，I_e在流经R_4时，在R_4上得到电压U_{R4}，U_{R4}大小与VT的发射极电压U_e相等。图中的晶体管VT处于放大状态，U_c、U_b、U_e三个电压满足：

$$U_c>U_b>U_e$$

（3）晶体管内部两个PN结的状态

由于$U_c>U_b>U_e$，其中$U_c>U_b$使VT的集电结处于反偏状态，$U_b>U_e$使VT的发射结处于正偏状态。

（4）静态工作点的稳定

与固定偏置放大电路相比，分压式偏置电路最大的优点是具有稳定静态工作点的功能，稳定过程如下：

当环境温度上升时，晶体管内部的半导体材料导电性增强，VT 的 I_b、I_c 增大→流过 R_4 的电流 I_e 增大（$I_e=I_b+I_c$，I_b、I_c 增大，I_e 就增大）→R_4 两端的电压 U_{R4} 增大（$U_{R4}=I_e\cdot R_4$，R_4 不变，I_e 增大，U_{R4} 也就增大）→VT 的 e 极电压 U_e 上升（$U_e=U_{R4}$）→VT 的发射结两端的电压 U_{be} 下降（$U_{be}=U_b-U_e$，U_b 基本不变，U_e 上升，U_{be} 下降）→I_b 减小→I_c 也减小（$I_c=I_b\cdot\beta$，β不变，I_b 减小，I_c 也减小）→I_b、I_c 减小恢复到正常值，从而稳定了晶体管的 I_b、I_c。

图 18-4　分压式偏置放大电路

18.1.4　交流放大电路

放大电路具有放大能力，若给放大电路输入交流信号，它就可以对交流信号进行放大，然后输出幅度大的交流信号。**为了使放大电路能以良好的效果放大交流信号，并能与其他电路很好连接，通常要给放大电路增加一些耦合、隔离和旁路元件，这样的电路常称为交流放大电路。**图 18-5是一种典型的交流放大电路。

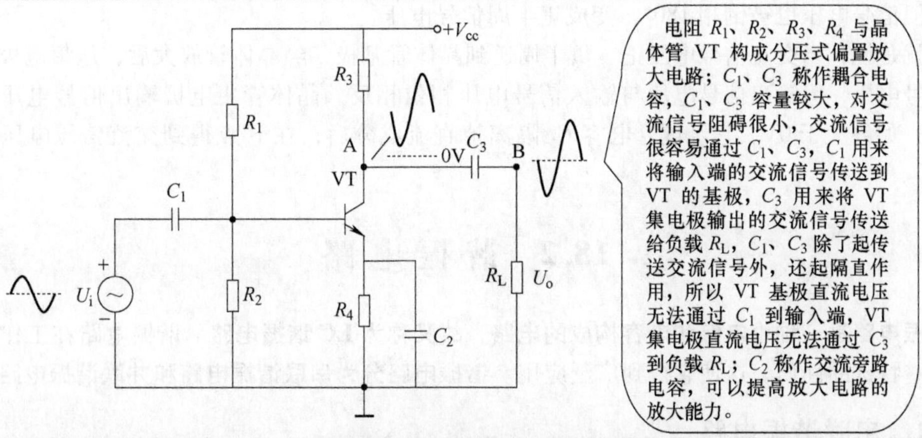
+V_{cc}
R_3
R_1
A
0V
C_3
B
VT
C_1
U_i
R_2
R_4
C_2
R_L
U_o
电阻 R_1、R_2、R_3、R_4 与晶体管 VT 构成分压式偏置放大电路；C_1、C_3 称作耦合电容，C_1、C_3 容量较大，对交流信号阻碍很小，交流信号很容易通过 C_1、C_3，C_1 用来将输入端的交流信号传送到 VT 的基极，C_3 用来将 VT 集电极输出的交流信号传送给负载 R_L，C_1、C_3 除了起传送交流信号外，还起隔直作用，所以 VT 基极直流电压无法通过 C_1 到输入端，VT 集电极直流电压无法通过 C_3 到负载 R_L；C_2 称作交流旁路电容，可以提高放大电路的放大能力。

图 18-5 交流放大电路

1. 直流工作条件

因为晶体管只有在满足了直流工作条件后才具有放大能力，所以分析一个放大电路首先要分析它能否为晶体管提供直流工作条件。

晶体管要工作在放大状态，需满足的直流工作条件主要有：①有完整的 I_b、I_c、I_e 电流途径；②能提供 U_c、U_b、U_e；③发射结正偏导通，集电结反偏。这三个条件具备了，晶体管才具有放大能力。一般情况下，如果晶体管 I_b、I_c、I_e 在电路中有完整的途径就可认为它具有放大能力，因此以后在分析晶体管的直流工作条件时，一般分析晶体管的 I_b、I_c、I_e 电流途径就可以了。

VT 的 I_b 的电流途径是，电源 V_{CC} 正极→电阻 R_1→VT 的 b 极→VT 的 e 极。

VT 的 I_c 的电流途径是，电源 V_{CC} 正极→电阻 R_3→VT 的 c 极→VT 的 e 极。

VT 的 I_e 的电流途径是，VT 的 e 极→R_4→地（即电源 V_{CC} 的负极）。

下面的电流流程图可以更直观地表示各电流的关系：

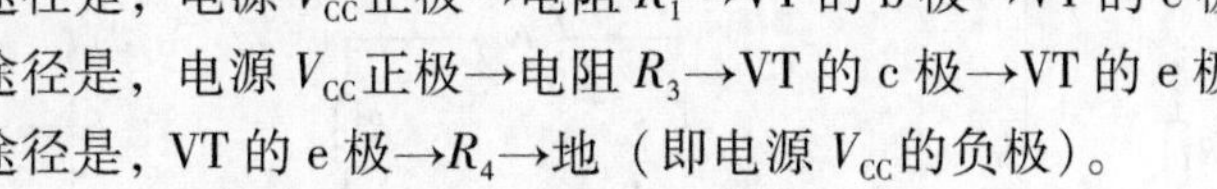
+V_{cc}
R_3 I_c VT的c极 I_c
R_1 I_b VT的b极 I_b
VT的e极 I_e R_4 地

从上面分析可知，晶体管 VT 的 I_b、I_c、I_e 在电路中有完整的途径，所以 VT 具有放大能力。试想一下，如果 R_1 或 R_3 开路，晶体管 VT 有无放大能力，为什么？

2. 交流信号处理过程

满足了直流工作条件后，晶体管具有了放大能力，就可以放大交流信号。图 18-5 中的 U_i 为小幅度的交流信号电压，它通过电容 C_1 加到晶体管 VT 的 b 极。

当交流信号电压 U_i 为正半周时，U_i 极性为上正下负，上正电压经 C_1 送到 VT 的 b 极，与 b 极的直流电压（V_{cc} 经 R_1 提供）叠加，使 b 极电压上升，VT 的 I_b 增大，I_c 也增大，流过 R_3 的 I_c 增大，R_3 上的电压 U_{R3} 也增大（$U_{R3}=I_cR_3$，因 I_c 增大，故 U_{R3} 增大），VT 集电极电压 U_c 下降（$U_c=V_{cc}-U_{R3}$，U_{R3} 增大，故 U_c 下降），即 A 点电压下降，该下降的电压即为放大输出的信号电压，但信号电压被倒相 180°，变成负半周信号电压。

当交流信号电压 U_i 为负半周时，U_i 极性为上负下正，上负电压经 C_1 送到 VT 的 b 极，与 b 极的直流电压（V_{cc} 经 R_1 提供）叠加，使 b 极电压下降，VT 的 I_b 减小，I_c 电流也减小，流过 R_3 的 I_c 减小，R_3 上的电压 U_{R3} 也减小（$U_{R3}=I_cR_3$，因 I_c 减小，故 U_{R3} 减小），VT 集电极电压 U_c 上升（$U_c=V_{cc}-U_{R3}$，U_{R3} 减小，故 U_c 上升），即 A 点电压上升，该上升的电压即为放大输出的信号电压，但信号电压也被倒相 180°，变成正半周信号电压。

也就是说，当交流信号电压正、负半周送到晶体管基极，经晶体管放大后，从集电极输出放大的信号电压，但输出信号电压与输入信号电压相位相反。晶体管集电极输出信号电压（即 A 点电压）始终大于 0V，它经耦合电容 C_3 隔离掉直流成分后，在 B 点得到交流信号电压送给负载 R_L。

18.2　谐振电路

谐振电路是一种由电感和电容构成的电路，故又称为 LC 谐振电路。谐振电路在工作时会表现出一些特殊的性质，这使它得到广泛应用。**谐振电路分为串联谐振电路和并联谐振电路。**

18.2.1　串联谐振电路

1. 电路分析

电容和电感头尾相连，并与交流信号连接在一起就构成了串联谐振电路。串联谐振电路如图 18-6 所示，其中 U 为交流信号，C 为电容，L 为电感，R 为电感 L 的直流等效电阻。

为了分析串联谐振电路的性质，将一个电压不变、频率可调的交流信号电压 U 加到串联谐振电路两端，再在电路中串接一个交流电流表，如图 18-7a 所示。

让交流信号电压 U 始终保持不变，而将交流信号频率由 0 慢慢调高，在调节交流信号频率的同时观察电流表，结果发现电流表指示电流先慢慢增大，当增大到某一值再将交流信号频率继续调高时，会发现电流又逐渐开始下降，这个过程可用图 18-7b 所示特性曲线表示。

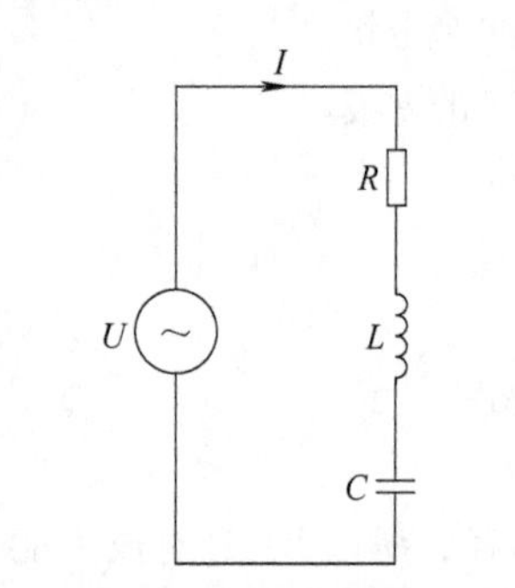
I
R
U
L
C

图 18-6　串联谐振电路

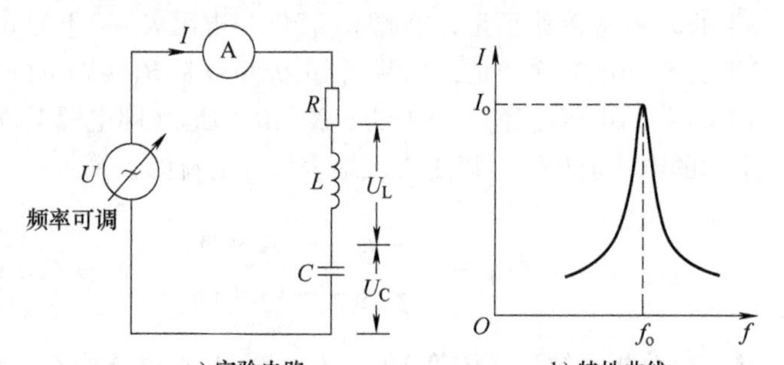
I
A
R
U
频率可调
L
U_L
C
U_C
I
I_o
O
f_o
f

a) 实验电路　　b) 特性曲线

图 18-7　串联谐振电路分析图

在串联谐振电路中，当交流信号频率为某一频率值（f_o）时，电路出现最大电流的现象称作串联谐振现象，简称串联谐振，这个频率称为谐振频率，用 f_o 表示，谐振频率 f_o 的大小可用下式来计算：

$$f_o=\frac{1}{2\pi\sqrt{LC}}$$

2. 电路特点

串联谐振电路在谐振时的特点主要有：

1）谐振时，电路中的电流最大，此时 LC 元件串在一起就像一只阻值很小的电阻，即串联谐振电路谐振时总阻抗最小（电阻、容抗和感抗统称为阻抗，用 Z 表示，阻抗单位为 Ω）。

2）谐振时，电路中电感上的电压 U_L 和电容上的电压 U_C 都很高，往往比交流信号电压 U 大

很多倍（$U_L=U_C=Q\cdot U$，Q 为品质因数，$Q=2\pi fL/R$），因此串联谐振电路又称电压谐振，在谐振时 U_L 与 U_C 在数值上相等，但两电压的极性相反，故两电压之和（U_L+U_C）却近似为零。

3. 应用举例

串联谐振电路的应用如图 18-8 所示。

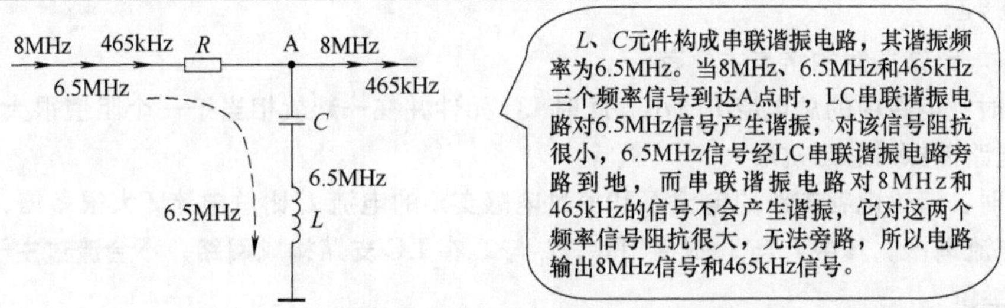
8MHz
465kHz
R
A
8MHz
465kHz
6.5MHz
C
6.5MHz
6.5MHz
L
L、C元件构成串联谐振电路，其谐振频率为6.5MHz。当8MHz、6.5MHz和465kHz三个频率信号到达A点时，LC串联谐振电路对6.5MHz信号产生谐振，对该信号阻抗很小，6.5MHz信号经LC串联谐振电路旁路到地，而串联谐振电路对8MHz和465kHz的信号不会产生谐振，它对这两个频率信号阻抗很大，无法旁路，所以电路输出8MHz信号和465kHz信号。

a) 应用电路一

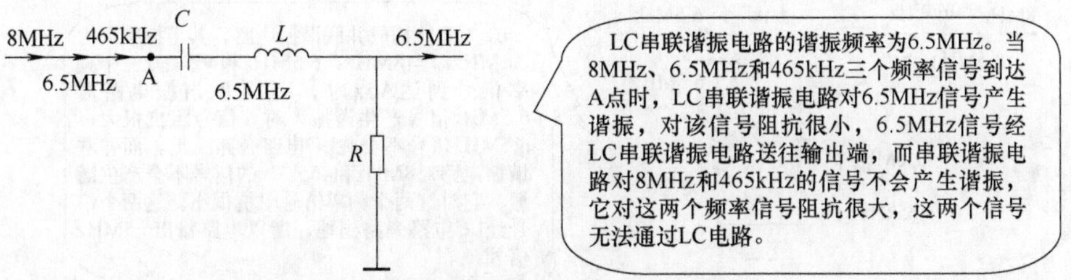
8MHz
465kHz
C
L
6.5MHz
6.5MHz
A
6.5MHz
R
LC串联谐振电路的谐振频率为6.5MHz。当8MHz、6.5MHz和465kHz三个频率信号到达A点时，LC串联谐振电路对6.5MHz信号产生谐振，对该信号阻抗很小，6.5MHz信号经LC串联谐振电路送往输出端，而串联谐振电路对8MHz和465kHz的信号不会产生谐振，它对这两个频率信号阻抗很大，这两个信号无法通过LC电路。

b) 应用电路二

图 18-8　串联谐振电路的应用举例

18.2.2　并联谐振电路

1. 电路分析

电容和电感头头相连、尾尾相接与交流信号连接起来就构成了并联谐振电路。并联谐振电路如图 18-9 所示，其中，U 为交流信号，C 为电容，L 为电感，R 为电感 L 的直流等效电阻。

为了分析并联谐振电路的性质，将一个电压不变、频率可调的交流信号电压加到并联谐振电路两端，再在电路中串接一个交流电流表，如图 18-10a 所示。

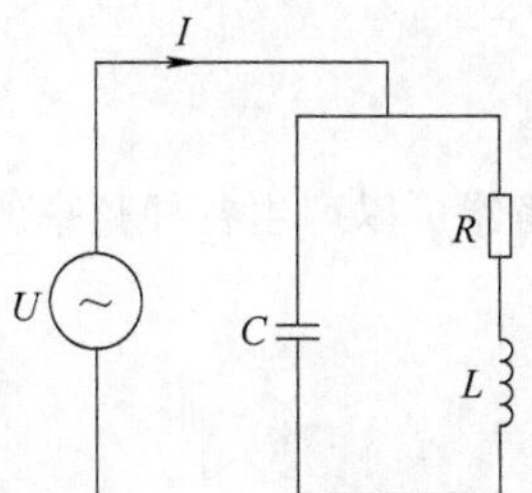
I
U
R
C
L

图 18-9　并联谐振电路

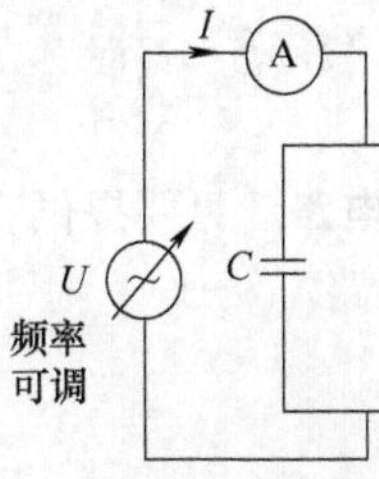
I
A
R
C
U
L
频率
可调

a) 实验电路

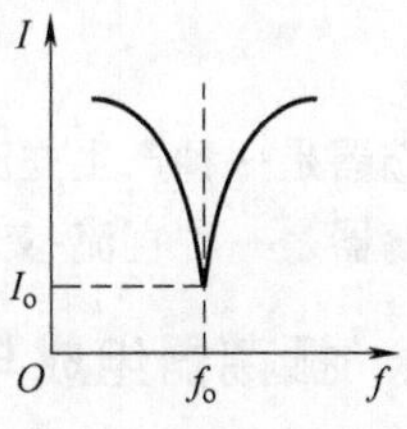
I
I₀
O
f₀
f

b) 特性曲线

图 18-10　并联谐振电路分析图

让交流信号电压 U 始终保持不变，将交流信号频率从 0 开始慢慢调高，在调节交流信号频率的同时观察电流表，结果发现电流表指示电流开始很大，随着交流信号的频率逐渐调高，电流慢慢减小，当电流减小到某一值时再将交流信号频率继续调高时，发现电流又逐渐上升，该过程可用图 18-10b 所示特性曲线表示。

在并联谐振电路中，当交流信号频率为某一频率值（f_o）时，电路出现最小电流的现象称作并联谐振现象，简称并联谐振，这个频率称为谐振频率，用f_o表示，谐振频率f_o的大小可用下式来计算：

$$f_o=\frac{1}{2\pi\sqrt{LC}}$$

2. 电路特点

并联谐振电路谐振时的特点主要有：

1）谐振时，电路中的总电流I最小，此时LC元件并在一起就相当于一个阻值很大的电阻，即并联谐振电路谐振时总阻抗最大。

2）谐振时，流过电容支路的电流I_C和流过电感支路的电流I_L比总电流I大很多倍，故并联谐振又称为电流谐振。其中I_C与I_L数值相等，I_C与I_L在LC支路构成回路，不会流过主干路。

3. 应用举例

并联谐振电路的应用如图18-11所示。

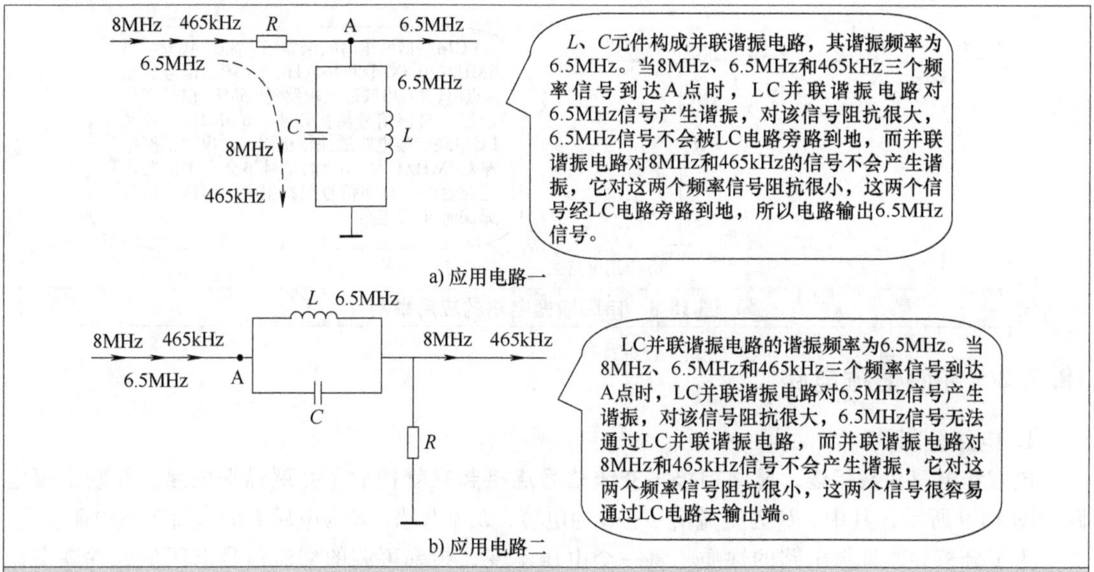
8MHz
465kHz
R
A
6.5MHz
6.5MHz
6.5MHz
C
L
8MHz
465kHz
L、C元件构成并联谐振电路，其谐振频率为6.5MHz。当8MHz、6.5MHz和465kHz三个频率信号到达A点时，LC并联谐振电路对6.5MHz信号产生谐振，对该信号阻抗很大，6.5MHz信号不会被LC电路旁路到地，而并联谐振电路对8MHz和465kHz的信号不会产生谐振，它对这两个频率信号阻抗很小，这两个信号经LC电路旁路到地，所以电路输出6.5MHz信号。
a) 应用电路一
L 6.5MHz
8MHz 465kHz
6.5MHz
A
C
8MHz 465kHz
R
LC并联谐振电路的谐振频率为6.5MHz。当8MHz、6.5MHz和465kHz三个频率信号到达A点时，LC并联谐振电路对6.5MHz信号产生谐振，对该信号阻抗很大，6.5MHz信号无法通过LC并联谐振电路，而并联谐振电路对8MHz和465kHz信号不会产生谐振，它对这两个频率信号阻抗很小，这两个信号很容易通过LC电路去输出端。
b) 应用电路二

图18-11　并联谐振电路的应用举例

18.3　振　荡　器

振荡器是一种产生交流信号的电路。只要提供直流电源，振荡器可以产生各种频率的信号，因此振荡器是一种直流-交流转换电路。

18.3.1　振荡器组成与原理

振荡器由放大电路、选频电路和正反馈电路三部分组成。振荡器组成如图18-12所示。

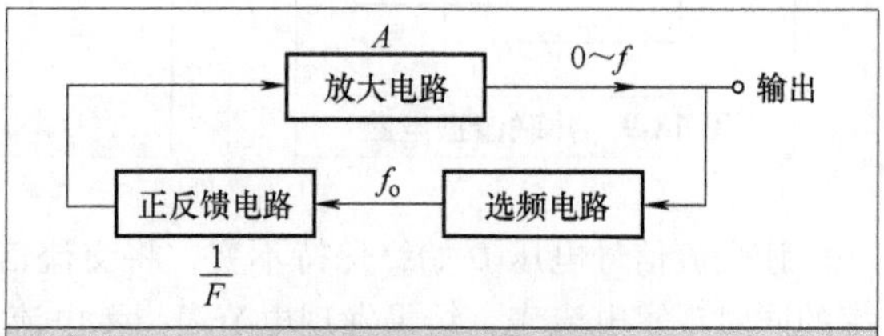
A
放大电路
0~f
输出
正反馈电路
f₀
选频电路
1/F

图18-12　振荡器组成

接通电源后，放大电路获得供电开始导通，导通时电流有一个从无到有的变化过程，该变化的电流中包含有微弱的0~∞Hz各种频率信号，这些信号输出并送到选频电路，选频电路从中选出频率为f_o的信号，f_o信号经正反馈电路反馈到放大电路的输入端，放大后输出幅度较大的f_o信号，f_o信号又经选频电路选出，再通过正反馈电路反馈到放大电路输入端进行放大，然后输出幅度更大的f_o信号，接着又选频、反馈和放大，如此反复，放大电路输出的f_o信号越来越大，随着f_o信号不断增大，由于晶体管非线性原因（即晶体管输入信号达到一定幅度时，放大能力会下降，幅度越大，放大能力下降越多），放大电路的放大倍数A自动不断减小。

因为放大电路输出的f_o信号不会全部都反馈到放大电路的输入端，而是经反馈电路衰减了再送到放大电路输入端，设反馈电路反馈衰减倍数为$1/F$。在振荡器工作后，放大电路的放大倍数A不断减小，当放大电路的放大倍数A与反馈电路的衰减倍数$1/F$相等时，输出的f_o信号幅度不会再增大。例如f_o信号被反馈电路衰减了10倍，再反馈到放大电路放大10倍，输出的f_o信号不会变化，电路输出幅度稳定的f_o信号。

从上述分析不难看出，一个振荡电路由放大电路、选频电路和正反馈电路组成，放大电路的功能是对微弱的信号进行反复放大，选频电路的功能是选取某一频率信号，正反馈电路的功能是不断将放大电路输出的某频率信号反送到放大电路输入端，使放大电路输出的信号不断增大。

18.3.2 变压器反馈式振荡器

振荡电路种类很多，图18-13是一种变压器反馈式振荡器，图中的晶体管VT和电阻R_1、R_2、R_3等元器件构成放大电路；L_1、C_1构成选频电路，其频率为$f_o=\dfrac{1}{2\pi\sqrt{LC}}$，变压器$T_1$的线圈$L_2$和电容$C_3$构成反馈电路。

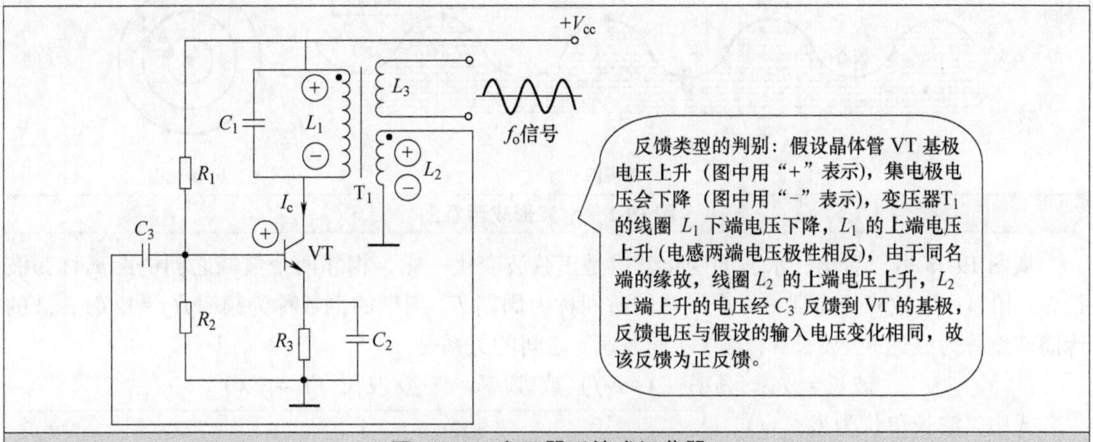
+V_{cc}
C_1
L_1
L_3
L_2
T_1
f_o信号
R_1
I_c
C_3
VT
R_2
R_3
C_2
反馈类型的判别：假设晶体管VT基极电压上升（图中用“+”表示），集电极电压会下降（图中用“−”表示），变压器T_1的线圈L_1下端电压下降，L_1的上端电压上升（电感两端电压极性相反），由于同名端的缘故，线圈L_2的上端电压上升，L_2上端上升的电压经C_3反馈到VT的基极，反馈电压与假设的输入电压变化相同，故该反馈为正反馈。

图18-13 变压器反馈式振荡器

电路振荡过程分析：接通电源后，晶体管VT导通，有电流I_c经线圈L_1流过VT，I_c是一个变化的电流（由小到大），它包含着微弱的0~∞Hz各种频率信号，因为L_1、C_1构成的选频电路频率为f_o，它从0~∞Hz这些信号中选出f_o信号，选出后在L_1上有f_o信号电压（其他频率信号在L_1上没有电压或电压很低），L_1上的f_o信号感应到L_2上，L_2上的f_o信号再通过电容C_3耦合到晶体管VT的基极，放大后从集电极输出，选频电路将放大的信号选出，在L_1上有更高的f_o信号电压，该信号又感应到L_2上再反馈到VT的基极，如此反复进行，VT输出的f_o信号幅度越来越大，反馈到VT基极的f_o信号也越来越大。随着反馈信号逐渐增大，晶体管VT的放大倍数A不断减小，当放大电路的放大倍数A与反馈电路的衰减倍数$1/F$（主要由L_1与L_2的匝数比决定）相等时，晶体管VT输出送到L_1上的f_o信号电压不能再增大，L_1上稳定的f_o信号电压感应到线圈L_3上，送给需要f_o信号的电路。

第19章

无线电广播与收音机

19.1 无线电波

19.1.1 水波与无线电波

当往平静的水面扔入一个石头时，在石头的周围会出现一圈圈水波，水波慢慢往远处传播，水波的形成如图 19-1 所示。

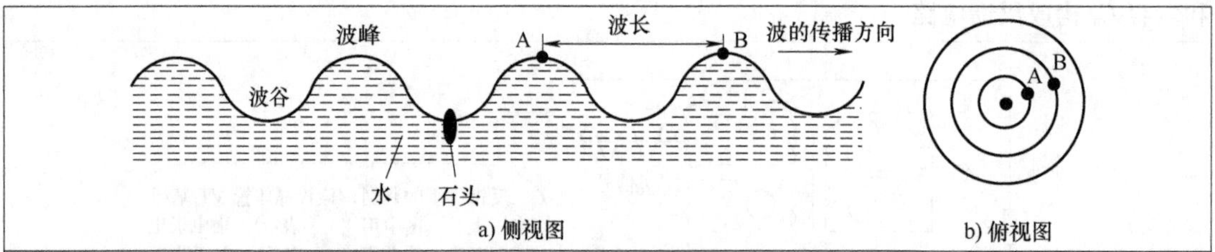

波峰
波谷
A
波长
B
波的传播方向
水
石头
a) 侧视图
A
B
b) 俯视图

图 19-1 水波形成示意图

从图 19-1a 可以看出，水波的变化就像是正弦波变化一样，相邻两个波峰之间的距离称为波长 λ，相邻一个波峰传递到另一个波峰的时间称为周期 T，周期的倒数称为频率 $f(f=1/T)$，波的传播速度称为波速 v。波长 λ、频率 f 和波速 v 之间的关系是

波长=波速/频率（$\lambda=v/f$）或 频率=波速/波长（$f=v/\lambda$）

式中，波长单位为米（m），频率单位为赫兹（Hz），波速单位为米/秒（m/s）。

另外，距石头最近的水波幅度最大，随着水波的传播，水波幅度越来越小，这是水波在传播过程逐渐衰减的缘故。

无线电波的产生与水波的产生很相似，当天线通过交流电流时，在天线周围会产生类似于水波的无线电波，如图 19-2 所示。

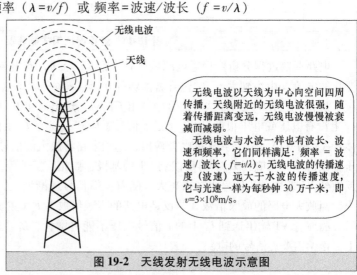

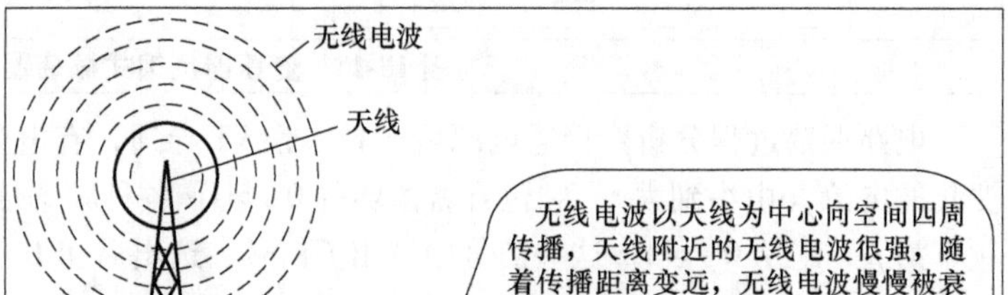

无线电波
天线
无线电波以天线为中心向空间四周传播，天线附近的无线电波很强，随着传播距离变远，无线电波慢慢被衰减而减弱。
无线电波与水波一样也有波长、波速和频率，它们同样满足：频率 = 波速 / 波长（$f=v/\lambda$）。无线电波的传播速度（波速）远大于水波的传播速度，它与光速一样为每秒钟 30 万千米，即 $v=3\times10^8$m/s。

图 19-2 天线发射无线电波示意图

19.1.2　无线电波的划分

无线电波属于电磁波，一般将频率在 30kHz~300GHz 范围内的电磁波称为无线电波。无线电波应用很广泛，波长不同，其特性和用途也不相同，**根据波长的大小通常可将无线电波分为长波、中波、短波、超短波和微波。**无线电波的波段划分见表 19-1。

表 19-1　无线电波的波段划分

波段范围	频率范围	波长范围	主要传播方式	用　途
超长波波段（VLW）	10~30kHz（甚低频 VLF）	10000~30000m	地波传播	高功率长距离点对点通信
长波波段（LW）	30~300kHz（低频 LF）	1000~10000m	地波传播	远距离通信
中波波段（MW）	300~3000kHz（中频 MF）	100~1000m	地波传播、天波传播	广播、通信、导航
短波波段（SW）	3~30MHz（高频 HF）	10~100m	天波传播、地波传播	广播、通信
超短波波段（VSW）	30~300MHz（甚高频-VHF）	1~10m	直线传播	通信、电视、调频广播、雷达
分米波波段（USW）	300~3000MHz（超高频 UHF）	10~100cm	直线传播	通信、中继通信、卫星通信、雷达、电视
厘米波波段	3000~30000MHz（极高频 SHF）	1~10cm	直线传播	中继通信，卫星通信、雷达
毫米波波段	30~300GHz	1~10mm	直线传播	波导通信

19.1.3　无线电波的传播规律

无线电波与光波一样，有直射、绕射、反射和折射等几种传播方式。不同波长的无线电波在传播过程中具有不同的特点。

1. 长波与中波

长波与中波主要沿着地球表面绕射来传播，故又为地波。长波与中波的传播规律如图 19-3所示。

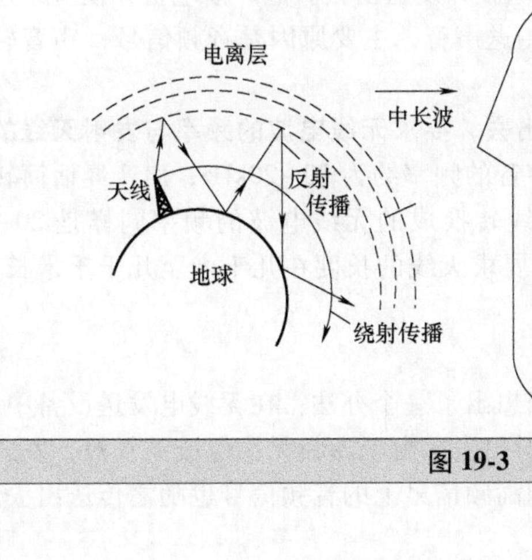
电离层
中长波
天线
反射
传播
地球
绕射传播

波长越短的电波，绕射传播的损耗越大，因此长波较中波沿地面传播的距离更远。

另外，电离层对长波和中波有较强的吸收作用，特别是在白天，这种吸收更厉害，长波和中波大部分被电离层吸收，很难被反射到地面，因此白天长波和中波主要靠地面传播，而不能靠电离层的反射来传播。但在晚上因无太阳光照射，白天电离的气体又重新结合成不带电的分子，电离层变薄，对电波吸收很少，所以在晚上长波和中波既可以在地面上传播，又可以依靠电离层的反射传播（反射传播是指电波传播到电离层，电离层再将电波反射回地面），故长波、中波能被传播很远。

注：电离层是指距地球表面约50 ～ 400km 的气体层，该气体层因太阳光中的紫外线和宇宙射线的照射而电离，产生大量的电子和离子而使气体带电。

图 19-3　长波与中波的传播规律

2. 短波

短波主要依靠电离层的反射来传播，故又为天波。短波的传播规律如图 19-4 所示。

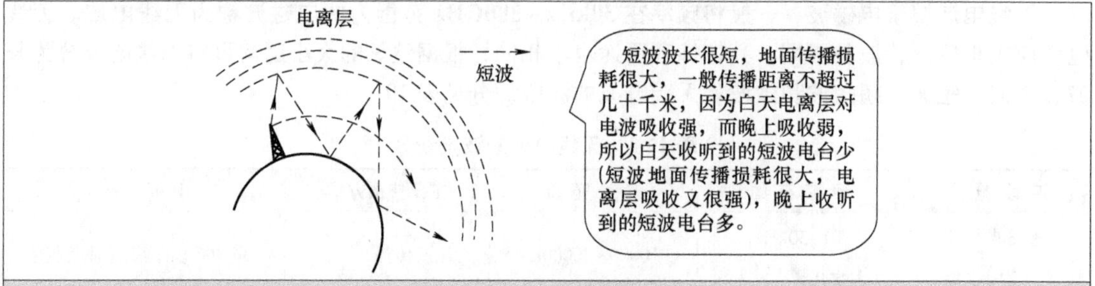
电离层
短波
短波波长很短，地面传播损耗很大，一般传播距离不超过几十千米，因为白天电离层对电波吸收强，而晚上吸收弱，所以白天收听到的短波电台少（短波地面传播损耗很大，电离层吸收又很强），晚上收听到的短波电台多。

图 19-4　短波的传播规律

3. 超短波和微波

超短波与微波主要按直线传播，通常在可视距离范围内（一般在 50km 以内）传播，故又称为直线波。超短波与微波的传播规律如图 19-5 所示。

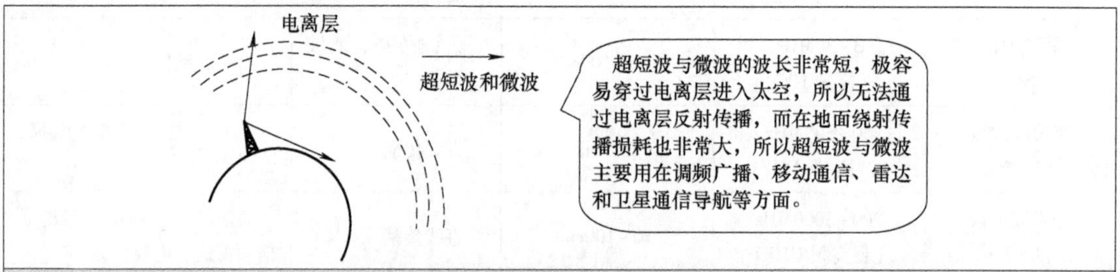
电离层
超短波和微波
超短波与微波的波长非常短，极容易穿过电离层进入太空，所以无法通过电离层反射传播，而在地面绕射传播损耗也非常大，所以超短波与微波主要用在调频广播、移动通信、雷达和卫星通信导航等方面。

图 19-5　超短波和微波的传播规律

总之，**中、长波既可以通过地面绕射传播，也可以通过电离层反射传播；短波地面绕射传播距离很短，主要是靠电离层反射传播；而超短波与微波主要在地面以直线距离传播。**

19.2　无线电波的发送与接收

19.2.1　无线电波的发送

要将电信号以无线电波方式传送出去，可以把电信号送到天线，由天线将电信号转换成无线电波，并发射出去。如果要把声音发射出去，可以先用话筒将声音转换成电信号（音频信号），再将音频信号送到天线，让天线将它转换成无线电波并发射出去。但广播电台并没有采用这种将声音转换成电信号通过天线直接发射的方式来传送声音，主要原因是音频信号（声音转换成的电信号）频率很低。

无线电波传送规律表明：要将无线电波有效发射出去，要求无线电波的频率与发射天线的长度有一定的关系，频率越低，要求发射天线越长。声音的频率约为 20～20kHz，声音经话筒转换成的音频信号频率也是 20～20kHz，音频信号经天线转换成的无线电波的频率同样是 20～20kHz，如果要将这样的低频无线电波有效发射出去，要求天线的长度在几千米至几千千米长，这是极其困难的。

1. 无线电波传送声音的方法

为了解决音频信号发射需要很长天线的问题，人们想出了一个办法：在无线电发送设备中，先让音频信号“坐”到高频信号上，再将高频信号发射出去，由于高频无线电波波长短，发射天线不需要很长，高频无线电波传送出去后，“坐”到高频信号上的音频信号也随之传送出去。

这就像人坐上飞机，当飞机飞到很远的地方时，人也就到达很远的地方。

无线电波传送声音的处理过程如图 19-6 所示。话筒将声音转换成音频信号（低频信号），再经音频放大器放大后送到调制器，与此同时高频载波信号振荡器产生高频载波信号也送到调制器，在调制器中，音频信号“坐”在高频载波信号上，这样的高频信号经高频信号放大器放大后送到天线，天线将该信号转换成无线电波发射出去。

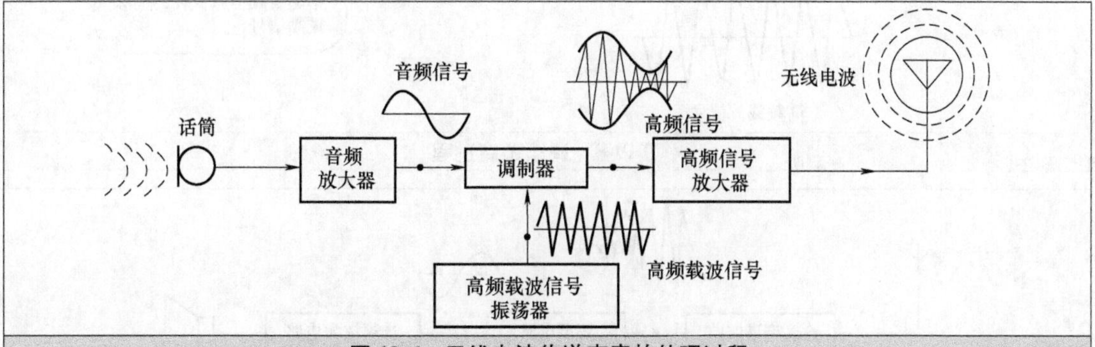
音频信号
话筒
音频
放大器
调制器
高频信号
高频信号
放大器
无线电波
高频载波信号
高频载波信号
振荡器

图 19-6　无线电波传送声音的处理过程

2. 调制方式

将低频信号装载到高频信号上的过程称为调制，常见的调制方式有两种：调幅调制（AM）和调频调制（FM）。

（1）调幅调制

将低频信号和高频载波信号接一定方式处理，得到频率不变而幅度随低频信号变化的高频信号，这个过程称为调幅调制。这种幅度随低频信号变化的高频信号称为调幅信号。调幅调制过程如图 19-7 所示。

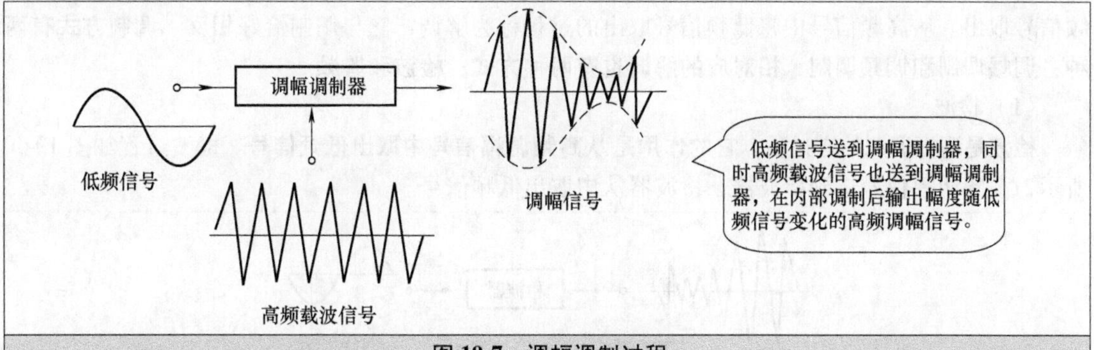
调幅调制器
低频信号
调幅信号
高频载波信号
低频信号送到调幅调制器，同时高频载波信号也送到调幅调制器，在内部调制后输出幅度随低频信号变化的高频调幅信号。

图 19-7　调幅调制过程

（2）调频调制

将低频信号与高频载波信号按一定的方式处理，得到幅度不变而频率随音频信号变化的高频信号，这个过程称为调频调制。这种频率随音频信号变化的高频信号称为调频信号。调频调制过程如图 19-8 所示。

19.2.2　无线电波的接收

在无线电发送设备中，将低频信号调制在高频载波信号上，通过天线发射出去，当无线电波经过无线电接收设备时，接收设备的天线将它接收下来，再通过内部电路处理后就可以取出低频信号。下面以收音机为例来说明无线电接收过程。

1. 无线电的接收过程

无线电波接收处理的简易过程如图 19-9 所示。

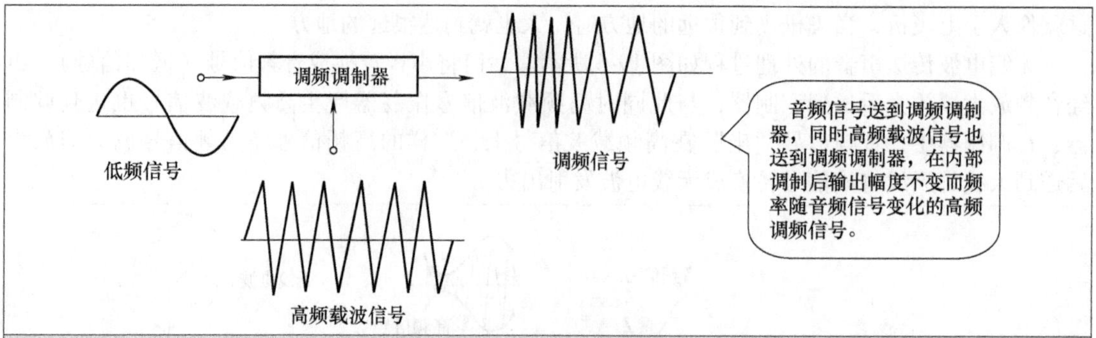
调频调制器
低频信号
调频信号
高频载波信号
音频信号送到调频调制器，同时高频载波信号也送到调频调制器，在内部调制后输出幅度不变而频率随音频信号变化的高频调频信号。

图 19-8　调频调制过程

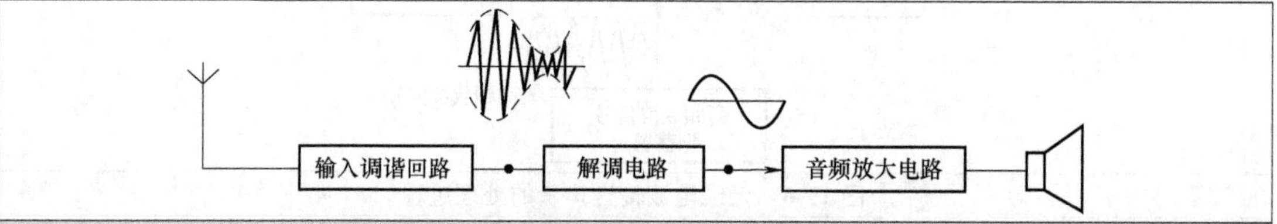
输入调谐回路
解调电路
音频放大电路

图 19-9　无线电波接收处理的简易过程

电台发射出来的无线电波经过收音机天线时，天线将它接收下来并转换成电信号，电信号被送到输入调谐回路，该电路的作用是选出电台发出的电信号，电信号被选出后再送到解调电路。因为电台发射出来的信号是含有音频信号的高频信号，解调电路的作用是从高频信号中将音频信号取出。解调出来的音频信号再经音频放大电路放大后送入扬声器，扬声器就会发出与电台相同的声音。

2. 解调方式

在电台中需要将音频信号加载到高频信号上（调制），而在收音机中需要从高频信号中将音频信号取出。从高频信号中将低频信号取出的过程称为解调，它与调制恰好相反。**调制方式有两种：调幅调制和调频调制，相对应的解调也有两种方式：检波和鉴频。**

（1）检波

检波是调幅调制的逆过程，它的作用是从高频调幅信号中取出低频信号。检波过程如图 19-10 所示，高频调幅信号送到检波器，检波器从中取出低频信号。

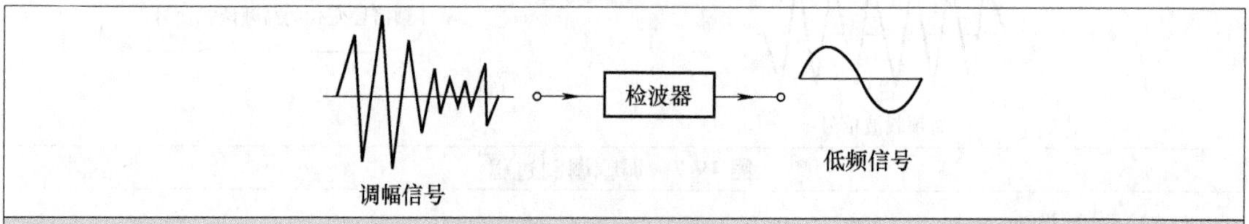
检波器
调幅信号
低频信号

图 19-10　检波过程

（2）鉴频

鉴频是调频调制的逆过程，它的作用是从高频调频信号中取出低频信号。鉴频过程如图 19-11 所示，高频调频信号送到鉴频器，鉴频器从中取出低频信号。

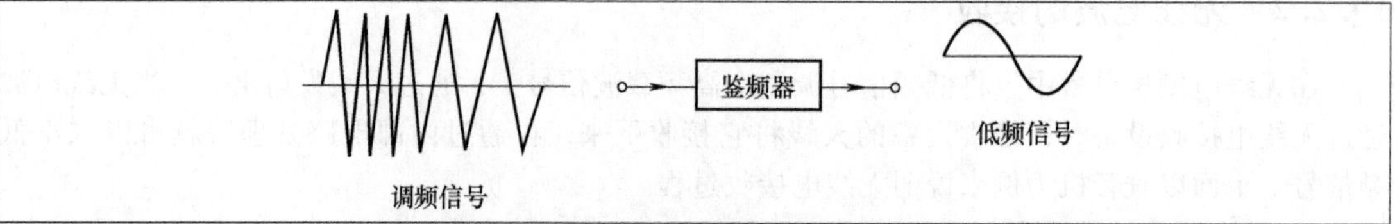
鉴频器
调频信号
低频信号

图 19-11　鉴频过程

19.3　收音机的电路原理

无线电广播包括发送和接收两个过程，根据发送和接收的方式不同，**无线电广播主要分为调幅广播和调频广播**。调幅广播具有电台信号传播距离很远的优点，但传送声音质量差，噪声大；而调频广播电台信号不能传送很远，但其音质优美，噪声小。

收音机是一种无线电接收设备，它用来接收广播电台发射的声音节目，根据接收的电台信号不同可分为调幅收音机和调频收音机。调幅收音机能接收调幅调制发射的电台信号，而调频收音机能接收调频调制发射的电台信号。调频和调幅收音机组成大致相同，调幅收音机电路更为简单，本书主要介绍调幅收音机电路原理。

19.3.1　调幅收音机的组成框图

调幅收音机的组成框图如图 19-12 所示。

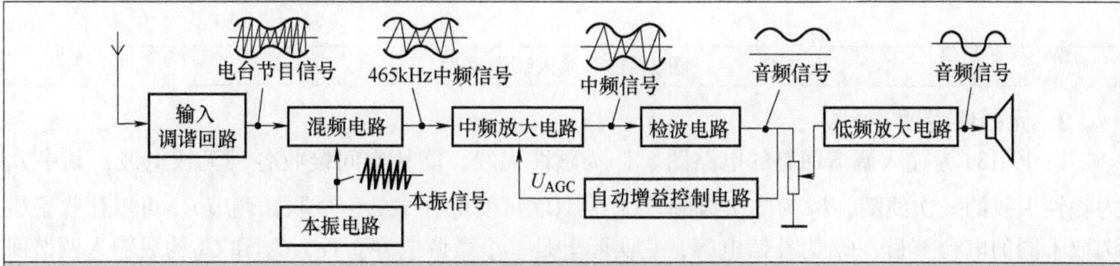
电台节目信号
465kHz中频信号
中频信号
音频信号
音频信号
输入
调谐回路
混频电路
中频放大电路
检波电路
低频放大电路
U_{AGC}
自动增益控制电路
本振信号
本振电路

图 19-12　调幅收音机的组成框图

天线从空间接收各种电台发射的无线电波，并将它们转换成电信号送到输入调谐回路，输入调谐回路从中选出某一个电台节目信号 $f_{信}$ 再送到混频电路，与此同时本振电路会产生一个频率很高的本振信号 $f_{振}$ 也送到混频电路，在混频电路中，本振信号与电台信号进行差拍（相减），得到 465kHz 中频信号（即 $f_{振}-f_{信}=465kHz$）。465kHz 中频信号送到中频放大电路进行放大，再去检波电路。检波电路从 465kHz 中频信号中检出音频信号，再把音频信号送到低频放大电路进行放大，放大后的音频信号输出并流进扬声器，推动扬声器发出声音。

图中的自动增益控制电路（AGC）的作用是检测检波电路输出音频信号的大小，形成相应的控制电压来控制中频放大电路的增益（放大能力）。当接收的电台信号很强时，检波输出的音频信号幅度很大，这时 AGC 电路会检测并形成一个 U_{AGC} 控制电压，该电压控制中频放大电路，使它的放大能力减小，中频放大电路输出的中频信号减小，检波输出的音频信号也就减小了，这样可以保证电台信号大小发生变化时，检波输出的音频信号大小基本恒定，有效避免了扬声器声音随电台信号忽大忽小发生变化。

不难看出，收音机接收到高频电台信号后，并不是马上对它进行检波取出音频信号，而是先通过混频电路进行差拍，将它变成一个中频信号，再对中频信号进行放大，然后从中频信号中检出音频信号，这样做可以提高收音机的灵敏度和选择性，这种收音机称为超外差收音机。大多数无线电接收设备（如收音机、电视机等）处理信号时都采用这种超外差处理方式，也就是先将高频信号转换成中频信号，再从中频信号检出低频信号。

根据接收电台信号频率范围不同，调幅收音机又可以分为中波（MW）调幅收音机和短波（SW）调幅收音机，中波电台信号频率范围是 535~1605kHz，短波电台的频率范围是 4~12MHz。两种收音机除了接收频率不同外其他是一样的，即在电路上它们只是输入调谐回路和本振电路频率不同，其他电路是相同的。

调幅收音机型号很多，但电路大同小异，下面以 SD66 型调幅收音机为例来介绍调幅收音机的各个单元电路工作原理。

19.3.2　输入调谐回路

输入调谐回路的作用是从天线接收下来的众多电台信号中选出某一电台信号，并送到混频电路。输入调谐回路如图 19-13 所示。

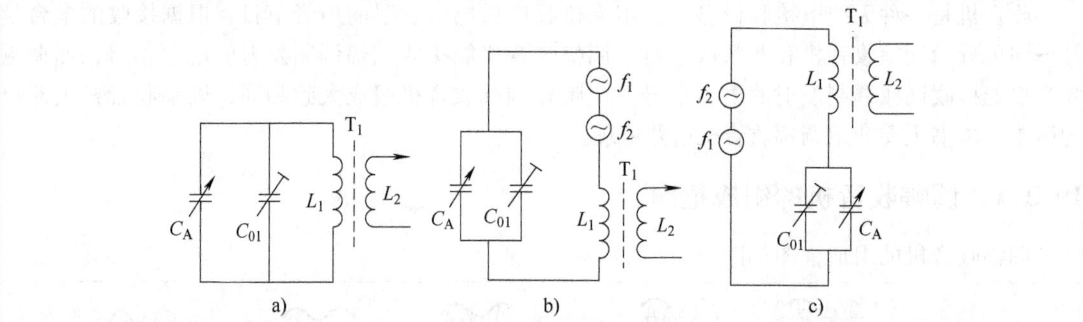
T1
CA
C01
L1
L2
a)
f1
f2
T1
CA
C01
L1
L2
b)
T1
f2
f1
L1
L2
C01
CA
c)

图 19-13　输入调谐回路

1. 元器件说明

图 19-13a 为输入调谐回路的电路图。T_1 为磁性天线，能从空间接收各种无线电波，其中 L_1 为磁性天线的一次线圈，L_2 为二次线圈；C_A 为双联可变电容中的信号联，调节 C_A 可以让收音机选取不同的电台节目；C_{01}为补偿电容，它实际上是一个微调电容。T_1、C_A 和 C_{01} 构成输入调谐回路，用于接收并选取电台发射过来的节目信号。

2. 选台原理

在我们周围空间有许多电台发射的无线电波，当这些电台的无线电波穿过磁性天线 T_1 的磁棒时，绕在磁棒上的线圈 L_1 上会感应出这些电台信号电动势，这些电动势与 L_1、C_A、C_{01} 构成谐振电路，如图 19-13b 所示。图中的 f_1、f_2 分别为线圈 L_1 上感应出的两个电台信号电动势，为了更直观看清该电路的实质，将图 19-13b 变形成图 19-13c 电路，从图 19-13c 可以看出输入调谐回路 L_1、C_A、C_{01} 构成的实际上就是一个串联谐振电路。

f_1、f_2 两个电台信号电动势与 L_1、C_A、C_{01} 构成了串联谐振电路，调节 C_A 的容量就可以改变 L_1、C_A、C_{01} 构成的串联谐振电路的频率，当谐振电路的谐振频率等于 f_1 信号电动势的频率时，电路就发生谐振，LC 谐振电路对 f_1 信号阻碍小，电路中的 f_1 信号电流很大（电流的方向是从 f_1 电动势的一端出发，再流经 L_1、C_A 和 C_{01} 后返回到 f_1 电动势的另一端），很大的 f_1 信号电流流过 L_1 时，在 L_1 上就有很高的 f_1 信号电压，f_1 信号电压感应到 L_2 上，L_2 再将该信号向后级电路传送。

因为 L_1、C_A、C_{01} 的谐振频率不等于 f_2 信号电动势的频率，LC 电路对 f_2 信号阻抗很大，流经 L_1 的 f_2 信号电流小，L_1 上的 f_2 信号电压也很小，感应到线圈 L_2 上的 f_2 信号电压也远小于 f_1 信号电压，可认为 f_2 信号无法被选出去后级电路。

总之，当许多电台发射的无线电波穿过磁性天线磁棒时，只有与输入调谐回路频率相同的电台信号才会在磁性天线一次线圈上形成很高的电台信号电压，该电台信号电压才能感应到二次线圈而被选出，其他频率电台信号在一次线圈上形成的电压很小，无法选出。

19.3.3　变频电路

变频电路包括混频电路和本振电路，其作用是将输入调谐回路送来的电台信号与本振电路

送来的本振信号进行差拍（相减），得到 465kHz 中频信号（$f_{振}-f_{信}=465kHz$）。变频电路如图 19-14所示。

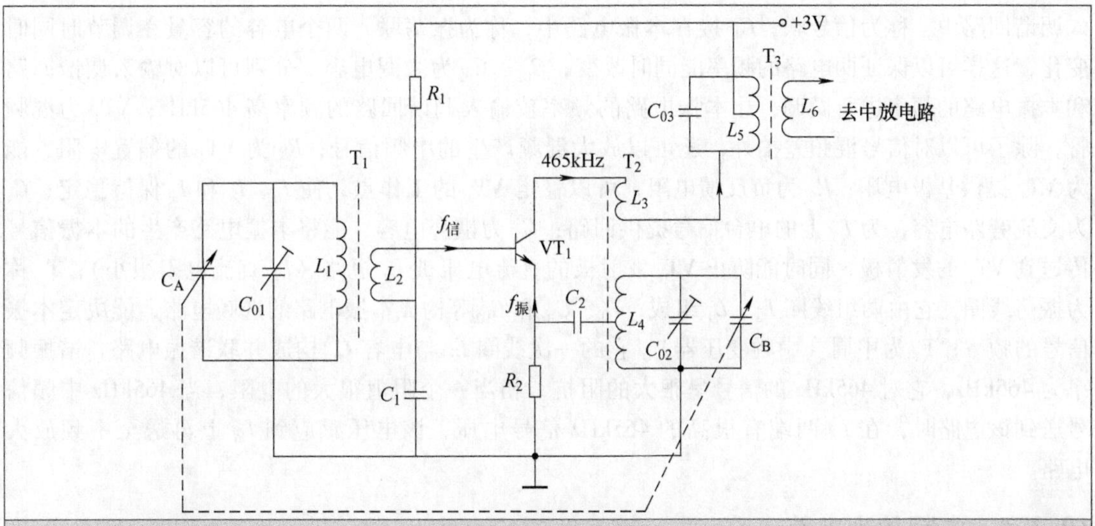

+3V
T_3
R_1
C_{03}
L_6
去中放电路
L_5
T_1
465kHz
T_2
L_3
$f_{信}$
VT_1
C_A
C_{01}
L_1
L_2
$f_{振}$
C_2
L_4
C_B
C_{02}
R_2
C_1

图 19-14　变频电路

1. 信号处理过程

许多电台的无线电波穿过磁性天线的磁棒，绕在磁棒上的线圈 L_1 上感应出各个电台的信号，当调节可变电容 C_A 容量使输入调谐回路频率为某一频率时，与该频率相同的电台信号在线圈 L_1 上会形成很高的电压，该电台的信号电压感应到二次线圈 L_2 上，为了叙述方便，选出的电台信号用 $f_{信}$ 表示，电台信号 $f_{信}$ 送到混频管 VT_1 的基极。与此同时，由振荡线圈 T_2、C_B 和 C_{02} 等元件构成的本振电路产生一个比电台信号 $f_{信}$ 频率高 465kHz 的本振信号 $f_{振}$，它经 C_2 送到混频管 VT_1 的发射极，$f_{振}$、$f_{信}$ 两信号送入混频管，两信号在晶体管内部进行混频差拍（即 $f_{振}-f_{信}$），得到 465kHz 中频信号，该中频信号从 VT_1 的集电极输出，经 L_3 送至由中周 T_3 的一次线圈与电容 C_{03} 构成的并联谐振选频电路，因为该选频电路的频率为 465kHz，它将 465kHz 中频信号选出后并由 T_3 的一次线圈感应到二次线圈，再往后送到中频放大电路。

2. 直流工作条件

电路中有晶体管，而晶体管需要有 I_b、I_c、I_e 才能正常工作，给电路提供电源后，晶体管各极有电流流过，各电流的流经途径如下：

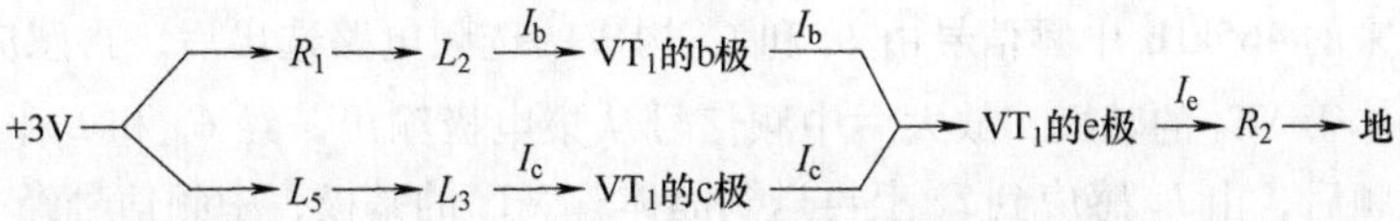

R_1
L_2
I_b
VT_1的b极
I_b
+3V
VT_1的e极
I_e
R_2
地
L_5
L_3
I_c
VT_1的c极
I_c

3. 本振信号的产生过程

在电路接通电源后，晶体管有电流 I_c 流过，I_c 的途径是，+3V→中周 T_3 的一次线圈→线圈 L_3→晶体管 VT_1 的集电极→VT_1 的发射极→R_2→地，I_c 由无到有，是一个变化的电流，该电流蕴含着 0~∞ 各种频率信号，这些信号在经过线圈 L_3 时，L_3 将它们感应到绕在同一磁心上的线圈 L_4 上，由于 L_4、C_{02}、C_B 的频率为 $f_{振}$，只有频率与 $f_{振}$ 相等的信号才在 L_4 上有较高的感应电压，L_4 上频率为 $f_{振}$ 的信号电压经 C_2 送到 VT_1 发射极放大，然后从集电极输出又经 L_3 感应到 L_4，L_4 上的 $f_{振}$ 信号增大，如此反复，L_4 上的 $f_{振}$ 信号幅度越来越大，VT_1 对 $f_{振}$ 信号放大能力逐渐下降，当下降到一定值时，L_4 上 $f_{振}$ 信号幅度不再增大，幅度稳定的 $f_{振}$ 信号送给 VT_1 作为本振信号。

4. 元器件说明

T_1 为磁性天线，能接收无线电波信号；C_A、C_B 两个可变电容构成一个双联电容，C_A 接在输入调谐回路中，称为信号联，C_B 接在本振电路中，称为振荡联，两个电容的容量在调节时同时变化，这样可以保证两电路的频率能同时改变；C_{01}、C_{02} 为微调电容，分别可以对输入调谐回路和本振电路的频率进行微调，让本振电路的频率较输入调谐回路的频率高 465kHz；VT_1 为混频管，除了可以对信号混频差拍外，还可以放大混频产生的中频信号；R_1 为 VT_1 的偏置电阻，能为 VT_1 提供基极电压；R_2 为负反馈电阻，可以稳定 VT_1 的工作点，使 I_b、I_c 和 I_e 保持稳定；C_1 为交流旁路电容，为 L_2 上的电台信号提供回路；C_2 为耦合电容，能将本振电路产生的本振信号传送到 VT_1 的发射极，同时能防止 VT_1 发射极的直流电压被 L_4 短路（L_4 直流电阻很小）；T_2 称为振荡线圈，它由两组线圈 L_3、L_4 组成；L_4、C_B 和 C_{02} 等构成本振电路的选频电路，能决定本振信号的频率；T_3 为中周（中频变压器），它的一次线圈 L_5 与电容 C_{03} 构成并联谐振电路，谐振频率为 465kHz，它对 465kHz 的信号呈很大的阻抗，相当一个阻值很大的电阻，当 465kHz 中频信号送到该电路时，在 L_5 两端有很高的 465kHz 信号电压，该电压感应到 L_6 上再送至中频放大电路。

19.3.4　中频放大电路

中频放大电路简称中放电路，其作用是放大变频电路送来的 465kHz 中频信号，并对它进一步选频，得到纯净的 465kHz 信号去检波电路。中频放大电路如图 19-15 所示。

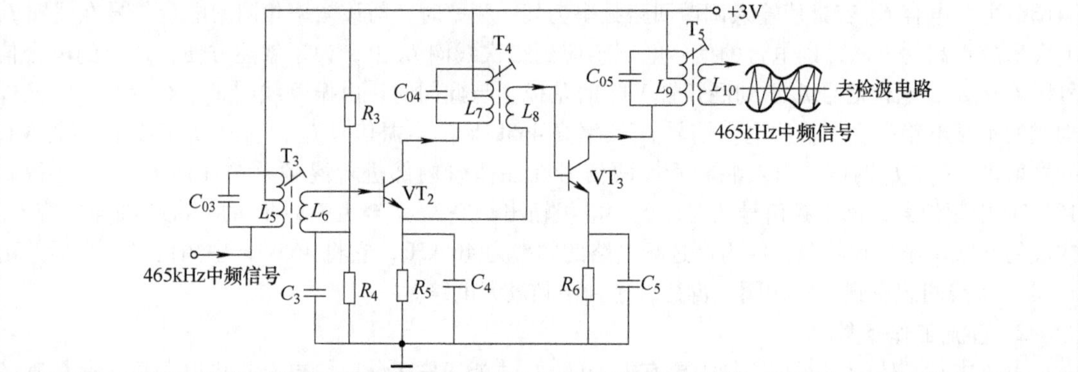
+3V
T_5
T_4
C_{05}
L_9
L_{10}
去检波电路
465kHz中频信号
C_{04}
L_7
L_8
R_3
T_3
VT_2
VT_3
C_{03}
L_5
L_6
465kHz中频信号
C_3
R_4
R_5
C_4
R_6
C_5

图 19-15　中频放大电路

1. 信号处理过程

变频电路送来的 465kHz 中频信号由 L_5 和 C_{03} 构成的选频电路选出后，再感应到 L_6，L_6 上的中频信号送到晶体管 VT_2 的基极，放大后中频信号从集电极输出，经 C_{04} 和 L_7 构成的 465kHz 选频电路进一步选频后，由 L_7 感应到 L_8 上再送到晶体管 VT_3 的基极，中频信号经 VT_3 放大后从集电极输出，经 C_{05} 和 L_9 构成的 465kHz 选频电路又一次选频后得到很纯净的 465kHz 中频信号，然后由 L_9 感应到 L_{10} 上送往检波电路。

2. 直流工作条件

晶体管 VT_2 的 I_b、I_c、I_e 的途径如下：

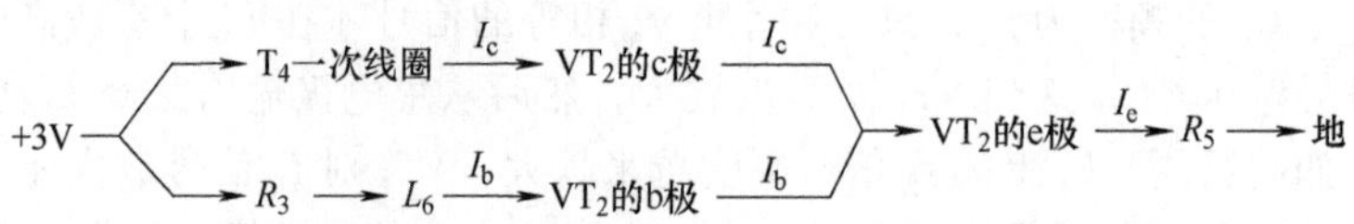
+3V
T_4一次线圈
I_c
VT_2的c极
I_c
R_3
L_6
I_b
VT_2的b极
I_b
VT_2的e极
I_e
R_5
地

晶体管 VT_3 的 I_b、I_c、I_e 的途径如下：

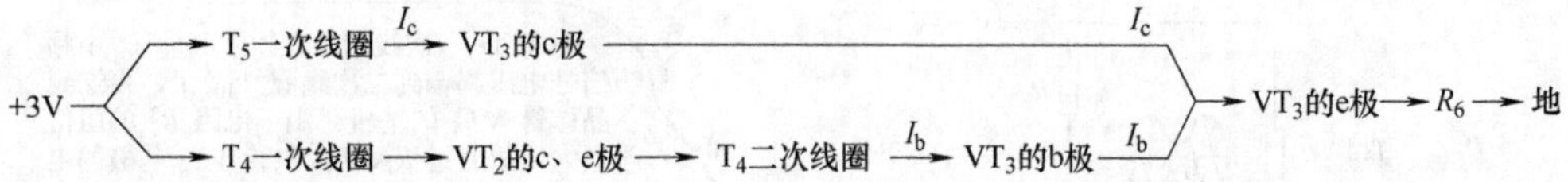
+3V
T_5一次线圈
I_c
VT_3的c极
I_c
T_4一次线圈
VT_2的c、e极
T_4二次线圈
I_b
VT_3的b极
I_b
VT_3的e极
R_6
地

由于 VT_3 的 I_b 取自 VT_2 的 I_e，如果 VT_2 没有导通，VT_3 是不会导通的。

3. 元器件说明

VT_2、VT_3 分别为第一、二中放管，用来放大 465kHz 的中频信号；T_3、T_4 和 T_5 为中周（中频变压器），它们的一次线圈分别与电容 C_{03}、C_{04} 和 C_{05} 构成 465kHz 的选频电路，用来选择 465kHz 的中频信号，让检波电路能得到很纯净的中频信号；C_3、C_4 和 C_5 均为交流旁路电容，能减少电路对交流信号的损耗，提高电路的增益；R_3、R_4 分别是 VT_2 的上、下偏置电阻，为 VT_2 提供基极电压；R_5、R_6 为电流负反馈电阻，能稳定 VT_2、VT_3 的静态工作点。

19.3.5　检波电路

检波电路的作用是从 465kHz 中频信号中检出音频信号。收音机常采用的检波电路有二极管检波和晶体管检波。

1. 二极管检波电路

二极管检波电路如图 19-16 所示。

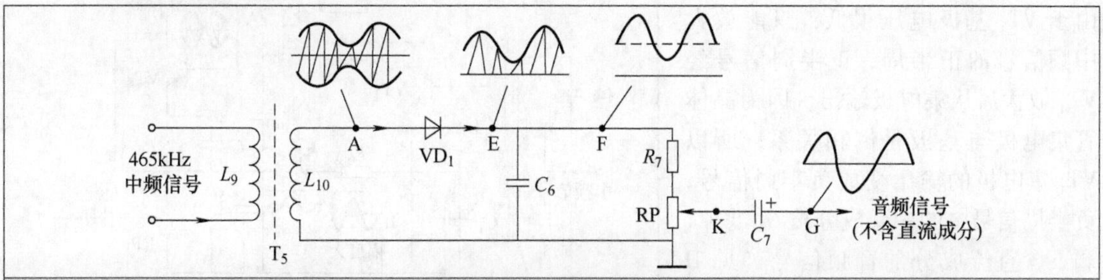
465kHz
中频信号
L_9
L_{10}
T_5
A
VD_1
E
C_6
F
R_7
RP
K
C_7
G
音频信号
(不含直流成分)

图 19-16　二极管检波电路

中周 T_5 一次线圈 L_9 上的 465kHz 中频信号电压感应到二次线圈 L_{10}上，L_{10}上的 465kHz 中频信号（见图中 A 点波形）含有两部分：音频信号和中频信号。该中频信号送到检波二极管 VD_1 的正极，由于二极管的单向导电性，故中频信号只能通过正半周部分（见图中 E 点波形），此信号中残存着中频成分，残存的中频成分经过滤波电容 C_6 时，由于 C_6 容量小，对频率低的音频信号阻碍大，而对频率较高的中频信号阻碍小，中频信号被 C_6 旁路到地而滤掉，剩下音频信号（见图 F 点波形）。

检波后得到的音频信号中含有直流成分（F 点波形中虚直线为直流成分，实直线表示零电位），含有直流成分的音频信号经 R_7、RP 送到耦合电容 C_7，由于电容具有“通交阻直”的性质，故只有音频信号中有用的交流成分通过电容（见图 G 点波形），而直流成分无法通过电容。

2. 晶体管检波电路

晶体管检波电路如图 19-17 所示。

19.3.6　AGC 电路

由于电台发射机的不稳定和空间传播等因素的影响，会造成收音机接收的电台信号时大时小，反映到扬声器就会出现声音忽大忽小，为了保证扬声器声音大小不因接收的电台信号变化而变化，在收音机中设置了 AGC 电路。

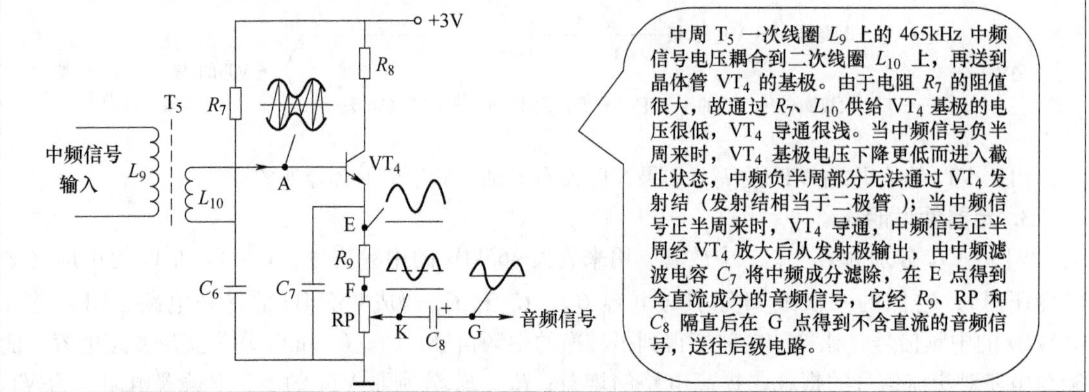
+3V
R_8
T_5
R_7
中频信号
输入
L_9
L_{10}
A
VT_4
E
R_9
F
C_6
C_7
RP
K
C_8
G
音频信号
中周 T_5 一次线圈 L_9 上的 465kHz 中频信号电压耦合到二次线圈 L_{10} 上，再送到晶体管 VT_4 的基极。由于电阻 R_7 的阻值很大，故通过 R_7、L_{10} 供给 VT_4 基极的电压很低，VT_4 导通很浅。当中频信号负半周来时，VT_4 基极电压下降更低而进入截止状态，中频负半周部分无法通过 VT_4 发射结（发射结相当于二极管）；当中频信号正半周来时，VT_4 导通，中频信号正半周经 VT_4 放大后从发射极输出，由中频滤波电容 C_7 将中频成分滤除，在 E 点得到含直流成分的音频信号，它经 R_9、RP 和 C_8 隔直后在 G 点得到不含直流的音频信号，送往后级电路。

图 19-17　晶体管检波电路

AGC 电路的作用是根据接收电台信号的大小自动调节放大电路的增益，保证送到后级电路的音频信号大小基本恒定。例如当接收电台信号幅度小时，AGC 电路会调节放大电路，让它的增益上升，反之，则让放大电路的增益下降。AGC 电路如图 19-18 所示。

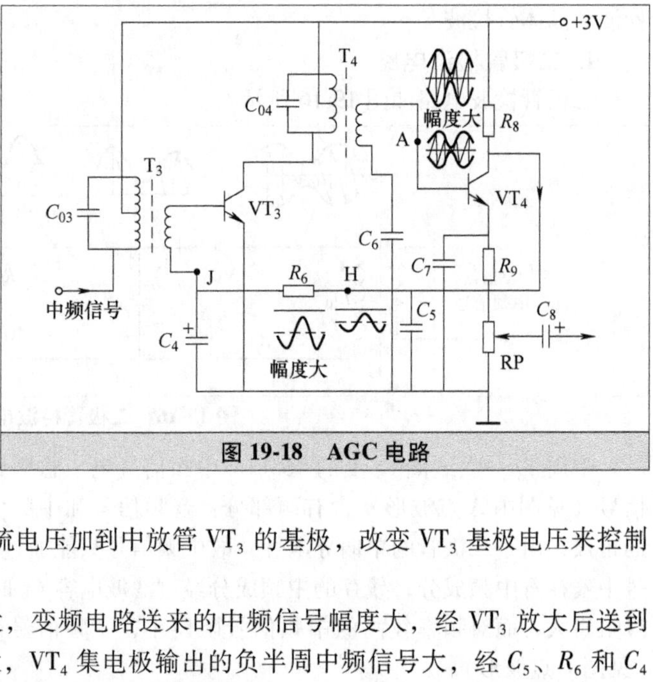
+3V
T_4
C_{04}
幅度大
R_8
A
T_3
VT_4
C_{03}
VT_3
C_6
C_7
R_9
J
R_6
H
中频信号
C_5
C_8
C_4
幅度大
RP

图 19-18　AGC 电路

图中的 C_5、R_6、C_4 等元件构成 AGC 电路。VT_4 为检波晶体管，当 465kHz 的中频信号加到 VT_4 基极时，由于 VT_4 基极电压很低，只能放大中频信号的正半周，正半周信号经 VT_4 放大后从集电极输出，因为晶体管集电极与基极是倒相关系，所以 VT_4 集电极的输出变成负半周信号，负半周信号中的中频成分被 C_5 滤掉，剩下含直流成分的音频信号（见 H 点波形），该信号中的音频信号又被 C_4 滤掉（因为 C_4 容量很大，对音频信号阻碍小），只剩下直流成分（H 点波形中虚线为负的直流成分），该直流电压加到中放管 VT_3 的基极，改变 VT_3 基极电压来控制 VT_3 的增益。

如果收音机接收的电台信号幅度大，变频电路送来的中频信号幅度大，经 VT_3 放大后送到检波管 VT_4 基极的中频信号幅度也很大，VT_4 集电极输出的负半周中频信号大，经 C_5、R_6 和 C_4 滤波后在 H 点得到的负直流电压更低，该电压加到 VT_3 的基极，使它的基极电压下降（在无信号时，VT_3 的基极电压是+3V 电压经 R_8、R_6 和 T_3 二次线圈提供的，现在负 AGC 电压与 VT_3 原基极电压叠加，会使基极电压下降），VT_3 的 I_b 减小，I_c 也减小，晶体管放大能力下降（即增益下降），这样 VT_3 输出的中频信号减小，幅度回到正常的大小。

总之，当接收的电台信号强时，AGC 电路控制放大电路使它的增益下降；当接收的电台信号弱时，AGC 电路控制放大电路使它的增益上升。

19.3.7　低频放大电路

检波电路输出音频信号，若将该音频信号直接送到扬声器，扬声器会发声，但发出的声音很小，所以要用放大电路对检波输出的音频信号进行放大，这样才能推动扬声器发出足够大的声音。由于音频信号频率低，故**音频信号放大电路又称为低频放大电路，简称低放电路，它处于音量电位器与扬声器之间。低放电路通常包括两部分：前置放大电路和功放电路。**

1. 前置放大电路

前置放大电路的作用是放大幅度较小的音频信号。前置放大电路如图 19-19 所示。

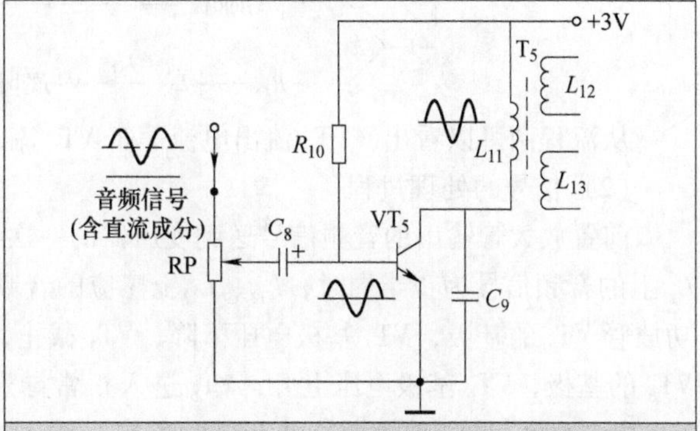
+3V
T5
L12
R10
L11
L13
音频信号
(含直流成分)
VT5
C8
RP
C9

图 19-19　前置放大电路

（1）信号处理过程

从检波电路送来的音频信号经音量电位器 RP 调节并经电容 C_8 隔直后，剩下交流音频信号送到前置放大管 VT_5 的基极，音频信号经 VT_5 放大后从集电极输出，送至音频变压器 T_5 的一次线圈 L_{11}，然后感应到二次线圈 L_{12}、L_{13}上，再去功放电路。

（2）元器件说明

RP 为音量电位器，能调节送往 VT_5 基极音频信号的大小，当 RP 滑动端向上滑动时，送往 VT_5 的音频信号幅度大，音量会增大；C_8 为耦合电容，除了能让交流音频信号通过外，还能将不需要的直流隔开；VT_5 为前置放大管，能放大音频信号；C_9 为高频旁路电容，主要是旁路音频信号中残留的中频成分和音频信号中的高频噪声信号；T_5 为音频变压器，用于将前置放大电路的音频信号送到功放电路，它的二次侧有两组线圈。

（3）直流工作条件

VT_5 的 I_b、I_c、I_e 途径如下：

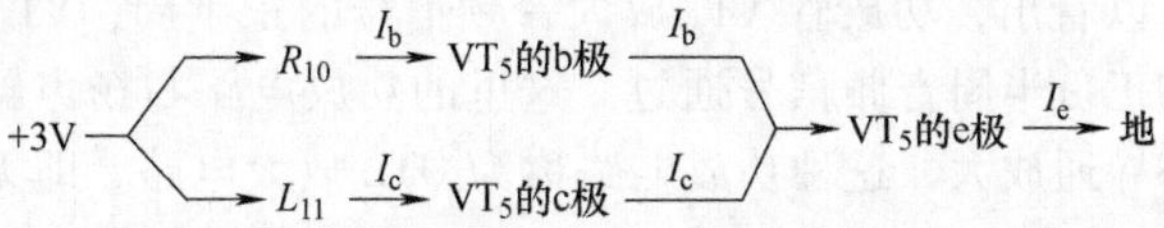
R10
Ib
VT5的b极
Ib
+3V
VT5的e极
Ie
地
L11
Ic
VT5的c极
Ic

2. 功放电路

功放电路的作用是放大幅度较大的音频信号，使音频信号有足够的幅度推动扬声器发声。由于送到功放电路的音频信号幅度很大，用一只晶体管放大会难于承受，并且会产生很严重的失真，所以**在功放电路中常用两只晶体管来放大音频信号，两只晶体管轮流工作，能减轻晶体管的负担同时也减小失真，功放电路两只晶体管交替放大的方式又叫推挽放大。**功放电路如图 19-20 所示。

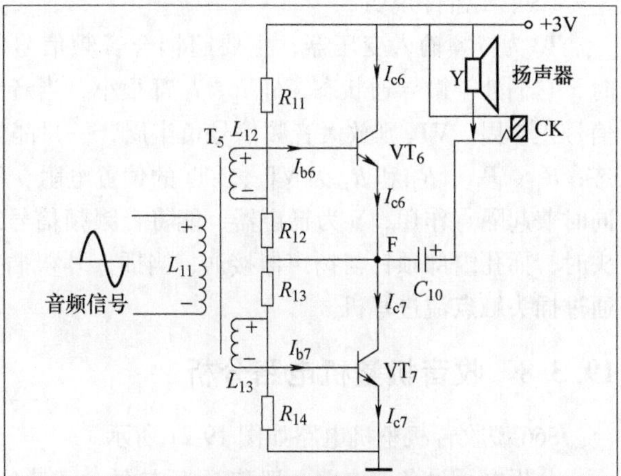
+3V
Ic6
Y
扬声器
R11
CK
T5
L12
VT6
Ib6
Ic6
R12
F
L11
C10
音频信号
R13
Ic7
Ib7
VT7
L13
R14
Ic7

图 19-20　功放电路

（1）直流工作条件

图 19-20 中的 $R_{11}=R_{13}$、$R_{12}=R_{14}$，并且 VT_6、VT_7 同型号，电路具有对称性，所以它们的中心 F 点电压约为电源电压的一半，即 $U_F=1.5V$。在静态时，VT_6、VT_7 都处于微导通状态，VT_6、VT_7 导通的 I_b、I_c、I_e 途径如下：

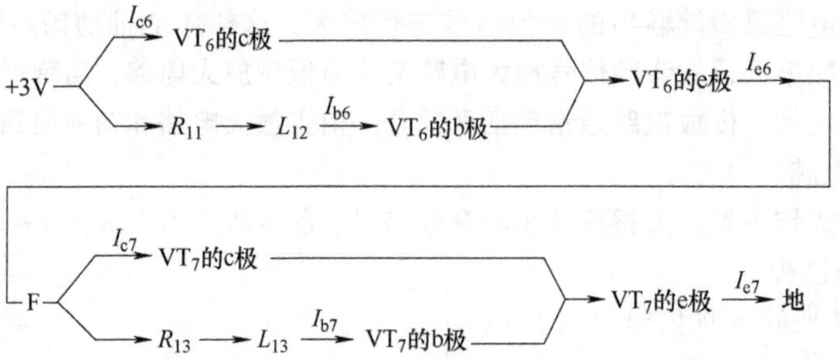
+3V
Ic6
VT6的c极
R11
L12
Ib6
VT6的b极
VT6的e极
Ie6
F
Ic7
VT7的c极
R13
L13
Ib7
VT7的b极
VT7的e极
Ie7
地

从流程图可以看出，VT_6 流出电流等于 VT_7 流入的电流，即 VT_7 的 I_{e7} 与 VT_6 的 I_{e6} 相等。

（2）信号的处理过程

前置放大管输出的音频信号送到变压器的一次线圈 L_{11}，然后又感应到二次线圈 L_{12}、L_{13}。当 L_{11} 上的音频信号为正半周时，L_{12}、L_{13} 上感应的音频信号电压都为上正下负，L_{13} 的下负电压加到功放管 VT_7 的基极，VT_7 基极电压下降，VT_7 截止，不能放大信号，而 L_{12} 的上正电压加到功放管 VT_6 的基极，VT_6 基极电压上升，VT_6 进入正常导通放大状态，电容 C_{10} 开始放电（在无信号时+3V电源已通过扬声器对 C_{10} 已充得左负右正约 1.5V 电压），放电电流途径是，C_{10} 右正→扬声器→VT_6 的集电极→VT_6 的发射极→C_{10} 左负，该电流流过扬声器，它就是 VT_6 放大输出的正半周音频信号。

当 L_{11} 上的音频信号为负半周时，L_{12}、L_{13} 上感应的音频信号电压都为上负下正，L_{12} 的上负电压加到功放管 VT_6 的基极，基极电压下降，VT_6 进入截止状态，不能放大信号，而 L_{13} 的下正电压加到功放管 VT_7 的基极，基极电压上升，VT_7 进入正常导通放大状态，+3V 电源开始对 C_{10} 充电，充电电流途径是，+3V→扬声器→C_{10}→VT_7 集电极→VT_7 发射极→地，该电流流过扬声器，它就是 VT_7 放大输出的负半周音频信号。

从上述工作过程可以看出，功放管 VT_6 放大音频信号的正半周，VT_7 放大音频信号的负半周，扬声器中有完整的正负半周音频信号通过。这里的功放电路与扬声器之间未采用输出变压器，并且两功放管交替导通放大，这种功放电路称为 OTL 放大电路，即无输出变压器的推挽放大电路。

（3）元器件说明

T_5 为音频输入变压器，主要起耦合音频信号的功能；VT_6、VT_7 为功放管，在无信号输入时，它们处于微导通状态，即 I_b、I_c 都很小，当音频信号输入时，它们轮流工作，VT_6 放大音频信号正半周，VT_7 则放大音频信号负半周，一只晶体管处于放大状态时另一只晶体管处于截止状态；R_{11}、R_{12}、R_{13} 和 R_{14} 为 VT_6、VT_7 的偏置电阻，为两晶体管提供静态工作点；C_{10} 为耦合电容，同时兼起隔直作用；Y 为扬声器，能将音频频信号还原成声音；CK 为耳机插孔，未插入耳机插头时，插孔内部顶针与扬声器接通，当插入耳机插头时，顶针断开，将扬声器切断，音频信号会通过插头触点流进耳机。

19.3.8　收音机整机电路分析

S66 型收音机整机电路如图 19-21 所示。

分析电子设备的电路一般包括三方面：一是分析电路处理交流信号的过程；二是分析电路中各元器件的功能；三是分析电路的直流供电，主要是晶体管的供电情况。以下就从这三个方面来分析 S66 型收音机整机电路原理。

1. 交流信号处理过程

许多电台发射的无线电波在穿过磁性天线 T_1 的磁棒时，绕在磁棒上的线圈 L_{01} 上会感应出各电台信号电动势，只有与输入调谐回路频率相同的电台信号才在 L_{01} 上得到很高的信号电压，该电台信号电压感应到 T_1 的二次线圈 L_{02} 上，再送入混频管 VT_1 的基极。与此同时，由 VT_1、T_2、C_B、C_{02} 等元器件构成的本振电路产生本振信号经 C_2 送入 VT_1 的发射极。本振信号和电台信号在混频管 VT_1 中混频差拍，即 $f_{振}-f_{信}$，得到 465kHz 中频信号，从 VT_1 的集电极输出，再由中周 T_3 构成的 465kHz 选频电路选出，送到中放电路。

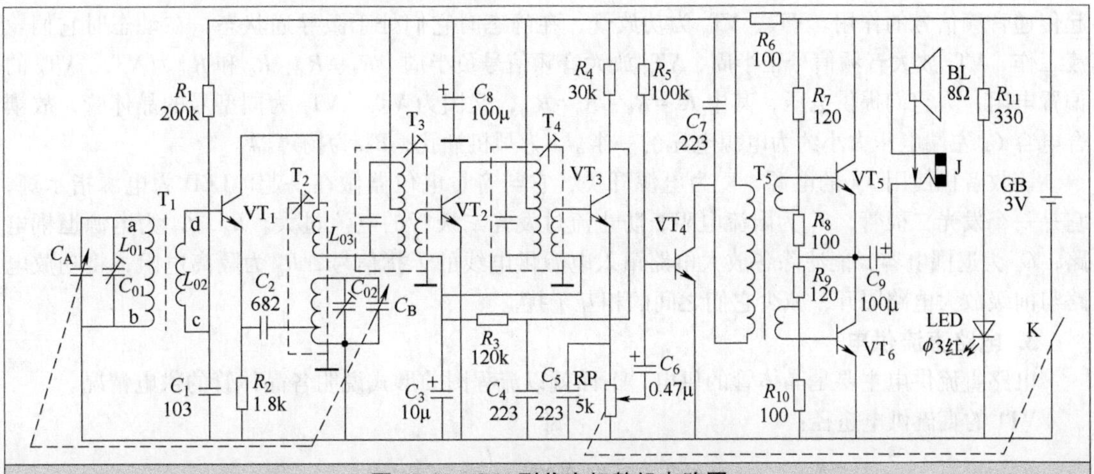

R_1 200k
R_2 1.8k
R_3 120k
R_4 30k
R_5 100k
R_6 100
R_7 120
R_8 100
R_9 120
R_{10} 100
R_{11} 330
C_A
C_B
C_{01}
C_{02}
C_1 103
C_2 682
C_3 10μ
C_4 223
C_5 223
C_6 0.47μ
C_7 223
C_8 100μ
C_9 100μ
L_{01}
L_{02}
L_{03}
a
b
c
d
T_1
T_2
T_3
T_4
T_5
VT_1
VT_2
VT_3
VT_4
VT_5
VT_6
RP 5k
BL 8Ω
J
GB 3V
LED ϕ3红
K

图 19-21 S66 型收音机整机电路图

465kHz 中频信号经 T_3 耦合到中放管 VT_2 的基极，放大后从集电极输出，再由中周 T_4 构成的 465kHz 选频电路选出，又耦合到检波管 VT_3 的基极，由于 VT_3 的基极电压较低，中频信号负半周来时 VT_3 截止，正半周来时 VT_3 正常放大，正半周中频信号从 VT_3 的发射极输出，然后由滤波电容 C_5 滤掉中频成分，剩下音频信号，音频信号经音量电位器 RP 调节和电容 C_6 隔直后送到低放电路。

音频信号送到前置放大管 VT_4 的基极，放大后从集电极输出送到音频变压器 T_5 一次线圈，音频信号再感应到 T_5 两组二次线圈，分别送到功放管 VT_5、VT_6 的基极。VT_5 放大音频信号的正半周，VT_6 放大音频信号的负半周，放大的正负半周音频信号经 C_9 流进扬声器，扬声器发声。

2. 元器件说明

T_1 是磁性天线，实际上是一个高频变压器，用来接收无线电波信号。C_A 为双联电容中的信号联，C_B 为双联电容中的振荡联，在调台时，它们容量同时变化，这样可以保证输入调谐回路在选取不同电台时，本振信号频率始终较接收电台信号频率高 465kHz。C_{01}、C_{02} 都是微调电容，它们通常与双联电容做在一起。VT_1 为混频管，具有混频信号和放大信号的功能。C_1 为交流旁路电容，能减小交流损耗，提高 VT_1 的增益。R_1 为 VT_1 的偏置电阻，为 VT_1 提供基极电压。R_2 为 VT_1 发射极电流负反馈电阻，能稳定 VT_1 的工作点。T_2 称为振荡线圈，它有两组线圈，一组线圈用于反馈，另一组与 C_B、C_{02} 构成本振电路选频电路，改变它的电感量可以改变本振电路的振荡频率。C_2 为耦合电容，将本振信号传送到 VT_1 的发射极。

T_3、T_4 均为中频变压器（又称中周），它内部包含有槽路电容，中周的一次线圈与内部槽路电容一起构成 465kHz 的选频电路，用于选取 465kHz 中频信号。VT_2 为中放管，用来放大中频信号。VT_3 是检波晶体管，它的基极电压很低，只能放大中频信号中的正半周部分，负半周来时处于截止状态。C_5 为滤波电容，用来滤除检波输出信号中的中频成分而选出音频信号。C_4、R_3、C_3 构成 AGC 电路，C_4 用来滤除检波管 VT_4 集电极输出的负半周信号中的中频成分，而 C_3 由于容量较大，它用来滤除音频成分，剩下负的直流电压送到中放管 VT_2 的基极，来控制 VT_2 的放大能力。R_4 是一个比较重要的电阻，一方面它为检波管提供集电极电压，另外还经 R_3 为中放管

VT_2 和检波管 VT_3 提供基极电压。

RP 为音量电位器，能调节送往低放电路的音频信号大小，滑动端下移时，上端电阻增大，送往低放电路的音频信号小，扬声器的音量变小。C_6 为耦合电容，能阻止音频信号中的直流成分通过，只让交流音频信号去 VT_4 的基极。VT_4 为前置放大管，放大小幅度的音频信号。C_7 为高频旁路电容，用来旁路音频信号中残存的中频信号和高频噪声信号。T_5 为音频输入变压器，起传递音频信号的作用。VT_5、VT_6 为功放管，在静态时它们处于微导通状态，在动态时它们轮流工作，VT_5 放大音频信号正半周，VT_6 放大音频信号负半周。R_7、R_8、R_9 和 R_{10} 为 VT_5、VT_6 的偏置电阻，为它们提供电压，其中 $R_7=R_9$、$R_8=R_{10}$，又因为 VT_5、VT_6 为同型号的晶体管，故耦合电容 C_9 左端电压大小约为电源电压的一半。J 为耳机插孔，BL 为扬声器。

该收音机使用 3V 的电源，K 为电源开关，它与音量电位器做在一起。LED 为电源指示灯，它是一个发光二极管，R_{11} 为限流电阻，防止流过发光二极管的电流过大。R_6、C_8 为电源退耦电路，C_8 为退耦电容，能滤除各放大电路窜入电源供电线的干扰信号，R_6 为隔离电阻，将功放电路与前级放大电路隔开，减少它们之间的相互干扰。

3. 电路直流供电

电路直流供电主要是晶体管的供电，下面就以流程图的形式说明各晶体管的供电情况。

VT1 的直流供电途径：

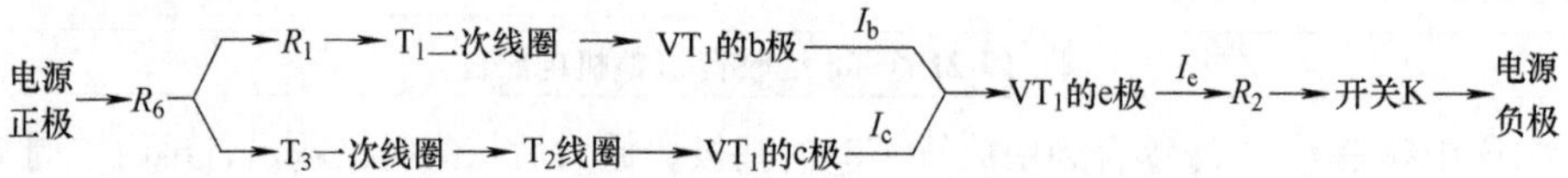
电源正极
R_6
R_1 → T_1二次线圈 → VT_1的b极
I_b
T_3一次线圈 → T_2线圈 → VT_1的c极
I_c
VT_1的e极
I_e
R_2 → 开关K → 电源负极

VT_2的直流供电途径：

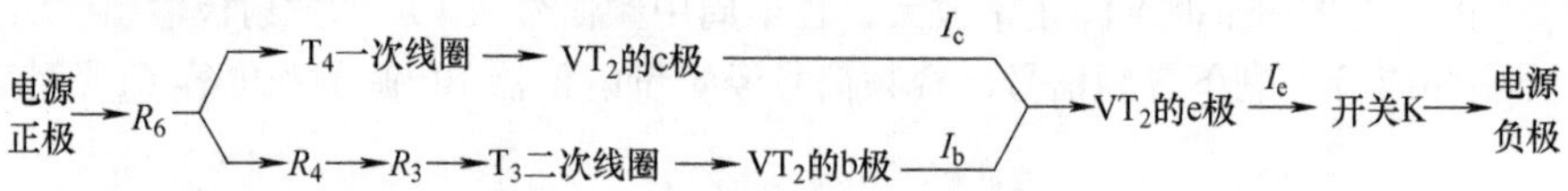
电源正极
R_6
T_4一次线圈 → VT_2的c极
I_c
R_4 → R_3 → T_3二次线圈 → VT_2的b极
I_b
VT_2的e极
I_e
开关K → 电源负极

VT_3的直流供电途径：

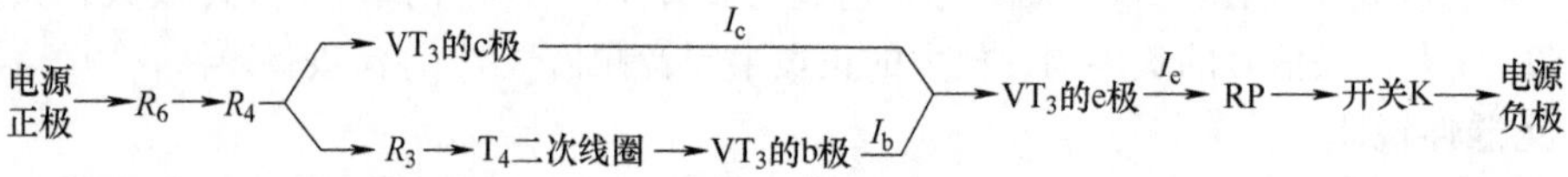
电源正极
R_6 → R_4
VT_3的c极
I_c
R_3 → T_4二次线圈 → VT_3的b极
I_b
VT_3的e极
I_e
RP → 开关K → 电源负极

VT_4的直流供电途径：

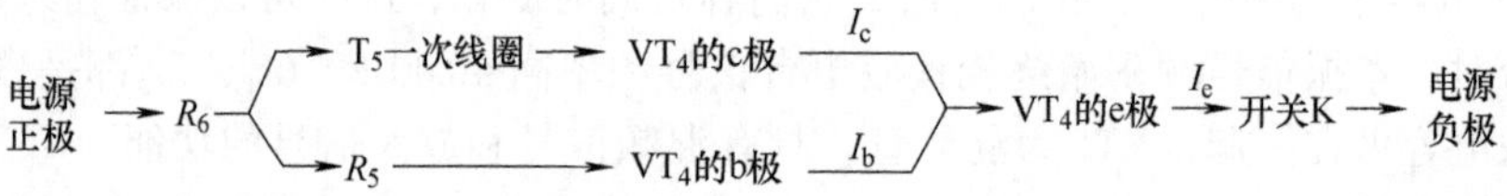
电源正极
R_6
T_5一次线圈 → VT_4的c极
I_c
R_5 → VT_4的b极
I_b
VT_4的e极
I_e
开关K → 电源负极

VT_5、VT_6的直流供电途径：

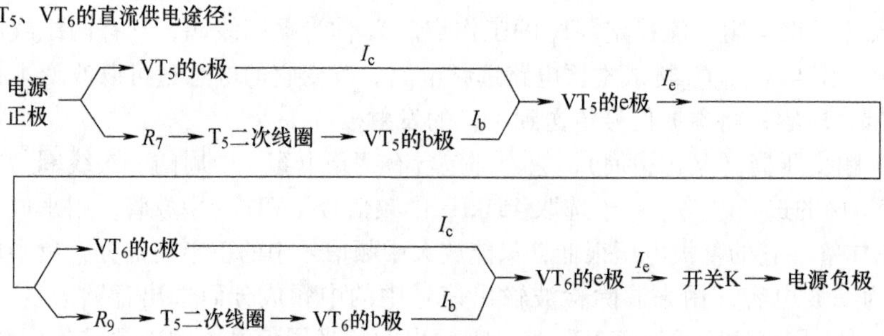
电源正极
VT_5的c极
I_c
R_7 → T_5二次线圈 → VT_5的b极
I_b
VT_5的e极
I_e
VT_6的c极
I_c
R_9 → T_5二次线圈 → VT_6的b极
I_b
VT_6的e极
I_e
开关K → 电源负极

第20章

电子操作技能

20.1 电子工具材料与操作

20.1.1 电烙铁

电烙铁是一种将电能转换成热能的焊接工具。电烙铁是电路装配和检修不可缺少的工具，元器件的安装和拆卸都要用到，学会正确使用电烙铁是提高实践能力的重要内容。

1. 结构

电烙铁主要由烙铁头、套管、烙铁心（发热体）、手柄和导线等组成，电烙铁的结构如图 20-1所示。

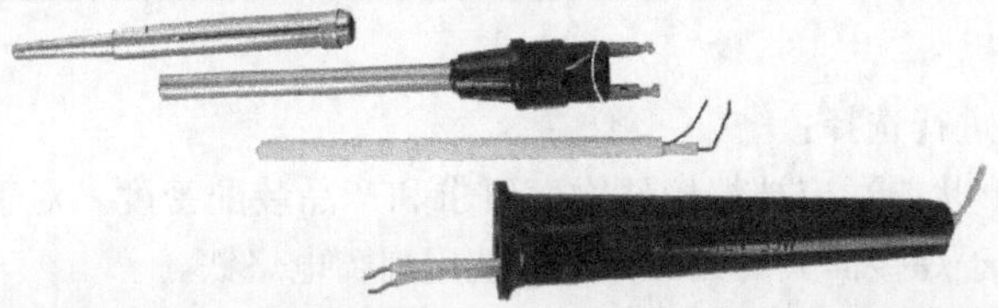

当烙铁心通过导线获得供电后会发热，发热的烙铁心通过金属套管加热烙铁头，烙铁头的温度达到一定值时就可以进行焊接操作。

图 20-1　电烙铁的结构

2. 种类

电烙铁的种类很多，常见的有内热式电烙铁、外热式电烙铁、恒温电烙铁和吸锡电烙铁等。

（1）内热式电烙铁

内热式电烙铁是指烙铁头套在发热体外部的电烙铁。内热式电烙铁如图 20-2 所示。内热式电烙铁具有体积小、重量轻、预热时间短，一般用于小元器件的焊接，功率一般较小，但发热元件易损坏。内热式电烙铁的烙铁心采用镍铬电阻丝绕在瓷管上制成，一般 20W 电烙铁的电阻为 2. 4kΩ 左右，35W 电烙铁的电阻为 1. 6kΩ 左右。

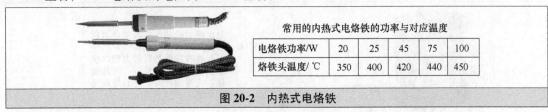

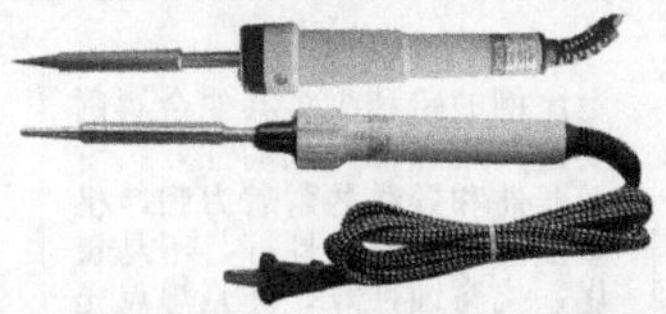

常用的内热式电烙铁的功率与对应温度

电烙铁功率/W	20	25	45	75	100
烙铁头温度/ ℃	350	400	420	440	450

图 20-2　内热式电烙铁

（2）外热式电烙铁

外热式电烙铁是指烙铁头安装在发热体内部的电烙铁。外热式电烙铁如图 20-3 所示。

外热式电烙铁的烙铁头长短可以调整，烙铁头越短，烙铁头的温度就越高，烙铁头有凿式、尖锥形、圆面形和半圆沟形等不同的形状，可以适应不同焊接面的需要。

图 20-3　外热式电烙铁

（3）恒温电烙铁

恒温电烙铁是一种利用温度控制装置来控制通电时间使烙铁头保持恒温的电烙铁。恒温电烙铁如图 20-4 所示。

恒温电烙铁一般用来焊接温度不宜过高、焊接时间不宜过长的元器件。有些恒温电烙铁还可以调节温度，温度调节范围一般在200～450℃。

图 20-4　恒温电烙铁

（4）吸锡电烙铁

吸锡电烙铁是将活塞式吸锡器与电烙铁融于一体的拆焊工具。吸锡电烙铁如图 20-5 所示。

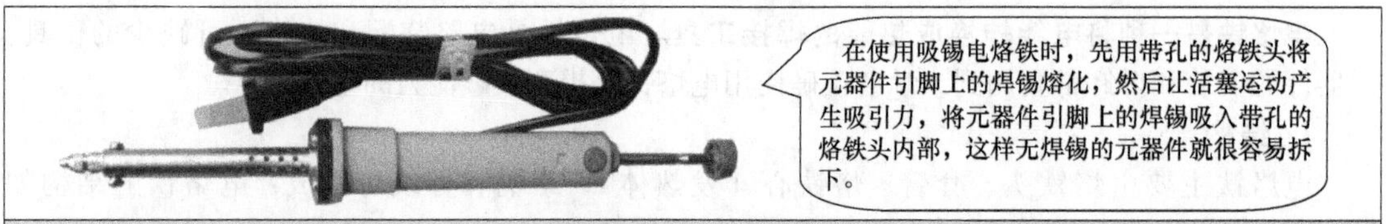
在使用吸锡电烙铁时，先用带孔的烙铁头将元器件引脚上的焊锡熔化，然后让活塞运动产生吸引力，将元器件引脚上的焊锡吸入带孔的烙铁头内部，这样无焊锡的元器件就很容易拆下。

图 20-5　吸锡电烙铁

3. 选用

在选用电烙铁时，可按下面原则进行选择：

1）在选用电烙铁时，烙铁头的形状要适应被焊接件物面要求和产品装配密度。对于焊接面小的元器件，可选用尖嘴电烙铁，对于焊接面大的元器件，可选用扁嘴电烙铁。

2）在焊接集成电路、晶体管及其他受热易损坏的元器件时，一般选用 20W 内热式或 25W 外热式电烙铁。

3）在焊接较粗的导线和同轴电缆时，一般选用 50W 内热式或者 45~75W 外热式电烙铁。

4）在焊接很大的元器件时，如金属底盘接地焊片，可选用 100W 以上的电烙铁。

20.1.2　焊料与助焊剂

1. 焊料

焊锡是电子产品焊接采用的主要焊料。焊锡如图 20-6 所示。

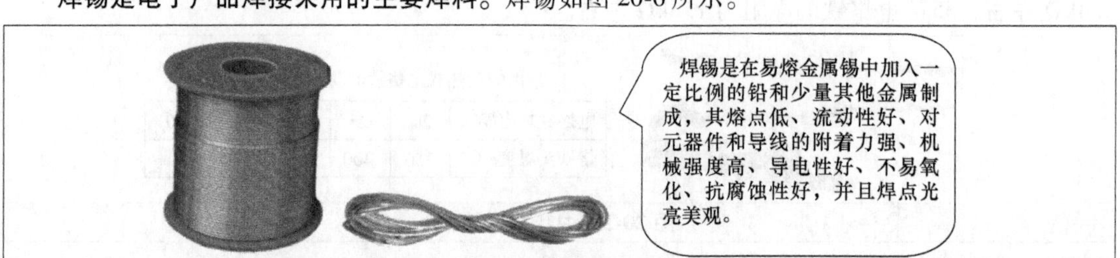
焊锡是在易熔金属锡中加入一定比例的铅和少量其他金属制成，其熔点低、流动性好、对元器件和导线的附着力强、机械强度高、导电性好、不易氧化、抗腐蚀性好，并且焊点光亮美观。

图 20-6　焊锡

2. 助焊剂

助焊剂可分为无机助焊剂、有机助焊剂和树脂助焊剂，它能溶解去除金属表面的氧化物，并在焊接加热时包围金属的表面，使之和空气隔绝，防止金属在加热时氧化，另外还能降低焊锡的表面张力，有利于焊锡的湿润。**松香是焊接时采用的主要助焊剂**，松香如图 20-7 所示。

图 20-7　松香

20.1.3　印制电路板

各种电子设备都是由一个个元器件连接起来组成的。用规定的符号表示各种元器件，并且将这些元器件连接起来就构成了这种电子设备的电路原理图，通过电路原理图可以了解电子设备的工作原理和各元器件之间的连接关系。

在实际装配电子设备时，如果将一个个元器件用导线连接起来，除了需要大量地连接导线外还很容易出现连接错误，出现故障时检修也极为不便。为了解决这个问题，人们就将大多数连接导线做在一块塑料板上，在装配时只要将一个个元器件安装在塑料板相应的位置，再将它们与导线连接起来就能组装成一台电子设备，这里的塑料板称为印制电路板，之所以叫它印制电路板是因为塑料板上的导线是印制上去的，印制到塑料板上的不是油墨而是薄薄的铜层，铜层常称作铜箔。印制电路板示意图如图 20-8 所示。

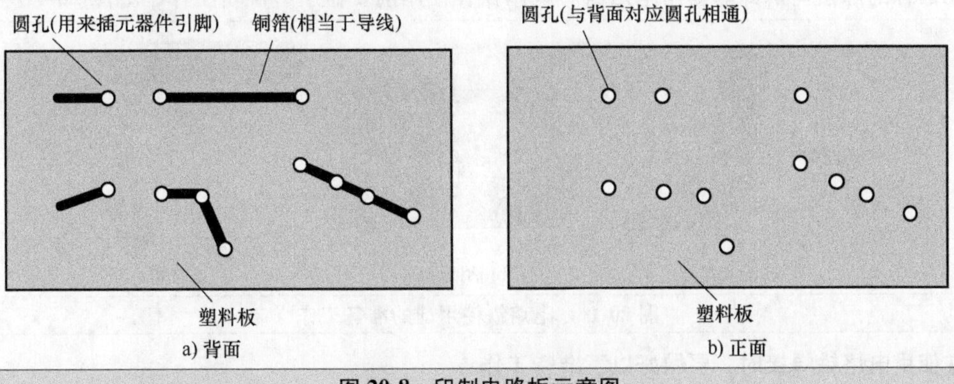
圆孔(用来插元器件引脚)
铜箔(相当于导线)
塑料板
a) 背面
圆孔(与背面对应圆孔相通)
塑料板
b) 正面

图 20-8　印制电路板示意图

图 20-8a 所示为印制电路板背面，该面上黑色的粗线为铜箔，圆孔用来插入元器件引脚，在此处还可以用焊锡将元器件引脚与铜箔焊接在一起。图 20-8b 所示为印制电路板正面，它上面有很多圆孔，可以在该面将元器件引脚插入圆孔，在背面将元器件引脚与铜箔焊接起来。

图 20-9 是一个电子产品的印制电路板背面和正面图。

印制电路板上的电路不像原理电路那么有规律，下面以图 20-10 为例来说明印制电路板电路和原理图的关系。

图 20-10a 为检波电路的电路原理图，图 20-10b 为检波电路的印制电路板电路，表面看好像两电路不一样，但实际上两电路完全一样。原理电路更注重直观性，故元器件排列更有规律，而

印制电路板电路更注重实际应用，在设计制作印制电路板电路时除了要求电气连接上与原理电路完全一致外，还要考虑各元器件之间的干扰和引线长短等问题，故印制电路板电路排列好像杂乱无章，但如果将印制电路板电路还原成原理电路，就会发现它与原理图是完全一样的。

a) 背面　　b) 正面

图 20-9　一个电子产品的印制电路板

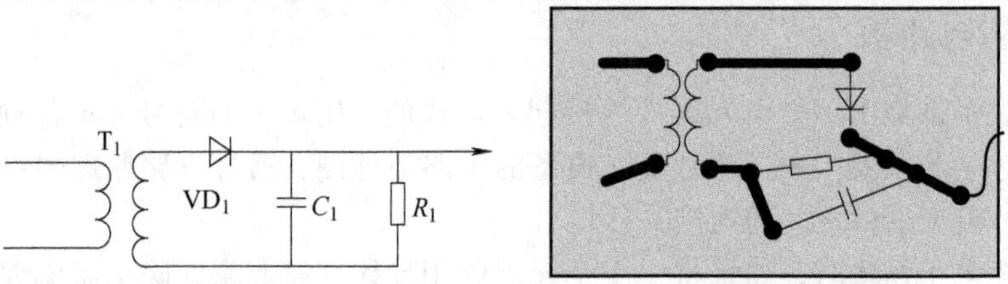
T1
VD1
C1
R1

a) 电路原理图　　b) 印制电路板电路图

图 20-10　检波电路

20.1.4　元器件的焊接与拆卸

1. 焊拆前的准备工作

元器件的焊接与拆卸需要用电烙铁。电烙铁在使用前要做一些准备工作，如图 20-11 所示。

a) 除氧化层　　b) 沾助焊剂　　c) 挂锡

图 20-11　电烙铁使用前的准备工作

在使用电烙铁焊接时，要做好以下准备工作：

第一步：除氧化层。为了焊接时烙铁头能很容易地粘上焊锡，在使用电烙铁前，可用小刀或锉刀轻轻除去烙铁头上的氧化层，氧化层刮掉后会露出金属光泽，该过程如图 20-11a 所示。

第二步：沾助焊剂。烙铁头氧化层去除后，给电烙铁通电使烙铁头发热，再将烙铁头沾上松香（电子市场有售），会看见烙铁头上有松香蒸气，该过程如图 20-11b 所示。松香的作用是防止烙铁头在高温时氧化，并且增强焊锡的流动性，使焊接更容易进行。

第三步：挂锡。当烙铁头沾上松香达到足够温度，烙铁头上有松香蒸气冒出，用焊锡在烙铁头的头部涂抹，在烙铁头的头部涂了一层焊锡，该过程如图 20-11c 所示。给烙铁头挂锡的好处是保护烙铁头不被氧化，并使烙铁头更容易焊接元器件，一旦烙铁头"烧死"，即烙铁头温度过高使烙铁头上的焊锡蒸发掉，烙铁头被烧黑氧化，焊接元器件就很难进行，这时又需要刮掉氧化层再挂锡才能使用。所以当电烙铁较长时间不使用时，应拔掉电源防止电烙铁“烧死”。

2. 元器件的焊接

元器件的焊接如图 20-12 所示。**焊接元器件时烙铁头接触印制电路板和元器件时间不要太长，以免损坏印制电路板和元器件，**焊接过程要在 1.5~4s 时间内完成，焊接时要求焊点光滑且焊锡分布均匀。

焊接元器件时，首先要将待焊接的元器件引脚上的氧化层轻轻刮掉，然后给电烙铁通电，发热后沾上松香，当烙铁头温度足够时，将烙铁头以 45°角度压在印制电路板待焊元器件引脚旁的焊铜箔上，然后再将焊锡丝接触烙铁头，焊锡丝熔化后成液态，会流到元器件引脚四周，这时将烙铁头移开，焊锡冷却就将元器件引脚与印制电路板铜箔焊接在一起了。

图 20-12　元器件的焊接

3. 元器件的拆卸

在拆卸印制电路板上的元器件时，将电烙铁的烙铁头接触元器件引脚处的焊点，待焊点处的焊锡熔化后，在电路板另一面将该元器件引脚拔出，然后再用同样的方法焊下另一引脚。这种方法拆卸三个以下引脚的元器件很方便，但拆卸四个以上引脚的元器件（如集成电路）就比较困难了。

拆卸四个以上引脚的元器件可使用吸锡电烙铁，也可用普通电烙铁借助不锈钢空心套管或注射器针头（电子市场有售）来拆卸。不锈钢空心套管或注射器针头如图 20-13 所示。多引脚元器件的拆卸方法如图 20-14 所示。

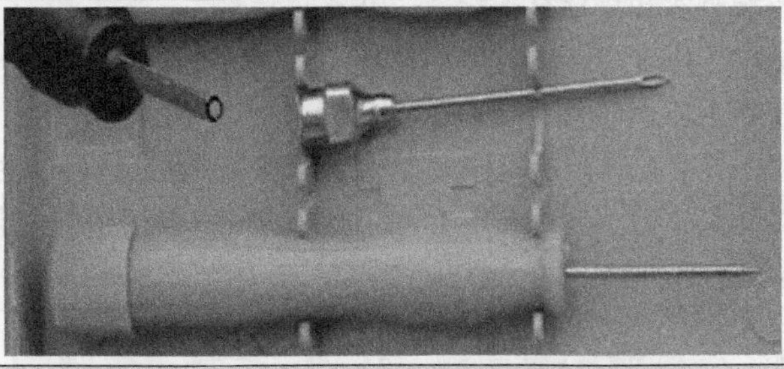

图 20-13　不锈钢空心套管和注射器针头

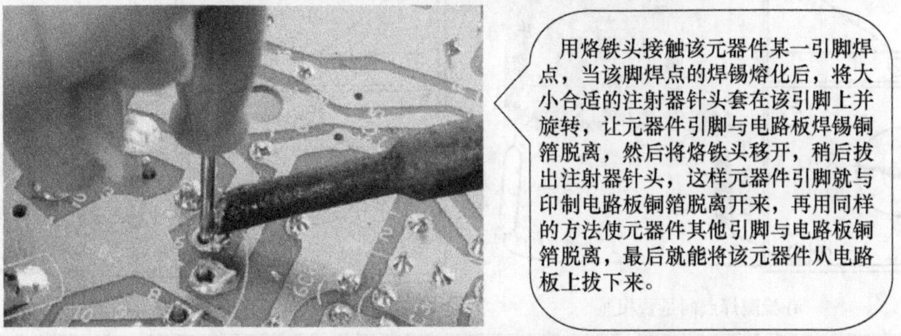
用烙铁头接触该元器件某一引脚焊点，当该脚焊点的焊锡熔化后，将大小合适的注射器针头套在该引脚上并旋转，让元器件引脚与电路板焊锡铜箔脱离，然后将烙铁头移开，稍后拔出注射器针头，这样元器件引脚就与印制电路板铜箔脱离开来，再用同样的方法使元器件其他引脚与电路板铜箔脱离，最后就能将该元器件从电路板上拔下来。

图 20-14　用不锈钢空心套管拆卸多引脚元器件

20.2　电路的检修方法

在检修电子设备时，先要掌握一些基本的电路检修方法。电路的检修方法很多，下面介绍一些最常用的检修方法。

20.2.1　直观法

直观法是指通过看、听、闻、摸的方式来检查电子设备的方法。直观法是一种简便的检修方法，有时很快就可以找出故障所在，一般在检修电子设备时首先使用这种方法，然后再使用别的检修方法。在用直观法检查时，可同时辅以拨动元器件、调整各旋钮以及轻轻挤压有关部件等动作。

直观法使用要点：

1）眼看：看机器内导线有无断开，元器件是否烧黑或炸裂、是否虚焊脱落，元器件有无装错（新装配的电子设备），元器件之间有无接触短路，印制电路板铜箔是否开路等。

2）耳听：听机器声音有无失真，旋转旋钮听机器有无噪声等。

3）鼻闻：闻是否有元器件烧焦或别的不正常的气味。

4）手摸：摸元器件是否发热，拨动元器件导线检查是否有虚焊。

20.2.2　电阻法

电阻法是用万用表欧姆档来测量电路或元器件的阻值大小来判断故障部位的方法。这种方法在检修时应用较多，由于使用这种方法检修时不需要通电，比较安全，所以最适合初学者使用。

1. 电阻法的使用

电阻法常用在以下几个方面：

（1）检查印制电路板铜箔和导线是否相通、开路或短路

印制电路板铜箔和导线开路或短路有时用眼睛难以观察出来，采用电阻法可以进行准确判断。在图 20-15a 中，直观观察电路板两个焊点是相通的，为了准确判断，可用万用表×1Ω 档测量这两个焊点间的阻值，图中表针指示阻值为 0，说明这两个焊点是相通的。在图 20-15b 中，导线上有绝缘层，无法判断内部芯线是否开路，也可用万用表×1Ω 档测量导线的阻值，图中表针指示阻值为∞，说明导线内部开路。

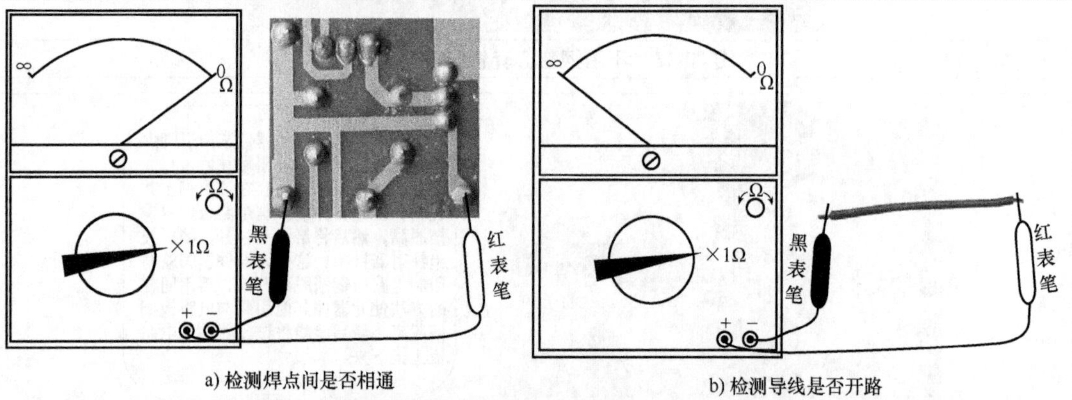
∞
0
Ω
×1Ω
黑表笔
红表笔
+ −
a) 检测焊点间是否相通
∞
0
Ω
×1Ω
黑表笔
红表笔
+ −
b) 检测导线是否开路

图 20-15　用电阻法检测焊点与导线

（2）在路粗略检测元器件的好坏

在路检测元器件是指直接在电路板上检测元器件，无需焊下元器件。由于无需拆下元器件，故检测起来比较方便。例如可以在路检测二极管、晶体管 PN 结是否正常，如果正向电阻小、反向电阻大，可认为它们正常；也可以在路检测电感、变压器线圈，正常阻值很小，如果阻值很大就可能是线圈开路。

但是，由于电路板上的被测元器件可能与其他元器件并联，检测时会影响测量值。如图 20-16 所示，万用表在测量电阻 R 的阻值，实际上测量的是 R 与二极管 VD 的并联值，测量时，如果将红、黑表笔按图 20-16a 所示的方法接在 R 两端，二极管会导通，这样测出来的 R 阻值会很小，如果将红、黑表笔对调测 R 的阻值，如图 20-16b 所示，二极管 VD 就不会导通，这样测出来的阻值就接近 R 的真实值。所以**在路测量元器件时，要正反各测一次，阻值大的一次更接近元器件的真实值**。

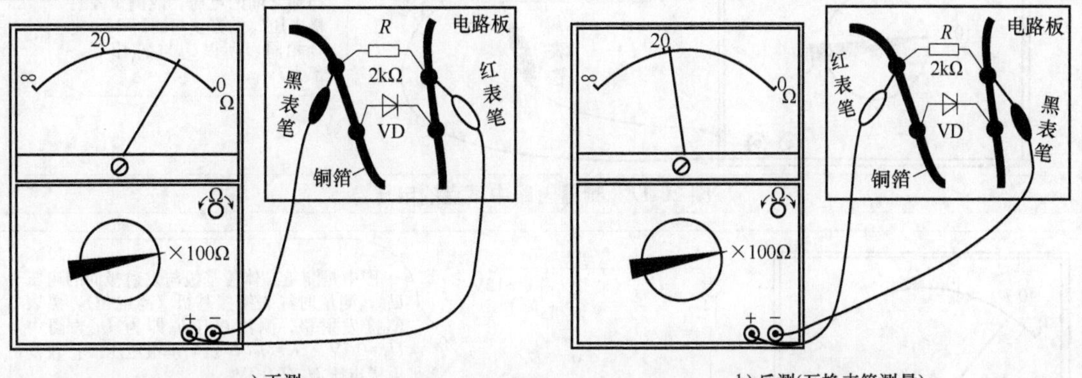
20
∞
0
Ω
×100Ω
+
−
R
2kΩ
VD
电路板
黑表笔
红表笔
铜箔
红表笔
黑表笔

a) 正测　　b) 反测(互换表笔测量)

图 20-16　在路测量元器件的阻值

2. 在路测量电阻注意事项

在路测量电阻注意事项如下：

1）在路测量时，一定要先关掉被测电路的电源。

2）在路测量某元器件时，要对该元器件正、反各测一次，阻值大的测量值更接近元器件的实际阻值，这样做是为了减小 PN 结器件的影响。

3）在路测量元器件正、反向阻值时，若元器件正常，两次测量值均会小于（最多等于）元器件的标称值，如果测量值大于元器件标称值，那么该元器件一定是损坏（阻值变大或开路）的。但是，在路测量出来的阻值小于被测元器件的标称阻值时，不能说明被测元器件一定是好的，要准确判断元器件好坏就需要将它拆下来直接测量。

20.2.3　电压法

电压法是用万用表测量电路中的电压，再根据电压的变化来确定故障部位。电压法是根据电路出现故障时电压往往会发生变化的原理。

1. 电压法的使用

在使用电压法测量时，既可以测量电路中某点的电压，也可以测量电路中某两点间的电压。

（1）测量电路中某点的电压

测量电路中某点的电压实际就是测该点与地之间的电压。测量电路中某点的电压如图 20-17 所示。

（2）测量电路中某两点间的电压

测量电路中某两点间的电压如图 20-18 所示。

（3）电压法的使用举例

电压法的使用举例如图 20-19 所示。

2. 电压法使用注意事项

电压法使用注意事项如下：

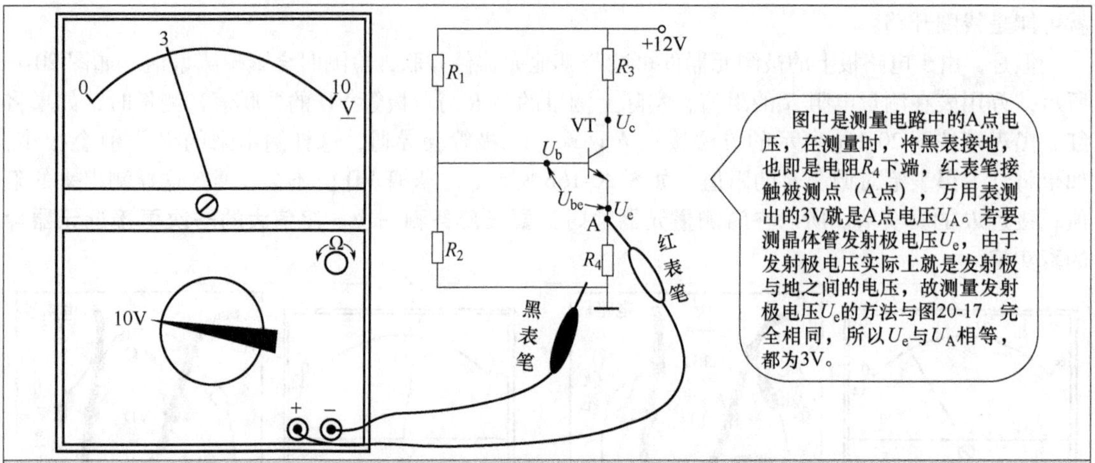

3
0
10
V
10V
+12V
R_1
R_3
VT
U_c
U_b
U_{be}
U_e
A
R_2
R_4
红表笔
黑表笔
+ −
图中是测量电路中的A点电压，在测量时，将黑表接地，也即是电阻R_4下端，红表笔接触被测点（A点），万用表测出的3V就是A点电压U_A。若要测晶体管发射极电压U_e，由于发射极电压实际上就是发射极与地之间的电压，故测量发射极电压U_e的方法与图20-17完全相同，所以U_e与U_A相等，都为3V。

图 20-17 测量电路中某点的电压

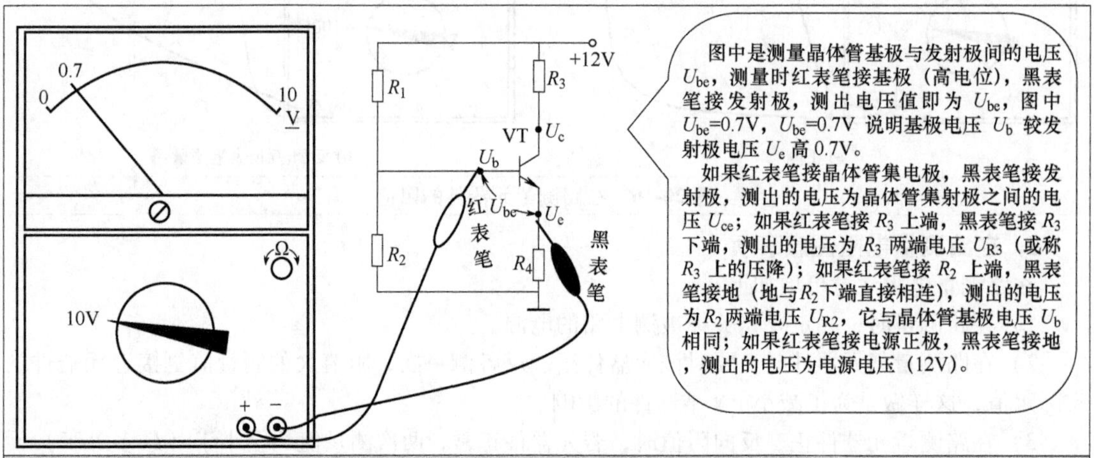

0.7
0
10
V
10V
+12V
R_1
R_3
VT
U_c
U_b
U_{be}
U_e
R_2
R_4
红表笔
黑表笔
+ −
图中是测量晶体管基极与发射极间的电压U_{be}，测量时红表笔接基极（高电位），黑表笔接发射极，测出电压值即为U_{be}，图中U_{be}=0.7V，U_{be}=0.7V说明基极电压U_b较发射极电压U_e高0.7V。
如果红表笔接晶体管集电极，黑表笔接发射极，测出的电压为晶体管集射极之间的电压U_{ce}；如果红表笔接R_3上端，黑表笔接R_3下端，测出的电压为R_3两端电压U_{R3}（或称R_3上的压降）；如果红表笔接R_2上端，黑表笔接地（地与R_2下端直接相连），测出的电压为R_2两端电压U_{R2}，它与晶体管基极电压U_b相同；如果红表笔接电源正极，黑表笔接地，测出的电压为电源电压（12V）。

图 20-18 测量电路中某两点间的电压

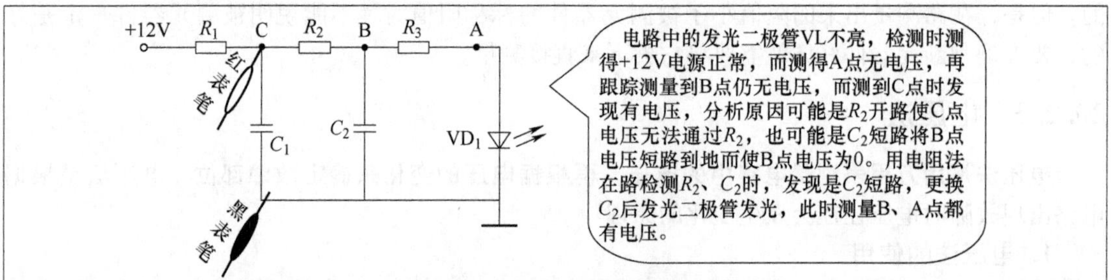

+12V
R_1
C
R_2
B
R_3
A
红表笔
C_1
C_2
VD_1
黑表笔
电路中的发光二极管VL不亮，检测时测得+12V电源正常，而测得A点无电压，再跟踪测量到B点仍无电压，而测到C点时发现有电压，分析原因可能是R_2开路使C点电压无法通过R_2，也可能是C_2短路将B点电压短路到地而使B点电压为0。用电阻法在路检测R_2、C_2时，发现是C_2短路，更换C_2后发光二极管发光，此时测量B、A点都有电压。

图 20-19 电压法使用例图

1）在使用电压法测量时，由于万用表内阻会对被测电路产生分流，从而导致测量电压产生误差，为了减少测量误差，测量时应尽量采用内阻大的万用表。MF50 型万用表内阻为 10kΩ/V（如档位开关拨到 2.5V 档时，万用表内部等效电阻为 2.5V×10kΩ/V = 25kΩ），500 型万用表和 MF47 型万用表的内阻为 20kΩ/V，而数字万用表内阻可视为无穷大。

2）在测量电路电压时，万用表黑表笔接低电位，红表笔接高电位。

3）测量时，应先估计被测部位的电压大小来选取合适的档位，选择的档位应高于且最接近被测电压，不要用高档位测低电压，更不能用低档位测高电压。

20.2.4　电流法

电流法是通过测量电路中电流的大小来判断电路是否有故障的方法。在使用电流法测量时，一定要先将被测电路断开，然后将万用表串接在被测电路中，串接时要注意红表笔接断开点的高电位处，黑表笔接断开点的低电位处。下面举两个例子来说明电流法的应用。

1. 电流法应用举例一

图 20-20 所示的电子设备由 3 个电路组成，各电路在正常工作时的电流分别是 2mA、3mA 和 5mA，电路总工作电流应为 10mA。

现在这台电子设备出现了故障，检查时首先测量电子设备的总电流是否正常，断开电源开关 S，将万用表的红表笔接开关的下端（高电位处），黑表笔接开关的上端（低电位处），这样电流就不会经过开关，而是流经万用表给 3 个电路提供电流。测得总电流为 30mA，明显偏大，说明 3 个电路中有电路出现故障导致工作电流偏大。为了进一步确定具体是哪个电路电流不正常，可以依次断开 A、B、C 三处来测量各电路的工作电流，结果发现电路 1、电路 2 的工作电流基本正常，而断开 A 处测得电路 3 的工作电流高达 25mA，远大于正常工作电流，这说明电路 3 存在故障，再用电阻法来检查电路 3 中的各个元器件，就可以比较容易地找出损坏的元器件。

在图 20-20 所示的电路中，除了可以断开 A 处测电路 3 的电流外，还可以通过测出电阻 R 上的电压 U，再根据 $I=U/R$ 的方法求出电路 3 的电流，这样做不需要断开电路，比较方便。

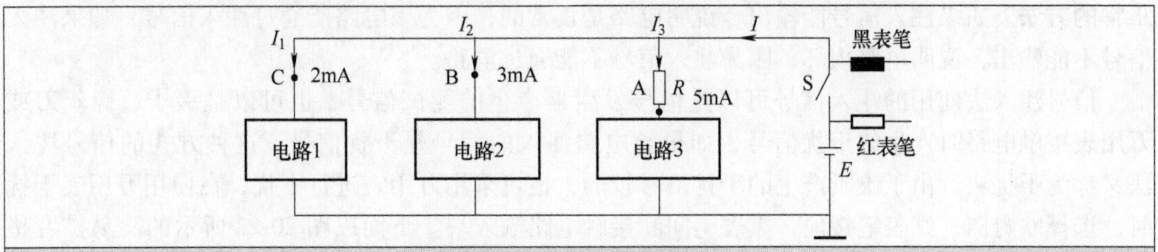
I_1
C
2mA
I_2
B
3mA
I_3
A
R
5mA
I
黑表笔
S
红表笔
E
电路1
电路2
电路3

图 20-20　电流法应用举例一

2. 电流法应用举例二

图 20-21 所示电路是一个常见的放大电路，先用电流法测量电路，再分析不同测量结果产生的原因。

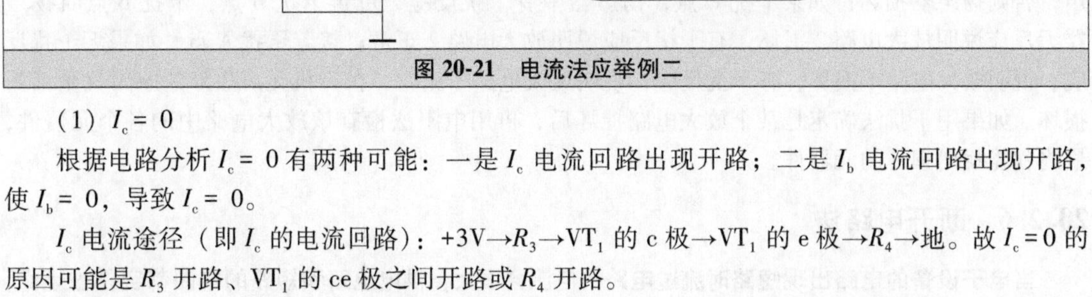
+3V
R_3
R_1
红表笔
5mA
A×
黑表笔
VT_1
R_2
R_4
为判断该电路是否正常，可测VT_1的I_c，正常时I_c应为5mA。测量时，在A处将电路割开，将万用表红表笔接A点的上端，黑表笔接A点的下端，测量出来的I_c会有3种情况：I_c=5mA(正常)、I_c=0、I_c>5mA、I_c<5mA。

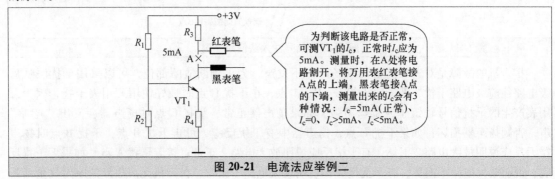

图 20-21　电流法应举例二

（1）$I_c=0$

根据电路分析 $I_c=0$ 有两种可能：一是 I_c 电流回路出现开路；二是 I_b 电流回路出现开路，使 $I_b=0$，导致 $I_c=0$。

I_c 电流途径（即 I_c 的电流回路）：+3V→R_3→VT_1 的 c 极→VT_1 的 e 极→R_4→地。故 $I_c=0$ 的原因可能是 R_3 开路、VT_1 的 ce 极之间开路或 R_4 开路。

I_b 电流途径：+3V→R_1→VT_1 的 b 极→VT_1 的 e 极→R_4→地，该途径开路会使 $I_b=0$，从而使

$I_c=0$。故 $I_c=0$ 原因是 R_1 开路，VT_1 的 be 结开路，R_4 开路。

另外 R_2 短路会使 VT_1 的基极电压 $U_{b1}=0$，VT_1 的 be 结无法导通，$I_b=0$，导致 $I_c=0$。

综上所述，该电路的 $I_c=0$ 的故障原因有 R_1、R_3、R_4 开路，R_2 短路，VT_1 开路，至于到底是哪个元器件损坏，可以用电阻法逐个检查以上元器件就能找出损坏的元器件。

（2）$I_c>5mA$

根据电路分析 $I_c>5mA$ 可能是 I_b 电流回路电阻变小引起 I_b 增大，而导致 I_c 增大。

I_b 电流回路电阻变小的原因可能是 R_1、R_4 阻值变小，使 I_b 增大，I_c 增大；另外，R_2 阻值增大会使 VT_1 的基极电压 U_{b1} 上升，I_b 增大，I_c 也增大；此外，晶体管 VT_1 的 ce 极之间漏电也会使 I_c 增大。

综上所述，$I_c>5mA$ 可能原因是 R_1、R_4 阻值变小，R_2 阻值变大，VT_1 的 ce 极之间漏电。

（3）$I_c<5mA$

$I_c<5mA$ 与 $I_c>5mA$ 正好相反，可能是 I_b 电流回路电阻变大引起 I_b 减小，而导致 I_c 也减小。

I_b 电流回路电阻变大的原因可能是 R_1、R_4 阻值变大，使 I_b 减小，I_c 减小；另外，R_2 阻值变小会使 VT_1 的基极电压下降，I_b 减小，I_c 也减小。

综上所述，$I_c<5mA$ 可能原因是 R_1、R_4 阻值变大，R_2 阻值变小。

20.2.5 信号注入法

信号注入法是在电路的输入端注入一个信号，然后观察电路有无信号输出来判断电路是否正常的方法。如果注入信号能输出，说明电路是正常的，因为该电路能通过注入信号；如果注入信号不能输出，说明电路损坏，因为注入信号不能通过电路。

信号注入法使用的注入信号可以是信号发生器产生的测试信号，也可以是镊子、螺丝刀或万用表接触电路时产生的干扰信号，如果给电路注入的信号是干扰信号，这种方式的信号注入法又称为干扰法。由于镊子产生的干扰信号较弱，也可采用万用表进行干扰，在使用万用表干扰时，选择欧姆档，红表笔接地，黑表笔间断接触电路输入端。下面以图 20-22 所示的简易扩音机为例来说明信号注入法的使用。

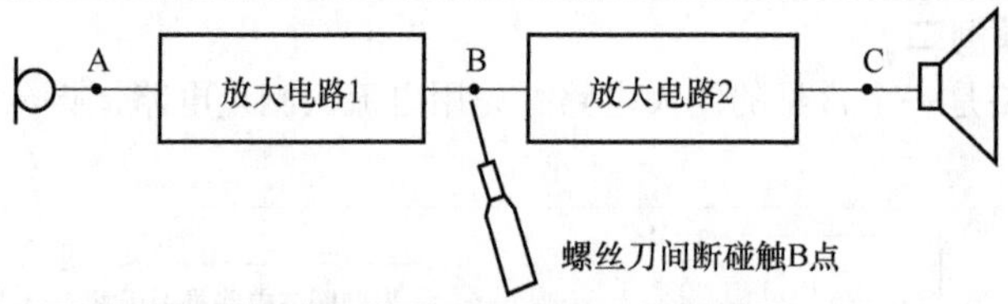
A
放大电路1
B
放大电路2
C
螺丝刀间断碰触B点

图 20-22 信号注入法使用举例

扩音机的故障是对着话筒讲话时扬声器不发声。为了判断故障部位，可以采用干扰法从后级电路往前级电路干扰，即依次干扰 C、B、A 点，在干扰 C 点时最好使用万用表干扰，因为万用表产生的干扰信号较镊子或螺丝刀强。如果扬声器正常，干扰 C 点时扬声器会发出“喀喀”声，否则扬声器损坏；如果干扰 C 点，扬声器中有干扰反应，可再干扰 B 点，干扰 B 点时扬声器无反应说明放大电路 2 损坏，有干扰反应说明放大电路 2 正常；接着干扰 A 点，如果无干扰反应，说明放大电路 1 损坏，有干扰反应，说明放大电路 1 正常，扩音机无声故障的原因就是话筒损坏。如果用干扰法确定是某个放大电路损坏后，再用电阻法检查该放大电路中的各个元器件，最终就能找出损坏的元器件。

20.2.6 断开电路法

当电子设备的电路出现短路时流过电路的电流会很大，供电电路和短路的电路都容易被烧坏，为了能很快找出故障的电路，可以采用断开电路法。由于该电子设备内部有很多电路，为了判断是哪个电路出现短路故障，可以依次将电路一个一个断开，当断到某个电路时，供电电路电流突然变小，说明该电路即为存在短路的电路。下面以图 20-23 所示的电路来说明断开电路法的使用。

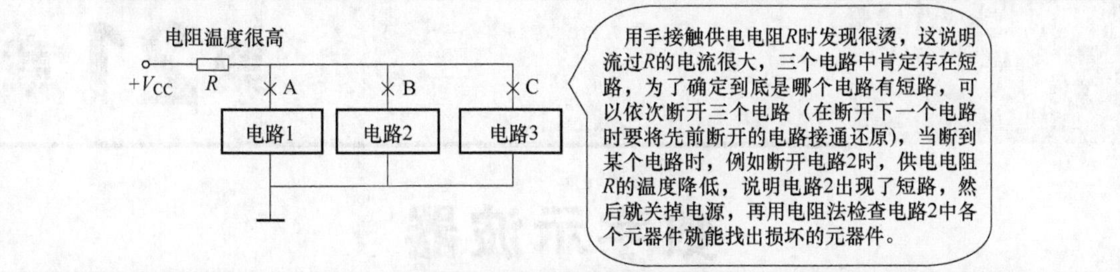
电阻温度很高
$+V_{CC}$
R
A
B
C
电路1
电路2
电路3
用手接触供电电阻R时发现很烫，这说明流过R的电流很大，三个电路中肯定存在短路，为了确定到底是哪个电路有短路，可以依次断开三个电路（在断开下一个电路时要将先前断开的电路接通还原），当断到某个电路时，例如断开电路2时，供电电阻R的温度降低，说明电路2出现了短路，然后就关掉电源，再用电阻法检查电路2中各个元器件就能找出损坏的元器件。

图 20-23　断开电路法使用举例

20.2.7　短路法

短路法是将电路某处与地之间短路，或者是将某电路短路来判断故障部位的方法。在使用短路法时，为了在短路时不影响电路的直流工作条件，短路通常不用导线而采用电容，在低频电路中要用容量较大的电解电容，而在中、高频电路中要用容量较大的无极性电容。下面以图 20-24 所示的扩音机为例来说明短路法的使用。

如果扩音机出现无声故障，为了找出故障电路，可用一只容量较大的电解电容 C_1 短路放大电路，短路时用电容 C_1 连接 B、C 点（实际是短路放大电路 2），让音频信号直接通过电容 C_1 去扬声器，发现扩音机现在有声音发出，只是声音稍小，这说明无声是放大电路 2 出现故障引起的。

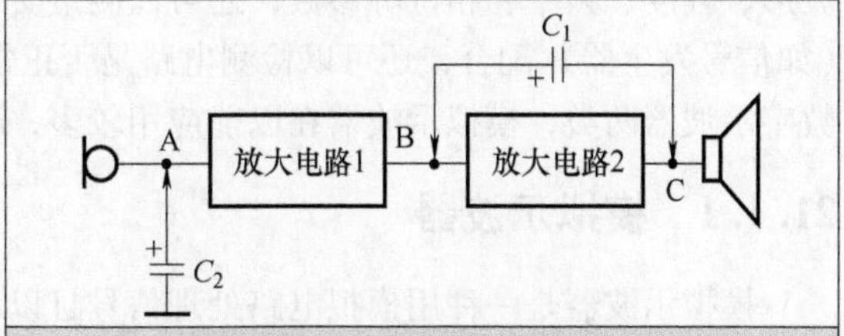
C_1
+
A
B
放大电路1
放大电路2
C
+
C_2

图 20-24　短路法使用举例

如果扩音机有声音，但同时伴有很大的噪声，为了找出噪声是哪个电路产生的，可用一只容量较大的电解电容 C_2 依次将 C、B、A 点与地之间短路，发现在短路 C、B 点时，正常的声音和噪声同时消失（它们同时被 C_2 短路到地），而短路到 A 点时，正常的声音消失，但仍有噪声，这说明噪声是由放大电路 1 产生的，再仔细检查放大电路 1，就能找出产生噪声的元器件。

20.2.8　代替法

代替法是用正常元器件代替怀疑损坏的元器件或电路来判断故障部位的方法。当怀疑元器件损坏而又难检测出来时，可采用代替法。比如怀疑某电路中的晶体管损坏，但拆下测量又是好的，这时可用同型号的晶体管代替它，如果故障消失，说明原晶体管是损坏的（软损坏）。有些元器件代替时可不必从印制电路板上拆下，如在图 20-25 电路中，当怀疑电容 C 开路或失效时，只要将一只容量相同或相近的正常电容并联在该电容两端，如果故障消失说明原电容损坏，注意电容短路或漏电是不能这样做的，必须要拆下代替。

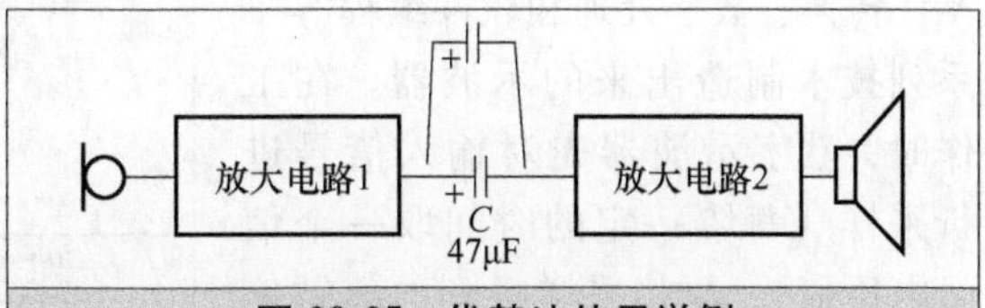
+
放大电路1
+
C
47μF
放大电路2

图 20-25　代替法使用举例

代替法具有简单实用的特点，只需要掌握焊接技术并能识别元器件参数，不需要很多的电路知识就可以使用该方法。

第21章

数字示波器

21.1 示波器的种类与特点

示波器是一种能将电信号波形直观显示出来的电子测量仪器。示波器可以测量交流信号的波形、幅度、频率和相位等参数，还可以测量交、直流电压的大小，如果与其他有关的电子仪器（如信号发生器）配合，还可以检测电路是否正常。示波器种类很多，大致可分为模拟示波器和数字示波器两类，模拟示波器在以前应用较多，现在逐渐被数字示波器取代。

21.1.1 模拟示波器

模拟示波器是一种用模拟电路处理信号且以示波管（又称阴极射线管（CRT））作为显示部件的示波器，由于模拟示波器采用了与早期黑白、彩色电视机一样的CRT，故其体积大、笨重，携带不方便，另外模拟示波器无存储功能，测量的信号无法保存，测量的信号一旦消失则显示的波形也会消失。

模拟示波器外形如图21-1所示，左边的为单踪示波器，只能测量一个信号，右边的为双踪示波器，内部有两个测量通道，可以同时测量两个信号。

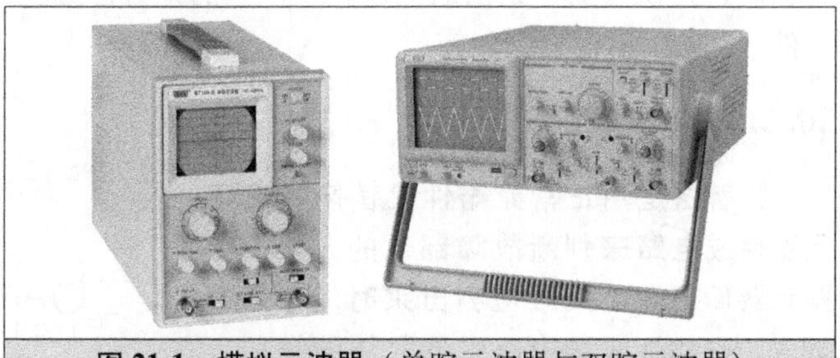

图21-1 模拟示波器（单踪示波器与双踪示波器）

21.1.2 数字示波器

数字示波器是一种集高速采样、A-D转换、数字处理和软件编程等一系列技术制造出来的示波器。在工作时，数字示波器先对输入信号进行采样（每隔一定的时间取一个信号电压值），再将采样得到的离散信号电压转换成一系列数字波形信号，然后对数字波形信号进行各种处理（包括用户设置生成的处理），最后通过液晶显示屏将波形显示出来。

数字示波器外形如图21-2所示，左边为手持式数字示波器（又称示波表），其体积小巧，方便随身携带，右边为台式数字示波器，适合在固定场合使用，两者虽然外形不同，但基本功能与测量操作方法大同小异。台式示波器在调节波形的垂直、水平参数和垂直、水平方向移动时一般使用旋钮，而手持式数字示波器取消了旋钮，使用▲、▼、►、◄键来取代旋钮的功能。

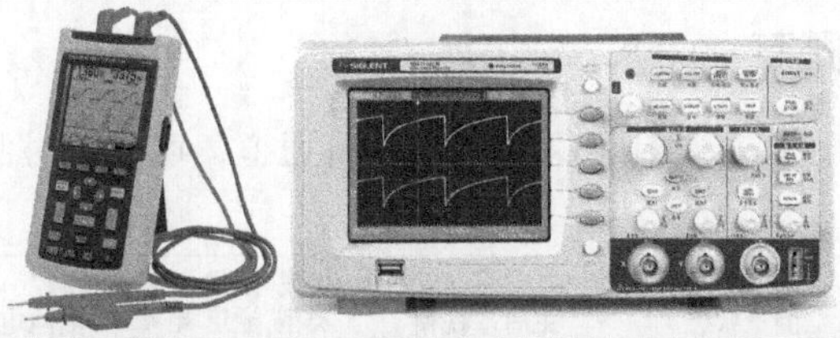

图 21-2　数字示波器（手持式示波器和台式示波器）

21.1.3　数字示波器的优缺点

1. 优点

数字示波器主要有以下优点：

1）由于采用了大规模的数字集成电路，同时使用液晶显示屏代替示波管，故体积小、重量轻，便于携带。

2）可以存储测量的波形，并可以对波形进行测量和分析。

3）有强大的波形测量和处理能力，如自动测量信号的频率、幅度、上升时间、脉冲宽度等参数。

4）一般可以通过 GPIB、RS232 或 USB 接口与计算机、打印机、绘图仪连接，可以打印、存档、分析文件。

2. 缺点

数字示波器主要有以下缺点：

1）测量高频信号时容易失真。数字示波器是通过对波形采样来显示，为了能测出信号，要求示波器的采样率（次/秒）至少是被测信号频率的 2 倍，采样率越高，测量信号时失真越小。

2）测量复杂信号能力差。由于数字示波器的采样率有限，显示的波形点没有亮度变化，测量时波形的一些细节可能被漏掉，或无法显示出来。

3）可能会出现假象和混淆波形。当采样率低于信号频率时，显示出来的波形可能不是实际的频率和幅度。

21.2　面板、接口与测试线

数字示波器型号很多，基本功能和使用方法大同小异，下面以 Hantek2C42 型手持数字示波器为例来介绍数字示波器的使用，其外形如图 21-3 所示，该示波器不但可以测量波形，还可切换到万用表模式，当作数字万用表使用，有的型号（如 2D42、2D72）还具有信号发生器功能。

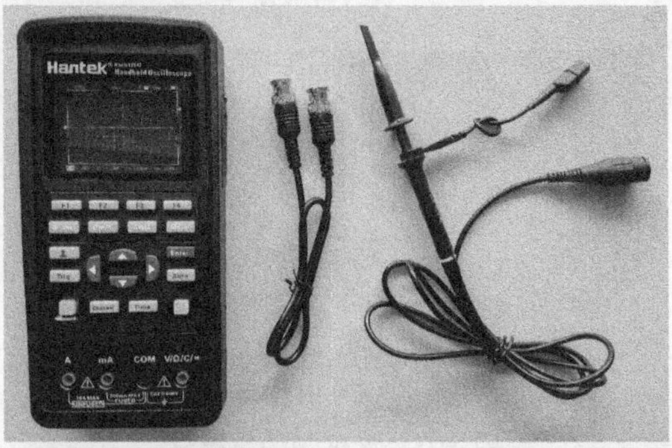
Hantek

图 21-3　数字示波器及测试线（双 BNC 头连接线、1×/10×探头线）

21.2.1　显示屏测试界面

Hantek2C42 型数字示波器有 CH1、CH2 两个测量通道，可以同时测量两路信号，测量时显示屏界面如图 21-4 所示。

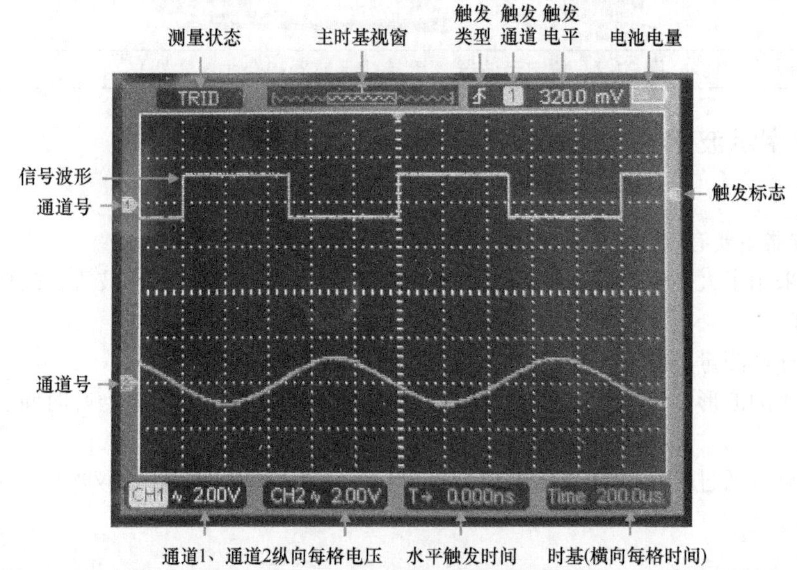
测量状态
主时基视窗
触发类型
触发通道
触发电平
电池电量
TRID
320.0 mV
信号波形
通道号
触发标志
通道号
CH1 2.00V
CH2 2.00V
T 0.000ns
Time 200.0us
通道1、通道2纵向每格电压
水平触发时间
时基(横向每格时间)

图 21-4　显示屏测试界面

21.2.2　测试连接口

Hantek2C42 型数字示波器的连接口如图 21-5 所示，其中顶端有 CH1（通道 1 输入）、CH2

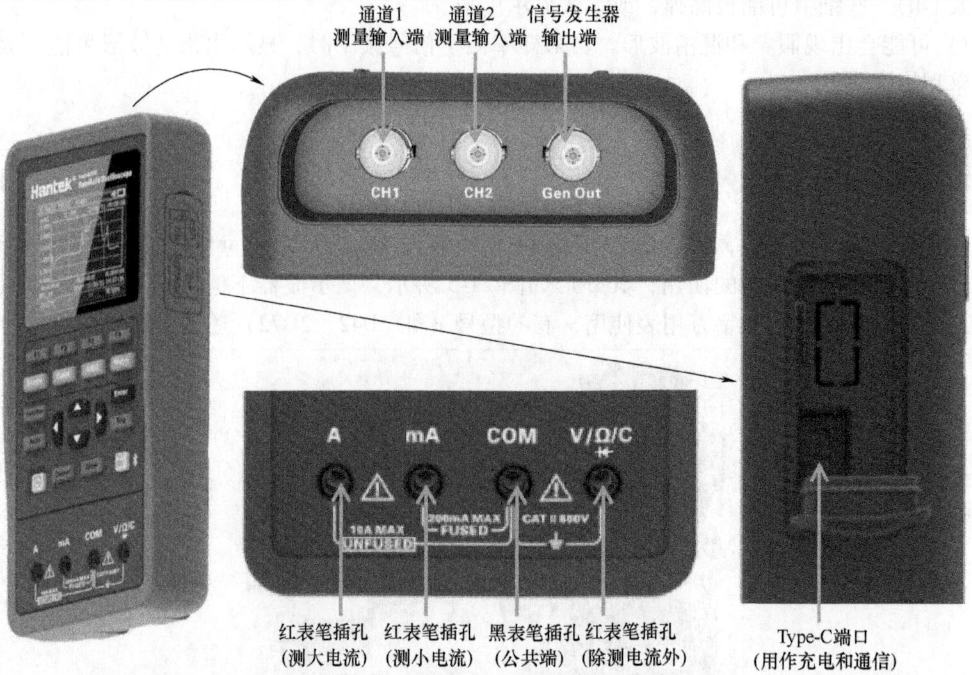
通道1
测量输入端
通道2
测量输入端
信号发生器
输出端
CH1
CH2
Gen Out
A
mA
COM
V/Ω/C
10A MAX
UNFUSED
200mA MAX
FUSED
红表笔插孔
(测大电流)
红表笔插孔
(测小电流)
黑表笔插孔
(公共端)
红表笔插孔
(除测电流外)
Type-C端口
(用作充电和通信)

图 21-5　示波器的连接口

（通道 2 输入）和 Gen Out（信号输出）连接口，用于连接带 BNC 接头的测试线，在示波器面板下方有 4 个插孔，分别是 A 插孔（10A 以下的大电流）、mA 插孔（200mA 以下的小电流）、COM 插孔（公共端）和 V/Ω/C/二极管插孔，用于连接万用表测量用的红、黑表笔，在示波器的右侧，有一个 Type-C 端口，使用该连接口可以对示波器充电，也可以与计算机连接通信。

21.2.3　面板按键功能说明

Hantek2C42 型数字示波器的面板操作按键及说明如图 21-6 所示。由于手持数字示波器较台式数字示波器的操作面板小，故按键数量少，为了实现更多的功能，在操作时通常先用一个按键调出某功能的菜单（显示屏会显示菜单），再用 F1～F4 键来选择该功能的各设置项。

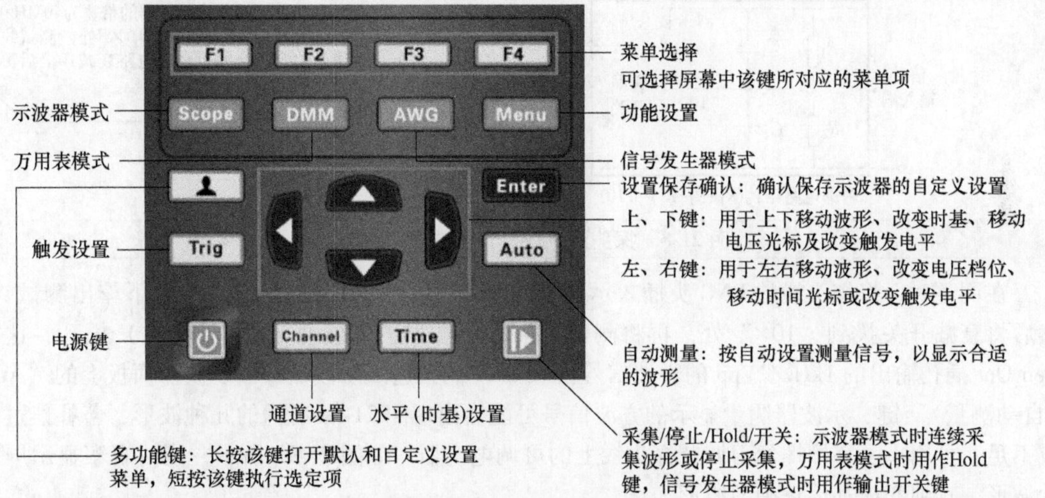
F1
F2
F3
F4
菜单选择
可选择屏幕中该键所对应的菜单项
示波器模式
Scope
DMM
AWG
Menu
功能设置
万用表模式
信号发生器模式
Enter
设置保存确认：确认保存示波器的自定义设置
上、下键：用于上下移动波形、改变时基、移动电压光标及改变触发电平
触发设置
Trig
Auto
左、右键：用于左右移动波形、改变电压档位、移动时间光标或改变触发电平
电源键
Channel
Time
自动测量：按自动设置测量信号，以显示合适的波形
通道设置
水平 (时基)设置
采集/停止/Hold/开关：示波器模式时连续采集波形或停止采集，万用表模式时用作Hold键，信号发生器模式时用作输出开关键
多功能键：长按该键打开默认和自定义设置菜单，短按该键执行选定项

图 21-6　面板按键功能说明

21.2.4　测试线及调整

1. 两种测试线

数字示波器测量信号时要用到测试线，图 21-7 是两种常用的测试线。

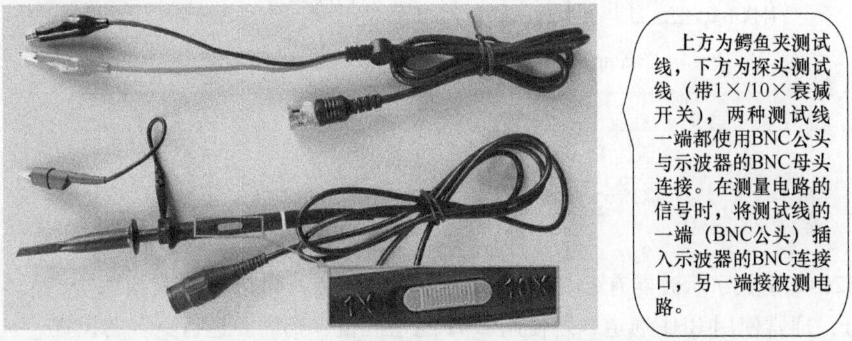
1X
10X
上方为鳄鱼夹测试线，下方为探头测试线（带1×/10×衰减开关），两种测试线一端都使用BNC公头与示波器的BNC母头连接。在测量电路的信号时，将测试线的一端（BNC公头）插入示波器的BNC连接口，另一端接被测电路。

图 21-7　鳄鱼夹测试线和探头测试线（带 1×/10×衰减开关）

2. 探头测试线的使用与调整

（1）外形与内部结构

探头测试线外形与内部衰减电路结构如图 21-8 所示。

（2）调整

探头测试线的衰减电路由 RC 元件构成，电阻器起信号衰减作用，电容器对输入的信号进行补偿，可以让电路保持较宽的通频带，如果补偿不当会使测量产生偏差或错误，因此在需要精确测量时，测量前尽量对探头线进行补偿调整。

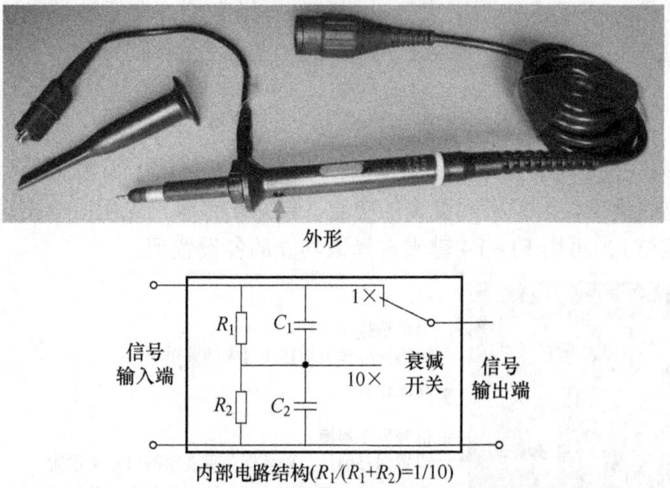
外形
1×
R_1
C_1
信号
输入端
衰减
开关
10×
信号
输出端
R_2
C_2
内部电路结构($R_1/(R_1+R_2)$=1/10)

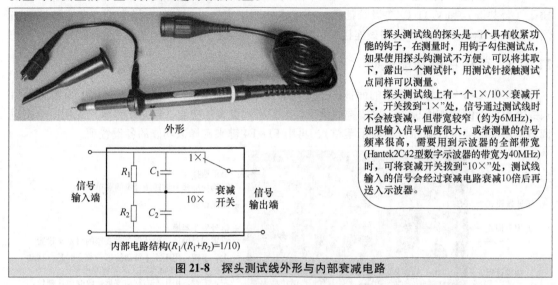

探头测试线的探头是一个具有收紧功能的钩子，在测量时，用钩子勾住测试点，如果使用探头钩测试不方便，可以将其取下，露出一个测试针，用测试针接触测试点同样可以测量。

探头测试线上有一个1×/10×衰减开关，开关拨到“1×”处，信号通过测试线时不会被衰减，但带宽较窄（约为6MHz），如果输入信号幅度很大，或者测量的信号频率很高，需要用到示波器的全部带宽(Hantek2C42型数字示波器的带宽为40MHz)时，可将衰减开关拨到“10×”处，测试线输入的信号会经过衰减电路衰减10倍后再送入示波器。

图 21-8　探头测试线外形与内部衰减电路

在调整时，将探头线的 BNC 头插入示波器的 CH1 插孔，另一端把探头钩取下露出测试针，然后将衰减开关拨到“10×”处，再将测试针插入示波器的 Gen Out（信号输出）插孔，这样 Gen Out 插孔输出的 1kHz/2Vpp 的方波信号会从 CH1 插孔送入示波器，按示波器面板上的“Auto（自动测量）”键，示波器测量显示的方波信号可能会出现图 21-9a 所示的几种波形，若补偿过量或不足，可用小一字槽螺丝刀调节探头线上的可调电容器，如图 21-9b 所示，同时观察显示屏上的波形，直到变成补偿正确的波形为止。

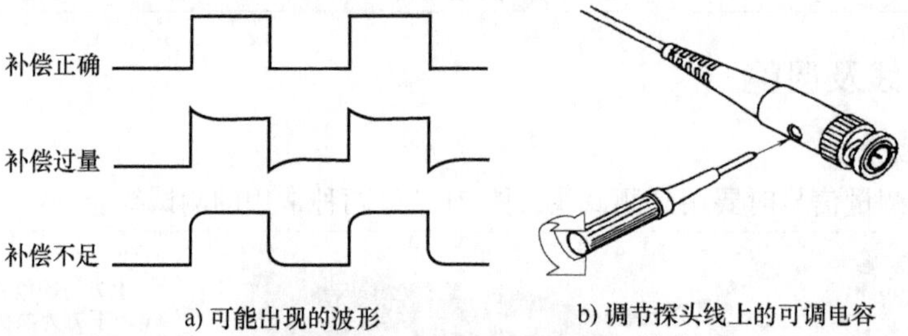
补偿正确
补偿过量
补偿不足
a) 可能出现的波形
b) 调节探头线上的可调电容

图 21-9　1×/10×衰减开关

21.3　一个信号的测量

Hantek2C42 型数字示波器有 CH1、CH2 两个测试通道，可以同时测量两个信号，如果仅测量一个信号，通常使用 CH1 通道，若使用 CH2 通道测量，则需要进行更多的设置。

21.3.1　测量连接

图 21-10 是示波器使用探头线测量单片机实验板电路的时钟信号。

21.3.2　自动测量

数字示波器的一个优点是具有自动测量功能（模拟示波器无此功能），即测量时可根据被测信号自动调节有关设置，使显示屏显示出合适的波形。

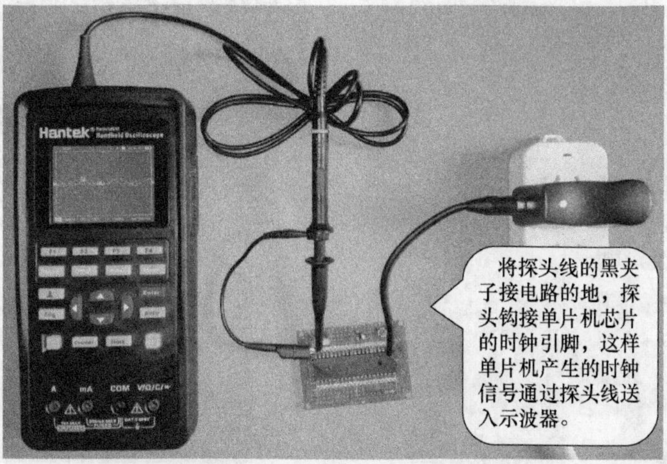
将探头线的黑夹子接电路的地，探头钩接单片机芯片的时钟引脚，这样单片机产生的时钟信号通过探头线送入示波器。

图 21-10　测量单片机实验板电路的时钟信号

在测量时，如果示波器显示屏显示的波形不合适，可以按“Auto（自动测量）”键，如图 21-11a所示，示波器马上检测输入信号，并自动调整有关的设置对信号进行测量，让显示屏显示出合适的波形，如图 21-11b 所示。

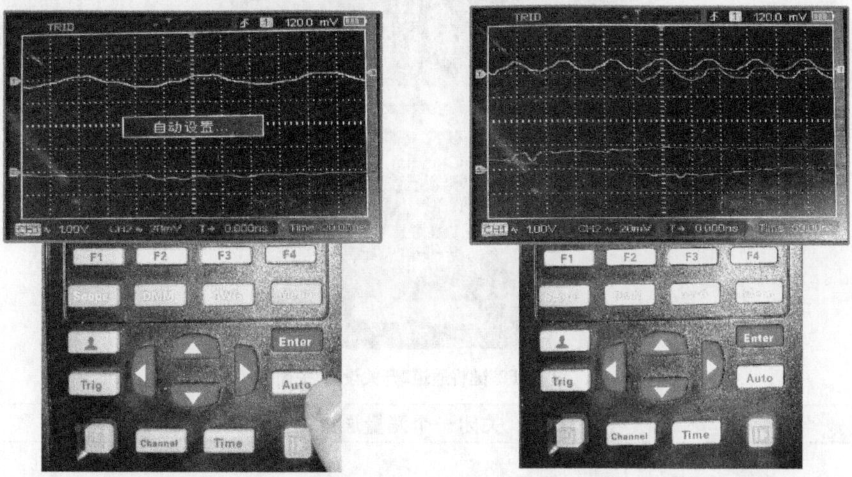
自动设置...
F1
F2
F3
F4
Enter
Trig
Auto
Channel
Time

a) 按“Auto(自动测量)”键开始自动测量　　b) 自动测量显示的波形

图 21-11　自动测量操作

21. 3. 3　关闭一个测量通道

自动测量默认打开两个通道同时测量两个信号，在测量一个信号时，显示屏也会显示两个通道的信号，为了避免干扰观察分析波形，可以将当前非测量通道关闭，让显示屏只显示被测通道的信号。

自动测量时显示屏上、下方分别显示 CH1、CH2 通道信号，CH2 通道未输入信号，其显示的为零基线和干扰信号，现将 CH2 通道关闭，按“Channel（通道）”键，显示屏底部出现通道菜单，如图 21-12a 所示，按“F1”键将通道切换到“通道 2（CH2）”，如图 21-12b 所示，再按“F2”键将通道开关设为“关闭”，如图 21-12c 所示，这样显示屏下半部分的 CH2 通道显示消失。

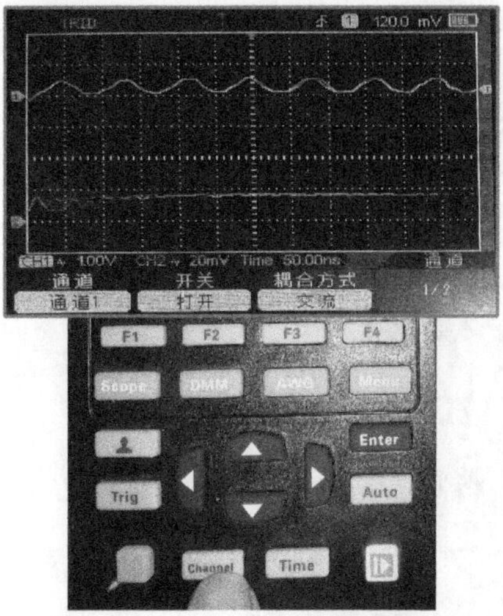
120.0 mV
CH1 1.00V CH2 20mV Time 50.00ns
通道
开关
耦合方式
通道1
打开
交流
1/2
F1
F2
F3
F4
Scope
DMM
AWG
Enter
Trig
Auto
Channel
Time

a) 按“Channel(通道)”键打开通道菜单

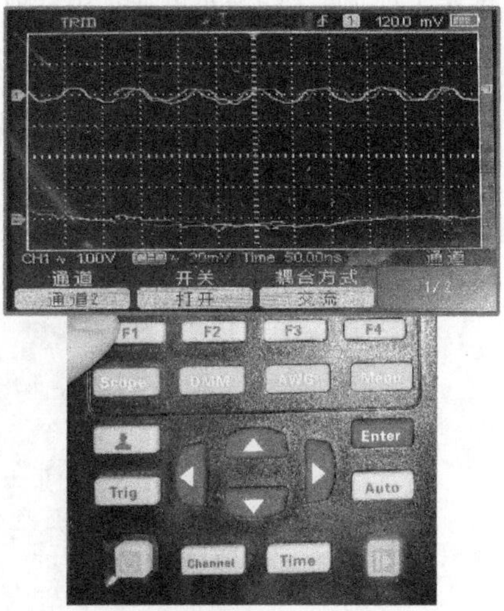
120.0 mV
CH1 1.00V CH2 20mV Time 50.00ns
通道
开关
耦合方式
通道2
打开
交流
1/2
F1
F2
F3
F4
Scope
DMM
AWG
Enter
Trig
Auto
Channel
Time

b) 按“F1”键切换到“通道2”

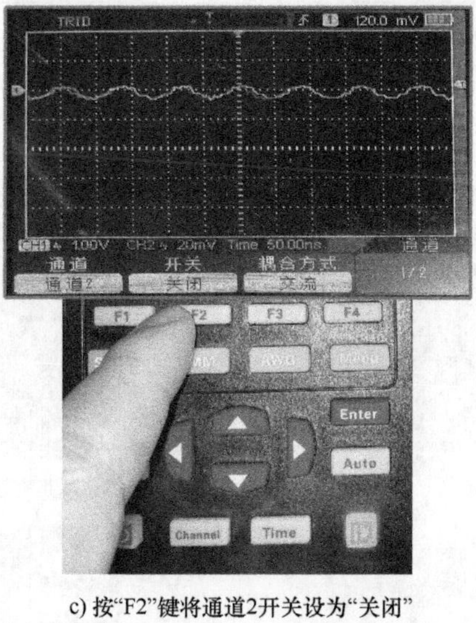
120.0 mV
CH1 1.00V CH2 20mV Time 50.00ns
通道
开关
耦合方式
通道2
关闭
交流
1/2
F1
F2
F3
F4
Enter
Auto
Channel
Time

c) 按“F2”键将通道2开关设为“关闭”

图 21-12 关闭一个测量通道的操作

21.3.4 波形垂直调节与通道菜单说明

1. 波形垂直方向幅度调节和移动

在自动测量时，示波器显示屏的坐标为 Y-T 模式，即纵坐标表示电压幅度，横坐标表示时间。如果自动测量出来的信号幅度过大或过小，或者在显示屏上显示的位置过上或过下，可以使用 Channel 键和▲、▼、►、◄键来调节波形幅度和垂直方向移动。

波形幅度调节和垂直方向的移动操作如图 21-13 所示，先按“Channel”键，显示屏底部会显示通道菜单，在该菜单显示期间按“◄”键，显示屏坐标垂直方向每格电压值变小，波形显示幅度会变大，如图 21-13a 所示，按“►”键，波形幅度会变小，按“▼”键，波形会往下移动，如图 21-13b 所示，按“▲”键，波形会往上移动。

2. 通道菜单说明

在示波器面板上按“Channel（通道）”键可打开通道菜单，通道菜单及说明见表 21-1。

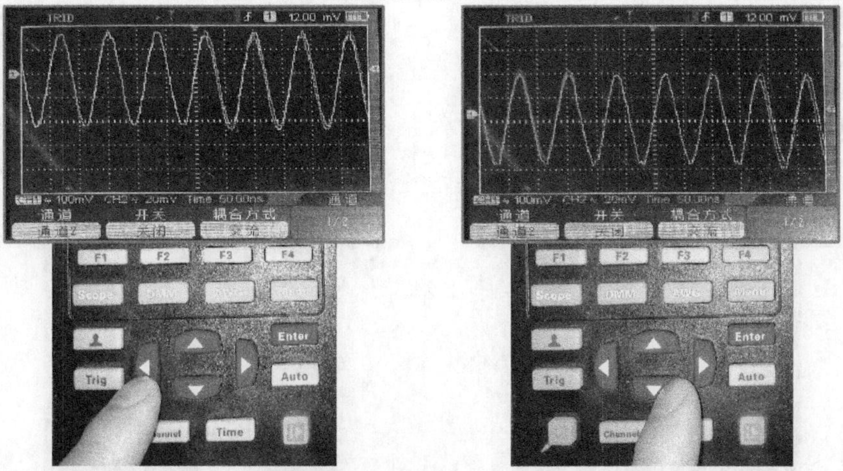
通道
开关
耦合方式
F1
F2
F3
F4
Enter
Auto
Trig
Time

a) 按“◀”键会使波形显示幅度变大　　b) 按“▼”键会使波形往下移动

图 21-13　波形幅度调节和垂直方向的移动操作

表 21-1　通道菜单及说明

菜　单　项	设 置 内 容	说　　明
通道	通道 1	选择通道 1（CH1）
	通道 2	选择通道 2（CH2）
开关	打开	打开已选通道的波形显示
	关闭	关闭已选通道的波形显示
耦合方式	直流	让输入信号的交、直流成分全部进入测量通道
	交流	隔离输入信号中的直流成分，仅让信号中的交流成分进入测量通道
	接地	将测量通道输入端接地，无信号进入测量通道
探头比	1×	测量通道的输入信号不衰减时选择（默认）
	10×	测量通道的探头测试线置 10×时选择
	100×	测量通道的探头测试线置 100×时选择
	1000×	测量通道的探头测试线置 1000×时选择
带宽限制	打开	打开 20MHz 带宽限制，减少噪声和其他多余的高频分量
	关闭	不限制带宽
波形反相	打开	将显示的波形反相
	关闭	波形不反相

21.3.5　信号水平调节与时基菜单说明

1. 波形水平宽度调节和水平方向的移动

在自动测量时，若显示出来的波形水平方向过宽或过窄，或者在显示屏上显示的位置过左或过右，可以使用 Time 键和▲、▼、▶、◀键来调节。

波形水平宽度调节和水平方向的移动操作如图 21-14 所示，先按“Time（时基）”键，显示屏底部会显示时基菜单，如图 21-14a 所示，按“▼”键，显示屏坐标水平方向每格时间值变小，波形水平方向会变宽，如图 21-14b 所示，按“▲”键，波形水平方向会变窄，按“▶”键，波形会往右移动，如图 21-14c 所示，按“◀”键，波形会往左移动。

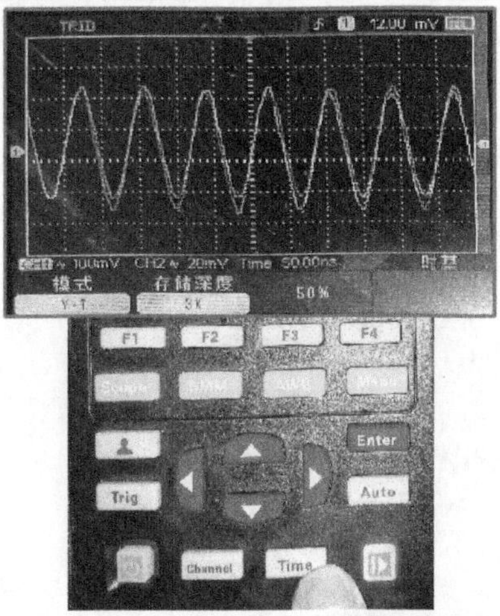
模式
存储深度
Y-T
3K
50%
F1
F2
F3
F4
Enter
Trig
Auto
Channel
Time

a) 按“Time”键进入时基设置

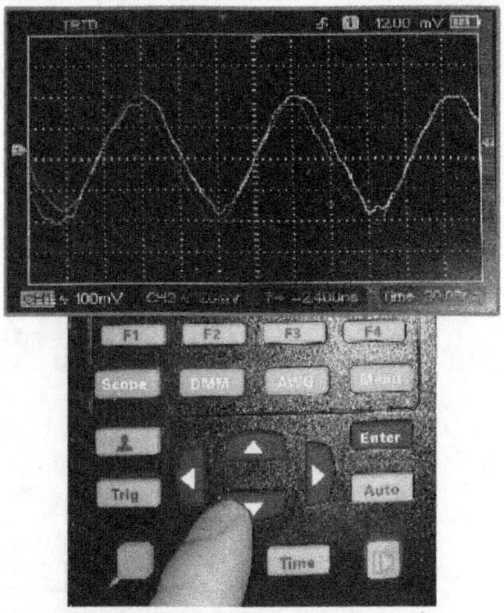
F1
F2
F3
F4
Scope
DMM
AWG
Enter
Trig
Auto
Time

b) 按“▼”键会使波形水平方向变宽

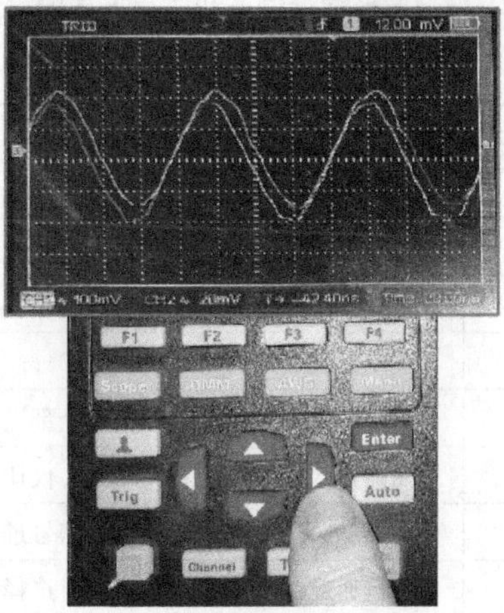
F1
F2
F3
F4
Enter
Trig
Auto
Channel

c) 按“▶”键会使波形往右移动

图 21-14　波形水平宽度调节和水平方向的移动

2. 时基菜单说明

在示波器面板上按“Time（时基）”键可打开时基菜单，时基菜单及说明见表 21-2。

表 21-2　时基菜单及说明

菜　单　项	设 置 内 容	说　　明
模式	Y-T	在该模式下，显示屏纵（垂直）坐标表示电压幅度，横（水平）坐标表示时间
	滚动	在该模式下，波形从右向左滚动显示，触发和波形水平偏移控制不可用，而且时基只有 100ms/格，滚动模式在测试低频信号时才可用
	X-Y	在该模式下，显示屏纵坐标表示 CH2 通道电压幅度，横坐标表示 CH1 通道电压幅度。X-Y 模式一般用来分析两个相同信号的相位差，比如由李沙育图形所描述的相位差
存储深度	3K	存储深度 = 3K，存储深度 = 采样率×波形时间
	6K	存储深度 = 6K，示波器采样率一定时，存储深度越大，采集出来的波形越长

21.3.6 信号触发的设置与触发菜单说明

1. 信号触发的设置

信号触发决定示波器在何处开始采集信号并显示波形，一旦正确设置触发，示波器可以将不稳定或无法正常显示的波形转换成有意义的波形。

信号触发的设置操作如图 21-15 所示。按“Trig（触发）”键，显示屏底部会显示触发菜单，如图 21-15a 所示，按“F2”键，将触发边沿设为“下降沿”，示波器从信号的下降沿开始采集，显示屏从下降沿开始显示波形，如图 21-15b 所示，按“▲”键可将触发电平调高，显示屏右边的触发标志会上移，显示屏右上角则显示触发电平值，如图 21-15c 所示，若触发电平值超过信号幅度，将无法触发信号，显示屏显示的波形会滚动或显示不正常。在正确设置触发后，若波形仍显示不稳定，为了便于观察，可按“❘▶”键，示波器停止采集，显示屏显示最后一次采集的波形，此时的波形会稳定显示出来，如图 21-15d 所示。

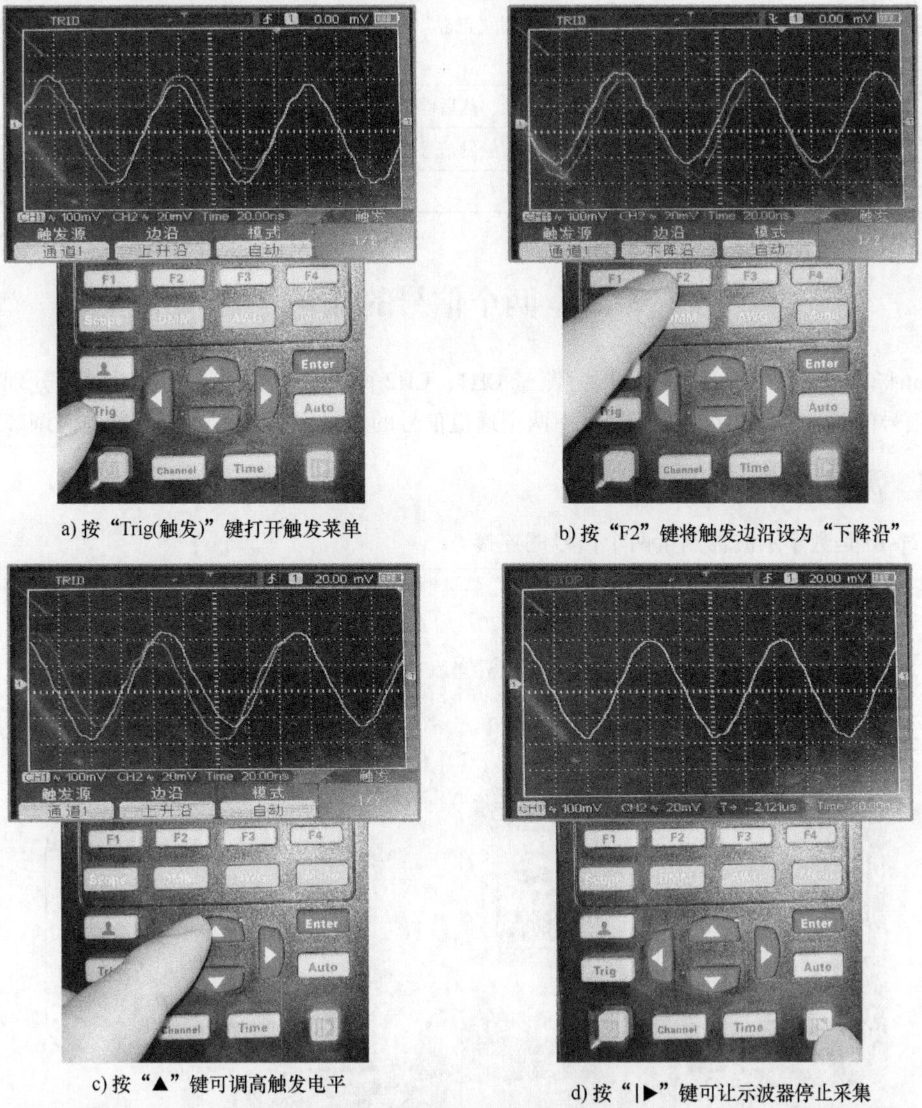
TRIG
0.00 mV
CH1 100mV CH2 20mV Time 20.00ns
触发源 边沿 模式
通道1 上升沿 自动
通道1 下降沿 自动
20.00 mV
STOP
F1 F2 F3 F4
Enter
Auto
Trig
Channel
Time

a) 按“Trig(触发)”键打开触发菜单

b) 按“F2”键将触发边沿设为“下降沿”

c) 按“▲”键可调高触发电平

d) 按“❘▶”键可让示波器停止采集

图 21-15 信号触发设置与停止采集操作

2. 触发菜单说明

在示波器面板上按“Trig（触发）”键可打开触发菜单，触发菜单及说明见表 21-3。

表 21-3　触发菜单及说明

菜单项	设置内容	说　明
触发源	通道 1	以通道 1（CH1）信号作为触发源
	通道 2	以通道 2（CH2）信号作为触发源
边沿	上升沿	从信号的上升沿开始采集并显示波形
	下降沿	从信号的下降沿开始采集并显示波形
	双边沿	一次从上升沿采集，下一次从下降沿采集，交替进行
模式	自动	自动模式可在没有有效触发时自由采集，此模式允许在 100ms/格或更慢的时基设置下进行无触发采集波形
	正常	当示波器检测到有效的触发条件时，正常模式才会更新显示波形。当仅想查看有效触发的波形时，才使用“正常”模式，使用此模式时，示波器只有在第一次触发后才显示波形
	单次	触发后采集单个波形，然后停止采集
强制触发	打开	开启强制触发，不管触发信号是否适当，都完成采集
	关闭	关闭强制触发

21.4　两个信号的测量

Hantek2C42 型数字示波器可以同时测量 CH1、CH2 两个通道信号，在测量时可分别调节两个通道信号的垂直显示幅度（电压），而两个通道信号的水平宽度（时间）只能同时调节。

21.4.1　测量连接

图 21-16 是数字示波器测量两个信号的连接。

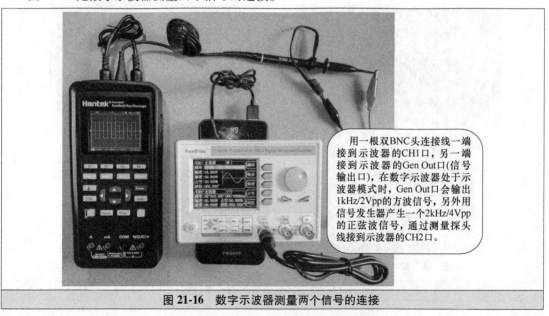

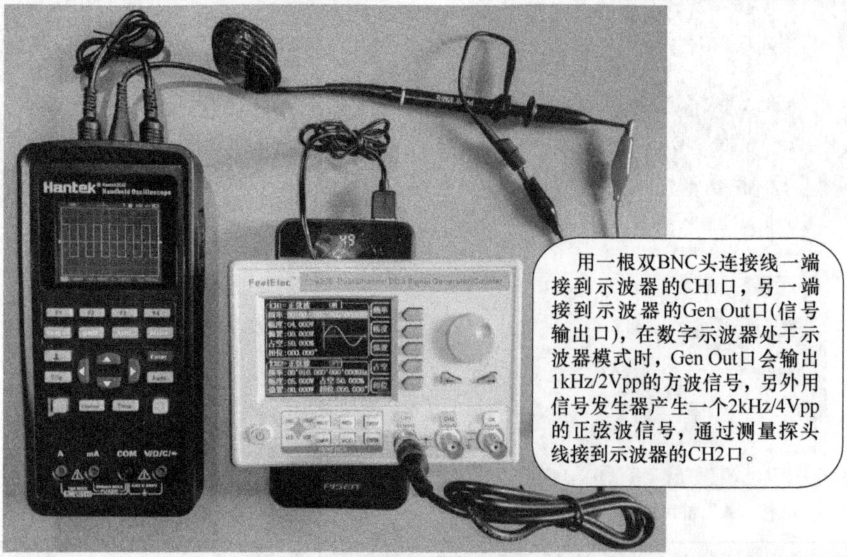
Hantek
FeelElec
用一根双BNC头连接线一端接到示波器的CH1口，另一端接到示波器的Gen Out口(信号输出口)，在数字示波器处于示波器模式时，Gen Out口会输出1kHz/2Vpp的方波信号，另外用信号发生器产生一个2kHz/4Vpp的正弦波信号，通过测量探头线接到示波器的CH2口。

图 21-16　数字示波器测量两个信号的连接

21.4.2 自动测量

数字示波器的默认设置只会测量一个通道（CH1）信号，同时测量两个通道信号的最快捷方法是使用示波器的自动测量功能。在测量时，按“Auto（自动测量）”键，如图 21-17a 所示，示波器马上检测输入信号，并自动调整有关的设置对信号进行测量，然后在显示屏显示出合适的波形，如图 21-17b 所示。

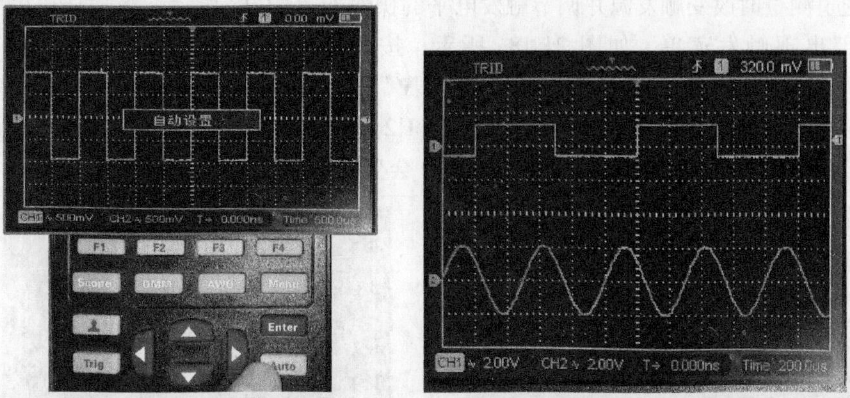
TRID
自动设置
F1
F2
F3
F4
Enter
Trig
TRID
320.0 mV
CH1 2.00V CH2 2.00V T→ 0.000ns Time 200.0us

a) 按“Auto(自动测量)”键开始自动测量　　b) 自动测量显示的两个通道波形

图 21-17 自动测量操作

21.4.3 两个信号的幅度调节与垂直方向移动

CH1、CH2 两个通道的信号幅度可分别调节，调节时只会改变波形的垂直方向显示幅度，不会改变实际信号幅度值。

CH1 通道波形的幅度调节与垂直方向移动操作：按“Channel（通道）”键，显示屏底部出现通道菜单，按“F1”键选择“通道 1”，然后按“◀”键，显示屏 CH1 通道坐标的垂直方向每格电压值变小（在显示屏底部可查看到该值变化），CH1 通道波形幅度变大，按“▶”键，CH1 通道波形幅度变小，按“▼”键，CH1 通道波形往下移动，按“▲”键，CH1 通道波形往上移动。

CH2 通道波形的幅度调节与垂直方向移动操作：按“Channel（通道）”键，显示屏底部出现通道菜单，按“F1”键选择“通道 2”，然后按“◀”键，显示屏 CH2 通道坐标的垂直方向每格电压值变小（在显示屏底部可查看到该值变化），CH2 通道波形幅度变大，按“▶”键，CH2 通道波形幅度变小，按“▼”键，CH2 通道波形往下移动，按“▲”键，CH2 通道波形往上移动。

21.4.4 两个信号的水平宽度调节与水平移动

CH1、CH2 两个通道共用一个时基（水平方向的时间），当调节时基时，两个通道信号宽度会同时变化，另外两个通道信号在水平方向也只能同时移动。

CH1、CH2 两个信号的水平宽度调节与水平移动操作：按“Time（时基）”键，显示屏底部会显示时基菜单，按“▼”键，显示屏坐标水平方向每格时间值变小，CH1、CH2 波形水平方向同时变宽，按“▲”键，CH1、CH2 信号水平方向同时变窄，按“▶”键，CH1、CH2 信号同时往右移动，按“◀”键，CH1、CH2 信号同时往左移动。

21.4.5　触发设置

正确设置触发可以将不稳定或无法正常显示的波形转换成有意义的波形。自动测量是以CH1通道信号作为触发信号（触发源），在同时测量CH1、CH2个两通道信号时，CH2通道由于无触发信号，显示出来的波形可能不稳定，不方便观察，这时可将CH2通道信号设为触发源，并调节触发电平，让CH2通道信号能正确被触发而稳定地显示。

两个通道测量时改变触发源并调节触发电平的操作如图21-18所示。按“Trig（触发）”键，显示屏底部出现触发菜单，如图21-18a所示，按“F1”键，将触发源设为“通道2”，如图21-18b所示，此时通道2还不能被触发，按“▼”键，显示屏右侧的触发标志下移，当移到CH2通道信号的电平范围，如图21-18c所示，CH2通道信号被触发，CH2通道信号显示稳定（不滚动或滚动慢），而CH1通道信号失去触发，会变得不稳定。

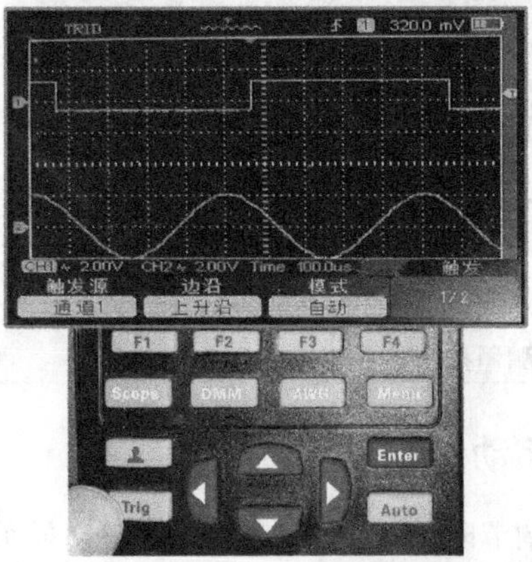

TRIG
320.0 mV
CH1 ∿ 2.00V　CH2 ∿ 2.00V　Time 100.0us
触发
触发源　边沿　模式
通道1　上升沿　自动
1/2
F1　F2　F3　F4
Scope　DMM　AWG
Enter
Trig　Auto

a) 按“Trig(触发)”键打开触发菜单

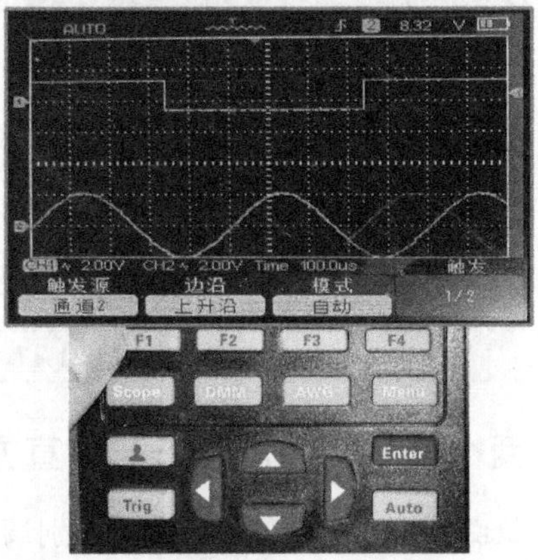

AUTO
8.32 V
CH1 ∿ 2.00V　CH2 ∿ 2.00V　Time 100.0us
触发
触发源　边沿　模式
通道2　上升沿　自动
1/2
F1　F2　F3　F4
Scope　DMM　AWG　Menu
Enter
Trig　Auto

b) 按“F1”键将触发源设为“通道2”

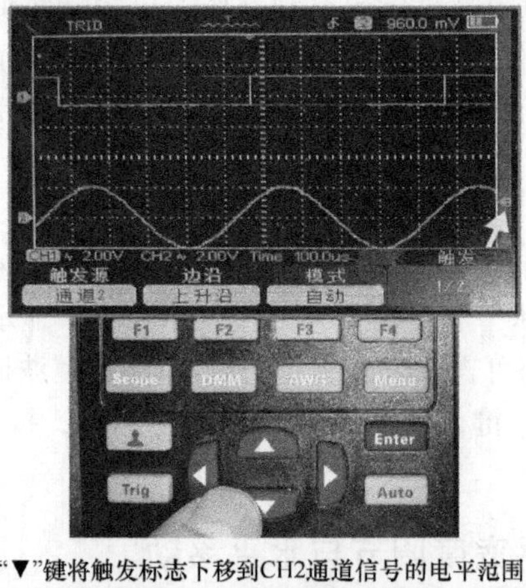

TRIG
960.0 mV
CH1 ∿ 2.00V　CH2 ∿ 2.00V　Time 100.0us
触发
触发源　边沿　模式
通道2　上升沿　自动
F1　F2　F3　F4
Scope　DMM　AWG　Menu
Enter
Trig　Auto

c) 按“▼”键将触发标志下移到CH2通道信号的电平范围

图21-18　两个通道测量时改变触发源并调节触发电平的操作

21.5　信号幅度、频率和相位的测量

21.5.1　自动测量信号幅度和频率

Hantek2C42型数字示波器是可以自动测量并显示被测信号的幅度和频率，但这个功能默认

是关闭的，需要通过设置打开该功能。

自动测量信号幅度和频率的操作如图 21-19 所示，按“Menu”键，显示屏底部出现功能菜单，如图 21-19a 所示，功能菜单有 5 组，按“F4”键可以切换功能组，当切换到含有“测量”的功能组时，如图 21-19b 所示，按“F2”键选择“测量”，如图 21-19c 所示，可打开测量设置，按“F1”键将测量功能开关设为“打开”，如图 21-19d 所示，示波器马上自动测量信号的幅度和频率，并在显示屏上出现小窗口来显示被测信号的幅度和频率值，该窗口显示内容有 6 行，如图 21-19e 所示，前 3 行分别为 CH1 通道信号的最大幅度值、最小幅度值和频率值，后 3 行分别为 CH2 通道信号的最大幅度值、最小幅度值和频率值，最大幅度值与最小幅度值的绝对值之和即为峰峰值（Vpp）。

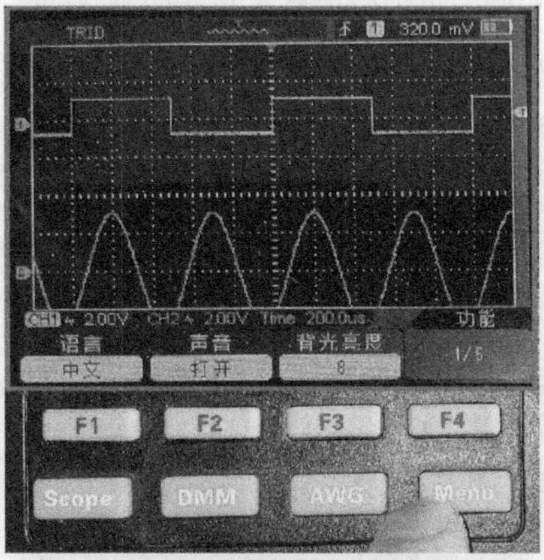
TRID
320.0 mV
CH1 2.00V CH2 2.00V Time 200.0us
功能
语言
声音
背光亮度
中文
打开
8
1/5
F1
F2
F3
F4
Scope
DMM
AWG
Menu

a) 按“Menu”键打开功能菜单

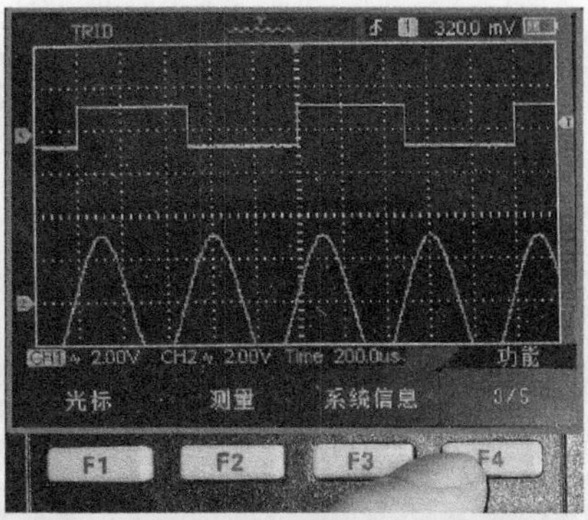
TRID
320.0 mV
CH1 2.00V CH2 2.00V Time 200.0us
功能
光标
测量
系统信息
3/5
F1
F2
F3
F4

b) 按“F4”键切换到含有“测量”的功能组

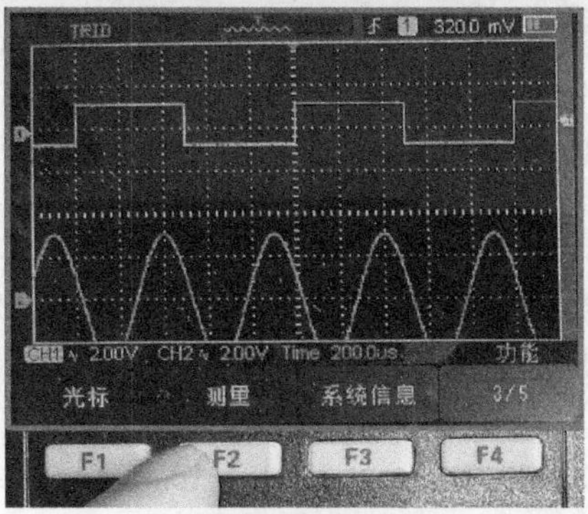
TRID
320.0 mV
CH1 2.00V CH2 2.00V Time 200.0us
功能
光标
测量
系统信息
3/5
F1
F2
F3
F4

c) 按“F2”键选择“测量”

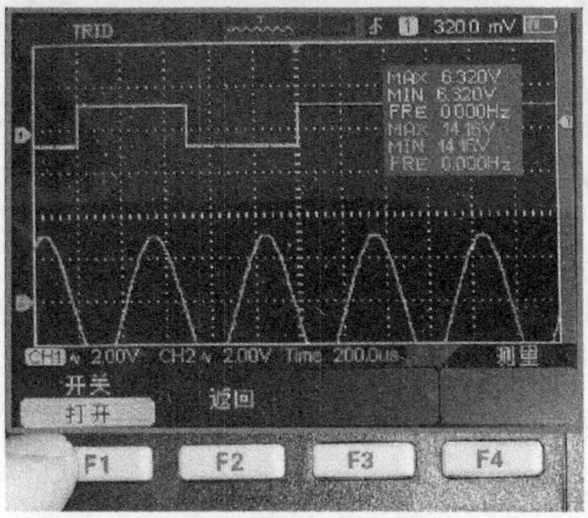
TRID
320.0 mV
CH1 2.00V CH2 2.00V Time 200.0us
测量
开关
打开
返回
F1
F2
F3
F4

d) 按“F1”键将测量功能开关设为“打开”

MAX 1.280V
MIN -640mV
FRE 1.000KHz
MAX 3.120V
MIN -3.04V
FRE 2.008KHz
最大幅度值
最小幅度值
频率值
CH1通道信号
最大幅度值
最小幅度值
频率值
CH2通道信号
F1
F2
F3
F4
Enter

e) 测量窗口显示CH1、CH2通道信号的幅度和频率值

图 21-19　自动测量信号幅度、频率的操作

21.5.2　用坐标格测量信号的幅度和频率

Hantek2C42 型数字示波器有 12（横）×8（纵）= 96 个坐标格，每个坐标格的各边线都由 5 个点组成，可利用坐标格当作标尺来测量信号的幅度和频率。

用坐标格测量信号的幅度和频率如图 21-20 所示，显示屏上方显示的为 CH1 通道信号，CH1 通道显示区的每个坐标格垂直方向边长为 1.00V（显示屏底部显示“CH1：1.00V”），垂直方向任意两个坐标点距离为 1.00V/5=0.2V=200mV，显示屏下方显示的是 CH2 通道信号，CH2 通道显示区的每个坐标格垂直方向边长为 5.00V（显示屏底部显示“CH2：5.00V”），垂直方向任意两个坐标点距离为 5.00V/5=1.00V，CH1、CH2 通道时基值相同，每个坐标格水平方向为 200μs（显示屏底部显示“Time：200.0μs”），水平方向任意两个坐标点距离为 200μs /5=40μs。

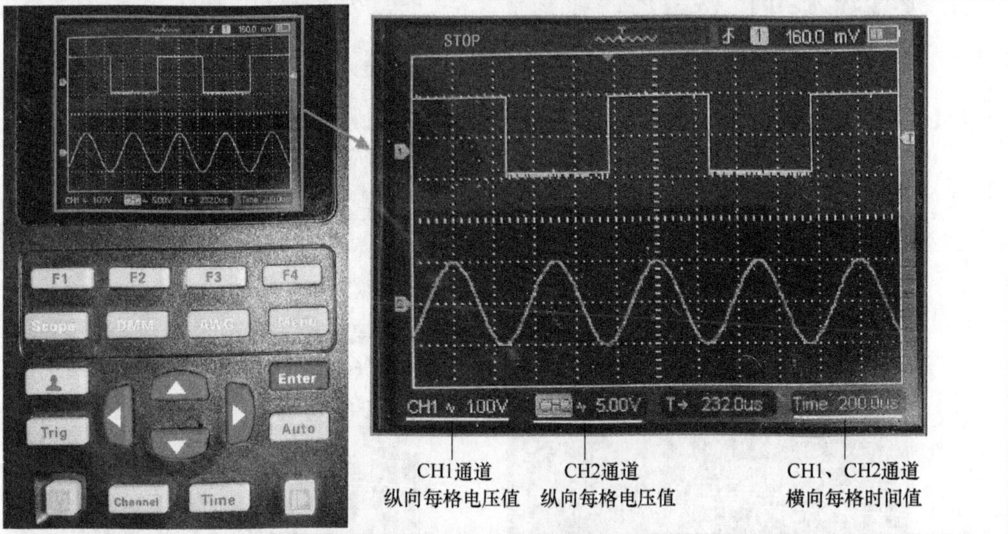
STOP
160.0 mV
F1
F2
F3
F4
Scope
DMM
AWG
Menu
Enter
Trig
Auto
Channel
Time
CH1 ∿ 1.00V
∿ 5.00V
T→ 232.0us
Time 200.0us
CH1通道
纵向每格电压值
CH2通道
纵向每格电压值
CH1、CH2通道
横向每格时间值

图 21-20　用坐标格测量信号的幅度和频率

CH1 通道信号幅度为垂直方向 2 个坐标格的长度，其幅度为 2×1.00V=2.00V，CH1 通道信号的一个周期时间为水平方向 5 个坐标格的长度，周期值为 5×200μs=1ms，频率是周期倒数，其频率为 1/1ms=1kHz。

CH2 通道信号幅度为垂直方向 2 个坐标格的长度，其幅度为 2×5.00V=10.00V，CH2 通道信号的一个周期时间为水平方向 2.5 个坐标格的长度，其表示周期为 2.5×200μs=500μs，频率为 1/500μs =2kHz。

在用坐标格测量信号的幅度和频率时，为便于观察和减小误差，可按“Ⅰ ▶”键让示波器显示的波形保持稳定，然后上下或左右移动要观测的波形，将波形移到适合观测水平方向和垂直方向长度的位置。

21.5.3　用光标测量信号的幅度和频率

在用尺子测量两点距离时，先将尺子某刻度（如 5）对准其中的一点，再观察另一点对应的尺子刻度（如 25），两个刻度差（25-5）即为两点的距离，刻度单位不同，表示的距离不同。光标测量与尺子测量相同，先将一根光标线移到被测波形的测量起点上，再将另一根光标线移到被测波形的测量终点上，示波器会自动计算并显示两根光标线之间的距离值（也称差值或增量值），如果是垂直光标线，光标位置单位为时间类型，若为水平光标线，光标位置单位为电压类型。

1. 用光标测量信号的幅度

用光标测量信号幅度的操作如图 21-21 所示。在测量时按“Ⅰ▶”键让信号保持稳定，按“Menu”键打开功能菜单，在功能菜单中将光标开关设为打开，并将光标类型设为电压类型（默认），显示屏上会出现两条水平光标线，如图 21-21a～c 所示，再将光标 1 移到信号最大幅度处，将光标 2 移到信号最小幅度处，如图 21-21d～h 所示，显示屏底部显示光标 1 的电压值为 2. 12V，光标 2 的电压值为-1. 88V，增量为 4. 00V（光标 1、光标 2 的差值），此增量值为被测信号的幅度值，即被测信号的幅度为 4. 00V。

2. 用光标测量信号的频率

用光标测量信号频率的操作如图 21-22 所示。在测量时按“Ⅰ▶”键让信号保持稳定，按“Menu”键打开功能菜单，在功能菜单中将光标开关设为打开，并将光标类型设为时间类型，显示屏上会出现两条垂直光标线，如图 21-22a、b 所示，将光标 1 移到信号选定周期的起点处（可在信号上任选一个周期），将光标 2 移到信号该周期的终点处，如图 21-22c～g 所示，显示屏底部显示光标 1 的时间值为 128. 00μs，光标 2 的时间值为-372. 00μs，增量为-500. 00μs（光标 2、光标 1 的差值），此增量的绝对值即为被测信号的周期，频率为周期的倒数，被测信号的频率为 1/500μs＝2kHz。

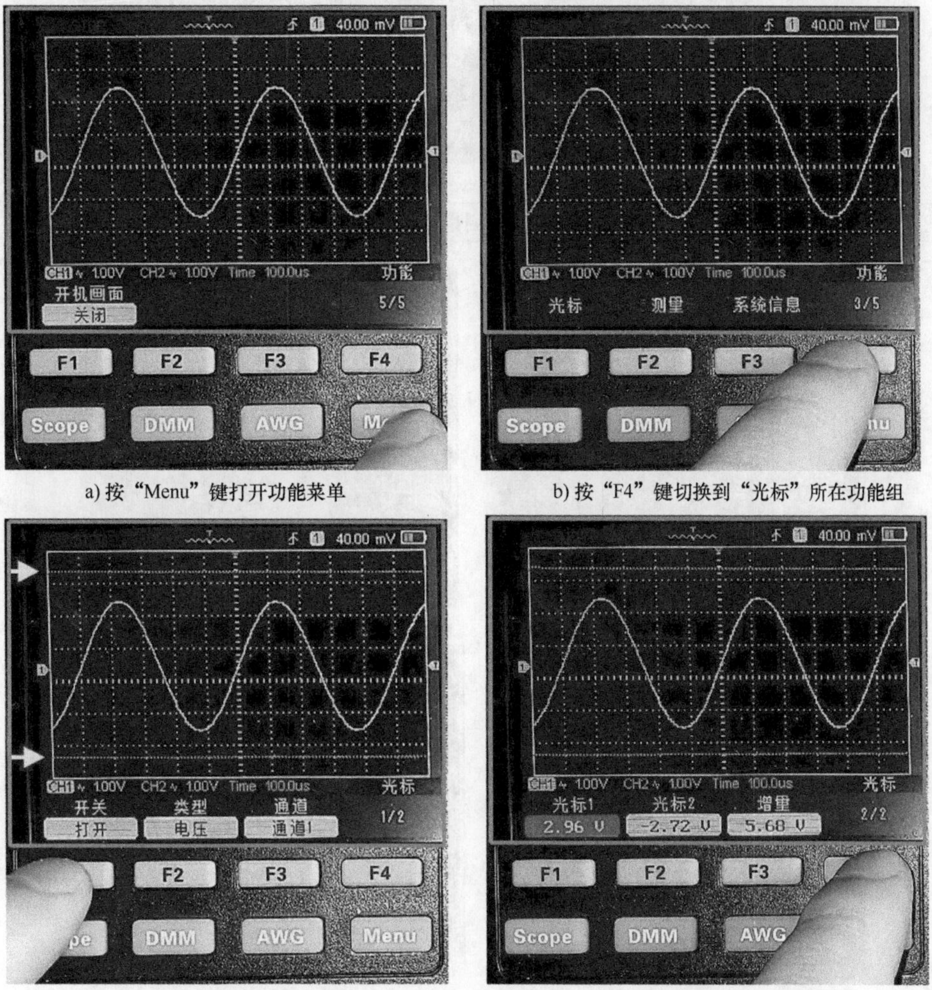
40.00 mV
CH1 1.00V CH2 1.00V Time 100.0us
功能
开机画面
关闭
5/5
光标
测量
系统信息
3/5
F1
F2
F3
F4
Scope
DMM
AWG
Menu
开关
类型
通道
打开
电压
通道1
1/2
光标1
光标2
增量
2.96 V
-2.72 V
5.68 V
2/2

a) 按“Menu”键打开功能菜单

b) 按“F4”键切换到“光标”所在功能组

c) 按“F1”键将光标开关设为“打开”

d) 按“F4”键切换光标设置项

图 21-21　用光标测量信号幅度

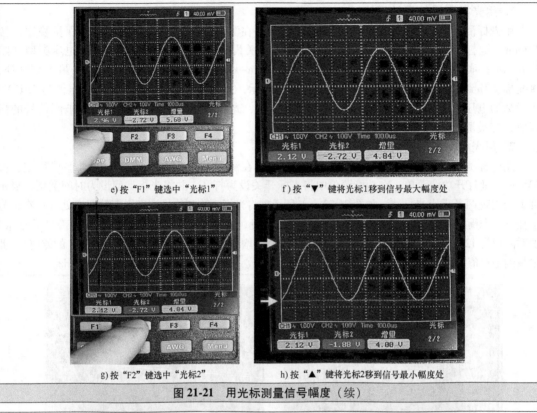

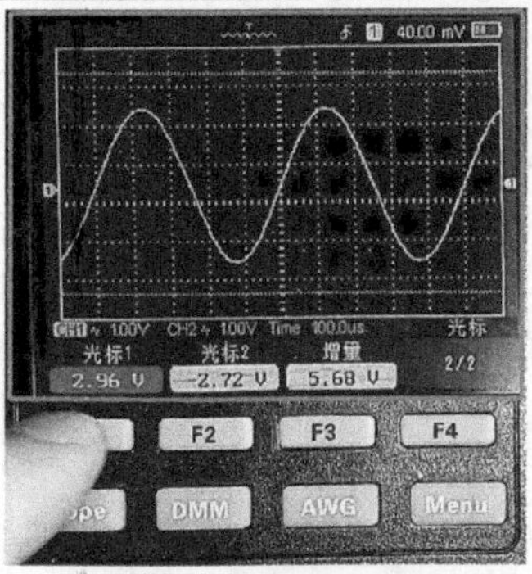
40.00 mV
CH1 1.00V CH2 1.00V Time 100.0us 光标
光标1 光标2 增量 2/2
2.96 V -2.72 V 5.68 V
F2 F3 F4
DMM AWG Menu

e) 按“F1”键选中“光标1”

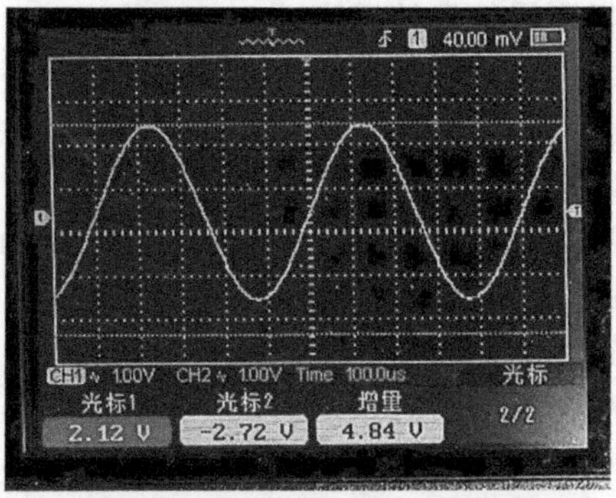
40.00 mV
CH1 1.00V CH2 1.00V Time 100.0us 光标
光标1 光标2 增量 2/2
2.12 V -2.72 V 4.84 V

f) 按“▼”键将光标1移到信号最大幅度处

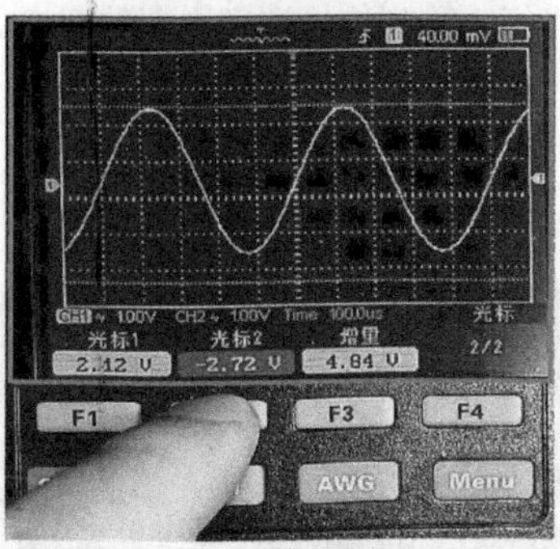
40.00 mV
CH1 1.00V CH2 1.00V Time 100.0us 光标
光标1 光标2 增量 2/2
2.12 V -2.72 V 4.84 V
F1 F3 F4
AWG Menu

g) 按“F2”键选中“光标2”

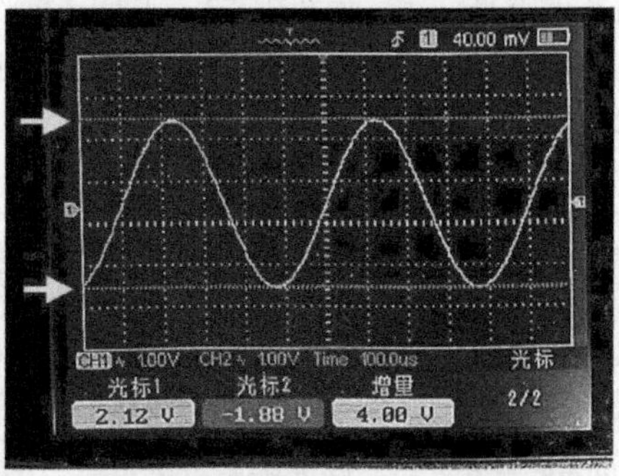
40.00 mV
CH1 1.00V CH2 1.00V Time 100.0us 光标
光标1 光标2 增量 2/2
2.12 V -1.88 V 4.00 V

h) 按“▲”键将光标2移到信号最小幅度处

图 21-21　用光标测量信号幅度（续）

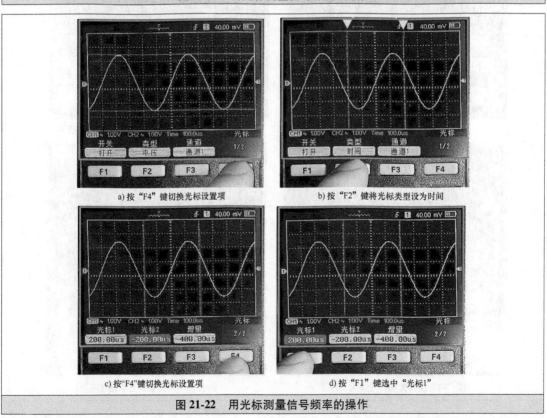

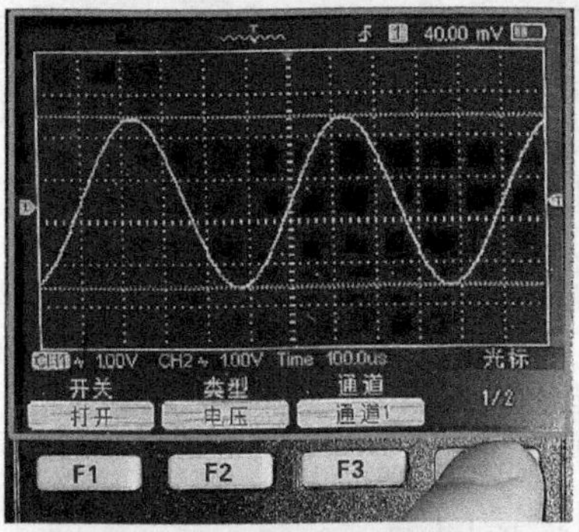
40.00 mV
CH1 1.00V CH2 1.00V Time 100.0us 光标
开关 类型 通道 1/2
打开 电压 通道1
F1 F2 F3

a) 按“F4”键切换光标设置项

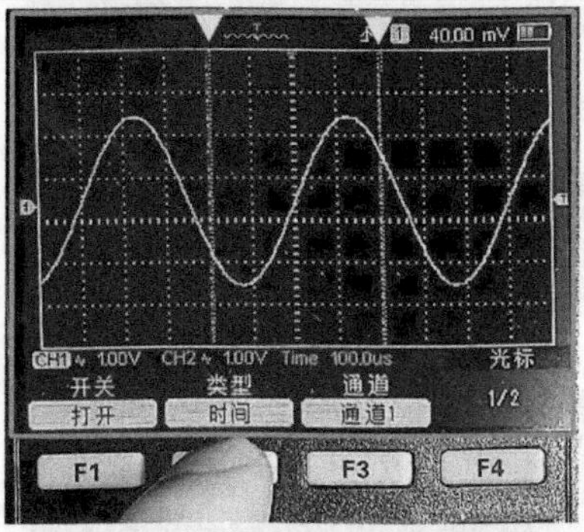
40.00 mV
CH1 1.00V CH2 1.00V Time 100.0us 光标
开关 类型 通道 1/2
打开 时间 通道1
F1 F3 F4

b) 按“F2”键将光标类型设为时间

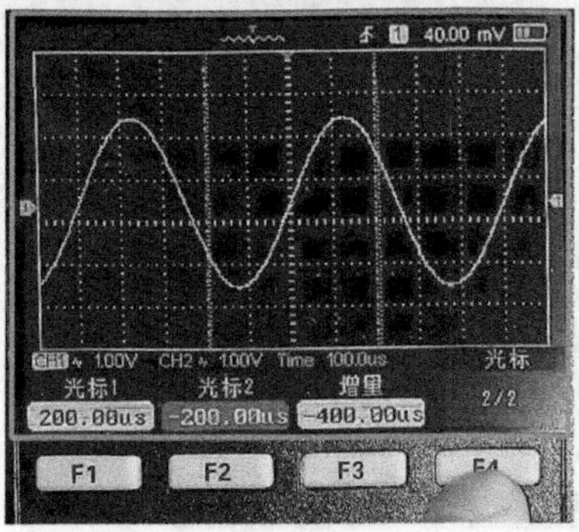
40.00 mV
CH1 1.00V CH2 1.00V Time 100.0us 光标
光标1 光标2 增量 2/2
200.00us -200.00us -400.00us
F1 F2 F3

c) 按“F4”键切换光标设置项

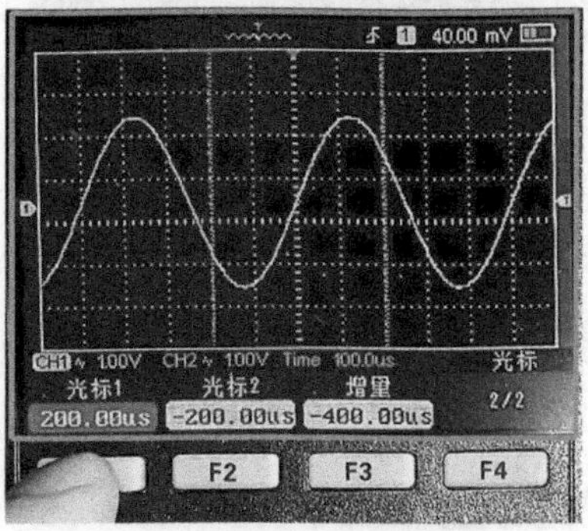
40.00 mV
CH1 1.00V CH2 1.00V Time 100.0us 光标
光标1 光标2 增量 2/2
200.00us -200.00us -400.00us
F2 F3 F4

d) 按“F1”键选中“光标1”

图 21-22　用光标测量信号频率的操作

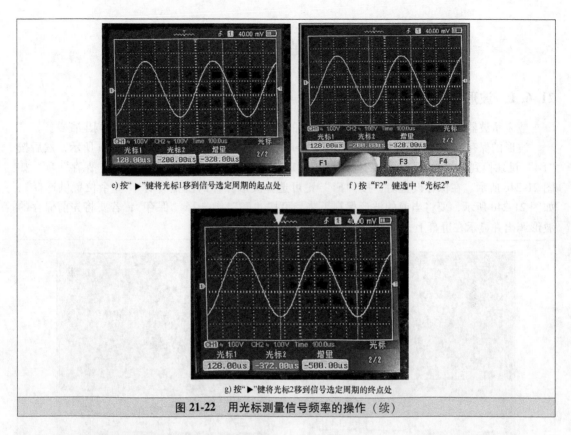

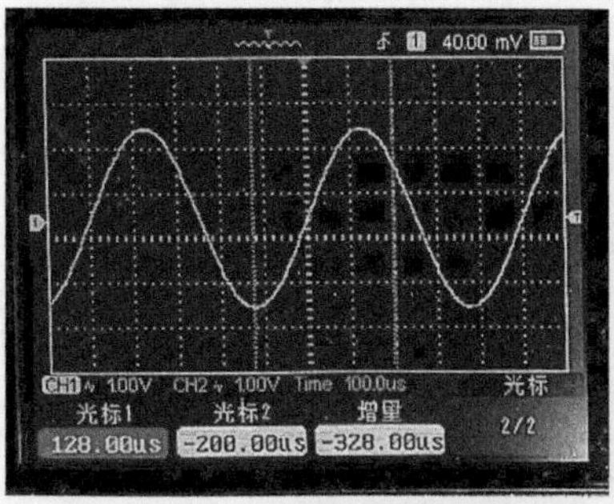
40.00 mV
CH1 100V CH2 100V Time 100.0us
光标
光标1
光标2
增量
128.00us
-200.00us
-328.00us
2/2
e) 按“▶”键将光标1移到信号选定周期的起点处

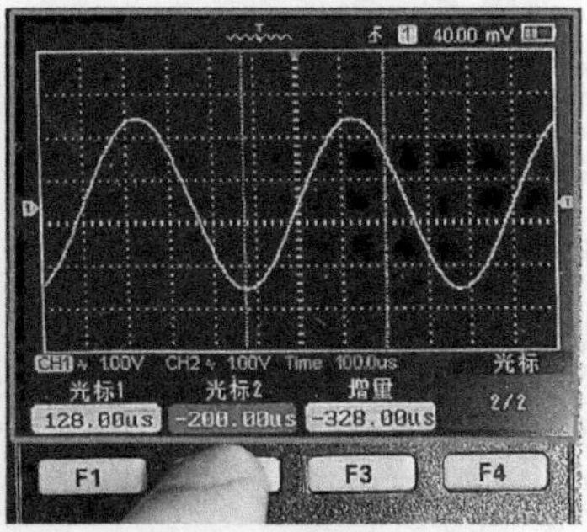
40.00 mV
CH1 100V CH2 100V Time 100.0us
光标
光标1
光标2
增量
128.00us
-200.00us
-328.00us
2/2
F1
F3
F4
f) 按“F2”键选中“光标2”

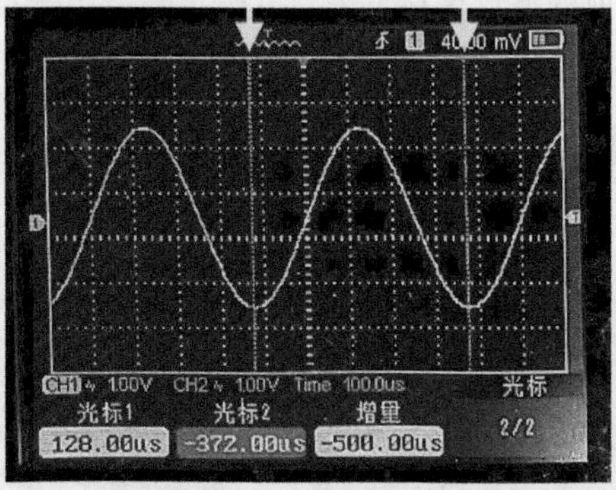
40.00 mV
CH1 100V CH2 100V Time 100.0us
光标
光标1
光标2
增量
128.00us
-372.00us
-500.00us
2/2
g) 按“▶”键将光标2移到信号选定周期的终点处

图 21-22 用光标测量信号频率的操作（续）

21.5.4 用光标测量两个信号的相位差

相位差只针对两个同频率信号，两个同频率的信号存在相位差实际就是两个信号变化存在时间差。相位用 0~360°（或 0~2π）表示，相当于将一个周期分成 360 份，如果一个信号超前另一个信号 90°，两个信号相位差为 90°，表示一个信号超前另一个信号 1/4 周期（90°/360°），若信号的周期为 1ms（频率为 1kHz），那么 90°的相位差对应的时间差为 1ms×(90°/360°)= 0.25ms。

用光标测量两个信号的相位差如图 21-23 所示，先用光标测量一个信号（CH1 或 CH2）的周期时间，如图 21-23a 所示，在显示器底部显示周期（增量）时间为 500μs（频率为 1/500μs = 2kHz)，再用光标测量 CH1、CH2 两个信号相同性质点（A1、A2）的时间差，如图 21-23b 所示，测量显示时间差为 124μs，假设相位差为 x，那么 x/360° = 124/500，计算可得 $x\approx90°$，即 CH1、CH2 信号的相位差为 90°，从显示屏不难看出，CH1 信号相位超前 CH2 信号。

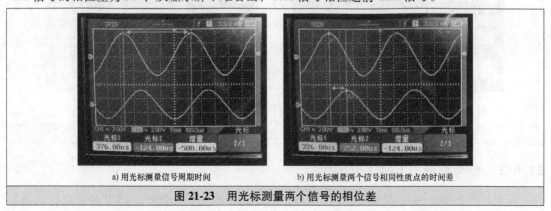

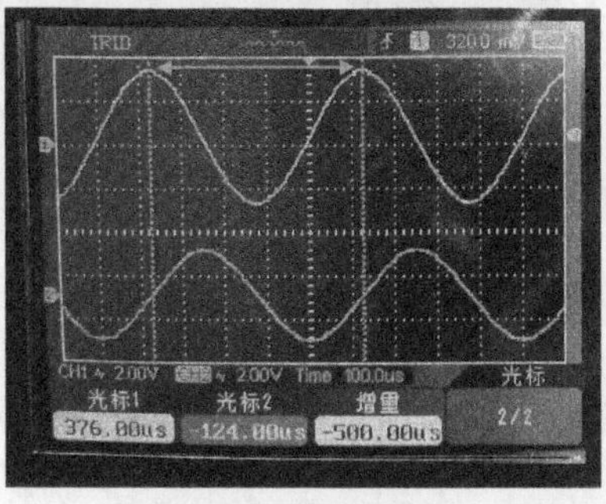
TRIG
CH1 2.00V CH2 2.00V Time 100.0us
光标
光标1
光标2
增量
376.00us
-124.00us
-500.00us
2/2
a) 用光标测量信号周期时间

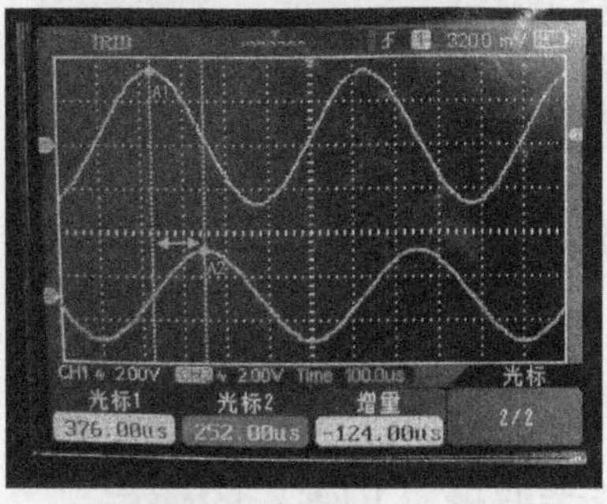
TRIG
CH1 2.00V CH2 2.00V Time 100.0us
光标
光标1
光标2
增量
376.00us
252.00us
-124.00us
2/2
b) 用光标测量两个信号相同性质点的时间差

图 21-23 用光标测量两个信号的相位差

21.6　其他功能的使用

21.6.1　波形的保存

数字示波器内部使用了存储器，能将测量的波形保存下来，可在以后需要时调出查看。

波形的保存操作如图 21-24 所示，按“Menu”键打开功能菜单，如图 21-24a 所示，然后按“F4”键切换到含“保存”项的功能组，如图 21-24b 所示，再按“F3”键打开“保存”项，如图 21-24c 所示，在保存设置时，按“F1”键可选择波形保存的位置（有 1～6 个位置供选择），如图 21-24d 所示，要将当前的波形保存下来，可按“F2”键选择“保存”，若要将先前保存的波形调出并显示在屏幕上，可按“F3”键选择“调出”。

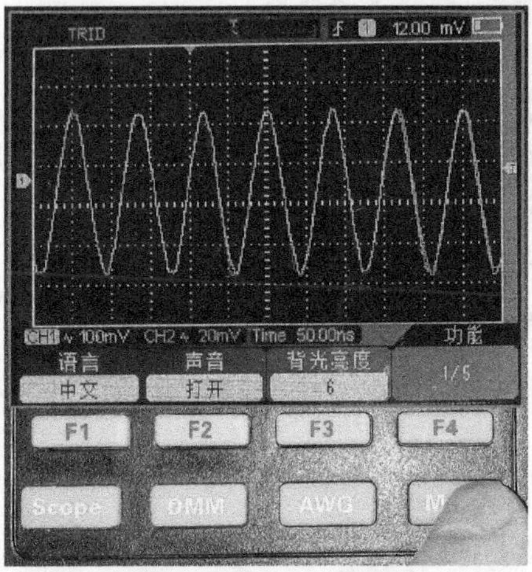
12.00 mV
100mV
CH2
20mV
Time 50.00ns
功能
语言
中文
声音
打开
背光亮度
6
1/5
F1
F2
F3
F4
Scope
DMM
AWG

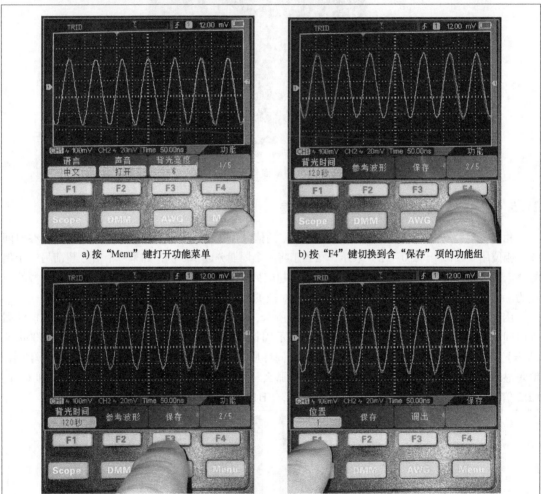

a) 按“Menu”键打开功能菜单

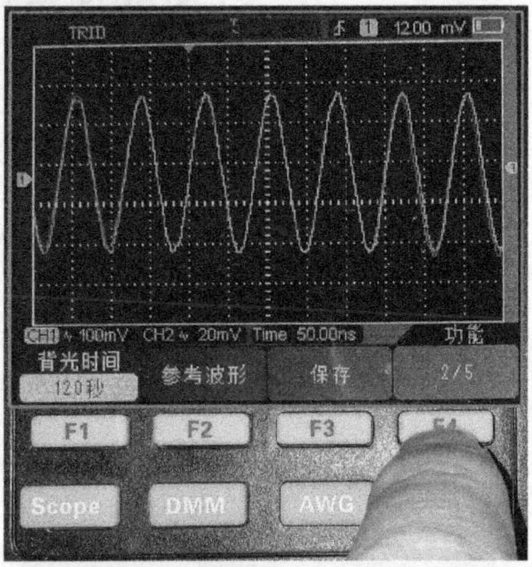
12.00 mV
100mV
CH2
20mV
Time 50.00ns
功能
背光时间
120秒
参考波形
保存
2/5
F1
F2
F3
Scope
DMM
AWG

b) 按“F4”键切换到含“保存”项的功能组

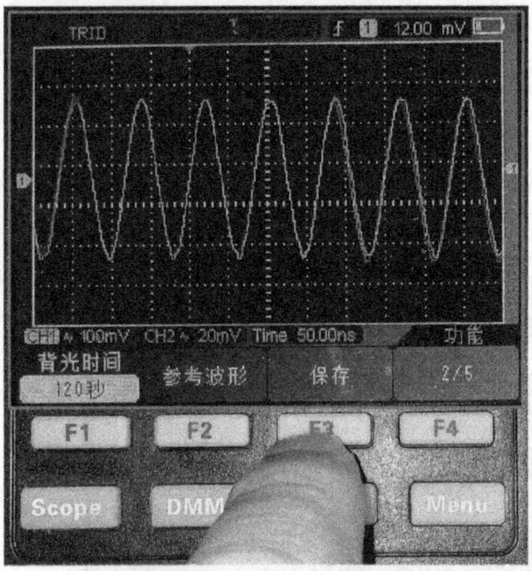
12.00 mV
100mV
CH2
20mV
Time 50.00ns
功能
背光时间
120秒
参考波形
保存
2/5
F1
F2
F4
Scope
DMM
Menu

c) 按“F3”键选择并打开“保存”项

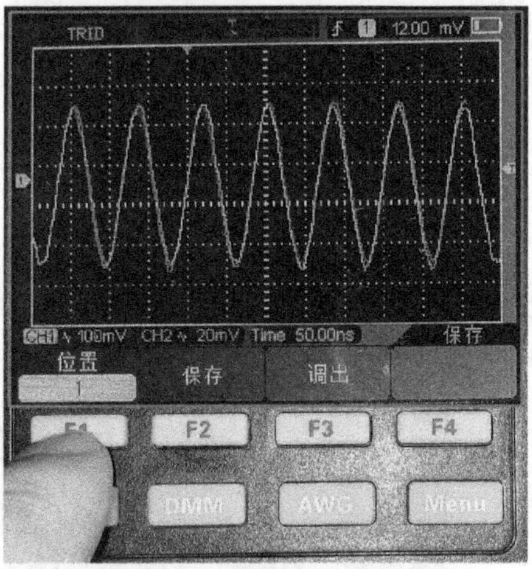
12.00 mV
100mV
CH2
20mV
Time 50.00ns
保存
位置
1
保存
调出
F2
F3
F4
DMM
AWG
Menu

d) 按“F1”键可选择波形保存的位置

图 21-24　波形的保存

21.6.2　参考波形（REF）的使用

在工厂生产调试一批相同的电子产品时，一般先做出一台标准机，将其各项指标调到最佳，再将其关键点信号作为标准信号，后续生产调试出来的产品的该关键点的信号只要与这个标准信号一致，即为合格产品。数字示波器使用参考波形可实现这个功能，先用示波器测量标准机关键点的波形，再将这个波形保存成参考波形（以灰色方式显示在屏幕上），然后用这台示波器测量其他相同产品的该关键点的波形，在同一个屏幕上观察现测得的波形与参考波形是否一致，若一致则为合格产品，如果不一致，可对照参考波形观察测量信号来对产品进行调试。

参考波形的保存与打开操作如图 21-25 所示，按“Menu”键打开功能菜单，如图 21-25a 所示，然后按“F4”键切换到含“参考波形”项的功能组，如图 21-25b 所示，再按“F2”键打开“参考波形”项，如图 21-25c 所示，在参考波形设置时，按“F1”键可选择将当前波形保存为参考波形的位置（有 A、B 两个位置供选择），如图 21-25d 所示，要将当前波形作为参考波形保存下来，可按“F4”键选择“保存”，如图 21-25e 所示，要让参考波形能在显示屏上显示出来，应按“F2”键将参考波形开关设为“打开”，如图 21-25f 所示，再按“▼”键（之前应按“Channel”键）移开当前波形即可看见灰色的固定不动的参考波形，如图 21-25g 所示。参考波形菜单项设置内容如图 21-25h 所示。

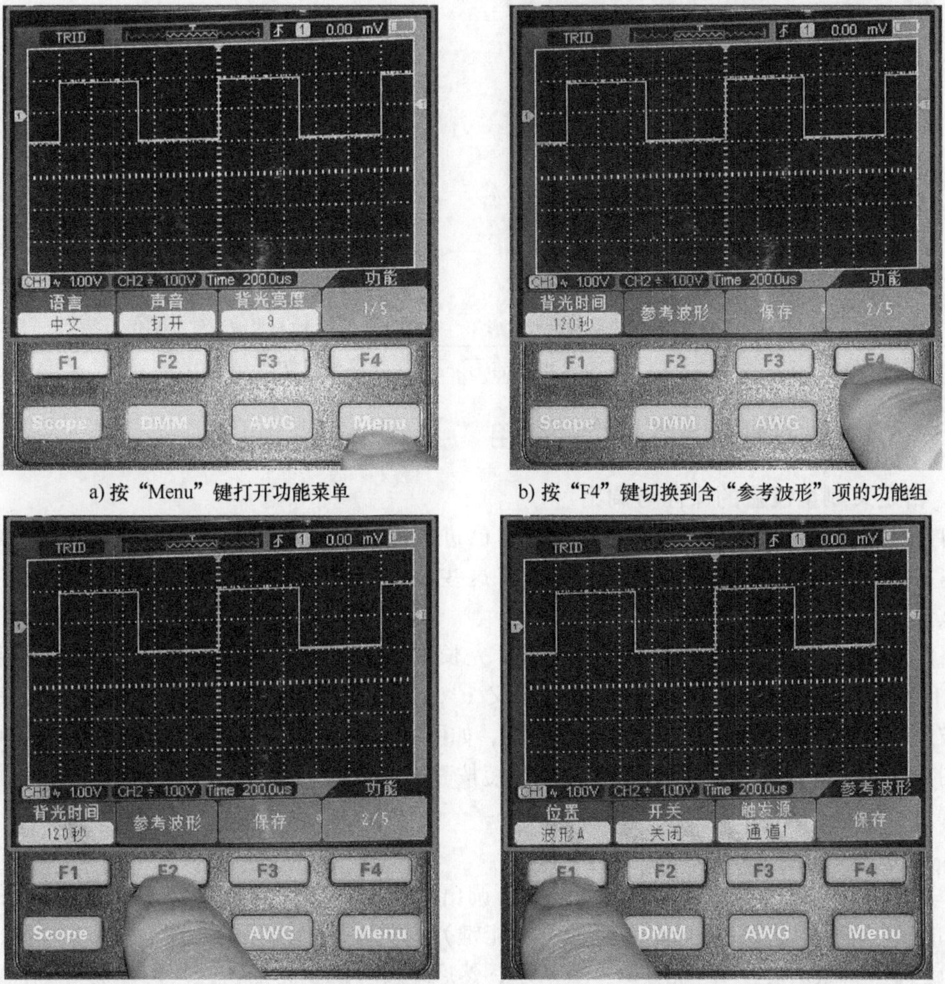
语言
中文
声音
打开
背光亮度
功能
1/5
背光时间
120秒
参考波形
保存
2/5
位置
波形A
开关
关闭
触发源
通道1
F1
F2
F3
F4
Scope
DMM
AWG
Menu

a) 按“Menu”键打开功能菜单

b) 按“F4”键切换到含“参考波形”项的功能组

c) 按“F2”键选择并打开“参考波形”项

d) 按“F1”键选择参考波形的保存位置

图 21-25　参考波形的保存、打开与菜单说明

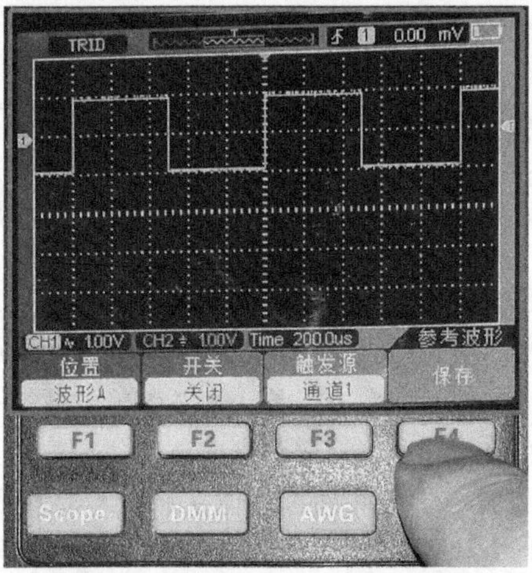
TRIG
0.00 mV
CH1 1.00V　CH2 1.00V　Time 200.0us
参考波形
位置　开关　触发源　保存
波形A　关闭　通道1
F1　F2　F3　F4
Scope　DMM　AWG

e) 按“F4”键将当前波形保存为参考波形

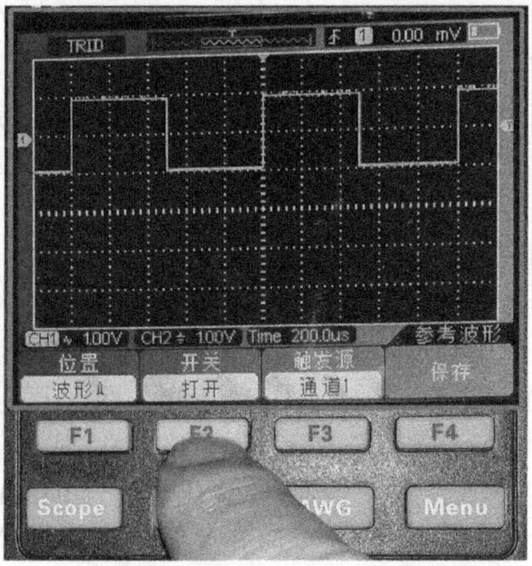
TRIG
0.00 mV
CH1 1.00V　CH2 1.00V　Time 200.0us
参考波形
位置　开关　触发源　保存
波形A　打开　通道1
F1　F3　F4
Scope　Menu

f) 按“F2”键将参考波形开关设为打开

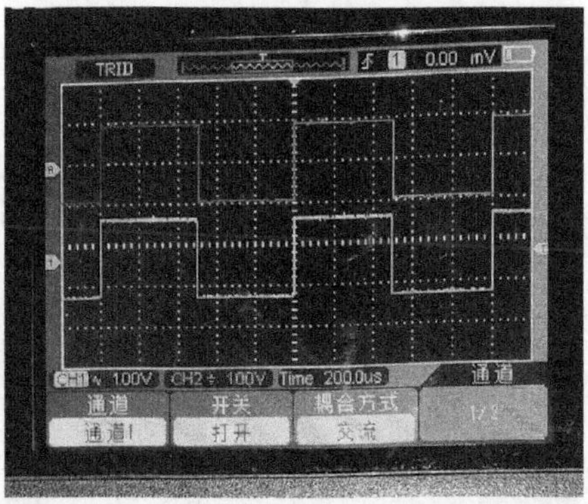
TRIG
0.00 mV
CH1 1.00V　CH2 1.00V　Time 200.0us
通道
通道　开关　耦合方式
通道1　打开　交流

g) 按“▼”键移开当前波形即可看见灰色的参考波形

菜单项	设置内容	说明
位置	波形A 波形B	参考波形保存位置
开关	打开 关闭	打开参考波形 关闭参考波形
触发源	CH1 CH2	选择CH1保存为参考波形 选择CH2保存为参考波形
保存		保存参考波形

h) 参考波形菜单说明

图 21-25　参考波形的保存、打开与菜单说明（续）

21.6.3　自定义与默认测量设置的使用

1. 自定义测量设置的保存与调出

自定义测量设置是指用户测量某信号时自己进行的各种测量调整和设置，如果用户希望以后测量同类信号时直接使用这些设置，可以将这些设置作为自定义设置保存下来，以后需要时调出该设置来测量信号。

自定义测量设置的保存如图 21-26 所示，先长按“👤”键（多功能键）打开多功能菜单，如图 21-26a 所示，再按“F2”键选择“自定义 1”，如图 21-26b 所示，这时按“Enter”键可将当前波形的各项测量设置保存成自定义 1 设置，如图 21-26c 所示。以后若要调取自定义 1 设置来测量同类信号，可先按图 21-26a、b 操作，再短按“👤”键，则可将自定义 1 的各项测量设置调出来测量信号。

2. 默认测量设置的调出

如果数字示波器很多测量设置已调乱，可调出默认设置来测量信号。默认测量设置的调出操作如图 21-27 所示，长按“👤”键（多功能键）打开多功能菜单，如图 21-27a 所示，再按“F1”键选择“默认设置”，如图 21-27b 所示，然后短按“👤”键后再按“F1”键，如图 21-27c 所示，即调出默认设置，图 21-27d 所示的波形是使用默认设置测量的。默认测量设置各项内容如图 21-27e 所示。

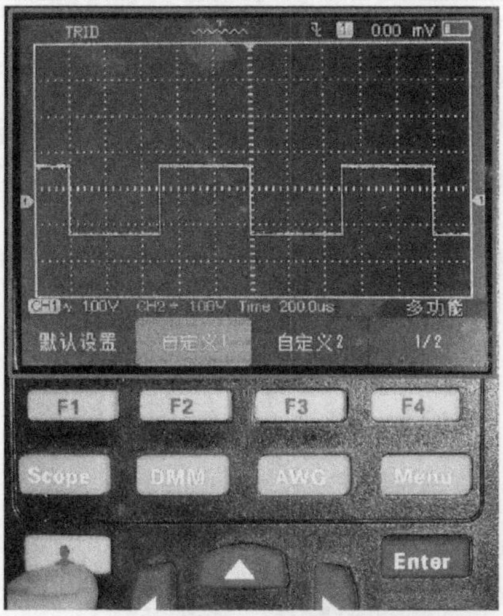
TRID
0.00 mV
CH1 100V CH2 100V Time 200.0us
多功能
默认设置
自定义1
自定义2
1/2
F1
F2
F3
F4
Scope
DMM
AWG
Menu
Enter

a) 长按“👤”键打开多功能菜单

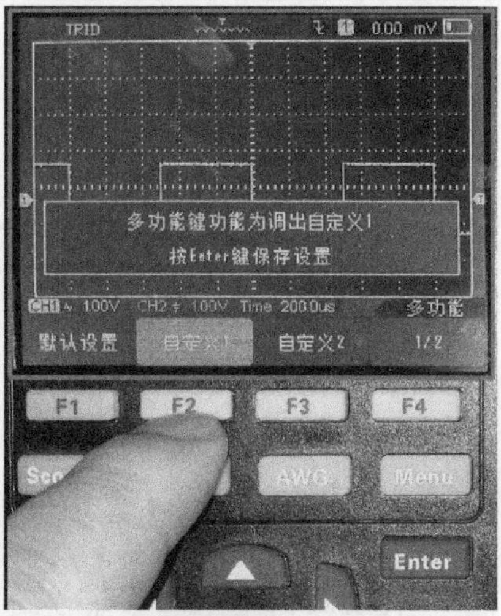
TRID
0.00 mV
多功能键功能为调出自定义1
按Enter键保存设置
CH1 100V CH2 100V Time 200.0us
多功能
默认设置
自定义1
自定义2
1/2
F1
F2
F3
F4
AWG
Menu
Enter

b) 按“F2”键选择“自定义1”

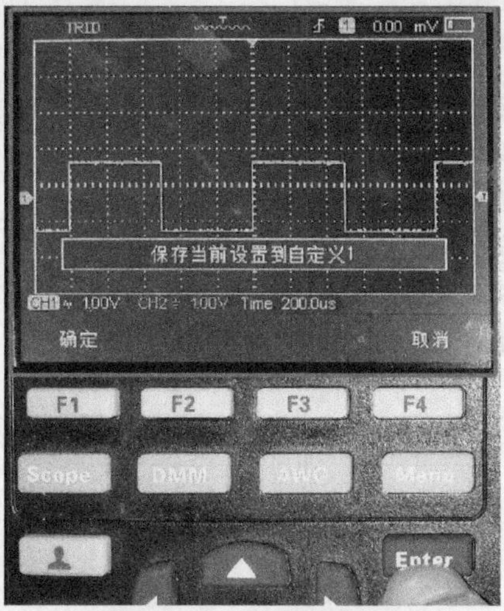
TRID
0.00 mV
保存当前设置到自定义1
CH1 100V CH2 100V Time 200.0us
确定
取消
F1
F2
F3
F4
Scope
DMM
AWG
Menu
Enter

c) 按“Enter”键保存自定义1设置

图 21-26　自定义测量设置的保存

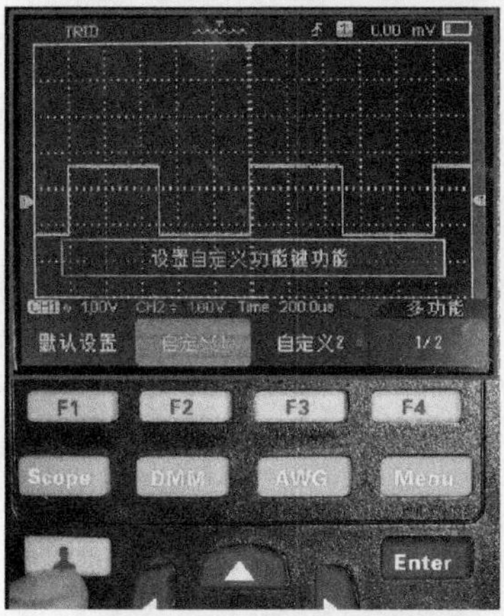
TRID
0.00 mV
设置自定义功能键功能
CH1 100V CH2 100V Time 200.0us
多功能
默认设置
自定义1
自定义2
1/2
F1
F2
F3
F4
Scope
DMM
AWG
Menu
Enter

a)长按“👤”键打开多功能菜单

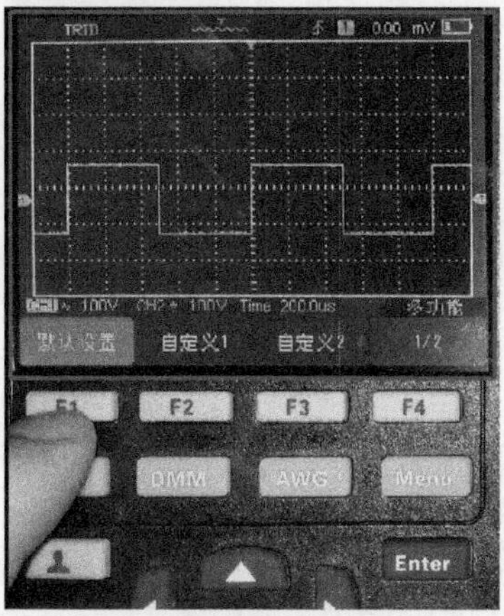
TRID
0.00 mV
CH1 100V CH2 100V Time 200.0us
多功能
默认设置
自定义1
自定义2
1/2
F2
F3
F4
DMM
AWG
Menu
Enter

b) 按“F1”键选择“默认设置”

图 21-27　默认测量设置的调出与设置内容

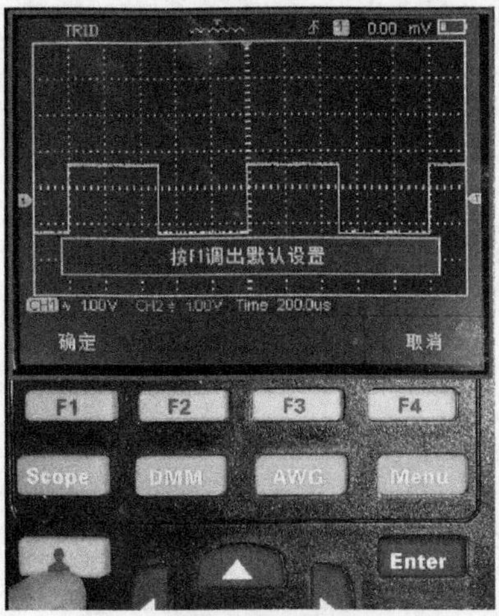
TRIG
0.00 mV
按F1调出默认设置
CH1 1.00V CH2 1.00V Time 200.0us
确定
取消
F1
F2
F3
F4
Scope
DMM
AWG
Menu
Enter

c) 短按“ ”键后再按“F1”键

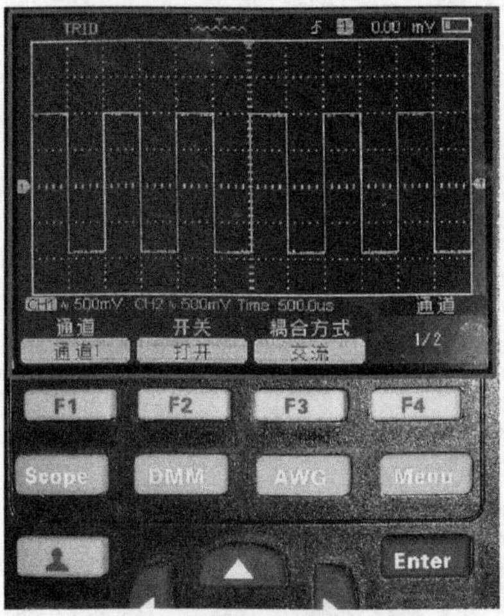
TRIG
0.00 mV
CH1 500mV CH2 500mV Time 500.0us
通道
开关
耦合方式
通道
1/2
通道1
打开
交流
F1
F2
F3
F4
Scope
DMM
AWG
Menu
Enter

d) 默认设置测量信号

设置项	内容	默认设置
光标	类型	关闭
	信源	CH1
	水平(幅度)	±4格
	垂直(时间)	±4格
显示	格式	YT
触发(边沿)	信源	CH1
	斜率	上升沿
	方式	自动
	电平	0.00V

设置项	内容	默认设置
水平	位置	0.00s
	s/格	500μs
测量	开关	关闭
垂直系统，所有通道	带宽限制	无限制
	耦合方式	AC
	探头衰减	1×
	位置	0.00div
	V/格	500mV

e) 默认设置的各项设置内容

图 21-27　默认测量设置的调出与设置内容（续）

第22章

信号发生器

信号发生器的功能是产生各种电信号。信号发生器的种类很多，根据用途可分为专用信号发生器（如电视信号发生器）和通用信号发生器。早期的信号发生器主要采用模拟电路来产生信号，产生的信号种类少且电路复杂，现在生产的信号发生器大多采用大规模数字集成电路，可以产生正弦波、方波、三角波、锯齿波、脉冲波、白噪声等几十种信号波形，通过与计算机连接，还能在计算机中用专用软件绘制信号波形回传给信号发生器。

本章介绍 FY6200 型双通道函数/任意波形发生器，它是一款集函数信号发生器、任意波形发生器、脉冲信号发生器、噪声发生器、计数器和频率计等功能于一身的信号发生器。该仪器具有信号产生、波形扫描和参数测量等功能，是电子工程师、电子实验室、工厂生产线和教学科研单位的理想测试计量设备。

22.1　面板及附件说明

FY6200 型是一款双通道函数/任意波形发生器，其外形如图 22-1 所示，在工作时需要使用电源适配器（AC 220V 转 DC 5V）为其供电，也可以使用 5V 充电宝直接供电。

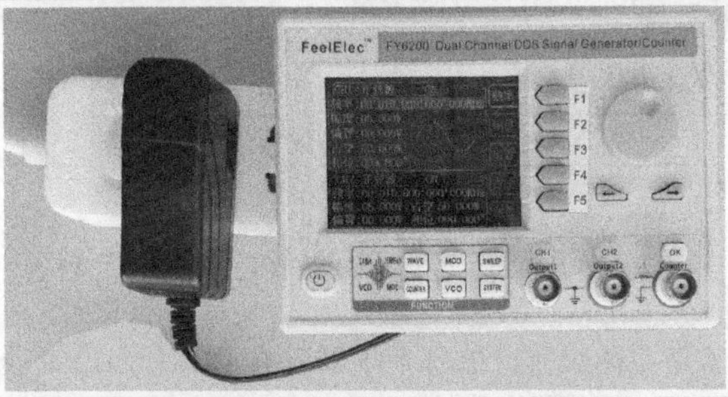
FeelElec
FY6200 Dual Channel DDS Signal Generator/Counter
F1
F2
F3
F4
F5
WAVE
MOD
SWEEP
VCO
COUNT
SYSTEM
OK

图 22-1　FY6200 型双通道信号发生器

22.1.1　面板按键、旋钮与连接口

FY6200 型信号发生器的面板按键、旋钮与连接口说明如图 22-2 所示。

22.1.2　电源适配器与信号线

FY6200 型信号发生器供电要用到 AC 220V 转 DC 5V 的电源适配器，与计算机连接要用到 USB 数据线（一端为 USB-A 型口，插入计算机 USB 口，另一端为 USB-B 型口，插入信号发生器的 USB 口），输出、输入信号要用到信号线（与信号发生器连接的一端为 BNC 型连接口），其外形如图 22-3 所示。

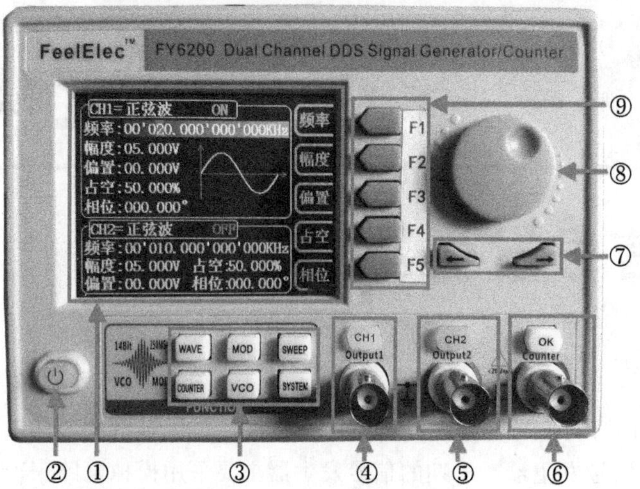
FeelElec
FY6200 Dual Channel DDS Signal Generator/Counter
CH1= 正弦波 ON
频率:00'020.000'000'000KHz
幅度:05.000V
偏置:00.000V
占空:50.000%
相位:000.000°
CH2= 正弦波 OFF
频率:00'010.000'000'000KHz
幅度:05.000V 占空:50.000%
偏置:00.000V 相位:000.000°
频率
幅度
偏置
占空
相位
F1
F2
F3
F4
F5
WAVE
MOD
SWEEP
COUNTER
VCO
SYSTEM
CH1 Output1
CH2 Output2
OK Counter
⑨
⑧
⑦
②
①
③
④
⑤
⑥

①显示屏：3.2英寸(320×240)彩色液晶显示屏，显示当前功能的菜单、参数设置、系统状态及提示消息等内容

②电源键(带灯)：电源开时灯常亮，电源关时以呼吸灯显示

④CH1开关键(带灯)和CH1连接口：按键开时灯亮，连接口输出CH1通道信号，按键关时灯灭，连接口无信号输出，CH1连接口的输出阻抗为50Ω

⑤CH2开关键(带灯)和CH2连接口：按键开时灯亮，连接口输出CH2通道信号，按键关时灯灭，连接口无信号输出，CH2连接口的输出阻抗为50Ω

⑥Counter连接口和OK键：Counter连接口为交流耦合输入，用于将外部信号输入仪器，输入阻抗为100kΩ；OK键在调节频率时可改变频率的单位，在信号扫描时用于启动/停止扫描状态

⑦光标移动键：←键使显示屏上的光标左移，→键使光标右移

⑧调节旋钮：在改变数值时，顺时针旋转使显示屏光标处的数值增大，逆时针旋转使数值减小，在波形类型选择时，顺时针旋转往后选择波形，逆时针旋转往前选择波形

⑨设置项选择键(F1~F5)：可分别选择显示屏右侧对应位置的设置项

③功能键区
WAVE(波形选择)键：用于选择不同的波形类型
MOD(调制)键：用于进入信号调制模式
SWEEP(扫描)键：用于进入信号扫描模式
COUNTER(计数/测频)键：用于进入计数和频率测量模式
VC0(压控)键：用于进入信号压控模式
SYSTEM(系统设置)键：用于进入辅助功能参数和系统参数设置

图 22-2　面板按键、旋钮与连接口说明

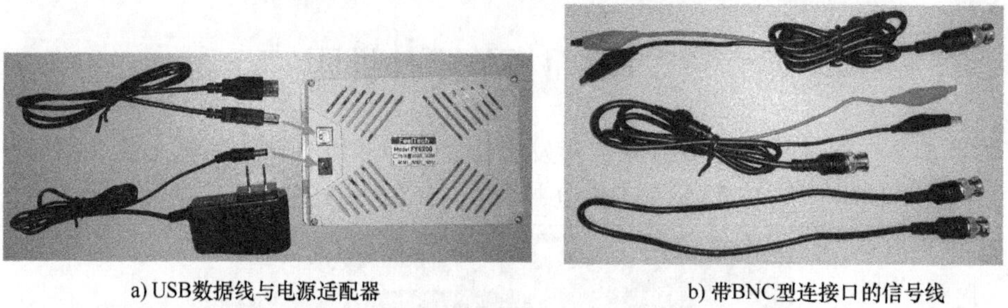

a) USB数据线与电源适配器　　b) 带BNC型连接口的信号线

图 22-3　电源适配器、数据线与信号线

22.2　单、双通道信号的产生

FY6200 型信号发生器是一种双通道信号发生器，有 CH1、CH2 两个独立的信号通道，可以产生一个信号，也可以同时产生两个信号，如果只产生一个信号，可以使用 CH1、CH2 中的任何一个通道。下面先介绍使用 CH1 通道产生一个频率为 1kHz、幅度（峰峰值）为 2Vpp、直流偏置为 1V、相位为 90°的正弦波信号，再进一步说明同时产生双通道信号的方法。

22.2.1　信号发生器的输出连接

如果使用信号发生器的 CH1 通道产生信号，应将信号线的 BNC 端接到 CH1 输出口，另一端接到需要输入信号的电路，为了便于观察信号的变化，这里用信号线将信号发生器 CH1 输出口与示波器的 CH1 输入口连接，如图 22-4 所示。

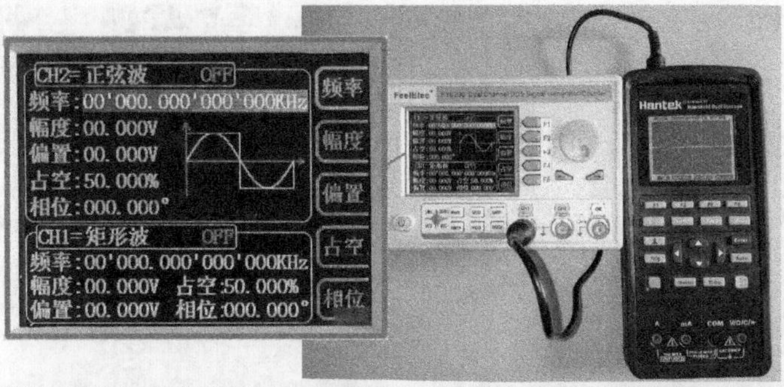
CH2=正弦波 OFF
频率:00'000.000'000'000KHz
幅度:00.000V
偏置:00.000V
占空:50.000%
相位:000.000°
CH1=矩形波 OFF
频率:00'000.000'000'000KHz
幅度:00.000V 占空:50.000%
偏置:00.000V 相位:000.000°
频率
幅度
偏置
占空
相位
Hantek

图 22-4　信号发生器 CH1 输出口连接示波器的 CH1 输入口

22.2.2　开启 CH1 通道并选择波形类型

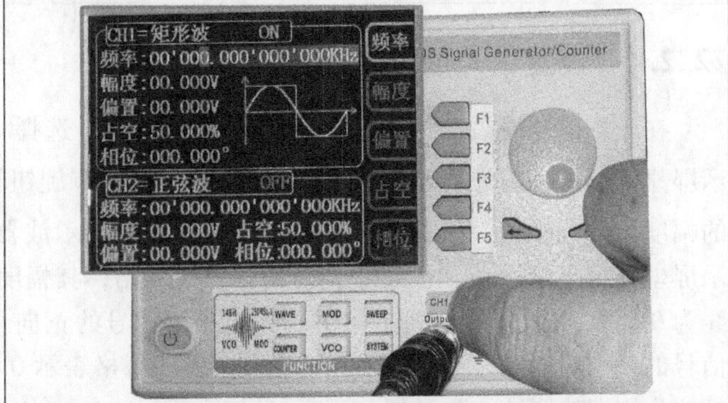
CH1=矩形波 ON
频率:00'000.000'000'000KHz
幅度:00.000V
偏置:00.000V
占空:50.000%
相位:000.000°
CH2=正弦波 OFF
频率:00'000.000'000'000KHz
幅度:00.000V 占空:50.000%
偏置:00.000V 相位:000.000°
频率
幅度
偏置
占空
相位
F1
F2
F3
F4
F5
WAVE
MOD
SWEEP
VCO
COUNTER
SYSTEM
FUNCTION

图 22-5　按 CH1 键开启 CH1 通道

信号发生器有 CH1、CH2 两个通道，如果使用 CH1 通道输出信号，需要先打开 CH1 通道，在信号发生器面板上按 CH1 键，CH1 通道参数设置界面会移到显示屏上方，如图 22-5所示，如果该界面上方显示“CH1 OFF”字样，应再按一下 CH1 键，使之变为“CH1 ON”，CH1 键灯变亮，这样信号发生器的 CH1 通道被打开。在选择信号波形类型时，按 WAVE 键，显示屏顶部的波形参数项处于选中状态，如图 22-6a 所示，反复按 WAVE 键可以往后选择波形类型，也可以旋转面板上的调节旋钮，顺时针往后选择波形，逆时针往前选择波形，这里将选择波形类型为“正弦波”，如图 22-6b 所示。

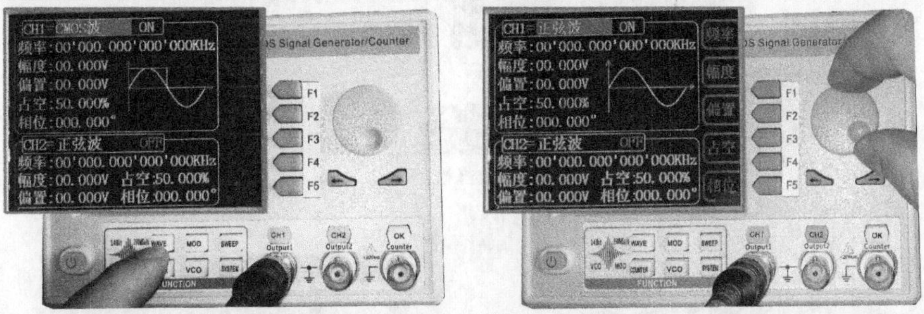
CH1=CMOS波 ON
频率:00'000.000'000'000KHz
CH2=正弦波 OFF
CH1=正弦波 ON
F1
F2
F3
F4
F5
WAVE
MOD
SWEEP
VCO
SYSTEM

a) 按WAVE键选中波形类型项　　b) 旋转调节旋钮可往前或往后选择波形类型

图 22-6　选择波形类型

22.2.3　设置信号的频率

在设置信号的频率时，按显示屏右侧的 F1 键，选择“频率”项，如图 22-7a 所示，频率的默认单位为 kHz，按面板右下方的 OK 键可以切换频率单位（MHz、kHz、Hz、mHz、μHz），旋转调节旋钮可以改变光标处的数值（顺增逆减），按调节旋钮下方的“←”或“→”键可使光标往左或往右移动，可以选择不同的数位，现将频率值设为 1kHz，如图 22-7b 所示。

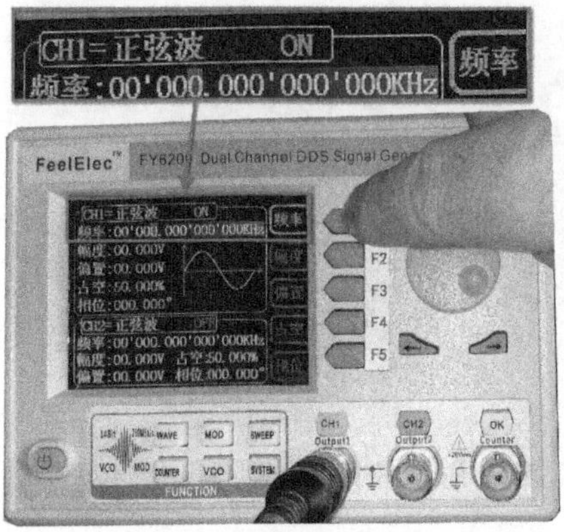
CH1= 正弦波　ON
频率:00'000.000'000'000KHz
频率
FeelElec
FY6200 Dual Channel DDS Signal Generator
F2
F3
F4
F5
WAVE
MOD
SWEEP
COUNTER
VCO
SYSTEM
FUNCTION
CH1
Output1
CH2
Output2
OK
Counter

a) 按F1键选择频率项

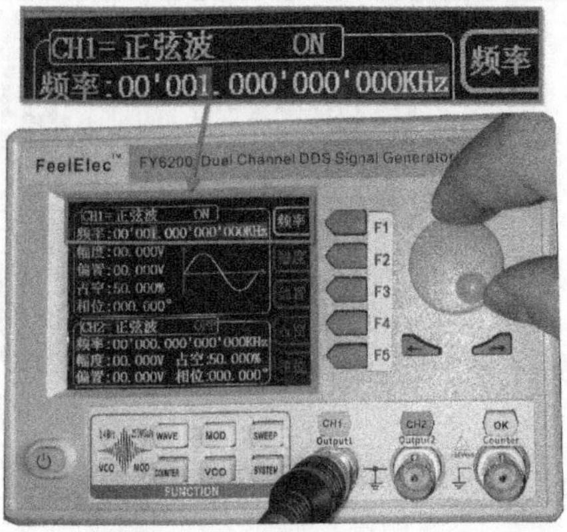
CH1= 正弦波　ON
频率:00'001.000'000'000KHz
频率
FeelElec
FY6200 Dual Channel DDS Signal Generator
F1
F2
F3
F4
F5
WAVE
MOD
SWEEP
COUNTER
VCO
SYSTEM
FUNCTION
CH1
Output1
CH2
Output2
OK
Counter

b) 旋转调节旋钮将频率值设为1kHz

图 22-7　设置信号的频率值

22.2.4　设置信号的幅度（峰峰值）

在设置信号的幅度时，按显示屏右侧的 F2 键，选择“幅度”项，如图 22-8a 所示，当前显示屏显示的幅度值为“00.000V”，顺时针旋转调节旋钮将其设成“02.000V”，这样就将信号的幅度值（峰峰值）设为 2V，如图 22-8b 所示，在示波器的显示屏上可看到该信号的波形，显示屏坐标纵向每格表示 0.5V，信号纵向占了 4 格，其幅度值为 4×0.5V = 2V，显示屏纵向中央粗线为 0V 线，下方为负电压，上方为正电压，信号的正向最高电压为 1V，负向最低电压为-1V。信号的一个周期在显示屏横向占了 5 格，横向每格表示 0.2ms，一个周期时长为 5×0.2ms = 1ms，频率为周期的倒数，频率为 1/1ms = 1kHz。

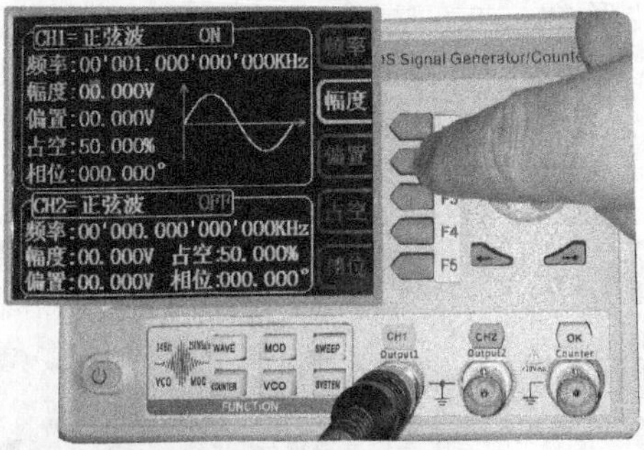
CH1= 正弦波　ON
频率:00'001.000'000'000KHz
幅度:00.000V
偏置:00.000V
占空:50.000%
相位:000.000°
CH2= 正弦波　OFF
频率:00'000.000'000'000KHz
幅度:00.000V　占空:50.000%
偏置:00.000V　相位:000.000°
频率
幅度
偏置
占空
相位

a) 按F2键选择幅度项

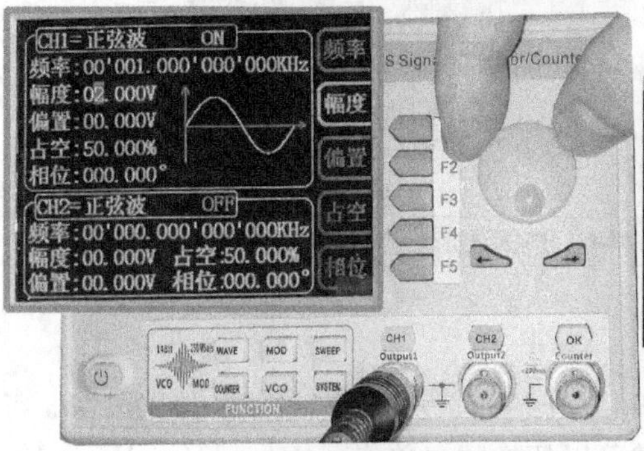
CH1= 正弦波　ON
频率:00'001.000'000'000KHz
幅度:02.000V
偏置:00.000V
占空:50.000%
相位:000.000°
CH2= 正弦波　OFF
频率:00'000.000'000'000KHz
幅度:00.000V　占空:50.000%
偏置:00.000V　相位:000.000°
频率
幅度
偏置
占空
相位

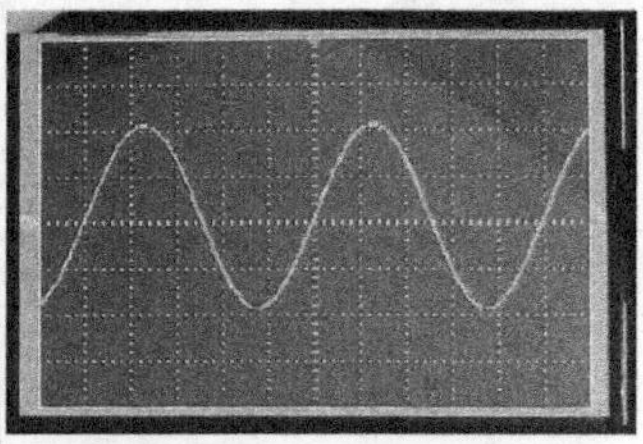

纵向每格0.5V，横向每格0.2ms

b) 旋转调节旋钮将幅度值设为2V

图 22-8　设置信号的幅度值

22.2.5　设置信号的偏置（直流成分）

在设置信号的偏置时，按显示屏右侧的 F3 键，选择“偏置”项，如图 22-9a 所示，当前显示屏显示的偏置值为“00.0 00V”，按调节旋钮下方的“←”键，将光标移到数值的个位上，如图 22-9b 所示，再顺时针旋转调节旋钮将偏置值设成“01.000V”，这样就将信号的偏置（信号中的直流成分）设为 1V，如图 22-9c 所示，在示波器的显示屏上可看到该信号的波形，与图 22-8b 所示的信号波形比较，整个信号波形上移了 2 格，信号的最高电压由 1V 变成 2V，最低电压由-1V变为 0V。

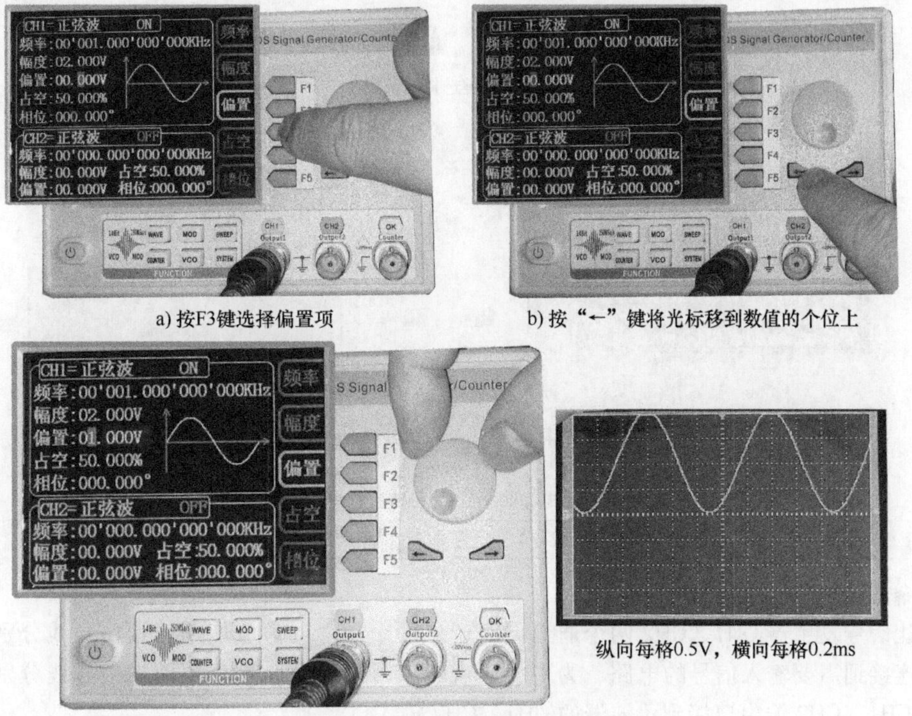
CH1=正弦波 ON
频率:00'001.000'000'000KHz
幅度:02.000V
偏置:01.000V
占空:50.000%
相位:000.000°
CH2=正弦波 OFF
频率:00'000.000'000'000KHz
幅度:00.000V 占空:50.000%
偏置:00.000V 相位:000.000°
频率
幅度
偏置
占空
相位
F1
F2
F3
F4
F5
WAVE
MOD
SWEEP
COUNTER
VCO
SYSTEM
FUNCTION
CH1
Output1
CH2
Output2
OK
Counter

a) 按F3键选择偏置项　　b) 按“←”键将光标移到数值的个位上

纵向每格0.5V，横向每格0.2ms

c) 旋转调节旋钮将偏置值设为1V

图 22-9　设置信号的偏置值

22.2.6　设置信号的相位

在设置信号的相位时，按显示屏右侧的 F5 键，选择“相位”项，如图 22-10a 所示，当前显示屏显示的相位值为“000. 000°”，按调节旋钮下方的“←”键，将光标移到相位值的十位上，再顺时针旋转调节旋钮将相位值设成“090. 000°”，这样就将信号的相位值设为 90°，如图 22-10b 所示，信号的相位超前或落后需要与其他信号比较才能表现出来，示波器测量一个信号时无法体现出相位的不同。

通过上述的设置操作，信号发生器的 CH1 输出口就会输出一个频率为 1kHz、幅度（峰峰值）为 2Vpp、直流偏置为 1V、相位为 90°的正弦波信号。

22.2.7　同时产生两个信号的操作

要让信号发生器同时产生两个信号，须开启 CH1、CH2 两个通道，在用前述方法从 CH1 通道产生 1kHz 的正弦波信号后，再用 CH2 通道产生一个频率为 2kHz、幅度（峰峰值）为 4Vpp、直流偏置为 0V、占空比为 30%、相位为 90°的矩形波信号。

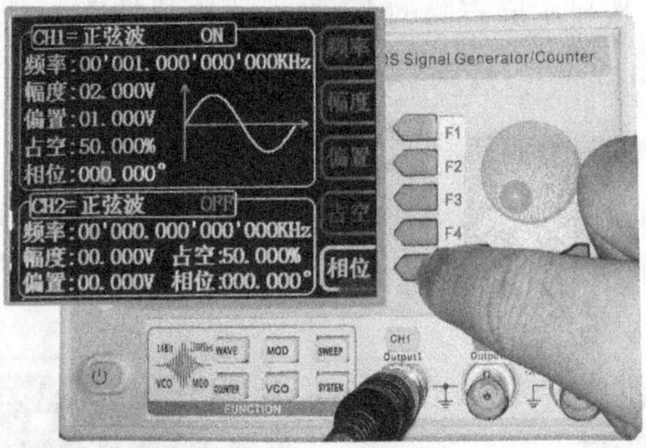
CH1= 正弦波 ON
频率:00'001.000'000'000KHz
幅度:02.000V
偏置:01.000V
占空:50.000%
相位:000.000°
CH2= 正弦波 OFF
频率:00'000.000'000'000KHz
幅度:00.000V 占空:50.000%
偏置:00.000V 相位:000.000°
频率
幅度
偏置
占空
相位
DS Signal Generator/Counter
F1
F2
F3
F4
WAVE
MOD
SWEEP
COUNTER
VCO
SYSTEM
FUNCTION
CH1
Output1

a) 按F5键选择相位项

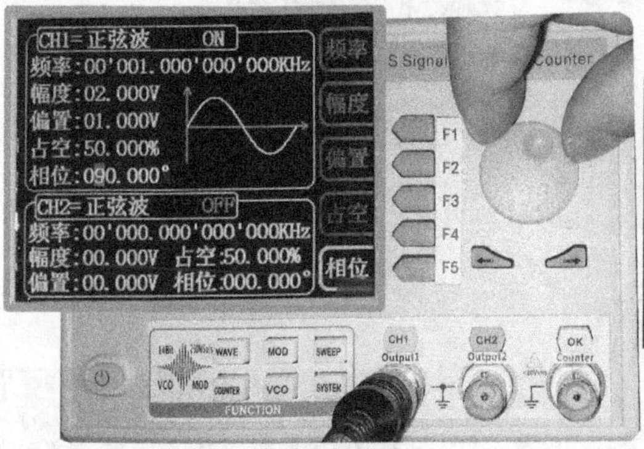
CH1= 正弦波 ON
频率:00'001.000'000'000KHz
幅度:02.000V
偏置:01.000V
占空:50.000%
相位:090.000°
CH2= 正弦波 OFF
频率:00'000.000'000'000KHz
幅度:00.000V 占空:50.000%
偏置:00.000V 相位:000.000°
频率
幅度
偏置
占空
相位
F1
F2
F3
F4
F5
WAVE
MOD
SWEEP
COUNTER
VCO
SYSTEM
FUNCTION
CH1
Output1
CH2
Output2
OK
Counter

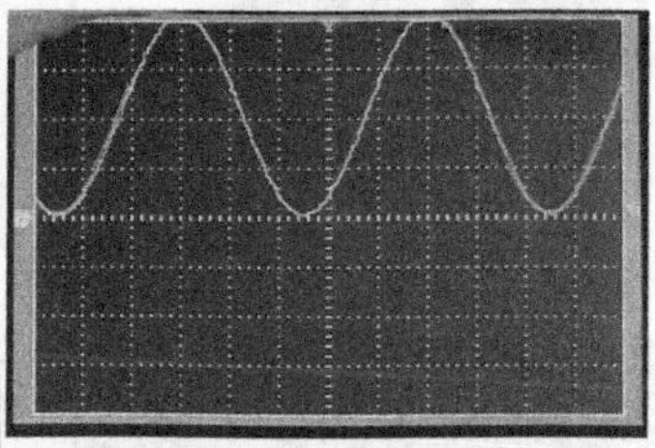

纵向每格0.5V，横向每格0.2ms

b) 旋转调节旋钮将相位值设为90°

图 22-10　设置信号的相位值

1. 输出连接与双通道的开启

在让信号发生器 CH1、CH2 两个通道同时产生两个信号时，应使用两根信号线分别将这两个信号连接到需要输入信号的电路，为了便于观察信号的变化，这里用两根信号线分别将信号发生器 CH1、CH2 输出口接到示波器的 CH1、CH2 输入口。

由于前面已开启了 CH1 通道，同时也设置 CH1 通道信号的参数，现在再开启 CH2 通道，在信号发生器面板上按 CH2 键，将显示屏上的 CH2 通道参数设置界面移到上方，如图 22-11 所示，如果该界面上方显示“CH2 OFF”字样，应再按一下 CH2 键，使之变为“CH2 ON”，CH2 键变亮，这样就开启了信号发生器的 CH2 通道。

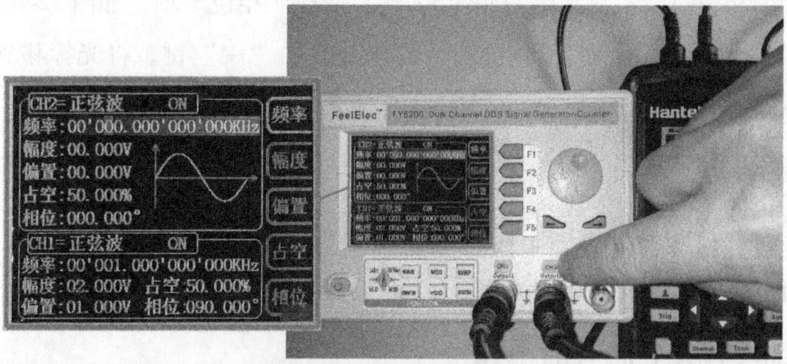
CH2= 正弦波 ON
频率:00'000.000'000'000KHz
幅度:00.000V
偏置:00.000V
占空:50.000%
相位:000.000°
CH1= 正弦波 ON
频率:00'001.000'000'000KHz
幅度:02.000V 占空:50.000%
偏置:01.000V 相位:090.000°
频率
幅度
偏置
占空
相位
FeelElec
FY6200 Dual Channel DDS Signal Generator/Counter
Hantek

图 22-11　开启 CH2 通道

2. 设置 CH2 信号波形类型

在选择信号波形类型时，按 WAVE 键，显示屏顶部的波形类型项处于选中状态，反复按 WAVE 键或旋转面板上的调节旋钮，将选择波形类型为“矩形波”，如图 22-12 所示。

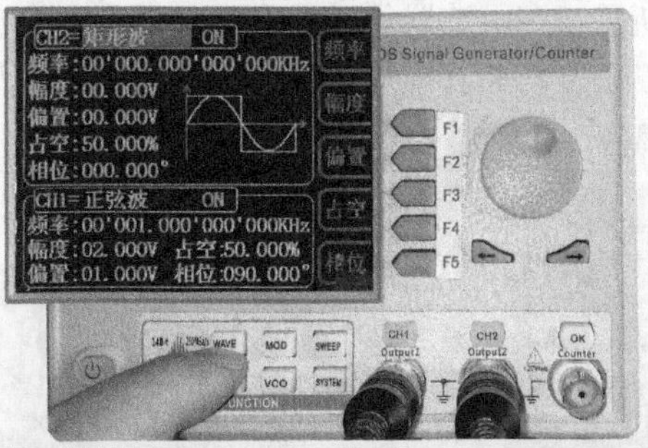
CH2=矩形波 ON
频率:00'000.000'000'000KHz
幅度:00.000V
偏置:00.000V
占空:50.000%
相位:000.000°
CH1=正弦波 ON
频率:00'001.000'000'000KHz
幅度:02.000V 占空:50.000%
偏置:01.000V 相位:090.000°
频率
幅度
偏置
占空
相位
F1
F2
F3
F4
F5
WAVE
MOD
SWEEP
VCO
SYSTEM
CH1
Output1
CH2
Output2
OK
Counter

图 22-12　设置 CH2 信号波形类型为“矩形波”

3. 设置 CH2 信号的频率

在设置 CH2 信号的频率时，按显示屏右侧的 F1 键，选择“频率”项，如图 22-13a 所示，再旋转调节旋钮可以改变光标处的数值（顺增逆减），按调节旋钮下方的“←”或“→”键可使光标往左或往右移动，可以选择不同的数位，现将频率值设为 2kHz，如图 22-13b 所示。

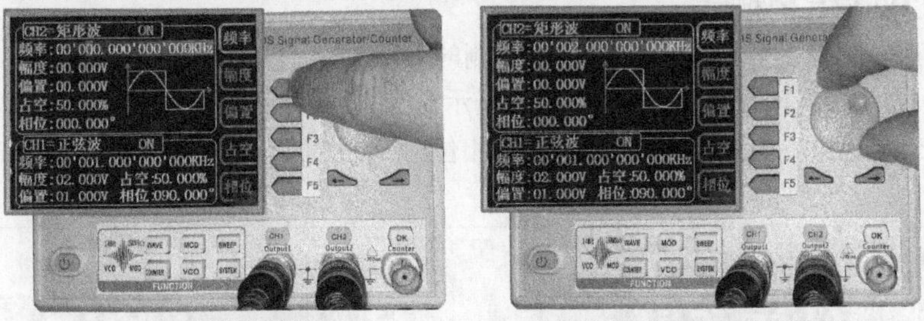

a) 按F1键选择频率项　　b) 旋转调节旋钮将频率值设为2kHz

图 22-13　设置 CH2 信号的频率值

4. 设置 CH2 信号的幅度值

在设置信号的幅度时，按显示屏右侧的 F2 键，选择“幅度”项，再旋转调节旋钮将幅度值设为 4V，如图 22-14 所示，在示波器的显示屏上可看到 CH1、CH2 两个信号的波形，CH1 信号纵向占了 1 格，CH2 信号纵向占了 2 格，纵向每格为 2V，即 CH2 信号幅度值为 4V，CH1 信号幅度值为 2V。

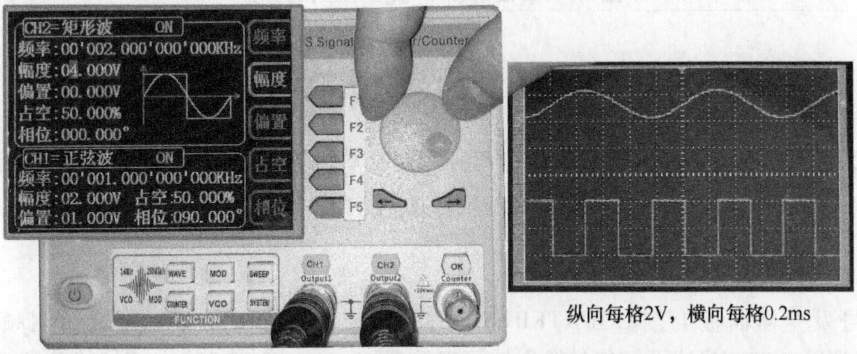
CH2=矩形波 ON
频率:00'002.000'000'000KHz
幅度:04.000V
偏置:00.000V
占空:50.000%
相位:000.000°
CH1=正弦波 ON
频率:00'001.000'000'000KHz
幅度:02.000V 占空:50.000%
偏置:01.000V 相位:090.000°
频率
幅度
偏置
占空
相位

纵向每格2V，横向每格0.2ms

图 22-14　设置 CH2 信号的幅度值为 4V

5. 设置 CH2 信号的占空比

占空比是指矩形波的高电平时间占周期时间的百分比，只有矩形波信号才能设置占空比。在设置矩形波信号的占空比时，按显示屏右侧的 F4 键，选择“占空”项，再旋转调节旋钮将占空比设为 30%，如图 22-15 所示，在示波器的显示屏下方可看到占空比为 30% 的 CH2 信号的波形，将它与图 22-14 中的占空比为 50%（矩形波未设置占空比时默认为 50%）的 CH2 信号相比，会发现波形的高电平时间缩短了。

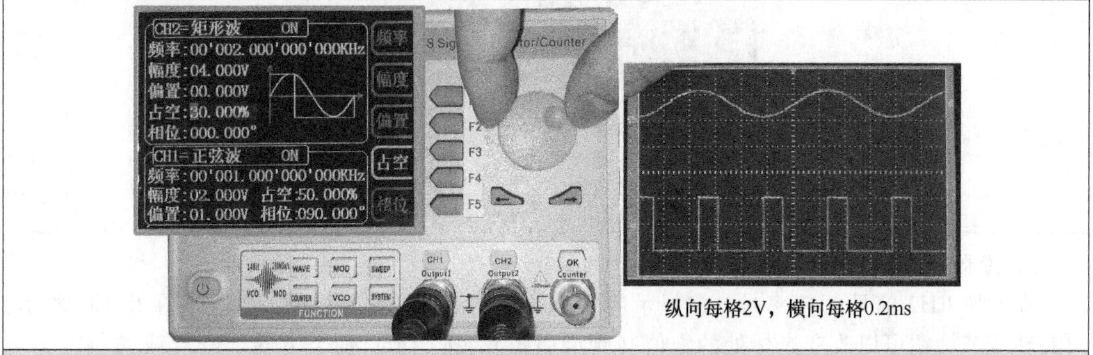
纵向每格2V，横向每格0.2ms

图 22-15　设置 CH2 信号的占空比为 30%

6. 设置 CH2 信号的相位

在设置矩形波信号的相位时，按显示屏右侧的 F5 键，选择“相位”项，再旋转调节旋钮将相位设为 90°，如图 22-16 所示，在示波器的显示屏下方可看到相位为 90° 的 CH2 信号的波形，将它与图 22-15 中的相位为 0°（矩形波未设置相位时默认为 0°）的 CH2 信号进行比较，会发现波形往后移动了。

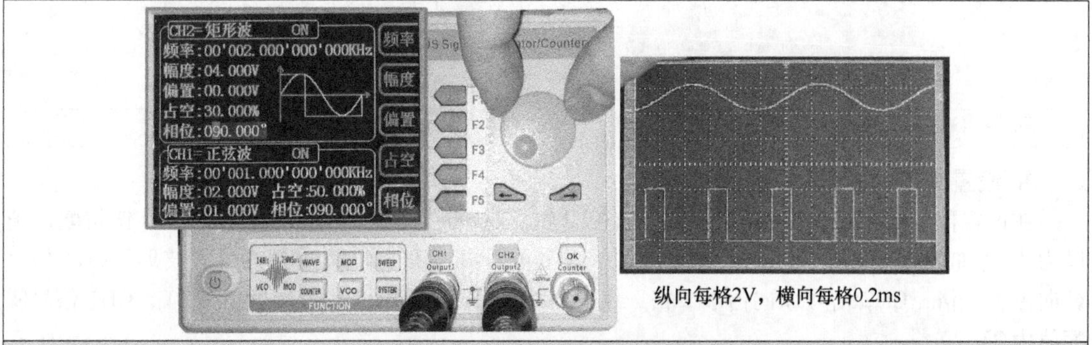
纵向每格2V，横向每格0.2ms

图 22-16　设置 CH2 信号的相位为 90°

22.3　测频与计数功能的使用

FY6200 型信号发生器除了可以产生信号外，还具有测频和计数功能，可以测量外部输入信号的频率、周期和占空比，还能对输入信号进行计数。

22.3.1　测频和计数模式的进入

在信号发生器面板上按 COUNTER 键，马上进入测频模式，显示屏显示测频界面，如图 22-17a 所示，在该模式下，信号发生器可以测量 Counter 连接口输入信号的频率、周期和占空比等参数，按显示屏右侧“计数”项旁边的 F1 键，可切换到计数模式，显示屏显示计数界面，同时 F1 键的对应项由“计数”变成了“测频”，如图 22-17b 所示，在该模式下，可以测量

Counter 连接口输入信号的脉冲个数、周期和占空比等参数。

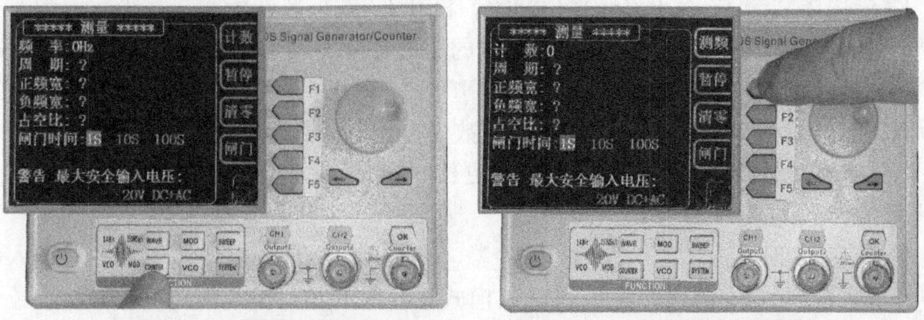
***** 测量 *****
频 率:0Hz
周 期: ?
正频宽: ?
负频宽: ?
占空比: ?
闸门时间:1S 10S 100S
警告 最大安全输入电压:
20V DC+AC
计数
暂停
清零
闸门
***** 测量 *****
计 数:0
周 期: ?
正频宽: ?
负频宽: ?
占空比: ?
闸门时间:1S 10S 100S
警告 最大安全输入电压:
20V DC+AC
测频
暂停
清零
闸门

a) 按COUNTER键进入测频模式　　b) 按F1键进入计数模式

图 22-17　测频和计数模式的进入

22.3.2　用测频和计数模式测量 CH1 通道信号

1. 让信号发生器产生一个被测信号

信号发生器可以用测频和计数功能来测量自身产生的 CH1 或 CH2 通道的信号。为了更容易理解测频和计数各测量项，这里让信号发生器 CH1 通道产生一个频率为 1kHz、幅度为 4V、占空比为 20%的矩形波信号，要让信号发生器 CH1 通道信号进入自身的测频/计数通道，应用信号线将 CH1 连接口（输出口）与 Counter 连接口（输入口）连接起来，如图 22-18 所示，Counter 连接口的输入电压范围为 2~20Vpp。

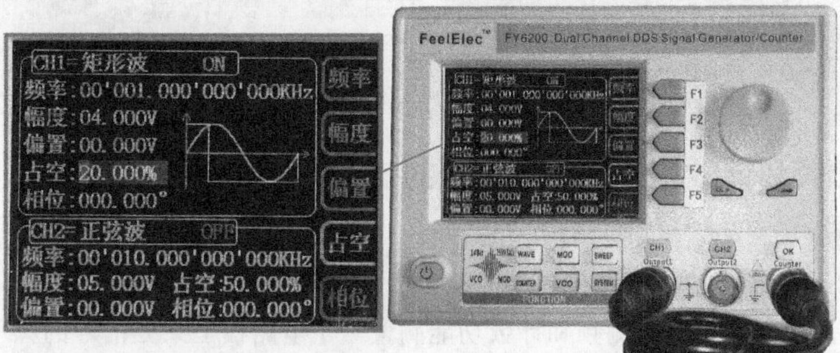
CH1=矩形波　ON
频率:00'001.000'000'000KHz
幅度:04.000V
偏置:00.000V
占空:20.000%
相位:000.000°
CH2=正弦波　OFF
频率:00'010.000'000'000KHz
幅度:05.000V　占空:50.000%
偏置:00.000V　相位:000.000°
频率
幅度
偏置
占空
相位
FeelElec
FY6200 Dual Channel DDS Signal Generator/Counter

图 22-18　让信号发生器 CH1 通道产生一个信号作为测频/计数的输入信号

2. 测量信号的频率、周期和占空比

在确保 CH1 通道信号已送入 Counter 连接口的情况下，按面板上的 COUNTER 键，信号发生器马上进入测频模式，显示屏显示测频界面，同时开始对 Counter 口输入的 CH1 通道信号进行测量，然后显示测量的信号参数信息，如图 22-19 所示，测量显示的频率值、占空比与 CH1 通道信号的参数相同。

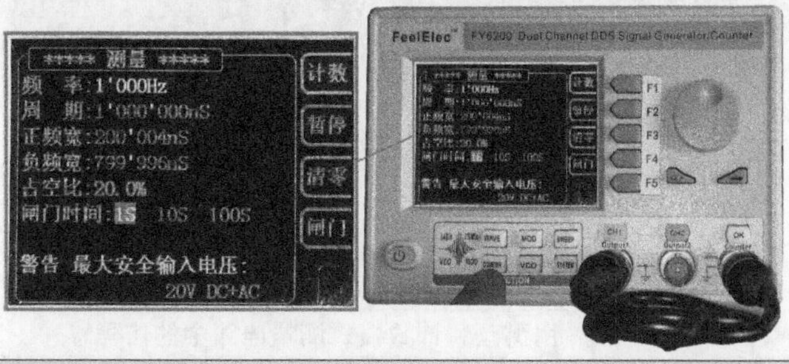
***** 测量 *****
频 率:1'000Hz
周 期:1'000'000nS
正频宽:200'004nS
负频宽:799'996nS
占空比:20.0%
闸门时间:1S 10S 100S
警告 最大安全输入电压:
20V DC+AC
计数
暂停
清零
闸门
FeelElec
FY6200 Dual Channel DDS Signal Generator/Counter

图 22-19　测量 CH1 通道信号的频率、周期和占空比等参数

如果测量时信号参数经常变化，可按显示屏右侧的 F2 键选择“暂停”，会使各参数保持不变，按下 F3 键选择“清零”，可将频率值清零，松开 F3 键重新开始测量。正、负频宽分别指信号正值最大宽度和负值最大宽度，正频宽/周期的百分比就是占空比。闸门时间是指每次测量的时间，有 1s、10s 和 100s 三种选择，反复按“闸门”右侧的 F4 键可切换闸门时间，以选择 1s 闸门时间为例，如果 1s 内通过测量闸门的脉冲个数为 100 个，那么该信号为 100Hz，选择的闸门时间越长，测量精确度越高，但所需的测量时间更长。

3. 信号的计数测量

计数是计算一定时间内信号出现的脉冲个数。在按 COUNTER 键让信号发生器进入测频模式后，再按显示屏右侧的 F1 键，即可进入计数模式，同时开始计算 Counter 口输入信号的脉冲个数，如图 22-20 所示，由于信号的脉冲不断进入 Counter 口，所以显示屏显示的计数值不断增大，在计数时，也会测量显示输入信号的周期、正频宽、负频宽和占空比等参数。按 F2 键选择“暂停”可停止计数，再按 F2 键又开始计数，按下 F3 键选择“清零”可将计数值清零，松开 F3 键从 0 开始重新计数。

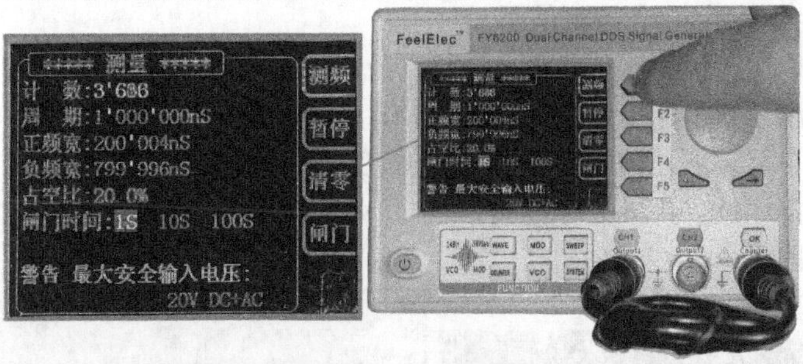
***** 测量 *****
计　数:3'636
周　期:1'000'000nS
正频宽:200'004nS
负频宽:799'996nS
占空比:20.0%
闸门时间:1S　10S　100S
警告 最大安全输入电压:
20V DC+AC
测频
暂停
清零
闸门
FeelElec
F2
F3
F4
F5

图 22-20　计数测量

22.3.3 用测频和计数模式测量电路中的信号

在使用信号发生器的测频和计数模式测量时，要求被测信号的幅度大于 2Vpp，否则测量不准确或无法测量。

图 22-21 是用信号发生器的测频和计数功能测量一个电路板上某处信号的频率，信号发生器和电路板都采用充电宝 5V 供电。在测量时，信号线的 BNC 头一端插入信号发生器的 Counter 口，另一端黑夹接电路板的地，红夹接电路的测量点，测量后显示屏马上显示被测信号的频率、周期、正频宽、负频宽和占空比等参数值，按显示屏右侧的 F1 键会切换到计数测量模式，可对被测信号进行计数测量。

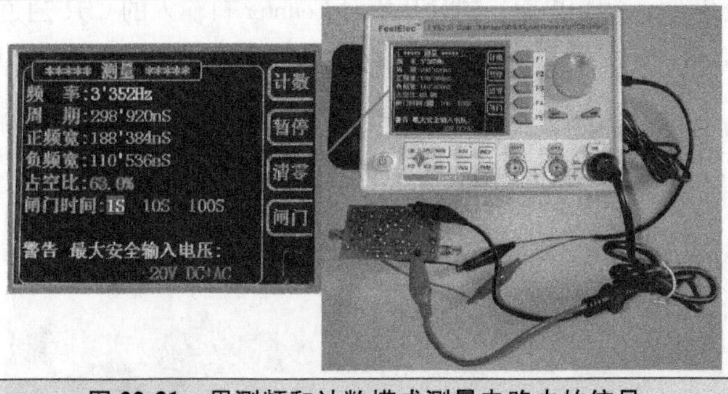
***** 测量 *****
频　率:3'352Hz
周　期:298'920nS
正频宽:188'384nS
负频宽:110'536nS
占空比:63.0%
闸门时间:1S　10S　100S
警告 最大安全输入电压:
20V DC+AC
计数
暂停
清零
闸门
FeelElec

图 22-21　用测频和计数模式测量电路中的信号

22.4 信号扫描功能的使用

信号扫描是指信号发生器输出某参数（频率、幅度、偏置或占空比）从起始值到终止值连续变化的信号。如果将参数连续变化的信号送给需要测试的电路的输入端，再通过示波器查看该电路输出端信号，就能了解该电路对不同参数信号的处理情况，比如给某放大电路送入1~8kHz连续变化的扫描信号，用示波器在输出端查看信号波形发现，5kHz 之后的信号幅度很小，这表明该电路不适合放大频率在 5kHz 以上的信号。

FY6200 型信号发生器的 CH1 通道具有信号扫描功能，可以输出频率、幅度、偏置或占空比等连续变化的信号，在信号扫描时，只支持信号的一种参数连续变化，其他各项参数与 CH1 通道设置的参数相同。

22.4.1 信号扫描模式的进入与测试连接

由于只有 CH1 通道支持信号扫描功能，故先要按信号发生器面板上的 CH1 键，CH1 键灯亮，CH1 通道打开，然后按 SWEEP 键，马上进入信号扫描模式，显示屏显示信号扫描设置界面，如图 22-22 所示，为了观察信号发生器 CH1 输出信号，用双 BNC 头信号线将信号发生器的 CH1 输出口连接到示波器的 CH1 输入口。

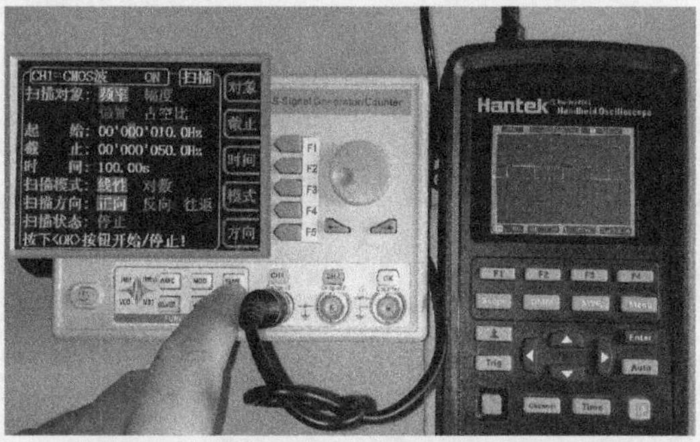
CH1=CMOS波 ON 扫描
扫描对象: 频率 幅度
偏置 占空比
起 始: 00'000'010.0Hz
截 止: 00'000'050.0Hz
时 间: 100.00s
扫描模式: 线性 对数
扫描方向: 正向 反向 往返
扫描状态: 停止
按下<OK>按钮开始/停止!
对象
截止
时间
模式
方向
Hantek

图 22-22 按 SWEEP 键进入信号扫描模式

22.4.2 频率扫描的设置与信号输出

1. 频率扫描的设置

在进入信号扫描模式后，按面板上的 WAVE 键，显示屏界面上方的波形类型项处于选中状态，反复按 WAVE 键或旋转调节旋钮，将波形类型设为“矩形波”，然后再进行频率扫描设置。

频率扫描设置内容如图 22-23 所示，具体设置操作如下：

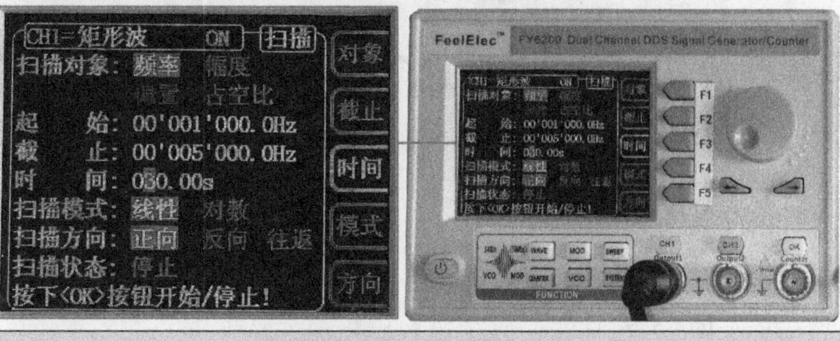
CH1=矩形波 ON 扫描
扫描对象: 频率 幅度
偏置 占空比
起 始: 00'001'000.0Hz
截 止: 00'005'000.0Hz
时 间: 030.00s
扫描模式: 线性 对数
扫描方向: 正向 反向 往返
扫描状态: 停止
按下<OK>按钮开始/停止!
对象
截止
时间
模式
方向
FeelElec
FY6200 Dual Channel DDS Signal Generator/Counter
F1
F2
F3
F4
F5

图 22-23 频率扫描的设置

1）按显示屏右侧的 F1 键选中“对象”项，再按 F1 键选择扫描对象为“频率”。

2）按 F2 键选择“截止（终止）”项，通过使用“←”键、“→”键和调节旋钮，将频率扫描的截止频率设为 5kHz。

3）再按 F2 键则选择“起始”项，将频率扫描的起始频率设为 1kHz。

4）按 F3 键选择“时间”项，将频率扫描的时间设为 30s（起始频率变化到截止频率用时 30s）。

5）按 F4 键选择“模式”项，将频率扫描的模式设为线性（线性扫描是指每秒的频率变化量都是相同的，对数扫描是指频率变化先快后慢）。

6）按 F5 键选择“方向”项，将频率扫描的方向设为正向（正向：起始频率→截止频率，然后又起始频率→截止频率；反向：截止频率→起始频率，然后又截止频率→起始频率；往返：起始频率⇌截止频率）。

2. 开启频率扫描输出

频率扫描设置完成后，按面板 Counter 连接口上方的 OK 键，如图 22-24a 所示，频率扫描开始，从信号发生器 CH1 连接口输出信号，信号频率在 30s 时间由 1kHz 连续变化到 5kHz，然后又返回到 1kHz 重新开始，同时信号发生器扫描设置界面上的起始频率值不断变化，该值即为当前输出信号的实时频率值，在示波器显示屏上可看到 CH1 输出信号的周期逐渐缩短，即信号频率逐渐增大，如图 22-24b 所示。

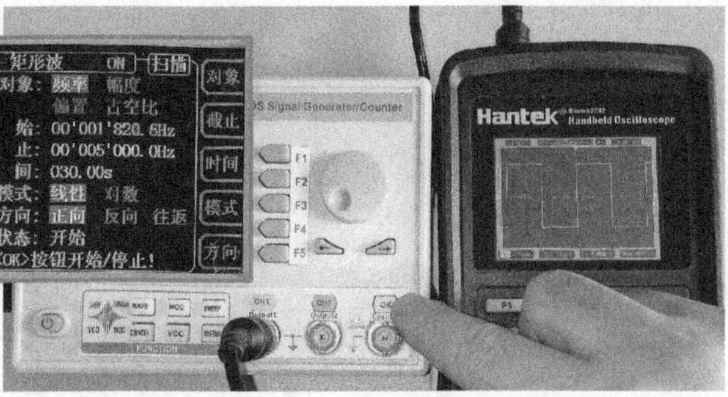
CH1=矩形波 ON 扫描
扫描对象：频率 幅度
偏置 占空比
起 始：00'001'820.6Hz
截 止：00'005'000.0Hz
时 间：030.00s
扫描模式：线性 对数
扫描方向：正向 反向 往返
扫描状态：开始
按下<OK>按钮开始/停止！
对象
截止
时间
模式
方向
Hantek
Handheld Oscilloscope

a) 按OK键开始频率扫描

CH1=矩形波 ON 扫描
扫描对象：频率 幅度
偏置 占空比
起 始：00'004'576.9Hz
截 止：00'005'000.0Hz
时 间：030.00s
扫描模式：线性 对数
扫描方向：正向 反向 往返
扫描状态：开始
按下<OK>按钮开始/停止！
对象
截止
时间
模式
方向
Hantek
Handheld Oscilloscope
Enter

b) 频率扫描时输出信号频率连续变化

图 22-24　频率扫描的启动与输出信号的变化

22.4.3　幅度扫描的设置与信号输出

1. 幅度扫描的设置

幅度扫描设置内容如图 22-25 所示，具体设置操作如下：

1）按显示屏右侧的 F1 键选中“对象”项，再按 F1 键选择扫描对象为“幅度”。

2）按 F2 键选择“截止（终止）”项，通过使用“←”键、“→”键和调节旋钮，将幅度扫描的截止幅度设为 4V。

3）再按 F2 键则选择“起始”项，将幅度扫描的起始幅度设为 1V。

4）按 F3 键选择“时间”项，将幅度扫描的时间设为 30s（起始幅度变化到截止幅度用时 30s）。

5）按 F4 键选择“模式”项，将幅度扫描的模式设为线性（每秒的幅度变化量都是相同的）。

6）按 F5 键选择“方向”项，将幅度扫描的方向设为正向（起始幅度→截止幅度变化）。

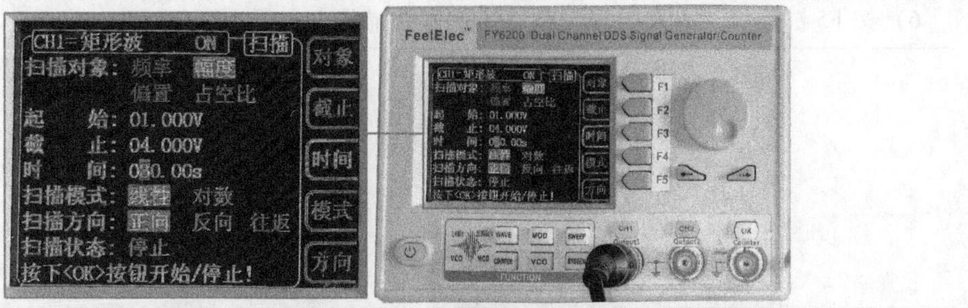
CH1=矩形波 ON 扫描
扫描对象：频率 幅度
偏置 占空比
起 始：01.000V
截 止：04.000V
时 间：030.00s
扫描模式：线性 对数
扫描方向：正向 反向 往返
扫描状态：停止
按下<OK>按钮开始/停止！
对象
截止
时间
模式
方向
FeelElec
FY6200 Dual Channel DDS Signal Generator/Counter
F1
F2
F3
F4
F5

图 22-25　幅度扫描的设置

2. 开启幅度扫描输出

幅度扫描设置完成后，按面板 Counter 连接口上方的 OK 键，如图 22-26a 所示，幅度扫描开始，从信号发生器 CH1 连接口输出信号，信号幅度在 30s 时间由 1V 连续变化到 4V，然后又返回到 1V 重新开始，同时信号发生器扫描设置界面上的起始幅度值不断变化，该值即为输出信号的实时幅度值，在示波器显示屏上可看到 CH1 输出信号的幅度逐渐增大，如图 22-26b 所示。

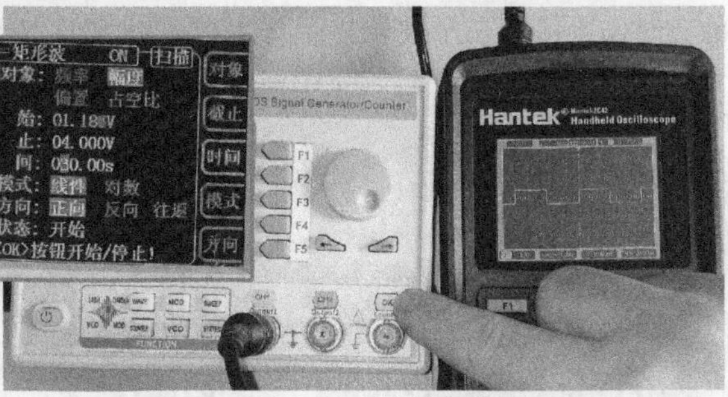
CH1=矩形波 ON 扫描
扫描对象：频率 幅度
偏置 占空比
起 始：01.188V
截 止：04.000V
时 间：030.00s
扫描模式：线性 对数
扫描方向：正向 反向 往返
扫描状态：开始
按下<OK>按钮开始/停止！
对象
截止
时间
模式
方向
Hantek
Handheld Oscilloscope

a) 按OK键开始幅度扫描

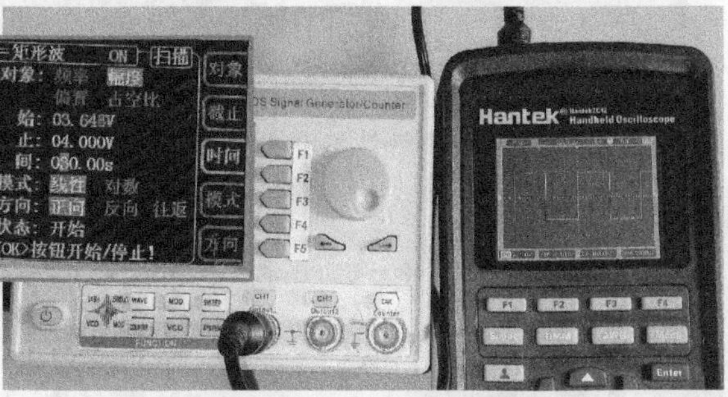
CH1=矩形波 ON 扫描
扫描对象：频率 幅度
偏置 占空比
起 始：03.645V
截 止：04.000V
时 间：030.00s
扫描模式：线性 对数
扫描方向：正向 反向 往返
扫描状态：开始
按下<OK>按钮开始/停止！
对象
截止
时间
模式
方向
Hantek
Handheld Oscilloscope

b) 幅度扫描时输出信号幅度连续变化

图 22-26　幅度扫描的启动与输出信号的变化

22.4.4　直流偏置扫描的设置与信号输出

1. 直流偏置扫描的设置

直流偏置扫描设置内容如图 22-27 所示，具体设置操作如下：

1）按显示屏右侧的 F1 键选中“对象”项，再按 F1 键选择扫描对象为“偏置”。

2）按 F2 键选择“截止（终止）”项，通过使用“←”键、“→”键和调节旋钮，将直流偏置扫描的截止偏置设为 1V。

3）再按 F2 键则选择“起始”项，将直流偏置扫描的起始偏置设为-1V。

4）按 F3 键选择“时间”项，将直流偏置扫描的时间设为 30s。

5）按 F4 键选择“模式”项，将直流偏置扫描的模式设为线性。

6）按 F5 键选择“方向”项，将直流偏置扫描的方向设为正向。

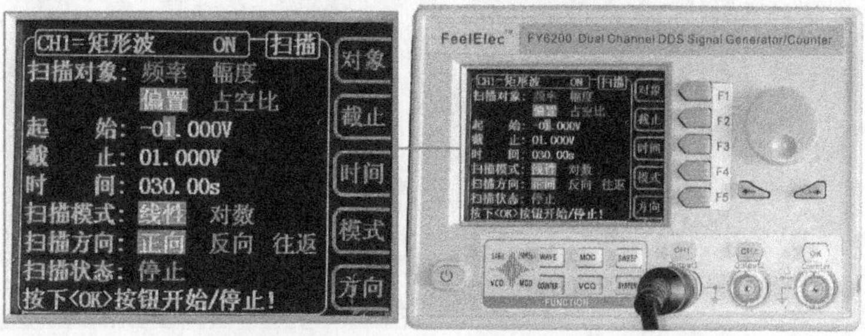
CH1=矩形波 ON 扫描
扫描对象：频率 幅度
偏置 占空比
起 始：-01.000V
截 止：01.000V
时 间：030.00s
扫描模式：线性 对数
扫描方向：正向 反向 往返
扫描状态：停止
按下<OK>按钮开始/停止！
对象
截止
时间
模式
方向
FeelElec
FY6200 Dual Channel DDS Signal Generator/Counter

图 22-27　直流偏置扫描的设置

2. 开启直流偏置扫描输出

直流偏置扫描设置完成后，按面板 Counter 连接口上方的 OK 键，如图 22-28a 所示，直流偏置扫描开始，从信号发生器 CH1 连接口输出信号，信号直流偏置在 30s 时间由-1V 连续变化到 1V，然后又返回到-1V 重新开始，同时信号发生器扫描设置界面上的起始偏置值不断变化，该值即为当前输出信号的实时偏置值，在示波器显示屏上可看到 CH1 输出信号逐渐上移，即信号中的直流偏置逐渐增大，如图 22-28b 所示。

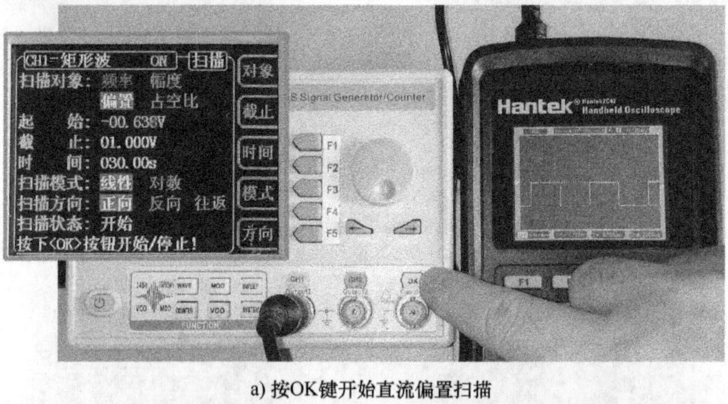
CH1=矩形波 ON 扫描
扫描对象：频率 幅度
偏置 占空比
起 始：-00.638V
截 止：01.000V
时 间：030.00s
扫描模式：线性 对数
扫描方向：正向 反向 往返
扫描状态：开始
按下<OK>按钮开始/停止！
Hantek
Handheld Oscilloscope

a) 按OK键开始直流偏置扫描

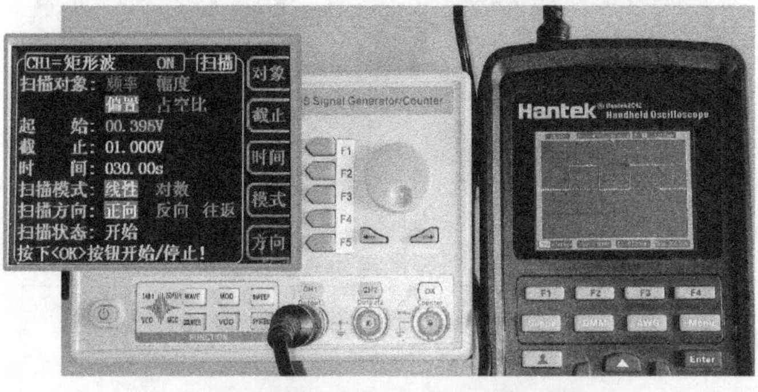
CH1=矩形波 ON 扫描
扫描对象：频率 幅度
偏置 占空比
起 始：00.396V
截 止：01.000V
时 间：030.00s
扫描模式：线性 对数
扫描方向：正向 反向 往返
扫描状态：开始
按下<OK>按钮开始/停止！
Hantek
Handheld Oscilloscope

b) 直流偏置扫描时输出信号直流偏置连续变化

图 22-28　直流偏置扫描的启动与输出信号的变化

22.4.5 占空比扫描的设置与信号输出

1. 占空比扫描的设置

占空比扫描设置内容如图 22-29 所示，具体设置操作如下：

1）按显示屏右侧的 F1 键选中“对象”项，再按 F1 键选择扫描对象为“占空比”。

2）按 F2 键选择“截止（终止）”项，通过使用“←”键、“→”键和调节旋钮，将占空比扫描的截止值设为 80%。

3）再按 F2 键则选择“起始”项，将占空比扫描的起始值设为 10%。

4）按 F3 键选择“时间”项，将占空比扫描的时间设为 30s。

5）按 F4 键选择“模式”项，将占空比扫描的模式设为线性。

6）按 F5 键选择“方向”项，将占空比扫描的方向设为正向。

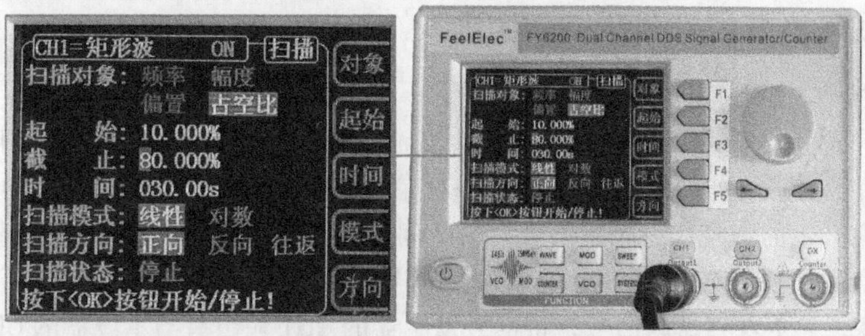
CH1=矩形波 ON 扫描
扫描对象：频率 幅度
偏置 占空比
起 始：10.000%
截 止：80.000%
时 间：030.00s
扫描模式：线性 对数
扫描方向：正向 反向 往返
扫描状态：停止
按下<OK>按钮开始/停止！
对象
起始
时间
模式
方向
FeelElec
FY6200 Dual Channel DDS Signal Generator/Counter
F1
F2
F3
F4
F5

图 22-29 占空比扫描的设置

2. 开启占空比扫描输出

占空比扫描设置完成后，按面板 Counter 连接口上方的 OK 键，如图 22-30a 所示，占空比扫描开始，从信号发生器 CH1 连接口输出信号，信号占空比在 30s 时间由 10%连续变化到 80%，然后又返回到 10%重新开始，同时信号发生器扫描设置界面上的起始占空比不断变化，该值即为当前输出信号的实时占空比，在示波器显示屏上可看到 CH1 输出信号的占空比逐渐增大，如图 22-30b 所示。

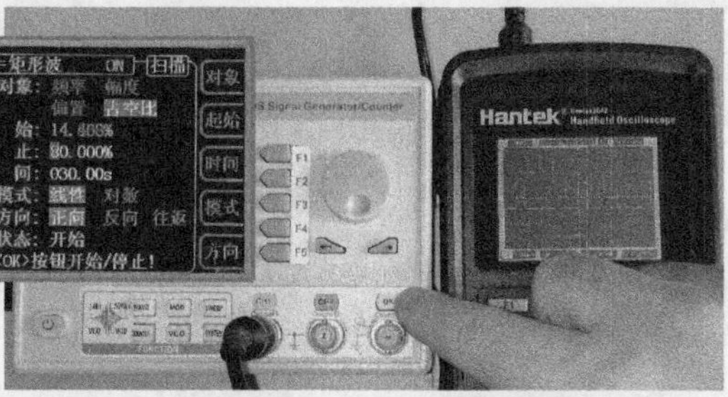
CH1=矩形波 ON 扫描
扫描对象：频率 幅度
偏置 占空比
截 止：80.000%
时 间：030.00s
扫描模式：线性 对数
扫描方向：正向 反向 往返
扫描状态：开始
按下<OK>按钮开始/停止！
对象
起始
时间
模式
方向
Hantek
Handheld Oscilloscope

a) 按OK键开始占空比扫描

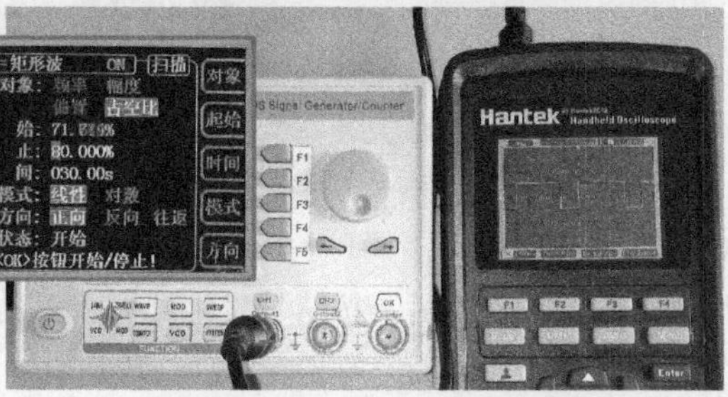
CH1=矩形波 ON 扫描
扫描对象：频率 幅度
偏置 占空比
截 止：80.000%
时 间：030.00s
扫描模式：线性 对数
扫描方向：正向 反向 往返
扫描状态：开始
按下<OK>按钮开始/停止！
对象
起始
时间
模式
方向
Hantek
Handheld Oscilloscope

b) 占空比扫描时输出信号占空比连续变化

图 22-30 占空比扫描的启动与输出信号的变化

22.5　信号调制功能的使用

信号调制是指用频率低的调制信号（又称信源信号或基带信号）去控制频率高的载波信号的频率、幅度或相位，使之与调制信号幅度有对应的关系，调制得到的信号称为已调信号。调制信号控制载波信号的频率变化称为调频调制（FM），调制信号控制载波信号的幅度变化称为调幅调制（AM），调制信号控制载波信号的相位变化称为调相调制（PM），如果调制信号是数字信号（高低电平信号），相应的调制分别称为频率键控（FSK）、幅度键控（ASK）、相位键控（PSK）。

FY6200 型信号发生器支持产生 FSK（频率键控）、ASK（幅度键控）、PSK（相位键控）、AM（幅度调制）、FM（频率调制）、PM（相位调制）信号和脉冲串信号。

22.5.1　测试连接与信号调制模式的进入

1. 测试连接

FY6200 型信号发生器的 CH1 通道具有产生载波信号和信号调制输出功能，用作控制 CH1 通道调制的调制信号有三种：CH2 通道信号、外部信号（Counter 口输入）和手动信号。图 22-31 是使用 CH2 通道产生的信号作为调制信号，CH2 通道信号直接在内部对 CH1 通道信号进行调制，得到的已调信号从 CH1 口输出，为了观察调制信号，将信号发生器的 CH2 输出口与示波器的 CH1 输入口连接，为了观察已调信号，将信号发生器的 CH1 输出口与示波器的 CH2 输入口连接。

在进入信号调制模式前，先开启 CH1、CH2 通道，再设置 CH1、CH2 通道信号参数，如图 22-31 所示，具体设置内容如下：

1）CH1 = 正弦波，频率为 1kHz，幅度为 4V，其他参数保持默认值，CH1 信号用作载波信号，其频率高。

2）CH2 = 矩形波，频率为 0.2kHz，幅度为 4V，其他参数保持默认值，CH2 信号用作调制信号，其频率低。

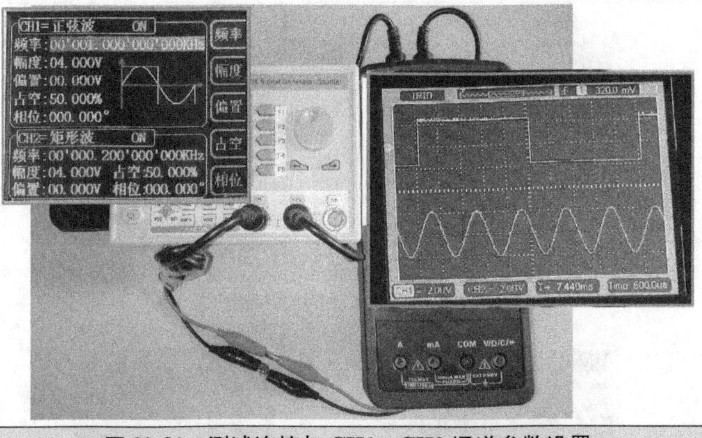
CH1= 正弦波 ON
频率:00'001.000'000'000KHz
幅度:04.000V
偏置:00.000V
占空:50.000%
相位:000.000°
CH2= 矩形波 ON
频率:00'000.200'000'000KHz
幅度:04.000V 占空:50.000%
偏置:00.000V 相位:000.000°
频率
幅度
偏置
占空
相位

图 22-31　测试连接与 CH1、CH2 通道参数设置

2. 信号调制模式的进入

在设置好 CH1、CH2 通道信号的参数后，按信号发生器面板上的 MOD 键，马上进入信号调制模式，显示屏显示信号调制设置界面，如图 22-32 所示，由于 CH1 通道的载波信号已被调制输出，通过信号线接到示波器的 CH2 输入口，示波器显示屏下方的 CH2 信号为已调信号（调制前为载波信号），显示屏上方显示的是来自信号发生器的调制信号。

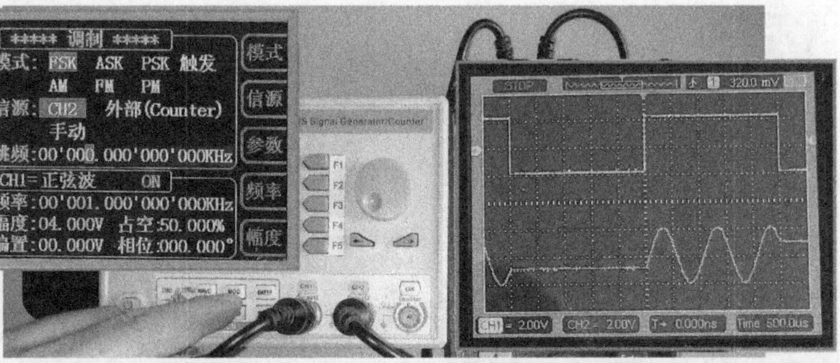
***** 调制 *****
模式: FSK ASK PSK 触发
AM FM PM
信源: CH2 外部(Counter)
手动
跳频:00'000.000'000'000KHz
CH1=正弦波 ON
频率:00'001.000'000'000KHz
幅度:04.000V 占空:50.000%
偏置:00.000V 相位:000.000°
模式
信源
参数
频率
幅度
STOP
320.0 mV
CH1 = 2.00V
CH2 = 2.00V
T→ 0.000ns
Time 500.0us

图 22-32　按 MOD 键进入信号调制模式

22.5.2　FSK 设置与信号输出

FSK 设置内容如图 22-33 所示，具体设置操作如下：

1）按显示屏右侧的 F1 键选择“模式”中的“FSK”。

2）按 F2 键选择“信源（调制信号）”中的“CH2”。信源选择“CH2”表示将 CH2 通道的信号作为调制信号，信源选择“外部（Counter）”表示将 Counter 口输入的信号作为调制信号，信源选择“手动”表示将按 OK 键产生的信号作为调制信号，按下 OK 键调制信号为高电平，松开 OK 键为低电平。

3）按 F3 键选择“参数”中的“跳频”，通过使用“←”键、“→”键和调节旋钮，将跳频设为 2.5kHz。

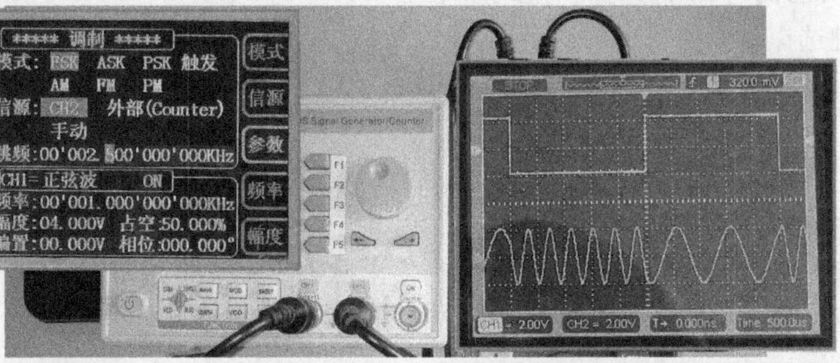
***** 调制 *****
模式: FSK ASK PSK 触发
AM FM PM
信源: CH2 外部(Counter)
手动
跳频:00'002.500'000'000KHz
CH1=正弦波 ON
频率:00'001.000'000'000KHz
幅度:04.000V 占空:50.000%
偏置:00.000V 相位:000.000°
模式
信源
参数
频率
幅度
STOP
320.0 mV
CH1 = 2.00V
CH2 = 2.00V
T→ 0.000ns
Time 500.0us

图 22-33　FSK 设置与信号输出

设置完成后，信号发生器 CH1 口自动输出已调信号，示波器显示屏下方显示的为已调信号，已调信号的频率随调制信号变化而变化，对应调制信号高电平的已调信号频率为载波频率，对应调制信号低电平的已调信号频率为跳频频率，已调信号幅度与载波信号幅度相同。

22.5.3　ASK 设置与信号输出

ASK 设置内容如图 22-34 所示，具体设置操作如下：

1）按显示屏右侧的 F1 键选择“模式”中的“ASK”。

2）按 F2 键选择“信源”中的“CH2”。

设置完成后，信号发生器 CH1 口自动输出已调信号，示波器显示屏下方显示的为已调信号，已调信号的幅度随调制信号变化而变化，对应调制信号高电平的已调信号为载波信号，对应调制信号低电平的已调信号电压为 0。

22.5.4　脉冲串的设置与输出

脉冲串设置内容如图 22-35 所示，具体设置操作如下：

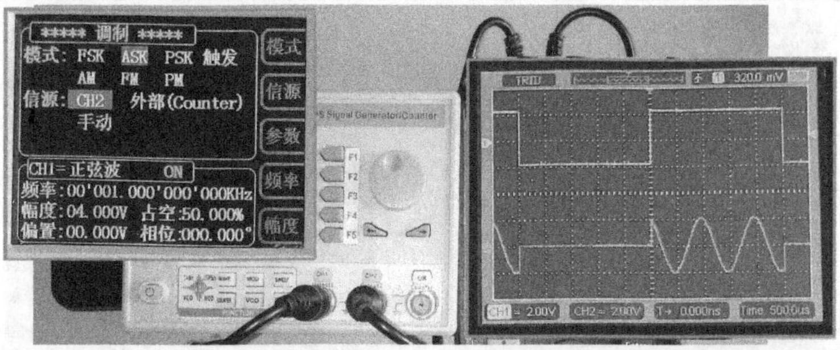
***** 调制 *****
模式: FSK ASK PSK 触发
AM FM PM
信源: CH2 外部(Counter)
手动
CH1= 正弦波 ON
频率:00'001.000'000'000KHz
幅度:04.000V 占空:50.000%
偏置:00.000V 相位:000.000°
模式
信源
参数
频率
幅度
TRIG
320.0 mV
CH1 = 2.00V
CH2 = 2.00V
T→ 0.000ns
Time 500.0us

图 22-34　ASK 设置与信号输出

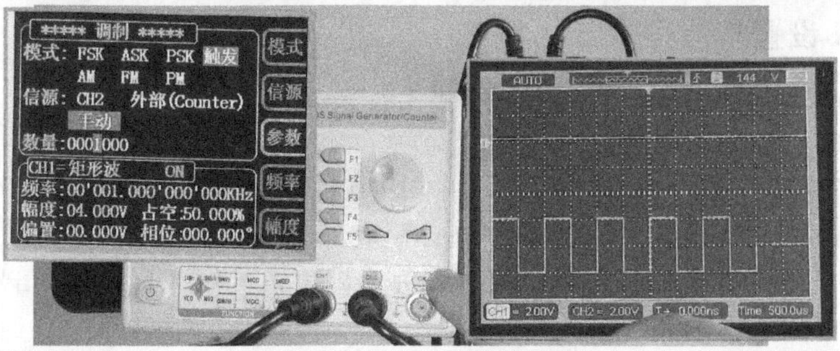
***** 调制 *****
模式: FSK ASK PSK 触发
AM FM PM
信源: CH2 外部(Counter)
手动
数量:0001000
CH1= 矩形波 ON
频率:00'001.000'000'000KHz
幅度:04.000V 占空:50.000%
偏置:00.000V 相位:000.000°
模式
信源
参数
频率
幅度
AUTO
144 V
CH1 = 2.00V
CH2 = 2.00V
T→ 0.000ns
Time 500.0us

图 22-35　脉冲串的设置与输出

1）按显示屏右侧的 F1 键选择“模式”中的“触发”。

2）按 F2 键选择“信源”中的“手动”。

3）按 F3 键选择“参数”中的“数量”，通过使用“←”键、“→”键和调节旋钮，将数量设为 1000。

4）按面板上的 CH2 键，关闭 CH2 通道，CH2 通道停止输出调制信号，让示波器只显示信号发生器 CH1 输出口送来的脉冲串信号。

设置完成后，信号发生器 CH1 口不会自动输出脉冲串，需要按下 OK 键，CH1 口马上输出 1000 个脉冲，然后停止输出，当再次按 OK 键时又会输出 1000 个脉冲。

22.5.5　AM 设置与信号输出

AM 设置内容如图 22-36 所示，具体设置操作如下：

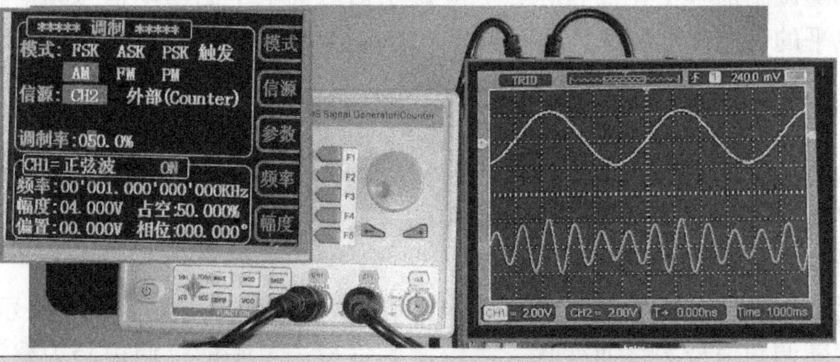
***** 调制 *****
模式: FSK ASK PSK 触发
AM FM PM
信源: CH2 外部(Counter)
调制率:050.0%
CH1= 正弦波 ON
频率:00'001.000'000'000KHz
幅度:04.000V 占空:50.000%
偏置:00.000V 相位:000.000°
模式
信源
参数
频率
幅度
TRIG
240.0 mV
CH1 = 2.00V
CH2 = 2.00V
T→ 0.000ns
Time 1000ms

图 22-36　AM 设置与信号输出

1）按显示屏右侧的 F1 键选择“模式”中的“AM”。

2）按 F2 键选择“信源”中的“CH2”。

3）按 F3 键选择“参数”中的“调制率”，通过使用“←”键、“→”键和调节旋钮，将调制率设为 50%。调制率是指已调信号中的调制信号幅度与载波信号幅度之比，调制率越大，已调信号中的调制信号包络幅度越大。

设置完成后，信号发生器 CH1 口自动输出已调信号，示波器显示屏下方显示已调信号，已调信号的幅度随调制信号变化而变化，已调信号的幅度包络线与调制信号一致。

22.5.6　FM 设置与信号输出

FM 设置内容如图 22-37 所示，具体设置操作如下：

1）按显示屏右侧的 F1 键选择“模式”中的“FM”。

2）按 F2 键选择“信源”中的“CH2”。

3）按 F3 键选择“参数”中的“频偏”，通过使用“←”键、“→”键和调节旋钮，将频偏设为 1kHz。频偏是指以载波频率为中心上下频率变化的最大偏移量。

设置完成后，信号发生器 CH1 口自动输出已调信号，示波器显示屏下方显示的为已调信号，已调信号的频率随调制信号变化而变化，调制信号的电压越高，对应的已调信号频率越高。

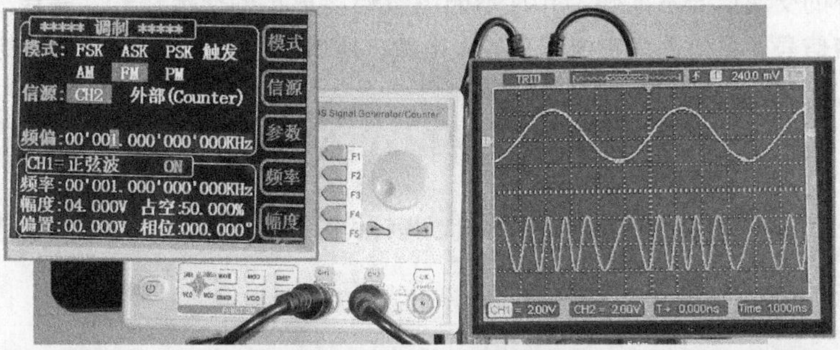

调制
模式：FSK　ASK　PSK　触发
AM　FM　PM
信源：CH2　外部(Counter)
频偏:00'001.000'000'000KHz
CH1=正弦波　ON
频率:00'001.000'000'000KHz
幅度:04.000V　占空:50.000%
偏置:00.000V　相位:000.000°
模式
信源
参数
频率
幅度
CH1 = 2.00V
CH2 = 2.00V
Time 1.000ms

图 22-37　FM 设置与信号输出

第23章

毫伏表与 Q 表

万用表可以测量交流信号电压，但通常只限于测量频率为几百赫兹以下的正弦波信号电压，测量此频率以外的交流信号不准确，并且不能测量幅度很小的交流信号。**毫伏表可以测量频率范围很宽的交流信号，另外因为它内部有放大电路，所以可以测量幅度很小的交流信号。**

23.1 模拟式毫伏表

模拟式毫伏表内部主要采用模拟电路，并且以指针式微安表作为指示器来指示被测电压的大小。

23.1.1 面板介绍

模拟式毫伏表种类很多，使用方法基本类似，这里以 ASS2294D 型毫伏表为例来说明它的使用方法。ASS2294D 型毫伏表是一种放大-检波式的电压表，它可以测量频率在 5Hz ~ 2MHz、输入电压在 30 μV ~ 300V 的正弦波信号。ASS2294D 型毫伏表可以同时测量两个通道的输入信号，测量方式有同步和异步两种。ASS2294D 型毫伏表如图 23-1 所示。

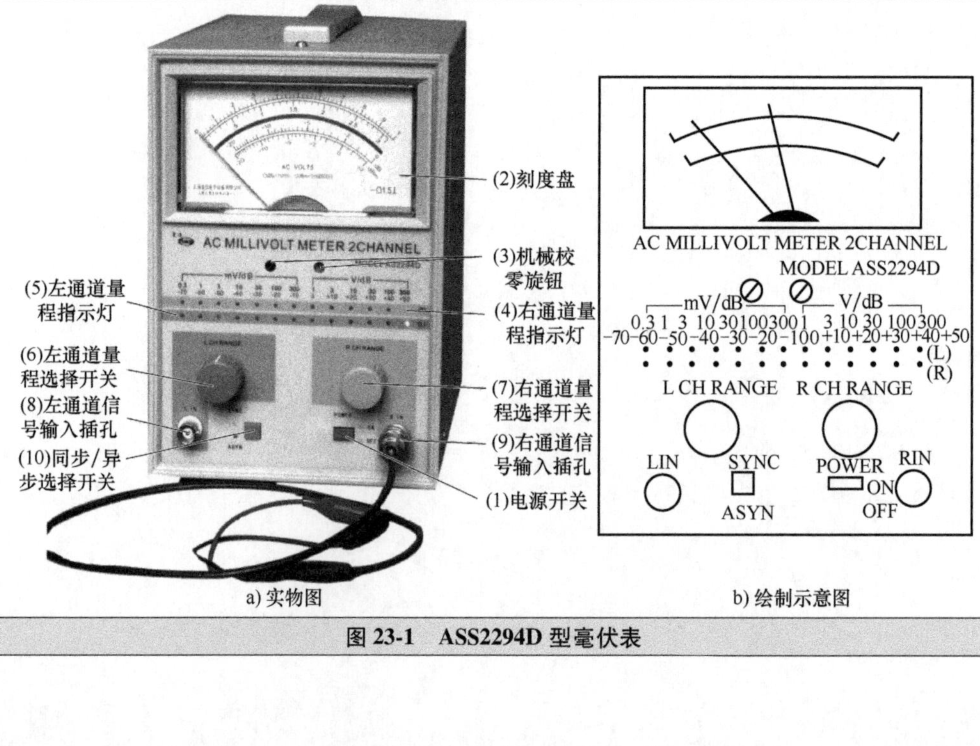

(2)刻度盘
AC MILLIVOLT METER 2CHANNEL
(3)机械校零旋钮
(5)左通道量程指示灯
(4)右通道量程指示灯
(6)左通道量程选择开关
(7)右通道量程选择开关
(8)左通道信号输入插孔
(10)同步/异步选择开关
(9)右通道信号输入插孔
(1)电源开关
a) 实物图
AC MILLIVOLT METER 2CHANNEL
MODEL ASS2294D
mV/dB
V/dB
0.3 1 3 10 30 100 300 1 3 10 30 100 300
-70 -60 -50 -40 -30 -20 -10 0 +10 +20 +30 +40 +50
(L)
(R)
L CH RANGE
R CH RANGE
LIN
SYNC
ASYN
POWER
ON
OFF
RIN
b) 绘制示意图

图 23-1 ASS2294D 型毫伏表

仪器面板说明如下：

1）电源开关：用来接通和切断仪器内部电路的电源。按下时接通电源，弹起时切断电源。

2）刻度盘：用于指示被测信号的大小。刻度盘如图 23-2 所示。

AC VOLTS
OdBv=1Vrms OdBm=1mW600Ω
dB
dBm
-Ω1.5⊥

刻度盘上有两个表针，一个为黑表针，一个为红表针，分别用来指示左通道和右通道输入信号的大小。另外，刻度盘上有四条刻度线，第1、2条为电压刻度线，当选择1、10、100量程时，查看第1条刻度线(最大值为1)，当选择0.3、3、30、300量程时，查看第2条刻度线(最大值为3)；第3条为dB(分贝)刻度线，最大值为0，最小值为-20，在测量时，量程dB值与表针在该刻度线指示的dB值之和即为被测值；第4条为dBm(分贝毫瓦)刻度线，0dBm相当于1mW，该刻度线很少使用。

图 23-2　ASS2294D 型毫伏表的刻度盘

3）机械校零旋钮：用来将表针的位置调到“0”位置。机械校零旋钮有红、黑两个，在测量前分别调节红、黑表针，使两个表针均指在“0”位置。

4）右通道量程指示灯：用来指示右通道的量程档位。

5）左通道量程指示灯：用来指示左通道的量程档位。

6）左通道量程选择开关：用来选择左通道测量量程。当旋转该开关选择不同的量程时，左通道相应的量程指示灯会亮。

7）右通道量程选择开关：用来选择右通道测量量程。当旋转该开关选择不同的量程时，右通道相应的量程指示灯会亮。

8）左通道信号输入插孔：在使用左通道测量时，被测信号由该插孔输入。

9）右通道信号输入插孔：在使用右通道测量时，被测信号由该插孔输入。

10）同步/异步选择开关：用来选择同步和异步测量的方式。开关按下时选择“同步”测量方式，弹起时选择“异步”测量方式。

23.1.2　使用方法

ASS2294D 型毫伏表可以测量一个信号，也可以同时测量两个信号，测量两个信号的方式有两种：异步测量和同步测量。

（1）异步测量方式

当该仪器工作在异步方式时，相当于两个单独的电压表，这种方式适合测量电压相差较大的两个信号。下面以测量如图 23-3 所示的放大器的交流放大倍数为例来说明异步测量的方法。

异步测量的操作步骤如下：

第 1 步：开通电源。将电源开关按下，接通仪器内部电路的电源。

第 2 步：选择异步测量方式。让同步/异步选择开关处于弹起状态，这时异步指示灯亮。

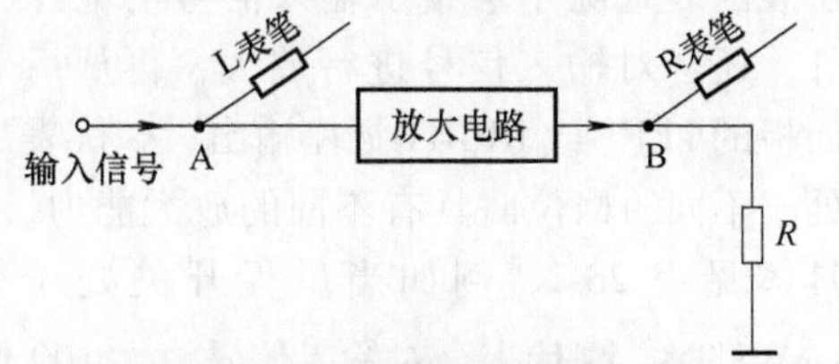
L表笔
R表笔
放大电路
输入信号
A
B
R

图 23-3　异步测量方式举例

第 3 步：选择左、右通道的测量量程。估计放大电路的输入和输出信号的大小，调节左、右通道量程选择开关，选择左通道的量程为 30mV（-30dB）档，选择右通道的量程为 1V（0dB）档。

第 4 步：将左、右通道测量表笔分别接放大电路的输入端（A 点）和输出端（B 端）。

第 5 步：读出输入和输出信号的大小。观察刻度盘上黑表针指示的数值，发现黑表针指在最大值为 3 的刻度线的“2”处，同时指在 dB 刻度线的“-4”处，则输入信号的电压值为 20mV，dB

值为-30dB+(-4)dB=-34dB；再观察红表针指示的数值，发现红表针指在最大值为1的刻度线的“0.8”处，同时指在dB刻度线的“-2”处，则输出信号的电压值为0.8V，dB值为0dB+(-2)dB=-2dB。

第6步：计算被测电路的放大倍数和增益。根据放大倍数 $A=U_o/U_i$，可求出被测电路的放大倍数为0.8V/20mV=0.8/0.02=40；根据输入输出信号的dB值之差，可求出被测电路的增益为-2dB-(-34dB)=32dB。

(2) 同步测量方式

当该仪器工作在同步方式时，一个量程选择开关可以同时控制两个通道的量程，这种方式适合测量特性相同的两个电路的平衡程度。下面以测量图23-4所示的立体声双声道放大器的平衡程度为例来说明同步测量的方法。

同步测量的操作步骤如下：

第1步：开通电源。将电源开关按下，接通仪器内部电路的电源。

第2步：选择同步测量方式。按下同步/异步选择开关，这时同步指示灯亮。

第3步：选择测量量程。因为仪器工作在同步方式时，一个量程选择开关可以同时控制两个通道的量程，调节其中一个量程选择开关，选择量程为1V档，这时两个通道测量量程都为1V。

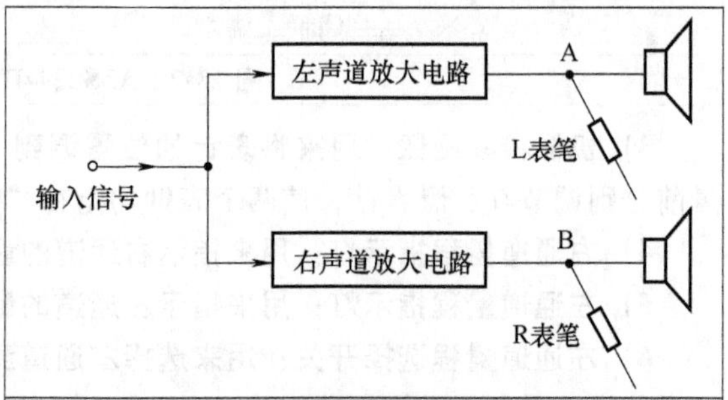
左声道放大电路
A
L表笔
输入信号
右声道放大电路
B
R表笔
图23-4 同步测量方式举例

第4步：测量左、右通道的相似程度。给左、右通道输入大小相同的信号，再将左、右通道测量表笔分别接在左、右声道放大电路的输出端（即A点和B点），然后观察刻度盘两个表针是否重叠，若重叠说明两个通道特性相同，否则特性有差异，两个表针相隔越小，表明两个通道特性越接近，可以直接观察两个表针的间隔来读出两个通道的不平衡程度。

(3) 放大器功能

ASS2294D型毫伏表除了有测量输入信号的功能外，还有对输入信号进行放大再输出功能。在ASS2294D型毫伏表的后面板上有信号输出插孔，如图23-5所示。

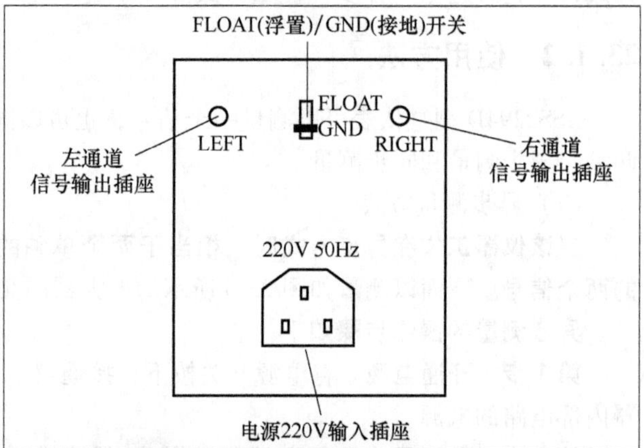
FLOAT(浮置)/GND(接地)开关
FLOAT
GND
LEFT
RIGHT
左通道
信号输出插座
右通道
信号输出插座
220V 50Hz
电源220V输入插座
图23-5 ASS2294D型毫伏表的后面板

当LIN或RIN插孔输入信号时，毫伏表的表针除了会指示输入信号的电压外，还会对输入信号进行放大，再从后面板的LEFT或RIGHT插座输出，毫伏表处于不同的档位时具有不同的放大能力，具体见表23-1，例如当量程开关处于1mV档时，毫伏表会对输入信号放大100倍（也即40dB），再从后面板相应的输出插座输出。

表23-1 量程开关档位与放大倍数对应表

量程开关	放大倍数
300μV	316倍（50dB）
1mV	100倍（40dB）

（续）

量程开关	放大倍数
3mV	31.6 倍（30dB）
10mV	10 倍（20dB）
30mV	3.16 倍（10dB）

（4）浮置测量方式

有些电路采用平衡方式输出信号，在测量这种信号时，毫伏表要置于浮置测量方式。例如双端输出的差动放大电路和 BTL 放大电路，它们的两个输出端中任意一端都没有接地，测量时要采用浮置测量方式，否则会引起测量不准确或损坏电路。采用浮置测量方式很简单，只要将毫伏表的 FLOAT（浮置）/GND（接地）开关置于 FLOAT 位置即可。

23.2　数字毫伏表

数字毫伏表又称数字电子电压表，它与模拟式毫伏表一样，都可以测量微弱的交流信号电压，另外，除了采用数字方式外，内部还大量采用数字处理电路。数字毫伏表具有显示直观和测量精度高等优点。

23.2.1　面板介绍

数字毫伏表种类很多，使用方法大同小异，下面以 DF1930 型数字毫伏表为例来说明数字毫伏表的使用方法。DF1930 型数字毫伏表采用 4 位数字显示测量值，具有交流电压、dB 和 dBm 三种测量功能，测量量程可自动和手动转换。DF1930 型数字毫伏表的面板如图 23-6 所示。

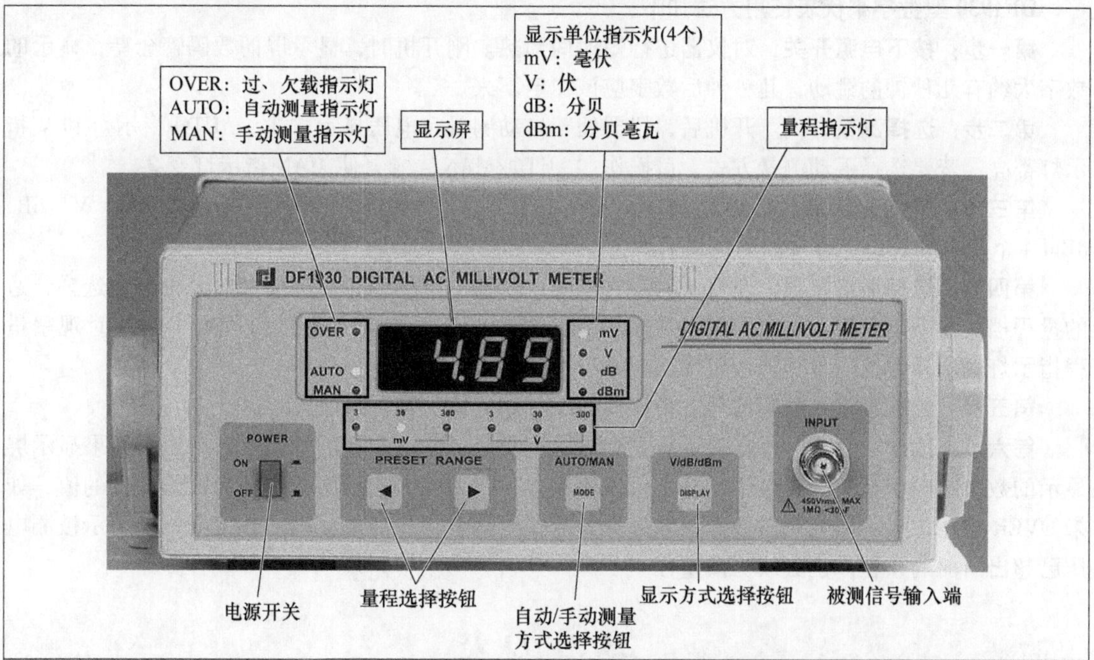
显示单位指示灯(4个)
mV：毫伏
V：伏
dB：分贝
dBm：分贝毫瓦
OVER：过、欠载指示灯
AUTO：自动测量指示灯
MAN：手动测量指示灯
显示屏
量程指示灯
DF1930 DIGITAL AC MILLIVOLT METER
DIGITAL AC MILLIVOLT METER
OVER
AUTO
MAN
4.89
mV
V
dB
dBm
3
30
300
3
30
300
mV
V
POWER
ON
OFF
PRESET RANGE
AUTO/MAN
MODE
V/dB/dBm
DISPLAY
INPUT
电源开关
量程选择按钮
自动/手动测量
方式选择按钮
显示方式选择按钮
被测信号输入端

图 23-6　DF1930 型数字毫伏表的面板图

面板各部分功能说明如下：

1）电源开关（POWER）： 用来接通和切换电源。按下为 ON，弹起为 OFF。

2）量程选择按钮（PRESET RANGE）： 用于选择测量量程。当仪器处于手动测量方式时，按压“◀”键，量程减小，按压“▶”键，量程增大。

3）自动/手动测量方式选择按钮（AUTO/MAN）：用于选择测量方式。仪器开机后会自动处于“AUTO（自动测量）”方式，按压该键，会切换到“MAN（手动测量）”方式，再按压一次，又切换到“AUTO”方式。当处于自动测量方式时，仪器会根据输入信号幅度自动调整量程，而处于手动测量方式时，需要操作量程选择按钮来选择量程。

4）显示方式选择按钮（V/dB/dBm）：用于选择显示单位。开机后处于显示单位为V，不断按压该键，显示单位会以“V→dB→dBm”顺序循环切换，显示屏右方的单位指示灯会有相应的变化。

5）被测信号输入端（INPUT）：用于输入被测信号。在测量时需要在该端连接好相应的测试线，再接被测电路。

6）OVER（过、欠载）指示灯：当处于“MAN（手动测量）”方式时，若显示屏显示的数字（不计小数点）大于3100或小于290，该指示灯亮，表示当前的量程不合适。

7）AUTO（自动测量）指示灯：当该灯亮时，表示仪器处于自动测量方式。

8）MAN（手动测量）指示灯：当该灯亮时，表示仪器处于手动测量方式。

9）显示屏：用于显示测量数值。它由4位LED数码管组成，当显示的数字出现闪烁时，表示被测电压超出测量范围，显示的数字无效。

10）显示单位指示灯：用于指示测量数值的单位。它由mV、V、dB、dBm共4个指示灯组成，在操作显示方式按钮时，这些指示灯会指示测量数值单位。

11）量程指示灯：用于指示量程。它由3mV、30mV、300mV和3V、30V、300V共6个指示灯组成，在操作量程选择按钮时，这些指示灯用来指示6个量程档。

23.2.2 使用方法

DF1930型数字毫伏表使用方法如下：

第一步：按下电源开关，对仪器进行短时间预热。刚开机时，显示屏的数码管会亮，显示的数字大约有几秒钟的跳动，几秒钟后数字应该稳定下来。

第二步：选择测量方式。开机后，仪器处于自动测量和电压显示方式，AUTO指示灯和V指示灯都亮，若要选择手动测量方式，可操作“AUTO/MAN”键，使MAN指示灯变亮。

第三步：选择显示单位。根据测量需要，操作“V/dB/dBm”键，同时观察mV、V、dB、dBm 4个指示灯，选择合适的测量显示单位。

第四步：选择测量量程。在自动测量方式时，仪器会根据输入被测信号的大小自动选择合适的量程档；在手动测量方式时，先估计被测信号的大小，再操作“◀”和“▶”键同时观察量程指示灯，选择合适的量程档，量程档应大于且最接近于被测信号电压。

第五步：给仪器输入被测信号。将仪器的信号输入线与被测电路连接。

第六步：读数。测量时，在显示屏上会显示测量值，右方亮起的灯指示其单位。如果显示屏显示的数字不闪烁且OVER灯不亮，表示仪器工作正常，此时显示的数字即为被测信号的值，如果OVER灯亮，表示当前测量数据误差很大，需要更换量程，如果显示的数字闪烁，表示被测电压已超出当前的量程，也必须更换量程。

23.3 *Q*表

高频*Q*表又称品质因数测量仪，是一种通用的多用途、多量程高频阻抗测量仪器。它可以测量高频电感器、高频电容器及各种谐振元件的品质因数（*Q*值）、电感量、电容量、分布电容、分布电感，也可测量高频电路组件的有效串并联电阻、传输线的特征阻抗、电容器的损耗角正切值、电工材料的高频介质损耗、介质常数等。因而高频 Q 表不但广泛用于高频电子元件和材料的生产、科研、品质管理等部门，也是高频电子和通信实验室的常用仪器。

23.3.1　Q 表的测量原理

Q 表是利用谐振法原理来测量 L、C、Q 等参数的。

1. 谐振法测量原理

图 23-7 是一个串联谐振电路，其谐振频率为 f_o，当信号电压 U 的频率 $f=f_o$ 时，电路会发生谐振。

串联谐振电路谐振时，电路的电流最大，电容器或电感器上的电压是信号电压的 Q 倍，即

$$f=f_o=\frac{1}{2\pi\sqrt{LC}} \tag{9-1}$$

$$U_C=U_L=QU \tag{9-2}$$

在式（9-1）、式（9-2）中，f 为信号源频率，f_0 为 LC 电路的谐振频率，单位均为 Hz；U_C、U_L、U 分别为电容器、电感器和信号源两端的电压，单位为 V；Q 为品质因数。

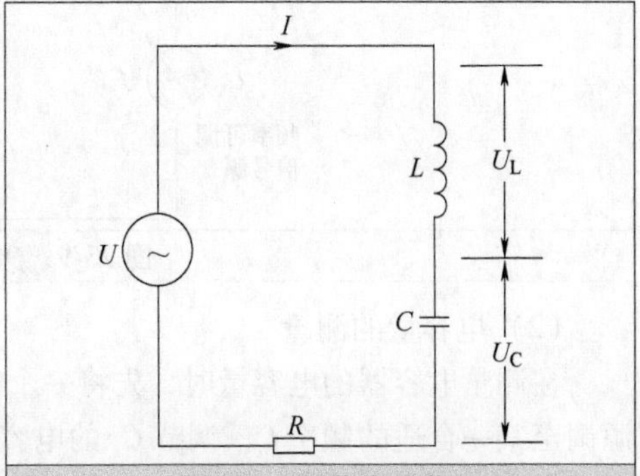
I
L
U_L
U
C
U_C
R
图 23-7　串联谐振电路

利用谐振频率公式，可在已知两个量的情况下求出另外一个量。

电感量的计算公式为

$$L_x=\frac{2.53\times10^4}{f_o^2C_s} \tag{9-3}$$

电容量的计算公式为

$$C_x=\frac{2.53\times10^4}{f_o^2L_s} \tag{9-4}$$

在式（9-3）、式（9-4）中，f_o 为信号源的频率，单位为 MHz；L_s、L_x 分别为标准电感（电感量已知）和被测电感，单位为 μH；C_s、C_x 分别为标准电容和被测电容，单位为 pF。

当谐振电路发生谐振时，若信号源电压 U 已知，利用 $U_C=U_L=QU$ 可以很容易求出 Q 值，即

$$Q=U_CU=U_LU$$

例如 $U=1$V，电容器或电感器两端电压为 10V，那么电感器的 Q 值为 10。

2. Q 表的测量原理

Q 表的内部电路比较复杂，图 23-8 为 Q 表电路简化图，U_s 为频率可调信号源，C_s 为可调电容器，1、2 端接被测电感器，3、4 端接被测电容器，Q 值指示电压表用来显示电容器两端的电压值，当电路发生谐振时，Q 值指示电压表的电压数值（无单位）即为 Q 值。

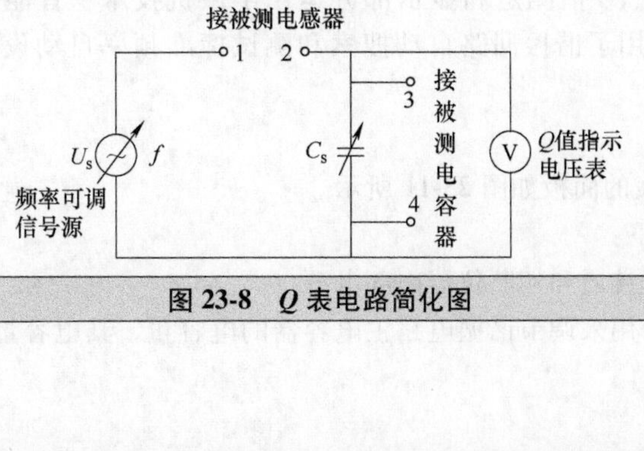
接被测电感器
1
2
3
4
接被测电容器
U_s
f
频率可调信号源
C_s
V
Q值指示电压表
图 23-8　Q 表电路简化图

（1）Q 值和电感量的测量

在测量电感器的 Q 值或电感量时，将被测电感器 L_x 接在 1、2 端，如图 23-9 所示，将信号源调至某一合适的频率 f_o，再调节 C_s 的电容量，使 LC 电路发生谐振，此时 Q 值指示电压表的指示值最大，其指示值即为被测电感器的 Q 值，被测电感器的电感量可由 $L_x=\dfrac{2.53\times10^4}{f_0^2C_s}$ 计算而获得。

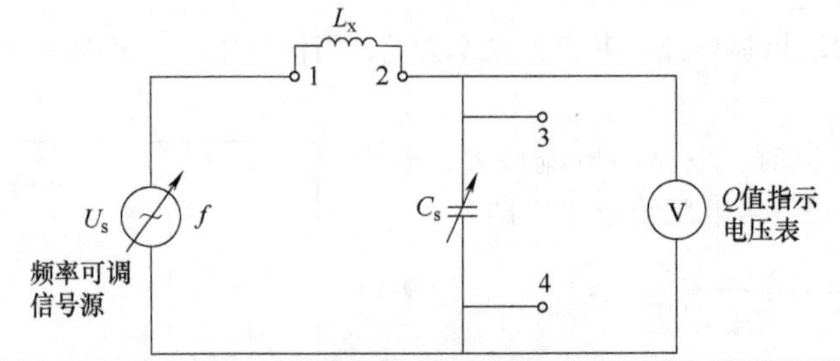
L_x
1
2
3
4
U_s
f
C_s
V
Q值指示
电压表
频率可调
信号源

图 23-9　Q 值和电感量的测量原理图

（2）电容量的测量

在测量电容器的电容量时，先将一个电感器 L_s 接在 1、2 端，如图 23-10 所示，然后将信号源调至某一合适的频率 f_o，调节 C_s 的电容量，使 LC 电路发生谐振，此时 Q 值指示电压表的指示值最大，记下此时 C_s 值（C_{s1}），再将被测电容器 C_x 接在 3、4 端（即与 C_s 并联），LC 电路失谐，Q 值指示电压表的指示值变小，将 C_s 电容量慢慢调小，当 LC 电路又谐振时，Q 值指示电压表指示值又达到最大，记下此时 C_s 值（C_{s2}）。

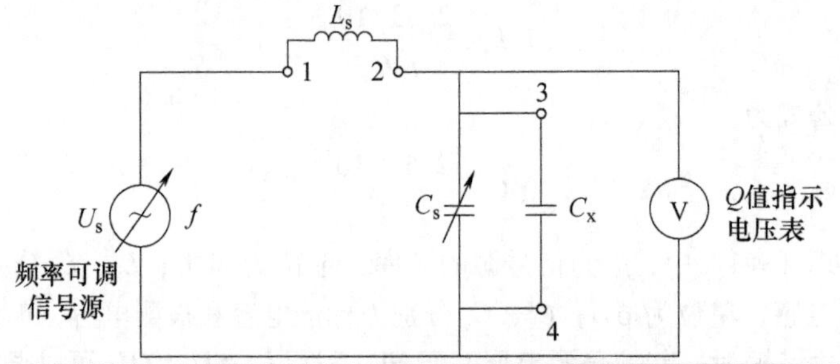
L_s
1
2
3
4
U_s
f
C_s
C_x
V
Q值指示
电压表
频率可调
信号源

图 23-10　电容量的测量原理图

在测量过程中，由于两次谐振时信号源的频率和电感器的电感量都没变化，故两次电容量也应是一样的，即 $C_{s1}=C_{s2}+C_x$，那么被测电容器的电容量 $C_x=C_{s1}-C_{s2}$。

23.3.2　QBG-3D 型 Q 表的使用

QBG-3D 型高频 Q 表是一种人机界面友好、测试精度高、测试速度快、性能优良的电子测量仪器，其高频信号源、Q 值测定和显示部分运用了微机技术、智能化管理和数码方式锁定信号源频率，另外，采用了谐振回路自动搜索和测试标准频率自动设置技术，使得测试精度更高。

1. 面板介绍

QBG-3D 型高频 Q 表的面板如图 23-11 所示。

面板各部分说明如下：

1）电源开关：用于接通和切断仪器内部电源。

2）主调电容旋钮：用来调节谐振电路主电容器的电容量，其电容量可查看其上方的主调刻度盘，电容量调节范围为 40～500pF。

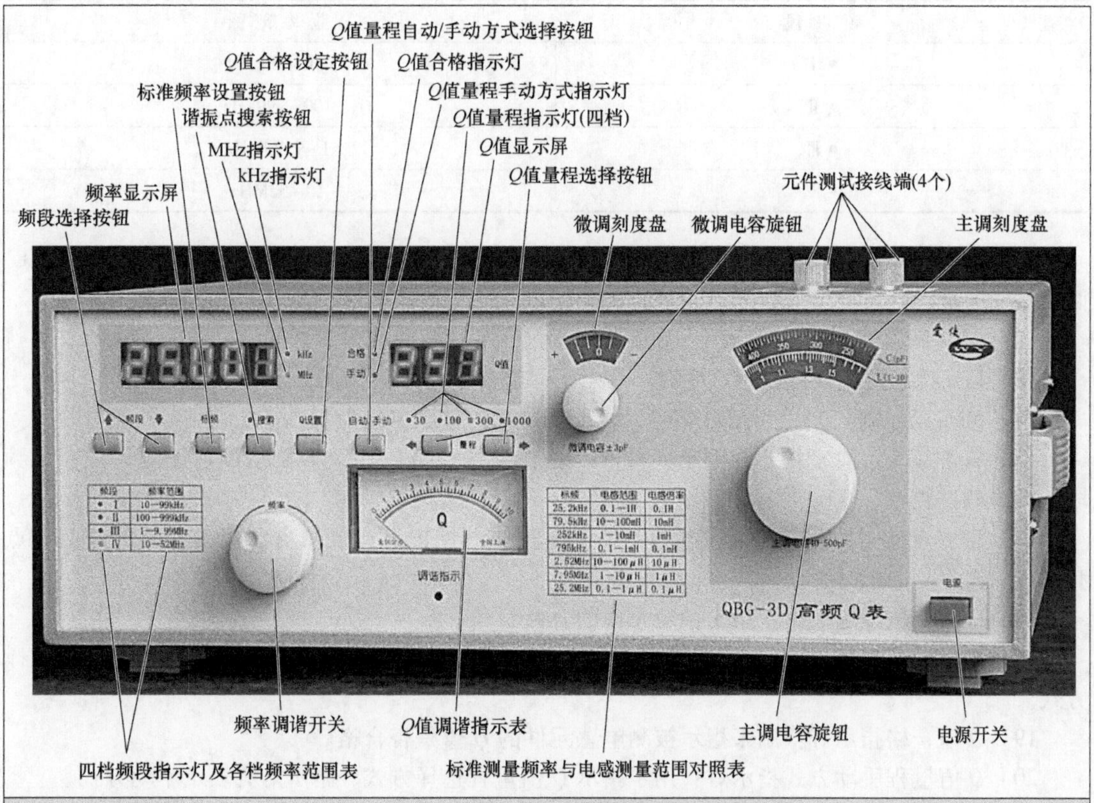
Q值量程自动/手动方式选择按钮
Q值合格设定按钮
Q值合格指示灯
标准频率设置按钮
Q值量程手动方式指示灯
谐振点搜索按钮
Q值量程指示灯(四档)
MHz指示灯
Q值显示屏
kHz指示灯
Q值量程选择按钮
元件测试接线端(4个)
频率显示屏
频段选择按钮
微调刻度盘
微调电容旋钮
主调刻度盘
QBG-3D 高频Q表
频率调谐开关
Q值调谐指示表
主调电容旋钮
电源开关
四档频段指示灯及各档频率范围表
标准测量频率与电感测量范围对照表
图 23-11　QBG-3D 型高频 Q 表的面板

3）主调刻度盘：它由两条刻度线组成，分别用来指示主调电容器的电容量和谐振时对应的测试电感值。

4）微调电容旋钮：用来调节谐振电路副电容器的电容量，该电容器与主电容器并联在一起，其电容量可查看上方的微调刻度盘，其电容量调节范围为−3～+3pF。

5）微调刻度盘：用来指示微调电容器的电容量，电容量范围为−3～+3pF。

6）元件测试接线端：它由 4 个端子组成，如图 23-12 所示，左方 2 个端子（标有 Lx 字样）用来接被测电感器，右方 2 个端子（标有 Cx 字样）用来接被测电容器。

7）标准测量频率与电感测量范围对照表：在测量电感器的电感量时，可根据被测电感器的可能电感量范围，对照该表来选择相应的标准测量频率。

8）Q 值调谐指示表：当该表指示的数值最大时，表示谐振电路发生谐振。

9）频率调谐开关：用来调节测试信号的频率。

10）四档频段指示灯及各档频率范围表：左方为Ⅰ、Ⅱ、Ⅲ、Ⅳ四档指示灯，当选择某档时，该档频段指示灯亮起；右方表格列出了四档频段的频率范围。四档频段及其频率范围见表 23-2。

Lx
Cx
图 23-12　元件测试接线端

表 23-2　四档频段及其频率范围

频　段	频率范围
• Ⅰ	10~99kHz
• Ⅱ	100~999kHz
• Ⅲ	1~9.99MHz
• Ⅳ	10~52MHz

11）频段选择按钮：用来切换信号源的工作频段，它由“↑（频段增）”和“↓（频段减）”两个按钮组成。

12）频率显示屏：用来显示信号源的频率，采用 5 位数码管显示。

13）kHz 指示灯：当该指示灯亮时，表示信号源的频率单位为 kHz。

14）MHz 指示灯：当该指示灯亮时，表示信号源的频率单位为 MHz。

15）标准频率设置按钮：在测量元件时，操作该按钮可以让仪器自动设定被测元件在某频段的标准测试频率。

16）谐振点搜索按钮：在测量电感元件时，操作该按键可让仪器自动搜索到元件的谐振点频率。

17）Q 值合格设定按钮：用来设定元件的合格 Q 值。

18）Q 值量程自动/手动方式选择按钮：用来选择 Q 值量程方式，默认为 Q 值量程自动选择方式。

19）Q 值合格指示灯：用来指示被测电感元件的 Q 值是否合格。

20）Q 值量程手动方式指示灯：用于指示 Q 值量程选择方式，指示灯亮表示手动方式。

21）Q 值显示屏：用来显示被测元件 Q 值的数值。

22）Q 值量程选择按钮：由“←”和“→”两个按钮组成，可进行低量程和高量程切换。

23）Q 值量程指示灯：由 4 个指示灯组成，分别用来指示 30、100、300 和 1000 四个量程。

2. 使用方法

（1）电感 Q 值的测量

测量电感 Q 值的步骤如下：

1）将被测电感器（线圈）接在仪器顶部的“Lx”接线柱上。

2）选择合适的测试信号频段并调节频率。例如要测量电感在 25MHz 频率时的 Q 值，可操作频段选择的“↑”或“↓”按钮，选择测试信号的工作频段为“Ⅳ”（该频段指示灯亮起，频率范围为 10~52MHz），然后调节频率调谐开关，使频率显示屏显示频率为 25MHz。

3）调节微调电容旋钮，同时观察微调刻度盘，将电容量调到 0。

4）先调节主调电容旋钮，同时观察 Q 值显示屏的数值（或观察 Q 值调谐指示表的指示），当显示屏的数值达到最大（Q 值指示表的指针偏转也最大）时，说明电路发生谐振，停止调节主调电容旋钮，再调节微调电容旋钮，使 Q 值显示屏显示的最大值进一步精确，此时 Q 值显示屏显示的最大值即为被测电感在当前测试频率时的 Q 值。

（2）电感量的测量

测量电感器的电感量步骤如下：

1）将被测电感器（线圈）接在“Lx”接线柱上。

2）估计电感器大约的电感量范围，按仪器面板上的“标准测量频率与电感测量范围对照表”选择一个标准测试频率，仪器的对照表见表 23-3，然后将测试信号频率调到该标准频率。例如估计被测电感器的电感量范围在几十毫亨，根据对照表可知标准测试频率应为 79.5kHz，操作频段选择的“↑”或“↓”按钮，选择测试信号的工作频段为“Ⅰ”（频率范围为 10～99kHz），然后调节频率调谐开关，使频率显示屏显示频率为 79.5kHz。

3）调节微调电容旋钮，同时观察微调刻度盘，将电容量调到 0。

4）调节主调电容旋钮，使电路发生谐振（Q 值显示屏显示的数值最大），若此时主调刻度盘第 2 条电感量刻度线指示的电感值为 L_0，将它乘以对照表所指的电感倍率（10mH），结果就为被测电感器的电感量，即 $L_x = L_0 \times 10mH$。

表 23-3　标准测量频率与电感测量范围对照表

标准测量频率	电感测量范围	电 感 倍 率
25.2kHz	0.1～1H	0.1H
79.5kHz	10～100mH	10mH
252kHz	1～10nH	1nH
795kHz	0.1～1nH	0.1nH
2.52MHz	10～100μH	10μH
7.95MHz	1～10μH	1μH
25.2MHz	0.1～1μH	0.1μH

（3）电容器的电容量测量

主调电容器的电容量调节范围为 460pF（40～500pF），在测量电容量小于 460pF 和大于 460pF 的电容器，要采用不同的方法。

对于电容量小于 460pF 的电容器，可采用以下方法测量：

1）选一个适当的电感器接到“Lx”接线柱上。

2）调节微调电容旋钮，将其电容量调到 0。

3）调节主调电容旋钮，将电容量调到 C_1，若被测电容器较大，要将主调电容器的 C_1 值调到最大值附近，若被测电容器小，应将主调电容器的 C_1 值调到最小值附近，以便测量更精确。

4）选择合适的测试信号频段并调节频率，使电路发生谐振，Q 值显示屏数值最大。

5）将被测电容器接在“Cx”接线柱上，调节主调电容旋钮，使电路再次发生谐振，设此时主调电容器的电容量为 C_2。

6）被测电容器的电容量 $C_x = C_1 - C_2$。

对于电容量大于 460pF 的电容器，其测量方法如下：

1）选一个适当电容量的标准电容器，将它接在“Cx”接线柱上，设其电容量为 C_3。

2）选一个适当的电感器接到“Lx”接线柱上。

3）调节微调电容旋钮，将其电容量调到 0。

4）调节主调电容旋钮，将电容量调到 C_1，若被测电容器较大，C_1 值要调到最大值附近，若被测电容器小，C_1 值应调到最小值附近。

5）选择合适的测试信号频段并调节频率，使电路发生谐振，Q 值显示屏数值最大。

6）取下标准电容器，将被测电容器接在“Cx”接线柱上，调节主调电容旋钮，使电路再次发生谐振，设此时主调电容器的电容量为 C_2。

7）被测电容器的电容量 $C_x = C_3 + C_1 - C_2$。

（4）线圈分布电容的测量

线圈分布电容的测量操作方法如下：

1）将被测线圈接在“Lx”接线柱上。

2）将微调电容的电容量调到 0。

3）调节主调电容旋钮，将电容量调到最大值，设电容量为 C_1，再调节测试信号频率，使电路发生谐振（即 Q 值最大），设谐振频率为 f_1。

4）将测试信号频率调到 nf_1，然后调节主调电容器的电容量，使电路再次发生谐振，设此时主调电容器的电容量为 C_2。

5）线圈分布电容可用以下公式计算

$$C_0=\frac{C_1-n^2C_2}{n^2-1}$$

例如取 $n=2$，则线圈分布电容 $C_0=(C_1-4C_2)/3$。

（5）Q 值合格设置功能的使用

当工厂需要大批量测试某同规格元件的 Q 值时，可使用 Q 值合格设置功能，当被测元件的 Q 值超过设置的合格 Q 值时，Q 值合格指示灯亮起，同时仪器鸣叫提醒，这样可减轻工人视力疲劳，同时能提高测试速度。

Q 值合格设置功能的使用方法如下：

1）选择要求的测试信号频率。

2）将一只合格的参照电感器接到“Lx”接线柱上，再调节主电容旋钮，将 Q 值显示屏的数值调到预定的合格 Q 值。

3）按一下 Q 值合格设定按钮，使 Q 合格指示灯亮，同时仪器发出鸣叫声，Q 值合格设置工作结束。

4）取下“Lx”接线柱上的参照电感器，换上被测电感器，再往谐振点方向微调主电容旋钮（Q 值会增大），如果被测电感器的 Q 值大于设定的 Q 值，Q 值合格指示灯就亮，同时仪器发出鸣叫，表明被测电感的 Q 值合格。

5）若要取消 Q 值合格设置功能，只需拿去被测元件，待 Q 值数值变为 0 时，按一下 Q 值合格设定按钮即可。

（6）标准测试频率设定按钮的使用

如果需要在标准测试频率点上测试元件，可以先操作频段选择按钮，选择好标准频率所在的工作频段，然后再按一下标准频率设定按键，仪器就会自动准确地设置好测试信号频率，这样可省去手动调节频率调谐开关。

（7）谐振点自动搜索功能的使用

如果无法估计被测电感元件的数值，可利用谐振点自动搜索功能来寻找出元件的谐振频率点。**谐振点自动搜索功能的使用方法如下：**

1）将被测电感器（线圈）接在“Lx”接线柱上。

2）将主调电容旋钮调到中间位置上。

3）按一下谐振点搜索按钮，仪器就进入搜索状态。仪器会从最低工作频率一直搜索到最高工作频率，如果被测元件的谐振点在频率覆盖区间内，搜索结束后，将会自动停在元件的谐振频率点附近。

4）如果要退出搜索状态，可再按一次搜索按钮，仪器会退出搜索操作。

（8）频率调谐开关的使用。

QBG-3D 型 Q 表的频率调谐采用了数码开关，它能根据操作者旋转开关的速度来自动调节频率变化的速率，当快速旋转开关时，频率变化速率加快，当缓慢调节开关时，频率变化速率也会慢下来。因此，当接近所需的频率时，应放缓开关的调节速度，当调节的频率超出工作频段的频率时，仪器会自动选择低一档或高一档频段工作。实际的各工作频段频率范围比面板上标注的频率范围略宽一些。

3. 使用注意事项

高频 Q 表是多用途的阻抗测量仪器，为了提高测量精度，除了要掌握正确的测试方法，还要注意以下事项：

1）Q 表应水平放置，将 Q 值调谐指示表进行机械校零。

2）若需要较精确的测量，可在接通电源 30min 后再进行测试。

3）调节主调电容旋钮时，特别注意当刻度调到最大值或最小值时，不要用力继续再调。

4）被测元件和测试电路接线柱间的接线应尽量短、足够粗，并应接触良好、可靠，以减少因接线的电阻和分布参数所带来的测量误差。

5）被测元件不要直接放在面板顶部，应离顶部 1cm 以上，必要时可用低耗损的绝缘材料（如聚苯乙烯等）做成的衬垫物衬垫。

6）测量时，手不得靠近被测元件，避免人体感应影响造成测量误差，有屏蔽的被测元件，其屏蔽罩应与低电位端的接线柱连接。